注册
结构

注册结构工程师专业考试
易考点与流程图

钢筋混凝土结构 钢结构
砌体结构 木结构

马瑞强 主编

中国电力出版社

CHINA ELECTRIC POWER PRESS

内 容 提 要

如何在尽可能短的时间内，掌握结构专业考试的要点，保证复习的效率与效果，是每一个应试者最为关心的问题之一。

全书以考试科目的顺序分章，每章对考生在复习应考过程中经常遇到的陷阱、要点问题进行归纳、总结、解析，对解题过程中容易忽视的问题给予提示，使考生能全面理解知识点并掌握解题技巧。

本书试图把各个科目中的基本考点，以易错点→流程图→易考点→典型考题→考题精选作为一个小节，形成一个复习小单元的形式呈现给考生，这也符合工程师们的认知习惯，以提高应试者的复习效率。本书内容可以直接在考试中应用，节省翻阅规范的时间，避免匆忙中忘记相关条文而导致失分的情况。

本书精选了 2003～2016 年度一、二级注册结构专业考试典型考题，对相应的知识点给出了示例，以方便考生复习，增强实战效果。

图书在版编目（CIP）数据

注册结构工程师专业考试易考点与流程图：钢筋混凝土结构、钢结构、砌体结构、木结构 / 马瑞强主编. —北京：中国电力出版社，2018.3
ISBN 978-7-5198-1764-0

Ⅰ. ①注… Ⅱ. ①马… Ⅲ. ①建筑结构–资格考试–自学参考资料 Ⅳ. ①TU3

中国版本图书馆 CIP 数据核字（2018）第 034953 号

出版发行：中国电力出版社
地　　址：北京市东城区北京站西街 19 号（邮政编码 100005）
网　　址：http://www.cepp.sgcc.com.cn
责任编辑：王晓蕾
责任校对：太兴华
装帧设计：王英磊
责任印制：杨晓东

印　　刷：三河市航远印刷有限公司
版　　次：2018 年 3 月第一版
印　　次：2018 年 3 月北京第一次印刷
开　　本：787 毫米×1092 毫米　16 开本
印　　张：32.25
字　　数：794 千字
定　　价：88.00 元

前　　言

如何在尽可能短的时间内，掌握结构专业考试的要点，保证复习的效率与效果，是每一个应试者最为关心的问题之一；这也正是作者试图帮助广大考生解决的问题。本书试图把各个科目中的基本考点，以易错点→流程图→易考点→典型考题→考题精选作为一个小节，以一个专项训练的形式呈现给考生，提高应试者的复习效率；本书内容也可以在考试中直接应用，节省大家翻阅规范的时间，避免匆忙中忘记相关条文而导致失分的情况。

本书的第一版，经过两年的使用，获得考友的认可。当然，在使用过程也发现了里面错误和不当之处。值此本书第二版的修订之际，作者对本书做了全面的修订。

编写过程，我们着力把本书打造成一本"面向对象"的注册结构专业考试书（对象为考题与考生）。纵观历年考题，我们不难发现：考题的内核是考试大纲，考试大纲的核心是相关专业规范（规程），专业规范的要点内容是相对固定的。考题中80%左右的内容是紧紧围绕这些要点内容来考核的，每年变化的是考核的形式、要点的组合方式，而不变却是这些要点内容。

全书以考试科目的顺序划分章节，每章以规范条文顺序为主线展开讲解，对解题过程中容易忽视的问题给予提示，使考生能全面理解这些要点并充分掌握解题技巧。

毕竟，注册考试仅仅是一个执业资格考试，考核的是对本专业基本的、核心的知识掌握情况，虽然注册结构考试已历经20载，考题难度日渐增大，但考试的核心要求仍然是应试人员应熟练掌握考试指定的规范和常用的力学知识。本书正是基于此种认识，对各相关科目主要规范的核心条文，进行了深入的解析，明确了相关条文之间的关系、指出易错点，并精选考题作为示例，以期考生在有限的复习时间里做到事半功倍。当然，也正如此，有些规范条文并暂未纳入本书的视野之内，考生可参考相关资料予以补充。

为了适当地减少版面，在书中我们对连锁考题的大题干仅出现一次，后续题目如果需要查看大题干的内容，我们采用了交叉引用的方式（如大题干参见考题精选1-7），请读者在使用本书时予以注意。

本书编写过程中，参考了相关的规范标准、政策文件和文献资料，在此一并致谢。由于编者水平有限，不足和错误之处，恳请读者朋友批评指正。

全书由马瑞强任主编，李传涛、胡田亚、郭猛、吴彦林、宋佃泉、李建锋、石立春、黄荣、朱海、巩艳国、祖庆芝、冯立岗、刘长春、赵东黎、徐黎明、倪焕敏、徐顺清、田梅青、庞建军、吕国良、韩富江等参与了编写工作。

请扫描群二维码加入 QQ 群，获得增值服务。购买盗版者，无需费力加群。支持正版，我们将支持你的考试。

购买正版者，加入时，请输入封底的 **ISBN** 号码即可；并把 QQ 群备注名改为"省-城市-姓"，比如"京-东城-李、粤-广州-程"等进行交流。

关注作者的微信公众号，可以及时获取注册结构考试相关信息。

编　者

2017 年 11 月

导　读

如何使用《注册结构师专业考试易考点与流程图》这套图书，是本书读者较为关心的问题。编者现做以下集中提示。

本书试图把各个科目中的基本考点，以一个小节一个专项训练的形式呈现给考生。专项训练流程如下：

易错点	指出本考点的易错之处，把知识点分解，并根据情况列出了多个点，读者复习中应对照规范相关条款，逐一掌握
流程图	为本考点的规范相关条款考试中使用流程，并对规范中同一条款下有多个公式和参数的情况，给出了何时执行的流程
易考点	指出本考点的易考之处，把知识点分解，并根据情况列出了多个点，读者复习中应对照规范相关条款，逐一掌握
典型考题	列出了本考点自2003～2016年以来的一、二级考题，便于读者对本知识点的重要性和已经考核过的题目有一个概括的了解
考题精选	精选了本知识点最为典型的考题，选题的标准一般为最新、最典型。如果某个考题既最新又最典型，优先选入；如果某个考题虽不是最新但非常典型，也会优先选入。 根据知识点的复杂程度和考核频率，每个知识点的考题精选数量不一，一般选一个题目，如果知识点比较重要、单个题目难于覆盖本知识点，则会选2～3题

考试的核心要求是应试人员应熟练掌握考试指定的规范和常用的力学知识。本书对各相关科目**主要规范的核心条文**，进行了深入的解析，明确了相关条文之间的关系、指出易错点，并精选考题作为示例。**本书并未试图面面俱到，或追求内容的新、难、奇、偏，仅仅围绕历年真题考核的着重点**，来引导读者复习。

当然，也正如此，有些规范条文并暂未纳入本书的视野之内，考生可参考相关资料予以补充。

为了适当地减少版面，在书中我们对连锁考题的大题干仅出现一次，后续题目如果需要查看大题干的内容，我们采用了交叉引用的方式（如大题干参见考题精选1-7），请读者在使用本书时予以注意。

加入本书QQ群（群号：574881761）可获得增值服务。本书增值服务的形式多样：既有未收录到本书的2017年度的一、二级考题，也有一些高清讲课视频，还提供本书的勘误和考试信息的交流。当然，群友之间也可以相互交流促进。

读者也可以关注作者的微信公众号，及时获取注册结构考试相关信息。

注册结构工程师专业考试所用规范、标准、规程全称与简称对照表

规范大类❶	规范全称	规范简称
通用规范	《建筑结构可靠度设计统一标准》GB 50068—2001	《可靠度标准》GB 50068—2001
	《建筑结构荷载规范》GB 50009—2012	《荷规》GB 50009—2012
	《建筑工程抗震设防分类标准》GB 50223—2008	《分类标准》GB 50223—2008
	《建筑抗震设计规范》GB 50011—2010（2016 版）	《抗规》GB 50011—2010（2016 版）
混凝土结构	《混凝土结构设计规范》GB 50010—2010（2015 版）	《混规》GB 50010—2010（2015 版）
	《混凝土结构工程施工质量验收规范》GB 50204—2015	《混验规》GB 50204—2015
	《混凝土异形柱结构技术规程》JGJ 149—2017	《异形柱规》JGJ 149—2017
	《型钢混凝土组合结构技术规程》JGJ 138—2001	《型钢规》JGJ 138—2001
钢结构	《钢结构设计规范》GB 50017—2003	《钢规》GB 50017—2003
	《高层民用建筑钢结构技术规程》JGJ 99—2015	《高钢规》JGJ 99—2015
	《冷弯薄壁型钢结构技术规范》GB 50018—2002	《薄壁钢规》GB 50018—2002
	《空间网格结构技术规程》JGJ 7—2010	《网格规》JGJ 7—2010
	《钢结构焊接规范》GB 50661—2011	《焊规》GB 50661—2011
	《钢结构高强度螺栓连接技术规程》JGJ 82—2011	《高强度螺栓规程》JGJ 82—2011
	《钢结构工程施工质量验收规范》GB 50205—2001	《钢验规》GB 50205—2001
砌体结构	《砌体结构设计规范》GB 50003—2011	《砌规》GB 50003—2011
	《砌体结构工程施工质量验收规范》GB 50203—2011	《砌验规》GB 50203—2011
木结构	《木结构设计规范》GB 50005—2003	《木规》GB 50005—2003
	《木结构工程施工质量验收规范》GB 50206—2012	《木验规》GB 50206—2012
地基基础	《建筑地基基础设计规范》GB 50007—2011	《地规》GB 50007—2011
	《建筑桩基技术规范》JGJ 94—2008	《桩规》JGJ 94—2008
	《建筑边坡工程技术规范》GB 50330—2013	《边坡规》GB 50330—2013
	《建筑地基处理技术规范》JGJ 79—2012	《地处规》JGJ 79—2012
	《建筑地基基础工程施工质量验收规范》GB 50202—2002	《地验规》GB 50202—2002
高层建筑	《烟囱设计规范》GB 50051—2013	《烟规》GB 50051—2013
	《高层建筑混凝土结构技术规程》JGJ 3—2010	《高规》JGJ 3—2010
	《建筑设计防火规范》GB 50016—2014	《防火规范》GB 50016—2014
桥梁工程	《公路桥涵设计通用规范》JTG D60—2015	《通用桥规》JTG D60—2015
	《城市桥梁设计规范》CJJ 11—2011	《城市桥规》CJJ 11—2011
	《城市桥梁抗震设计规范》CJJ 166—2011	《城市桥抗规》CJJ 166—2011

---

❶ 为方便考生复习，特把规范归类。

规范大类	规范全称	规范简称
桥梁工程	《公路钢筋混凝土及预应力混凝土桥涵设计规范》JTG D62—2004	《混凝土桥规》JTG D62—2004
	《公路桥涵地基与基础设计规范》JTG D63—2007	《桥基规》JTG D63—2007
	《公路桥涵施工技术规范》JTG/T F50—2011	《桥施规范》JTG/T F50—2011
其他规范	《多孔砖砌体结构技术规范》JGJ 137—2001（2002 年版）	《多孔砖规》JGJ 137—2001（2002 年版）
	《公路工程技术标准》JTG B01—2003	《公路标准》JTG B01—2003
	《公路圬工桥涵设计规范》JTG D61—2005	《圬工桥规》JTG D61—2005
	《公路桥梁抗震设计细则》JTG/T B02—01—2008	《桥梁抗震细则》JTG/T B02—01—2008
	《城市人行天桥与人行地道技术规范》CJJ 69—1995	《天桥规范》CJJ 69—1995

目　　录

1 钢筋混凝土结构

流程图目录

1.1 考试常用条文与内容

1.1.1 混凝土结构在考试中常用条文

《混规》在考试中常用条文汇总见表1-1，《抗规》在考试中常用条文汇总见表1-2，《异形柱规》在考试中常用条文汇总见表1-3。

表1-1 《混 规》常 考 条 文❶

章	条　文　代　号									
3. 基本设计规定	3.1.3条	3.1.4条	3.1.5条	3.1.7条	—	—	—	—	—	—
	3.2.1条	3.2.2条	3.2.3条	—	—	—	—	—	—	—
	3.3.1条	3.3.2条★	3.3.4条	3.3.5条	—	—	—	—	—	—
	3.4.1条	3.4.2条	3.4.3条★	3.4.5条	3.4.6条	—	—	—	—	—
	3.5.2条	3.5.3条	3.5.6条	—	—	—	—	—	—	—
4. 材料	4.1.1条	4.1.2条★	4.1.3条	4.1.4条	4.1.5条	4.1.8条	—	—	—	—
	4.2.1条	4.2.2条	4.2.3条★	4.2.4条	4.2.5条	4.2.7条	4.2.8条	—	—	—
5. 结构分析	5.1.2条	5.1.3条	5.1.4条	5.1.5条	—	—	—	—	—	—
	5.2.1条	5.2.2条	5.2.3条	5.2.4条★	—	—	—	—	—	—
	5.3.2条	5.3.4条	—	—	—	—	—	—	—	—
	5.4.1条	5.4.2条	5.4.3条	—	—	—	—	—	—	—
6. 承载能力极限状态计算	6.1.1条	—	—	—	—	—	—	—	—	—
	6.2.1条	6.2.3条	6.2.4条★	6.2.5条★	6.2.6条	6.2.7条	6.2.10条★	6.2.11条★	6.2.13条	6.2.14条★
	6.2.15条★	6.2.16条★	6.2.17条★	6.2.19条	6.2.20条★	6.2.22条	6.2.23条	—	—	—
	6.3.1条	6.3.2条	6.3.3条★	6.3.4条★	6.3.5条★	6.3.7条	6.3.11条	6.3.12条★	6.3.13条	6.3.14条
	6.3.16条	6.3.20条	6.3.21条	6.3.22条	6.3.23条	—	—	—	—	—
	6.4.1条★	6.4.2条★	6.4.3条	6.4.4条	6.4.5条	6.4.6条	6.4.7条	6.4.8条	6.4.14条	6.4.17条
	6.5.1条	6.5.2条	6.5.3条	6.5.6条	—	—	—	—	—	—
	6.6.1条	6.6.2条	6.6.3条	—	—	—	—	—	—	—
7. 正常使用极限状态验算	7.1.1条	7.1.2条★	7.1.4条★	7.1.5条	—	—	—	—	—	—
	7.2.1条	7.2.2条	7.2.3条★	7.2.4条	7.2.5条★	7.2.6条	7.2.7条	—	—	—

❶ 加★者为注册结构考试中重点考查的条文。抗震全章较为重要。

章	条 文 代 号									
8. 构造要求	8.1.1条	8.1.2条	8.1.3条	—	—	—	—	—	—	—
	8.2.1条	8.2.2条	—	—	—	—	—	—	—	—
	8.3.1条★	8.3.2条★	8.3.3条	8.3.4条	—	—	—	—	—	—
	8.4.2条	8.4.3条★	8.4.4条	8.4.5条	—	—	—	—	—	—
	8.5.1条	8.5.2条	8.5.3条	—	—	—	—	—	—	—
9. 结构构件的基本规定	9.1.2条	9.1.3条	9.1.7条	9.1.9条	9.1.11条★	9.1.12条	—	—	—	—
	9.2.2条	9.2.3条	9.2.5条	9.2.9条★	9.2.10条	9.2.11条★	9.2.12条★	9.2.15条	—	—
	9.3.1条	9.3.2条	9.3.4条	9.3.5条	9.3.6条	9.3.7条	9.3.8条	9.3.10条★	9.3.11条	9.3.12/13条
	9.4.2条	9.4.3条	9.4.4条	9.4.5条	—	—	—	—	—	—
	9.5.1条	9.5.2条	—	—	—	—	—	—	—	—
	9.7.1条	9.7.2条★	9.7.3条	—	—	—	—	—	—	—
10. 预应力混凝土结构构件	10.2.1条	—	—	—	—	—	—	—	—	—
11. 混凝土结构构件抗震设计	11.1.3条	11.1.4条	11.1.5条	11.1.6条	11.1.7条	11.1.9条	—	—	—	—
	11.2.3条	11.2.3条	—	—	—	—	—	—	—	—
	11.3.1条	11.3.2条	11.3.5条	11.3.6条	—	—	—	—	—	—
	11.4.1条	11.4.2条	11.4.3条	11.4.4条	11.4.5条	11.4.6条	11.4.7条	11.4.8条	11.4.12条	11.4.16条
	11.4.17条	—	—	—	—	—	—	—	—	—
	11.5.2条	11.5.3条	—	—	—	—	—	—	—	—
	11.6.2条	11.6.3条	11.6.4条	11.6.7条	—	—	—	—	—	—
	11.7.1条	11.7.2条	11.7.3条	11.7.4条	11.7.6条	11.7.7条	11.7.9条	11.7.10条	11.7.14条	11.7.17条
	11.7.18条	11.7.19条	—	—	—	—	—	—	—	—
	11.9.3条	11.9.4条	11.9.6条	—	—	—	—	—	—	—
附录	A	B★	D★	F	G★	H	—	—	—	—

表 1-2　　　　　　　　　《抗规》在考试中常用条文汇总●

章	规范条文代号						
3. 基本规定	3.9.2条	—	—	—	—	—	—
5. 地震作用和结构抗震验算	5.1.2条	5.1.3条	5.2.1条★	5.2.6条	—	—	—
	5.4.1条	5.4.2条	—	—	—	—	—

● 加★者为注册结构考试中重点考查条文。

章	规范条文代号						
7. 多层砌体房屋和底部框架砌体房屋	7.1.2 条	7.1.3 条	7.1.4 条	7.1.5 条	7.1.6 条	7.1.7 条	7.1.8 条
	7.2.1 条	7.2.2 条★	7.2.3 条★	7.2.4 条★	7.2.5 条	7.2.6 条	7.2.7 条
	7.2.8 条	7.2.9 条	—	—	—	—	—
	7.3.1 条★	7.3.2 条	7.3.3 条	7.3.5 条	7.3.8 条	7.3.14 条	—
	7.4.1 条★	7.4.2 条★	7.4.3 条	7.4.4 条	7.4.5 条		
	7.5.1 条	7.5.2 条	7.5.3 条	7.5.4 条	7.5.6 条	7.5.7 条	—
13. 非结构构件	13.2.3 条	—	—	—	—	—	—
附录	M.2	—	—	—	—	—	—

表 1–3 　　　　　　　　　　　　　　《异形柱规》常考条文

章	条文代号					
3. 结构设计的基本规定	3.1.1 条	3.1.2 条	3.1.3 条	3.1.4 条	—	—
	3.2.3 条	—	—	—	—	—
	3.3.1 条	—	—	—	—	—
4. 结构计算分析	4.2.3 条					
	4.3.3 条	4.3.6 条	4.3.7 条	—		
	4.4.1 条	4.4.3 条				
5. 截面设计	5.1.4 条	5.1.8 条	—			
	5.3.2 条	5.3.3 条	5.3.4 条	5.3.5 条		
6. 结构构造	6.1.2 条	6.1.3 条	6.1.4 条			
	6.2.2 条	6.2.3 条	6.2.5 条	6.2.6 条	6.2.7 条	6.2.9 条
	6.3.2 条	—	—	—	—	—

1.1.2 《混规》中的强制性条文（共 14 条）

1. 强制性条文分布情况

（1）总则 2 条：第 3.1.7 条、第 3.3.2 条；

（2）材料 4 条：第 4.1.3 条、第 4.1.4 条、第 4.2.2 条、第 4.2.3 条；

（3）构造要求 1 条：第 8.5.1 条；

（4）预应力要求 1 条：第 10.1.1 条；

（5）抗震设计 6 条：第 11.1.3 条、第 11.2.3 条、第 11.3.1 条、第 11.3.6 条、第 11.4.12 条、第 11.7.14 条。

2. 强制性条文内容

（1）设计使用要求 1 条：第 3.1.7 条；

（2）承载力设计 1 条：第 3.3.2 条；

（3）材料强度 4 条：第 4.1.3 条、第 4.1.4 条、第 4.2.2 条、第 4.2.3 条；

（4）最小配筋率 1 条：第 8.5.1 条；

（5）预应力的设计工况 1 条：第 10.1.1 条；

（6）抗震等级 1 条：第 11.1.3 条；

（7）抗震延性要求 2 条：第 11.2.3 条、第 11.3.1 条；

（8）抗震配筋构造 3 条：第 11.3.6 条、第 11.4.12 条、第 11.7.14 条。

1.1.3　混凝土结构常考的内容

（1）受弯构件正截面、斜截面的计算及构造要求；

（2）偏心受压构件正截面、斜截面的计算及构造要求；

（3）偏心受拉构件正截面、斜截面的计算及构造要求；

（4）受扭构件正截面、斜截面的计算及构造要求；

（5）受冲切构件的计算及构造要求；

（6）受弯构件的挠度、裂缝计算；

（7）叠合构件、深受弯构件的计算；

（8）各种构件施工图的校审；

（9）各种构件抗震设计的计算及构造要求。

1.2　基本设计规定和结构分析

1.2.1　结构基本概念（流程图 1–1、表 1–4、表 1–5）

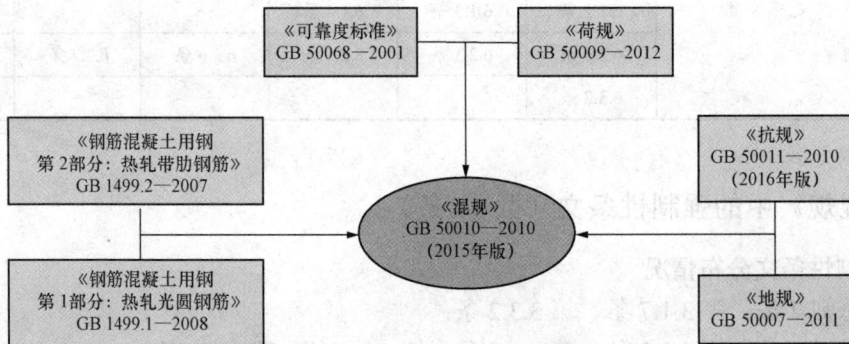

流程图 1–1　钢筋混凝土相关规范的关系图

表 1–4　　　　　　　　　　结构构件极限状态的计算或验算内容[1]

极限状态类型		计算或验算内容	说明
承载能力极限状态	承载力	受拉，受压，受弯，受剪，受扭，局压，受冲切	静力（所有构件）；抗震（需抗震设计的构件）
		疲劳	多次反复受荷的构件

[1]　表中为"—"者，表示无相关内容，余同。

极限状态类型		计算或验算内容	说明
承载能力 极限状态	稳定性	失稳	有关构件
		倾覆	有必要时
		滑移	有必要时
		漂浮	有必要时
正常使用 极限状态	变形	挠度，侧移	满足规范要求
	裂缝	裂缝宽度	满足规范要求
		抗裂	有必要时
		钢筋应力	有必要时

表 1-5 　　　　　　　　　　　　《混规》常见系数汇总

《混规》 条文代号	系数 名称	混凝土强度等级							适用情况
		≤C50	C55	C60	C65	C70	C75	C80	
6.2.6 条	α_1	1.0	0.99	0.98	0.97	0.96	0.95	0.94	受弯，偏压，偏拉
	β_1	0.80	0.79	0.78	0.77	0.76	0.75	0.74	计算 ξ_b
6.2.16 条 6.6.3 条	α	1.0	0.975	0.95	0.925	0.90	0.875	0.85	轴压（间接钢筋对混凝土的 约束）
6.3.1 条	β_c	1.0	0.967	0.933	0.90	0.867	0.833	0.80	受剪，受扭，局压（强度影 响系数）

表 1-6 　　　　　　　　　　　与混凝土强度等级无关的参数取值

《混规》条文代号	系数名称	参数取值			适用情况
6.2.15 条	φ	对矩形截面也可近似用《混规》P305 的公式 $$\varphi = \left[1 + 0.002\left(\frac{l_0}{b} - 8\right)\right]^{-1}$$			轴压
6.4.8 条	β_t	$0.5 \leqslant \beta_t \leqslant 1.0$			受扭，受剪扭（承载力降低系数）
6.5.1 条	β_h	≤800mm	800~2000mm	≥2000mm	板受剪，冲切（高度影响系数）
		1.0	中间内插	0.9	
6.6.1 条	β_l	$\sqrt{A_b / A_l}$			局压（混凝土强度提高系数）
6.6.3 条	β_{cor}	$\sqrt{A_{cor} / A_l}$，当 $A_{cor} > A_b$ 时，取 $A_{cor} = A_b$			局压（配间接钢筋强度提高系数）

1.2.2　结构上的作用取值——《混规》第 3.1.4 条（表 1-7）

表 1-7 　　　　　　　　　　结构上的作用取值（《混规》第 3.1.4 条）

结构上的作用	取值依据
直接作用（荷载）	由《荷规》及相关标准确定

结构上的作用	取值依据
地震作用	由《抗规》确定
间接作用和偶然作用	有关的标准或具体条件确定
直接承受吊车荷载的结构构件	应考虑吊车荷载的动力系数
预制构件制作、运输及安装	应考虑相应的动力系数
现浇钢筋混凝土结构	必要时应考虑施工阶段的荷载

1.2.3 结构构件极限状态的计算或验算内容及设计使用年限分类——《混规》第 3.3.1 条和第 3.4.1 条（表 1–8）

表 1–8 结构构件极限状态的计算或验算内容

规范条文代号	极限状态类型	计算或验算内容		适用范围
第 3.3.1 条	承载能力极限状态	承载力	受拉，受压，受弯，受剪，受扭，局压，受冲切	相关构件
			失稳	相关构件
			抗震	有抗震设防要求时
		稳定性	倾覆、滑移、漂浮	必要时
		疲劳		直接承受重复荷载的构件
		防连续倒塌		必要时
第 3.4.1 条	正常使用极限状态	裂缝宽度		允许出现裂缝的构件
		混凝土拉力		不允许出现裂缝的构件
		钢筋应力		有必要时
		竖向自振频率		对舒适度有要求的楼盖结构

1.2.4 结构重要性系数取值和基本组合的荷载分项系数——《混规》第 3.3.2 条（表 1–9～表 1–11）

表 1–9 设 计 使 用 年 限 分 类

类别	设计使用年限（年）	示　例	γ_0
1	5	临时性结构	≥0.9
2	25	易于替换的结构构件	—
3	50	普通房屋和构筑物	≥1.0
4	100	纪念性建筑和特别重要的建筑结构	≥1.1

表1-10　　　　　　　　　　结构重要性系数取值

序号	设计状况类别		γ_0
1	持久状况或短暂状况下安全等级	一级	$\gamma_0 \geq 1.1$
2		二级	$\gamma_0 \geq 1.0$
3		三级	$\gamma_0 \geq 0.9$
4	地震设计状况		$\gamma_0 = 1.0$，也可认为不考虑重要性系数
5	偶然作用		$\gamma_0 \geq 1.0$，《混规》第3.3.4条条文说明

表1-11　　　　　　　　　　基本组合的荷载分项系数

永久荷载分项系数 γ_G		效应对结构不利	由可变荷载效应控制	1.2
			由永久荷载效应控制	1.35
		效应对结构有利	对结构的倾覆、滑移或漂浮验算	0.8
			一般情况	1.0
可变荷载分项系数 γ_Q	非抗震设计	楼面活荷载	对标准值大于4kN/m²的工业建筑楼面结构	1.3
			一般情况	1.4
		风荷载	—	1.4
		吊车荷载	—	1.4
	抗震设计	楼面活荷载		1.4
		风荷载		1.4
		吊车荷载		1.4
		水平地震		1.3
		竖向地震	不与水平地震作用组合时	1.3
			与水平地震作用组合时	0.5

1.2.5　结构构件的裂缝控制等级划分及要求——《混规》第3.4.2条和第3.4.3条（表1-12）

表1-12　　　　　　　　　　结构构件的裂缝控制等级划分及要求

控制等级	荷载组合	限　值	备注
一级	荷载标准组合计算	构件受拉边缘混凝土不应产生拉应力	—
二级	荷载标准组合计算	构件受拉边缘混凝土拉应力不应大于混凝土抗拉强度的标准值	—
三级	荷载准永久组合并考虑长期作用影响计算	构件的最大裂缝宽度不应超过《混规》表3.4.5规定的最大裂缝宽度限值	钢筋混凝土构件
	荷载效应标准组合并考虑长期作用的影响计算	构件的最大裂缝宽度不应超过《混规》第3.4.5条规定的最大裂缝宽度限值	预应力混凝土构件
	尚应按荷载效应的准永久组合计算	构件受拉边缘混凝土的拉应力不应大于混凝土的抗拉强度标准值	二a类环境的预应力混凝土构件

注：预应力混凝土结构构件的荷载组合应包括预应力作用。

1.2.6 受弯构件的挠度限值——《混规》第 3.4.3 条

1. 易考点

（1）《混规》表 3.4.3 及注 1；

（2）《混规》表 3.4.3 注 2。

2. 典型考题

2016 年一级题 11。

2005 年二级题 3、2009 年二级题 7、2016 年二级题 5。

考题精选 1–1：挠度限值（2009 年二级题 7）

某钢筋混凝土悬臂构件，其悬臂长度 $l = 3.0\text{m}$。当在使用中对挠度有较高要求时，试问：其挠度限值 $f_{\lim}$（mm）应与下列何项数值最为接近？

A. 12　　　　　B. 15　　　　　C. 24　　　　　D. 30

解答过程：

根据《混规》GB 50010—2010 表 3.4.3 及注 1，计算跨度 l_0 根据实际悬臂长度的 2 倍取用。

根据《混规》表 3.4.3 注 2，使用上对挠度有效高度要求的构件取用表中括号内的数值。

挠度限值 $f_{\lim} = \dfrac{l_0}{250} = \dfrac{2l}{250} = \dfrac{2 \times 3000}{250} = 24\text{mm}$

正确答案：C

1.2.7 钢筋混凝土构件纵向钢筋保护层厚度取值——《混规》第 3.5.2 条、第 8.2.1 条

1. 易错点❶

（1）《混规》第 8.2.1 条第 1 款；

（2）《混规》第 8.2.1 条第 2 款：设计使用年限为 100 年，取用 $1.4c$；

（3）《混规》第 8.2.1 条注 1、2；

（4）《混规》第 8.2.2 条第 4 款。

2. 钢筋混凝土构件纵向钢筋保护层厚度取值（图 1–1、流程图 1–2）

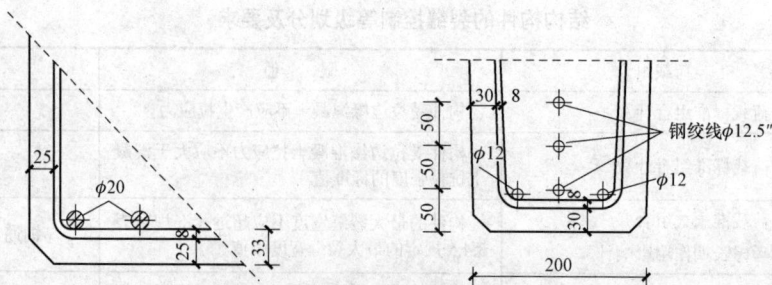

图 1–1　混凝土保护层示意图

---

❶ 严格地讲，箍筋如为带肋钢筋，因带肋钢筋均有纵肋、横肋，直接采用钢筋的标称直径是有误差的。一般而言，带肋钢筋的公称直径小于其外轮廓的直径。

```
表3.5.2 → 确定混凝土结构的环境类别
                    面状构件 → 板、墙、壳    表8.2.1
构件类型 →                                  → ★
                    线状构件 → 梁、柱、杆
```

```
         混凝土保护层    可取箍筋直径    纵向钢筋的
★ →                                →
         最小值c        φ=10mm        保护层为c+φ
```

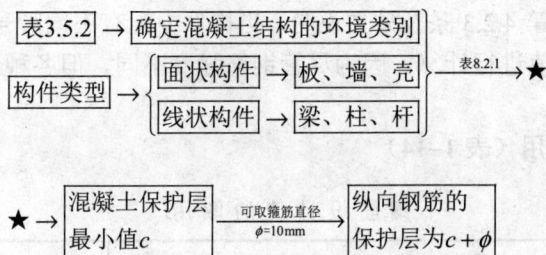

流程图 1–2　钢筋混凝土构件纵向钢筋保护层厚度取值（《混规》第 3.5.2 条、第 8.2.1 条）

1.2.8　设计年限为 100 年的混凝土结构——《混规》第 3.5.5 条、第 8.2.1 条

1. 易考点

一类环境中，设计使用年限为 100 年的混凝土保护层的要求。

2. 典型考题

2007 年二级题 9。

考题精选 1–2：最低混凝土强度等级和混凝土保护层厚度（2007 年二级题 9）

一类环境中，设计使用年限为 100 年的预应力混凝土梁，其最低混凝土强度等级和混凝土保护层厚度，取以下何项数值为妥？

A. C40，35mm
B. C40，25mm
C. C30，35mm
D. C30，25mm

解答过程：根据《混规》GB 50010—2010 第 3.5.5 条，一类环境中，设计使用年限为 100 年的预应力混凝土结构，最低混凝土强度等级为 C40。

混凝土保护层厚度，根据《混规》第 8.2.1 条的规定增加 40%，即 $20 \times (1 + 40\%) = 28$mm

正确答案：A

1.2.9　各类混凝土结构最低强度等级与设计参数——《混规》第 4.1.2 条（表 1–13）

表 1–13　　　　　　　　　　各类混凝土结构最低强度等级

序号	结构类别	混凝土取值
1	素混凝土结构	≥C15
2	钢筋混凝土结构	≥C20
3	钢筋采用 400MPa 及以上时，钢筋混凝土	≥C25
4	预应力混凝土结构	不宜小于等于 C40，不低于 C30
5	重复荷载结构	≥C30

1.2.10　钢筋设计值取用——《混规》第 4.2.3 条（表 1–14）

1. 易错点

（1）无黏结预应力筋不考虑抗压强度。

（2）根据《混规》第4.2.3条及条文说明，当构件中配有不同牌号和强度等级的钢筋时，可采用各自的强度设计值进行计算。因为尽管钢筋强度不同，但各种钢筋在极限状态下先后均已达到屈服。

2. 钢筋设计值的取用（表1-14）

表1-14 钢筋设计值的取用

序号	受力情况		取值
1	普通钢筋	抗拉强度设计值	查《混规》表4.2.3-1
		抗压强度设计值	
2	预应力筋	抗拉强度设计值	查《混规》表4.2.3-2
		抗压强度设计值	
3	配有不同种类的钢筋	每种钢筋应采用各自的强度设计值	查《混规》表4.2.3-1
4	横向钢筋	抗拉强度设计值	查《混规》表4.2.3-1
		用作受剪、受扭、受冲切承载力计算	大于 $360N/mm^2$ 时，应取 $360N/mm^2$
		围箍约束混凝土时	不受 $360N/mm^2$ 限制

1.2.11 并筋——《混规》第4.2.7条（图1-2、表1-15）

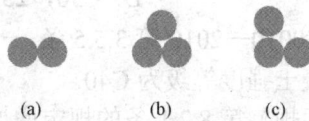

图1-2 并筋的布置方式

（a）2根并筋；（b）3根并筋（品字形）；（c）3根并筋（L形）

表1-15 并筋（《混规》第4.2.7条）

钢筋根数	等效直径	钢筋根数	等效直径	钢筋根数	等效直径
1	d	2	$\sqrt{2}d=1.41d$	3	$\sqrt{3}d=1.73d$

1.2.12 钢筋代换——《混规》第4.2.8条

在设计变更时，除应满足等强代换的原则外，还应综合考虑钢筋牌号变化对最大力下总伸长率的影响；钢筋数量、直径变化对最小配筋率、抗震构造要求的影响，并满足钢筋间距、保护层厚度、裂缝宽度验算、锚固长度、搭接接头面积百分率及搭接长度等的要求。

1.2.13 杆系结构的计算简图——《混规》第5.2.2条

1. 杆系结构的计算简图

杆系结构的计算简图宜按下列方法确定。

（1）梁、柱等一维构件的轴线宜取为控制截面几何中心的连线，墙、板等二维构件的中轴面宜取为控制截面中心线组成的平面或曲面。

（2）现浇结构和装配整体式结构的梁柱节点、柱与基础连接处等可作为刚接；非整体浇筑的次梁两端及板跨两端可作为铰接。

（3）梁、柱等杆件的计算跨度或计算高度可按其两端支承长度的中心距或净距确定，并应根据支承节点的连接刚度或支承反力的位置加以修正。

（4）梁、柱等杆件间连接部分的刚度远大于杆件中间截面的刚度时，在计算模型中可作为刚域处理。

2. 梁的计算跨度 l_0

梁的计算跨度 l_0 可参照表 1–16 取用。

表 1–16   计 算 跨 度 l_0 的 取 值

计算假定	单 跨	多 跨
按弹性计算	$l_0 = s_n + a \leqslant 1.05 s_n$	$l_0 = l_c$
	$l_0 = s_n + a \leqslant 1.05 s_n$	当 $a \leqslant 0.05 l_c$ 时：$l_0 = s_n$ 当 $a > 0.05 l_c$ 时：$l_0 = 1.05 s_n$
计算假定	边 跨	中 间 跨
按塑性计算	$l_0 = s_n + \dfrac{a}{2} \leqslant 1.025 s_n$	当 $a \leqslant 0.05 l_c$ 时：$l_0 = s_n$ 当 $a > 0.05 l_c$ 时：$l_0 = 1.05_n$

l_c —柱的中心距（m）；s_n —柱间净距（m）；a —计算方向的柱宽（m）。

1.2.14 截面有效高度的取值——《混规》第 9.2.1 条

1. 易错点

（1）钢筋保护层 c 的取值（流程图 1–2）；

（2）ϕ 为箍筋直径，一般可暂取为 10mm；

（3）d 为纵向钢筋直径，如考题未给出，可暂取为 20mm；

（4）双排钢筋须考虑《混规》第 9.2.1 条。

2. 流程图

$$
受拉钢筋排数 \rightarrow
\begin{cases}
单排 \rightarrow \boxed{a_s = c + \phi + \dfrac{d}{2}} \\
双排 \rightarrow \boxed{a_s = c + \phi + d + \dfrac{25}{2}} \rightarrow \boxed{h_0 = h - a_s} \\
多于两排 \rightarrow 不常见
\end{cases}
$$

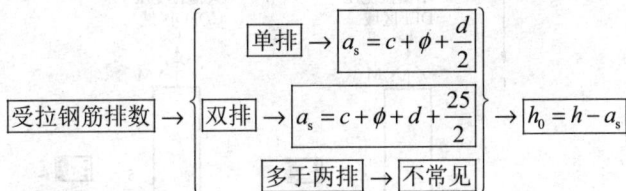

流程图 1–3　截面有效高度的取值（《混规》第 9.2.1 条）

1.2.15 钢筋混凝土正截面承载受力类型

钢筋混凝土正截面承载受力的类型有 7 种，分别为轴压、小偏压、大偏压、受弯、小偏拉、大偏拉及轴拉，其受力形态的相互关系及过渡如图 1-3 所示。其中，大、小偏心受压以界限配筋的临界压区相对高度为界，划分为延性破坏和非延性破坏状态；大、小偏心受拉则以合力作用点处在受拉与受压钢筋合力点的内、外作为分界。

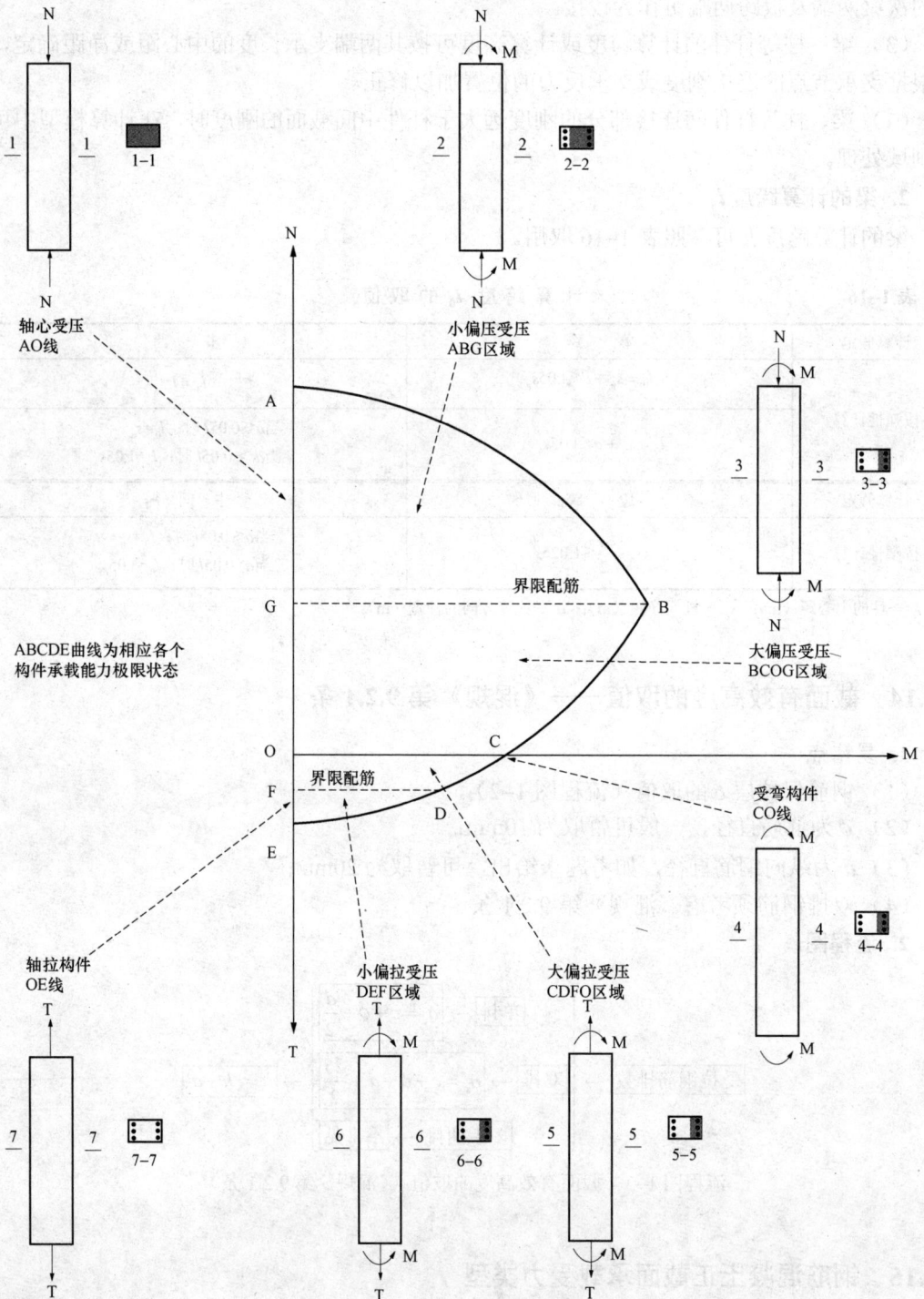

图 1-3　混凝土构件正截面受力类型

20

1.3 受弯构件计算

1.3.1 受弯构件的承载力计算内容

受弯构件的承载力校核包括两个方面：受弯承载力和受剪承载力。正截面受弯承载力通过计算予以满足，钢筋混凝土构件的材料抗力图须包络荷载效应图，以符合《混规》要求。

受弯构件相关条文见表 1–17，受弯构件的截面形式如图 1–4 所示。

表 1–17   受弯构件相关条文群

规范内容	相 关 条 文
正截面计算	6.2.10 条、6.2.11 条、6.2.12 条（5.2.4 条）、6.2.13 条、6.2.14 条
斜截面计算	6.3.1 条、6.3.2 条、6.3.3 条、6.3.4 条、6.3.5 条、6.3.6 条、6.3.7 条、6.3.8 条、6.3.9 条、6.3.10 条
构造要求	8.5.1 条、8.5.2 条、8.5.3 条、 9.2.1 条、9.2.2 条、9.2.3 条、9.2.4 条、9.2.5 条、9.2.6 条、9.2.7 条、9.2.8 条、9.2.9 条
框架梁	11.3.1 条、11.3.2 条、11.3.3 条、11.3.4 条、11.3.5 条、11.3.6 条、11.3.7 条、11.3.8 条、11.3.9 条

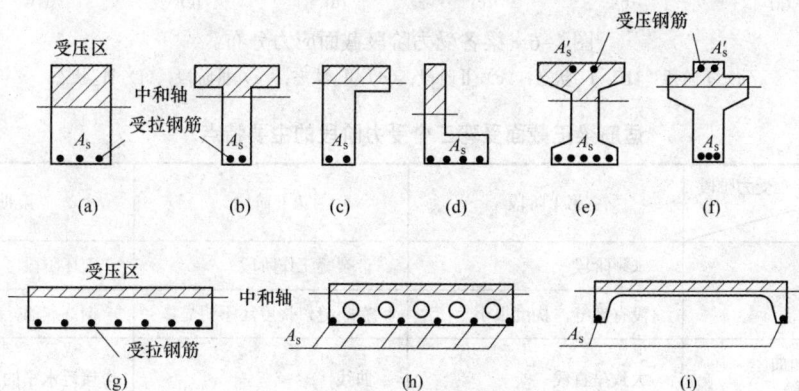

图 1–4 受弯构件的截面形式

（a）矩形梁；（b）T 形梁；（c）倒 L 形梁；（d）L 形梁；（e）工字梁；（f）花篮梁；

（g）矩形板；（h）空心板；（i）槽形板（肋形板）

一般受弯构件仅在竖向荷载作用下弯矩及裂缝分布：跨中为正弯矩，裂缝分布在梁底；支座为负弯矩，裂缝分布在梁顶，如图 1–5 所示。对于现浇结构的框架梁，仅在正弯矩处为 T 形截面梁[1]，两侧的负弯矩区均为矩形截面梁。

《高规》第 5.2.3 条第 3 款：在抗震设计或抗风设计时，须根据叠加竖向荷载和横向荷载后，施加的方向来判断梁受压区混凝土的横截面是 T 形截面还是矩形截面。

梁各受力阶段截面应力分布如图 1–6 所示，适筋梁正截面受弯三个受力阶段的主要特点见表 1–18。

---

[1] 构件横截面为 T 形，并非一定为第二类 T 形截面，需做具体判断。

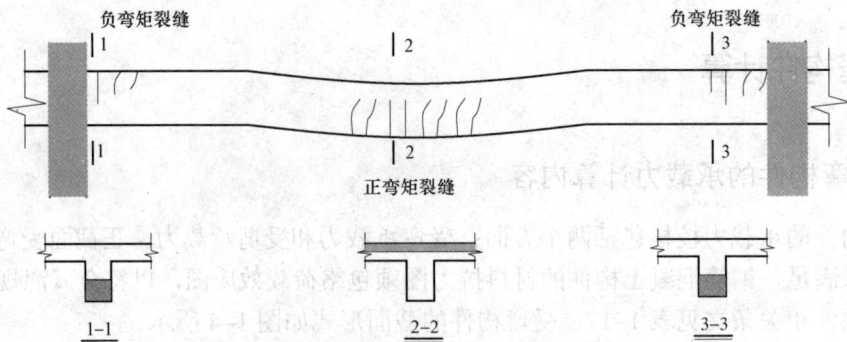

图 1-5　柔性梁的弯曲及裂缝[1]

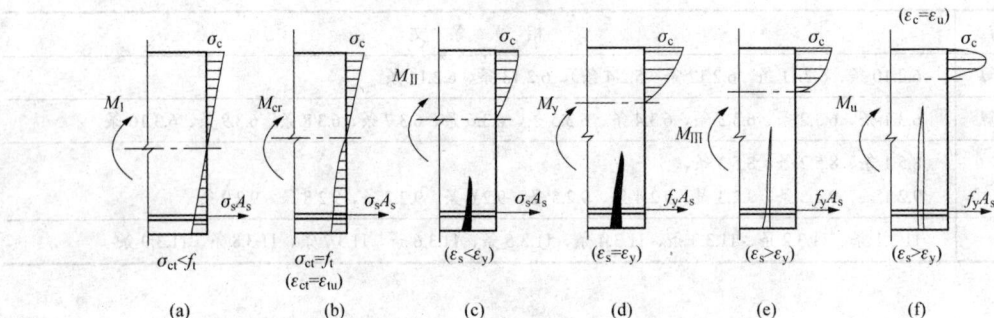

图 1-6　梁各受力阶段截面应力分布

（a）Ⅰ阶段；（b）Ⅰ_a状态；（c）Ⅱ阶段；（d）Ⅱ_a状态；（e）Ⅲ阶段；（f）Ⅲ_a状态

表 1-18　　　　　　　　　　适筋梁正截面受弯三个受力阶段的主要特点

受力阶段 主要特点		第Ⅰ阶段	第Ⅱ阶段	第Ⅲ阶段
习称		未裂阶段	带裂缝工作阶段	破坏阶段
外观特征		没有裂缝，挠度很小	有裂缝，挠度还不明显	钢筋屈服，裂缝宽，挠度大
弯矩—截面曲率 （$M-\varphi$）		大致呈直线	曲线	接近水平的曲线
混凝土应力 图形	受压区	直线	受压区高度减小，混凝土压应力图形为上升段的曲线，应力峰值在受压区边缘	受压区高度进一步减小，混凝土压应力图形为较丰满的曲线；后期为有上升段与下降段的曲线，应力峰值不在受压区边缘而在边缘的内侧
	受拉区	前期为直线，后期为有上升段的曲线，应力峰值不在受拉区边缘	大部分退出工作	绝大部分退出工作
纵向受拉钢筋应力		$\sigma_s \leqslant 20\sim30\text{N/mm}^2$	$20\sim30\text{N/mm}^2 < \sigma_s < f_y$	$\sigma_s = f_y$
与设计计算的联系		Ⅰ_a阶段用于抗裂验算	Ⅱ_a阶段用于裂缝宽度及变形验算	Ⅲ_a阶段用于正截面受弯承载力计算

---

[1]　3个截面图中阴影部分代表混凝土受压区。

1.3.2 相对界限受压区高度——《混规》第6.2.1条、第6.2.6条、第6.2.7条

1. 易错点

《混规》第6.2.7条的注。

2. 流程图

界限受压区高度的计算见流程图1–4，其取值见表1–19；参数 β_1 与 α_1 的取值见表1–20。

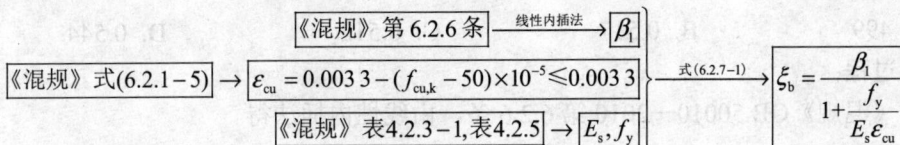

《混规》第6.2.6条 ──线性内插法──→ β_1

《混规》式(6.2.1−5) → $\varepsilon_{cu} = 0.003\,3 - (f_{cu,k} - 50) \times 10^{-5} \leqslant 0.003\,3$ ──式(6.2.7−1)──→ $\xi_b = \dfrac{\beta_1}{1 + \dfrac{f_y}{E_s \varepsilon_{cu}}}$

《混规》表4.2.3−1，表4.2.5 → E_s, f_y

流程图1–4　界限受压区高度 ξ_b（《混规》第6.2.1条、第6.2.6条、第6.2.7条）

表1–19 界 限 受 压 区 高 度 ξ_b

钢筋等级	混凝土强度	≤ C50	C55	C60	C65	C70	C75	C80
有屈服点	HPB300	0.576	0.566	0.556	0.547	0.537	0.528	0.518
	HRB335	0.550	0.541	0.531	0.522	0.512	0.503	0.493
	HRB400	0.518	0.508	0.499	0.490	0.481	0.472	0.463
	HRB500	0.482	0.473	0.464	0.455	0.447	0.438	0.429
无屈服点	HPB300	0.401	0.393	0.385	0.377	0.369	0.361	0.353
	HRB335	0.388	0.380	0.373	0.365	0.357	0.349	0.342
	HRB400	0.372	0.364	0.357	0.349	0.341	0.334	0.326
	HRB500	0.353	0.346	0.338	0.331	0.324	0.317	0.309

注：1. 不超过C50时，β_1 取为0.80；C80时，β_1 取为0.74，其间按线性内插法确定（表1–20）。

2. 不超过C50时，α_1 取为1.00；C80时，α_1 取为0.94，其间按线性内插法确定。

3. 截面受拉区配置不同种类的钢筋时，ξ_b 应分别计算，并取其较小值。

表1–20 β_1 与 α_1 的 取 值

	≤ C50	C55	C60	C65	C70	C75	C80
β_1	0.80	0.79	0.78	0.77	0.76	0.75	0.74
α_1	1.00	0.99	0.98	0.97	0.96	0.95	0.94

3. 易考点

（1）线性内插法；

（2）计算 ε_{cu}；

（3）查取 E_s, f_y；

（4）计算 ξ_b；

（5）《混规》第6.2.7条注。

4. 典型考题

2003 年一级题 9。

2003 年二级题 2、2016 年二级题 8。

考题精选 1-3：相对界限受压区高度（2003 年一级题 9）

某框架-剪力墙结构，其底层框架柱截面尺寸 $b×h$=800mm×1000mm，采用 C60 混凝土强度等级且框架柱为对称配筋，其纵向受力钢筋采用 HRB400。试问：该柱作偏心受压计算时，其界限相对受压区高度 ξ_b 与下列何项数值最为接近？

  A. 0.499   B. 0.517   C. 0.512   D. 0.544

解答过程：

根据《混规》GB 50010—2010 第 6.2.6 条，由线性内插法得

$$\beta_1 = \frac{60-50}{80-50} \times (0.74-0.8) + 0.8 = 0.78$$

根据《混规》式（6.2.1-5），非均匀受压时的混凝土极限压应变

$$\varepsilon_{cu} = 0.0033 - (f_{cu,k} - 50) \times 10^{-5} = 0.0033 - (60-50) \times 10^{-5} = 0.0032 < 0.0033$$

查《混规》表 4.2.5，得钢筋的弹性模量 E_s=2.0×10^{5}N/mm^2

查《混规》表 4.2.3-1，得钢筋抗拉强度设计值 f_y =360N/mm^2

根据《混规》式（6.2.7-1），相对界限受压区高度

$$\xi_b = \frac{\beta_1}{1 + \dfrac{f_y}{E_s \varepsilon_{cu}}} = \frac{0.78}{1 + \dfrac{360}{2 \times 10^5 \times 0.0032}} = 0.499$$

正确答案：A

1.3.3 受弯构件正截面承载力计算——《混规》第 5.2.4 条、第 6.2.10 条、第 6.2.11 条、第 6.2.14 条

典型的矩形截面受弯构件，可以由截面的轴力平衡条件和对受压区重心取矩的弯矩平衡条件（图 1-7），通过承载力计算求得配筋（图 1-8）。倒 T 形截面的情况也按矩形截面计算。

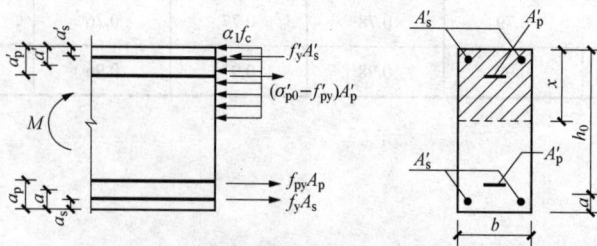

图 1-7 受弯构件矩形截面承载力计算

单筋矩形截面梁（图 1-9）是双筋矩形截面梁（图 1-10）和 T 形截面梁的计算基础，后两者的计算公式均建立在单筋矩形截面梁的基础上。

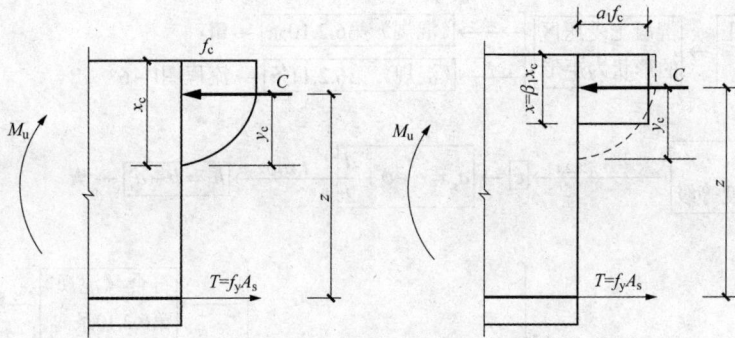

图 1-8 等效矩形应力图

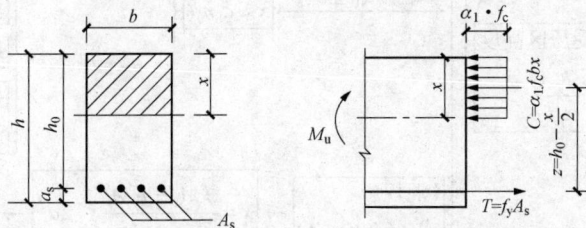

图 1-9 单筋矩形截面受弯构件正截面受弯承载力计算简图

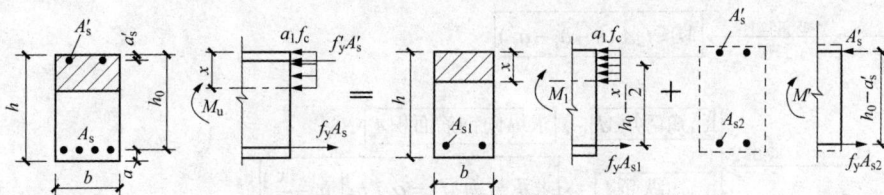

图 1-10 双筋矩形截面梁计算简图

（1）弯矩平衡（对受拉钢筋取矩）：

$$M_u = \alpha_1 f_c bx\left(h_0 - \frac{x}{2}\right) + f_y' A_s'(h_0 - a_s') - (\sigma_{p0}' - f_{py}')A_p'(h_0 - a_p')$$

（2）轴力平衡：$\alpha_1 f_c bx = f_y A_s - f_y' A_s' + f_{py} A_p + (\sigma_{p0}' - f_{py}')A_p'$

1. 受弯构件正截面计算（流程图 1-5）

2. 易考点

（1）相对受压区高度的计算；

（2）钢筋混凝土构件的环境类别及构件保护层厚度的确定；

（3）钢筋混凝土构件正截面受弯承载力的计算方法；

（4）混凝土受压区高度的计算及与限值的比较；

（5）配筋面积计算和构造配筋要求；

（6）钢筋混凝土构件的环境类别及构件保护层厚度的确定；

（7）钢筋混凝土构件的正截面受弯承载力计算方法；

（8）《混规》第 6.2.14 条与第 6.2.10 条的关联。

受弯构件正截面计算 → 混凝土受压区的形状为矩形

$\rightarrow$ 是 $\rightarrow$《混规》第6.2.10条 $\rightarrow$ ■

$\rightarrow$ 否 $\rightarrow$《混规》第6.2.11条 $\rightarrow$ 流程图1-6

环境类别，混凝土强度等级 —《混规》表8.2.1→ c → $a_s = c + \phi + \dfrac{d}{2}$ —有效高度→ $h_0 = h - a_s$ $\rightarrow$ ★

■ —《混规》式(6.2.10-2)→ 求受压区高度 $x = \dfrac{f_y A_s}{\alpha_1 f_c b}$ ★

—《混规》式(6.2.10-3)→ $x \le \xi_b h_0$?

$\rightarrow$ 是 $\rightarrow$ 符合《混规》第6.2.10条 $\rightarrow$ ▶

$\rightarrow$ 否 可以采取的措施 $\rightarrow$ 增大构件截面 ／ 增配受压区钢筋 ／ 提高混凝土强度等级

《混规》式（6.2.10-4）$\rightarrow$ $x = \dfrac{f_y A_s - f_y' A_s'}{\alpha_1 f_c b_f'} < 2a_s'$ $\rightarrow$ ●

● —是，《混规》第6.2.14条→ $M \le f_y A_s(h - a_s - a_s')$

▶ —《混规》式(6.2.10-1)→ 已知弯矩M → 求纵向钢筋面积 A_s

已知纵筋 A_s → 求承载力 $M_u = \alpha_1 f_c bx\left(h_0 - \dfrac{x}{2}\right)$

《混规》式(6.2.10-2) $\rightarrow$ $x = h_0 - \sqrt{h_0^2 - \dfrac{2M}{\alpha_1 f_c b}} \le \xi_b h_0$? $\rightarrow$ 是 $\rightarrow$ ◆

◆ $\rightarrow$ $A_s = \dfrac{\alpha_1 f_c bx}{f_y}$ —最小配筋验算《混规》表8.5.1→ $\rho_{min} = \dfrac{45 f_t}{f_y} \ge 0.2\%$

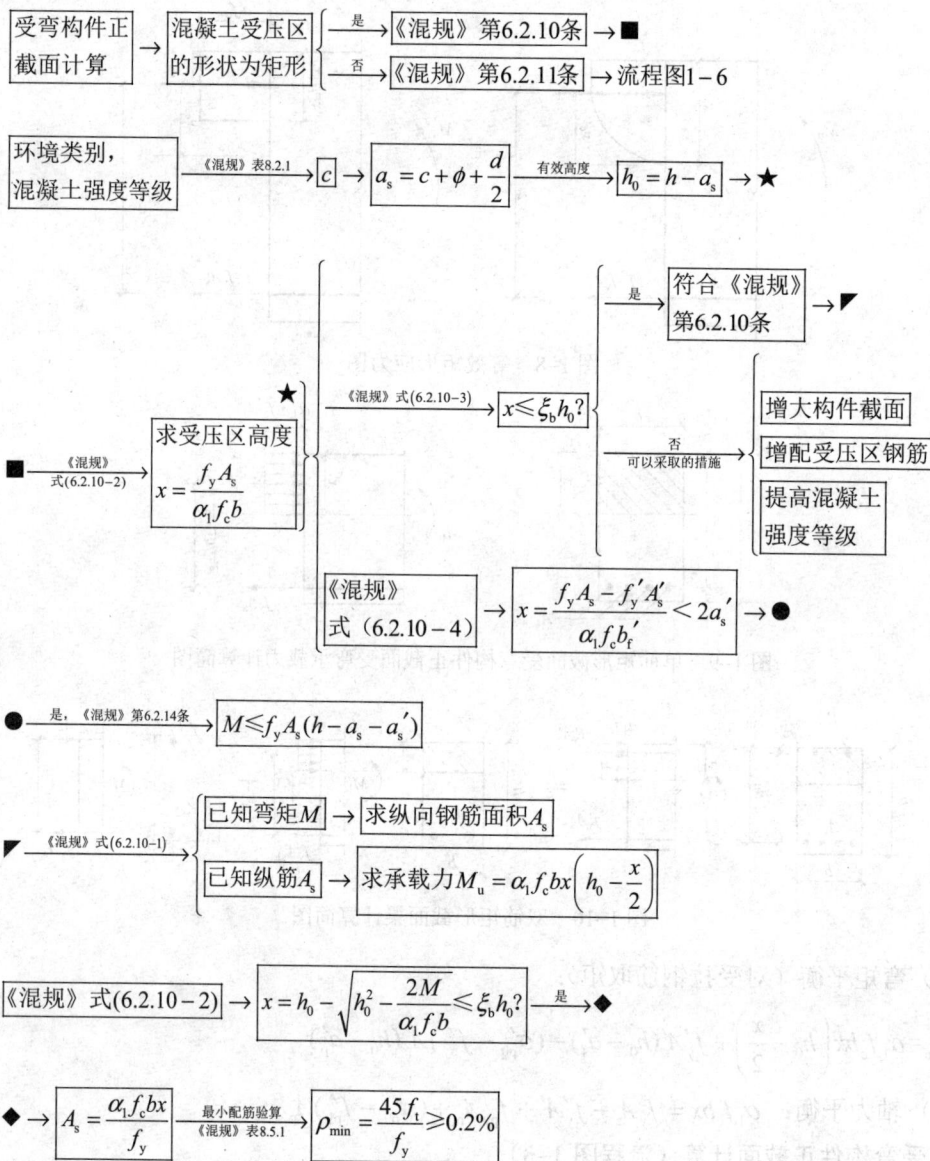

流程图 1-5　受弯构件正截面计算（《混规》第 5.2.4 条、第 6.2.10 条、第 6.2.11 条）

3. 典型考题

2003 年一级题 11、2007 年一级题 14、2010 年一级题 5、2011 年一级题 4、2011 年一级题 11、2012 年一级题 6、2014 年一级题 9、2016 年一级题 9。

2003 年二级题 14、2005 年二级题 7、2006 年二级题 6、2007 年二级题 5、2008 年二级题 7、2009 年二级题 4、2011 年二级题 8、2011 年二级题 16、2011 年二级题 17、2012 年二级题 14、2013 年二级题 3、2014 年二级题 12、2016 年二级题 2。

考题精选 1-4：墙体下端截面每米宽的受弯承载力设计值（2011 年一级题 11）

某多层现浇钢筋混凝土结构，设两层地下车库，局部地下一层外墙内移，如图 1-11 所示。已知室内环境类别为一类，室外环境类别为二 b 类，混凝土强度等级均为 C30。

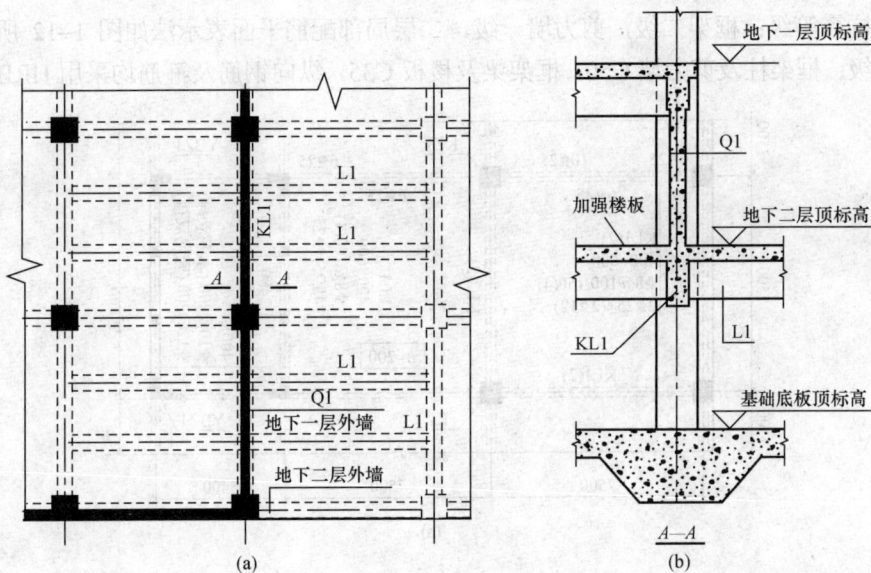

图 1-11　某多层结构示意图

假定 Q1 墙体的厚度 $h=250\text{mm}$，墙体竖向受力钢筋采用 HRB400 级钢筋，外侧为 $\Phi16@100$，内侧为 $\Phi12@100$，均放置于水平钢筋外侧。试问：当按受弯构件计算并不考虑受压钢筋作用时，该墙体下端截面每米宽的受弯承载力设计值 M（kN·m），与下列何项数值最为接近？

提示：纵向受力钢筋的混凝土保护层厚度取最小值。

A. 115 　　　　　B. 135 　　　　　C. 165 　　　　　D. 190

解答过程：

根据已知条件，b 类环境，C30 混凝土，查《混规》GB 50010—2010 表 8.2.1，得混凝土保护层 $c=25\text{mm}$；

钢筋面积[1] $A_s=2010\text{mm}^2/\text{m}$，混凝土受压区高度 $x=\dfrac{f_yA_s}{\alpha_1 f_c b}=\dfrac{360\times2010}{1.0\times14.3\times1000}=50.6\text{mm}$

$a_s=c+\dfrac{d}{2}=25+\dfrac{16}{2}=33\text{mm}$，截面有效高度 $h_0=h-a_s=250-33=217\text{mm}$

$\xi_b h_0=0.518\times217=112.4\text{mm}$；则有 $x<\xi_b h_0$，符合《混规》第 6.2.10 条。

根据《混规》式（6.2.10-1），受弯承载力设计值（材料抗力）

$$M_u=\alpha_1 f_c bx\left(h_0-\frac{x}{2}\right)=1.0\times14.3\times1000\times50.6\times\left(217-\frac{50.6}{2}\right)$$

$$=138.7\times10^6\text{N·mm}=138.7\text{kN·m}$$

正确答案：B

考题精选 1-5：梁跨中正截面受弯承载力设计值（2014 年一级题 9）

某现浇钢筋混凝土框架-剪力墙结构高层办公楼，抗震设防烈度为 8 度（0.2g），场地类别

---

[1] 本题的关键点：墙体下端外侧（墙的右侧）受拉，内侧（墙的左侧）受压，而墙体沿竖向的中部内侧（墙的左侧）受拉，外侧（墙的右侧）受压。另外，受拉钢筋在构造钢筋的外侧，这也是面类构件（墙、板等）配筋的特点。

为Ⅱ类，抗震等级：框架二级，剪力墙一级，二层局部配筋平面表示法如图 1-12 所示，混凝土强度等级：框架柱及剪力墙 C50，框架梁及楼板 C35，纵向钢筋及箍筋均采用 HRB400（Φ）。

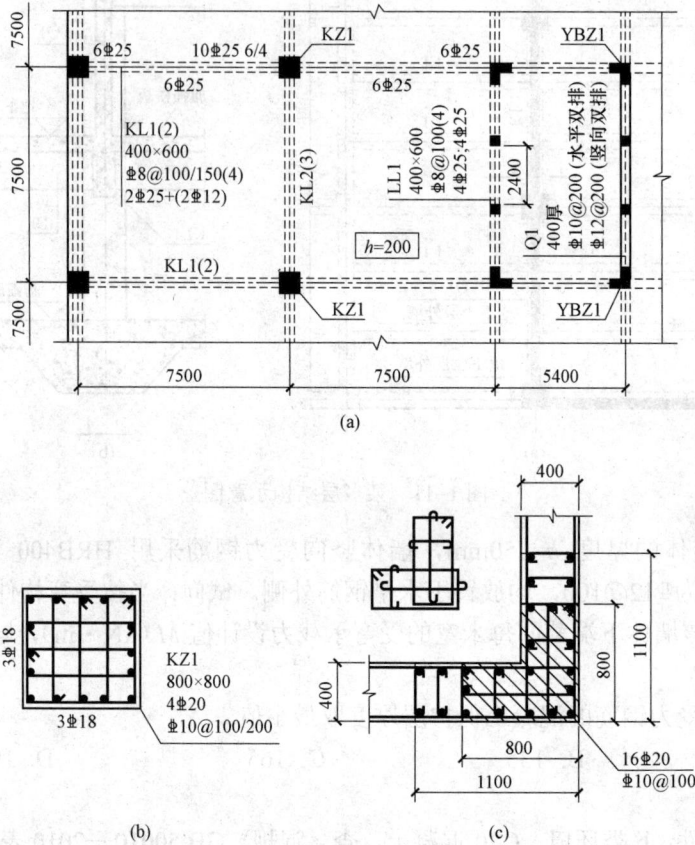

(a)

(b)   (c)

图 1-12　二层局部配筋平面表示法

不考虑地震作用组合时框架梁 KL1 的跨中截面及配筋图 1-12（a）所示，假定梁受压区有效翼缘计算宽度 $b_f' = 2000\text{mm}$，$a_s = a_s' = 45\text{mm}$，$\xi_b = 0.518$，$\gamma_0 = 1.0$。试问，当考虑梁跨中纵向受压钢筋和现浇楼板受压翼缘的作用时，该梁跨中正截面受弯承载力设计值 $M(\text{kN} \cdot \text{m})$，与下列何项数值最为接近？

提示：不考虑梁上部架立筋及板内配筋的影响。

A. 500　　　　　　　B. 540　　　　　　　C. 670　　　　　　　D. 720

解答过程：

根据《混规》GB 50010—2010 式（6.2.10-4），受压区高度

$$x = \frac{f_y A_s - f_y' A_s'}{\alpha_1 f_c b_f'} = \frac{360 \times (6 \times 490.6) - 360 \times (2 \times 490.6)}{1.0 \times 16.7 \times 2000} = 21.2\text{mm} < 2a_s' = 2 \times 45 = 90\text{mm}$$，不满

足《混规》式（6.2.10-4），则采用《混规》第 6.2.14 条，梁跨中正截面受弯承载力设计值

$$M_u = f_y A_s (h_0 - a_s') = 360 \times (6 \times 490.6) \times (600 - 45 - 45)$$

$$= 540.4 \times 10^6 \text{N} \cdot \text{mm} = 540.4\text{kN} \cdot \text{m}$$

正确答案：B

28

1.3.4　T形、I形及倒L形截面受弯构件翼缘计算宽度——《混规》表5.2.4

1. 易错点

（1）《混规》表5.2.4下注。

（2）此处的T形截面特指受弯构件中混凝土受压区为T形的截面，并非混凝土构件横截面为T形截面（图1-13）。比如，2011年2级题8中的悬臂T梁计算。

2. 典型考题

2009年二级题3。

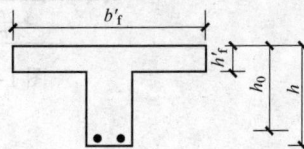

图1-13　独立的T形截面梁的翼缘宽度

考题精选1-6：梁跨中截面受压区的翼缘计算宽度（2009年二级题3）

某办公楼现浇钢筋混凝土三跨连续梁如图1-14所示，其结构安全等级为二级，混凝土强度等级为C30，纵向钢筋采用HRB335级钢筋（Φ），箍筋采用HPB300级钢筋（φ）。梁上作用的恒荷载标准值（含自重）$g_k=25kN/m$，活荷载标准值$q_k=20kN/m$。

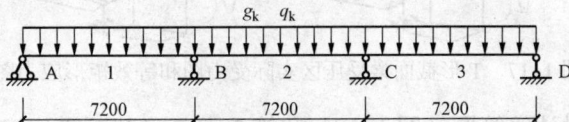

图1-14　现浇钢筋混凝土三跨连续梁

该梁的截面如图1-15所示。截面尺寸$b×h=300mm×600mm$，翼缘高度（楼板厚度）$h_f'=100mm$，楼面梁间净距$s_n=3000mm$。试问：当进行正截面受弯承载力计算时，该梁跨中截面受压区的翼缘计算宽度b_f'（mm）取下列何项数值最为合适？

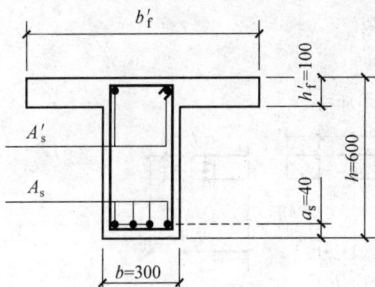

图1-15　梁截面尺寸

A. 900　　　　　　　　B. 1500　　　　　　　　C. 2400

解答过程： 根据《混规》GB 50010—2010表5.2.4，

根据计算跨度l_0考虑$b_f'=l_0/3=7200/3=2400mm$

根据梁净距s_n考虑$b_f'=b+s_n=300+3000=3300mm$

根据翼缘高度h_f'考虑$\dfrac{h_f'}{h_0}=\dfrac{100}{600-40}=0.18>0.1$，不适用《混规》表5.2.4。

梁跨中截面受压区的翼缘计算宽度b_f'取较小值为2400mm。

正确答案：C

1.3.5　T形正截面受弯承载力计算——《混规》第6.2.11条、第5.2.4条

I形（图1-16）和T形（图1-17）截面受弯构件的承载力计算与矩形截面基本相同，但应考虑由于翼板、腹板截面宽度不同对受压区高度以及承载力的影响。

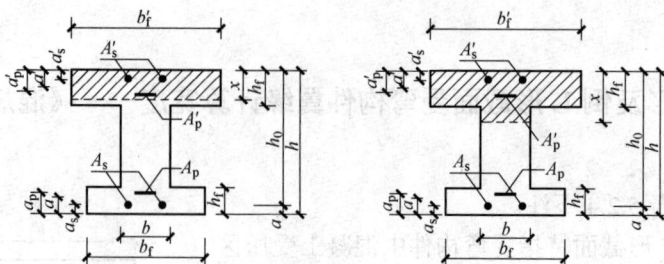

图 1-16　I 形截面受弯构件受压区高度示意图

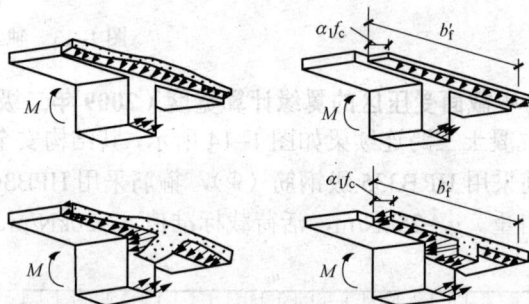

图 1-17　T 形截面梁受压区实际受力图和等效矩形应力图

第 1 类 T 形截面梁计算简图（图 1-18）和第 2 类 T 形截面梁计算简图（图 1-19）。

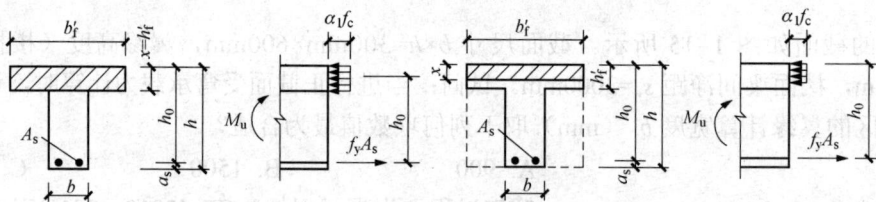

图 1-18　第 1 类 T 形截面梁计算简图

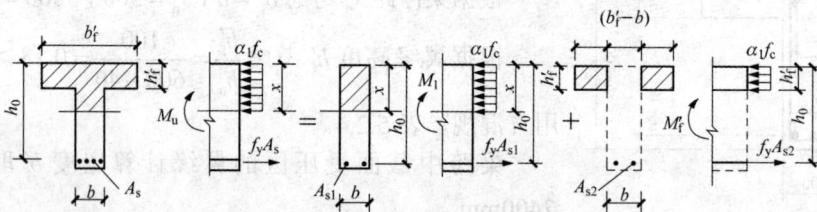

图 1-19　第 2 类 T 形截面梁计算简图

（1）弯矩平衡（对受拉钢筋取矩）：

$$M = \alpha_1 f_c bx \left(h_0 - \frac{x}{2} \right) + f'_y A'_s (h_0 - a'_s) - (\sigma'_{p0} - f'_{py}) A'_p (h_0 - a'_p)$$

（2）轴力平衡：$\alpha_1 f_c bx = f_y A_s - f'_y A'_s + f_{py} A_p + (\sigma'_{p0} - f'_{py}) A'_p$

1. 受弯构件正截面计算（流程图1-6）

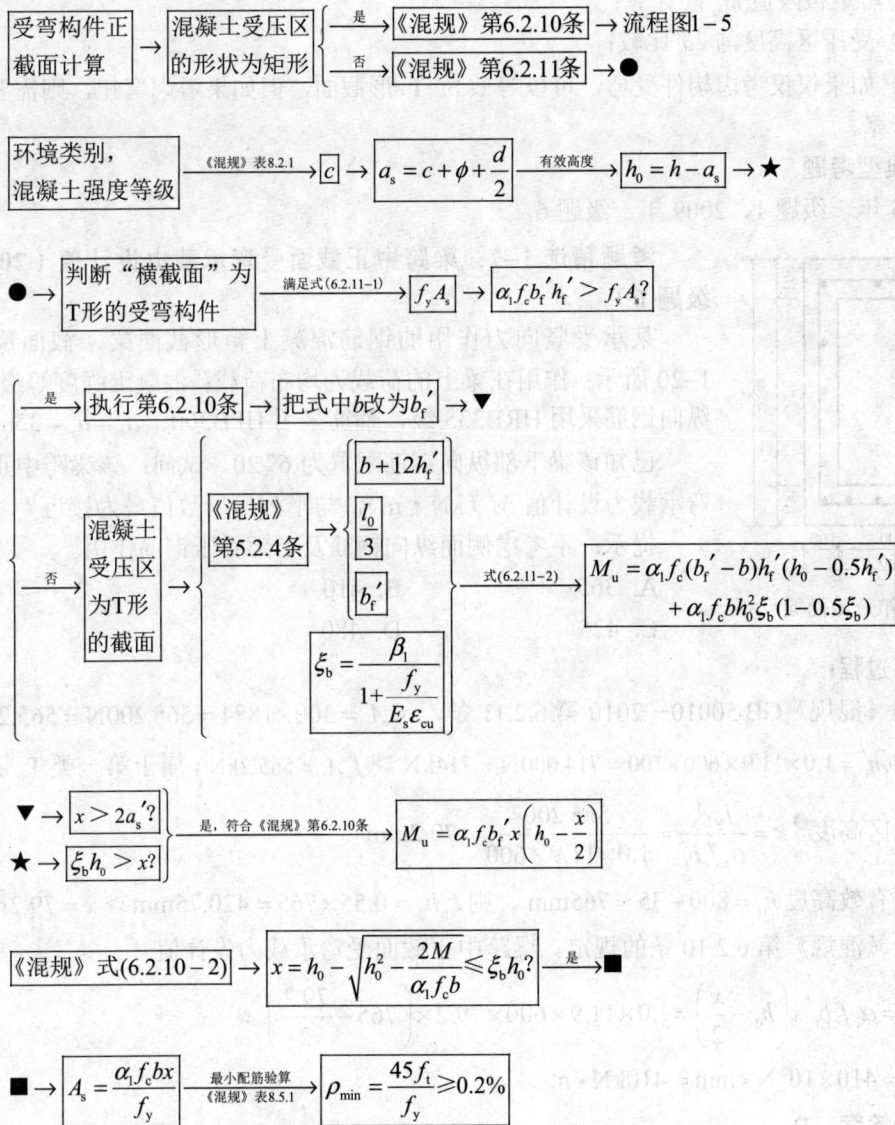

受弯构件正截面计算 → 混凝土受压区的形状为矩形 {
是 → 《混规》第6.2.10条 → 流程图1-5
否 → 《混规》第6.2.11条 → ●
}

环境类别，混凝土强度等级 —《混规》表8.2.1→ c → $a_s = c + \phi + \dfrac{d}{2}$ —有效高度→ $h_0 = h - a_s$ → ★

● → 判断"横截面"为T形的受弯构件 —满足式(6.2.11-1)→ $f_y A_s$ → $\alpha_1 f_c b_f' h_f' > f_y A_s$?

{
是 → 执行第6.2.10条 → 把式中b改为b_f' → ▼

否 → 混凝土受压区为T形的截面 → 《混规》第5.2.4条 {
$b + 12 h_f'$
$\dfrac{l_0}{3}$
b_f'
}
$\xi_b = \dfrac{\beta_1}{1 + \dfrac{f_y}{E_s \varepsilon_{cu}}}$
—式(6.2.11-2)→ $M_u = \alpha_1 f_c (b_f' - b) h_f' (h_0 - 0.5 h_f') + \alpha_1 f_c b h_0^2 \xi_b (1 - 0.5 \xi_b)$
}

▼ → $x > 2 a_s'$?
★ → $\xi_b h_0 > x$?
—是，符合《混规》第6.2.10条→ $M_u = \alpha_1 f_c b_f' x \left(h_0 - \dfrac{x}{2} \right)$

《混规》式(6.2.10-2) → $x = h_0 - \sqrt{h_0^2 - \dfrac{2M}{\alpha_1 f_c b}} \leqslant \xi_b h_0$? —是→ ■

■ → $A_s = \dfrac{\alpha_1 f_c b x}{f_y}$ —最小配筋验算《混规》表8.5.1→ $\rho_{min} = \dfrac{45 f_t}{f_y} \geqslant 0.2\%$

流程图1-6　受弯构件正截面计算（《混规》第5.2.4条、第6.2.10条、第6.2.11条）

2. 易考点

（1）T形独立梁的概念；

（2）判断 b_f' 的大小；

（3）第一、二类T形截面的判定；

（4）第一类T形截面梁的极限承载力计算；

（5）第二类T形截面梁的极限承载力计算；

（6）相对受压区高度的计算；

（7）《混规》第6.2.14条与第6.2.10条的关联；

（8）混凝土受压区高度的计算；

（9）弯矩极限值 M_u 的计算；

（10）受压区高度与 $2a'_s$ 比较；

（11）如果仅仅考虑构件受弯，可以等效为 T 形截面，但如果考虑弯扭，则需要按箱形截面来计算。

3. 典型考题

2005 年一级题 1、2009 年一级题 6。

考题精选 1-7：梁跨中正截面受弯承载力设计值（2009 年一级题 6）

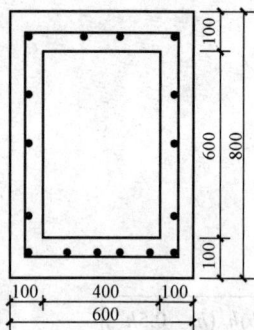

图 1-20 箱形截面梁尺寸

某承受竖向力作用的钢筋混凝土箱形截面梁，截面尺寸如图 1-20 所示；作用在梁上的荷载为均布荷载；混凝土强度等级为 C25，纵向钢筋采用 HRB335 级，箍筋采用 HPB300；$a_s = a'_s = 35mm$。

已知该梁下部纵向钢筋配置为 6Φ20。试问：该梁跨中正截面受弯承载力设计值 M（kN·m），与下列何项数值最为接近？

提示：不考虑侧面纵向钢筋及上部受压钢筋作用。

A. 365　　　　　　　　B. 410

C. 425　　　　　　　　D. 480

解答过程：

根据《混规》GB 50010—2010 第 6.2.11 条，$f_y A_s = 300 \times 1884 = 565\,200N = 565.2kN$

$\alpha_1 f_c b'_f h'_f = 1.0 \times 11.9 \times 600 \times 100 = 714\,000N = 714kN > f_y A_s = 565.2kN$，属于第一类 T 形截面[1]。

受压区高度[2] $x = \dfrac{f_y A_s}{\alpha_1 f_c b'_f} = \dfrac{565\,200}{1.0 \times 11.9 \times 600} = 79.2mm$

截面有效高度 $h_0 = 800 - 35 = 765mm$，则 $\xi_b h_0 = 0.55 \times 765 = 420.75mm > x = 79.2mm$

符合《混规》第 6.2.10 条的规定。梁跨中正截面受弯承载力设计值

$$M_u = \alpha_1 f_c b'_f x \left(h_0 - \frac{x}{2} \right) = 1.0 \times 11.9 \times 600 \times 79.2 \times \left(765 - \frac{79.2}{2} \right)$$

$$= 410 \times 10^6 N \cdot mm = 410kN \cdot m$$

正确答案：B

1.3.6　斜截面受剪承载力——《混规》第 6.3.1 条

受剪承载力计算公式是建立在剪压破坏基础上，所以应采取下列措施来防止斜压破坏和斜拉破坏。

（1）防止斜压破坏—截面限值条件：《混规》第 6.3.1 条对受弯构件的受剪截面尺寸提出

---

❶ 本题的关键点：箱形截面构件，不论是顶板受压还是底板受压，均为 T 形截面构件；然后，根据混凝土受压区是否进入腹板来判断第一、二 T 形截面。

❷ 根据提示，无需考虑受压区高度与 $2a'_s$ 比较。

了要求。

（2）防止斜拉破坏——最小配箍要求：《混规》第9.2.9条对受弯构件的最小配箍率提出了要求。

1. 易错点

（1）β_c 的取值，当混凝土强度等级不超过 C50 时，取 $\beta_c=1.0$；当混凝土强度等级为 C80 时，取 $\beta_c=0.8$；其间按线性内插法取用（表1-5）；

（2）《混规》第 6.3.1 条注；

（3）线性内插法的正确应用。

2. 流程图

流程图 1-7 中所采用截面尺寸的图示见图 1-21，受弯构件受剪截面要求见流程图 1-7，受弯构件配箍计算见流程图 1-8。

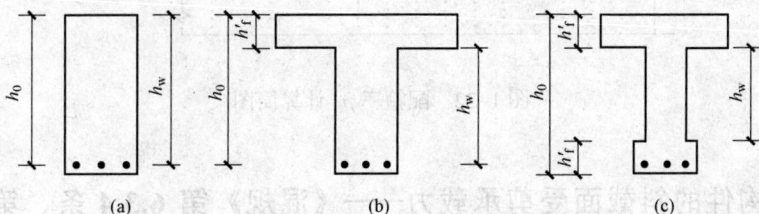

图 1-21　流程图 1-7 中所采用截面尺寸的图示

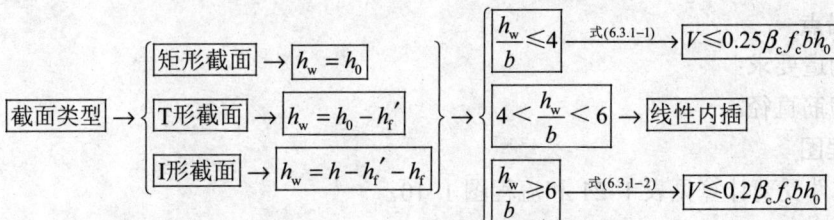

流程图 1-7　受弯构件受剪截面要求

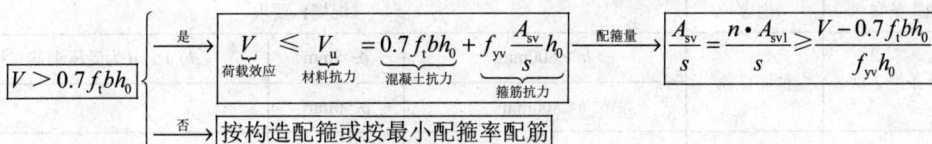

流程图 1-8　受弯构件配箍计算

也可把式《混规》（6.3.1-1）与《混规》式（6.3.1-2）变成统一为 $V \leqslant \alpha\beta_c f_c b h_0$

假定 $y = \dfrac{h_w}{b}$，$4 < y < 6$，则有 $\alpha = 0.25 - \dfrac{y-4}{6-4}(0.25-0.2)$

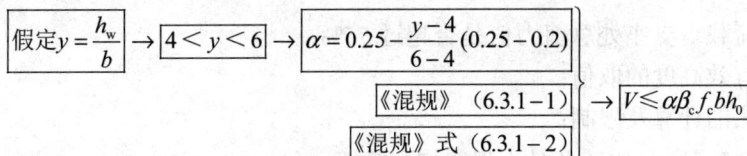

流程图 1-9　受弯构件配箍计算（《混规》第 6.3.1 条）

1.3.7 斜截面受剪防止斜拉破坏的条件

配箍率要求（《混规》第 9.2.9 条第 3 款） $\rho_{sv} = \dfrac{A_{sv}}{bs} = \dfrac{nA_{sv1}}{bs} \geq \rho_{sv,min} = 0.24\dfrac{f_t}{f_{yv}}$

箍筋配置量以配箍率 ρ_{sv} 表示，它反映了梁沿纵向单位水平截面含有的箍筋截面面积，如图 1–22 所示。

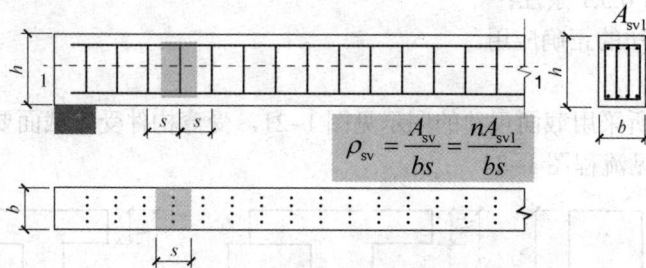

图 1–22　配箍率 ρ_{sv} 计算简图

1.3.8 受弯构件的斜截面受剪承载力——《混规》第 6.3.4 条、第 9.2.9 条、第 10.1.13 条

1. 易错点

（1）构造要求；

（2）箍筋直径。

2. 流程图

受弯构件受剪计算见表 1–21 和流程图 1–10。

表 1–21　　　　　　　　　　　　　　受 弯 构 件 受 剪

《混规》条文	内容	《混规》要求		
第 9.2.9 条第 2 款	箍筋直径	$h > 800\text{mm}$	$\phi \geq 8\text{mm}$	$d/4$，d 为受压钢筋直径
		$h \leq 800\text{mm}$	$\phi \geq 6\text{mm}$	
第 9.2.9 条第 1 款	配筋范围	—		
表 9.2.9	箍筋间距	—		
第 9.2.9 条第 3 款	配箍率 ρ_{sv}	$\rho_{sv} \geq \rho_{sv,min} = 0.24\dfrac{f_t}{f_{yv}}$		

3. 易考点

（1）集中荷载占支座处总剪力值是否超过 75%；

（2）截面有效高度的取值；

（3）剪跨比的计算及限制；

（4）V 与 $0.7f_t bh$ 的比较及是否仅需构配箍筋；

流程图 1-10　受弯构件受剪计算（《混规》第 6.3.4 条、第 10.1.13 条）

（5）最小配箍率；

（6）截面有效高度的取值；

（7）梁端材料抗力的计算；

（8）由材料抗力求取最大集中荷载设计值；

（9）力学计算；

（10）集中荷载引起的支座处剪力与支座反力的关系；

（11）剪跨比的计算及限值；

（12）计算 $\dfrac{A_{sv}}{s}$；

（13）矩形截面钢筋混凝土偏心受拉构件的斜截面受剪承载力计算；

（14）正确理解独立梁❶与一般梁的定义；

（15）矩形受弯构件斜截面计算；

---

❶ 一般如工业厂房里面的预制的混凝土吊车梁为独立梁。

（16）预应力混凝土采用《混规》第 10.1.13 条。

4. 典型考题

2003 年一级题 12、2003 年一级题 13、2005 年一级题 2、2012 年一级题 5、2016 年一级题 10。

2003 年二级题 11、2007 年二级题 4、2009 年二级题 6、2013 年二级题 12、2016 年二级题 3。

考题精选 1-8：梁斜截面所需的单肢截面积（2005 年一级题 2）

某钢筋混凝土 T 形截面简支梁，安全等级为二级，C25 混凝土，荷载简图及截面尺寸如图 1-23 所示。梁上作用有均布静荷载 g_k，均布活荷载 p_k，集中静荷载 G_k，集中活荷载 P_k；各种荷载均为标准值。

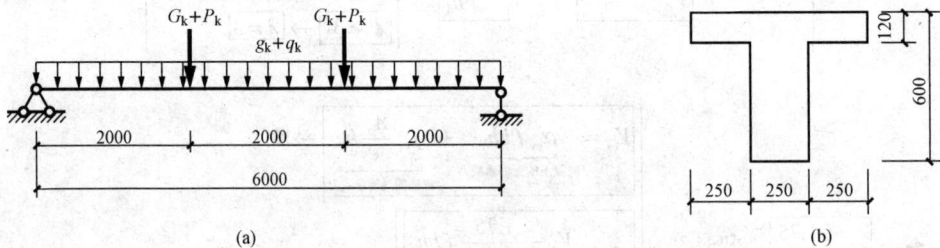

图 1-23　T 形截面简支梁荷载简图及截面尺寸

（a）荷载简图；（b）梁截面尺寸

已知：$a_s=65\text{mm}$，$f_{yv}=210\text{N/mm}^2$，$f_t=1.27\text{N/mm}^2$，$g_k=q_k=4\text{kN/m}$，$G_k=P_k=50\text{kN}$；箍筋采用 HPB300 钢筋。试问：当采用双肢箍且箍筋间距为 200mm 时，该梁斜截面所需的单肢截面积（mm^2）与下列何项数值最为接近？

A. 68　　　　　　　B. 79　　　　　　　C. 92　　　　　　　D. 108

解答过程：

支座反力

$$R = \gamma_G\left(\frac{q_k l}{2}+G_k\right)+\gamma_Q\left(\frac{p_k l}{2}+Q_k\right)=1.2\times\left(4\times\frac{6}{2}+50\right)+1.4\times\left(4\times\frac{6}{2}+50\right)=161.2\text{kN}$$

集中荷载引起的支座反力为 1.2×50+1.4×50=130kN

本梁为独立梁，且集中荷载 $\frac{130}{161.2}=80.6\%>75\%$，则应按《混规》GB 50010—2010 式（6.3.4-2）计算斜截面承载力。

剪跨比 $\lambda=\dfrac{a}{h_0}=\dfrac{2000}{600-65}=3.74>3$，取 $\lambda=3.0$

由 $V_u=\dfrac{1.75}{\lambda+1.0}f_t b h_0+f_{yv}\dfrac{A_{sv}}{s}h_0$，得

$$\frac{A_{sv}}{s}=\frac{V_u-\dfrac{1.75}{\lambda+1.0}f_t b h_0}{f_{yv}h_0}=\frac{161.2\times10^3-\dfrac{1.75}{3+1.0}\times1.27\times250\times535}{270\times535}=0.6014$$

则单肢截面积 $A_{sv1} = \dfrac{0.6014 \times 200}{2} = 60.14\text{mm}^2$

正确答案：A

考题精选 1-9：支座截面处梁的箍筋配置（2012 年一级题 5）

某钢筋混凝土框架结构多层办公楼局部平面布置如图 1-24 所示（均为办公室），梁、板、柱混凝土强度等级均为 C30，梁、柱纵向钢筋为 HRB400 钢筋，楼板纵向钢筋及梁、柱箍筋为 HRB335 钢筋。

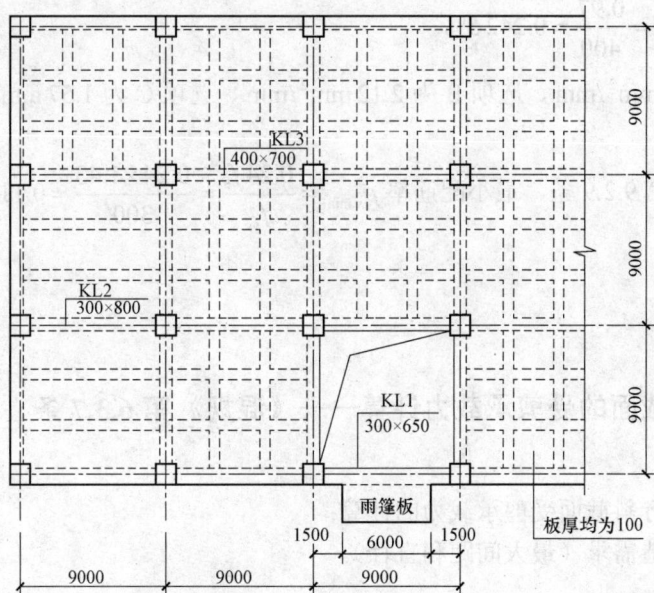

图 1-24 框架结构办公楼局部平面布置图

框架梁 KL3 的截面尺寸为 400mm×700mm，计算简图近似如图 1-25 所示。作用在 KL3 上的均布静荷载、均布活荷载标准值 q_D、q_L 分别为 20kN/m、7.5kN/m；作用在 KL3 上的集中静荷载、集中活荷载标准值 P_D、P_L 分别为 180kN、60kN，试问：支座截面处梁的箍筋配置下列何项较为合适？

提示：$h_0 = 660$mm；不考虑抗震设计。

A. Φ8@200（四肢箍）

B. Φ8@100（四肢箍）

C. Φ10@200（四肢箍）

D. Φ10@100（四肢箍）

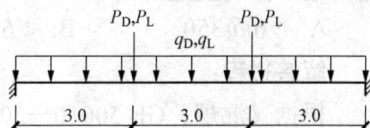

图 1-25 KL3 计算简图

解答过程：

支座处永久荷载产生的剪力标准值 $V_D = 20 \times 9 \times 0.5 + 180 = 270$kN

支座处可变荷载产生的剪力标准值 $V_L = 7.5 \times 9 \times 0.5 + 60 = 93.75$kN

根据《荷规》GB 50009—2012 第 3.2.3 条，支座处剪力设计值：

当永久荷载控制 $V = 1.35 \times 270 + 1.4 \times 0.7 \times 93.75 = 456.375$kN

当可变荷载控制 $V = 1.2 \times 270 + 1.4 \times 93.75 = 455.25\text{kN}$，经比较知由永久荷载控制。

因 $V = 456.375\text{kN} > 0.7 f_t b h_0 = 0.7 \times 1.43 \times 400 \times 660 = 264.264 \times 10^3 \text{N} = 264.264\text{kN}$，需按计算配置箍筋。

根据《混规》GB 50010—2010 第 6.3.4 条，框架梁不是独立梁，斜截面混凝土受剪承载力系数 $\alpha_{cv} = 0.7$，代入《混规》式（6.3.4–2），有

$$\frac{A_{sv}}{s} \geqslant \frac{V_{cs} - \alpha_{cv} f_t b h_0}{f_{yv} h_0} = \frac{456.375 \times 10^3 - 0.7 \times 1.43 \times 400 \times 660}{300 \times 660} = 0.97\,\text{mm}^2/\text{mm}$$

配筋率 $\rho_v = \dfrac{A_{sv}}{bs} = \dfrac{0.97}{400} = 0.242\,5\%$

选项 A 为 $1.06\,\text{mm}^2/\text{mm}$、选项 B 为 $2.12\,\text{mm}^2/\text{mm}$、选项 C 为 $1.57\,\text{mm}^2/\text{mm}$、选项 D 为 $3.14\,\text{mm}^2/\text{mm}$

根据《混规》第 9.2.9 条，最小配筋率 $\rho_{v,min} = \dfrac{0.24 f_t}{f_{yv}} = \dfrac{0.24 \times 1.43}{300} = 0.11\%$，符合《混规》要求。

正确答案：A

1.3.9　不进行斜截面的受剪承载力计算——《混规》第 6.3.7 条

1. 易考点

（1）是否须进行斜截面受剪承载力的计算；

（2）箍筋的构造需求（最大间距和直径）。

2. 典型考题

2009 年一级题 7。

考题精选 1–10：最小箍筋配置（2009 年一级题 7）

大题干参见考题精选 1–7。

假定该箱形梁某截面处的剪力设计值 $V = 120\text{kN}$，扭矩 $T = 0$，受弯承载力计算时未考虑受压区纵向钢筋，试问：下列何项箍筋配置最接近《混凝土结构设计规范》GB 50010—2010 规定的最小箍筋配置的要求？

A. $\phi 6@350$　　　　B. $\phi 6@250$　　　　C. $\phi 6@300$　　　　D. $\phi 6@250$

解答过程：

根据《混规》GB 50010—2010 第 6.3.7 条，

$V = 120\text{kN} < 0.7 f_t b h_0 = 0.7 \times 1.27 \times 200 \times 765 = 136 \times 10^3 \text{N} = 136\text{kN}$，可不进行斜截面的受剪承载力计算。

由《混规》第 9.2.9 条，$h = 800\text{mm}$，$V < 0.7 f_t b h_0$，得箍筋最大间距取 350mm；箍筋直径不应小于 6mm。

正确答案：A

1.4 受压构件计算

1.4.1 受压构件相关条文群（表 1–22）

表 1–22 受压构件相关条文群

构件类型			规范内容	相 关 条 文
受压构件	轴心受压		—	第 6.2.15 条、第 6.2.16 条
	偏心受压	单向偏压	正截面计算	第 6.2.17 条、第 6.2.18 条、第 6.2.19 条、第 6.2.20 条
		双向偏压	正截面计算	第 6.2.21 条
		偏压	斜截面计算	第 6.3.11 条、第 6.3.12 条、第 6.3.13 条、第 6.3.15 条
			双剪计算	第 6.3.16 条、第 6.3.17 条、第 6.3.18 条、第 6.3.19 条
	构造要求			第 9.3.1 条、第 9.3.2 条、第 9.3.3 条

1.4.2 刚性楼盖单层房屋排架柱、露天吊车柱和栈桥柱的计算长度——《混规》表 6.2.20–1

1. 易错点

（1）适用范围是"刚性屋盖"；

（2）H、H_l、H_u 的取值；

（3）《混规》表 6.2.20–1 的注 2、注 3；

（4）排架方向（平面内）与垂直排架方向（平面外）的定义。

2. 流程图

刚性楼盖单层房屋排架柱、露天吊车柱和栈桥柱的计算长度见表 1–23，《混规》轴心受压和偏心受压柱的计算长度见流程图 1–11。

表 1–23 刚性楼盖单层房屋排架柱、露天吊车柱和栈桥柱的
计算长度（《混规》表 6.2.20–1）

柱的类别		l_0		
		排架方向	垂直排架方向	
			有柱间支撑	无柱间支撑
无吊车房屋柱	单跨	$1.5H$	$1.0H$	$1.2H$
	两跨及多跨	$1.15H$	$1.0H$	$1.2H$
有吊车房屋柱	上柱	$2.0H_u$	$1.25H_u$	$1.5H_u$
	下柱	$1.0H_l$	$0.8H_l$	$1.0H_l$

柱的类别	l_0		
	排架方向	垂直排架方向	
		有柱间支撑	无柱间支撑
露天吊车柱和栈桥柱	$2.0H_l$	$1.0H_l$	—

注：1. 表中 H 为从基础顶面算起的柱子全高；H_l 为从基础顶面至装配式吊车梁底面或现浇式吊车梁顶面的柱子下部高度；H_u 为从装配式吊车梁底面或从现浇式吊车梁顶面算起的柱子上部高度；

    2. 表中有吊车房屋排架柱的计算长度，当计算中不考虑吊车荷载时，可按无吊车房屋柱的计算长度采用，但上柱的计算长度仍可按有吊车房屋采用；

    3. 表中有吊车房屋排架柱的上柱在排架方向的计算长度，仅适用于 H_u/H_l 不小于 0.3 的情况；当 H_u/H_l 小于 0.3 时，计算长度宜采用 $2.5H_u$。

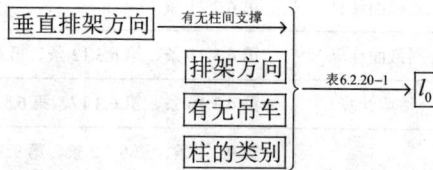

流程图 1–11　《混规》轴心受压和偏心受压柱的计算长度（第 6.2.20 条第 1 款）

3. 易考点

（1）求取的是排架方向还是垂直排架方向；

（2）上、下柱的几何尺寸比值和计算长度的计算。

4. 典型考题

2005 年一级题 9。

考题精选 1–11：厂房柱在排架方向的计算长度 l_0（2005 年一级题 9）

某单层双跨等高钢筋混凝土柱厂房，其平面布置图、排架简图及边柱尺寸如图 1–26 所示。该厂房每跨各设有 20/5t 桥式软钩吊车两台，吊车工作级别为 A5 级，吊车参数见表 1–24。

表 1–24　　　　　　　　　　吊 车 参 数 表

起重量 Q/t	吊车宽度 B/m	轮距 K/m	最大轮压 P_{max}/kN	最小轮压 P_{min}/kN	吊车总重量 G/t	小车重 g/t
20/5	5.94	4.00	178	43.7	23.5	6.8

试问：在进行有吊车荷载参与组合的计算时，该厂房柱在排架方向的计算长度 l_0（m）应与下列何项数值最为接近？

提示：该厂房为刚性屋盖。

A. 上柱：$l_0 = 4.1$；下柱：$l_0 = 6.8$　　　B. 上柱：$l_0 = 4.1$；下柱：$l_0 = 10.6$

C. 上柱：$l_0 = 5.0$；下柱：$l_0 = 8.45$　　　D. 上柱：$l_0 = 6.6$；下柱：$l_0 = 8.45$

解答过程：

根据《混规》GB 50010—2010 表 6.2.20–1 及注 3，由于 $\dfrac{H_u}{H_l} = \dfrac{3300}{8450} = 0.391 > 0.3$，则上柱的计算长度 $l_0 = 2H_u = 2 \times 3.3 = 6.6\text{m}$；下柱的计算长度 $l_0 = 1.0H_l = 1.0 \times 8.45 = 8.45\text{m}$

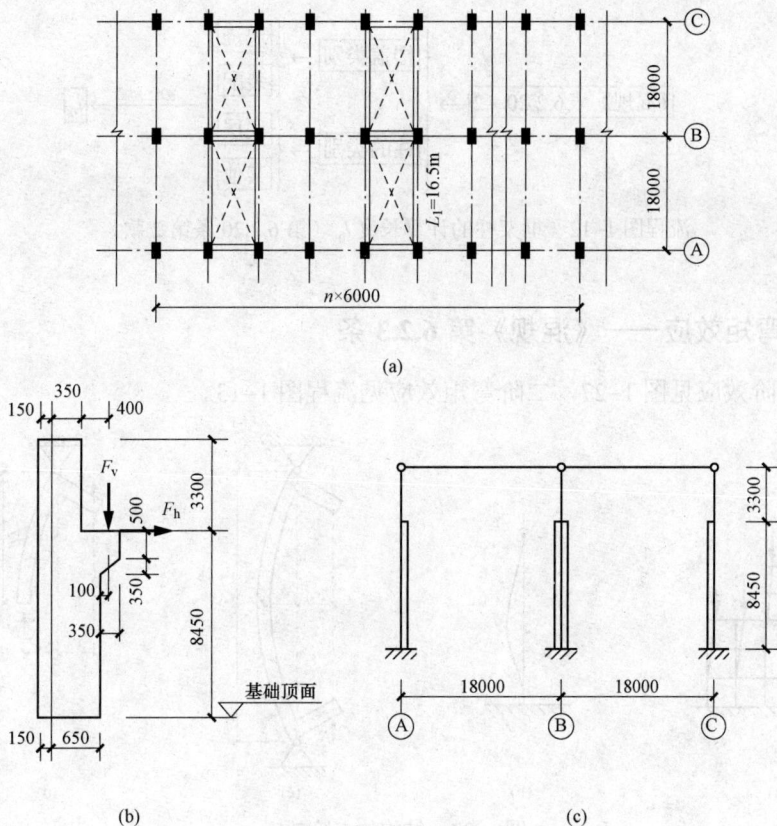

图1-26 厂房

(a) 平面布置图；(b) 边柱尺寸图；(c) 排架简图

正确答案：D

1.4.3 框架柱的计算长度——《混规》表6.2.20-2

1. 易错点

表1-25的注。

2. 流程图

框架结构各层柱的计算长度见表1-25，框架柱的计算长度 l_0 见流程图1-12。

表1-25　框架结构各层柱的计算长度（《混规》表6.2.20-2）

楼盖类型	柱的类别	l_0
现浇楼盖	底层柱	$1.0H$
	其余各层柱	$1.25H$
装配式楼盖	底层柱	$1.25H$
	其余各层柱	$1.5H$

注：表中 H 为底层柱从基础顶面到一层楼盖顶面的高度；对其余各层柱为上下两层楼盖顶面之间的高度。

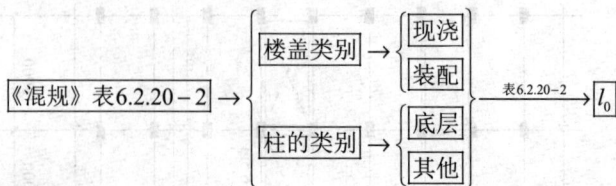

流程图 1-12　框架柱的计算长度 l_0（第 6.2.20 条第 2 款）

1.4.4　二阶弯矩效应——《混规》第 6.2.3 条

结构的二阶效应见图 1-27，二阶弯矩效应见流程图 1-13。

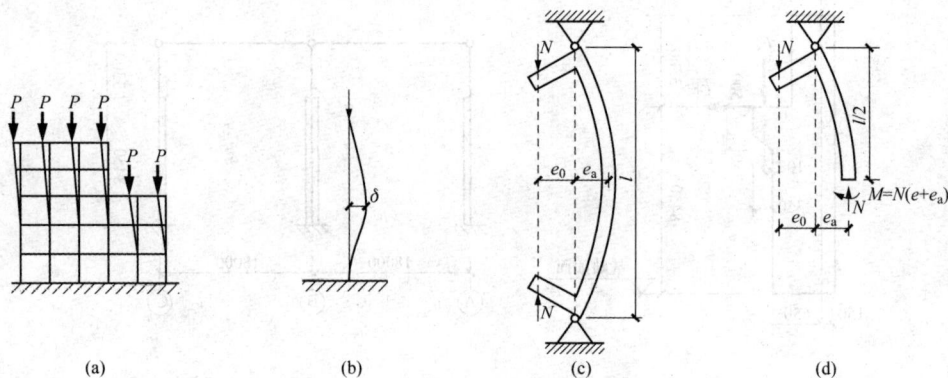

图 1-27　结构的二阶效应

（a）结构侧移的二阶（$P-\Delta$）效应；（b）构件挠曲的二阶（$P-\delta$）效应；（c）、（d）$P-\delta$ 计算简图

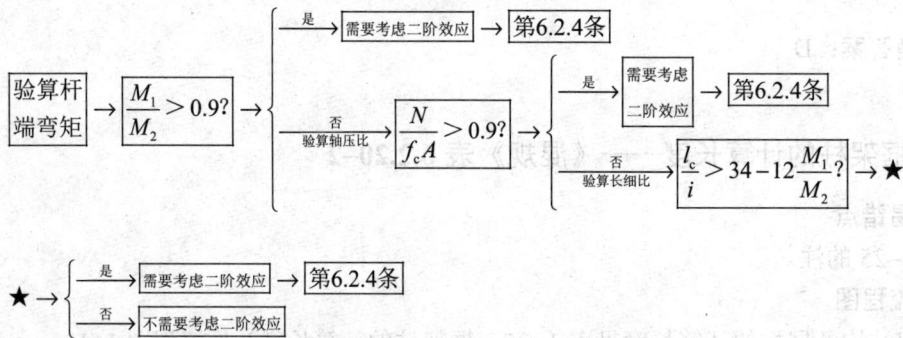

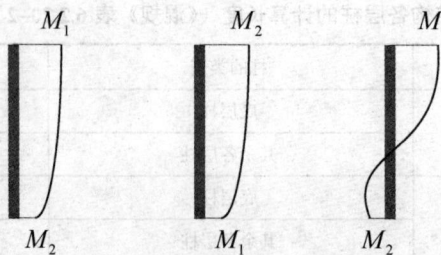

流程图 1-13　是否考虑二阶弯矩效应（《混规》第 6.2.3 条）

易错点

（1）弯矩作用平面内；

（2）弯矩是否同向（流程图 1-13）。

由流程图 1-13 可知，不需要考虑二阶效应的框架柱的限值条件较多，《混规》对二阶弯矩效应提出了较为严格的要求。弯矩 M_1、M_2 是否同方向（顺时针或逆时针），M_1、M_2 的绝对值大小关系，一定要注意 M_1、M_2 在柱顶还是柱底。

1.4.5 考虑二阶效应后的弯矩与配筋计算——《混规》第 6.2.4 条、第 6.2.5 条、第 6.2.17 条、第 6.2.14 条

1. 易错点

（1）本流程图不适用于排架结构柱，排架结构的计算见《混规》附录 B（流程图 1-87）；

（2）e_a、ζ_c、C_m、$C_m\eta_{ns}$ 计算所得值限值的判定。

2. 计算流程

简单框架结构的一阶效应和二阶效应见图 1-28，不同端部弯矩的等效见图 1-29，考虑二阶效应后的弯矩计算见流程图 1-14，η_{ns} 的求解见流程图 1-15，C_m 的求解见流程图 1-16，M 的求解见流程图 1-17，偏心受压构件配筋计算见流程图 1-18、流程图 1-19。

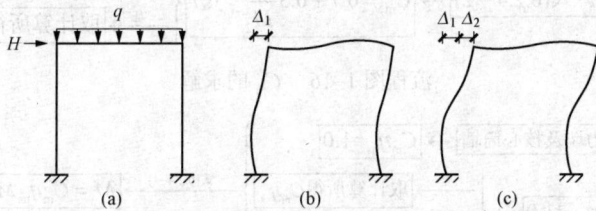

图 1-28　简单框架结构的一阶效应和二阶效应

（a）框架；（b）不考虑二阶效应；（c）考虑二阶效应

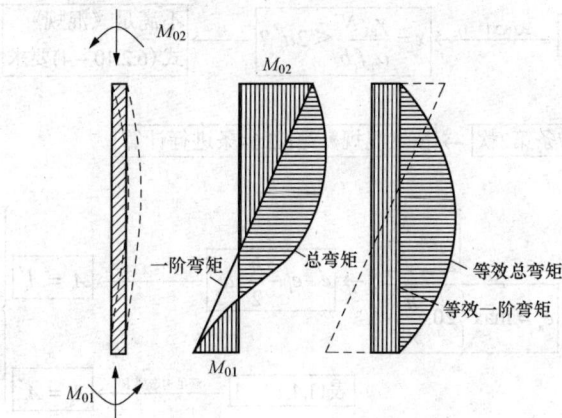

图 1-29　不同端部弯矩的等效

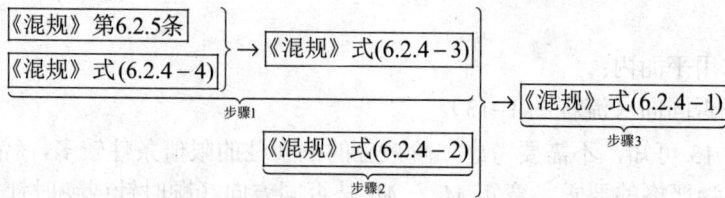

流程图 1-14　考虑二阶效应后的弯矩计算（《混规》第 6.2.4 条、第 6.2.5 条）

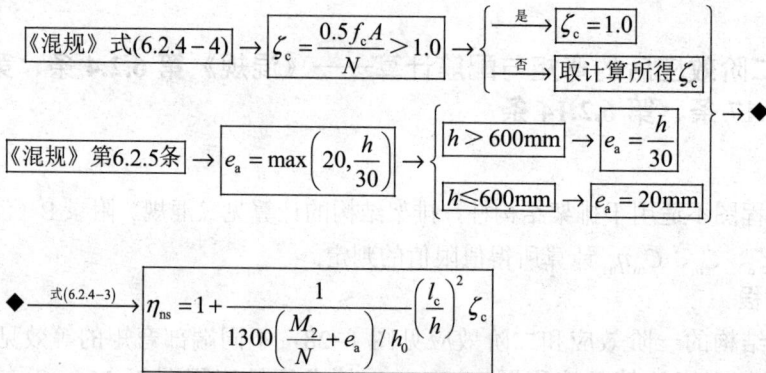

《混规》第6.2.5条、《混规》式(6.2.4-4) → 《混规》式(6.2.4-3)（步骤1）→ 《混规》式(6.2.4-1)（步骤3）
《混规》式(6.2.4-2)（步骤2）

《混规》式(6.2.4-4) → $\zeta_c = \dfrac{0.5 f_c A}{N} > 1.0$ → 是→$\zeta_c = 1.0$；否→取计算所得 ζ_c

《混规》第6.2.5条 → $e_a = \max\left(20, \dfrac{h}{30}\right)$ → $h > 600\text{mm}$ → $e_a = \dfrac{h}{30}$；$h \leq 600\text{mm}$ → $e_a = 20\text{mm}$ →◆

◆ 式(6.2.4-3) → $\eta_{ns} = 1 + \dfrac{1}{1300\left(\dfrac{M_2}{N} + e_a\right)/h_0}\left(\dfrac{l_c}{h}\right)^2 \zeta_c$

流程图 1-15　η_{ns} 的求解

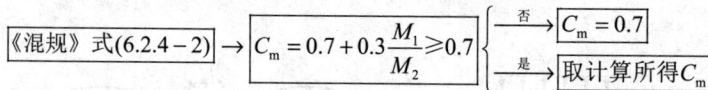

《混规》式(6.2.4-2) → $C_m = 0.7 + 0.3\dfrac{M_1}{M_2} \geq 0.7$ → 否→$C_m = 0.7$；是→取计算所得 C_m

流程图 1-16　C_m 的求解

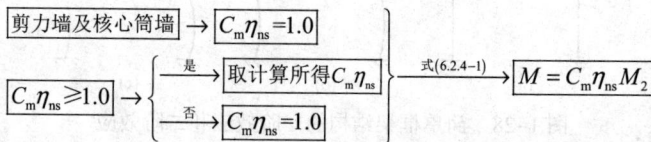

剪力墙及核心筒墙 → $C_m \eta_{ns} = 1.0$
$C_m \eta_{ns} \geq 1.0$ → 是→取计算所得 $C_m \eta_{ns}$；否→$C_m \eta_{ns} = 1.0$ → 式(6.2.4-1) → $M = C_m \eta_{ns} M_2$

流程图 1-17　M 的求解

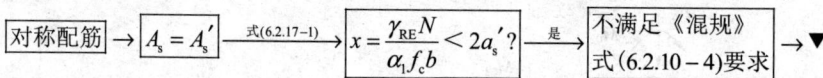

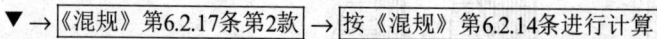

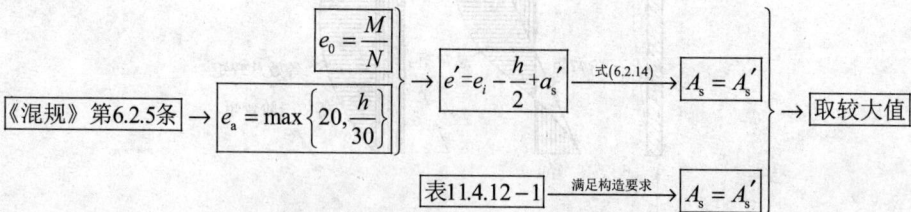

对称配筋 → $A_s = A_s'$ → 式(6.2.17-1) → $x = \dfrac{\gamma_{RE} N}{\alpha_1 f_c b} < 2a_s'$？ → 是→不满足《混规》式(6.2.10-4)要求 →▼

▼→《混规》第6.2.17条第2款 → 按《混规》第6.2.14条进行计算

$e_0 = \dfrac{M}{N}$
《混规》第6.2.5条 → $e_a = \max\left\{20, \dfrac{h}{30}\right\}$ → $e' = e_i - \dfrac{h}{2} + a_s'$ 式(6.2.14) → $A_s = A_s'$ → 取较大值
表11.4.12-1 满足构造要求 → $A_s = A_s'$

流程图 1-18　对称配筋的受压构件计算

44

$$\boxed{\text{《混规》第6.2.5条}} \rightarrow \boxed{e_a = \max\left\{20, \dfrac{h}{30}\right\}} \xrightarrow{\text{第6.2.17条}} \blacklozenge$$

$$\blacklozenge \rightarrow \boxed{e_i = e_0 + e_a} \rightarrow \boxed{e = e_i + \dfrac{h}{2} - a_s} \rightarrow \boxed{\text{大偏心受压}}$$

$$\boxed{\mu = \dfrac{N}{f_c bh} > 0.15} \xrightarrow{\text{表11.1.6}} \boxed{\gamma_{RE}} \rightarrow \boxed{2a_s' < x = \dfrac{\gamma_{RE}N}{\alpha_1 f_c b} < \xi h_0} \rightarrow \boxed{A_s' \geq \dfrac{\gamma_{RE}N_e - \alpha_1 f_c bx(h_0 - x/2)}{f_y'(h_0 - a_s')}}$$

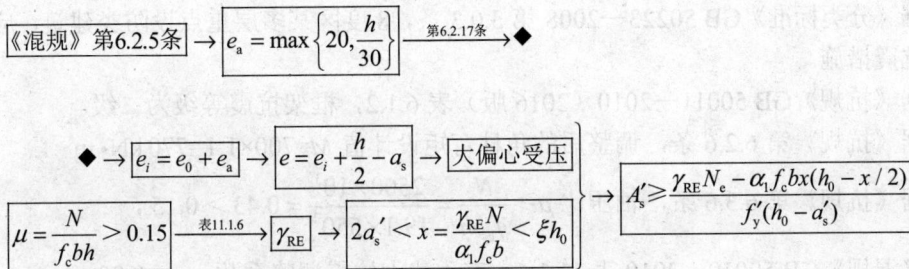

流程图 1–19　大偏心受压构件配筋计算

3. 易考点

（1）e_i 的计算；

（2）e_s' 的计算和下限值；

（3）e_0 的计算；

（4）M 的计算；

（5）对称配筋时偏心受压构件的正截面承载力计算方法；

（6）判定大、小偏心受压构件；

（7）考虑地震作用时，承载力抗震调整系数的确定；

（8）混凝土受压区高度的计算和限值比较；

（9）承载力抗震调整系数的取值；

（10）大小偏心受压的判定；

（11）混凝土受压区高度的计算与限值比较；

（12）对称配筋的偏心受压构件正截面承载力计算；

（13）框架–剪力墙结构的底层，不按《抗规》第6.2.3条进行调整；

（14）正确理解偏心受压构件，可为水平构件，未必一定为竖向构件；

（15）《混规》图6.2.17各个参数的位置。

4. 典型考题

2006年一级题14、2011年一级题5、2013年一级题15、2016年一级题12。

2004年二级题17、2006年二级题9、2009年二级题16、2013年二级题10。

考题精选 1–12：角柱满足柱底正截面承载能力要求的单侧纵筋截面面积（2013 年一级题 15）

8度区某多层重点设防类建筑，采用现浇钢筋混凝土框架–剪力墙结构，房屋高度20m。柱截面均为 550mm×550mm，混凝土强度等级 C40。假定底层角柱柱底截面考虑水平地震作用组合后，未经调整的弯矩设计值为 700 kN·m，相应的轴力设计值为 2500kN。柱纵筋采用 HRB400 钢筋，对称配筋，$a_s = a_s' = 50$mm，相对界限受压区高度 $\xi_b = 0.518$，不需要考虑二阶效应。试问：该角柱满足柱底正截面承载能力要求的单侧纵筋截面面积 A_s'（mm^2）与下列何项数值最为接近？

提示：不需要验算配筋率。

A. 1480　　　　　B. 1830　　　　　C. 3210　　　　　D. 3430

解答过程：

根据《分类标准》GB 50223—2008 第 3.0.3 条，8 度区某多层重点设防类建筑，应提高 1 度采取抗震措施。

根据《抗规》GB 50011—2010（2016 版）表 6.1.2，框架抗震等级为二级。

根据《抗规》第 6.2.6 条，调整后的角柱弯矩设计值 $M=700\times1.1=770\text{kN}\cdot\text{m}$

根据《抗规》第 6.3.6 条，轴压比 $\mu\geqslant\dfrac{N}{f_cbh}=\dfrac{2500\times10^3}{19.1\times550^2}=0.43>0.15$，

查《混规》GB 50010—2010 表 11.1.6，有承载力抗震调整系数 $\gamma_{RE}=0.80$，

根据《混规》第 6.2.5 条，$e_a=\max(20,550/30)=20\text{mm}$

$$e_0=\frac{M}{N}=\frac{770\times10^6}{2500\times10^3}=308\text{mm}，\quad e_i=e_0+e_a=308+20=328\text{mm}$$

$$e=e_i+\frac{h}{2}-a_s=328+\frac{550}{2}-50=553\text{mm}，\text{属于对称配筋大偏心受压。}$$

查《混规》表 4.1.4–2，C40 混凝土抗压强度设计值 $f_c=19.1\text{N/mm}^2$

$$\text{混凝土受压区高度 }x=\frac{\gamma_{RE}N}{\alpha_1 f_c b}=\frac{0.80\times2500\times10^3}{1.0\times19.1\times550}=190.39\text{mm}$$

则 $2a_s'=2\times50=100\text{mm}<x$

柱单侧所需钢筋

$$A_s'\geqslant\frac{\gamma_{RE}Ne-\alpha_1 f_c bx(h_0-x/2)}{f_y'(h_0-a_s')}$$

$$=\frac{0.80\times2500\times10^3\times553-1.0\times19.1\times550\times190.39\times(500-190.39/2)}{360\times(500-50)}$$

$$=1829.45\text{mm}^2$$

正确答案：B

1.4.6 普通箍筋的柱计算——《混规》第 6.2.10 条、第 6.2.15 条、第 8.5.1 条、第 9.3.2 条

1. 易错点

（1）配筋率 ρ 的计算；

（2）配筋率 ρ 是否满足《混规》第 8.5.1 条、第 9.3.1 条的构造要求；

（3）配筋率 ρ 与 3% 大小关系的判定。

2. 流程图

常见箍筋形式见图 1–30；流程图 1–20 中的部分符号见图 1–31。

《混规》第 6.2.15 条文说明，当需用公式计算 φ 值时，对矩形截面也可近似用

$$\varphi=\left[1+0.002\left(\frac{l_0}{b}-8\right)\right]^{-1}\text{代替查表取值。}$$

(a)

(b)

(c)　　　　　　　　(d)　　　　　　　　(e)

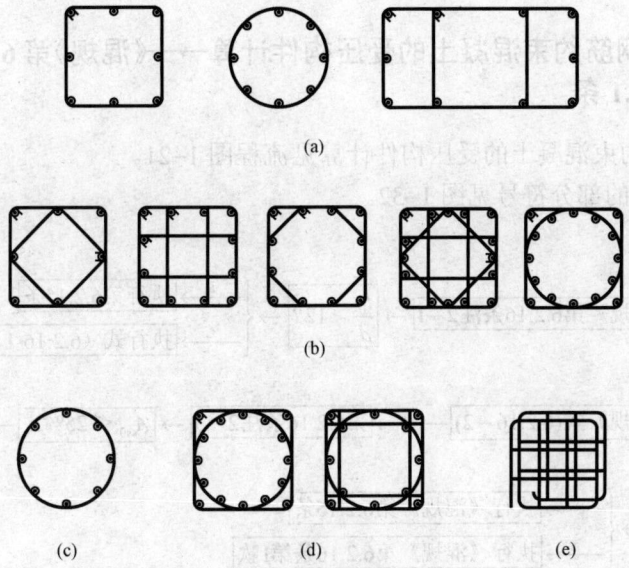

图 1-30　箍筋形式

（a）普通箍；（b）复合箍；（c）螺旋箍；（d）复合螺旋箍；（e）连续复合螺旋箍

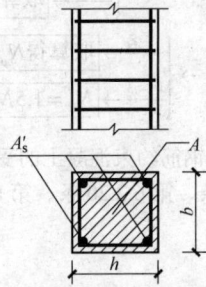

图 1-31　配置箍筋的轴心受压构件

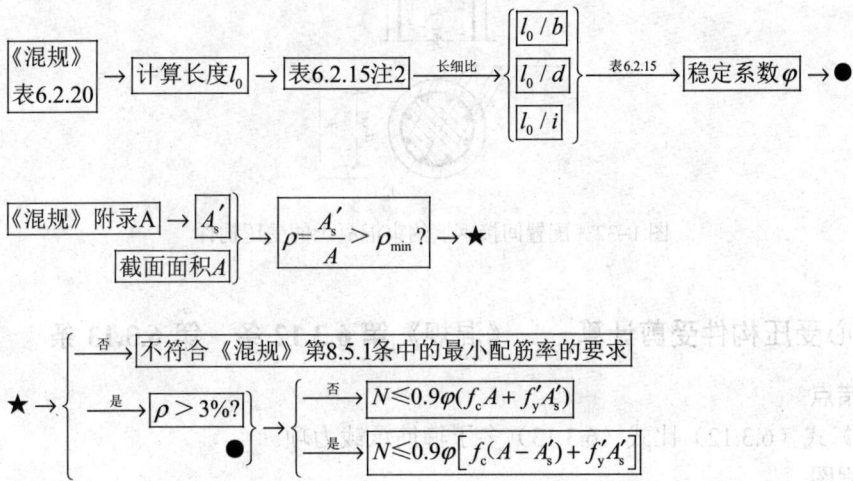

流程图 1-20　配置普通箍筋的柱计算（《混规》第 6.2.15 条、第 6.2.10、第 8.5.1 条）

1.4.7 配置间接钢筋约束混凝土的受压构件计算——《混规》第 6.2.16 条、第 6.2.20 条、第 8.5.1 条

配置间接钢筋约束混凝土的受压构件计算见流程图 1-21。

流程图 1-21 中的部分符号见图 1-32。

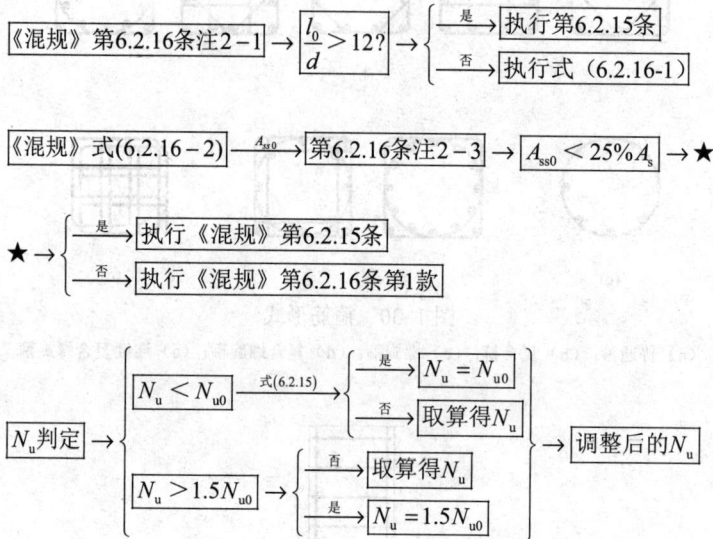

流程图 1-21 配置间接钢筋约束混凝土的受压构件计算（《混规》第 6.2.16 条、第 6.2.20 条、第 8.5.1 条）

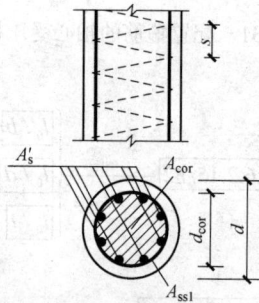

图 1-32 配置间接钢筋约束混凝土的受压构件

1.4.8 偏心受压构件受剪计算——《混规》第 6.3.12 条、第 6.3.13 条

1. 易错点

《混规》式（6.3.12）比式（6.3.13）多了箍筋承载力项。

2. 流程图

偏心受压构件受剪计算见流程图 1-22、流程图 1-23。

剪跨比 → 框架柱 →

通用计算式 → $\lambda = \dfrac{M}{Vh_0}$

反弯点在层高范围内 → $\lambda = \dfrac{H_n}{2h_0}$ →

- $\lambda < 1 \rightarrow \lambda = 1$
- $1 \leqslant \lambda \leqslant 3 \rightarrow$ 计算所得 λ 值
- $\lambda > 3 \rightarrow \lambda = 3$

→ $\boxed{\lambda}$ → ★

其他偏心受压构件 →

承受均布荷载 → $\lambda = 1.5$

承受符合《混规》第6.3.4条的集中荷载 → $\lambda = \dfrac{a}{h_0}$ →

- $\lambda < 1.5 \rightarrow \lambda = 1.5$
- $1.5 \leqslant \lambda \leqslant 3 \rightarrow$ 计算所得 λ 值
- $\lambda > 3 \rightarrow \lambda = 3$

$N > 0.3 f_c A$ →

- 否 → 取给定值 N
- 是 → $N = 0.3 f_c A$

→ $\boxed{N}$ → ◆

★ → 剪跨比 λ
◆ → 轴力 N

式(6.3.12) → $V \leqslant \dfrac{1.75}{\lambda+1} f_t bh_0 + \underbrace{f_{yv} \dfrac{A_{sv}}{s} h_0}_{\text{箍筋抗力}} + 0.07N$ → 符合《混规》第9.3.2条的构造要求

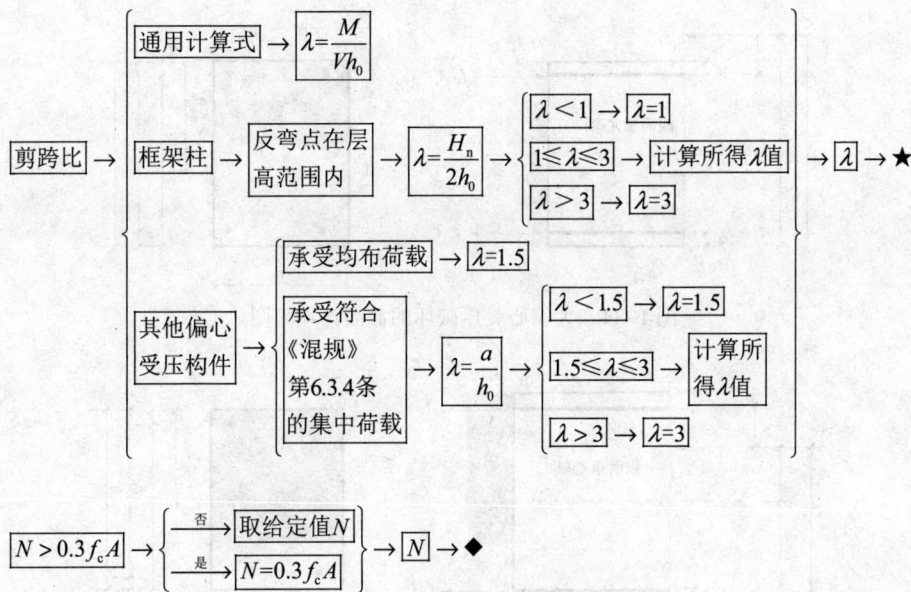

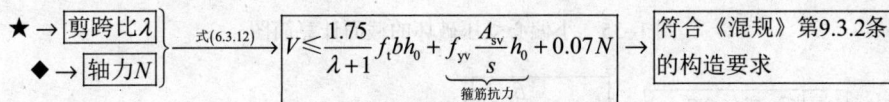

流程图 1-22 偏心受压构件受剪计算配筋（《混规》第 6.3.12 条）

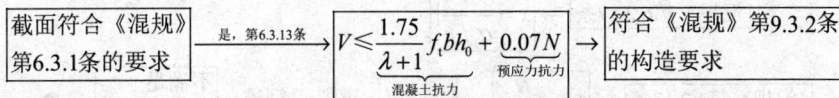

截面符合《混规》第6.3.1条的要求 → 是，第6.3.13条 → $V \leqslant \dfrac{1.75}{\lambda+1} \underbrace{f_t bh_0}_{\text{混凝土抗力}} + \underbrace{0.07N}_{\text{预应力抗力}}$ → 符合《混规》第9.3.2条的构造要求

流程图 1-23 偏心受压构件受剪构造配筋（《混规》第 6.3.13 条）

1.4.9　偏心受压截面的配筋计算——《混规》第 6.2.5 条、第 6.2.7 条、第 6.2.17 条

1. 流程图

偏心荷载与等效的截面弯矩见图 1-33，大偏心受压破坏的截面计算简图见图 1-34，小偏心受压破坏的截面计算简图见图 1-35，偏心受压构件及截面的配筋计算见流程图 1-24～流程图 1-26。

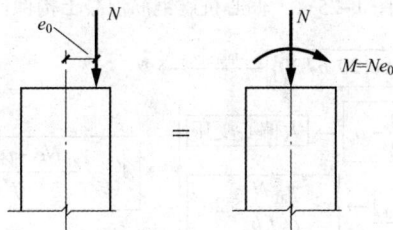

图 1-33　偏心荷载与等效的截面弯矩

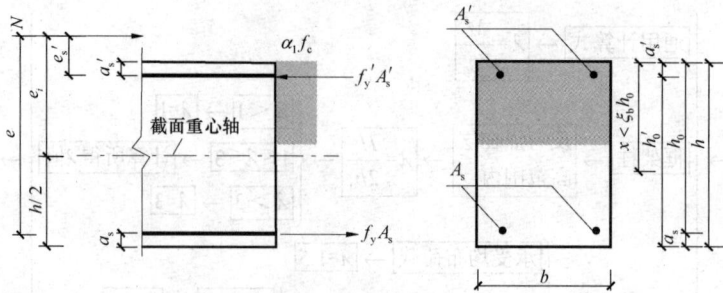

图 1-34　大偏心受压破坏的截面计算简图

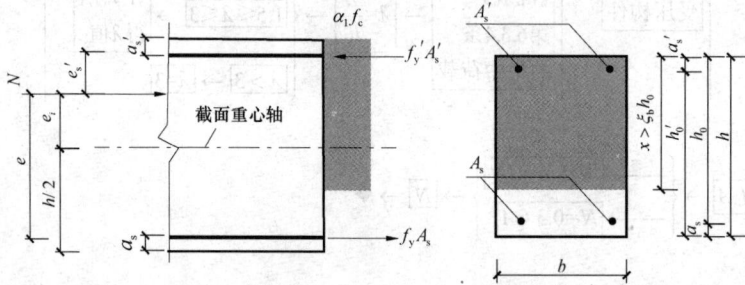

图 1-35　小偏心受压破坏的截面计算简图

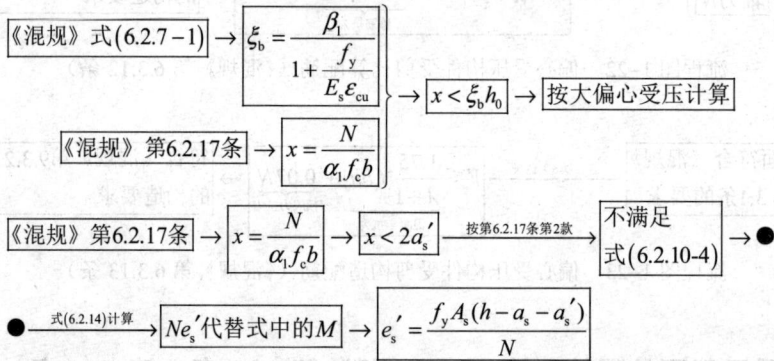

流程图 1-24　大偏心非抗震钢筋混凝土构件计算

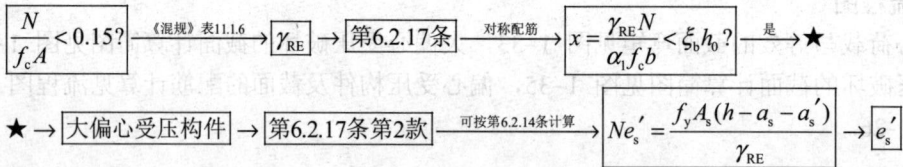

流程图 1-25　大偏心抗震钢筋混凝土构件计算

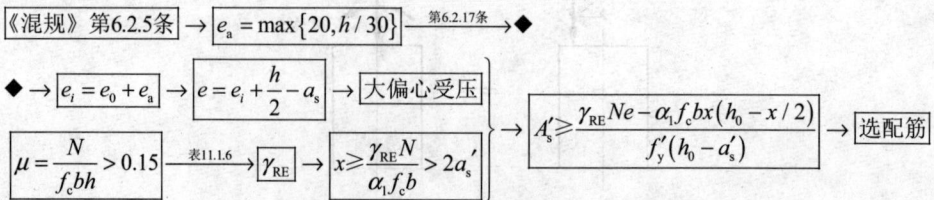

流程图 1-26　偏心受压截面的配筋计算（《混规》第 6.2.5 条、第 6.2.7 条、第 6.2.17 条）

50

2. 易考点

（1）相对界限受压区高度的计算；

（2）大、小偏心受压计算的判定；

（3）x 与 $2a_s'$ 的关系；

（4）按《混规》式（6.2.14）计算；

（5）e_i 的计算；

（6）e_a 的计算；

（7）e_0 的计算；

（8）M 的计算；

（9）轴压比的计算；

（10）γ_{RE} 的取值；

（11）抗震计算时受压区的计算；

（12）对称配筋的偏心受压构件正截面承载力计算；

（13）求取 e_s'；

（14）承载力抗震调整系数的取值；

（15）对称配筋的偏心受压构件正截面承载力计算。

3. 典型考题

2009 年一级题 12；2009 年一级题 13；2010 年一级题 7；2012 年一级题 12。

考题精选 1–13：对称配筋时柱单侧所需的钢筋（2012 年一级题 12）

某 5 层现浇钢筋混凝土框架–剪力墙结构，柱网尺寸 9m×9m，各层层高均为 4.5m，位于 8 度（0.3g）抗震设防地区，设计地震分组为第二组，场地类别为Ⅲ类，建筑抗震设防类别为丙类。已知各楼层的重力荷载代表值均为 18000kN。

假设某边柱截面尺寸为 700mm×700mm，混凝土强度等级 C30，纵筋采用 HRB400 钢筋，纵筋合力点至截面边缘的距离 $a_s = a_s' = 40$mm，考虑地震作用组合的柱轴力设计值、弯矩设计值分别为 3100kN、1250kN·m。试问：对称配筋时柱单侧所需的钢筋，下列何项配置最为合适？

提示：按大偏心受压进行计算，不考虑重力二阶效应的影响。

A. 4Φ22　　　　 B. 5Φ22　　　　 C. 4Φ25　　　　 D. 5Φ25

解答过程： 根据《混规》GB 50010—2010 第 6.2.5 条，$e_a = \max(20, 700 / 30) = 23.3$mm

根据《混规》第 6.2.17 条，$e_i = e_0 + e_a = \dfrac{M}{N} + 26.6 = \dfrac{1250 \times 10^6}{3100 \times 10^3} + 23.3 = 426.53$mm

$$e = e_i + \frac{h}{2} - a_s = 426.53 + \frac{700}{2} - 40 = 736.6\text{mm}$$

轴压比 $\mu = \dfrac{N}{f_c bh} = \dfrac{3100 \times 10^3}{14.3 \times 700 \times 700} = 0.44 > 0.15$，

查《混规》表 11.1.6，得承载力抗震调整系数 $\gamma_{RE} = 0.80$，

混凝土受压区高度 $x = \dfrac{\gamma_{RE} N}{\alpha_1 f_c b} = \dfrac{0.80 \times 3100 \times 10^3}{1.0 \times 14.3 \times 700} = 248\text{mm} > 2a_s' = 2 \times 40 = 80\text{mm}$

柱单侧所需钢筋

$$A_s' \geqslant \frac{\gamma_{RE} Ne - \alpha_1 f_c bx(h_0 - x/2)}{f_y'(h_0 - a_s')}$$

$$= \frac{0.80 \times 3100 \times 10^3 \times 736.6 - 1.0 \times 14.3 \times 700 \times 248 \times (660 - 248/2)}{360 \times (660 - 40)} = 2223 \text{mm}^2$$

5Φ25 钢筋的横截面面积 $A_s = 2454 \text{mm}^2$，则配筋率 $\rho = \dfrac{A_s}{bh} = \dfrac{2454}{700 \times 700} = 0.5\% > 0.2\%$

正确答案：D

1.5 受拉构件计算

1.5.1 偏拉构件纵向配筋计算——《混规》第 6.2.23 条、第 8.5.1 条

1. 流程图

大偏心受拉构件截面计算简图见图 1–36，小偏心受拉构件截面计算简图见图 1–37，受拉构件相关条文群见表 1–26，受拉构件纵向配筋计算见流程图 1–27 和流程图 1–28。

表 1–26 受拉构件相关条文群

构件类型			规范内容	相关条文
正截面	轴拉		计算	6.2.22 条
	偏拉	大偏心	计算	6.2.23 条第 2 款
		小偏心	计算	6.2.23 条第 1 款
斜截面	—	—	计算	6.3.14 条
			构造	8.5.1 条

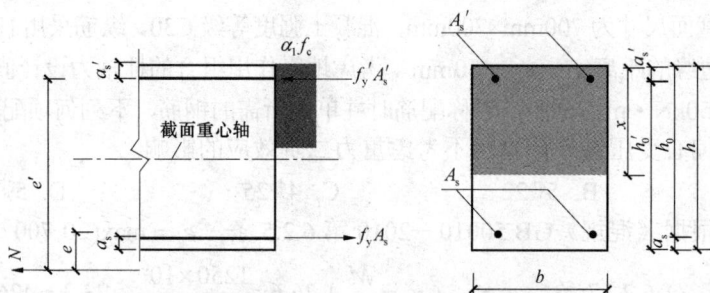

图 1-36 大偏心受拉构件截面计算简图

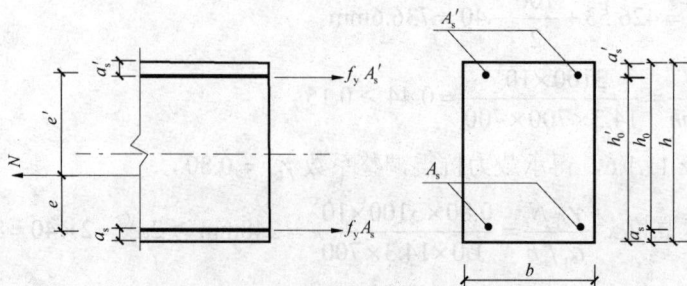

图 1-37 小偏心受拉构件截面计算简图

$$\textit{《混规》第6.2.23条} \rightarrow \boxed{e_0 = \frac{M}{N} < \frac{h}{2} - a_s} \rightarrow \boxed{e' = e_0 + \frac{h}{2} - a_s} \rightarrow \boxed{\begin{array}{c}\text{小偏心}\\\text{受拉构件}\end{array}} \xrightarrow{\textit{《混规》第6.2.23条3款}\atop\text{对称配筋}} \blacklozenge$$

$$\blacklozenge \xrightarrow{\textit{《混规》式(6.2.23-2)}} \boxed{A_s = \frac{Ne'}{f_y(h_0' - a_s)}} \Bigg\}\rightarrow \boxed{\text{取较大值}}$$

$$\boxed{\text{表8.5.1}} \rightarrow \boxed{\rho_{min} = \max\left(0.2\%, 45\frac{f_t}{f_y}\right)} \rightarrow \boxed{A_{smin} = \rho_{min} A}$$

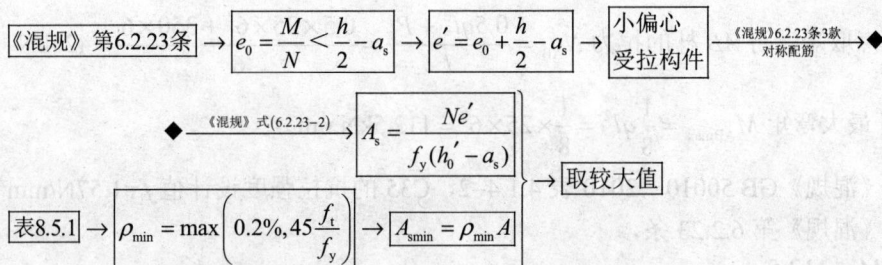

流程图 1–27　小受拉构件纵向配筋计算（《混规》第 6.2.23 条、第 8.5.1 条）

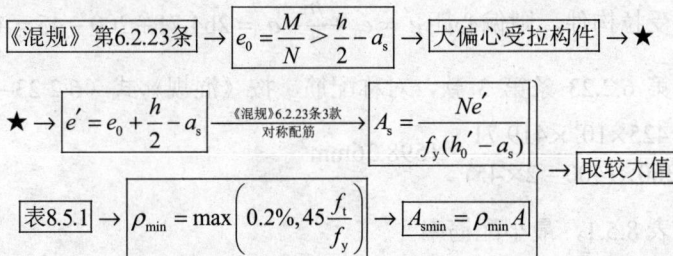

$$\textit{《混规》第6.2.23条} \rightarrow \boxed{e_0 = \frac{M}{N} > \frac{h}{2} - a_s} \rightarrow \boxed{\text{大偏心受拉构件}} \rightarrow \bigstar$$

$$\bigstar \rightarrow \boxed{e' = e_0 + \frac{h}{2} - a_s} \xrightarrow{\textit{《混规》6.2.23条3款}\atop\text{对称配筋}} \boxed{A_s = \frac{Ne'}{f_y(h_0' - a_s)}} \Bigg\}\rightarrow \boxed{\text{取较大值}}$$

$$\boxed{\text{表8.5.1}} \rightarrow \boxed{\rho_{min} = \max\left(0.2\%, 45\frac{f_t}{f_y}\right)} \rightarrow \boxed{A_{smin} = \rho_{min} A}$$

流程图 1–28　大受拉构件纵向配筋计算（《混规》第 6.2.23 条、第 8.5.1 条）

2. 易考点

（1）力学计算；

（2）对称配筋时钢筋面积的计算；

（3）最小配筋率的计算和比较。

（4）矩形截面大、小偏心受拉构件的判定；

（5）矩形截面偏心受拉构件正截面承载力的计算；

（6）《混规》第 6.2.23 条第 3 款中的对称配筋的矩形截面偏心受拉构件。

3. 典型考题

2007 年一级题 2、2011 年一级题 13、2013 年一级题 10、2016 年一级题 6。

2011 年二级题 18、2016 年二级题 6。

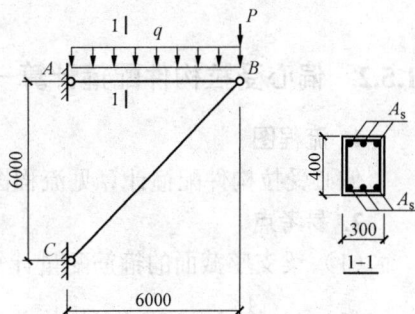

图 1–38　外挑三角架计算简图

考题精选 1–14：按承载能力极限状态计算（不考虑抗震），最不利截面的纵向钢筋（2013 年一级题 10）

某外挑三角架的安全等级为二级，计算简图如图 1–38 所示，其中横杆 AB 为混凝土构件，截面尺寸为 300mm×400mm，混凝土强度等级为 C35，纵向钢筋采用 HRB400，对称配筋，$a_s = a_s' = 45mm$。假定均布荷载设计值为 q=25kN/m（包括自重），集中荷载设计值 P=350kN（作用于 B 节点上），试问：按承载能力极限状态计算（不考虑抗震），横杆最不利截面的纵向钢筋 A_s（mm²）与下列何项数值最为接近？

A. 980　　　　　　B. 1190　　　　　　C. 1400　　　　　　D. 1600

解答过程：

对 C 点取矩，得 AB 杆的拉力 $N_{AB} = \dfrac{0.5ql^2 + Pl}{l} = \dfrac{0.5 \times 25 \times 6^2 + 350 \times 6}{6} = 425\text{kN}$

AB 杆最大弯矩 $M_{AB\max} = \dfrac{1}{8}ql^2 = \dfrac{1}{8} \times 25 \times 6^2 = 112.5\text{kN} \cdot \text{m}$

根据《混规》GB 50010—2010 表 4.1.4–2，C35 的抗拉强度设计值 $f_t = 1.57\text{N/mm}^2$，根据《混规》第 6.2.23 条，

$$e_0 = \frac{M}{N} = \frac{112.5}{425} = 0.264\,71\text{m} = 264.71\text{mm} > 0.5h - a_s = 200 - 45 = 155\text{mm}$$

构件为大偏心受拉构件，则偏心距 $e' = e_0 + \dfrac{h}{2} - a_s = 264.71 + 200 - 45 = 419.71\text{mm}$

根据《混规》第 6.2.23 条第 3 款，对称配筋，按《混规》式（6.2.23–2）计算钢筋面积

$$A_s = \frac{Ne'}{f_y(h_0' - a_s)} = \frac{425 \times 10^3 \times 419.71}{360 \times (400 - 2 \times 45)} = 1598.36\text{mm}^2$$

根据《混规》表 8.5.1，最小配筋率

$$\rho_{\min} = \max\left(0.2\%, \frac{45f_t}{f_y}\right) = \max\left(0.2\%, \frac{45 \times 1.57}{360}\right) = \max(0.2\%, 0.196\%) = 0.2\%$$

最小配筋面积 $A_{s\min} = \rho_{\min}A = 0.2\% \times 300 \times 400 = 240\text{mm}^2 < 1598.36\text{mm}^2$，符合要求。

正确答案：D

1.5.2 偏心受拉构件配箍计算——《混规》第 6.3.14 条

1. 流程图

偏心受拉构件配箍计算见流程图 1–29 和流程图 1–30。

2. 易考点

（1）梁支座截面的箍筋配量计算；

（2）$f_{yv}\dfrac{A_{sv}}{s}h_0$ 与 $0.36f_tbh_0$ 的关系；

（3）正确计算剪跨比 λ 及其取值是否合理；

（4）矩形截面钢筋混凝土偏心受拉构件的斜截面受剪承载力计算。

《混规》第6.3.14条 → λ是否在合理范围内 → $\dfrac{1.75}{\lambda+1}f_tbh_0 - 0.2N > 0?$ ─是─→ ▼

▼ → $f_{yv}\dfrac{A_{sv}}{s}h_0 = V + 0.2N - \dfrac{1.75}{\lambda+1}f_tbh_0 > 0.36f_tbh_0$ → ★

★ → 满足《混规》要求 → $\dfrac{A_{sv}}{s} = \dfrac{V + 0.2N - \dfrac{1.75}{\lambda+1}f_tbh_0}{f_{yv}h_0}$ → 选配筋《混规》附录A

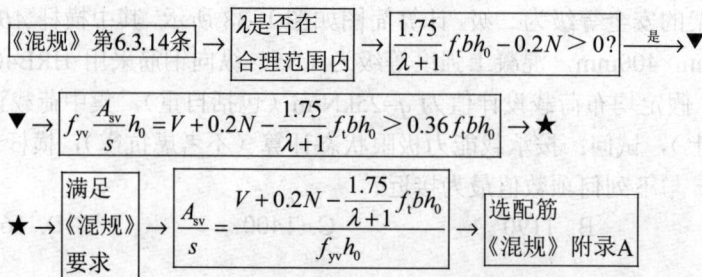

流程图 1–29　偏心受拉构件配箍计算 1（《混规》第 6.3.14 条）

截面条件是否符合《混规》第6.3.1条 → 是 → 可以进行下面的计算

$$\frac{1.75}{\lambda+1}f_tbh_0+f_{yv}\frac{A_{sv}}{s}h_0-0.2N\leqslant f_{yv}\frac{A_{sv}}{s}h_0 \rightarrow$$

是 → $f_{yv}\frac{A_{sv}}{s}h_0\geqslant 0.36f_tbh_0$ → 是 → $V_u=f_{yv}\frac{A_{sv}}{s}h_0$

否 → $V_u=0.36f_tbh_0$

否 → 计算所得V_u值

流程图 1-30　偏心受拉构件配箍计算 2（《混规》第 6.3.14 条）

3. 典型考题

2007 年一级题 3、2011 年一级题 14。

考题精选 1-15：梁支座截面处的按矩形截面计算的箍筋配置（2011 年一级题 14）

大题干参见考题精选 1-4。

进行方案比较时，假定框架梁 KL1 截面及配筋如图 1-39 所示，$a_s=a_s'=70\text{mm}$。支座截面剪力设计值 $V=1600\text{kN}$，对应的轴向拉力设计值 $N=2200\text{kN}$，计算截面的剪跨比 $\lambda=1.5$，箍筋采用 HRB335 级钢筋。试问：非抗震设计时，该梁支座截面处按矩形截面计算的箍筋配置选用下列何项最为合适？

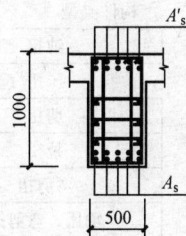

提示：不考虑上部墙体的共同作用。

A. $\Phi10@100$（4）　　B. $\Phi12@100$（4）

C. $\Phi14@150$（4）　　D. $\Phi14@100$（4）

图 1-39　框架梁 KL1 截面及配筋

解答过程：

根据《混规》GB 50010—2010 第 6.3.14 条

$$\frac{1.75}{\lambda+1}f_tbh_0-0.2N=\frac{1.75}{1.5+1}\times1.43\times500\times930-0.2\times2200\times10^3=25465\text{N}>0$$

$$f_{yv}\frac{A_{sv}}{s}h_0=V+0.2N-\frac{1.75}{\lambda+1}f_tbh_0$$

$$=1600\times10^3+0.2\times2200\times10^3-\frac{1.75}{1.5+1}\times1.43\times500\times930$$

$$=1574535\text{N}$$

$$>0.36f_tbh_0=0.36\times1.43\times500\times930=239382\text{N}$$

满足《混规》要求。

$$\frac{A_{sv}}{s}=\frac{V+0.2N-\dfrac{1.75}{\lambda+1}f_tbh_0}{f_{yv}h_0}=\frac{1574535}{300\times930}=5.643\text{mm}^2/\text{mm}$$

选项 A：$\dfrac{A_{sv}}{s}=\dfrac{4\times78.5}{100}=3.14\text{mm}^2/\text{mm}<5.643\text{mm}^2/\text{mm}$

选项 B：$\dfrac{A_{sv}}{s}=\dfrac{4\times113}{100}=4.52\text{mm}^2/\text{mm}<5.643\text{mm}^2/\text{mm}$

选项 C：$\dfrac{A_{sv}}{s} = \dfrac{4 \times 154}{150} = 4.11\text{mm}^2/\text{mm} < 5.643\text{mm}^2/\text{mm}$

选项 D：$\dfrac{A_{sv}}{s} = \dfrac{4 \times 154}{100} = 6.16\text{mm}^2/\text{mm} > 5.643\text{mm}^2/\text{mm}$

正确答案：D

1.6　受扭构件计算

1.6.1　受扭构件概览

受扭构件相关条文群见表1–27。

表 1–27　　　　　　　　　　　　　　　　受扭构件相关条文群

构件类型		规范内容	相关条文
受扭构件	纯扭	计算	6.4.4条、6.4.5条、6.4.6条
	压扭	计算	6.4.7条
	剪扭	计算	6.4.8条、6.4.9条、6.4.10条
	拉扭	计算	6.4.11条
	弯剪扭	计算	6.4.1条、6.4.2条、6.4.12条、6.4.13条
	轴压、弯剪扭	计算	6.4.14条、6.4.1第5款、6.4.16条
	轴拉、弯剪扭	计算	6.4.17条、6.4.18条、6.4.19条
	构造		9.2.5条、9.2.10条

1.6.2　受扭构件的类型

平衡扭转与协调扭转见图1–40，承受扭转效应的梁见图1–41，梁的约束扭转见图1–42。

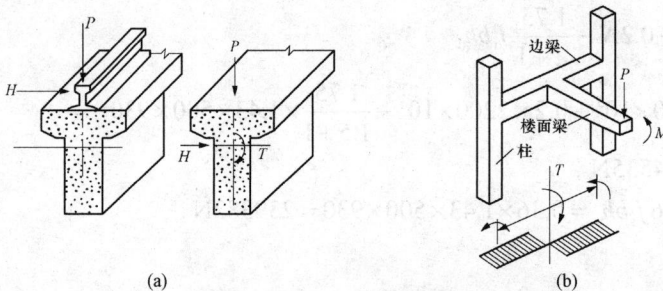

图 1–40　平衡扭转与协调扭转

（a）吊车梁；（b）框架边梁

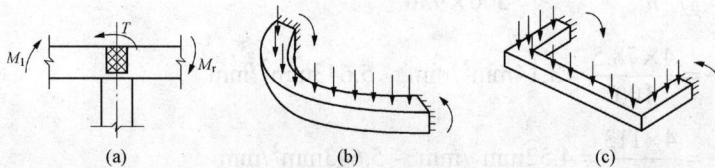

图 1–41　承受扭转效应的梁

（a）不平衡弯矩引起扭转；（b）曲梁的扭转；（c）悬挑梁的扭转

56

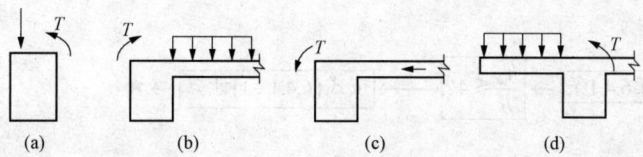

图 1-42 梁的约束扭转

（a）偏心荷载；（b）板边约束；（c）偏心推力；（d）悬臂支承

1.6.3 受扭构件截面要求——《混规》第 6.4.1 条

（1）流程图 1-31 中相关参数的含义详见《混规》图 6.4.1；

（2）图 1-43 引自《混规》。

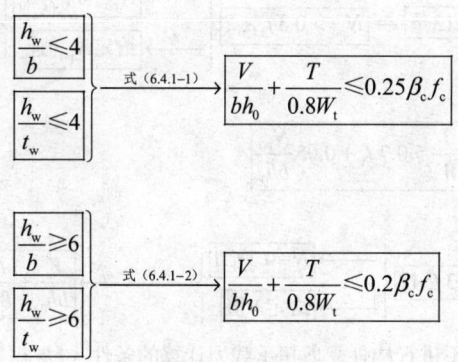

$$\frac{h_w}{b} \leq 4$$

$$\frac{h_w}{t_w} \leq 4$$

式（6.4.1-1） $\quad \dfrac{V}{bh_0} + \dfrac{T}{0.8W_t} \leq 0.25\beta_c f_c$

$$\frac{h_w}{b} \geq 6$$

$$\frac{h_w}{t_w} \geq 6$$

式（6.4.1-2） $\quad \dfrac{V}{bh_0} + \dfrac{T}{0.8W_t} \leq 0.2\beta_c f_c$

流程图 1-31　受扭构件截面要求（《混规》第 6.4.1 条）

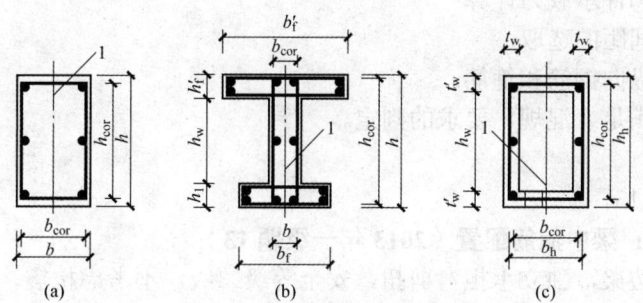

图 1-43　受扭构件截面（《混规》图 6.4.1）

（a）矩形截面；（b）T 形、I 形截面；（c）箱形截面（ $t_w \leq t_w'$ ）

1—弯矩、剪力作用平面

1.6.4 不进行构件受剪扭承载力计算的条件——《混规》第 6.4.1 条、第 6.4.2 条、第 9.2.9 条、第 9.2.10 条

当符合下列要求时，可不进行构件受剪扭承载力计算，但应按《混规》第 9.2.5 条、第 9.2.9 条和第 9.2.10 条的规定配置构造纵向钢筋和箍筋。

1. 流程图

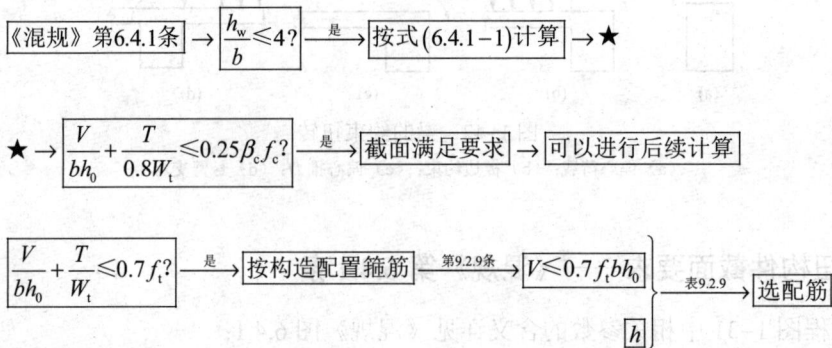

流程图 1-32　受剪扭构件的截面和构造要求（《混规》第 6.4.1 条、第 9.2.9 条）

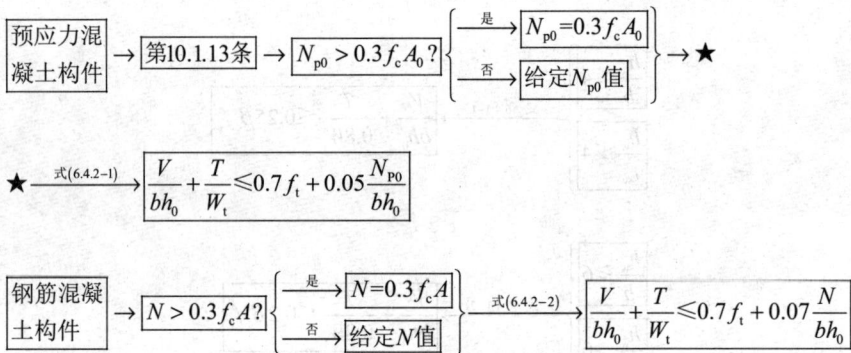

流程图 1-33　不进行构件受剪扭承载力计算的条件（《混规》第 6.4.2 条）

2. 易考点

（1）一般受扭构件承载力计算；

（2）箍筋最大间距的选取；

（3）配置构造纵向钢筋和箍筋；

（4）截面是否满足《混规》要求的判定。

3. 典型考题

2013 年一级题 13。

考题精选 1-16：梁中箍筋配置（2013 年一级题 13）

某钢筋混凝土边梁，独立承担弯剪扭，安全等级二级，不考虑抗震，梁混凝土强度等级为 C35，截面 400mm×600mm，h_0=550mm，梁内配置 4 肢箍筋，箍筋采用 HPB300 钢筋，梁中未配置计算需要的纵向受压钢筋，箍筋内表面范围内截面核心部分的短边和长边尺寸分别为 320mm 和 520mm，截面受扭塑性抵抗矩 W_t=37.333×10^6mm^3。

假定梁中最大剪力设计值 V=150kN，同一截面处最大扭矩设计值 $T=10$kN·m。试问：梁中应选用何项箍筋配置？

A. Φ6@200（4）　　　B. Φ8@350（4）　　　C. Φ10@350（4）　　　D. Φ12@400（4）

解答过程：

根据《混规》GB 50010—2010 表 4.1.4-2，C35 混凝土抗拉强度设计值 f_c=16.7N/mm^2，

根据《混规》第 6.4.1 条，当 $\dfrac{h_w}{b}=\dfrac{550}{400}=1.375\leqslant4$ 时，按《混规》式（6.4.1-1）计算：

$$\frac{V}{bh_0}+\frac{T}{0.8W_t}=\frac{150\times10^3}{400\times550}+\frac{10\times10^6}{0.8\times37.333\times10^6}$$

$$=1.017\text{N/mm}^2$$

$$\leqslant0.25\beta_cf_c=0.25\times1\times16.7=4.175\text{N/mm}^2$$

截面满足《混规》要求。

根据《混规》第 6.4.2 条，有

$$\frac{V}{bh_0}+\frac{T}{W_t}=\frac{150\times10^3}{400\times550}+\frac{10\times10^6}{37.333\times10^6}$$

$$=0.95\text{N/mm}^2$$

$$\leqslant0.7f_t=0.7\times1.57=1.099\text{N/mm}^2$$

当满足《混规》式（6.4.2-1）时，按构造配置箍筋。

根据《混规》第 9.2.9 条，$0.7f_tbh_0=0.7\times1.57\times400\times550=241.78\times10^3\text{N}$

$V=150\times10^3\text{N}\leqslant0.7f_tbh_0=241.78\times10^3\text{N}$，梁的截面高度 $h=600\text{mm}$，

查《混规》表 9.2.9，得梁中箍筋最大间距 $s_{\max}=350\text{mm}$，选项 D 不符合《混规》要求。

根据《混规》第 9.2.10 条，箍筋的配筋率 $\rho_{sv}=\dfrac{0.28f_t}{f_y}=\dfrac{0.28\times1.57}{270}=0.1628\%$

选项 A、B、C 的箍筋配筋率分别为 0.141%、0.143%、0.224%。

正确答案：C

1.6.5 受扭构件截面受扭塑性抵抗矩——《混规》第 6.4.3 条

T 形和 I 形截面的矩形划分见图 1-44。

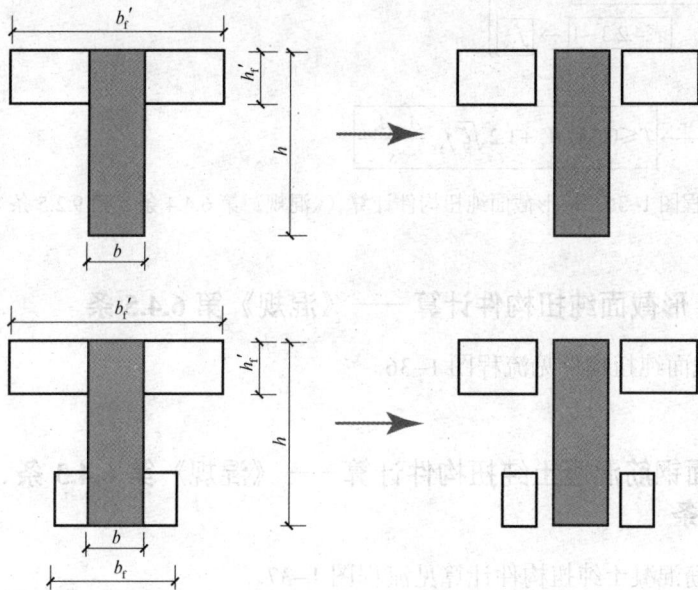

图 1-44 T 形和 I 形截面的矩形划分

流程图 1–34 中相关参数的含义详见《混规》图 6.4.2。

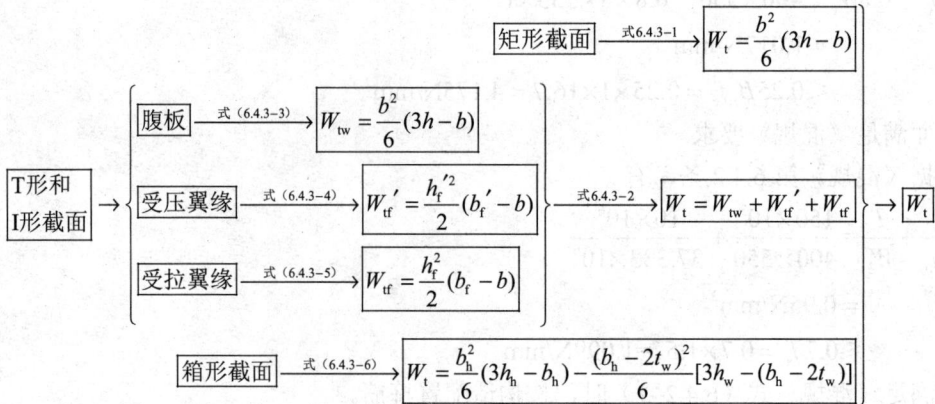

$$矩形截面 \xrightarrow{\text{式 6.4.3-1}} W_t = \frac{b^2}{6}(3h-b)$$

T 形和 I 形截面 →
- 腹板 $\xrightarrow{\text{式 (6.4.3-3)}}$ $W_{tw} = \frac{b^2}{6}(3h-b)$
- 受压翼缘 $\xrightarrow{\text{式 (6.4.3-4)}}$ $W_{tf}' = \frac{h_f'^2}{2}(b_f'-b)$
- 受拉翼缘 $\xrightarrow{\text{式 (6.4.3-5)}}$ $W_{tf} = \frac{h_f^2}{2}(b_f-b)$

$\xrightarrow{\text{式 6.4.3-2}}$ $W_t = W_{tw} + W_{tf}' + W_{tf}$ → W_t

$$箱形截面 \xrightarrow{\text{式 (6.4.3-6)}} W_t = \frac{b_h^2}{6}(3h_h-b_h) - \frac{(b_h-2t_w)^2}{6}[3h_w-(b_h-2t_w)]$$

流程图 1–34　截面受扭塑性抵抗矩计算（《混规》第 6.4.3 条）

1.6.6　矩形截面纯扭构件计算——《混规》第 6.4.4 条、第 9.2.5 条

矩形截面纯扭构件计算见流程图 1–35。

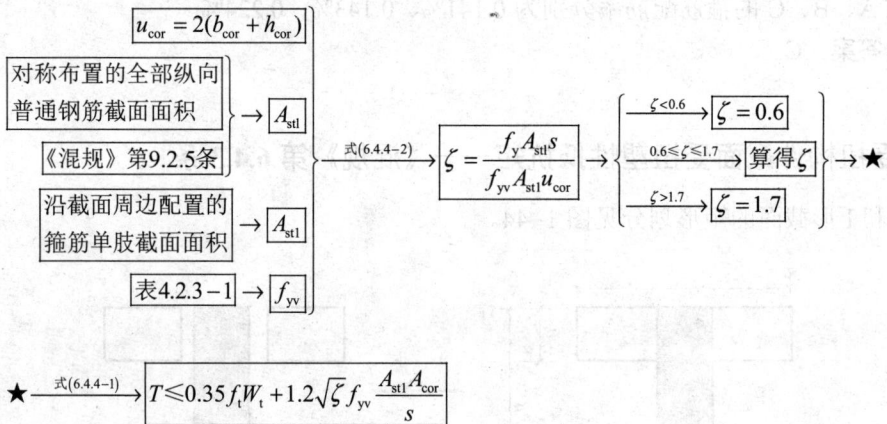

$$u_{cor} = 2(b_{cor}+h_{cor})$$

- 对称布置的全部纵向普通钢筋截面面积 《混规》第 9.2.5 条 → A_{stl}
- 沿截面周边配置的箍筋单肢截面面积 → A_{st1}
- 表 4.2.3–1 → f_{yv}

$\xrightarrow{\text{式(6.4.4-2)}}$ $\zeta = \dfrac{f_y A_{stl} s}{f_{yv} A_{st1} u_{cor}}$ →
- $\zeta < 0.6$ → $\zeta = 0.6$
- $0.6 \leqslant \zeta \leqslant 1.7$ → 算得 ζ
- $\zeta > 1.7$ → $\zeta = 1.7$
→ ★

★ $\xrightarrow{\text{式(6.4.4-1)}}$ $T \leqslant 0.35 f_t W_t + 1.2\sqrt{\zeta} f_{yv} \dfrac{A_{st1} A_{cor}}{s}$

流程图 1–35　矩形截面纯扭构件计算（《混规》第 6.4.4 条、第 9.2.5 条）

1.6.7　T 形和 I 形截面纯扭构件计算——《混规》第 6.4.5 条

T 形和 I 形截面纯扭构件见流程图 1–36。

1.6.8　箱形截面钢筋混凝土纯扭构件计算——《混规》第 6.4.3 条、第 6.4.4 条、第 6.4.6 条

箱形截面钢筋混凝土纯扭构件计算见流程图 1–37。

$$\text{T形和I形截面} \rightarrow \begin{cases} \boxed{\text{腹板}} \xrightarrow{\text{式 (6.4.5-1)}} \boxed{T_{\text{w}} = \dfrac{W_{\text{tw}}}{W_{\text{t}}}T} \\ \boxed{\text{受压翼缘}} \xrightarrow{\text{式 (6.4.5-2)}} \boxed{T_{\text{f}}' = \dfrac{W_{\text{tf}}'}{W_{\text{t}}}T} \\ \boxed{\text{受拉翼缘}} \xrightarrow{\text{式 (6.4.5-3)}} \boxed{T_{\text{f}} = \dfrac{W_{\text{tf}}}{W_{\text{t}}}T} \\ \boxed{6.4.4\text{条}} \rightarrow \boxed{W_{\text{tf}}} \end{cases}$$

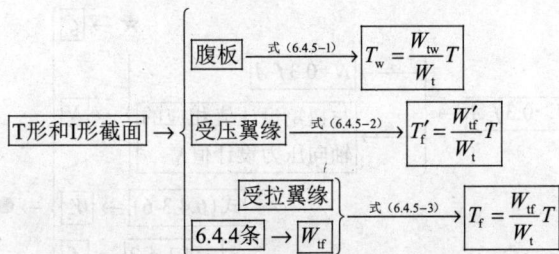

流程图 1-36　T 形和 I 形截面纯扭构件计算（《混规》第 6.4.5 条）

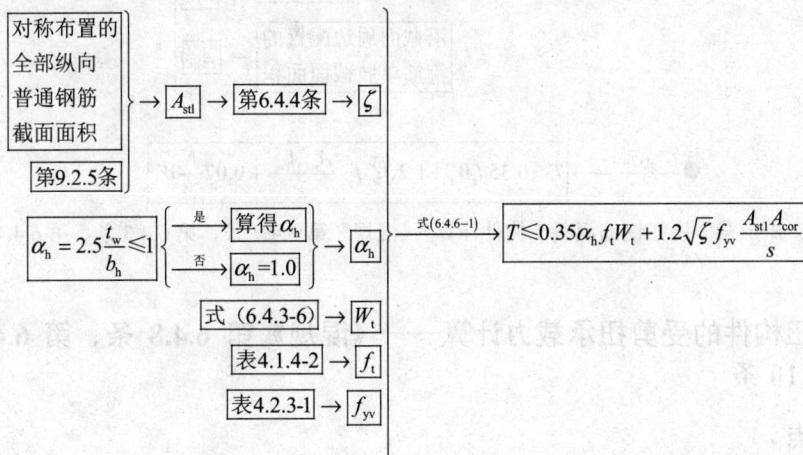

$$\begin{aligned}
&\boxed{\begin{array}{c}\text{对称布置的}\\\text{全部纵向}\\\text{普通钢筋}\\\text{截面面积}\\\hline \text{第9.2.5条}\end{array}} \rightarrow \boxed{A_{\text{st}l}} \rightarrow \boxed{\text{第6.4.4条}} \rightarrow \boxed{\zeta} \\
&\boxed{\alpha_{\text{h}} = 2.5\dfrac{t_{\text{w}}}{b_{\text{h}}} \leqslant 1} \begin{cases}\xrightarrow{\text{是}} \boxed{\text{算得 }\alpha_{\text{h}}} \\ \xrightarrow{\text{否}} \boxed{\alpha_{\text{h}} = 1.0}\end{cases} \rightarrow \boxed{\alpha_{\text{h}}} \\
&\boxed{\text{式 (6.4.3-6)}} \rightarrow \boxed{W_{\text{t}}} \\
&\boxed{\text{表4.1.4-2}} \rightarrow \boxed{f_{\text{t}}} \\
&\boxed{\text{表4.2.3-1}} \rightarrow \boxed{f_{\text{yv}}}
\end{aligned}$$

$$\xrightarrow{\text{式 (6.4.6-1)}} \boxed{T \leqslant 0.35\alpha_{\text{h}}f_{\text{t}}W_{\text{t}} + 1.2\sqrt{\zeta}f_{\text{yv}}\dfrac{A_{\text{st}1}A_{\text{cor}}}{s}}$$

流程图 1-37　箱形截面钢筋混凝土纯扭构件计算（《混规》第 6.4.3 条、第 6.4.4 条、第 6.4.6 条）

1.6.9　矩形截面压扭钢筋混凝土构件计算——《混规》第 6.4.7 条、第 6.4.3 条、第 6.4.4 条

1. 易错点

（1）ζ 的计算及取值；

（2）N 与 $0.3f_{\text{c}}A$ 的比较及 N 的取值；

（3）$A_{\text{st}l}$ 的取值。

2. 流程图

矩形截面压扭钢筋混凝土构件计算（流程图 1-38）。

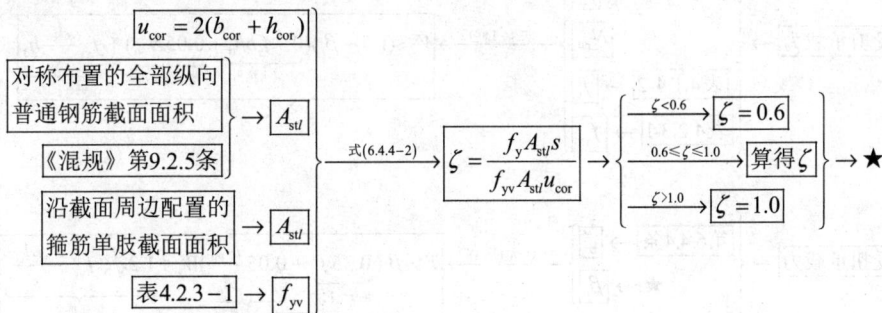

$$\begin{aligned}
&\boxed{u_{\text{cor}} = 2(b_{\text{cor}} + h_{\text{cor}})} \\
&\boxed{\begin{array}{c}\text{对称布置的全部纵向}\\\text{普通钢筋截面面积}\\\hline \text{《混规》第9.2.5条}\end{array}} \rightarrow \boxed{A_{\text{st}l}} \\
&\boxed{\begin{array}{c}\text{沿截面周边配置的}\\\text{箍筋单肢截面面积}\\\hline \text{表4.2.3-1}\end{array}} \rightarrow \boxed{A_{\text{st}1}} \rightarrow \boxed{f_{\text{yv}}}
\end{aligned}$$

$$\xrightarrow{\text{式 (6.4.4-2)}} \boxed{\zeta = \dfrac{f_{\text{y}}A_{\text{st}l}s}{f_{\text{yv}}A_{\text{st}1}u_{\text{cor}}}} \rightarrow \begin{cases}\xrightarrow{\zeta < 0.6} \boxed{\zeta = 0.6} \\ \xrightarrow{0.6 \leqslant \zeta \leqslant 1.0} \boxed{\text{算得 }\zeta} \\ \xrightarrow{\zeta > 1.0} \boxed{\zeta = 1.0}\end{cases} \rightarrow \bigstar$$

流程图 1-38　矩形截面压扭钢筋混凝土构件计算（《混规》第 6.4.7 条、第 6.4.3 条、第 6.4.4 条）（一）

$$N > 0.3f_cA \rightarrow \begin{cases} \text{是} \rightarrow N=0.3f_cA \\ \text{否} \rightarrow \text{与扭矩设计值相应的} \\ \text{轴向压力设计值}N \end{cases}$$

$$\star \rightarrow \boxed{\zeta}$$

$$\rightarrow \boxed{N}$$

式(6.4.3-6) $\rightarrow \boxed{W_t}$ $\rightarrow ●$

表4.1.4-2 $\rightarrow \boxed{f_t}$

表4.2.3-1 $\rightarrow \boxed{f_{yv}}$

沿截面周边配置的箍筋单肢截面面积 $\rightarrow \boxed{A_{stl}}$

$● \xrightarrow{式(6.4.7)} T \leqslant 0.35f_tW_t + 1.2\sqrt{\zeta}f_{yv}\dfrac{A_{stl}A_{cor}}{s} + 0.07\dfrac{N}{A}W_t$

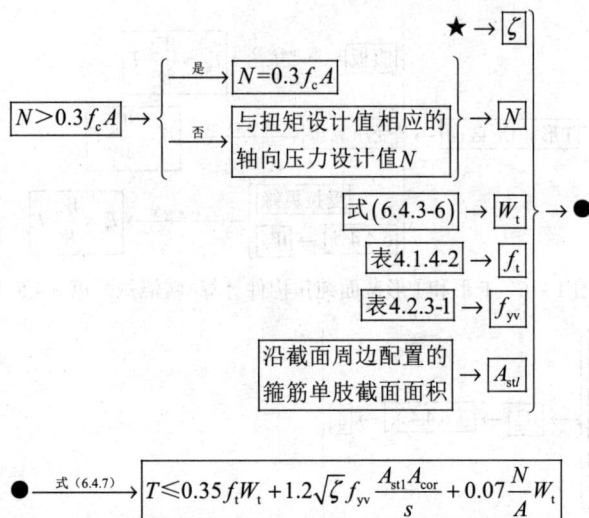

流程图 1-38　矩形截面压扭钢筋混凝土构件计算（《混规》第 6.4.7 条、第 6.4.3 条、第 6.4.4 条）（二）

1.6.10　剪扭构件的受剪扭承载力计算——《混规》第 6.4.8 条、第 6.4.9 条、第 9.2.10 条

1. 易错点

（1）ζ 的计算及取值；

（2）β_t 的计算及取值。

2. 流程图

一般剪扭构件计算见流程图 1-39，抗剪扭箍筋的配置见流程图 1-40，一般剪扭构件配筋计算见流程图 1-41。

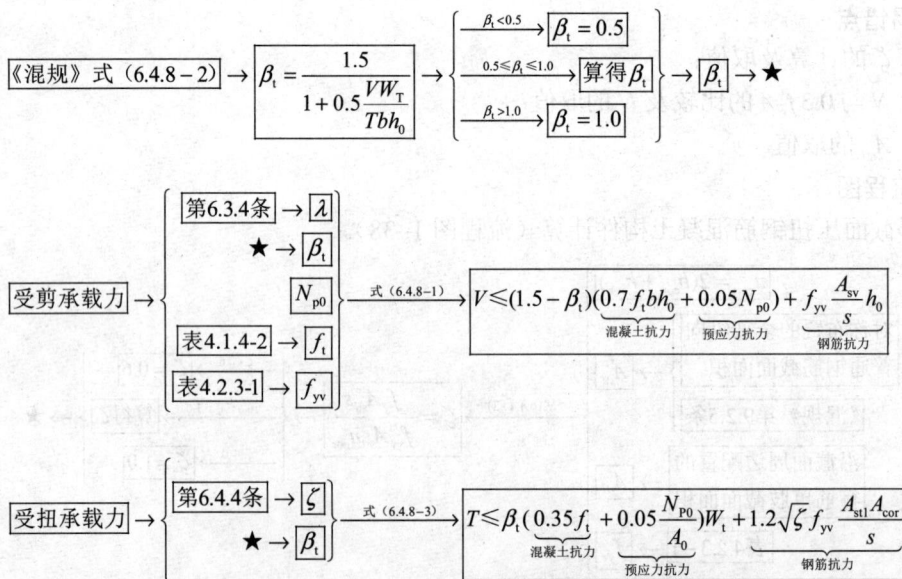

《混规》式（6.4.8-2） $\rightarrow \beta_t = \dfrac{1.5}{1+0.5\dfrac{VW_T}{Tbh_0}} \rightarrow \begin{cases} \beta_t < 0.5 \rightarrow \boxed{\beta_t = 0.5} \\ 0.5 \leqslant \beta_t \leqslant 1.0 \rightarrow \boxed{算得\beta_t} \\ \beta_t > 1.0 \rightarrow \boxed{\beta_t = 1.0} \end{cases} \rightarrow \boxed{\beta_t} \rightarrow \star$

受剪承载力 $\rightarrow \begin{cases} 第6.3.4条 \rightarrow \boxed{\lambda} \\ \star \rightarrow \boxed{\beta_t} \\ \boxed{N_{p0}} \\ 表4.1.4-2 \rightarrow \boxed{f_t} \\ 表4.2.3-1 \rightarrow \boxed{f_{yv}} \end{cases} \xrightarrow{式(6.4.8-1)} V \leqslant (1.5-\beta_t)\underbrace{(0.7f_tbh_0}_{混凝土抗力} + \underbrace{0.05N_{p0})}_{预应力抗力} + \underbrace{f_{yv}\dfrac{A_{sv}}{s}h_0}_{钢筋抗力}$

受扭承载力 $\rightarrow \begin{cases} 第6.4.4条 \rightarrow \boxed{\zeta} \\ \star \rightarrow \boxed{\beta_t} \end{cases} \xrightarrow{式(6.4.8-3)} T \leqslant \beta_t(\underbrace{0.35f_t}_{混凝土抗力} + \underbrace{0.05\dfrac{N_{p0}}{A_0}}_{预应力抗力})W_t + \underbrace{1.2\sqrt{\zeta}f_{yv}\dfrac{A_{stl}A_{cor}}{s}}_{钢筋抗力}$

流程图 1-39　一般剪扭构件计算（《混规》第 6.4.8 条、第 6.4.3 条、第 6.4.4 条）

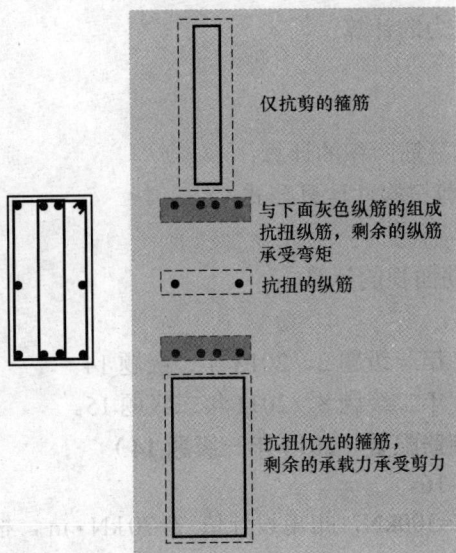

仅抗剪的箍筋

与下面灰色纵筋的组成抗扭纵筋，剩余的纵筋承受弯矩

抗扭的纵筋

抗扭优先的箍筋，剩余的承载力承受剪力

《混规》第6.4.8条 → $\beta_t = \dfrac{1.5}{1+0.5\dfrac{VW_t}{Tbh_0}} - 1.1 > 1.0?$ → $\beta_t = 1.0$ → ★

受扭计算 —式（6.4.8-2）→ $\dfrac{A_{st1}}{s}$

★→ 抗扭和抗剪所需的总箍筋面积 → A_{svt} → A_{svt1}
外圈单肢抗扭箍筋面积 → A_{st1}
→ 取较大值

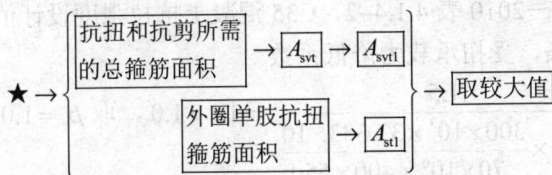

流程图 1-40　抗剪扭箍筋的配置

$\dfrac{V}{bh_0} + \dfrac{T}{W_t} > 0.7f_t$ —不满足《混规》式（6.4.2-1）→ 按计算要求配置箍筋

受剪计算 —式（6.4.8-1）→ $\dfrac{A_{sv}}{s} \geq \dfrac{V-(1.5-\beta_t)(0.7f_tbh_0)}{nf_yh_0}$

受扭计算 —式（6.4.8-2）→ $\dfrac{A_{stl}}{s} \geq \dfrac{T-\beta_t(0.35f_t)W_t}{1.2\sqrt{\zeta}f_{yv}A_{cor}}$

→ $\dfrac{A_{st}}{s} \geq \dfrac{A_{stl}}{s} + \dfrac{A_{sv}}{s}$ → 选配筋

流程图 1-41　一般剪扭构件配筋计算（《混规》第 6.4.2 条、第 6.4.8 条）

3. 易考点

（1）扭矩的计算；

（2）剪跨比的计算和限值；

（3）支座反力计算；

（4）受扭承载力降低系数 β_t 的计算及其限值；

（5）一般受扭构件承载力的计算；

（6）$\dfrac{A_{stl}}{s}$ 的计算；

（7）抗扭和抗剪所需总箍筋面积的计算；

（8）矩形、T形与I形剪扭构件计算公式；

（9）构造配筋要求。

（10）外圈单肢抗扭箍筋面积的计算。

4. 典型考题

2005年一级题3、2012年一级题2、2013年一级题14。

2003年二级题9、2006年二级题8、2011年二级题15。

考题精选1-17：梁端箍筋配置（2013年一级题14）

大题干参见考题精选1-16。

假定梁端剪力设计值 V=300kN，扭矩设计值 T=70kN·m，按一般剪扭构件受剪承载力

计算所得 $\dfrac{A_{sv}}{s}=1.206$，试问：梁端至少选用下列何项箍筋配置才能满足承载力要求？

提示：（1）受扭的纵向钢筋与箍筋的配筋强度比值 $\zeta=1.6$；

（2）按一般剪扭构件计算，不需要验算截面限制条件和最小配箍率。

A. $\Phi 8@100$（4）　　　B. $\Phi 10@100$（4）　　　C. $\Phi 12@100$（4）　　　D. $\Phi 14@100$（4）

解答过程：

根据《混规》GB 50010—2010 表4.1.4-2，C35混凝土抗拉强度设计值 f_t=1.57N/mm²，

根据《混规》第6.4.8条，受扭承载力降低系数

$$\beta_t=\frac{1.5}{1+0.5\dfrac{VW_t}{Tbh_0}}=\frac{1.5}{1+0.5\times\dfrac{300\times10^3\times37.333\times10^6}{70\times10^6\times400\times550}}=1.1>1.0，取\ \beta_t=1.0$$

受扭计算按照《混规》式（6.4.8-2）计算，有

$$\frac{A_{stl}}{s}\geqslant\frac{T-\beta_t(0.35f_t)W_t}{1.2\sqrt{\zeta}f_{yv}A_{cor}}=\frac{70\times10^6-1.0\times0.35\times1.57\times37.333\times10^6}{1.2\times\sqrt{1.6}\times270\times320\times520}$$

$$=0.7\text{mm}^2/\text{mm}$$

选项中的箍筋间距均为100mm，则抗扭和抗剪所需的总箍筋面积

$$A_{svt}=2\times0.7\times100+1.206\times100=260.6\text{mm}^2$$

外圈单肢抗扭箍筋面积 $A_{stl}=0.7\times100=70\text{mm}^2$，两者取较大值 $\max(A_{svt1},A_{stl})=70\text{mm}^2$，

梁端至少选用选项B的箍筋配置才能满足承载力要求。

正确答案：B

1.6.11 集中荷载作用下的独立剪扭构件计算——《混规》第6.3.4条、第6.4.4条、第6.4.8条

1. 易错点

β_t 的计算及取值。

2. 流程图

集中荷载作用下的独立剪扭构件计算见流程图1-42。

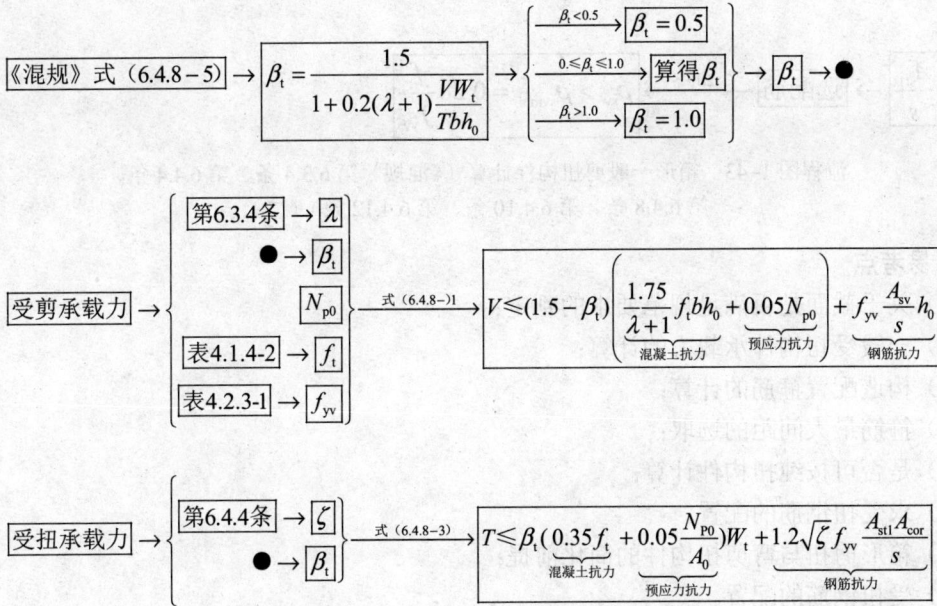

$$《混规》式（6.4.8-5） \to \boxed{\beta_t = \dfrac{1.5}{1+0.2(\lambda+1)\dfrac{VW_t}{Tbh_0}}} \to \begin{array}{l} \xrightarrow{\beta_t<0.5} \boxed{\beta_t=0.5} \\ \xrightarrow{0\le\beta_t\le1.0} \boxed{算得\beta_t} \\ \xrightarrow{\beta_t>1.0} \boxed{\beta_t=1.0} \end{array} \to \boxed{\beta_t} \bullet$$

受剪承载力 $\to \left\{\begin{array}{l} 第6.3.4条 \to \boxed{\lambda} \\ \bullet \to \boxed{\beta_t} \\ \boxed{N_{p0}} \\ 表4.1.4-2 \to \boxed{f_t} \\ 表4.2.3-1 \to \boxed{f_{yv}} \end{array}\right\} \xrightarrow{式(6.4.8-1)} \boxed{V \le (1.5-\beta_t)\underbrace{\dfrac{1.75}{\lambda+1}f_t bh_0}_{混凝土抗力} + \underbrace{0.05N_{p0}}_{预应力抗力} + \underbrace{f_{yv}\dfrac{A_{sv}}{s}h_0}_{钢筋抗力}}$

受扭承载力 $\to \left\{\begin{array}{l} 第6.4.4条 \to \boxed{\zeta} \\ \bullet \to \boxed{\beta_t} \end{array}\right\} \xrightarrow{式(6.4.8-3)} \boxed{T \le \beta_t\underbrace{\left(0.35f_t + 0.05\dfrac{N_{p0}}{A_0}\right)W_t}_{混凝土抗力 \quad 预应力抗力} + \underbrace{1.2\sqrt{\zeta}f_{yv}\dfrac{A_{st1}A_{cor}}{s}}_{钢筋抗力}}$

流程图1-42　集中荷载作用下的独立剪扭构件计算（《混规》第6.3.4条、第6.4.4条、第6.4.8条）

1.6.12　弯剪扭构件的承载力计算——《混规》第6.3.4条、第6.4.4条、第6.4.6条、第6.4.8条、第6.4.12条、第9.2.10条

1. 流程图

箱形一般剪扭构件计算见流程图1-43。

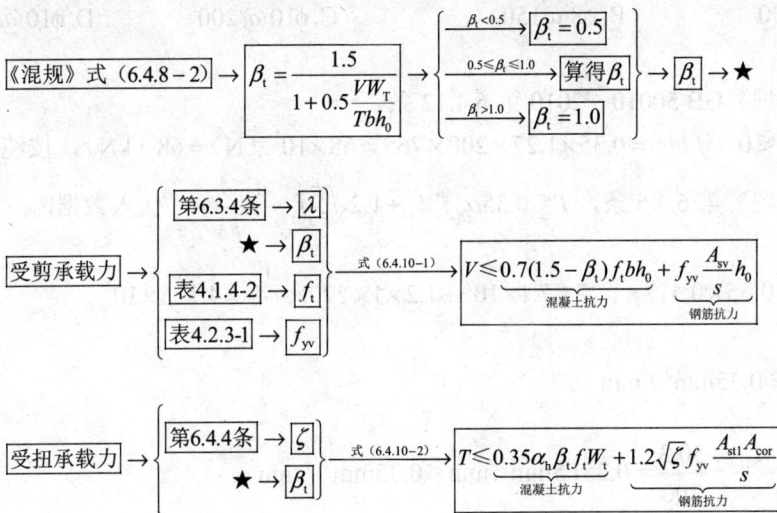

$$《混规》式（6.4.8-2） \to \boxed{\beta_t = \dfrac{1.5}{1+0.5\dfrac{VW_t}{Tbh_0}}} \to \begin{array}{l} \xrightarrow{\beta_t<0.5} \boxed{\beta_t=0.5} \\ \xrightarrow{0.5\le\beta_t\le1.0} \boxed{算得\beta_t} \\ \xrightarrow{\beta_t>1.0} \boxed{\beta_t=1.0} \end{array} \to \boxed{\beta_t} \to \bigstar$$

受剪承载力 $\to \left\{\begin{array}{l} 第6.3.4条 \to \boxed{\lambda} \\ \bigstar \to \boxed{\beta_t} \\ 表4.1.4-2 \to \boxed{f_t} \\ 表4.2.3-1 \to \boxed{f_{yv}} \end{array}\right\} \xrightarrow{式(6.4.10-1)} \boxed{V \le \underbrace{0.7(1.5-\beta_t)f_t bh_0}_{混凝土抗力} + \underbrace{f_{yv}\dfrac{A_{sv}}{s}h_0}_{钢筋抗力}}$

受扭承载力 $\to \left\{\begin{array}{l} 第6.4.4条 \to \boxed{\zeta} \\ \bigstar \to \boxed{\beta_t} \end{array}\right\} \xrightarrow{式(6.4.10-2)} \boxed{T \le \underbrace{0.35\alpha_h\beta_t f_t W_t}_{混凝土抗力} + \underbrace{1.2\sqrt{\zeta}f_{yv}\dfrac{A_{st1}A_{cor}}{s}}_{钢筋抗力}}$

流程图1-43　箱形一般剪扭构件计算（《混规》第6.3.4条、第6.4.4条、
第6.4.8条、第6.4.10条、第6.4.12条）（一）

$$\boxed{\begin{array}{c}《混规》\\第6.4.12条\end{array}} \rightarrow \boxed{V \leqslant 0.35f_tbh_0} \rightarrow \boxed{\begin{array}{c}按纯扭\\构件计算\end{array}} \xrightarrow{6.4.10条} \boxed{T \leqslant 0.35\alpha_h f_t W_1 + 1.2\sqrt{\zeta}f_{yv}\dfrac{A_{st1}A_{cor}}{s}} \rightarrow \blacklozenge$$

$$\blacklozenge \rightarrow \boxed{\dfrac{A_{st1}}{s}} \rightarrow \boxed{选配筋} \xrightarrow{9.2.10条} \boxed{\rho_{sv} > \rho_{svmin} = 0.28\dfrac{f_t}{f_{yv}}}$$

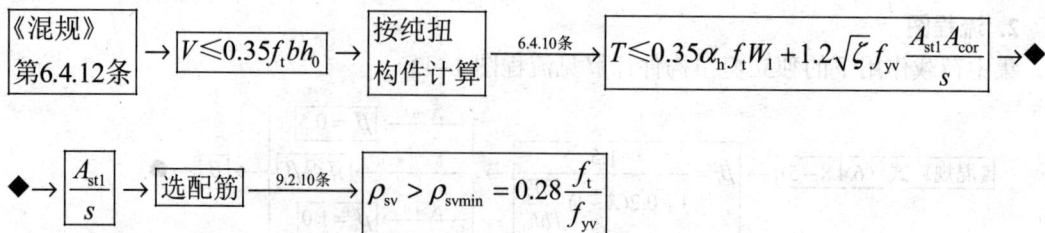

流程图 1–43　箱形一般剪扭构件计算（《混规》第 6.3.4 条、第 6.4.4 条、
第 6.4.8 条、第 6.4.10 条、第 6.4.12 条）（二）

2. 易考点

（1）关于截面是否满足规范要求的判定；

（2）一般受扭构件承载力的计算；

（3）构造配置箍筋的计算；

（4）箍筋最大间距的选取；

（5）是否可按纯扭构件计算；

（6）求受扭钢筋的配置。

（7）箱形剪扭与弯剪扭构件的简化前提；

（8）受扭钢筋的配置。

3. 典型考题

2009 年一级题 8。

考题精选 1–18：箍筋配置（2009 年一级题 8）

大题干参见考题精选 1–7。

假设该箱形梁某截面处的剪力设计值 $V=65\text{kN}$，扭矩设计值 $T=60\text{kN}\cdot\text{m}$，试问：采用下列何项箍筋配置，才最接近《混凝土结构设计规范》GB 50010—2010 的要求？

提示：已求得 $\alpha_h = 0.417, W_t = 7.1\times10^7\text{mm}^3, \zeta = 1.0, A_{cor} = 4.125\times10^5\text{mm}^2$。

A. φ8@200　　　　B. φ8@150　　　　C. φ10@200　　　　D. φ10@150

解答过程：

根据《混规》GB 50010—2010 第 6.4.12 条，

$V = 65\text{kN} \leqslant 0.35f_tbh_0 = 0.35\times1.27\times200\times765 = 68\times10^3\text{（N）} = 68\text{（kN）}$，按纯扭构件计算。

根据《混规》第 6.4.6 条，$T \leqslant 0.35\alpha_h f_t W_1 + 1.2\sqrt{\zeta}f_{yv}\dfrac{A_{st1}A_{cor}}{s}$，代入数据，

$$60\times10^6 \leqslant 0.35\times0.417\times1.27\times7.1\times10^7 + 1.2\times1\times270\times\frac{A_{st1}}{s}\times4.125\times10^5$$

得　$\dfrac{A_{st1}}{s} \geqslant 0.35\text{mm}^2/\text{mm}$

选项 A：$\dfrac{A_{st1}}{s} = \dfrac{50.3}{200} = 0.2515\text{mm}^2/\text{mm} < 0.35\text{mm}^2/\text{mm}$

选项 B：$\dfrac{A_{st1}}{s} = \dfrac{50.3}{150} = 0.335\text{mm}^2/\text{mm} < 0.35\text{mm}^2/\text{mm}$

选项 C：$\dfrac{A_{st1}}{s} = \dfrac{78.5}{200} = 0.392\,5\,\text{mm}^2/\text{mm} > 0.35\,\text{mm}^2/\text{mm}$

选项 D：$\dfrac{A_{st1}}{s} = \dfrac{78.5}{150} = 0.523\,\text{mm}^2/\text{mm} > 0.35\,\text{mm}^2/\text{mm}$

根据《混规》第 9.2.10 条，箍筋的配筋率

$$\rho_{sv} = \frac{2 \times 78.5}{2 \times 100 \times 200} \times 100\% = 0.39\% > \rho_{svmin} = 0.28 \frac{f_t}{f_{yv}} = 0.28 \times \frac{1.27}{270} = 0.13\%$$

正确答案：C

1.6.13 箱形集中荷载作用下的独立剪扭构件计算——《混规》第 6.4.8 条、第 6.4.10 条

箱形集中荷载作用下的独立剪扭构件计算见流程图 1—44。

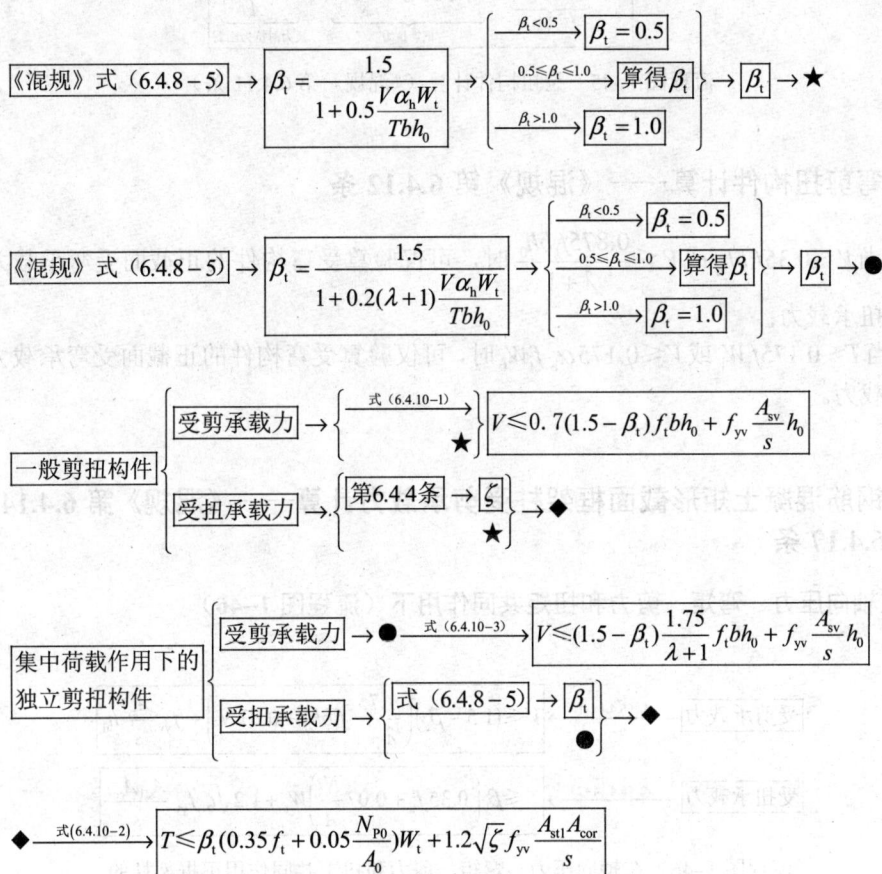

流程图 1—44　箱形集中荷载作用下的独立剪扭构件计算（《混规》第 6.4.8 条、第 6.4.10 条）

1.6.14 拉扭构件计算——《混规》第 6.4.11 条

拉扭构件计算见流程图 1–45。

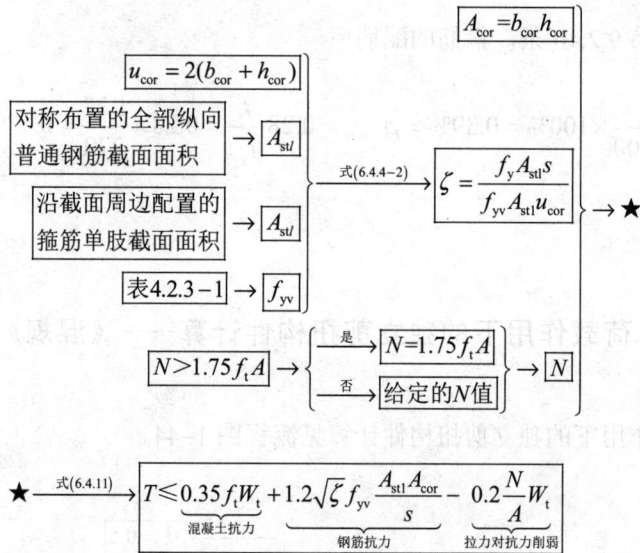

$$A_{cor}=b_{cor}h_{cor}$$

$$u_{cor}=2(b_{cor}+h_{cor})$$

对称布置的全部纵向普通钢筋截面面积 $\rightarrow A_{stl}$

沿截面周边配置的箍筋单肢截面面积 $\rightarrow A_{st1}$

表 4.2.3–1 $\rightarrow f_{yv}$

$$\text{式}(6.4.4-2) \quad \zeta=\frac{f_y A_{stl} s}{f_{yv} A_{st1} u_{cor}} \rightarrow \bigstar$$

$$N>1.75f_t A \rightarrow \begin{cases} \text{是} \rightarrow N=1.75f_t A \\ \text{否} \rightarrow \text{给定的}N\text{值} \end{cases} \rightarrow N$$

$$\bigstar \xrightarrow{\text{式}(6.4.11)} T\leqslant \underbrace{0.35f_t W_t}_{\text{混凝土抗力}} + \underbrace{1.2\sqrt{\zeta}f_{yv}\frac{A_{st1}A_{cor}}{s}}_{\text{钢筋抗力}} - \underbrace{0.2\frac{N}{A}W_t}_{\text{拉力对抗力削弱}}$$

流程图 1–45　拉扭构件计算（《混规》第 6.4.11 条）

1.6.15 弯剪扭构件计算——《混规》第 6.4.12 条

（1）当 $V\leqslant 0.35f_t bh_0$ 或 $V\leqslant\dfrac{0.875f_t bh_0}{\lambda+1}$ 时，可仅验算受弯构件的正截面受弯承载力和纯扭构件的受扭承载力；

（2）当 $T\leqslant 0.175f_t W_t$ 或 $V\leqslant 0.175\alpha_h f_t W_t$ 时，可仅验算受弯构件的正截面受弯承载力和斜截面受剪承载力。

1.6.16 钢筋混凝土矩形截面框架柱受剪承载力计算——《混规》第 6.4.14 条、第 6.4.17 条

1. 在轴向压力、弯矩、剪力和扭矩共同作用下（流程图 1–46）

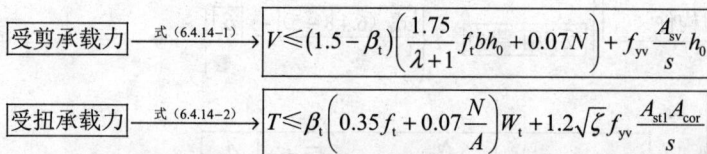

受剪承载力 $\xrightarrow{\text{式}(6.4.14-1)}$ $V\leqslant (1.5-\beta_t)\left(\dfrac{1.75}{\lambda+1}f_t bh_0+0.07N\right)+f_{yv}\dfrac{A_{sv}}{s}h_0$

受扭承载力 $\xrightarrow{\text{式}(6.4.14-2)}$ $T\leqslant\beta_t\left(0.35f_t+0.07\dfrac{N}{A}\right)W_t+1.2\sqrt{\zeta}f_{yv}\dfrac{A_{st1}A_{cor}}{s}$

流程图 1–46　在轴向压力、弯矩、剪力和扭矩共同作用下框架柱的
受剪承载力计算（《混规》第 6.4.14 条）

2. 在轴向拉力、弯矩、剪力和扭矩共同作用下（流程图 1–47）

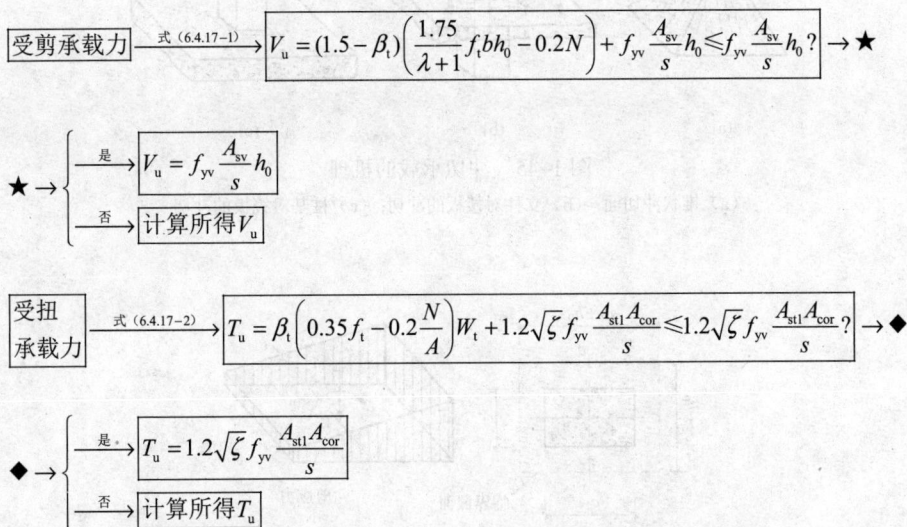

$$\boxed{受剪承载力} \xrightarrow{\text{式 (6.4.17-1)}} \boxed{V_{\mathrm{u}} = (1.5 - \beta_{\mathrm{t}})\left(\frac{1.75}{\lambda+1}f_{\mathrm{t}}bh_0 - 0.2N\right) + f_{\mathrm{yv}}\frac{A_{\mathrm{sv}}}{s}h_0 \leqslant f_{\mathrm{yv}}\frac{A_{\mathrm{sv}}}{s}h_0 \ ?} \rightarrow ★$$

$$★ \rightarrow \begin{cases} \xrightarrow{\text{是}} \boxed{V_{\mathrm{u}} = f_{\mathrm{yv}}\dfrac{A_{\mathrm{sv}}}{s}h_0} \\ \xrightarrow{\text{否}} \boxed{计算所得 V_{\mathrm{u}}} \end{cases}$$

$$\boxed{\begin{array}{c}受扭\\承载力\end{array}} \xrightarrow{\text{式 (6.4.17-2)}} \boxed{T_{\mathrm{u}} = \beta_{\mathrm{t}}\left(0.35f_{\mathrm{t}} - 0.2\frac{N}{A}\right)W_{\mathrm{t}} + 1.2\sqrt{\zeta}f_{\mathrm{yv}}\frac{A_{\mathrm{st1}}A_{\mathrm{cor}}}{s} \leqslant 1.2\sqrt{\zeta}f_{\mathrm{yv}}\frac{A_{\mathrm{st1}}A_{\mathrm{cor}}}{s} \ ?} \rightarrow ◆$$

$$◆ \rightarrow \begin{cases} \xrightarrow{\text{是}} \boxed{T_{\mathrm{u}} = 1.2\sqrt{\zeta}f_{\mathrm{yv}}\dfrac{A_{\mathrm{st1}}A_{\mathrm{cor}}}{s}} \\ \xrightarrow{\text{否}} \boxed{计算所得 T_{\mathrm{u}}} \end{cases}$$

流程图 1–47　在轴向拉力、弯矩、剪力和扭矩共同作用下框架柱的
受剪承载力计算（《混规》第 6.4.17 条）

1.7　受冲切构件计算

冲切受力与剪切受力；两者不同之处在于剪切破坏是作用在杆件截面上的受力，冲切破坏是作用在面状构件封闭环状破坏截面上的受力，如平板楼盖、平板筏形基础等。

1.7.1　受冲切构件概述

（1）《混规》第 6.5.1 条、第 6.5.6 条为本节基本条文；

（2）有孔板需先按《混规》第 6.5.2 条，再按《混规》第 6.5.1 条计算；

（3）配置抗冲切钢筋板须先满足《混规》第 9.1.11 条的构造要求，按《混规》第 6.5.3 条、第 6.5.4 条与第 6.5.1 条计算；

（4）受冲切构件相关条文群见表 1–28，冲切承载的机理见图 1–45，临界截面上的偏心剪应力见图 1–46，无柱帽楼板的抗冲切加强措施见图 1–47。

表 1–28　　　　　　　　　　　　　　受冲切构件相关条文群

构件类型	规范内容	相关条文
冲切	计算	6.5.1 条、6.5.2 条、6.5.3 条
	构造	9.1.11 条、9.1.12 条

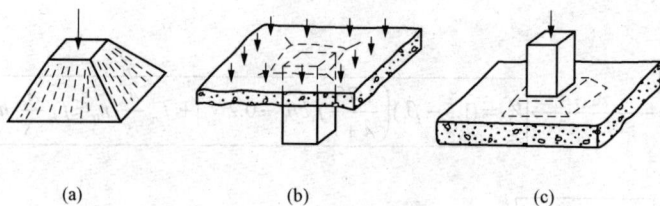

图 1-45　冲切承载的机理

（a）锥状冲切面；（b）立柱对楼板的冲切；（c）柱基对筏板的冲切

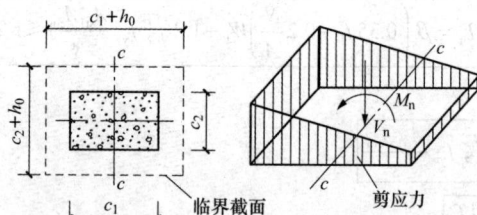

图 1-46　临界截面上的偏心剪应力

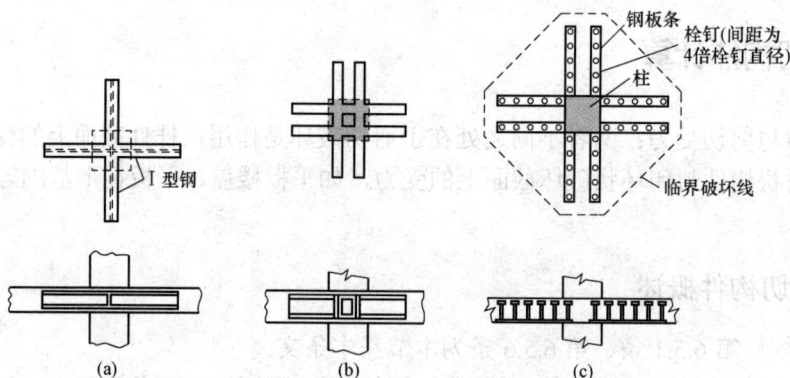

图 1-47　无柱帽楼板的抗冲切加强措施

1.7.2　不配置箍筋或弯起钢筋的板的受冲切承载力——《混规》第 6.5.1 条

1. 易错点

（1）α_s、β_s、η、β_h、h_0、h 的取值；

（2）u_m 的计算；

（3）板受冲切承载力计算类型（图 1-48）。

2. 计算步骤

步骤 1：求 β_h、β_s（流程图 1-48）

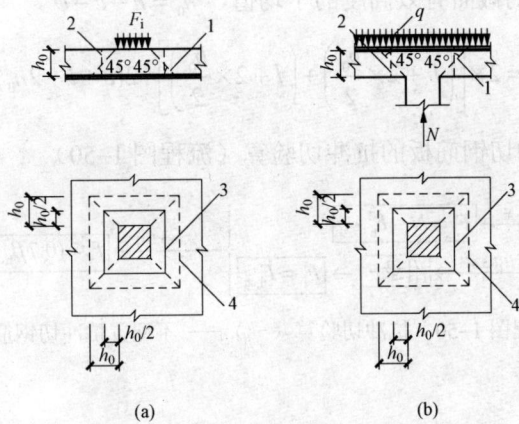

图 1-48　板受冲切承载力计算

（a）局部荷载作用下；（b）集中反力作用下

1—冲切破坏锥体的斜截面；2—计算截面；3—计算截面的周长；4—冲切破坏锥体的底面线

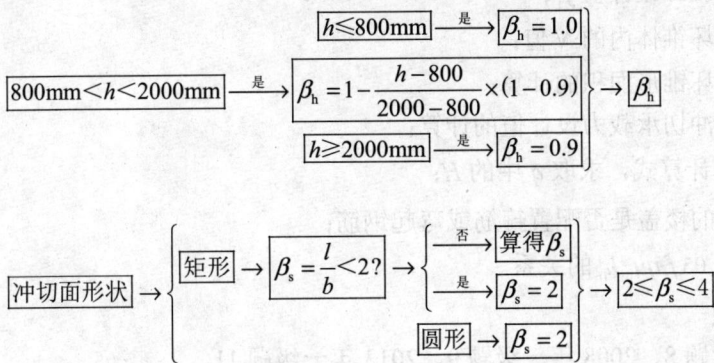

流程图 1-48　求 β_h、β_s

步骤 2：求 α_s、η（流程图 1-49）

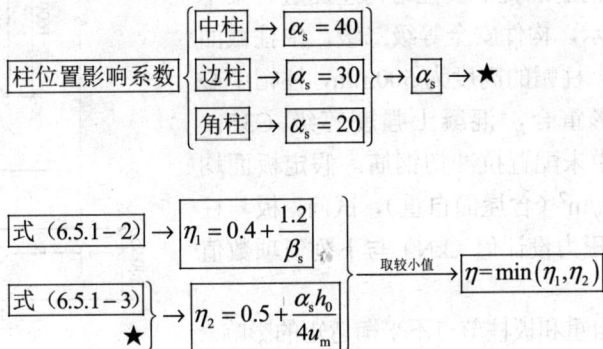

流程图 1-49　求 α_s、η

步骤 3：求 h_0、u_m

h_0 为两个配筋方向的截面有效高度的平均值，$h_0 = h - c - \phi$。

临界截面的周长 $u_m = 2 \times \left[\left(b + 2 \times \dfrac{h_0}{2} \right) + \left(l + 2 \times \dfrac{h_0}{2} \right) \right] = 2(b + l + 2h_0) = 2(b + l) + 4h_0$

步骤 4：不配置抗冲切钢筋板的抗冲切验算（流程图 1-50）

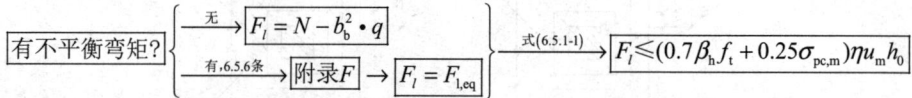

流程图 1-50　抗冲切验算（一）——不配置抗冲切钢筋板

3. 易考点

（1）β_s 与 α_s 的取值；

（2）η_1、η_2 的大小判断与 η 的取值；

（3）h_0 的取值，u_m 的计算；

（4）查取混凝土设计值 f_t；

（5）冲切破坏锥体内的 N 值；

（6）冲切破坏锥形面积的计算；

（7）顶板受冲切承载力设计值的计算；

（8）由 F_l 的计算式，求取 q 中的 H；

（9）考题中的楼盖是否配置箍筋或弯起钢筋；

（10）F_l 与 $1.05 f_t \eta u_m h_0$ 的关系。

4. 典型考题

2008 年一级题 8、2008 年一级题 9、2013 年一级题 11。
2014 年二级题 9。

考题精选 1-19：板与柱冲切控制的柱顶轴向压力设计值（2013 年一级题 11）

非抗震设防的某钢筋混凝土板柱结构屋面层，某中柱节点如图 1-49 所示，构件安全等级二级，中柱截面尺寸 600mm×600mm，柱帽的高度为 500mm，柱帽中心与柱中心的竖向投影重合，混凝土强度等级 C35，$a_s = a_s' = 40\,\text{mm}$，板中未配置抗冲切钢筋。假定板面均布荷载设计值为 15kN/m²（含屋面自重），试问：板与柱冲切控制的柱顶轴向压力设计值（kN）与下列何项数值最为接近？

提示：忽略柱帽自重和板柱节点不平衡弯矩的影响。

A. 1320 　　　　　 B. 1380

C. 1440 　　　　　 D. 1500

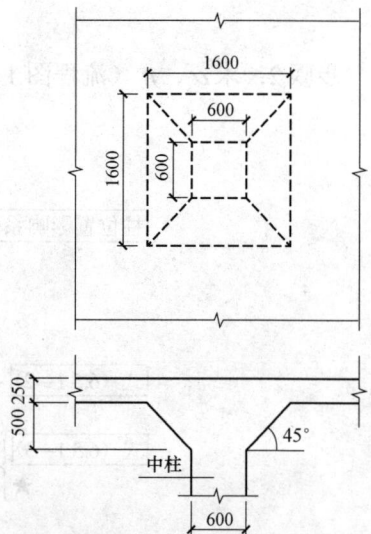

图 1-49　中柱节点示意图

解答过程：

根据《混规》GB 50010—2010 表 4.1.4–2，C35 混凝土抗拉强度设计值 f_t=1.57N/mm²，

根据《混规》第 6.5.1 条，截面有效高度 $h_0 = h - a_s = 250 - 40 = 210$mm

临界截面的周长 $u_m = 4 \times \left[2 \times 500 + 600 + \left(\dfrac{210}{2} \times 2 \right) \right] = 7240$mm

$h = 250$mm＜800mm，取 $\beta_h = 1.0$；对正方形柱截面，取 $\beta_s = 2.0$，对中柱，影响系数 $\alpha_s = 40$。

影响系数 $\eta_1 = 0.4 + \dfrac{1.2}{\beta_s} = 0.4 + \dfrac{1.2}{2.0} = 1.0$，

影响系数 $\eta_2 = 0.5 + \dfrac{\alpha_s h_0}{4 u_m} = 0.5 + \dfrac{40 \times 210}{4 \times 7240} = 0.79$，

取较小值，$\eta = \min(\eta_1, \eta_2) = 0.79$

$F_l = 0.7 \beta_h f_t \eta u_m h_0 = 0.7 \times 1 \times 1.57 \times 0.79 \times 7240 \times 210$

$\quad = 1320.03 \times 10^3\,\text{N} = 1320.03$kN

$\quad < 1.2 f_t \eta u_m h_0 = 1.2 \times 1.71 \times 0.917 \times 3360 \times 140$

$\quad = 774.5 \times 10^3\,\text{N} = 885.14$kN

冲切破坏锥体范围内板顶均布荷载总和

$N_1 = 15 \times (1.6 + 2 h_0)^2 = 15 \times (1.6 + 0.21 \times 2)^2 = 61.2$kN

冲切控制的柱轴向压力设计值 $N = F_l + N_1 = 1320.03 + 61.2 = 1381.23$kN

正确答案：B

1.7.3 配置箍筋或弯起钢筋的板受冲切截面及受冲切承载力要求——《混规》第 6.5.1 条、第 6.5.3 条、第 6.5.4 条、第 9.1.11 条

采用《混规》第 6.5.1 条、第 6.5.3 条、第 6.5.4 条、第 9.1.11 条（抗冲切筋构造）。

1. 易错点

（1）α_s、β_s、η、β_h、h_0 的取值；

（2）u_m 计算。

《混规》第 9.1.11 条：注意钢筋的选取数量，此为重要考点。

在局部荷载或集中反力作用下，当受冲切承载力不满足《混规》第 6.5.1 条的要求且板厚受到限制时，可配置箍筋或弯起钢筋，并应符合《混规》第 9.1.11 条的构造规定。

（3）板中抗冲切钢筋布置（图 1–50）。

2. 计算步骤

步骤 1：《混规》第 6.5.3 条

求 η（流程图 1–49）

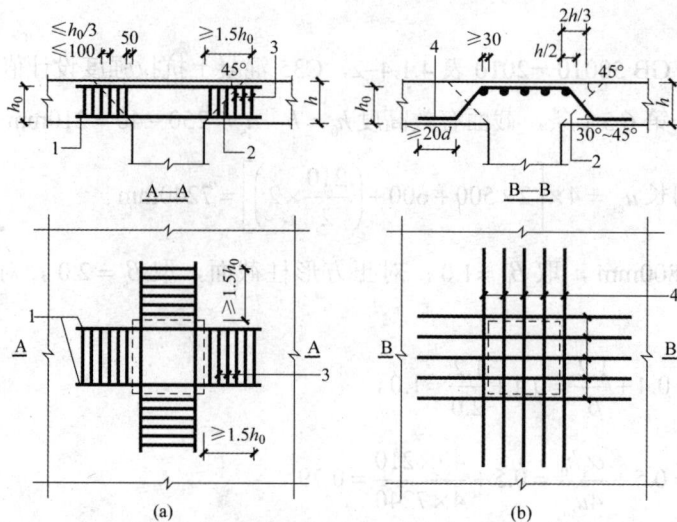

图 1-50 板中抗冲切钢筋布置（《混规》图 9.1.11）

（a）用箍筋作抗冲切钢筋；（b）用弯起钢筋作抗冲切钢筋

注：图中尺寸单位 mm。

1—架立钢筋；2—冲切破坏锥面；3—箍筋；4—弯起钢筋

临界截面的周长 $u_m = 2 \times \left[\left(b + 2 \cdot \dfrac{h_0}{2} \right) + \left(l + 2 \cdot \dfrac{h_0}{2} \right) \right] = 2(b + l + 2h_0) = 2(b + l) + 4h_0$

受冲切截面要求：$F_l \leqslant 1.2 f_t \eta u_m h_0$

配置箍筋、弯起钢筋时的受冲切承载力：

$$F_l \leqslant (\underbrace{0.5 f_t}_{\text{混凝土抗力}} + \underbrace{0.25 \sigma_{pc,m}}_{\text{预应力抗力}}) \eta u_m h_0 + \underbrace{0.8 f_{yv} A_{svu}}_{\text{箍筋抗力}} + \underbrace{0.8 f_y A_{sbu} \sin \alpha}_{\text{弯起钢筋抗力}}$$

步骤 2：《混规》第 6.5.4 条

对配置抗冲切钢筋的冲切破坏锥体以外 $0.5h_0$ 处的最不利周长 u_m 为：

$u_m = 2 \times [(b + 2h_0 + 2 \times 0.5h_0) + (l + 2h_0 + 2 \times 0.5h_0)] = 2(b + l) + 12h_0$，接下来按本章 1.7.2 节计算。

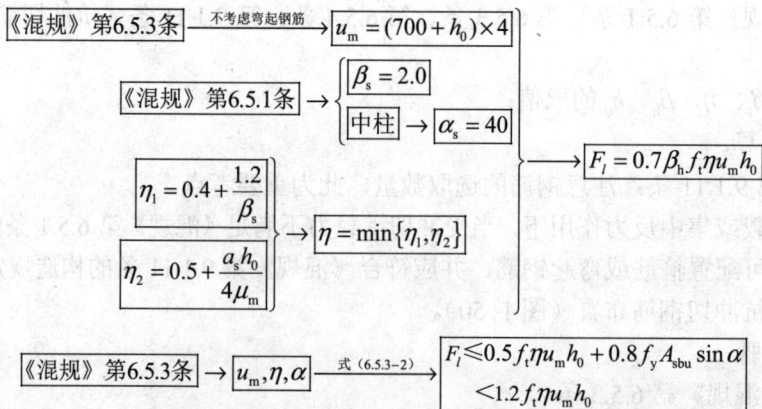

流程图 1-50 抗冲切验算（二）——不配置箍筋

3. 易考点

（1）混凝土设计值 f_t 的查取；

（2）h_0 的取值，u_m 的计算；

（3）β_s 与 α_s 的取值；

（4）η_1、η_2 的大小判断与 η 的取值；

（5）F_l 的计算；

（6）F_l 与 $1.2f_t\eta u_m h_0$ 的关系；

（7）冲切破坏锥体内的 N 值；

（8）考题中是否既配置箍筋又配置弯起钢筋。

4. 典型考题

2010 年一级题 10、2010 年一级题 11。

考题精选 1-20：板与柱冲切控制的柱轴向压力设计值（2010 年一级题 10）

非抗震设防的某板柱结构顶层，钢筋混凝土屋面板板面均布荷载设计值为 13.5kN/m²（含板自重），混凝土强度等级为 C40，板有效计算高度 $h_0 = 140$mm，中柱截面 700mm×700mm（图 1-51），板柱节点忽略不平衡弯矩的影响，$\alpha = 30°$。

当不考虑弯起钢筋作用时，试问：板与柱冲切控制的柱轴向压力设计值（kN），与下列何项数值最为接近？

A. 265　　　　　　　　B. 323

C. 498　　　　　　　　D. 530

解答过程：

混凝土抗拉强度设计值 $f_t = 1.71$N/mm²，截面有效高度 $h_0 = 140$mm

图 1-51　中柱截面图

根据《混规》GB 50010—2010 第 6.5.3 条，不考虑弯起钢筋作用时，临界截面的周长 $u_m = (700 + h_0) \times 4 = (700 + 140) \times 4 = 3360$mm

因比值 $\beta_s = 1.0 < 2.0$，根据《混规》第 6.5.1 条，取 $\beta_s = 2.0$，对中柱，影响系数 $\alpha_s = 40$。

影响系数 $\eta_1 = 0.4 + \dfrac{1.2}{\beta_s} = 1.0$；影响系数 $\eta_2 = 0.5 + \dfrac{a_s h_0}{4u_m} = 0.917$；影响系数 $\eta = \min(\eta_1, \eta_2) = 0.917$；

$F_l = 0.7\beta_h f_t \eta u_m h_0 = 0.7 \times 1.0 \times 1.71 \times 0.917 \times 3360 \times 140 = 516.33 \times 10^3$N $= 516.33$kN

冲切破坏锥体范围内板顶均布荷载总和

$13.5 \times (0.7 + 2h_0)^2 = 13.5 \times (0.7 + 2 \times 0.140)^2 = 12.297$kN

冲切控制的柱轴向压力设计值 $N = 516.33 + 12.297 = 529.3$kN

正确答案：D

考题精选 1-21：板受柱的冲切承载力设计值（2010 年一级题 11）

当考虑弯起钢筋作用时，试问：板受柱的冲切承载力设计值（kN）与下列何项数值最为接近？

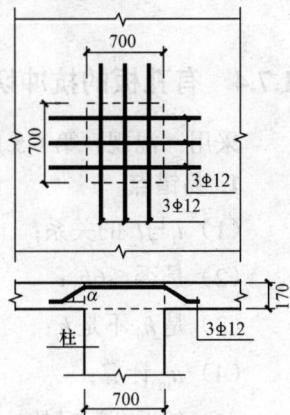

A. 273　　　　　　　B. 303　　　　　　　C. 351　　　　　　　D. 532

解答过程：

根据《混规》GB 50010—2010 第 6.5.3 条，配置弯起钢筋的板，其受冲切承载力应符合《混规》式（6.5.3-2），$u_m = 3360mm$，$\eta = 0.917$，$\alpha = 30°$

板受柱的冲切承载力设计值

$$F_l \leqslant 0.5 f_t \eta u_m h_0 + 0.8 f_y A_{sbu} \sin \alpha$$

$$= 0.5 \times 1.71 \times 3360 \times 0.917 \times 140 + 0.8 \times 300 \times 339 \times 4 \times \sin 30°$$

$$= 531.5 \times 10^3 N = 531.5kN$$

$$< 1.2 f_t \eta u_m h_0 = 1.2 \times 1.71 \times 0.917 \times 3360 \times 140$$

$$= 774.5 \times 10^3 N = 885.14kN$$

正确答案：D

1.7.4　有孔板的抗冲切验算——《混规》第 6.5.1 条～第 6.5.4 条、第 9.1.11 条

采用《混规》第 6.5.1 条～第 6.5.4 条、第 9.1.11 条（抗冲切筋构造规定）。

1. 易错点

（1）l_1 与 l_2 的关系；

（2）是否 $\leqslant 6h_0$；

（3）是 h_0 不是 h；

（4）u_m 计算；

（5）邻近孔洞时的计算截面周长（图 1-52）。

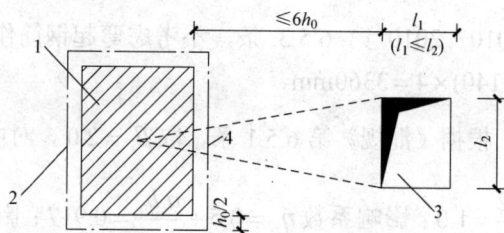

图 1-52　邻近孔洞时的计算截面周长

1—局部荷载或集中反力作用面；2—计算截面周长；3—孔洞；4—应扣除的长度

注：当图中 l_1 大于 l_2 时，孔洞边长 l_2 用 $\sqrt{l_1 l_2}$ 代替。

当板开有孔洞且孔洞至局部荷载或集中反力作用面积边缘的距离 $\leqslant 6h_0$ 时，受冲切承载力计算中取用的计算截面周长 u_m，应扣除局部荷载或集中反力作用面积中心至开孔外边画出两条切线之间所包含的长度即 $u_m - l_4$。

当 $l_1 \leqslant l_2$ 时，$\quad l_4 = \dfrac{\dfrac{b}{2} + \dfrac{h_0}{2}}{\dfrac{b}{2} + l_x} \cdot l_2$

当 $l_1 > l_2$ 时，$l_4 = \dfrac{\dfrac{b}{2}+\dfrac{h_0}{2}}{\dfrac{b}{2}+l_x} \cdot \sqrt{l_1 l_2}$。接下来按本章 1.7.2 节计算。

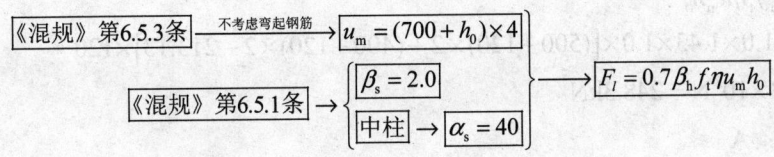

《混规》第6.5.3条 —— 不考虑弯起钢筋 —— $u_m = (700 + h_0) \times 4$

《混规》第6.5.1条 → $\beta_s = 2.0$ / 中柱 → $\alpha_s = 40$ → $F_l = 0.7\beta_h f_t \eta u_m h_0$

流程图 1-50 抗冲切验算（三）——有孔板

2. 易考点

（1）混凝土设计值 f_t 的查取；

（2）洞口的影响的确定

（3）h_0 的取值，u_m 的计算；

（4）β_s 与 η 的取值；

（5）F_l 的计算。

3. 典型考题

2014 年一级题 11。

2007 年二级题 11。

考题精选 1-22：楼板的抗冲切承载力设计值（2014 年一级题 11）

某现浇钢筋混凝土楼板，板上有作用面为 400mm×500mm 的局部荷载，并开有 550mm×550mm 的洞口，平面位置示意如图 1-53 所示。

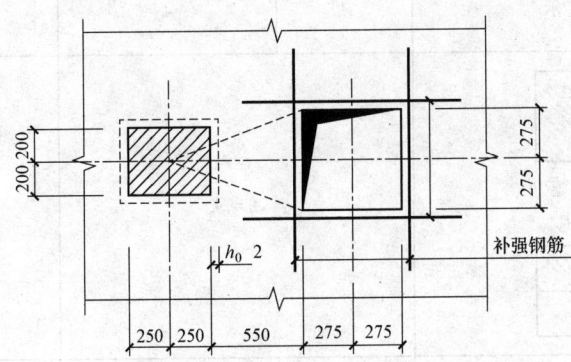

图 1-53 现浇钢筋混凝土楼板平面位置示意图

假定楼板混凝土强度等级为 C30，板厚 $h = 150\text{mm}$，截面有效高度 $h_0 = 120\text{mm}$。试问，在局部荷载作用下，该楼板的抗冲切承载力设计值 F_l（kN），与下列何项数值最为接近？

提示：① $\eta = 1.0$；② 未配置箍筋和弯起钢筋。

A. 250　　　　B. 270　　　　C. 340　　　　D. 430

解答过程：

根据《混规》GB 50010—2010 第 6.5.2 条，550mm ＜ $6h_0 = 6 \times 120 = 720$mm，应考虑洞口的影响。

计算截面周长应扣除的长度 $l = 550 \times \dfrac{250 + 120/2}{250 + 550} = 213.12\text{mm}$

楼板的抗冲切承载力设计值

$$
\begin{aligned}
F_l &= 0.7\beta_\text{h} f_t \eta u_\text{m} h_0 \\
&= 0.7 \times 1.0 \times 1.43 \times 1.0 \times [(500+120) \times 2 + (400+120) \times 2 - 213.13] \times 120 \\
&= 248.3 \times 10^3 \text{N} = 248.3\text{kN}
\end{aligned}
$$

正确答案：A

1.8 局部受压计算

满足《混规》第 6.6.1 条的截面尺寸条件，才可按《混规》第 6.6.3 条计算。
局部受压构件相关条文群见表 1–29。

表 1–29   局部受压构件相关条文群

构件类型	规范内容	相关条文
局压	计算	第 6.6.1 条～第 6.6.3 条

1.8.1 局部受压计算参数（表 1–30）

表 1–30   局部受压计算参数（《混规》第 6.6.2 条）

类型	图　示	A_l	A_b	$\beta_l = \sqrt{\dfrac{A_\text{b}}{A_l}}$	备注
1	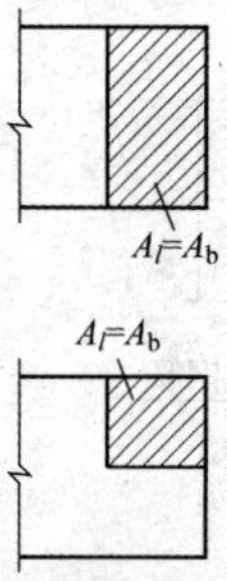	$A_l = A_\text{b}$		$\beta_l = 1$	—
2	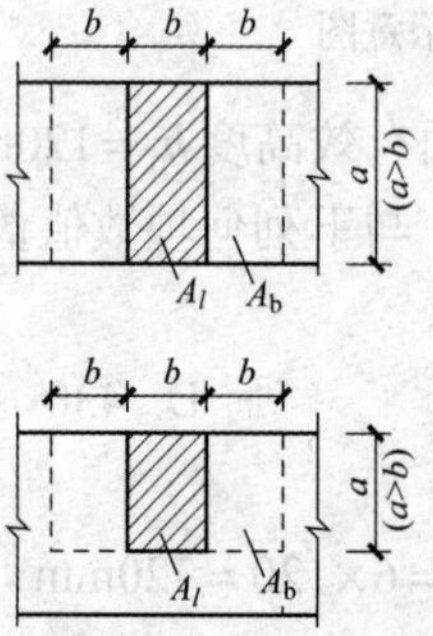	$A_l = a \cdot b$	$A_\text{b} = 3b \cdot a$	$\beta_l = \sqrt{3}$	$a > b$

续表

类型	图　示	A_l	A_b	$\beta_l = \sqrt{\dfrac{A_b}{A_l}}$	备注
3		$A_l = \dfrac{\pi b^2}{4}$	$A_b = \dfrac{\pi(3b)^2}{4}$	$\beta_l = 3$	—
		$A_l = a \cdot b$	$A_b = 3b \cdot (2b+a)$	$\beta_l = \sqrt{\dfrac{3(2b+a)}{a}}$	$a>b$

局部受压区的间接钢筋见图 1-54，约束配筋的常见形式见图 1-55，用《混规》式（6.6.3-1）求 β_{cor}、ρ_v 见流程图 1-51。

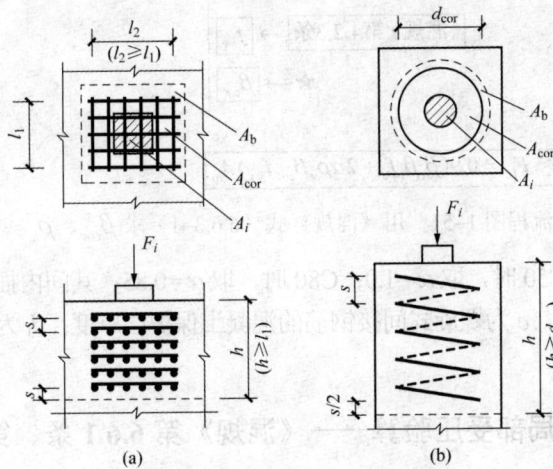

图 1-54　局部受压区的间接钢筋

（a）方格网式配筋；（b）螺旋式配筋

A_l—混凝土局部受压面积；A_b—局部受压的计算底面积；

A_{cor}—方格网式或螺旋式间接钢筋内表面范围内的混凝土核心面积

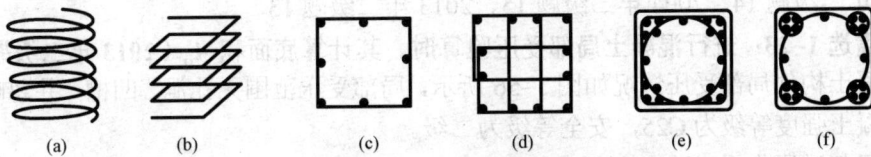

图 1-55　约束配筋的常见形式

（a）圆形螺旋箍；（b）方形螺旋箍；（c）焊接封闭箍；

（d）一笔画箍；（e）内圆外方箍；（f）多重螺旋箍

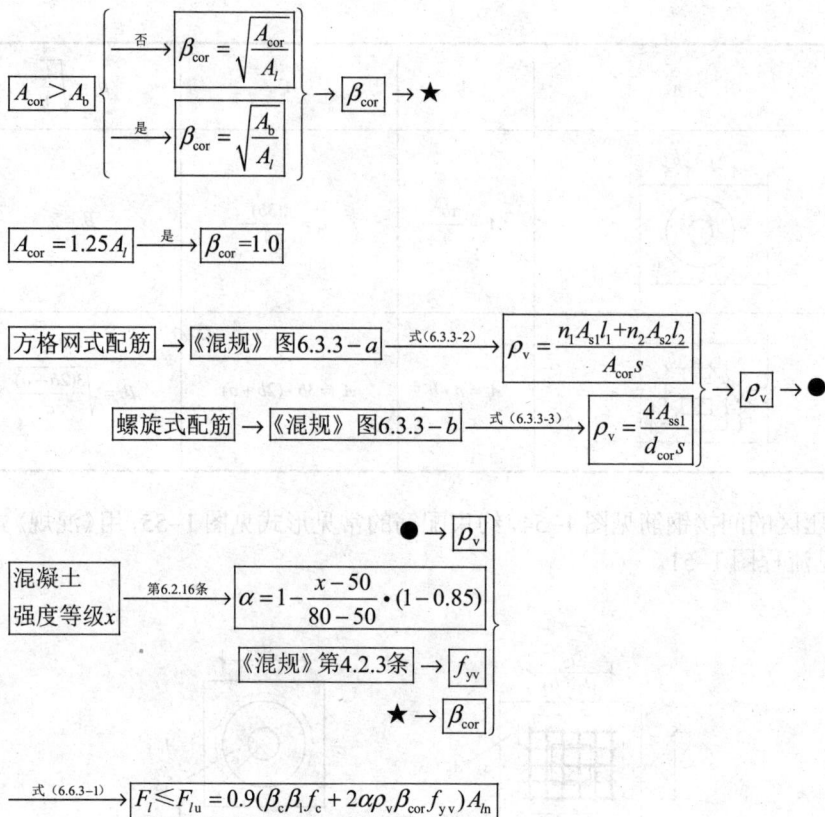

$A_{cor} > A_b$ —否→ $\beta_{cor} = \sqrt{\dfrac{A_{cor}}{A_l}}$

—是→ $\beta_{cor} = \sqrt{\dfrac{A_b}{A_l}}$ → β_{cor} → ★

$A_{cor} = 1.25A_l$ —是→ $\beta_{cor} = 1.0$

方格网式配筋 → 《混规》图6.3.3−a —式(6.3.3−2)→ $\rho_v = \dfrac{n_1 A_{s1} l_1 + n_2 A_{s2} l_2}{A_{cor} s}$

螺旋式配筋 → 《混规》图6.3.3−b —式(6.3.3−3)→ $\rho_v = \dfrac{4 A_{ss1}}{d_{cor} s}$ → ρ_v → ●

● → ρ_v

混凝土强度等级 x —第6.2.16条→ $\alpha = 1 - \dfrac{x-50}{80-50} \cdot (1-0.85)$

《混规》第4.2.3条 → f_{yv}

★ → β_{cor}

—式(6.6.3−1)→ $F_l \leqslant F_{lu} = 0.9(\beta_c \beta_l f_c + 2\alpha \rho_v \beta_{cor} f_{yv}) A_{ln}$

流程图 1−51　用《混规》式（6.6.3−1）求 β_{cor}、ρ_v

α 的取值小于等于 C50 时，取 $\alpha = 1.0$；C80 时，取 $\alpha = 0.85$；其间内插法求得。d_{cor} 的取值：$d_{cor} = d - 2c - 2d_1$；其中，c 为螺旋式间接钢筋的混凝土保护层厚度；d_1 为螺旋式间接钢筋直径。

1.8.2　配置间接钢筋局部受压验算——《混规》第 6.6.1 条、第 6.6.2 条

1. 易考点

（1）同心对称的原则（表 1−30）；

（2）混凝土局部受压验算时，计算底面积。

（3）正确取用混凝土强度影响系数 β_c。

2. 典型考题

2004 年二级题 14、2004 年二级题 15、2013 年二级题 13。

考题精选 1−23：进行混凝土局部受压验算时，其计算底面积 A_b（2013 年二级题 13）

某混凝土构件局部受压情况如图 1−56 所示，局部受压范围无孔洞、凹槽，并忽略边距的影响，混凝土强度等级为 C25，安全等级为二级。

假定局部受压作用尺寸 $a = 300\text{mm}$，$b = 200\text{mm}$。试问：进行混凝土局部受压验算时，其计算底面积 A_b（mm^2）与下列何项数值最为接近？

A. 300000 　　　　B. 420000 　　　　C. 560000 　　　　D. 720000

解答过程：

根据《混规》GB 50010—2010 第 6.6.2 条，进行混凝土局部受压验算时，其计算底面积

$$A_b = (a + 2b) \times 3b = (300 + 2 \times 200) \times 3 \times 200 = 420000 \, \text{mm}^2$$

正确答案：B

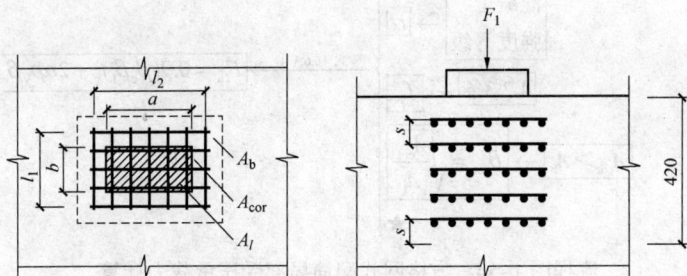

图 1-56　混凝土构件局部受压示意图

1.8.3　配置间接钢筋局部受压验算——《混规》第 6.6.1 条～第 6.6.3 条

1. 易错点

（1）A_l、A_b 的选取；

（2）A_{ln}、β_c、f_c 的取值。

间接钢筋应配置在《混规》图 6.6.3 所规定的高度 h 范围内，方格网式钢筋，不应少于 4 片；螺旋式钢筋，不应少于 4 圈。柱接头，h 尚不应小于 $15d$，d 为柱的纵向钢筋直径。

2. 计算步骤

步骤 1：求 β_c（流程图 1-52）

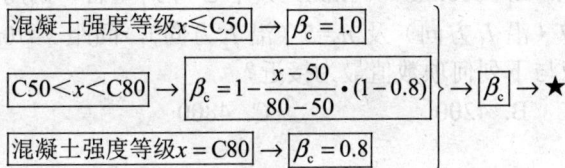

流程图 1-52　求 β_c

步骤 2：验算截面尺寸（流程图 1-53）

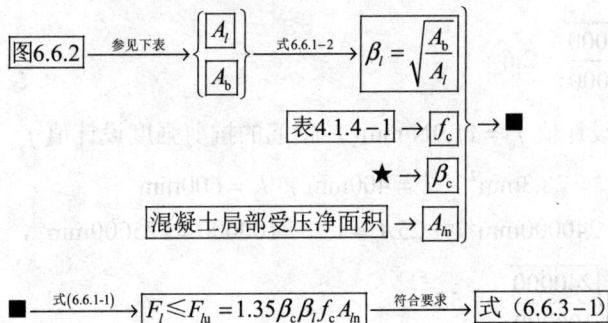

流程图 1-53　验算截面尺寸 [《混规》式（6.6.1）]

步骤3：方格网式配筋局部受压承载力计算（流程图1–54）

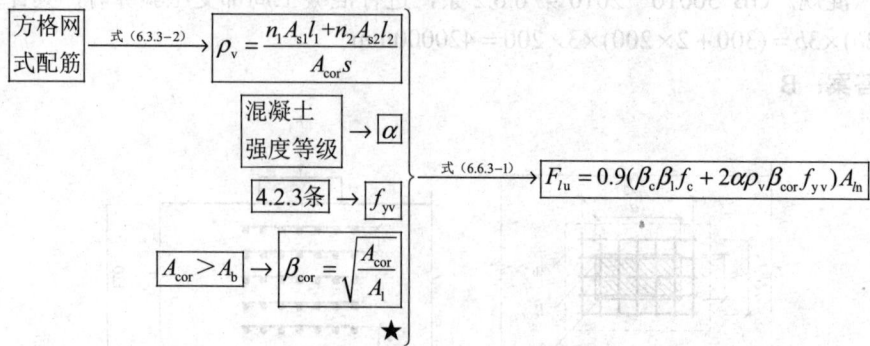

流程图1–54　方格网式配筋局部受压承载力计算

3. 易考点

（1）A_l、A_b 的选取；

（2）A_{ln}、β_c、f_c 的取值；

（3）《混规》图6.6.3中各个参数；

（4）间接钢筋对混凝土约束的折减系数 α。

4. 典型考题

2013年二级题14。

考题精选1–24：局部受压承载力设计值（2013年二级题14）

大题干参见考题精选1–23。

假定局部受压面积 $a \times b = 400\text{mm} \times 250\text{mm}$，局部受压计算底面积 $A_b = 675000\text{mm}^2$，局部受压区配置焊接钢筋网片 $l_2 \times l_1 = 600\text{mm} \times 400\text{mm}$，其中心与 F_l 重合，钢筋直径为 Φ6（HPB300），钢筋网片单层钢筋 $n_1 = 7$（沿 l_1 方向）及 $n_2 = 5$（沿 l_2 方向），间距 $s = 70\text{mm}$。试问：局部受压承载力设计值（kN）应与下列何项数值最为接近？

A. 3500　　　　B. 4200　　　　C. 4800　　　　D. 5300

解答过程：

根据《混规》GB 50010—2010第6.6.1条、第6.6.3条，混凝土强度等级为C25小于C50，则 $\beta_c = 1.0$

$A_l = a \times b = 400 \times 250 = 100000\text{mm}^2$，$A_b = 675000\text{mm}^2$，

$$\beta_l = \sqrt{\frac{A_b}{A_l}} = \sqrt{\frac{675000}{100000}} = 2.6$$

混凝土抗压强度设计值 $f_c = 11.9\text{N/mm}^2$，钢筋的抗剪强度设计值 $f_{yv} = 270\text{N/mm}^2$，

$\alpha = 1.0$，$A_{s1} = A_{s2} = 28.3\text{mm}^2$，$l_1 = 400\text{mm}$，$l_2 = 600\text{mm}$

$A_{cor} = 400 \times 600 = 240000\text{mm}^2 > 1.25A_l = 1.25 \times 100000 = 125000\text{mm}^2$，

则 $\beta_{cor} = \sqrt{\dfrac{A_{cor}}{A_l}} = \sqrt{\dfrac{240000}{100000}} = 1.55$

题干中有"焊接钢筋网片 $l_2 \times l_1 = 600\text{mm} \times 400\text{mm}$"，即钢筋网两个方向上单位长度内钢筋

截面面积的比值不大于 1.5，其体积配筋率

$$\rho_v = \frac{n_1 A_{s1} l_1 + n_2 A_{s2} l_2}{A_{cor} s} = \frac{7 \times 28.3 \times 400 + 5 \times 28.3 \times 600}{24000 \times 70} = 0.98\%$$

$$1.35 \beta_c \beta_1 f_c A_{ln} = 1.35 \times 1.0 \times 2.6 \times 11.9 \times 100000 = 1177 \times 10^3 \, \text{N} = 1177 \text{kN}$$

局部受压承载力设计值

$$F_{lu} = 0.9(\beta_c \beta_1 f_c + 2\alpha \rho_v \beta_{cor} f_{yv}) A_{ln}$$
$$= 0.9 \times (1.0 \times 2.6 \times 11.9 + 2 \times 0.98\% \times 1.55 \times 270) \times 100000$$
$$= 3523 \times 10^3 \, \text{N} = 3523 \text{kN}$$

上述两者取较小值

正确答案：A

1.9 正常使用极限状态验算

1.9.1 三级裂缝宽度验算——《混规》第 7.1.1 条、第 7.1.2 条、第 7.1.4 条、第 3.4.5 条

1. 易错点

（1）c_s、v、α_{cr} 的取值；

（2）$\sigma_s(\sigma_{sq}$、$\sigma_{sk})$、ρ_{te}、φ 的计算及取值范围判定；

（3）A_{te} 的计算值；

（4）《混规》第 7.1.2 条注。

2. 计算步骤

裂缝宽度计算条文关系概览见流程图 1–55，裂缝宽度计算的荷载组合见表 1–31。

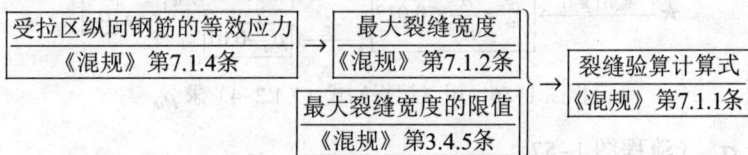

流程图 1–55　裂缝宽度计算条文关系概览（《混规》第 7.1.1 条、第 7.1.2 条、第 7.1.4 条、第 3.4.5 条）

表 1–31　　　　　　　　裂缝宽度计算的荷载组合（《混规》第 7.1.1 条规定）

构件类别	裂缝级别	荷载组合
钢筋混凝土构件	三级裂缝	按荷载准永久组合并考虑长期作用影响的效应计算
预应力混凝土构件	一、二级裂缝	按荷载标准组合进行计算
	三级裂缝	按荷载标准组合并考虑长期作用影响的效应计算
	环境类别为二 a 类	按荷载准永久组合计算

步骤1：求 ρ_{te}（流程图1-56）

构件类型	受拉构件	受弯、偏心受压构件、偏心受拉构件
A_{te} 图示	 $A_{\text{te}} = A$	 $A_{\text{te}} = 0.5bh + (b_{\text{f}} - b)h_{\text{f}}$

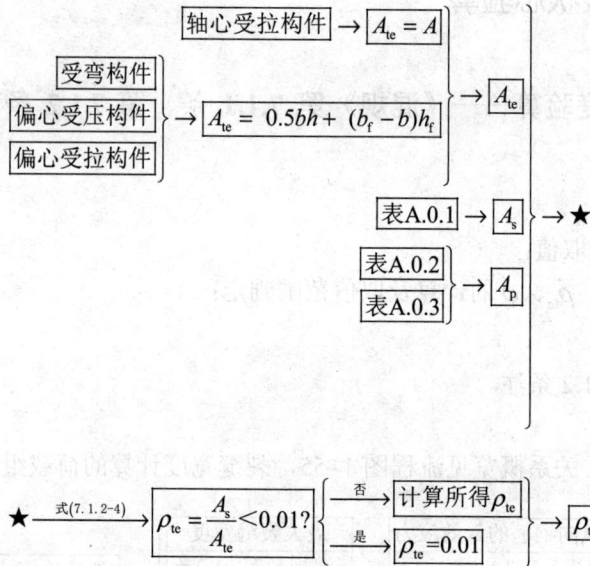

流程图1-56　用《混规》式（7.1.2-4）求 ρ_{te}

步骤2：求 σ_{sq}（流程图1-57）

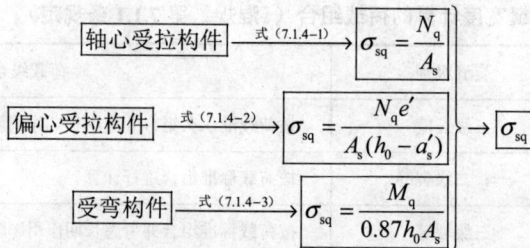

流程图1-57　用《混规》式（7.1.4-1～7）求 σ_{sq}（一）

$$\begin{array}{l} \text{偏心受压构件} \rightarrow \begin{cases} \boxed{h_{\rm f}'>0.2h_0?} \xrightarrow{\text{是}} \boxed{h_{\rm f}'=0.2h_0} \\ \qquad\qquad \xrightarrow{\text{否}} \boxed{\text{给定的}\ h_{\rm f}'} \end{cases} \xrightarrow{\text{式}(7.1.4\text{-}7)} \boxed{\gamma_{\rm f}'=\dfrac{(b_{\rm f}'-b)h_{\rm f}'}{bh_0}} \\ \qquad\qquad \begin{cases} \boxed{\dfrac{l_0}{h}\leqslant 14?} \xrightarrow{\text{是}} \boxed{\eta_{\rm s}=1.0} \\ \qquad\qquad \xrightarrow{\text{否}} \boxed{\eta_{\rm s}=1+\dfrac{1}{4000\dfrac{e_0}{h_0}}\left(\dfrac{l_0}{h}\right)^2} \end{cases} \xrightarrow{\text{式}(7.1.4\text{-}6)} \boxed{e=\eta_{\rm s}e_0+y_{\rm s}} \end{array} \rightarrow \bigstar$$

$$\bigstar \xrightarrow{\text{式}(7.1.4\text{-}5)} \boxed{z=\left[0.87-0.12(1-\gamma_{\rm f}')\left(\dfrac{h_0}{e}\right)^2\right]h_0\leqslant 0.87h_0} \xrightarrow{\text{式}(7.1.4\text{-}4)} \boxed{\sigma_{\rm sq}=\dfrac{N_{\rm q}}{A_{\rm s}z}(e-z)}$$

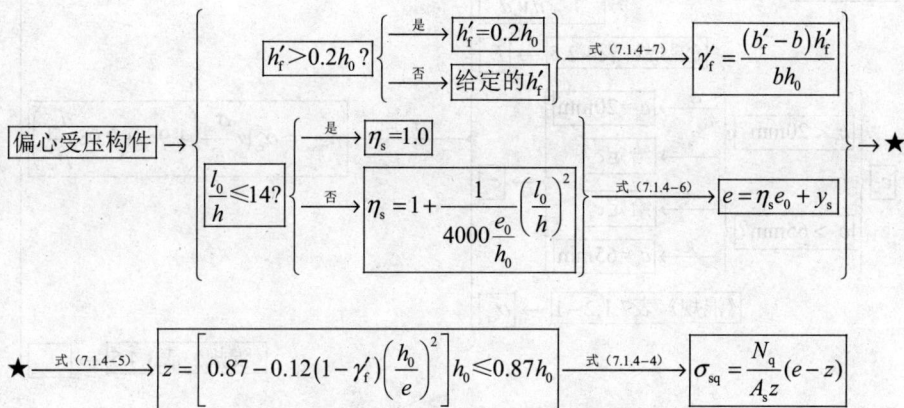

流程图 1–57　用《混规》式（7.1.4–1～7）求 $\sigma_{\rm sq}$（二）

步骤 3：求 ψ（流程图 1–58）

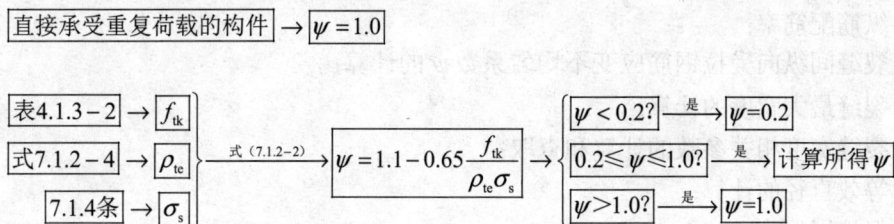

$$\boxed{\text{直接承受重复荷载的构件}} \rightarrow \boxed{\psi=1.0}$$

$$\begin{array}{l} \boxed{\text{表}4.1.3\text{-}2} \rightarrow \boxed{f_{\rm tk}} \\ \boxed{\text{式}7.1.2\text{-}4} \rightarrow \boxed{\rho_{\rm te}} \\ \boxed{7.1.4\ \text{条}} \rightarrow \boxed{\sigma_{\rm s}} \end{array} \xrightarrow{\text{式}(7.1.2\text{-}2)} \boxed{\psi=1.1-0.65\dfrac{f_{\rm tk}}{\rho_{\rm te}\sigma_{\rm s}}} \rightarrow \begin{cases} \boxed{\psi<0.2?} \xrightarrow{\text{是}} \boxed{\psi=0.2} \\ \boxed{0.2\leqslant\psi\leqslant 1.0?} \xrightarrow{\text{是}} \boxed{\text{计算所得}\ \psi} \\ \boxed{\psi>1.0?} \xrightarrow{\text{是}} \boxed{\psi=1.0} \end{cases}$$

流程图 1–58　用《混规》式（7.1.2–2）求 ψ

步骤 4：求 $w_{\max}$（表 1–32、表 1–33、流程图 1–59）

表 1–32　　　　　　　　　构件受力特征系数（《混规》表 7.1.2–1）

类　　型	$\alpha_{\rm cr}$	
	钢筋混凝土构件	预应力混凝土构件
受弯、偏心受压	1.9	1.5
偏心受拉	2.4	—
轴心受拉	2.7	2.2

表 1–33　　　　　　　钢筋的相对黏结特征系数（《混规》表 7.1.2–2）

钢筋类别	钢筋		先张法预应力筋			后张法预应力筋		
	光圆钢筋	带肋钢筋	带肋钢筋	螺旋肋钢丝	钢绞线	带肋钢筋	钢绞线	光面钢丝
ν_i	0.7	1.0	1.0	0.8	0.6	0.8	0.5	0.4

注：对环氧树脂涂层带肋钢筋，其相对黏结特性系数应按表中系数的80%取用。

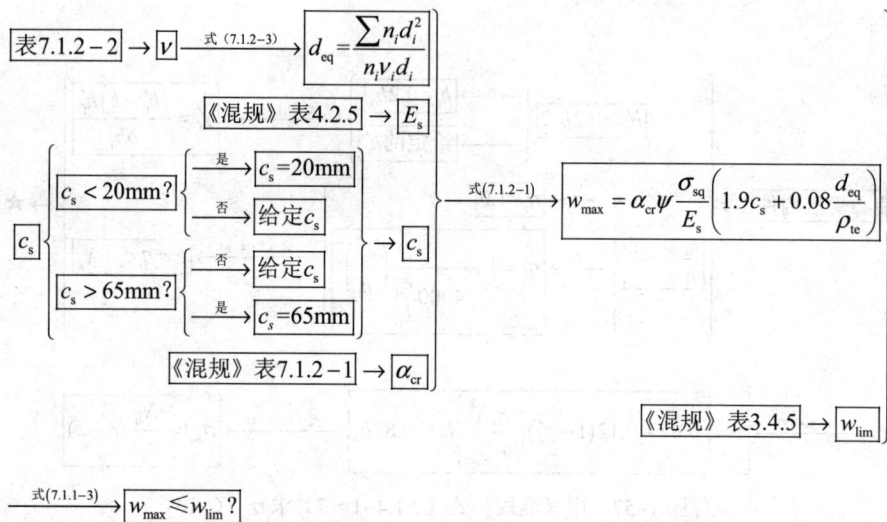

$$表7.1.2-2 \rightarrow \boxed{v} \xrightarrow{式(7.1.2-3)} \boxed{d_{eq} = \frac{\sum n_i d_i^2}{n_i v_i d_i}}$$

流程图 1-59　用《混规》式（7.1.2-1）求 w_{max}

3. 易考点

（1）纵筋配筋率；

（2）裂缝间纵向受拉钢筋应变不均匀系数 ψ 的计算；

（3）裂缝最大宽度的计算；

（4）裂缝宽度相关参数的计算和查取；

（5）等效直径的计算；

（6）保护层厚度；

（7）准永久组合的计算；

（8）可变荷载最不组合；

（9）等效直径的计算；

（10）准永久组合的计算；

（11）考题梁中何处裂缝最大。

4. 典型考题

2005 年一级题 4、2010 年一级题 3、2011 年一级题 12、2012 年一级题 3、2013 年一级题 2、2014 年一级题 15、2016 年一级题 7。

2003 年二级题 12、2006 年二级题 7、2008 年二级题 4、2009 年二级题 5、2012 年二级题 15、2016 年二级题 4。

考题精选 1-25：支座梁顶面裂缝最大宽度（2013 年一级题 2）

某办公楼中的钢筋混凝土四跨连续梁，结构设计使用年限为 50 年，其计算简图和支座 C 处的配筋如图 1-57 所示。梁的混凝土强度等级为 C35，纵筋采用 HRB500 钢筋，$a_s=45$mm。箍筋的保护层厚度为 20mm。假定作用在梁上的永久荷载标准值为 $q_{Gk}=28$kN/m（包括自重），可变荷载标准值为 $q_{Qk}=8$kN/m，可变荷载准永久值系数为 0.4。试问：按《混凝土结构设计规范》GB 50010—2010 计算的支座 C 梁顶面裂缝最大宽度 w_{max}（mm）与下列何项数值最为接近？

　　A. 0.24　　　　　　　B. 0.28　　　　　　　C. 0.32　　　　　　　D. 0.36

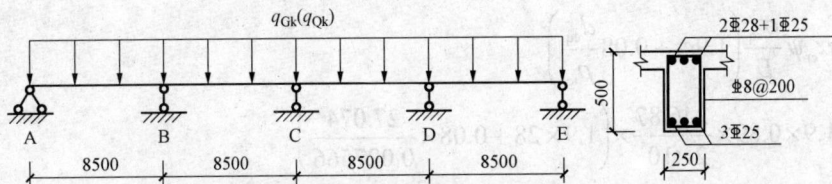

图 1-57 四跨连读梁计算简图及支座 C 处配筋

提示：① 裂缝宽度计算时不考虑支座宽度及受拉翼缘的影响。② 本题需要考虑可变荷载不利分布，等跨梁在不同荷载分布作用下，支座 C 弯矩计算公式见图 1-58。

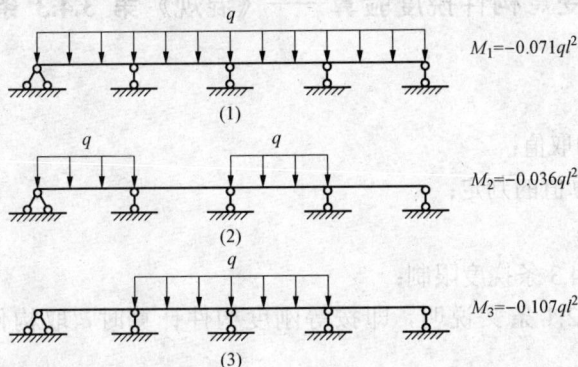

图 1-58 不同荷载分布图

解答过程： 查《混规》GB 50010—2010 表 4.1.4–1，C35 混凝土的抗拉强度标准值 $f_{tk} = 2.2\text{N/mm}^2$，查《混规》表 4.2.5，HRB500 钢筋的弹性模量 $E_s = 2 \times 10^5 \text{N/mm}^2$

根据《混规》第 7.1.1 条第 3 款，应采用准永久组合并考虑长期刚度作用影响，永久荷载标准值采用图 1-58（1），可变荷载标准值采用图 1-58（3），此时支点 C 处负弯矩最大，则准永久组合弯矩值

$$M_q = 1.0 \cdot M_{Gk} + 0.4 \cdot M_{Qk} = -0.071 \times 28 \times 8.5^2 + 0.4 \times (-0.107 \times 8 \times 8.5^2) = -168.37 \text{（kN·m）}$$

梁顶部配筋 $A_s = 1722.9\text{mm}^2$

根据《混规》表 7.1.2–1，对于钢筋混凝土受弯构件，构件受力特征系数 $\alpha_{cr} = 1.9$；

根据《混规》式（7.1.2–4），配筋率 $\rho_{te} = \dfrac{A_s}{A_{te}} = \dfrac{1722.9}{0.5 \times 250 \times 500} = 0.027566 > 0.01$

钢筋等效直径 $d_{eq} = \dfrac{\sum n_i d_i^2}{\sum n_i v_i d_i} = \dfrac{28^2 \times 2 + 25^2}{28 \times 2 + 25} = 27.074\text{mm}$

根据《混规》式（7.1.4–3），受拉钢筋的等效应力

$$\sigma_{sq} = \dfrac{M_q}{0.87 h_0 A_s} = \dfrac{168.37 \times 10^6}{0.87 \times 1722.9 \times (500 - 45)} = 246.87\text{N/mm}^2$$

根据《混规》式（7.1.2–2），不均匀系数

$$\psi = 1.1 - 0.65 \dfrac{f_{tk}}{\rho_{te}\sigma_{sq}} = 1.1 - 0.65 \times \dfrac{2.2}{0.027566 \times 246.87} = 0.89$$

且 $0.2 < \psi < 1.0$，符合《混规》要求。

根据《混规》式（7.1.2–1），支座 C 梁顶面裂缝最大宽度

$$w_{max} = \alpha_{cr} \psi \frac{\sigma_{sq}}{E_s} \left(1.9 c_s + 0.08 \frac{d_{eq}}{\rho_{te}} \right)$$

$$= 1.9 \times 0.89 \times \frac{246.87}{2 \times 10^5} \times \left(1.9 \times 28 + 0.08 \times \frac{27.074}{0.027566} \right)$$

$$= 0.275 \text{mm}$$

正确答案：B

1.9.2　钢筋混凝土受弯构件挠度验算——《混规》第 3.4.3 条、第 7.2.1 条、第 7.2.2 条

1. 易错点

（1）c_s、ν、α_{cr} 的取值；

（2）ρ_{te}、φ 的计算值的判定；

（3）A_{te} 的计算值；

（4）《混规》第 3.4.3 条挠度限制；

（5）《混规》第 7.2.1 条文说明，即按等刚度构件计算时，取构件跨内的最大弯矩处的刚度；

（6）《混规》第 7.2.2 条，短期刚度 B_s 的计算，对钢筋混凝土受弯构件采用荷载准永久组合；对预应力混凝土受弯构件采用荷载标准组合；按照《混规》第 7.2.3 条计算。

2. 计算步骤

步骤 1：求 γ'_f（流程图 1-60）

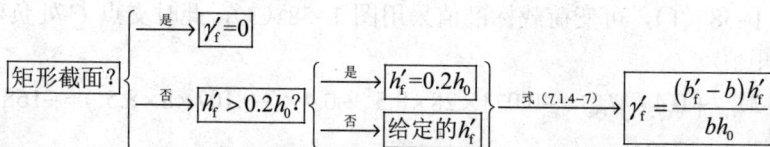

流程图 1-60　用《混规》式（7.1.4-7）求 γ'_f

步骤 2：求 ρ_{te}（流程图 1-61）

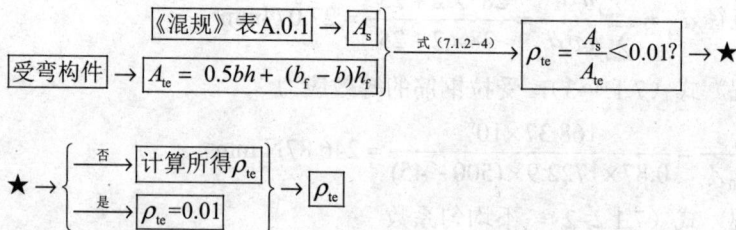

流程图 1-61　求 ρ_{te}

步骤 3：求 ψ（流程图 1-58）

步骤 4：求短期刚度 B_s（流程图 1-62）

$$\boxed{受弯构件} \rightarrow \boxed{\rho = \dfrac{A_s}{bh_0}}$$

$$\left.\begin{array}{l}\boxed{表4.1.5} \rightarrow \boxed{E_c} \\ \boxed{表4.2.4} \rightarrow \boxed{E_s}\end{array}\right\} \rightarrow \boxed{\alpha_E = \dfrac{E_s}{E_c}} \xrightarrow{式(7.2.3-1)} \boxed{B_s = \dfrac{E_s A_s h_0^2}{1.15\psi + 0.2 + \dfrac{6\alpha_E \rho}{1 + 3.5\gamma_f'}}}$$

$$\boxed{\psi}$$

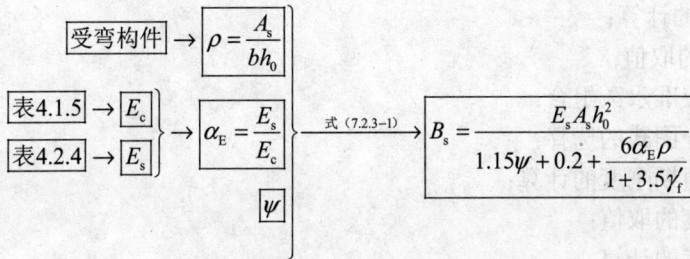

流程图 1-62　求短期刚度 B_s

步骤 5：求刚度 B（流程图 1-63）

当 $\rho' = 0$ 时，取 $\theta = 2.0$；当 $\rho' = \rho$ 时，取 $\theta = 1.6$。

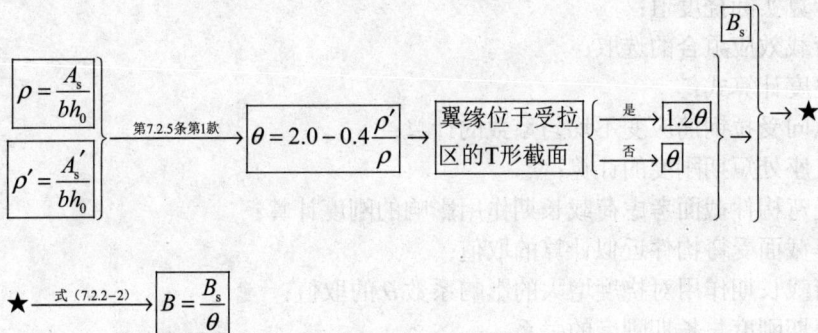

$$\boxed{B_s}$$

$$\left.\begin{array}{l}\boxed{\rho = \dfrac{A_s}{bh_0}} \\ \boxed{\rho' = \dfrac{A_s'}{bh_0}}\end{array}\right\} \xrightarrow{第7.2.5条第1款} \boxed{\theta = 2.0 - 0.4\dfrac{\rho'}{\rho}} \rightarrow \boxed{\begin{array}{c}翼缘位于受拉\\区的T形截面\end{array}} \left\{\begin{array}{l}是 \rightarrow \boxed{1.2\theta} \\ 否 \rightarrow \boxed{\theta}\end{array}\right\} \rightarrow \bigstar$$

$$\bigstar \xrightarrow{式(7.2.2-2)} \boxed{B = \dfrac{B_s}{\theta}}$$

流程图 1-63　求刚度 B

步骤 6：挠度计算（流程图 1-64）

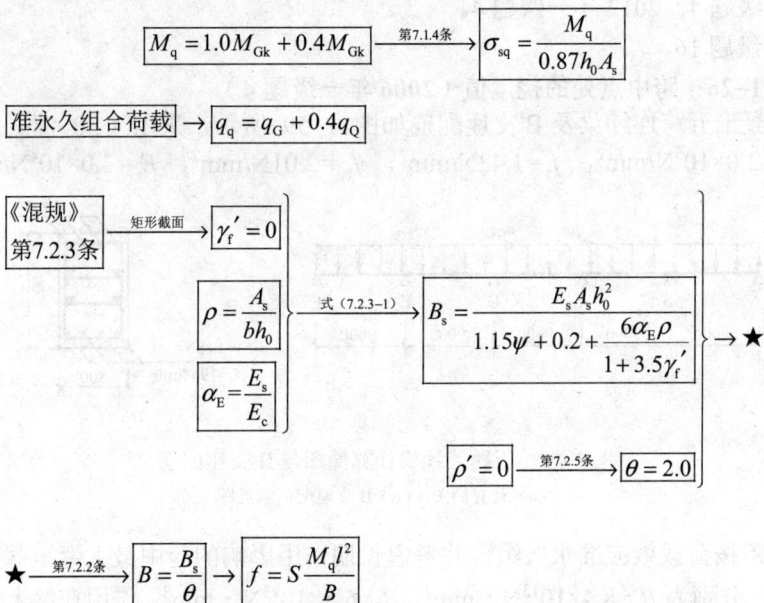

$$\boxed{M_q = 1.0M_{Gk} + 0.4M_{Gk}} \xrightarrow{第7.1.4条} \boxed{\sigma_{sq} = \dfrac{M_q}{0.87h_0 A_s}}$$

$$\boxed{准永久组合荷载} \rightarrow \boxed{q_q = q_G + 0.4q_Q}$$

$$\left.\begin{array}{l}\boxed{\begin{array}{c}《混规》\\第7.2.3条\end{array}} \xrightarrow{矩形截面} \boxed{\gamma_f' = 0} \\ \boxed{\rho = \dfrac{A_s}{bh_0}} \\ \boxed{\alpha_E = \dfrac{E_s}{E_c}}\end{array}\right\} \xrightarrow{式(7.2.3-1)} \boxed{B_s = \dfrac{E_s A_s h_0^2}{1.15\psi + 0.2 + \dfrac{6\alpha_E \rho}{1 + 3.5\gamma_f'}}} \rightarrow \bigstar$$

$$\boxed{\rho' = 0} \xrightarrow{第7.2.5条} \boxed{\theta = 2.0}$$

$$\bigstar \xrightarrow{第7.2.2条} \boxed{B = \dfrac{B_s}{\theta}} \rightarrow \boxed{f = S\dfrac{M_q l^2}{B}}$$

流程图 1-64　挠度计算（《混规》第 7.1.4 条、第 7.2.2 条、第 7.2.3 条）

3. 易考点

（1）材料的取值；

（2）比值 α_E 的计算；

（3）比值 γ'_f 的取值；

（4）荷载效应准永久组合；

（5）挠度组合图式的选择；

（6）支座处短期刚度的计算；

（7）截面刚度的取值；

（8）短期刚度的计算；

（9）长期刚度 B 的计算；

（10）起拱的概念与计算；

（11）容许挠度的取值；

（12）计算实际挠度值；

（13）荷载效应组合的选取；

（14）挠度计算式；

（15）纵向受拉钢筋应变不均匀系数的计算；

（16）支座处短期刚度的计算；

（17）受弯构件截面考虑荷载长期作用影响的刚度计算；

（18）等截面受弯构件近似计算的取值；

（19）荷载长期作用对挠度增大的影响系数 θ 的取值；

（20）短期刚度与长期刚度的关系。

4. 典型考题

2006 年一级题 3；2006 年一级题 4；2007 年一级题 4；2007 年一级题 5；2009 年一级题 15；2010 年一级题 4；2012 年一级题 4。

2012 年二级题 16。

考题精选 1–26：跨中点处的挠度值（2006 年一级题 4）

某钢筋混凝土五跨连续梁及 B 支座配筋如图 1–59 所示，采用 C30 混凝土，纵筋采用 HRB400，$E_s = 2.0 \times 10^5 \text{N/mm}^2$，$f_t = 1.43 \text{N/mm}^2$，$f_{tk} = 2.01 \text{N/mm}^2$，$E_c = 3.0 \times 10^4 \text{N/mm}^2$。

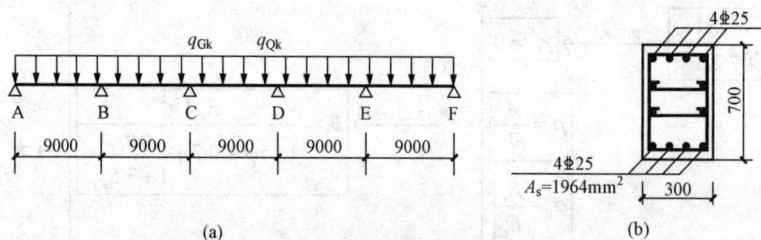

图 1–59　五跨连续梁计算简图与 B 支座配筋

（a）计算简图；（b）B 支座配筋示意图

假定 AB 跨按荷载效应准永久组合并考虑长期作用影响的跨中最大弯矩截面的刚度和 B 支座处的刚度，分别为 $B_1 = 8.4 \times 10^{13} \text{N} \cdot \text{mm}^2$，$B_2 = 6.5 \times 10^{13} \text{N} \cdot \text{mm}^2$，作用在梁上的永久荷载标准值 $q_{Gk} = 15 \text{kN/m}$，可变荷载标准值 $q_{Qk} = 30 \text{kN/m}$；准永久组合系数为 0.5。试问：AB 跨中点处的挠度值 f（mm），应与下列何项数值最为接近？

提示：在不同荷载分布作用下，AB 跨中点挠度计算公式分别如图 1–60 所示。

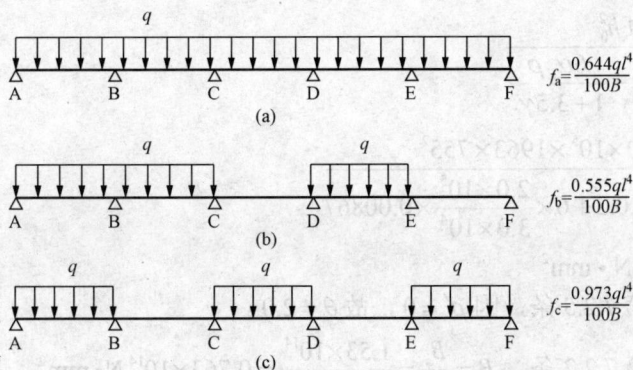

图 1-60 不同荷载分布作用下 AB 跨中点挠度计算公式

A. 20.5   B. 22.6   C. 30.4   D. 34.2

解答过程：

根据《混规》GB 50010—2010 第 7.2.1 条，跨中刚度 $B_1=8.4\times10^{13}\text{N}\cdot\text{mm}^2$，支座处刚度 $B_2=6.5\times10^{13}\text{N}\cdot\text{mm}^2$，$\dfrac{B_1}{2}=\dfrac{8.4\times10^{13}}{2}=4.2\times10^{13}\text{N}\cdot\text{mm}^2$，则有 $0.5B_1<B_2<2B_1$，可按跨中截面的刚度计算。

永久荷载按图 1-60（a）布置，可变荷载图 1-60（c）布置，得 AB 跨中点挠度值

$$f=f_a+f_c=\frac{(0.644q_{Gk}+0.973\times0.5q_{Qk})l^4}{100B}$$

$$=\frac{(0.644\times15+0.973\times0.5\times30)\times9000^4}{100\times8.4\times10^{13}}$$

$$=18.94\text{mm}$$

正确答案：C

考题精选 1-27：梁考虑荷载长期作用影响的挠度（2012 年一级题 4）

大题干参见考题精选 1-9。

假设框架梁 KL2 的左、右端截面考虑荷载长期作用影响的刚度 B_A、B_B 分别为 $9.0\times10^{13}\text{N}\cdot\text{mm}^2$、$6.0\times10^{13}\text{N}\cdot\text{mm}^2$；跨中最大弯矩处纵向钢筋应变不均匀系数 $\psi=0.8$，梁底配置 $4\Phi25$ 纵向钢筋。作用在梁上的均布静荷载、均布活荷载标准值分别为 30kN/m、15kN/m，试问：按规范提供的简化方法，该梁考虑荷载长期作用影响的挠度 f（mm）与下列何项数值最为接近？

提示：① 按矩形截面梁计算，不考虑受压钢筋的作用，$a_s=45\text{mm}$；② 梁挠度近似按公式 $f=0.005\,42\dfrac{ql^4}{B}$ 计算；③ 不考虑梁起拱的影响。

A. 17   B. 21   C. 25   D. 30

解答过程： 根据《荷规》GB 50009—2012 表 5.1.1，得办公楼活荷载准永久组合荷载 $q_q=1.0\times30+0.4\times15=36\text{kN/m}=36\text{N/mm}$

根据《混规》GB 50010—2010 第 7.2.3 条，$\gamma_f'=0$，$\rho=\dfrac{A_s}{bh_0}=\dfrac{1963}{300\times(800-45)}=0.867\%$

根据《混规》式（7.2.3-1），钢筋混凝土受弯构件短期刚度

$$B_s = \cfrac{E_s A_s h_0^2}{1.15\psi + 0.2 + \cfrac{6\alpha_E \rho}{1 + 3.5\gamma_f'}}$$

$$= \cfrac{2.0\times10^5 \times 1963 \times 755^2}{1.15\times0.8 + 0.2 + 6\times\cfrac{2.0\times10^5}{3.0\times10^4}\times0.00867}$$

$$= 1.526\times10^{14}\,\text{N}\cdot\text{mm}^2$$

根据《混规》第 7.2.5 条，因 $\rho' = 0$，故 $\theta = 2.0$。

根据《混规》第 7.2.2 条，$B = \dfrac{B_s}{\theta} = \dfrac{1.53\times10^{14}}{2.0} = 0.763\times10^{14}\,\text{N}\cdot\text{mm}^2$

B_A、B_B 分别为 $9.0\times10^{13}\,\text{N}\cdot\text{mm}^2$、$6.0\times10^{13}\,\text{N}\cdot\text{mm}^2$；$0.5B_A < B < 2B_A$，$0.5B_B < B < 2B_B$，则按跨中截面的刚度计算。

则该梁考虑长期作用影响的挠度 $f = 0.00542\dfrac{ql^4}{B} = 0.00542\times\dfrac{36\times9000^4}{0.763\times10^{14}} = 16.8\text{mm}$

正确答案：A

1.9.3 受弯构件最大挠度——《混规》第 7.2.1 条～第 7.2.3 条、第 7.2.5 条、第 7.2.6 条

1. 流程图

无裂缝预应力混凝土受弯构件的挠度计算见流程图 1—65，结构力学方法计算刚度见流程图 1—66。

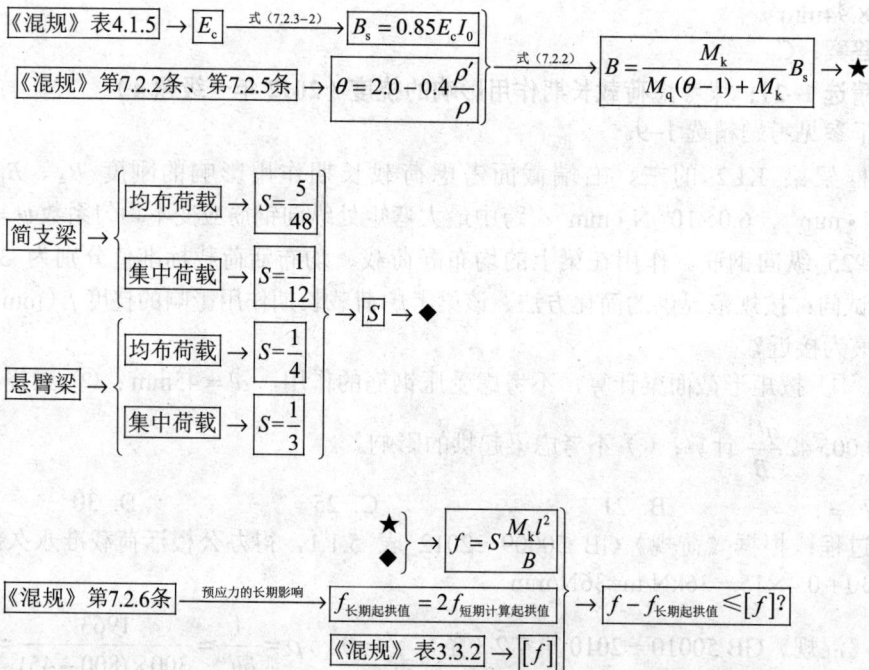

流程图 1—65 无裂缝预应力混凝土受弯构件的挠度计算（《混规》第 7.2.2 条、第 7.2.5 条、第 7.2.6 条）

```
┌─────────┐        ┌──────────────────────┐              ┌─────────────────────────────┐
│结构力学   │ 第7.2.1条 │ 取该区段内最大          │   式(7.2.2)   │         M_k                  │
│方法计算   │───────→│ 弯矩处的刚度 B_max     │───────────→│ B = ─────────────── B_s      │
│刚度      │        │──────────────────────│              │     M_q(θ-1) + M_k           │
└─────────┘        │ ½B_跨中 ≤ B_支座 ≤ 2B_跨中 → 取B_跨中 │              └─────────────────────────────┘
                   └──────────────────────┘
```

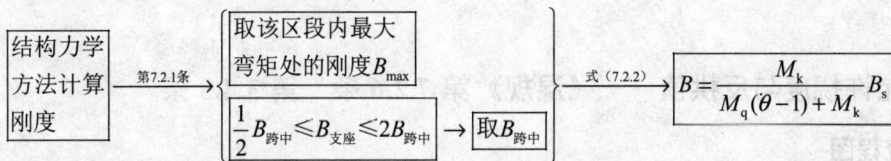

流程图 1-66　结构力学方法计算刚度（第 7.2.1 条）

2. 易考点

（1）短期刚度的计算；

（2）荷载长期作用对挠度增大的影响系数；

（3）θ 的取值；

（4）长期刚度 B 的计算；

（5）反拱的概念与计算；

（6）容许挠度的取值；

（7）计算实际挠度值；

（8）荷载效应组合的选取；

（9）挠度计算式；

（10）短期刚度与长期刚度的关系。

3. 典型考题

2007 年一级题 4、2009 年一级题 15、2010 年一级题 4、2014 年一级题 10。

2003 年二级题 13、2005 年二级题 2、2006 年二级题 4、2012 年二级题 17。

考题精选 1-28：梁跨中最大挠度（2014 年一级题 10）

大题干参见考题精选 1-5。

框架梁 KL1 截面及配筋如图 1-12（a）所示，假定梁跨中截面最大正弯矩：按荷载标准组合计算的弯矩 $M_k = 360 \text{kN} \cdot \text{m}$，按荷载准永久组合计算的弯矩 $M_q = 300 \text{kN} \cdot \text{m}$，$B_s = 1.418 \times 10^{14} \text{N} \cdot \text{mm}^2$。试问，按等刚度构件计算时，该梁跨中最大挠度 f（mm）与下列何项数值最为接近？

提示：跨中最大挠度近似计算公式 $f = 5.5 \times 10^6 \dfrac{M}{B}$。

式中：M——跨中最大弯矩设计值；B——跨中最大弯矩截面的刚度。

A. 17　　　　　　B. 22　　　　　　C. 26　　　　　　D. 30

解答过程：

根据《混规》GB 50010—2010 第 7.2.2 条，第 7.2.5 条

影响系数 $\theta = 2.0 - 0.4 \dfrac{\rho'}{\rho} = 2.0 - 0.4 \times \dfrac{2}{6} = 1.87$

跨中最大弯矩截面的刚度 $B = \dfrac{B_s}{\theta} = \dfrac{1.418 \times 10^{14}}{1.87} = 7.58 \times 10^{13} \text{N} \cdot \text{mm}^2$

梁跨中最大挠度 $f = 5.5 \times 10^6 \dfrac{M_q}{B} = 5.5 \times 10^6 \times \dfrac{300 \times 10^6}{7.58 \times 10^{13}} = 21.8 \text{mm}$

正确答案：B

1.9.4 允许挠度与反拱值——《混规》第 7.2.6 条、第 3.4.3 条

1. 流程图

$$\boxed{\text{《混规》第7.2.6条}} \rightarrow \boxed{\text{反拱值}} \xrightarrow{\text{表3.4.3注3}} \boxed{\begin{array}{c}\text{实际荷载}\\\text{引起的挠度}\end{array}} \xrightarrow{\text{表3.4.3}} \boxed{[f]=\dfrac{l_0}{400}} \rightarrow \boxed{\begin{array}{c}\text{梁挠度与}\\\text{允许挠度之比}\end{array}}$$

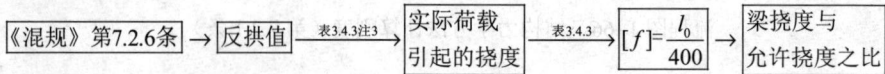

流程图 1–67 允许挠度与反拱值计算

2. 易考点

（1）反拱的概念与计算；

（2）容许挠度的取值；

（3）计算实际挠度值。

3. 典型考题

2007 年一级题 5。

考题精选 1–29：梁挠度与允许挠度之比（2007 年一级题 5）

某单跨预应力混凝土屋面简支梁，混凝土强度等级为 C40，计算跨度 l_0 =17.7m，要求使用阶段不出现裂缝。

该梁按荷载效应准永久组合并考虑预应力长期作用产生的挠度 f_1 =56.6mm，预加力短期反拱值 f_2 =15.2mm，该梁在使用上对挠度要求较高。试问：该梁挠度与允许挠度[f]之比，应与下列何项数值最为接近？

A. 0.59　　　　　　B. 0.76　　　　　　C. 0.94　　　　　　D. 1.28

解答过程：

根据《混规》GB 50010—2010 第 7.2.6 条，考虑预加力的长期作用的影响，乘增大系数，反拱值 15.2×2=30.4mm

根据《混规》表 3.4.3 注 3，实际荷载引起的挠度 56.6–30.4=26.2mm

根据《混规》表 3.4.3，计算跨度 l_0 =17.7m＞9m，对挠度有较高要求的构件，容许挠度 $[f]=\dfrac{l_0}{400}=\dfrac{17700}{400}=44.25$ mm；则该梁挠度与允许挠度之比 $\dfrac{26.2}{44.25}=0.592$ 。

正确答案：A

1.10　构造规定

1.10.1　配筋率计算式（表 1–34）

表 1–34　　　　　　　　　　　　　配 筋 率 计 算 式

构件类型	配筋率	计算式	图　　示
受压构件	最大配筋率	$\rho=\dfrac{A_s}{bh}$	
	最小配筋率		

构件类型	配筋率	计算式	图　示
受弯构件	计算配筋率	$\rho = \dfrac{A_s}{bh_0}$	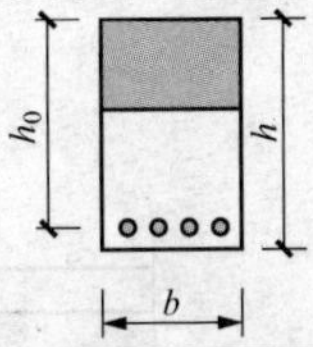
大偏心受拉构件	最小配筋率	$\rho = \dfrac{A_s}{bh}$	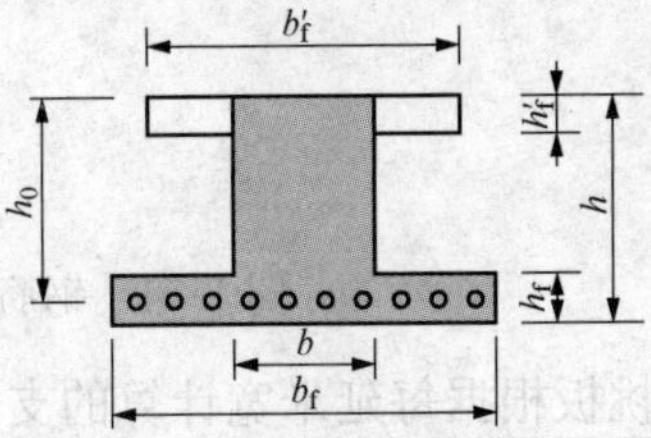

1.10.2　钢筋锚固长度修正系数的取值汇总——《混规》第8.3.2条

钢筋锚固长度修正系数 ζ_a 的取值汇总见表1–35。

表1–35　　　钢筋锚固长度修正系数 ζ_a 的取值汇总（《混规》第8.3.2条）

序号	情形		ζ_a		备　注
1	带肋钢筋直径>25mm		1.10	增大	仅适用于带肋钢筋
2	环氧树脂涂层带肋钢筋		1.25		
3	施工过程中易受挠动的钢筋		1.10		滑模施工或其他施工期依托钢筋承载的情况
4	$A_{s实} > A_{s需}$		$\zeta_a = \dfrac{A_{s需}}{A_{s实}}$	减小	1. 抗震设防要求的结构构件取1.0； 2. 直接承受动力荷载的结构构件取1.0
5	混凝土保护层	$c = 3d$	0.8		$c < 3d$，$\zeta_a = 1.0$，其中 d 为钢筋直径
		$c = 5d$	0.7		

1.10.3　纵向受力钢筋的最小配筋率——《混规》第8.2.1条、第6.2.10条、第3.5.2条

1. 易考点

《混规》表8.2.1下注。

2. 典型考题

2010年二级题4。

考题精选1–30：单筋板计算时，该悬挑板的支座负弯矩钢筋配置（2010年二级题4）

某滨海风景区体育建筑中的钢筋混凝土悬挑板疏散外廊如图1–61所示。挑板及栏板建筑面层做法为双面抹灰各20mm。混凝土重度25kN/m³。抹灰重度20kN/m³。混凝土强度等级为

C30，受力钢筋采用 HRB335 级（Φ），分布钢筋采用 HPB300 级（Φ）。

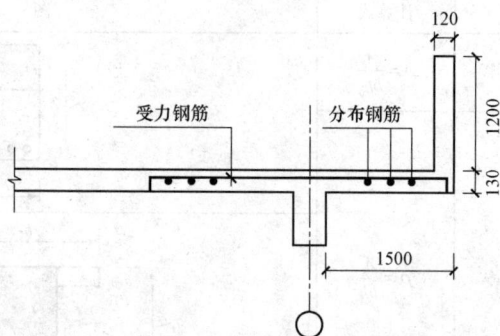

图 1-61　钢筋混凝土悬挑板疏散外廊示意图

若该悬挑板根据每延米宽计算的支座负弯矩设计值 $M = 27\text{kN} \cdot \text{m}$，主筋采用Φ12 钢筋，试问：当根据单筋板计算时，该悬挑板的支座负弯矩钢筋配置，选用下列何项最为合适？

A. Φ12@200　　　　B. Φ12@150　　　　C. Φ12@100　　　　D. Φ12@75

解答过程：取 1m 板宽进行计算，根据《混规》GB 50010—2010 表 3.5.2，滨海室外环境为三类环境，《混规》表 8.2.1，保护层厚度为 30mm。

$$h_0 = 130 - 30 - \frac{12}{2} = 94\text{mm}，\quad M \leqslant \alpha_1 f_c bx \left(h_0 - \frac{x}{2} \right)$$

$$27 \times 10^6 \leqslant 1.0 \times 14.3 \times 1000 x \cdot \left(94 - \frac{x}{2} \right)$$

得 $x = 23\text{mm}$，支座负弯矩钢筋配置 $A_s = \dfrac{\alpha_1 f_c bx}{f_y} = \dfrac{1.0 \times 14.3 \times 1000 \times 23}{300} = 1096\text{mm}^2$

选用Φ12@100，$A_s = 1130\text{mm}^2 > 1096\text{mm}^2$

正确答案：C

1.10.4　钢筋的锚固——《混规》第 8.3.1 条、第 8.3.3 条、第 8.3.4 条

钢筋的锚固计算条文关系见流程图 1-68。

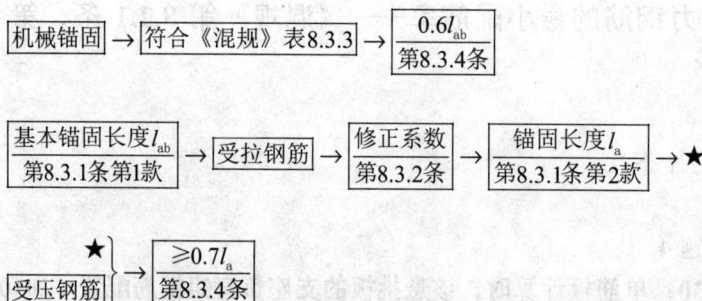

流程图 1-68　钢筋的锚固计算条文关系（《混规》第 8.3.1 条、第 8.3.3 条、第 8.3.4 条）

1.10.5 抗震锚固长度——《混规》第8.3.1条、第8.4.4条、第9.3.4条、第11.1.7条、第11.6.7条

1. 易错点

（1）混凝土抗拉强度设计值 $f_t \leqslant 2.04\text{N/mm}^2$；

（2）准确区分是求取基本锚固长度还是锚固长度、抗震锚固长度等。

2. 流程图

（1）普通钢筋基本锚固长度（流程图1-69）。

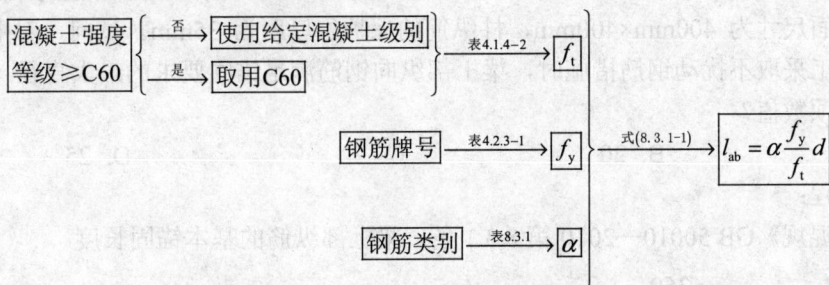

流程图1-69 普通钢筋基本锚固长度［《混规》式（8.3.1-1）］

$$l_{ab} = \alpha \frac{f_y}{f_t} d$$

（2）抗震锚固长度的计算（流程图1-70）。

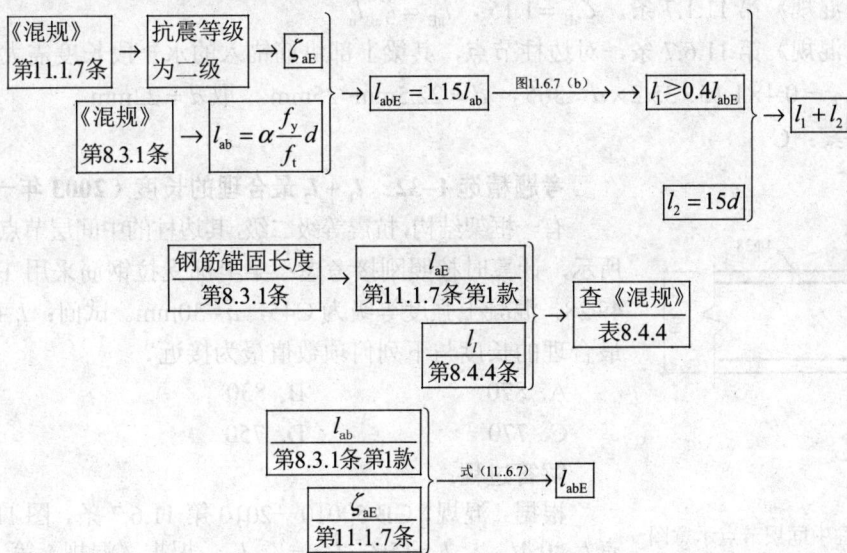

流程图1-70 抗震锚固长度的计算（《混规》第8.3.1条、
第8.4.4条、第11.1.7条、第11.6.7条）

3. 易考点

（1）l_{ab} 的计算；

（2）钢筋直径对 l_{ab} 的影响；

（3）混凝土抗拉强度设计值的取值取上限 $f_t \leqslant 2.04\text{N/mm}^2$；

（4）纵向钢筋在梁柱节点的构造要求；

（5）梁柱节点钢筋锚固长度是按《混规》第9.3节还是《混规》第11.6节。

4. 典型考题

2003年一级题10，2014年一级题4（采用《异形柱规》）。

2004年二级题7、2005年二级题8。2007年二级题8、2013年二级题16、2014年二级题16。

考题精选1-31：当施工采取不扰动钢筋措施时，梁上部纵向钢筋满足锚固要求的最大直径（2014年二级题16）

某现浇钢筋混凝土框架结构，抗震等级二级，混凝土强度等级C30，梁、柱均采用HRB400钢筋，柱截面尺寸为400mm×400mm，柱纵筋的保护层厚度为35mm。试问，对中间层边柱节点，当施工采取不扰动钢筋措施时，梁上部纵向钢筋满足锚固要求的最大直径 mm，不应大于下列何项数值？

A. 18　　　　　　B. 20　　　　　　C. 22　　　　　　D. 25

解答过程：

根据《混规》GB 50010—2010第8.3.1条，梁上部纵筋的基本锚固长度

$$l_{ab} = \alpha \frac{f_y}{f_t} d = 0.14 \times \frac{360}{1.43} \times d = 35.2d$$

其锚固长度为 $l_a = \zeta_a l_{ab}$，根据《混规》第8.3.2条，取 $l_a = l_{nb}$。

根据《混规》第11.1.7条，$\zeta_{aE} = 1.15$，$l_{aE} = \zeta_{aE} l_u$。

根据《混规》第11.6.7条，对边柱节点，其梁上部纵筋锚入的水平段长度需大于 $0.4l_{aE}$，则 $0.4l_{abE} = 0.4 \times 1.15 \times 35.2 \times d \leqslant 365$，$d = 22.5\text{mm} < 25\text{mm}$，取 $d = 22\text{mm}$。

正确答案：C

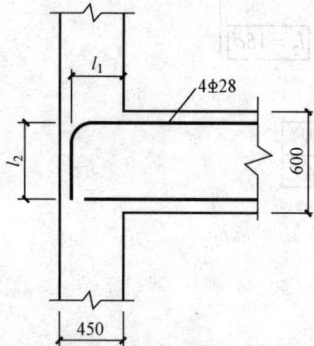

图1-62　边柱中间层节点示意图

考题精选1-32：$l_1 + l_2$ 最合理的长度（2003年一级题10）

有一框架结构，抗震等级二级，其边柱的中间层节点如图1-62所示，计算时按照刚接考虑；梁上部受拉钢筋采用HRB335，4Φ28，混凝土强度等级为C45，$a = 30\text{mm}$。试问：$l_1 + l_2$（mm）最合理的长度与下列何项数值最为接近？

A. 870　　　　　　B. 830

C. 770　　　　　　D. 750

解答过程：

根据《混规》GB 50010—2010第11.6.7条，图11.6.7（b）有 $l_1 \geqslant 0.4l_{abE}$，$l_2 = 15d$，$l_{abE} = \zeta_{aE} l_{ab}$；根据《混规》第11.1.7条，抗震等级为二级，有 $\zeta_{aE} = 1.15$，则 $l_{abE} = 1.15 l_{ab}$；

根据《混规》第8.3.1条，混凝土强度等级C45小于C60，抗拉强度设计值 $f_t = 1.80\text{N/mm}^2$，查《混规》表8.3.1，得锚固钢筋的外形系数 $\alpha = 0.14$。

受拉钢筋锚固长度 $l_{ab} = \alpha \frac{f_y}{f_t} d = 0.14 \times \frac{300}{1.80} \times 28 = 653.3\text{mm}$

$l_1 \geqslant 0.4l_{abE} = 0.4 \times 1.15 \times 653.3 = 300.5\text{mm}$

根据《混规》第 9.3.4 条第 1 款 3），梁上部纵向钢筋应伸至柱外侧纵向钢筋内边并向节点内弯曲，假定柱的混凝土保护层厚度为 30mm，柱纵向钢筋为 Φ25，箍筋为 Φ12，则有

$$l_1 = 450 - 30 - 12 - 25 - \frac{28}{2} = 369\text{mm} > 0.4 l_{\text{abE}} = 300.5\text{mm}$$，与柱的尺寸 450mm 比较，该长度在构造上可行。

$$l_2 = 15d = 15 \times 28 = 420\text{mm}，\quad l_1 + l_2 = 369 + 420 = 789\text{mm}$$

正确答案：B

1.10.6 钢筋绑扎连接——《混规》第 8.4.2 条

钢筋绑扎连接方式见表 1–36。

表 1–36　　　　　　　钢筋绑扎连接（《混规》第 8.4.2 条）

构件类别		是否采用绑扎连接
轴心受拉		不得采用绑扎连接
小偏心受拉		
其他构件	受拉	当钢筋直径 $d < 25$mm 时，可以
	受压	当钢筋直径 $d < 28$mm 时，可以

1.10.7 钢筋的搭接——《混规》第 8.3.1 条、第 8.4.3 条、第 8.4.4 条

1. 流程图

基本锚固长度《混规》第8.3.1条 → 搭接长度 l_e《混规》第8.4.4条 → 确定接头百分率《混规》第8.4.3条 → 查《混规》表8.4.4

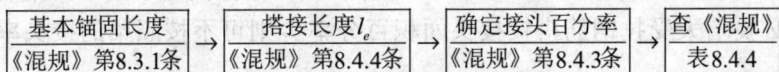

流程图 1–71　钢筋的搭接（《混规》第 8.3.1 条、第 8.4.3 条、第 8.4.4 条）

注意：因在上述计算流程为试算过程，存在循环关系，所以在计算中一般先假定接头百分率，开始计算，通过计算复核假定合理性。

2. 易考点

（1）l_{ab} 的计算；

（2）α 的取值；

（3）并筋的概念；

（4）钢筋直径对 l_{ab}；

（5）纵向钢筋在梁柱节点的构造要求；

（6）钢筋搭接长度的计算；

（7）混凝土抗拉强度设计值的取值取上限 $f_t \leqslant 2.04\text{N/mm}^2$；

（8）钢筋基本锚固长度的计算；

（9）连接区段与接头率的关系；

（10）准确取用图8.4.3中钢筋接头的中心位置；

（11）准确取用表8.4.4中系数。

3. 典型考题

2006年一级题6；2012年一级题15。

2003年二级题1、2004年二级题11、2006年二级题13、2009年二级题9。

考题精选1–33：钢筋最小搭接长度（2006年一级题6）

某钢筋混凝土次梁，下部纵向钢筋配置为4Φ20，f_y=360N/mm²，混凝土强度等级为C30，f_t=1.43N/mm²。在施工现场检查时，发现某处采用绑扎搭接接头，其接头方式如图1–63所示。试问：钢筋最小搭接长度l_l（mm），应与下列何项数值最为接近？

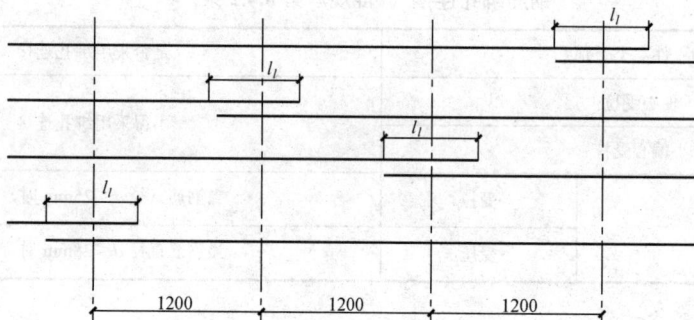

图1–63　某处绑扎搭接接头方式示意图

A. 846　　　　　　B. 992　　　　　　C. 1100　　　　　　D. 1283

解答过程：

根据《混规》GB 50010—2010第8.4.3条，按照梁的接头率不大于25%考虑，题中未提"工程中确有必要增大受拉钢筋搭接接头面积百分率"，则可不按照梁的接头率不大于25%考虑。

查《混规》表8.3.1，得锚固钢筋的外形系数α=0.14

由《混规》式（8.3.1–1），得受拉钢筋基本锚固长度

$$l_{ab} = \alpha \frac{f_y}{f_t} d = 0.14 \times \frac{360}{1.43} \times 20 = 704.9\text{mm}$$

查《混规》表8.4.4，得纵向受拉钢筋搭接长度修正系数ζ=1.2。

纵向受拉钢筋搭接长度$l_l = \zeta l_a = 1.2 \times 704.9 = 846\text{mm} \geqslant 300\text{mm}$

搭接连接区段$1.3 l_l = 1.3 \times 846 = 1100\text{mm}$

根据《混规》图8.4.3，题图在1100mm范围内只有1个接头，$\frac{1}{4}$=25%，符合《混规》中对于接头率不大于25%要求。

正确答案：A

1.10.8　搭接接头间距——《混规》第 8.3.2 条、第 8.4.3 条

1. 流程图

$$《混规》第8.4.3条 \rightarrow \boxed{l_{ab} = \alpha \frac{f_y}{f_t} d} \xrightarrow{\text{8.3.2条第4款}} \boxed{l_a = \zeta_a l_{ab}} \rightarrow \boxed{l \geqslant 1.3 \zeta_l l_{ab}}$$

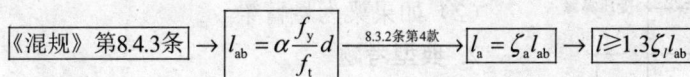

流程图 1–72　搭接接头间距（《混规》第 8.3.2 条、第 8.4.3 条）

2. 易考点

（1）并筋的概念；

（2）钢筋搭接长度的计算。

3. 典型考题

2012 年一级题 15。

2003 年二级题 17、2009 年二级题 10。

考题精选 1–34：搭接接头中点之间的最小间距（2012 年一级题 15）

某现浇钢筋混凝土梁，混凝土强度等级 C30，梁底受拉纵筋按并筋方式配置了 2×2Φ25 的 HRB400 普通热轧带肋钢筋。已知纵筋混凝土保护层厚度为 40mm，该纵筋配置比设计计算所需的钢筋面积大了 20%。该梁无抗震设防要求也不直接承受动力荷载，采取常规方法施工，梁底钢筋采用搭接连接，接头方式如图 1–64 所示。若要求同一连接区段内钢筋接头面积不大于总面积的 25%。试问：图 1–64 所示的搭接接头中点之间的最小间距 l(mm) 应与下列何项数值最为接近？

A. 1400　　　　　　　B. 1600　　　　　　　C. 1800　　　　　　　D. 2000

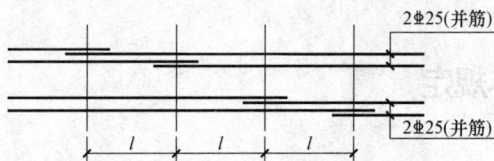

图 1–64　梁底钢筋连接方式示意图

解答过程：根据《混规》GB 50010—2010 第 8.4.3 条条文说明，并筋时绑扎搭接应按照单根钢筋绑扎搭接进行计算。

单根钢筋基本锚固长度 $l_{ab} = \alpha \dfrac{f_y}{f_t} d = 0.14 \times \dfrac{360}{1.43} \times 25 = 881\text{mm}$

根据《混规》第 8.3.2 条第 4 款，$l_a = \zeta_a l_{ab} = \dfrac{1}{1.2} \times 881 = 734\text{mm}$

则区段长度 $l \geqslant 1.3 \zeta_l l_{ab} = 1.3 \times 1.2 \times 734 = 1145\text{mm}$

正确答案：A

1.10.9 纵向受力钢筋的最小配筋率——《混规》第 8.5.1 条

1. 易考点

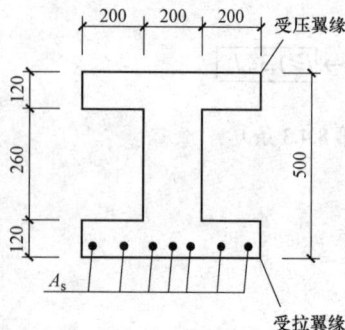

图 1-65 简支梁截面简化

（1）《混规》表 8.5.1 下注；
（2）如果梁为悬臂梁。

2. 典型考题

2016 年二级题 13。

2003 年二级题 16、2012 年二级题 13。

考题精选 1-35：梁纵向受拉钢筋的构造最小配筋量（2012 年二级题 13）

某钢筋混凝土简支梁，其截面可以简化成工字形（图 1-65），混凝土强度等级为 C30，纵向钢筋采用 HRB400，纵向钢筋的保护层厚度为 28mm，受拉钢筋合力点至梁截面受拉边缘的距离为 40mm。该梁不承受地震作用，不直接承受重复荷载，安全等级为二级。

试问：该梁纵向受拉钢筋的构造最小配筋量（mm）与下列何项数值最为接近？

A. 200   B. 270   C. 300   D. 400

解答过程： 根据《混规》GB 50010—2010 第 8.5.1 条，纵向受拉钢筋的最小配筋百分率

$$\rho_{min} = \max\left(45\frac{f_t}{f_y}, 0.2\right)\% = \max\left(45 \times \frac{1.43}{360}, 0.2\right)\% = 0.2\%$$

梁纵向受拉钢筋的构造最小配筋量

$$A_{s,min} = \rho_{min}[bh + (b_f - b)h_f] = 0.2\% \times [200 \times 500 + (200 + 200) \times 120] = 296 \text{mm}^2$$

正确答案：C

1.11 结构构件的基本规定

1.11.1 梁底纵向受力钢筋选择——《混规》第 9.2.1 条、第 9.2.2 条、第 9.2.9 条

1. 易考点

（1）《混规》第 9.2.2 条：简支梁下部纵向受力钢筋的构造要求；
（2）《混规》第 8.2.1 条，混凝土保护层最小厚度。

2. 典型考题

2016 年二级题 9。

考题精选 1-36：梁底纵向受力钢筋（2016 年二级题 9）

某钢筋混凝土次梁，截面尺寸 $b \times h = 250\text{mm} \times 600\text{mm}$，支承在宽度为 300mm 的混凝土主梁上。该次梁下部纵筋在边支座处的排列及锚固方式见图 1-66（直锚，不弯折）。已知混凝土强度等级为 C30，纵筋采用 HRB400 钢筋，$a_s = a_s' = 55\text{mm}$，设计使用年限为 50 年，

环境类别为二 b，计算所需的梁底纵向钢筋面积为1450mm²，梁端截面剪力设计值 $V = 200$kN。试问：梁底纵向受力钢筋选择下列何项配置较为合适？

A. 6Φ18   B. 5Φ20
C. 4Φ22   D. 3Φ25

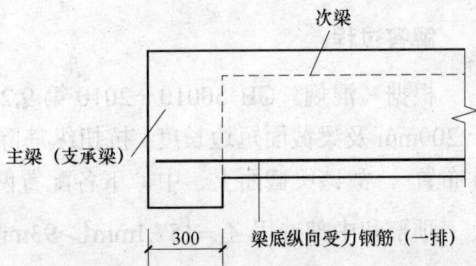

图 1-66　下部纵筋在边支座处的排列及锚固方式

解答过程：

因 $0.7 f_t b h_0 = 0.7 \times 1.43 \times 250 \times (600 - 55) = 136 \times 10^3 \text{N} = 136kN<200$kN，根据《混规》GB 50010—2010 第 9.2.2 条，简支梁下部纵向受力钢筋伸入支座内的锚固长度应不小于 $12d$。

根据《混规》第 8.2.1 条，混凝土保护层最小厚度为35mm。

选项 A、B 的钢筋水平方向净间距不满足《混规》第 9.2.1 条第 3 款。

选项 D，因 $12 \times 25 = 300$mm，而主梁的宽度为 300mm，则梁底纵向钢筋应有弯折。

选项 C，锚固长度 $l_a = 12d = 12 \times 22 = 264mm<600 - 35 = 265$mm，钢筋的面积 $A_s = 1520$mm²>1450mm²，满足《混规》要求。

正确答案：C

1.11.2　受扭纵向钢筋的最小配筋率——《混规》第 9.2.5 条

1. 易考点

四肢箍筋与腰部纵筋。

2. 典型考题

2014 年二级题 18。

考题精选 1-37：梁跨截面箍筋（2014 年二级题 18）

假定钢筋混凝土矩形截面简支梁，梁跨度为 5.4m，截面尺寸 $b \times h = 250$mm$\times 450$mm，混凝土强度等级为 C30，纵筋采用 HRB400 钢筋，箍筋采用 HPB300 钢筋，该梁的跨中受拉区纵筋 $A_s = 620$mm²，受扭纵筋 $A_{stl} = 280$mm²（满足受扭纵筋最小配筋率要求），受剪箍筋 $A_{sv1} / s = 0.112$mm²$/$mm，受扭箍筋 $A_{st1} / s = 0.2$mm²$/$mm，试问应取下图何项？

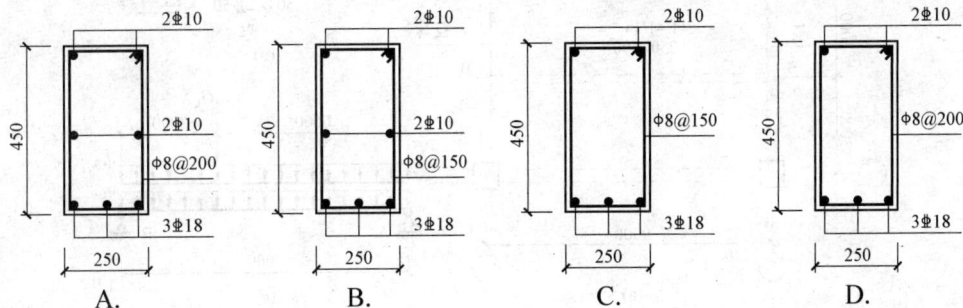

A.　　　　　B.　　　　　C.　　　　　D.

解答过程：

根据《混规》GB 50010—2010 第 9.2.5 条，沿截面周边布置受扭纵向钢筋的间距不应大于 200mm 及梁截面短边长度，抗扭纵筋除应在梁截面四角设置外，其余宜沿截面周边均匀对称布置，故该梁截面上、中、下各配置两根抗扭纵筋，$A_{stl}/3 = 280/3 = 93.3\text{mm}^2$

顶部和中部选用 $A_s = 157.1\text{mm}^2 > 93\text{mm}^2$

底面纵筋 $620 + 93.3 = 713.3\text{mm}^2$，选用 $A_s = 763.4\text{mm}^2 > 713.3\text{mm}^2$

$$\frac{A_{sv1}}{s} + \frac{A_{svl}}{s} = (0.112 + 0.2)/s = 0.312\text{mm}^2/\text{mm}$$

箍筋直径选 $\Phi 8$，$s \leqslant \dfrac{A_{sv1} + A_{stl}}{0.312} = \dfrac{50.3}{0.312} = 161\text{mm}$，取 $s = 150\text{mm}$

正确答案： B

1.11.3　梁的上部纵向构造钢筋——《混规》第 9.2.6 条

1. 易考点

《混规》第 9.2.6 条第 1 款的梁上部纵向构造钢筋。

2. 典型考题

2016 年一级题 3。

2010 年二级题 1、2010 年二级题 2。

考题精选 1-38：支座上部的纵向钢筋，至少应采用下列何项配置（2016 年一级题 3）

某办公楼为现浇混凝土框架结构，设计使用年限 50 年，安全等级为二级。其二层局部平面图、主次梁节点示意图和次梁 L-1 的计算简图如图 1-73 所示，混凝土强度等级 C35，钢筋均采用 HRB400。

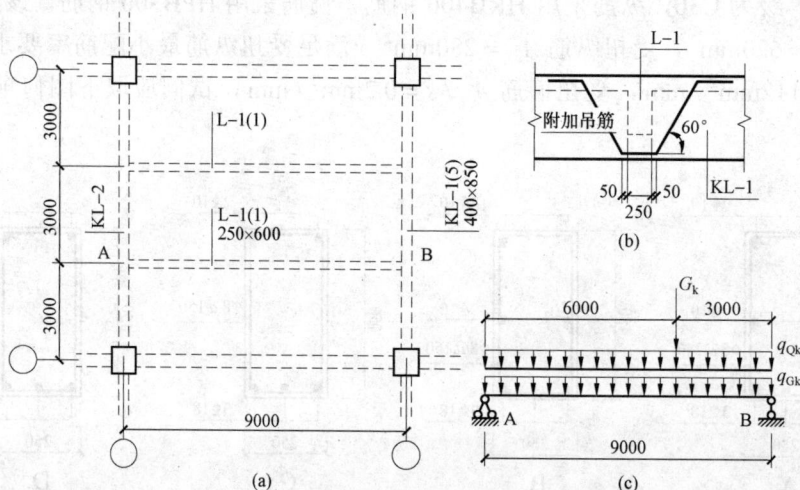

图 1-67　二层局部平面图及 L-1 计算简图

（a）局部平面图；（b）主次梁节点示意图；（c）L-1 计算简图

假定，次梁 L-1 跨中下部纵向受力钢筋按计算所需的截面面积为 2480mm²，实配 6Φ25。试问：L-1 支座上部的纵向钢筋，至少应采用下列何项配置？

提示：梁顶钢筋在主梁内满足锚固要求。

A. 2Φ14   B. 2Φ16   C. 2Φ20   D. 2Φ22

解答过程：

根据《混规》GB 50010—2010 第 9.2.6 条第 1 款，简支梁支座区上部纵向钢筋截面积不应小于梁跨中纵向受力钢筋计算所需面积的 1/4，且不应少于两根。

$$A'_s = \frac{A_s}{4} = \frac{2480}{4} = 620\text{mm}^2$$

选项 A 的钢筋截面积为 308mm²，选项 B 的钢筋截面积为 402mm²，选项 C 的钢筋截面积为 628mm²，选项 D 的钢筋截面积为 760mm²；选用 2Φ20 最为合适。

正确答案：C

考题精选 1-39：简支梁支座区上部纵向构造钢筋的最低配置（2010 年二级题 1）

某钢筋混凝土简支梁如图 1-68 所示。纵向钢筋采用 HRB335 级钢筋（Φ），该梁计算跨度 l_0=7200mm，跨中计算所需的纵向受拉钢筋为 4Φ25。

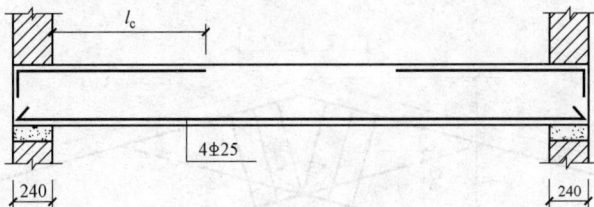

图 1-68 钢筋混凝土简支梁

试问：该简支梁支座区上部纵向构造钢筋的最低配置，应为下列何项所示？

A. 2Φ16   B. 2Φ18   C. 2Φ20   D. 2Φ22

解答过程： 根据《混规》GB 50010—2010 第 9.2.6 条，简支梁支座区上部纵向钢筋截面积不应小于梁跨中纵向受力钢筋计算所需截面积的 1/4，且不应少于 2 根。

$$A'_s = \frac{A_s}{4} = \frac{1964}{4} = 491\text{mm}^2$$

选项 A 的钢筋截面积为 402mm²，选项 B 的钢筋截面积为 509mm²，选项 B 的钢筋截面积为 628mm²，选项 B 的钢筋截面积为 760mm²。

选用 2Φ18 最为合适，$A'_s = 2 \times 254 = 508\text{mm}^2 > 491\text{mm}^2$

正确答案：B

1.11.4 折梁两侧的全部附加箍筋——《混规》第 9.2.11 条、第 9.3.12 条

梁截面高度范围内有集中荷载作用时附加横向钢筋的布置见图 1-69。

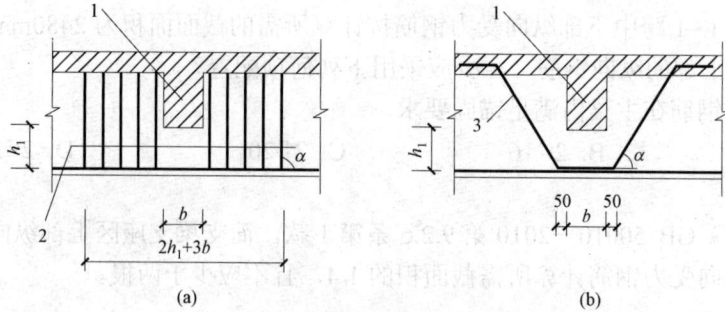

图 1-69 梁截面高度范围内有集中荷载作用时附加横向钢筋的布置

(a) 附加箍筋；(b) 附加吊筋

注：图中尺寸单位 mm。

1—传递集中荷载的位置；2—附加箍筋；3—附加吊筋

1. 易错点

（1）《混规》图 9.2.12（图 1-70）为竖向折梁立面图，不是水平折梁；

（2）《混规》图 9.2.12 的上部区域为混凝土受压区（图 1-71）；

（3）未在受压区锚固的钢筋 A_{s1} 在《混规》图 9.2.12 中，用粗虚线表示。

（4）附加箍筋与 y 轴的夹角 β、折梁下边缘角度 α（图 1-71）。

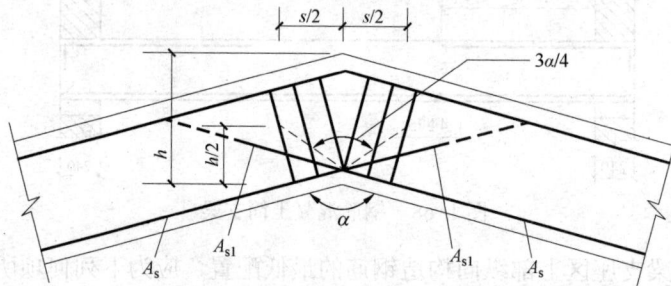

图 1-70 折梁内折角处的配筋（《混规》图 9.2.12）

2. 流程图

由图 1-71 的几何关系知，$\beta + 90° + \dfrac{\alpha}{2} = 180°$，则有 $\beta = 90° - \dfrac{\alpha}{2}$

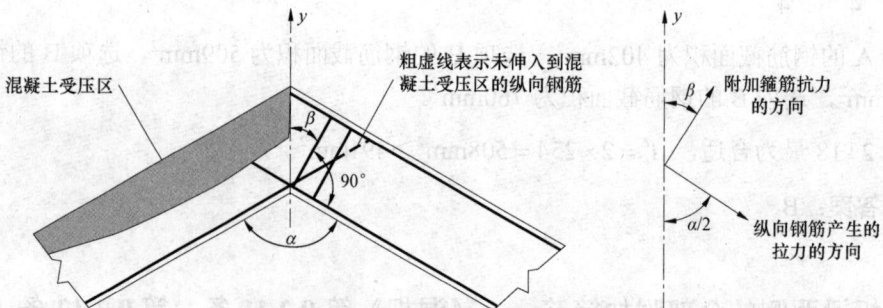

图 1-71 折梁受力分析简图

由图 1-71 的力的平衡关系知，$2f_{yv}(A_{sv}\cos\beta) = \max(N_{s1}, N_{s2})$

联立可得：$A_{sv} = \dfrac{N_s}{2f_{yv} \cdot \sin\dfrac{\alpha}{2}}$

折梁内折角处的配筋计算见流程图 1–73。

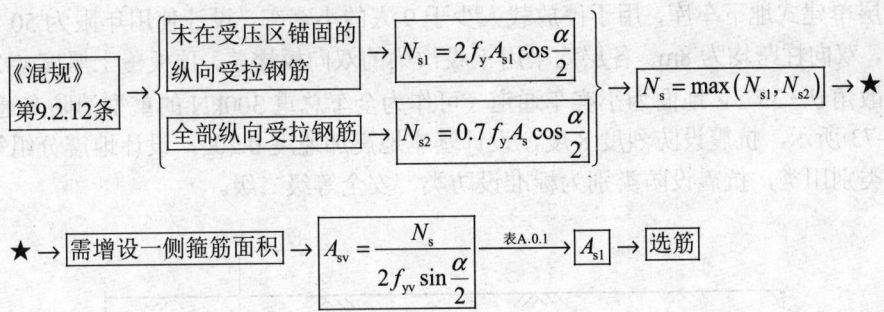

```
《混规》          未在受压区锚固的     N_{s1} = 2f_y A_{s1} cos α/2
第9.2.12条  →    纵向受拉钢筋      →                            →   N_s = max(N_{s1}, N_{s2})  → ★
                 全部纵向受拉钢筋   →    N_{s2} = 0.7f_y A_s cos α/2
```

$$★ \rightarrow \boxed{需增设一侧箍筋面积} \rightarrow \boxed{A_{sv} = \dfrac{N_s}{2f_{yv}\sin\dfrac{\alpha}{2}}} \xrightarrow{\text{表A.0.1}} \boxed{A_{s1}} \rightarrow \boxed{选筋}$$

流程图 1–73   折梁内折角处的配筋计算（《混规》第 9.2.12 条）

3. 易考点

（1）N_{s2} 的计算；

（2）A_{sv} 的计算；

（3）附加吊筋参数；

（4）选项配筋与所需面积的比较；

（5）附加箍筋与吊筋的联合应用；

（6）准确理解《混规》图 9.2.12 中各个参数。

4. 典型考题

2005 年一级题 11、2008 年一级题 10、2016 年一级题 2。

2004 年二级题 5、2005 年二级题 13、2007 年二级题 3、2009 年二级题 8、2013 年二级题 5。

考题精选 1–40：折梁两侧的全部附加箍筋（2008 年一级题 10）

某折梁内折角处于受拉区，纵向钢筋采用 HRB335 级，箍筋采用 HPB300 级钢筋。受拉钢筋 3Φ18 全部在受压区锚固，其附加箍筋配置形式如图 1–72 所示。试问：折梁两侧的全部附加箍筋，与下列何项数值最为接近？

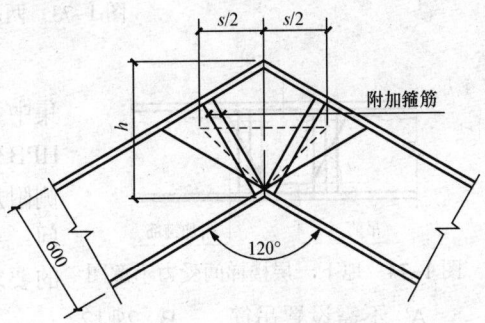

图 1–72   附加箍筋配置

A. 3Φ8（双肢）   B. 4Φ8（双肢）   C. 6Φ8（双肢）   D. 8Φ8（双肢）

解答过程：

根据《混规》GB 50010—2010 第 9.2.12 条

$$N_{s2} = 0.7f_y A_s \cos\frac{\alpha}{2} = 0.7 \times 300 \times 763 \times \cos\frac{120°}{2} = 80115\text{N}$$

需增设箍筋面积 $A_{sv} = \dfrac{N_{s2}}{f_y \sin\dfrac{\alpha}{2}} = \dfrac{80115}{270 \times \sin\dfrac{120°}{2}} = 342.6\text{mm}^2$

选用Φ8($A_{sv1}=50.3\text{mm}^2$)，则双肢箍的个数 $n=\dfrac{342.6}{2\times50.3}=3.4$，则选用4Φ8（双肢）。

正确答案：B

考题精选1-41：应选用何种吊筋才能满足承受集中荷载 F 的要求（2013年二级题5）

某两层单建式地下车库，用于停放载人少于9人的小客车，设计使用年限为50年，采用框架结构，双向柱跨均为8m。各层均采用不设次梁的双向板楼盖，顶板覆土厚度 $s=2.5$m（覆土应力扩散角 $\theta=35°$），地面为小客车通道（可作为全车总重300kN的重型消防车通道），剖面如图1-73所示，抗震设防烈度8度，设计基本地震加速度0.20g，设计地震分组第二组，建筑场地类别Ⅲ类，抗震设防类别为标准设防类，安全等级二级。

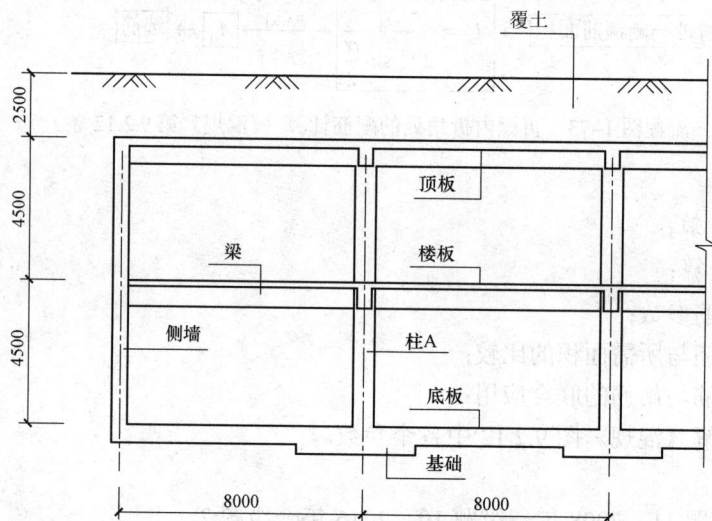

图1-73 两层单建式地下车库示意图

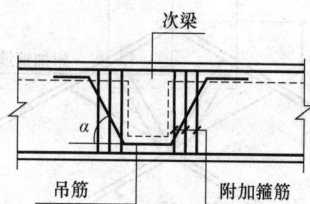

图1-74 地下一层楼梯间受力示意图

假定地下一层楼盖楼梯间位置框架梁承受次梁传递的集中力设计值 $F=295$kN，如图1-74所示，附加箍筋采用HPB300钢筋，吊筋采用HRB400钢筋，其中集中荷载两侧附加箍筋各为3道Φ8（两肢箍），吊筋夹角 $\alpha=60°$。试问：至少应选用下列何种吊筋才能满足承受集中荷载 F 的要求？

A. 不需设置吊筋 B. 2Φ12   C. 2Φ14   D. 2Φ18

解答过程：

根据《混规》GB 50010—2010第9.2.11条，附加箍筋能承受集中荷载

$F_1=270\times3\times2\times2\times50.3=163\times10^3\text{N}=163\text{kN}<295\text{kN}$，则需配置吊筋。

需增设吊筋面积 $A_{sv}=\dfrac{(295-163)\times10^3}{360\times\sin60°}=423\text{mm}^2$，$\dfrac{423}{4}=106\text{mm}^2$

需设置2Φ12。

正确答案：B

1.11.5 梁每侧纵向钢筋最小配置量——《混规》第 9.2.13 条

1. 易考点

梁侧构造配筋。

2. 典型考题

2007 年一级题 1。

考题精选 1–42：梁每侧纵向钢筋最小配置量（2007 年一级题 1）

钢筋混凝土单跨梁的截面及配筋如图 1–75 所示。采用 C40 混凝土，纵向受力钢筋为 HRB400 钢筋，箍筋以及两侧纵向构造钢筋为 HRB335。已知该梁跨中弯矩设计值 $M=1460$ kN·m，轴向拉力设计值 $N=3800$ kN，$a_s=a_s'=70$ mm。

试问：该梁每侧纵向钢筋最小配置量，应与下列何项数值最为接近？

A. 10Φ16   B. 10Φ18   C. 11Φ16   D. 11Φ18

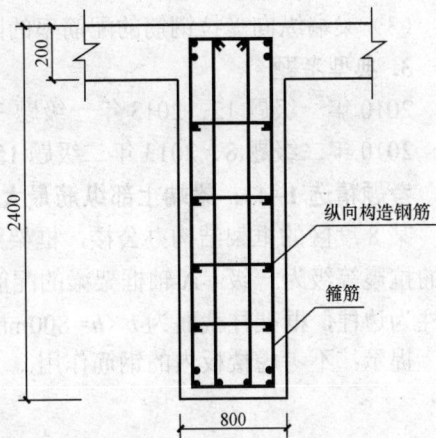

图 1–75　钢筋混凝土单跨梁的截面及配筋示意图

解答过程：

根据《混规》GB 50010—2010 第 9.2.13 条，"每侧纵向构造钢筋的截面面积不应小于腹板截面面积的 0.1%"，即钢筋面积 $A_s \geqslant 0.1\% bh_w = 0.1\% \times 800 \times (2400 - 70 - 200) = 1704$ mm，

且间距 $s \leqslant 200$ mm，则钢筋的根数 $n = \dfrac{2400 - 200 - 70}{200} - 1 = 9.65$，取 10 根，可排除 C、D 选项。

查《混规》附录表 A.0.1，10Φ16、10Φ18 钢筋的截面面积分别为 2212mm²、2800mm²。

正确答案：B

1.11.6 框架顶层梁端上部纵筋最大配筋面积——《混规》第 9.3.8 条、第 11.3.7 条

1. 流程图

框架顶层配筋面积计算见流程图 1–74。

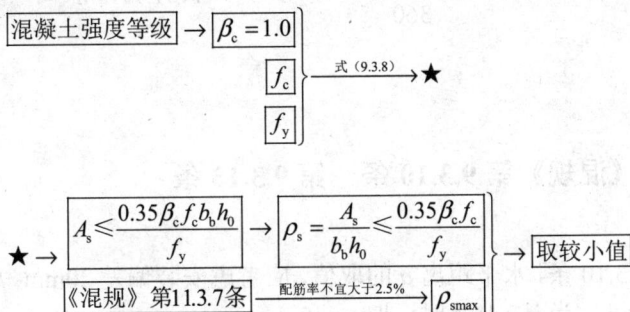

流程图 1–74　框架顶层配筋面积计算（《混规》第 9.3.8 条、第 11.3.7 条）

2. 易考点

（1）β_c 的取值；

（2）顶层端节点处梁上部纵向钢筋的截面面积的计算；

（3）梁端纵向受拉钢筋的配筋率的限值。

3. 典型考题

2010 年一级题 12；2013 年一级题 3。

2010 年二级题 8、2013 年二级题 15。

考题精选 1–43：梁端上部纵筋最大配筋面积（2013 年一级题 3）

某 8 度区的框架结构办公楼，框架梁混凝土强度等级为 C35，均采用 HRB400 钢筋，框架的抗震等级为一级。A 轴框架梁的配筋平面表示法如图 1–76 所示，$a_s = a'_s = 60mm$。①轴的柱为边柱，框架柱截面为 $b \times h = 800mm \times 800mm$。定位轴线均为梁、柱的中心线重合。

提示：不考虑楼板内的钢筋作用。

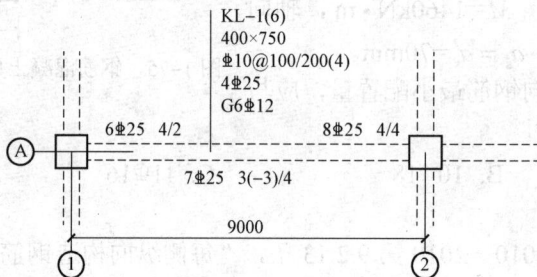

图 1–76　A 轴框架梁的配筋平面表示法

假定该梁为顶层框架梁，试问：为防止配筋率过高而引起节点核心区混凝土的斜压破坏，KL–1 在靠近①轴的梁端上部纵筋最大配筋面积（mm²）的限值与下列何项数值最为接近？

A. 3200　　　　　B. 4480　　　　　C. 5160　　　　　D. 6900

解答过程：查《混规》GB 50010—2010 表 4.1.4–1，C35 抗压强度设计值 $f_c = 16.7N/mm^2$；查《混规》表 4.2.3–1，HRB400 的抗拉强度设计值 $f_y = 360N/mm^2$。

框架梁混凝土强度等级为 C35，则 $\beta_c = 1.0$，代入《混规》式（9.3.8），顶层端节点处梁上部纵向钢筋的截面面积

$$A_s \leqslant \frac{0.35\beta_c f_c b_b h_0}{f_y} = \frac{0.35 \times 1 \times 16.7 \times 400 \times (750-60)}{360} = 4481.17mm^2$$

正确答案：B

1.11.7　牛腿——《混规》第 9.3.10 条～第 9.3.13 条

1. 易错点

（1）《混规》第 9.3.10 条，水平距离 a 的取值，应考虑安装偏差 20mm；h_0 的取值：$h_0 = h - a_s$，或 $h_0 = h_1 - a_s + c \cdot \tan a$，当 $a > 45°$ 时，取 $a = 45°$。

（2）《混规》第 9.3.12 条，承受竖向力所需的纵向受力钢筋的配筋率，按牛腿截面（bh）

计算：$\rho=\dfrac{A_{s1}}{bh}\begin{array}{l}\geq 0.2\%\\ \geq 0.45f_t/f_y\\ \leq 0.6\%\end{array}$，且大于 4Φ12。由《混规》式（9.3.11）可得 $A_{s1}=\dfrac{F_va}{0.85f_yh_0}$

（3）《混规》第 9.3.13 条，牛腿水平箍筋截面面积 $A_{sv}\geq\dfrac{1}{2}\cdot\dfrac{F_va}{0.85f_yh}$，当剪跨比 $\dfrac{a}{h_0}\geq 0.3$ 牛

腿弯起钢筋截面面积 $A_{sb}\geq\dfrac{1}{2}\cdot\dfrac{F_va}{0.85f_yh_0}$，且大于 2Φ12。

（4）抗震设计时，不等高厂房中，支承低跨屋盖的柱牛腿的纵向受拉钢筋截面面积，应按《抗规》第 9.1.12 条计算。

（5）牛腿的破坏形态（图 1-77）。

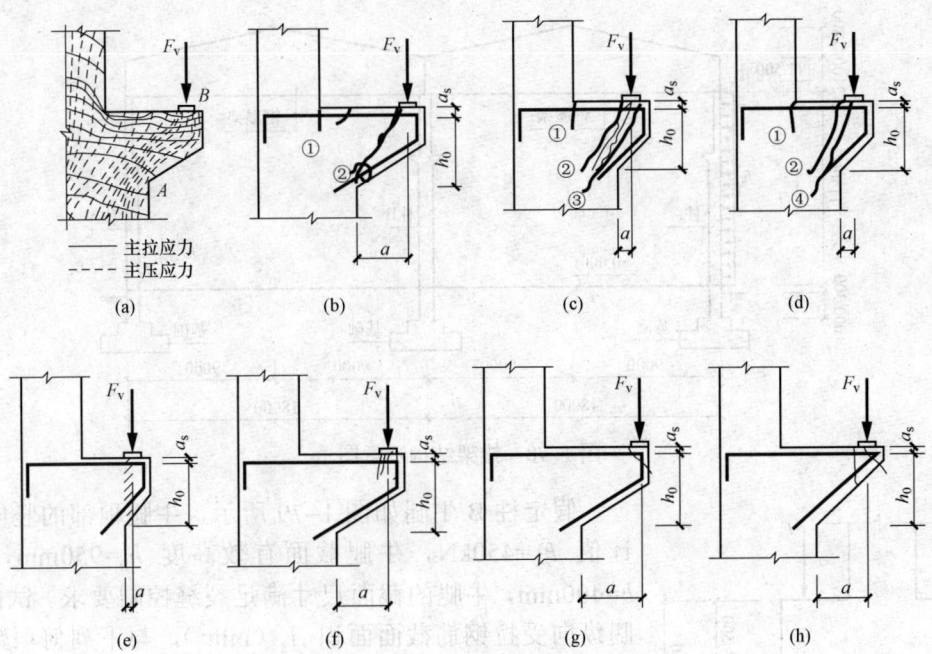

图 1-77　牛腿的破坏形态

（a）弹性阶段；（b）弯压破坏；（c）、（d）斜压破坏；（e）剪切破坏；（f）局部受压破坏；
（g）撕裂破坏；（h）非根部受拉破坏

2. 流程图

牛腿配筋计算见流程图 1-75。

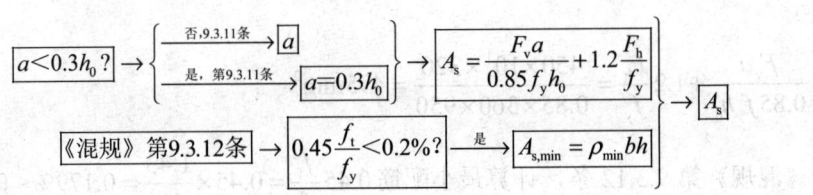

流程图 1-75　牛腿配筋计算（《混规》第 9.3.11 条、第 9.3.12 条）

3. 易考点

（1）牛腿尺寸 a 的取值；

（2）竖向纵筋的构造要求。

4. 典型考题

2005 年一级题 11。

2013 年二级题 9。

考题精选 1–44：牛腿纵向受拉钢筋截面面积 A_s（2013 年二级题 9）

某单层等高等跨厂房，排架结构如图 1–78 所示，安全等级二级。厂房长度为 66m，排架间距 B=6m，两端山墙，采用砖围护墙及钢屋架，屋面支撑系统完整。柱及牛腿混凝土强度等级为 C30，纵筋采用 HRB400。

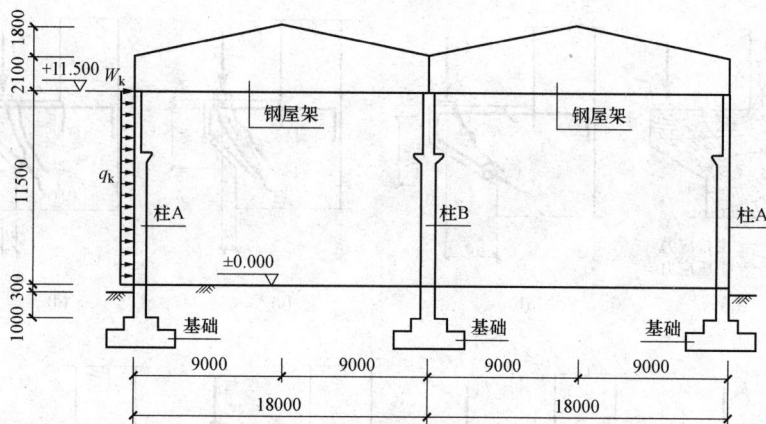

图 1–78　排架结构示意图

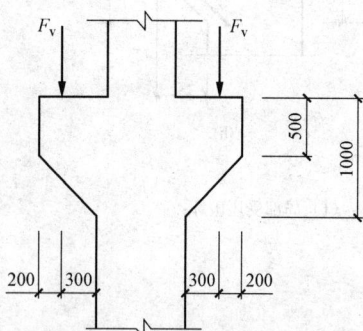

图 1–79　柱 B 牛腿示意图

假定柱 B 牛腿如图 1–79 所示，牛腿顶部的竖向力设计值 F_v=450kN，牛腿截面有效高度 h_0=950mm，宽度 b=400mm，牛腿的截面尺寸满足裂缝控制要求。试问：牛腿纵向受拉钢筋截面面积 A_s（mm^2），与下列何项数值最为接近？

A. 500　　　　　　　　B. 600

C. 800　　　　　　　　D. 1000

解答过程：

根据《混规》GB 50010—2010 第 9.3.11 条，

$a=300+20=320mm>0.3h_0=0.3\times950=285mm$，取 $a=320mm$。

$$A_s=\frac{F_v a}{0.85f_y h_0}+1.2\frac{F_h}{f_y}=\frac{450\times10^3\times320}{0.85\times360\times950}=495mm^2$$

根据《混规》第 9.3.12 条，计算最小配筋 $0.45\dfrac{f_t}{f_y}=0.45\times\dfrac{1.43}{360}=0.179\%<0.2\%$，

承受竖向力所需的纵向受力钢筋最小值

$A_{s,min} = \rho_{min}bh = 0.2\% \times 400 \times 1000 = 800mm^2 > 495mm^2$，取 $A_s = 800mm^2$

正确答案：C

1.11.8 直锚筋预埋件、弯折锚筋预埋件——《混规》第 9.7.1 条～第 9.7.5 条

1. 易错点

（1）《混规》第 9.7.1 条锚板厚度 t：$t \geq 0.6d$。受拉和受弯预埋件的锚板厚度 t：$t \geq 0.6d$；$t \geq \dfrac{b}{8}$。

（2）《混规》第 9.7.2 条，锚筋的抗拉强度设计值 $f_y \leq 300N/mm^2$；法向压力设计值：$N \leq 0.5f_cA$，A 为锚板的面积。《混规》式（9.7.2-5）$a_v = (4.0 - 0.08d)\sqrt{\dfrac{f_c}{f_y}} \leq 0.7$。

（3）《混规》第 9.7.4 条锚筋的直径、根数要求。

（4）抗震设计时，按照《混规》第 11.1.9 条执行。

（5）轴向拉力作用下的预埋件（图 1–80）、弯矩作用下的预埋件（图 1–81）、剪力作用下的预埋件（图 1–82）、拉力、剪力和弯矩共同作用下的预埋件（图 1–83）。

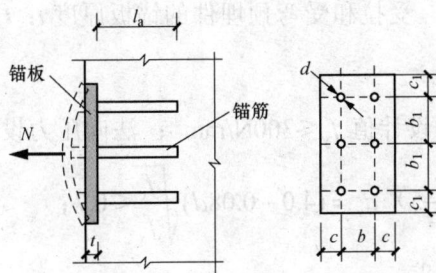

图 1–80 轴向拉力作用下的预埋件

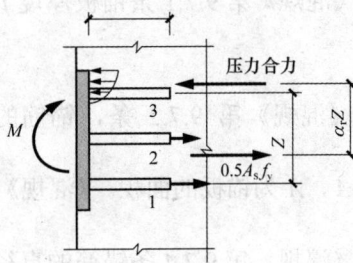

图 1–81 弯矩作用下的预埋件

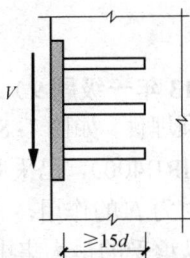

图 1–82 剪力作用下的预埋件

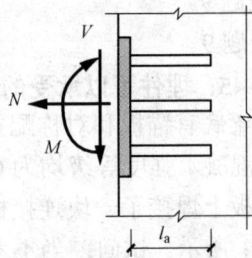

图 1–83 拉力、剪力和弯矩共同作用下的预埋件

2. 流程图

直锚筋预埋件、弯折锚筋预埋件计算见流程图 1–76。

《混规》第9.7.2条 $\rightarrow$ $f_y = 300\text{N}/\text{mm}^2$

受力方向的钢筋层数 $\xrightarrow{9.7.2条}$ a_t

式(9.7.2-5) $\rightarrow$ $a_v = (4.0 - 0.08d) \times \sqrt{\dfrac{f_c}{f_y}} \leqslant 0.7?$

$\begin{cases} 是 \rightarrow 取计算所得 a_v \\ 否 \rightarrow 取 a_v = 0.7 \end{cases} \rightarrow ★$

采取防止锚板弯曲变形的措施 $\rightarrow a_b$

$★ \rightarrow \begin{cases} 式（9.7.2-1）\rightarrow A_s \geqslant \dfrac{V}{a_t a_v f_y} + \dfrac{N}{0.8a_b f_y} + \dfrac{M}{1.3a_t a_b f_y z} \rightarrow F \\ 式（9.7.2-2）\rightarrow A_s \geqslant \dfrac{N}{0.8a_b f_y} + \dfrac{M}{0.4a_t a_b f_y z} \rightarrow F \end{cases} \rightarrow$ 取较小值

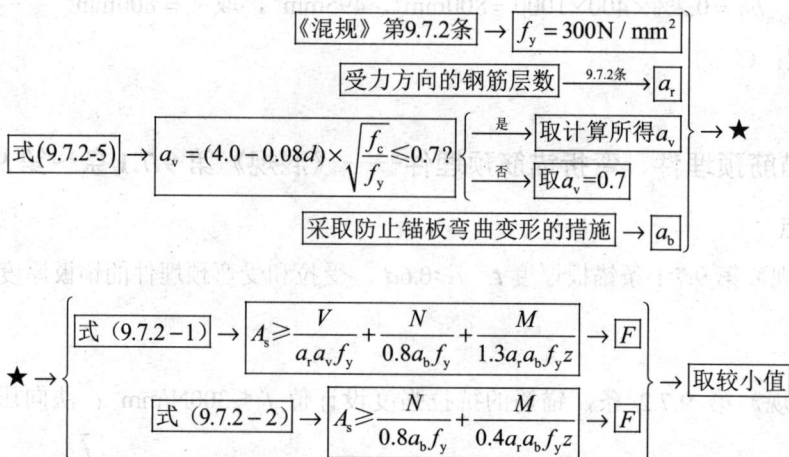

流程图 1-76　直锚筋预埋件、弯折锚筋预埋件计算（《混规》第 9.7.2 条）

3. 易考点

（1）锚筋强度 300N/mm² 限值；

（2）受力方向与钢筋层数的影响系数的关系；

（3）取两个最大集中力设计值中的较小值；

（4）由配筋导出承载力设计值；

（5）《混规》第 9.7.1 条锚板厚度 t：$t \geqslant 0.6d$。受拉和受弯预埋件的锚板厚度 t：$t \geqslant 0.6d$；$t \geqslant \dfrac{b}{8}$；

（6）《混规》第 9.7.2 条，锚筋的抗拉强度设计值 $f_y \leqslant 300\text{N}/\text{mm}^2$；法向压力设计值：

$N \leqslant 0.5f_c A$，A 为锚板的面积。《混规》式（9.7.2-5）$a_v = (4.0 - 0.08d)\sqrt{\dfrac{f_c}{f_y}} \leqslant 0.7$；

（7）《混规》第 9.7.4 条锚筋的直径、根数要求；

（8）抗震设计时，按照《混规》第 11.1.9 条执行。

4. 典型考题

2013 年一级题 9。

2011 年二级题 9。

考题精选 1-45：埋件可以承受的最大集中力设计值（2013 年一级题 9）

钢筋混凝土梁底有锚板和对称配置的直锚筋组成的受力预埋件，如图 1-84 所示，构件安全等级为二级，混凝土强度等级均为 C35，直锚筋为 6Φ18（HRB400），已采取防止锚板弯曲变形的措施。锚板上焊接了一块连接板，连接板上需承受集中力 F 的作用，力的作用点和作用方向如图 1-84 所示。试问：当不考虑抗震时，该埋件可以承受的最大集中力设计值 F_{max} 与下列何项数值最为接近？

提示：① 预埋件承载力由锚筋面积控制；② 连接板的重量忽略不计。

A. 150　　　　　　B. 175　　　　　　C. 205　　　　　　D. 250

114

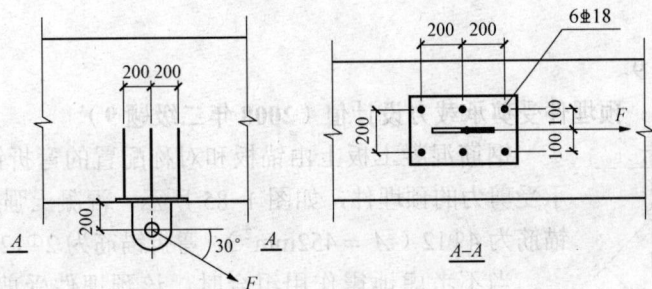

图 1-84　连接板受力示意图

解答过程：

查《混规》GB 50010—2010 表 4.1.4-1，C35 抗压强度设计值 f_c=16.7N/mm²；

查《混规》表 4.2.3-1，HRB400 的抗拉强度设计值 f_y=360N/mm²；

根据《混规》第 9.7.2 条，f_y 不应大于 300N/mm²，f_y=300N/mm²。

由图 1-84，知受力方向的钢筋层数为 3 层，根据《混规》第 9.7.2 条，钢筋层数的影响

系数 α_r = 0.9，根据《混规》式（9.7.2-5），$\alpha_v = (4.0 - 0.08d) \cdot \sqrt[2]{\dfrac{f_c}{f_y}} = (4.0 - 0.08 \times 18) \times \sqrt[2]{\dfrac{16.7}{300}} =$

$0.604 < 0.7$。

因采取防止锚板弯曲变形的措施，锚板的弯曲变形折减系数 $\alpha_b = 1$，

查《混规》表 A.0.1，得 6Φ18 钢筋面积 $A_s = 1527$mm²，

根据《混规》式（9.7.2-1）

$$A_s \geq \frac{V}{\alpha_r \alpha_v f_y} + \frac{N}{0.8 \alpha_b f_y} + \frac{M}{1.3 \alpha_r \alpha_b f_y z}$$

$$1527 \geq \frac{F\cos 30°}{0.9 \times 0.604 \times 300} + \frac{F\sin 30°}{0.8 \times 1 \times 300} + \frac{F\cos 30° \times 200}{1.3 \times 0.9 \times 1 \times 300 \times 400}$$

$F \leq 176.99$kN

根据《混规》式（9.7.2-2）

$$A_s \geq \frac{N}{0.8 \alpha_b f_y} + \frac{M}{0.4 \alpha_r \alpha_b f_y z}$$

$$1527 \geq \frac{F\sin 30°}{0.8 \times 1 \times 300} + \frac{F\cos 30° \times 200}{0.4 \times 0.9 \times 300 \times 400}$$

$F \leq 250.63$kN，两个最大集中力设计值取较小值。

正确答案：B

1.11.9　锚板和锚筋的预埋件——《混规》第 9.7.3 条

1. 易考点

（1）直锚钢筋的受剪承载力系数的取值；

（2）审题时，正确区分直锚筋和弯折锚筋。

2. 典型考题

2008 年二级题 9。

考题精选 1-46：预埋件受剪承载力设计值（2008 年二级题 9）

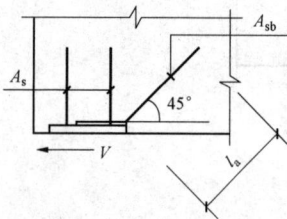

图 1-85　预埋件示意图

钢筋混凝土板上由锚板和对称配置的弯折锚筋及直锚筋共同承受剪力的预埋件，如图 1-85 所示。混凝土强度等级为 C30，直锚筋为 4Φ12（$A_s = 452mm^2$），弯折锚筋为 2Φ12（$A_{sb} = 226mm^2$）。

当不考虑地震作用组合时，该预埋件受剪承载力设计值[V]（kN），应与以下何项数值最为接近？

A. 93　　　　　　　　　B. 101

C. 115　　　　　　　　D. 129

解答过程： 根据《混规》GB 50010—2010 式（9.7.2-5），直锚钢筋的受剪承载力系数

$$\alpha_v = (4.0 - 0.08d)\sqrt{\frac{f_c}{f_y}} = (4.0 - 0.08 \times 12) \times \sqrt{\frac{14.3}{300}} = 0.664 < 0.7，取 \alpha_v = 0.664$$

根据《混规》第 9.7.3 条，受剪承载力设计值

$$[V] = \frac{(A_{sb} + 1.25\alpha_v A_s)f_y}{1.4} = \frac{(226 + 1.25 \times 0.664 \times 452) \times 300}{1.4} = 128.82kN$$

正确答案：D

1.11.10　吊环钢筋的直径——《混规》第 9.7.6 条

1. 易考点

（1）构件的自重标准值；

（2）根据《混规》第 9.7.6 条文说明，每个吊环按 2 个截面计算的钢筋应力不应大于 65N/mm²；

（3）在一个构件上设有 4 个吊环时，应按 3 个吊环进行计算。

2. 典型考题

2016 年一级题 4。

2016 年二级题 7。

考题精选 1-47：吊环钢筋的直径（2016 年一级题 4）

某预制钢筋混凝土实心板，长×宽×厚=6000mm×500mm×300mm，四角各设有 1 个吊环，吊环均采用 HPB300 钢筋，可靠锚入混凝土中并绑扎在钢筋骨架上。试问：吊环钢筋的直径（mm），至少应采用下列何项数值？

提示：① 钢筋混凝土的自重按 25kN/m³ 计算；② 吊环和吊绳均与预制板面垂直。

A. 8　　　　　　　B. 10　　　　　　　C. 12　　　　　　　D. 14

解答过程：

根据《混规》GB 50010—2010 第 9.7.6 条，在构件的自重标准值作用下，每个吊环按 2 个截面计算的钢筋应力不应大于 65N/mm²；当在一个构件上设有 4 个吊环时，应按 3 个吊环进行计算。

所需钢筋截面积 $A_s = \frac{6 \times 0.5 \times 0.3 \times 25}{2 \times 3 \times 65} = 57.7mm^2$，选项 B 的钢筋截面积为 78.5mm²。

正确答案：B

1.12 混凝土结构构件抗震设计

1.12.1 抗震框架梁的正截面承载力——《混规》第 11.3.1 条、第 6.2.10 条

1. 易考点

（1）《混规》第 11.3.1 条，梁端计入受压钢筋的混凝土受压区高度和有效高度之比；

（2）《混规》第 11.1.6 条，受弯构件的承载力抗震调整系数；

（3）支座处正截面最大抗震受弯承载力设计值。

2. 典型考题

2014 年二级题 13。

考题精选 1–48：考虑受压区受力钢筋作用时，KL1 支座处正截面最大抗震受弯承载力设计值 M（2014 年二级题 13）

某框架结构钢筋混凝土办公楼，安全等级为二级，梁板布置如图 1–86 所示。框架的抗震等级为三级，混凝土强度等级为 C30，梁板均采用 HRB400 级钢筋，板面恒载标准值 50kN/m²（含板自重），活荷载标准值 2.0kN/m²，梁上恒荷载标准值 10kN/m（含梁及梁上墙自重）。

假定框架梁 KL1 的截面尺寸为 350mm×800mm，$a_s = a_s' = 60mm$，框架支座截面处梁底配有 6Φ20 的受压钢筋，梁顶面受拉钢筋可按需配置且满足规范最大配筋率限值要求。试问，考虑受压区受力钢筋作用时，KL1 支座处正截面最大抗震受弯承载力设计值 M（kN·m），与下列何项数值最为接近？

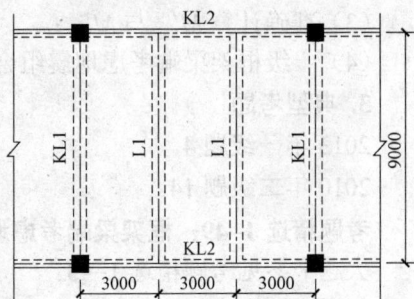

图 1–86　梁板布置图

A. 1252　　　　B. 1510　　　　C. 1670　　　　D. 2010

解答过程：

根据《混规》GB 50010—2010 第 11.3.1 条，梁端计入受压钢筋的混凝土受压区高度和有效高度之比，三级不应大于 0.35。

根据《混规》第 11.1.6 条，受弯构件的承载力抗震调整系数 $\gamma_{RE} = 0.75$，$h_0 = 800 - 60 = 740mm$。

根据《混规》式（6.2.10–1），KL1 支座处正截面最大抗震受弯承载力设计值

$$M = \frac{1}{\gamma_{RE}}\left[A_s' f_y'(h_0 - a_s) + f_c b \xi h_0 \left(h_0 - \frac{\xi h_0}{2} \right) \right]$$

$$= \frac{1}{0.75} \times \left[1884 \times 360 \times (740 - 60) + 14.3 \times 350 \times 0.35 \times 740 \times \left(740 - \frac{0.35 \times 740}{2} \right) \right]$$

$$= 1670 \times 10^6 \, N \cdot mm = 1670 kN \cdot m$$

正确答案：C

1.12.2 框架梁端考虑地震组合的剪力设计值——《混规》第 11.3.2 条

1. 流程图

$$\begin{array}{c}《混规》表4.2.2-1 \rightarrow f'_{yk} \\ 《混规》表11.1.6 \rightarrow \gamma_{RE}=0.75\end{array}\bigg\} \xrightarrow{\text{第11.3.2条第1款}} \boxed{M^l_{bua}=\dfrac{1}{\gamma_{RE}}f'_{yk}bh_0} \rightarrow \bigstar$$

$$\bigstar \rightarrow \boxed{V_b=1.1\times\dfrac{(M^l_{bua}+M^r_{bua})}{l_n}+V_{Gb}}$$

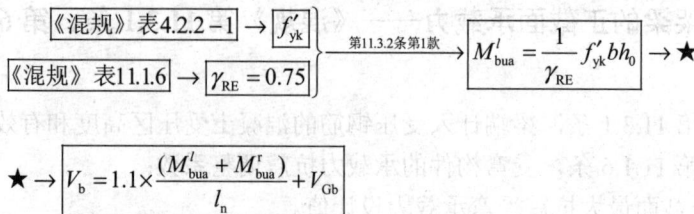

流程图 1-77　框架梁端考虑地震组合的剪力设计值

2. 易考点

（1）活荷载组合值系数的查取；

（2）承载力抗震调整系数的查取；

（3）准确计算 M^l_{bua} 与 M^r_{bua}；

（4）一级框架梁端考虑地震组合的剪力设计值的计算。

3. 典型考题

2013 年一级题 4。

2010 年二级题 14。

考题精选 1-49：框架梁端考虑地震组合的剪力设计值（2013 年一级题 4）

大题干参见考题精选 1-43。

假定该梁为中间层框架梁，作用在此梁上的重力荷载全部为沿梁长的均布荷载，梁上永久均布荷载标准值为 46kN/m（包括自重），可变均布荷载标准值为 12kN/m（可变荷载按等效均布荷载计算），试问：此框架梁端考虑地震组合的剪力设计值 V_b（kN），应与下列何项数值最为接近？

A. 470　　　　　　B. 520　　　　　　C. 570　　　　　　D. 600

解答过程：

根据《抗规》GB 50011—2010（2016 版）第 5.1.3 条，活荷载组合值系数 0.5。

查《混规》GB 50010—2010 表 4.2.2-1，HRB400 钢筋抗拉强度标准值 $f_{yk}=400\text{N/mm}^2$，查《混规》表 11.1.6，得承载力抗震调整系数 $\gamma_{RE}=0.75$。

8Φ25 钢筋，查《混规》表 A.0.1，得钢筋截面积 A_s=3927mm²，

4Φ25 钢筋，查《混规》表 A.0.1，得钢筋截面积 A_s=1964mm²。

根据《混规》第 11.3.2 条第 1 款，一级框架梁端考虑地震组合的剪力设计值

$$V_b=1.1\times\frac{(M^l_{bua}+M^r_{bua})}{l_n}+V_{Gb}$$

$$=1.1\times\frac{(3927+1964)\times400\times(750-2\times60)}{0.75\times(9000-800)}+1.2\times\frac{(46+12\times0.5)\times(9000-800)}{2}$$

$$=521.3\times10^3\text{N}$$

$$=521.3\text{kN}$$

正确答案：B

1.12.3 柱端截面考虑地震作用组合的剪力设计值——《混规》第 11.4.3 条、第 11.4.5 条

1. 流程图

$$\boxed{《混规》第11.4.3条第2款} \rightarrow \boxed{V_c = 1.3\dfrac{M_c^t + M_c^b}{H_n}} \xrightarrow{第11.4.5条} \boxed{角柱增大系数1.1} \rightarrow \boxed{V_c}$$

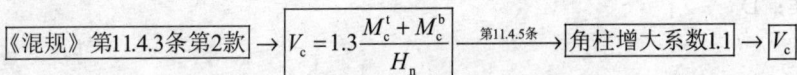

流程图 1–78　柱端截面考虑地震作用组合的剪力设计值

2. 易考点

（1）框架柱剪力值的计算；
（2）角柱的剪力增大系数；
（3）准确区分框架柱类型。

3. 典型考题

2005 年一级题 12。

2005 年二级题 16、2014 年二级题 3。

考题精选 1–50：柱端截面考虑地震作用组合的剪力设计值（2005 年一级题 12）

某钢筋混凝土框架结构的框架柱，抗震等级为二级，采用 C40 混凝土。该柱中间楼层局部纵剖面及配筋截面见图 1–87。已知角柱及边柱的反弯点均在柱层高范围内，柱截面有效高度 h_0 =550mm。

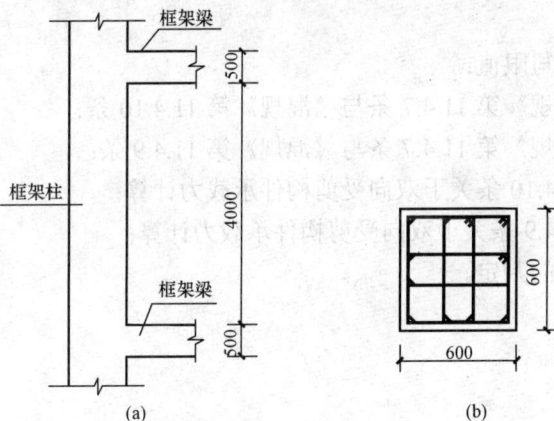

图 1–87　中间楼层局部纵剖面及配筋截面
（a）框架柱局部剖面；（b）框架柱配筋截面

假定该框架柱为中间层角柱，已知该角柱考虑地震作用组合并经过为实现"强柱弱梁"按规范调整后的柱上、下端弯矩设计值分别为 M_c^t =180kN·m，M_c^b =320kN·m。试问：该柱端截面考虑地震作用组合的剪力设计值（kN），与下列何项数值最为接近？

A. 125　　　　　　　B. 133　　　　　　　C. 163　　　　　　　D. 179

解答过程：

根据《混规》GB 50010—2010 第 11.4.3 条第 2 款，

$$V_c = 1.3 \frac{M_c^t + M_c^b}{H_n} = 1.3 \times \frac{180 + 320}{4.0} = 162.5 \text{kN}$$

再根据《混规》第 11.4.5 条，考虑增大系数 1.1，柱端截面考虑地震作用组合的剪力设计值 $V_c = 1.1 \times 162.5 = 178.75 \text{kN}$

正确答案： D

1.12.4 柱箍筋非加密区斜截面抗剪承载力——《混规》第 11.4.7 条

1. 流程图

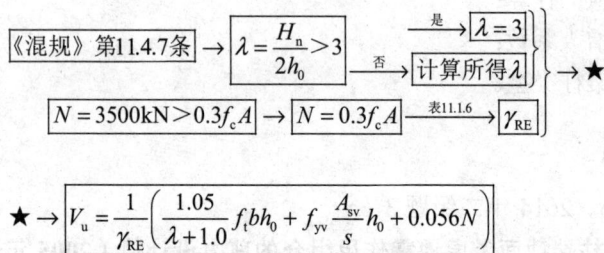

流程图 1-79 柱箍筋非加密区斜截面抗剪承载力

2. 易考点

（1）N 与 $0.3 f_c A$ 的关系及取值；

（2）γ_{RE} 的取值；

（3）剪跨比的计算与限值；

（4）准确区分《混规》第 11.4.7 条与《混规》第 11.4.10 条；

（5）准确区分《混规》第 11.4.7 条与《混规》第 11.4.9 条；

（6）《混规》第 11.4.10 条关于双向受剪构件承载力计算；

（7）《混规》第 11.4.9 条关于双向受剪构件承载力计算；

（8）双向受剪构件的判定。

3. 典型考题

2005 年一级题 13。

2014 年二级题 4。

考题精选 1–51：柱箍筋非加密区斜截面抗剪承载力（2005 年一级题 13）

大题干参见考题精选 1–50。

假定该框架柱为边柱，已知该边柱箍筋为 $\Phi 10@100/200$，$f_{yv} = 300 \text{N/mm}^2$；考虑地震作用组合的柱轴力设计值为 3500kN。试问：该柱箍筋非加密区斜截面抗剪承载力（kN），与下列何项数值最为接近？

A. 615   B. 653   C. 686   D. 710

解答过程：

根据《混规》GB 50010—2010 第 11.4.7 条，剪跨比 $\lambda = \dfrac{H_n}{2h_0} = \dfrac{4000}{2\times550} = 3.63 > 3$，取 $\lambda = 3$。

$N = 3500\text{kN} > 0.3 f_c A = 0.3\times19.1\times600^2 = 2063\times10^3 \text{N} = 2063\text{kN}$，取 $N = 2063\text{kN}$。

根据《混规》表 11.1.6，斜截面抗震承载力系数 $\gamma_{RE} = 0.85$。

根据《混规》式（11.4.7），柱箍筋非加密区斜截面抗剪承载力

$$V_u = \frac{1}{\gamma_{RE}}\left(\frac{1.05}{\lambda+1.0}f_t b h_0 + f_{yv}\frac{A_{sv}}{s}h_0 + 0.056N\right)$$

$$= \frac{1}{0.85}\times\left(\frac{1.05}{3+1.0}\times1.71\times600\times550 + 300\times\frac{314}{200}\times550 + 0.056\times2063\times10^3\right)$$

$$= 614.9\times10^3 \text{N} = 614.9\text{kN}$$

正确答案： A

1.12.5 箍筋配置的合理性——《混规》第 11.4.17 条、第 11.4.14 条、第 11.1.3 条

1. 流程图

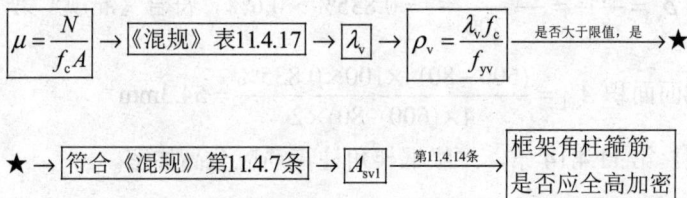

流程图 1–80 箍筋配置的合理性

2. 易考点

（1）轴压比[❶]的计算；

（2）框架柱体积配箍率的计算方法；

（3）框架等级为不同等级时，角柱箍筋的构造要求；

（4）实际体积配筋率用《混规》第 6.6.3 条计算；

（5）《混规》第 11.4.14 条的构造要求。

3. 典型考题

2003 年一级题 6、2007 年一级题 13、2008 年一级题 2、2012 年一级题 11。

2003 年二级题 3、2004 年二级题 8、2007 年二级题 6、2010 年二级题 9、2012 年二级

---

❶ 轴压比限值根据《混规》表 11.4.16 确定，在表下的注释 5 中，先说可以增大轴压比限值的三种情况，最末一句指出"上述三种箍筋的配箍特征值 λ_v 均应按增大的轴压比由表 11.4.17 确定"。应注意《混规》表 11.4.17 中根据轴压比限值查表确定 λ_v，是不正确的。

影响柱子延性的因素包括剪跨比和轴压比。为保证足够的延性，《混规》规定，框架柱的剪跨宜大于 2（《混规》第 11.4.11 条第 2 款）；轴压比应小于轴压比限值。箍筋的用量与延性有关，而箍筋用量用体积配筋率 ρ_v 衡量。对轴压比大的柱，延性差，应采用较大的 ρ_v，为此，《混规》规定了配箍特征值 λ_v 与轴压比对应，而 ρ_v 限值与 λ_v 成正比。确定 λ_v 的轴压比应按考虑地震作用组合的柱轴向压力设计值计算。

题8。

考题精选 1–52：箍筋配置的合理性（2012 年一级题 11）

某 5 层现浇钢筋混凝土框架–剪力墙结构，柱网尺寸 9m×9m，各层层高均为 4.5m，位于 8 度（0.3g）抗震设防地区，设计地震分组为第二组，场地类别为Ⅲ类，建筑抗震设防类别为丙类。已知各楼层的重力荷载代表值均为 18000kN。

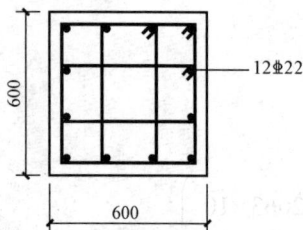

假设某框架角柱截面尺寸及配筋形式如图 1–88 所示，混凝土强度等级为 C30，箍筋采用 HRB335 钢筋，纵筋混凝土保护层厚度 c=40mm。该柱地震作用组合的轴力设计值 N=3603kN。试问：以下何项箍筋配置相对合理？

图 1–88　角柱截面尺寸及配筋形式

提示：① 假定对应于抗震构造措施的框架抗震等级为二级；② 按《混凝土结构设计规范》GB 50010—2010 作答。

A. Φ8@100　　　　B. Φ8@100/200　　　　C. Φ10@100　　　　D. Φ10@100/200

解答过程： 轴压比 $\mu = \dfrac{N}{f_c A} = \dfrac{3603 \times 10^3}{14.3 \times 600 \times 600} = 0.7$

查《混规》GB 50010—2010 表 11.4.17，得柱箍筋加密区的箍筋最小配箍特征值 $\lambda_v = 0.15$，则最小体积配筋率 $\rho_v = \dfrac{\lambda_v f_c}{f_{yv}} = \dfrac{0.15 \times 16.7}{300} = 0.835\% > 0.6\%$，符合《混规》第 11.4.7 条的要求。

单肢箍筋横截面面积 $A_{sv1} = \dfrac{(600-80)^2 \times 100 \times 0.835\%}{4 \times (600-80) \times 2} = 54.3 \text{mm}^2$

又根据《混规》第 11.4.14 条，二级框架角柱箍筋应全高加密。

正确答案：C

1.12.6　节点核心区的剪力设计值——《混规》第 11.1.6 条、第 11.6.2 条

1. 流程图

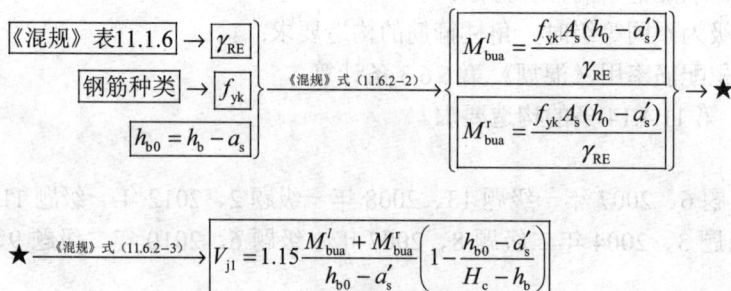

流程图 1–81　节点核心区的剪力设计值

2. 易考点

（1）节点核心区剪力设计值；

（2）实配钢筋与剪力设计值计算；

（3）正确计算 M_{bua}^r 与 M_{bua}^l；

（4）准确区分 H_c 与 H_n。

3. 典型考题

2006 年一级题 8。

考题精选 1–53：节点核心区的剪力设计值（2006 年一级题 8）

某现浇钢筋混凝土多层框架结构，抗震设防烈度为 9 度，抗震等级为一级；梁柱混凝土强度等级为 C30，纵筋均采用 HRB400 级热轧钢筋，框架中间楼层某端节点平面及节点配筋如图 1–89 所示。

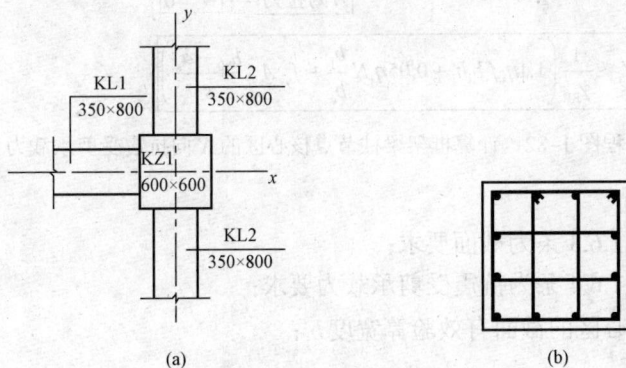

图 1–89 中间层端节点平面及节点配筋

假定框架梁 KL1 在考虑 x 方向地震作用组合时的梁端最大负弯矩设计值 M_b =650kN・m；梁端上部和下部配筋均为 5Φ25（A_s = A'_s =2454mm²），a_s = a'_s =40mm；该节点上柱和下柱反弯点之间的距离为 4.6m。试问：在 x 方向进行节点验算时，该节点核心区的剪力设计值 V_j（kN），应与下列何项数值最为接近？

A. 988   B. 1100   C. 1220   D. 1505

解答过程：

查《混规》GB 50010—2010 表 11.1.6，得受弯构件承载力抗震调整系数 $\gamma_{RE} = 0.75$，HRB400 钢筋的抗拉强度标准值 $f_{yk} = 400\text{N} / \text{mm}^2$。

梁的有效高度 $h_{b0} = h_b - a_s = 800 - 40 = 760\text{mm}$

大题干有"框架中间楼层"，根据《混规》式（11.6.2–2），框架节点左侧弯矩值

$$M_{bua}^l = \frac{f_{yk} A_s (h_0 - a'_s)}{\gamma_{RE}} = \frac{400 \times 2454 \times (800 - 40 - 40)}{0.75}$$

$$= 942.336 \times 10^6 \text{N} \cdot \text{mm} = 942.336 \text{kN} \cdot \text{m}$$

框架节点右侧弯矩值 M_{bua}^r =0。

根据《混规》式（11.6.2–3），节点核心区的剪力设计值

$$V_j = 1.15 \frac{M_{bua}^l + M_{bua}^r}{h_{b0} - a'_s} \left(1 - \frac{h_{b0} - a'_s}{H_c - h_b} \right)$$

$$= 1.15 \times \frac{942.336 \times 10^6}{800 - 40 - 40} \times \left(1 - \frac{800 - 40 - 40}{4600 - 800} \right)$$

$$= 1219.9 \times 10^3 \text{N} = 1219.9\text{kN}$$

正确答案： C

1.12.7 计算框架梁柱节点核心区的 *X* 向抗震受剪承载力——《混规》第 11.6.3 条、第 11.6.4 条

1. 流程图

$$
\text{《混规》第11.6.4条} \rightarrow
\begin{cases}
N \leqslant 0.5 f_{\mathrm{c}} A \rightarrow \boxed{\text{直接用} N} \\
N > 0.5 f_{\mathrm{c}} A \rightarrow \boxed{N = 0.5 f_{\mathrm{c}} A} \\
N \text{为拉力} \rightarrow \boxed{N = 0}
\end{cases}
\xrightarrow{\text{式 (11.6.4-2)}} \bigstar
$$

$$
\bigstar \; \boxed{V_{\mathrm{j}} \leqslant \frac{1}{\gamma_{\mathrm{RE}}} \left(1.1 \eta_{\mathrm{j}} f_{\mathrm{t}} b_{\mathrm{j}} h_{\mathrm{j}} + 0.05 \eta_{\mathrm{j}} N \frac{b_{\mathrm{j}}}{b_{\mathrm{c}}} + f_{\mathrm{yv}} A_{\mathrm{svj}} \frac{h_{\mathrm{b0}} - a'_{\mathrm{s}}}{s} \right)}
$$

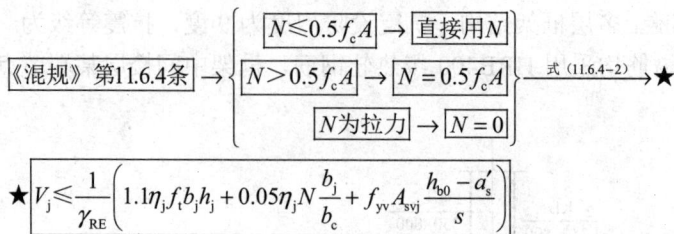

流程图 1-82　计算框架梁柱节点核心区的 *X* 向抗震受剪承载力

2. 易考点

（1）《混规》第 11.6.3 条为截面要求；

（2）《混规》第 11.6.4 条为抗震受剪承载力要求；

（3）框架节点核心区的截面有效验算宽度 b_{j}；

（4）计算参数 η_{j}；

（5）框架梁柱节点核心区截面抗剪承载力的计算及相关参数的确定，本题也可以按《抗规》附录 D 作答。

3. 典型考题

2006 年一级题 9、2011 年一级题 7。

考题精选 1-54：根据《混规》计算框架梁柱节点核心区的 *X* 向抗震受剪承载力（2011 年一级题 7）

某 5 层重点设防类建筑，采用现浇钢筋混凝土框架结构如图 1-90，抗震等级为二级，各柱截面均为 600mm×600mm，混凝土强度等级为 C40。

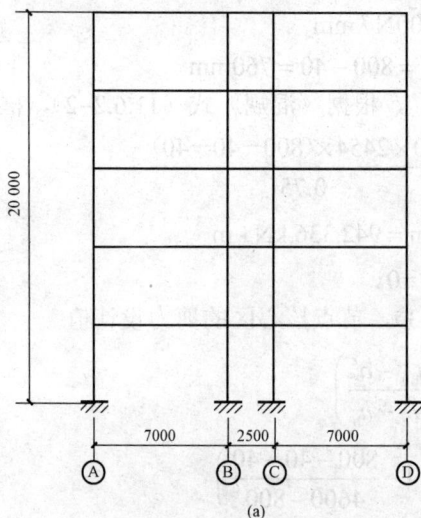

图 1-90　框架结构图（一）

(a) 计算简图

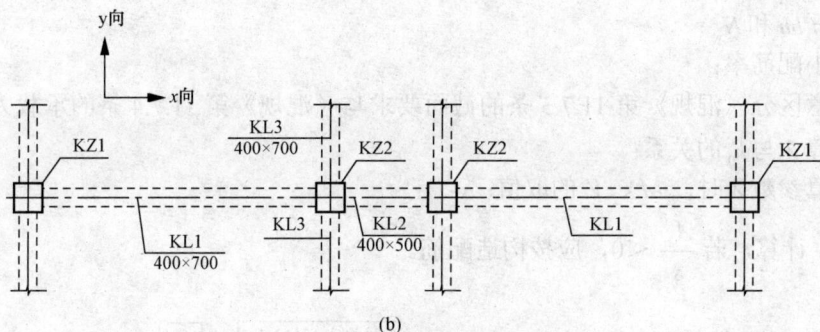

图 1-90　框架结构图（二）

（b）二、三局部结构布置

假定三层平面位于柱 **KZ2** 处的梁柱节点，对应于考虑地震作用组合剪力设计值的上柱底部的轴向压力设计值的较小值为 2300kN，节点核心区箍筋采用 HRB335 级钢筋，配置如图 1-91 所示，正交梁的约束影响系数 $\eta_j = 1.5$，框架梁 $a_s = a_s' = 35\text{mm}$。试问：根据《混凝土结构设计规范》GB 50010—2010，此框架梁柱节点核心区的 X 向抗震受剪承载力（kN）与下列何项数值最为接近？

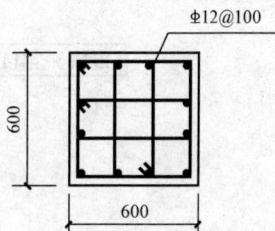

图 1-91　节点核心区箍筋配筋

A. 800　　　　　　B. 1100　　　　　　C. 1900　　　　　　D. 2200

解答过程：

根据《混规》GB 50010—2010 第 11.6.4 条，

$N = 2300\text{kN} \leqslant 0.5 f_c A = 0.5 \times 19.1 \times 600 \times 600 = 3438 \times 10^3\text{N} = 3438\text{kN}$，取 $N = 2300\text{kN}$

查《混规》表 A.0.1，得 4⌀12 钢筋 $A_{svj} = 452\text{mm}^2$；

代入《混规》式（11.6.4-2），得框架梁柱节点核心区的 X 向抗震受剪承载力

$$V_j \leqslant \frac{1}{\gamma_{RE}} \left(1.1 \eta_j f_t b_j h_j + 0.05 \eta_j N \frac{b_j}{b_c} + f_{yv} A_{svj} \frac{h_{b0} - a_s'}{s} \right)$$

$$= \frac{1}{0.85} \times \left(1.1 \times 1.5 \times 1.71 \times 600 \times 600 + 0.05 \times 1.5 \times 2300 \times 10^3 \times 1.0 + 300 \times 452 \times \frac{600 - 35 - 35}{100} \right)$$

$$= 2243.4 \times 10^3\text{N} = 2243.4\text{kN}$$

正确答案：D

1.12.8　剪力墙在偏心受压时的斜截面抗震受剪承载力——《混规》第 11.7.4 条、第 11.7.14 条、第 11.1.6 条

1. 流程图

2. 易考点

（1）γ_{RE} 的查取；

（2）λ 的计算与限值；

（3）$0.2 f_c bh$ 和 N_w；

（4）最小配筋率；

（5）注意区分《混规》第 11.7.3 条的截面要求与《混规》第 11.7.4 条的承载力要求；

（6）计算 λ 与 h_0 的关系；

（7）计算参数 λ 时，M、V 的取值；

（8）$\dfrac{A_{sh}}{s}$ 计算，若 $\dfrac{A_{sh}}{s} < 0$，应按构造配筋。

$$《混规》表11.1.6 \rightarrow \gamma_{RE}$$

$$《混规》第11.7.4条 \rightarrow \begin{cases} \lambda = \dfrac{M}{V h_0} < 1.5? \xrightarrow{\text{是}} \lambda = 1.5 \\[2mm] 1.5 < \lambda = \dfrac{M}{V h_0} < 2.2? \xrightarrow{\text{是}} 取计算所得\lambda \\[2mm] \lambda = \dfrac{M}{V h_0} > 2.2? \xrightarrow{\text{是}} \lambda = 1.5 \end{cases} \rightarrow \bigstar$$

$$\bigstar \xrightarrow{《混规》式(11.7.4)} V_w \leqslant \frac{1}{\gamma_{RE}} \left[\frac{1}{\lambda - 0.5} \left(0.4 f_t b h_0 + 0.1 N \frac{A_w}{A} \right) + 0.8 f_{yv} \frac{A_{sh}}{s} h_0 \right] \rightarrow \blacklozenge$$

$$\blacklozenge \rightarrow \frac{A_{sh}}{s} < 0? \xrightarrow{\text{是}} 按构造配筋 \xrightarrow{\text{第11.7.14条}} \blacktriangledown$$

$$\blacktriangledown \rightarrow \begin{array}{c}不同抗震等级\\ 最小配筋率\end{array} \rightarrow 选配筋 \rightarrow \rho_{sh} = \frac{A_{sh}}{b_{ws}} \geqslant \rho_{min}$$

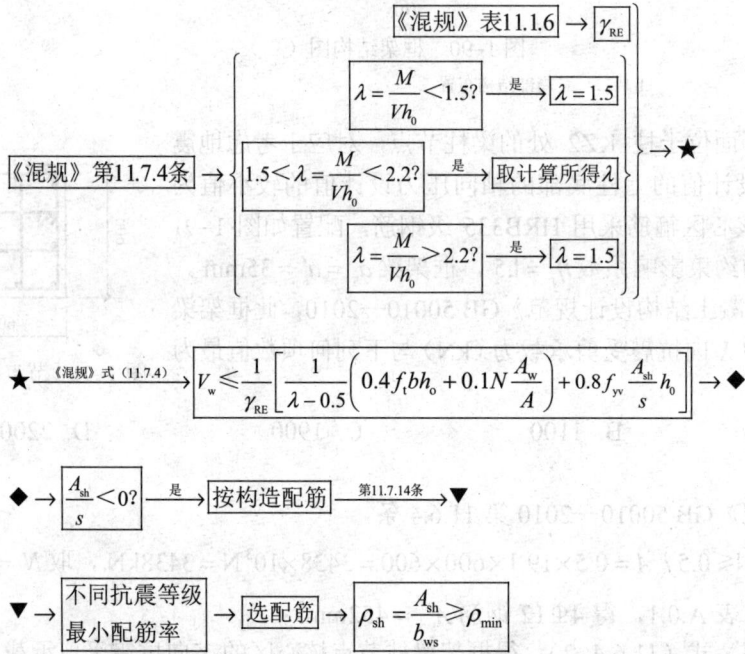

流程图 1-83　剪力墙在偏心受压时的斜截面抗震受剪承载力

3. 典型考题

2009 年一级题 11。

考题精选 1-55：水平分布钢筋 A_{sh} 的配置（2009 年一级题 11）

某钢筋混凝土结构中间楼层的剪力墙墙肢，几何尺寸及配筋如图 1-92 所示，混凝土强度等级为 C30，竖向及水平分布钢筋采用 HRB335 级。

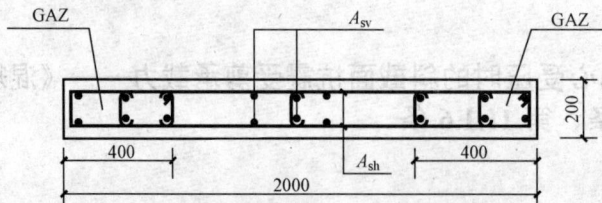

图 1-92　剪力墙墙肢几何尺寸及配筋

假定该剪力墙抗震等级为三级，该墙肢考虑地震作用组合的内力设计值 N_w=2000kN，M_w=250kN・m，V_w=180kN，试问：下列何项水平分布钢筋 A_{sh} 的配置最为合适？

提示：$a_s = a'_s = 200\text{mm}$ 。

A. $\Phi 6@200$ B. $\Phi 8@200$ C. $\Phi 8@150$ D. $\Phi 10@200$

解答过程：

查《混规》GB 50010—2010 表 11.1.6，剪力墙的承载力抗震调整系数 $\gamma_{RE} = 0.85$ 。

$0.2 f_c b h = 0.2 \times 14.3 \times 200 \times 200 = 1144 \times 10^3 \text{N} < N_w = 2000\text{kN}$ ，取 $N = 1144 \times 10^3 \text{N}$

根据《混规》第 11.7.4 条，剪跨比 $\lambda = \dfrac{M}{V h_0} = \dfrac{250 \times 10^6}{180 \times 10^3 \times (2000 - 200)} = 0.77 < 1.5$ ，取 $\lambda = 1.5$ 。

$$V_w \leqslant \frac{1}{\gamma_{RE}} \left[\frac{1}{\lambda - 0.5} \left(0.4 f_t b h_0 + 0.1 N \frac{A_w}{A} \right) + 0.8 f_{yv} \frac{A_{sh}}{s} h_0 \right]$$

$\dfrac{A_{sh}}{s} = \dfrac{0.85 \times 180 \times 10^3 - 0.4 \times 1.43 \times 200 \times 1800 - 0.1 \times 1144 \times 10^3 \times 1.0}{0.8 \times 300 \times 1800} < 0$ ，应按构造配筋。

根据《混规》第 11.7.14 条，三级抗震等级最小配筋率为 0.25%，选用 $\Phi 8@200$ ，

$$\rho_{sh} = \frac{A_{sh}}{b_{ws}} \times 100\% = \frac{2 \times 50.3}{200 \times 200} \times 100\% = 0.251\% > 0.25\%$$

正确答案：B

1.12.9 连梁的剪力设计值——《混规》第 11.7.8 条、第 11.7.9 条

1. 流程图

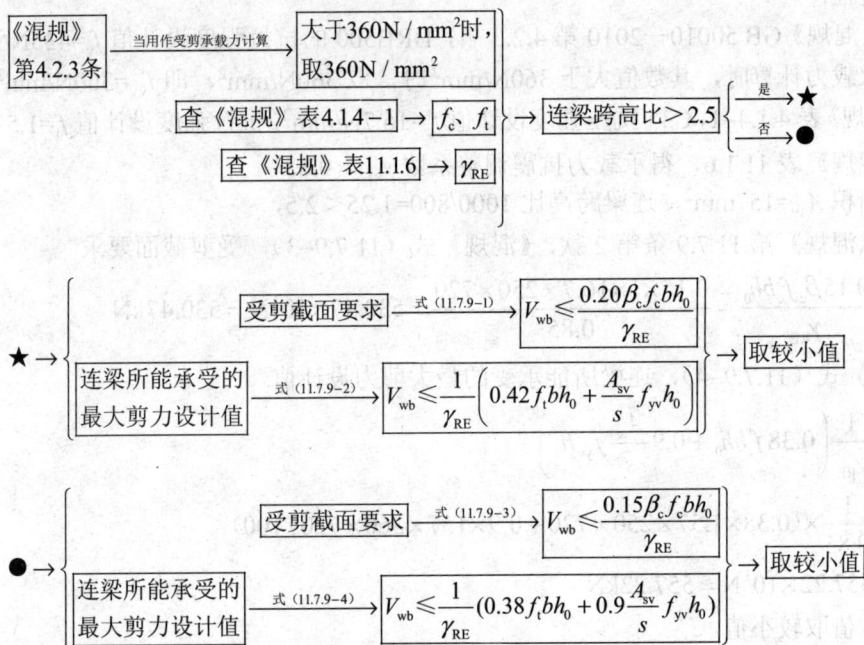

流程图 1-84 连梁的剪力设计值

2. 易考点

（1）钢筋抗剪强度的限制；

（2）连梁配置的箍筋需要满足不发生剪压破坏的要求；

（3）连梁截面尺寸应满足不发生斜压破坏的要求；

（4）《混规》第 11.7.8 条与《混规》第 11.7.9 条关联；

（5）注意《混规》式（11.7.9-1）与《混规》式（11.7.9-3）的系数不同；

（6）注意《混规》式（11.7.9-2）与《混规》式（11.7.9-4）的系数不同；

（7）对一级抗震等级，当梁端弯矩 M_b^l、M_b^r 均为负弯矩时，绝对值较小的弯矩值应取为 0。

3. 典型考题

2007 年一级题 10、2013 年一级题 7。

考题精选 1-56：考虑地震作用组合，连梁所能承受的最大剪力设计值（2013 年一级题 7）

某 7 层住宅，层高均为 3.1m，房屋高度 22.3m，安全等级为二级，采用现浇钢筋混凝土剪力墙结构。混凝土强度等级 C35，抗震等级三级，结构平面立面均规则。某矩形截面墙肢尺寸为 $b_w \times h_w = 250\text{mm} \times 2300\text{mm}$，各层截面保持不变。

该住宅某门顶连梁截面和配筋如图 1-93 所示，假定门洞净宽为 1000mm，连梁中未配置斜向交叉钢筋。$h_0 = 720\text{mm}$，均采用 HRB500 钢筋，试问：考虑地震作用组合，根据截面和配筋，该连梁所能承受的最大剪力设计值（kN）与下列何项数值最为接近？

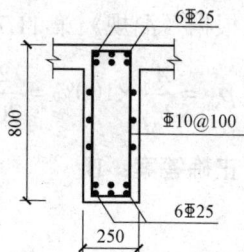

图 1-93 连梁截面尺寸及配筋

A. 500 B. 530 C. 560 D. 640

解答过程：

根据《混规》GB 50010—2010 第 4.2.3 条，HRB500 的抗拉强度设计值 $f_y = 435\text{N/mm}^2$，当用作受剪承载力计算时，其数值大于 360N/mm^2 时，取 360N/mm^2，即 $f_{yv} = 360\text{N/mm}^2$。

查《混规》表 4.1.4-1，C35 抗压强度设计值 $f_c = 16.7\text{N/mm}^2$，抗拉强度设计值 $f_t = 1.57\text{N/mm}^2$。

查《混规》表 11.1.6，得承载力抗震调整系数 $\gamma_{RE} = 0.85$。

箍筋面积 $A_{sv} = 157\text{mm}^2$，连梁跨高比 1000/800 = 1.25 < 2.5，

根据《混规》第 11.7.9 条第 2 款，《混规》式（11.7.9-3），受剪截面要求

$$V_{wb} \leqslant \frac{0.15\beta_c f_c b h_0}{\gamma_{RE}} = \frac{0.15 \times 1 \times 16.7 \times 250 \times 720}{0.85} = 530.47 \times 10^3 \text{N} = 530.47\text{kN}$$

《混规》式（11.7.9-4），连梁所能承受的最大剪力设计值

$$V_{wb} \leqslant \frac{1}{\gamma_{RE}}\left(0.38 f_t b h_0 + 0.9\frac{A_{sv}}{s}f_{yv}h_0\right)$$

$$= \frac{1}{0.85} \times (0.38 \times 1.57 \times 250 \times 720 + 0.9 \times 157 \times 360 \times 720 / 100)$$

$$= 557.22 \times 10^3 \text{N} = 557.22\text{kN}$$

两个数值取较小值。

正确答案：B

1.12.10　连梁纵向受力钢筋构造要求——《混规》第 11.7.11 条、第 11.7.7 条

1. 流程图

$$\boxed{《混规》表11.1.6} \rightarrow \boxed{\gamma_{RE}=0.75} \xrightarrow{第11.7.7条} ★$$

$$★ \rightarrow \boxed{A_s=\dfrac{\gamma_{RE}M}{f_y(h_0-a_s-a'_s)}} \xrightarrow{第11.7.11条} \boxed{\rho=\dfrac{A_s}{A}>0.15\%}$$

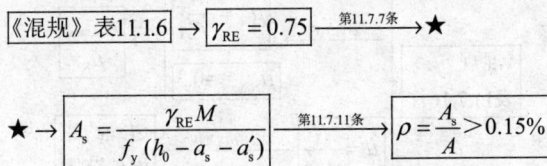

流程图 1-85　连梁纵向受力钢筋构造要求

2. 易考点

（1）承载力抗震调整系数的查取；
（2）抗震设计时，钢筋面积的计算；
（3）最小配筋率；
（4）《混规》第 11.7.7 条连梁采用对称配筋时，正截面受弯承载力计算；
（5）《混规》第 11.7.11 条连梁的构造要求。

3. 典型考题

2007 年一级题 9。

考题精选 1-57：连梁上、下纵向受力钢筋对称布置（2007 年一级题 9）

某房屋的钢筋混凝土剪力墙连梁，截面尺寸 $b×h$=180mm×600mm，抗震等级二级，净距 2.0m，混凝土强度等级 C30，纵向钢筋等级 HRB335，箍筋等级 HPB300，$a_s=a'_s=$35mm。

该连梁考虑地震作用组合的弯矩设计值 M=200.0kN·m，试问：当连梁上、下纵向受力钢筋对称布置时，下列何项钢筋配置量为合适？

提示：混凝土截面受压区高度 $x<2a'_s$。

A. 2Φ20　　　　　B. 2Φ25　　　　　C. 3Φ22　　　　　D. 3Φ25

解答过程：

查《混规》GB 50010—2010 表 11.1.6，得承载力抗震调整系数 $\gamma_{RE}=0.75$。

根据《混规》第 11.7.7 条，钢筋面积

$$A_s=\frac{\gamma_{RE}M}{f_y(h-a_s-a'_s)}=\frac{0.75\times200\times10^6}{300\times(600-35-35)}=943\text{mm}^2$$

根据《混规》第 11.7.11 条第 1 款，纵向配筋率 $\rho=\dfrac{A_s}{A}=\dfrac{943}{180\times600}=0.873\%>0.15\%$

查《混规》附表 A.0.1，得选项 A、B、C、D 配置的钢筋量分别为 628mm²、982mm²、1140mm² 和 1473mm²。

正确答案：B

1.12.11　剪力墙的轴压比——《混规》第 11.7.16 条、第 11.7.17 条、第 11.7.18 条

1. 流程图

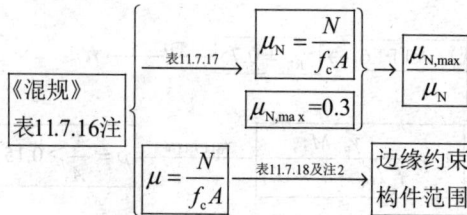

流程图 1-86　剪力墙的轴压比

2. 易考点

（1）实际轴压比的计算；

（2）轴压比的限值；

（3）剪力墙约束边缘构件沿墙肢的长度 l_c 的取值；

（4）剪力墙轴压比与柱轴压比计算式的区别；

（5）《混规》表 11.7.16 下注；

（6）约束边缘构件与构造边缘构造的区别。

3. 典型考题

2003 年一级题 7、2003 年一级题 8。

考题精选 1-58：最大轴压比限值与墙的实际轴压比的比值（2003 年一级题 7）

有一多层框架－剪力墙结构的 L 形底部加强区剪力墙，如图 1-94 所示，8 度抗震设防，抗震等级为二级，混凝土强度等级为 C40，暗柱（配有纵向钢筋部分）的受力钢筋采用 HRB335，暗柱的箍筋和墙身的分布钢筋采用 HPB300，该剪力墙身的竖向和水平向的双向分布钢筋均为Φ12@200，剪力墙承受的重力荷载代表值 N=5880.5kN。

试问：当该剪力墙加强部位允许设置构造边缘构件时，其在重力荷载代表值作用下的底截面最大轴压比限值 $\mu_{N,max}$，与该墙的实际轴压比 μ_N 的比值，应与下列何项数值最为接近？

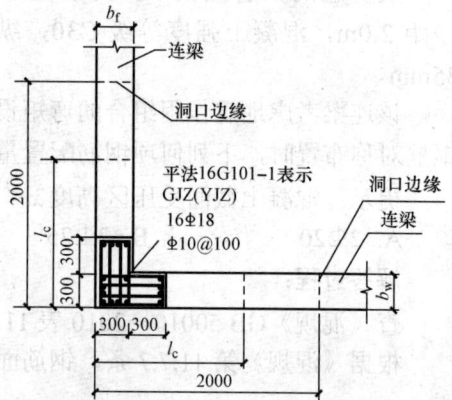

图 1-94　L 形剪力墙布置图

A. 0.72　　　　　　B. 0.91　　　　　　C. 1.08　　　　　　D. 1.15

解答过程：

根据《混规》GB 50010—2010 表 11.7.16 注，实际的轴压比

$$\mu_N = \frac{N}{f_c A} = \frac{1.2 \times 5880.5 \times 10^3}{19.1 \times (2000 \times 2 - 300) \times 300} = 0.333$$

查《混规》表 11.7.17，抗震等级二级，得到抗震墙设置构造边缘构件的最大轴压比 $\mu_{N,max} = 0.3$。在重力荷载代表值作用下的底截面最大轴压比限值 $\mu_{N,max}$，与该墙的实际轴压

比 μ_N 的比值 $\dfrac{\mu_{N,max}}{\mu_N} = \dfrac{0.3}{0.333} = 0.9$

正确答案：B

考题精选 1–59：剪力墙约束边缘构件沿墙肢的长度 l_c（2003 年一级题 8）

假定重力荷载代表值修改为 N=8480.4kN，其他数据不变。试问：剪力墙约束边缘构件沿墙肢的长度 $l_c$mm，应与下列何项数值最为接近？

A. 450　　　　　B. 540　　　　　C. 600　　　　　D. 650

解答过程：

根据《混规》GB 50010—2010 表 11.7.16 注，墙肢轴压比

$$\mu = \frac{N}{f_c A} = \frac{1.2 \times 8480.4 \times 10^3}{19.1 \times (2000 \times 2 - 300) \times 300} = 0.48$$

根据《混规》表 11.7.18 及注 2，抗震等级为二级，$\mu = 0.48 > 0.4$，得边缘约束构件范围 l_c 取 $0.15h_w$、b_w 和 400mm 三者中的较大者，且不应小于 b_f +300mm。

$0.15h_w = 0.15 \times 2000 = 300$mm，　$b_w = 300$mm，　$b_f + 300 = 300 + 300 = 600$mm，则取 $l_c = 600$mm。

正确答案：C

1.13　《混规》附录

1.13.1　近似计算偏压构件侧移二阶效应的增大系数法——《混规》附录 B

1. 流程图

近似计算偏压构件侧移二阶效应的增大系数见流程图 1–87。

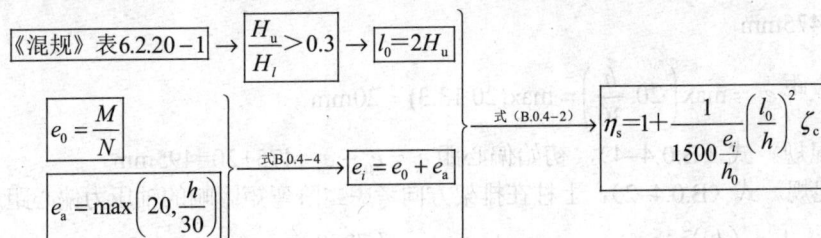

流程图 1–87　近似计算偏压构件侧移二阶效应的增大系数（《混规》附录 B）

2. 易考点

（1）上柱的计算长度的取值；

（2）偏心距的计算；

（3）附加偏心距的计算；

（4）偏心距增大系数的计算。

3. 典型考题

2006 年一级题 13。

考题精选 1-60：上柱在排架方向考虑二阶弯矩影响的轴压力偏心距增大系数（2006 年一级题 13）

某一设有吊车的单层厂房柱（屋盖为刚性屋盖），上柱长 H_u=3.6m，下柱长 H_l=11.5m，上下柱的截面尺寸如图 1-95 所示。对称配筋，$a_s = a_s' = 40mm$，混凝土强度等级 C25，纵向受力钢筋 HRB335。当考虑横向水平地震组合时，在排架方向的最不利内力组合设计值：上柱 M=112.0kN·m，N=236kN；下柱 M=760kN·m，N=1400kN。

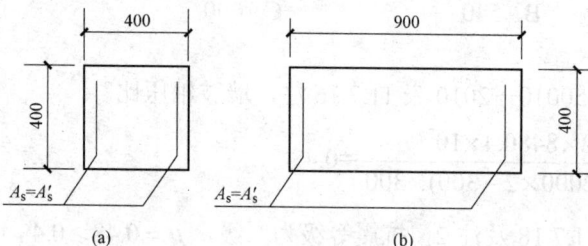

图 1-95 上下柱截面尺寸

（a）上柱截面；（b）下柱截面

若该柱上柱的截面曲率修正系数 $\zeta_c = 1.0$，$\dfrac{l_0}{h} > 15$，$\dfrac{l_0}{i} > 17.5$，$\dfrac{H_u}{H_l} > 0.3$。试问：上柱在排架方向考虑二阶弯矩影响的轴压力偏心距增大系数 η_s，应与下列何项数值最为接近？

A. 1.16   B. 1.26   C. 1.66   D. 1.82

解答过程：

根据《混规》GB 50010—2010 表 6.2.20-1 及注 3，

因 $\dfrac{H_u}{H_l} > 0.3$，可得上柱的计算长度为 $l_0 = 2H_u = 2 \times 3.6 = 7.2m$，偏心距 $e_0 = \dfrac{M}{N} = \dfrac{112.0 \times 10^3}{236} = 475mm$

附加偏心距 $e_a = \max\left(20, \dfrac{h}{30}\right) = \max(20, 13.3) = 20mm$

根据《混规》式（B.0.4-4），初始偏心距 $e_i = e_0 + e_a = 475 + 20 = 495mm$

代入《混规》式（B.0.4-2），上柱在排架方向考虑二阶弯矩影响的轴压力偏心距增大系数

$$\eta_s = 1 + \dfrac{1}{1500\dfrac{e_i}{h_0}}\left(\dfrac{l_0}{h}\right)^2 \zeta_c = 1 + \dfrac{1}{1500 \times 495/360} \times \left(\dfrac{7200}{400}\right)^2 \times 1.0 = 1.157$$

正确答案：A

1.13.2 素混凝土结构构件设计——《混规》附录 D

1. 流程图

2. 易考点

（1）素混凝土构件计算；

（2）构件的稳定系数计算；

（3）素混凝土 f_{cc} 的取值；

（4）《混规》附录 D.2 节的关联。

$$\boxed{\text{《混规》第D.2.3条}} \xrightarrow{\text{墙肢为轴心受压构件}} \boxed{\dfrac{l_0}{b_w}} \xrightarrow{\text{附录D.2.1}} \boxed{\varphi}$$

$$\boxed{\text{式D.2.1-1}} \rightarrow \boxed{f_{cc}=0.85f_c} \quad \rightarrow \boxed{N \leqslant \varphi f_{cc} A'_f}$$

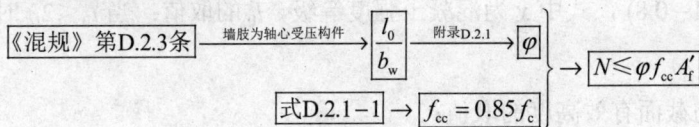

流程图 1-88　素混凝土结构构件设计

3. 典型考题

2009 年一级题 10。

考题精选 1-61：墙肢平面外轴心受压承载力与轴向压力设计值的比值（2009 年一级题 10）

大题干参见考题精选 1-55。

已知作用在该墙肢上的轴向压力设计值 N_w=3000kN，计算高度 $l_0=3.5$m，试问：该墙肢平面外轴心受压承载力与轴向压力设计值的比值，与下列何项数值最为接近？

提示：按素混凝土构件计算。

A. 1.12　　　　B. 1.31　　　　C. 1.57　　　　D. 1.90

解答过程：

根据《混规》GB 50010—2010 第 D.2.3 条，墙肢为轴心受压构件，则高厚比 $\dfrac{l_0}{b_w}=\dfrac{3500}{200}=17.5$

查《混规》附录 D.2.1，经线性内插得素混凝土构件的稳定系数

$$\varphi=0.72-(0.72-0.68)\times\dfrac{17.5-16}{18-16}=0.69，$$

根据《混规》式（D.2.1-1），素混凝土轴心抗压强度设计值

$$f_{cc}=0.85f_c=0.85\times14.3=12.16\text{N/mm}^2$$

$$N_w \leqslant \varphi f_{cc} A'_f$$

$$N_w \leqslant 0.69\times12.16\times200\times2000=3356\times10^3\text{N}=3356\text{kN}$$

墙肢平面外轴心受压承载力与轴向压力设计值的比值为 $\dfrac{3356}{3000}=1.12$

正确答案：A

1.13.3　深受弯构件的一般计算规定——《混规》附录 G.0.1 条～G.0.4 条

1. 易错点

（1）梁的计算跨度 l_0 的确定为 $l_0=\min(l_c,1.15l_n)$。式中，l_c 为支座中心线之间的距离；l_n 为梁的净跨。

（2）《混规》附录 G.0.2 条，截面受压区高度 x 按式（6.2.10-2）计算，$x=\dfrac{f_yA_s-f'_yA'_s}{\alpha_1f_cb}$。

当 $x<0.2h_0$ 时，取 $x=0.2h_0$。

（3）《混规》附录 G.0.3 条，式（G.0.3–1）、式（G.0.3–2）中：β_c 的取值：当混凝土强度等级≤C50 时，取 $\beta_c=1.0$；当混凝土强度等级为 C80 时，取 $\beta_c=0.8$；其间线性内插 $\beta_c=1-\dfrac{x-50}{80-50}\times(1-0.8)$，式中 x 为混凝土强度等级。l_0 的取值：当 $l_0<2h$ 时，取 $l_0=2h$。

2. 易考点

（1）跨高比与截面有效高度的取值；

（2）受压区高度的计算。

3. 典型考题

2008 年一级题 6。

1.13.4 深梁的计算与配筋规定——《混规》附录 G.0.5 条～G.0.12 条

易错点

（1）《混规》附录 G.0.8 条第 2 款，当 $l_0/h\leqslant1.0$ 的连续深梁，中间支座底面以上 $0.2l_0\sim0.6l_0$ 范围内的纵筋配筋率 $\rho\geqslant0.5\%$，对应于图 G.0.8–3（c），配筋截面面积为 $\dfrac{2A_s}{3}$。

（2）《混规》附录 G.0.9 条：在简支单跨梁梁支座及连续深梁梁端的简支支座处，纵向受拉钢筋的锚固长度为：$1.1l_a$。

（3）《混规》附录 G.0.10 条：水平、竖向分布钢筋的直径 $d\geqslant8\text{mm}$，间距 $S\leqslant200\text{mm}$。

（4）《混规》附录 G.0.11 条：吊筋的设计强度取为 $0.8f_{yv}$，则有 $A_{sv}\geqslant\dfrac{F}{0.8f_{yv}\sin\alpha}$，吊筋的间距 $s\leqslant200\text{mm}$。

（5）《混规》表 G.0.12 及注：深梁中钢筋的最小配筋率。

1.13.5 深受弯构件——《混规》附录 G

1. 流程图

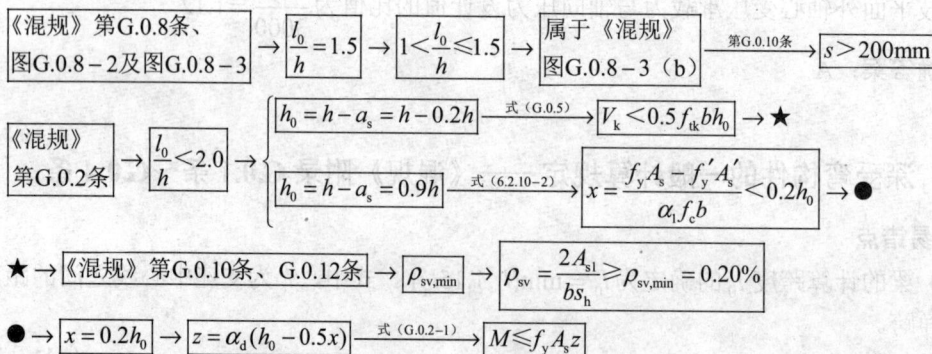

流程图 1–89　深受弯构件

2. 易考点

（1）跨高比的计算；

（2）配筋分布位置与间距；

（3）V_k 与 $0.5f_{tk}bh_0$ 之间的关系；

（4）最小配筋率取值；

（5）受压区高度的计算；

（6）跨高比与截面有效高度的取值关系。

3. 典型考题

2008 年一级题 4、2008 年一级题 5、2008 年一级题 6、2012 年一级题 16。

2012 年二级题 10。

考题精选 1–62：中间支座截面对应于标准组合的抗剪承载力（2012 年一级题 16）

某钢筋混凝土连续梁，截面尺寸 $b \times h = 300\text{mm} \times 3900\text{mm}$，计算跨度 $l_0 = 6000\text{mm}$，混凝土强度等级为 C40，不考虑抗震。梁底纵筋采用Φ20，水平和竖向分布筋均采用双排Φ10@200 并按规范要求设置拉筋。试问：此梁要求不出现斜裂缝时，中间支座截面对应于标准组合的抗剪承载力（kN）与下列何值最为接近？

A. 1120   B. 1250   C. 1380   D. 2680

解答过程：根据《混规》GB 50010—2010 附录 G.0.2 条，$\dfrac{l_0}{h} = \dfrac{6000}{3900} = 1.54 < 2.0$，

则 $a_s = 0.2h = 780\text{mm}, h_0 = h - a_s = 3900 - 780 = 3120\text{mm}$

根据《混规》附录 G.0.5 条，要求不出现斜裂缝，则中间支座截面对应于标准组合的抗剪承载力 $V_k \leqslant 0.5f_{tk}bh_0 = 0.5 \times 2.39 \times 300 \times 3120 = 1118520\text{N}$，取 $V = 1118\text{kN}$

正确答案：A

考题精选 1–63：计算中间支座截面纵向受拉钢筋截面面积（2008 年一级题 4）

某钢筋混凝土连续深梁如图 1–96 所示，混凝土强度等级为 C30，纵向钢筋采用 HRB335 级，竖向及水平分布钢筋采用 HPB300 级。

提示：计算跨度 $l_0 = 7.2\text{m}$。

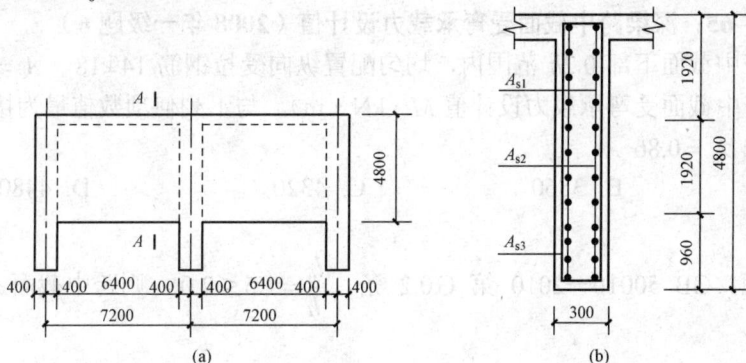

图 1–96　钢筋混凝土连续深梁示意图

（a）立面图；（b）A—A 剖面图

假定计算出的中间支座截面纵向受拉钢筋截面面积 $A_s = 3000\text{mm}^2$，试问：下列何组钢筋配置比较合适？

A. A_{s1}: $2 \times 11 \underline{\Phi} 10$; A_{s2}: $2 \times 11 \underline{\Phi} 10$ B. A_{s1}: $2 \times 8 \underline{\Phi} 12$; A_{s2}: $2 \times 8 \underline{\Phi} 12$

C. A_{s1}: $2 \times 10 \underline{\Phi} 12$; A_{s2}: $2 \times 10 \underline{\Phi} 8$ D. A_{s1}: $2 \times 10 \underline{\Phi} 8$; A_{s2}: $2 \times 10 \underline{\Phi} 12$

解答过程：

根据《混规》GB 50010—2010 第 G.0.8 条、图 G.0.8–2 及图 G.0.8–3，得

$\dfrac{l_0}{h} = \dfrac{7200}{4800} = 1.5$，即 $1 < \dfrac{l_0}{h} \leqslant 1.5$，属于《混规》图 G.0.8–3（b）的情况，则 C、D 项不对。

对于 B 项，水平钢筋（即纵向受拉钢筋）的间距 $s = \dfrac{1920}{8-1} = 274\text{mm} > 200\text{mm}$，

根据《混规》第 G.0.10 条，知 B 项不对。

正确答案：A

考题精选 1–64：竖向钢筋的配置（2008 年一级题 5）

支座截面按荷载效应准永久组合计算的剪力值 $V_k = 1050\text{kN}$，当要求该深梁不出现斜裂缝时，试问：下列关于竖向钢筋的配置，何项为符合规范要求的最小配筋？

A. $\underline{\Phi} 8@200$ B. $\underline{\Phi} 10@200$ C. $\underline{\Phi} 10@150$ D. $\underline{\Phi} 12@200$

解答过程：

根据《混规》GB 50010—2010 第 G.0.2 条，

$\dfrac{l_0}{h} = \dfrac{7200}{4800} = 1.5 < 2$，则支座截面的有效高度 $h_0 = h - a_s = h - 0.2h = 0.8h$，

由《混规》式（G.0.5），

$V_k = 1050\text{kN} < 0.5 f_{tk} b h_0 = 0.5 \times 2.01 \times 300 \times (0.8 \times 4800) = 1157.76 \times 10^3\,\text{N} = 1157.76\text{kN}$

故按构造钢筋，由《混规》第 G.0.10 条、第 G.0.12 条采用分布钢筋，则竖向分布筋的最

小配筋率 $\rho_{sv,min} = 0.20\%$，取竖向分筋间距 $s_h = 200\text{mm}$，则 $\rho_{sv} = \dfrac{2A_{s1}}{bs_h} \geqslant \rho_{sv,min} = 0.20\%$，

$A_{s1} \geqslant 0.20\% \times 300 \times \dfrac{200}{2} = 60\text{mm}^2$，故取 $\underline{\Phi} 10 (A_{s1} = 78.5\text{mm}^2)$，选用 $\underline{\Phi} 10@200$。

正确答案：B

考题精选 1–65：深梁跨中截面受弯承载力设计值（2008 年一级题 6）

假定在梁跨中截面下部 $0.2h$ 范围内，均匀配置纵向受拉钢筋 $14\underline{\Phi} 18$（$A_s = 3563\text{mm}^2$），试问：该深梁跨中截面受弯承载力设计值 M（kN·m），与下列何项数值最为接近？

提示：已知 $\alpha_d = 0.86$。

A. 3570   B. 3860   C. 4320   D. 4480

解答过程：

根据《混规》GB 50010—2010 第 G.0.2 条，$\dfrac{l_0}{h} = 1.5 < 2.0$，则跨中截面 a_s 取为 $0.1h$，

$h_0 = h - a_s = 0.9h$

由《混规》式（6.2.10–2），

$x = \dfrac{f_y A_s - f_y' A_s'}{\alpha_1 f_c b} = \dfrac{300 \times 3563 - 0}{1.0 \times 14.3 \times 300} = 249.2\text{mm}$

$< 0.2h_0 = 0.2 \times 0.9h = 0.2 \times 0.9 \times 4800 = 864\text{mm}$

取 $x = 0.2h_0 = 864\text{mm}$ ， $z = \alpha_d(h_0 - 0.5x) = 0.86 \times (0.9 \times 4800 - 0.5 \times 864) = 3344\text{mm}$

由《混规》式（G.0.2–1），深梁跨中截面受弯承载力设计值

$M \leqslant f_y A_s z = 300 \times 3563 \times 3344 = 3574 \times 10^6 \text{N} \cdot \text{mm} = 3574.4\text{kN} \cdot \text{m}$

正确答案：A

1.13.6 钢筋混凝土叠合式受弯构件承载力——《混规》附录 H

涉及《混规》第 9.5.1 条～第 9.5.3 条；附录 H.0.1 条～H.0.4 条、H.0.7 条。

易错点

（1）《混规》附录 H.0.2 条，M_{2Q} 的取值，取第二阶段施工活荷载和使用阶段可变荷载在计算截面产生的弯矩设计值中的较大值。

（2）在计算中，正弯矩区段的混凝土强度等级按叠合层取用；负弯矩区段的混凝土强度等级按计算截面受压区的实际情况取用。

（3）《混规》附录 H.0.3 条，受剪承载力设计值 V_{cs} 应取叠合层和预制构件中较低的混凝土强度等级进行计算，且不低于预制构件的受剪承载力设计值。

（4）《混规》附录 H.0.4 条，式 H.0.4–1 中 f_t 取叠合层和预制构件中的较低值。

（5）《混规》附录 H.0.7 条，M_{1u} 的计算按 6.2.10 条计算，由式 6.2.10–1，当 $A_s' = 0$，则有

$M_{1u} = a_1 f_c bx \left(h_{01} - \dfrac{x}{2} \right)$ （h_{01} 为预制构件截面有效高度）。

（6）叠合梁截面的应力和应变（图 1–97）。

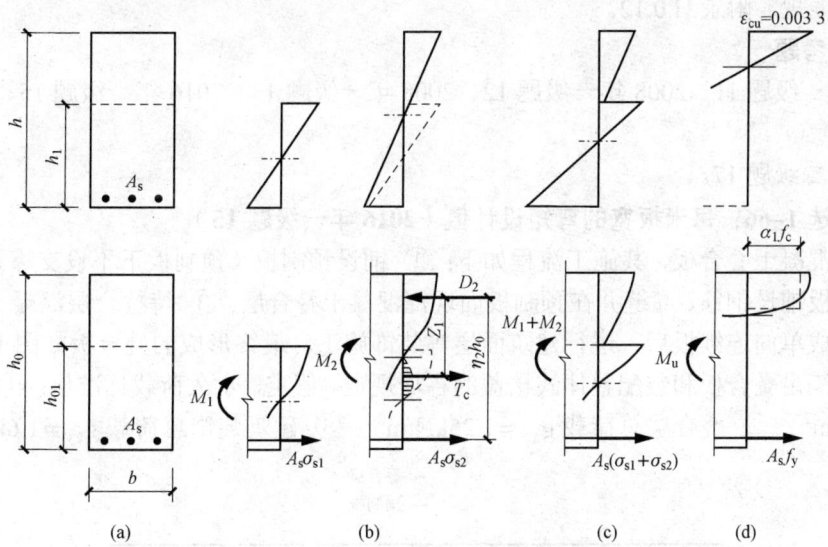

图 1–97 叠合梁截面的应力和应变

（a）叠合梁截面；（b）叠合前及叠合后增量；（c）叠合后；（d）破坏时

1.13.7 叠合式受弯构件的裂缝、挠度计算——《混规》附录 H

《混规》附录 H.0.8 条、H.0.9 条、H.0.10 条、H.0.11 条。

1. 易错点

（1）《混规》附录 H.0.8 条的配筋率 ρ_{tel}、ρ_{te} 的计算：

预制构件 $\rho_{tel} = \dfrac{A_s}{A_{tel}} = \dfrac{A_s}{0.5bh_1 + (b_f - b)h_f} \geqslant 0.01$

叠合构件 $\rho_{te} = \dfrac{A_s}{A_{te}} = \dfrac{A_s}{0.5bh + (b_f + b)h_f} \geqslant 0.01$

（2）《混规》附录 H.0.9 条：B_{s2} 应按叠合式受弯构件正弯矩区段、负弯矩区段，分别进行计算。

（3）《混规》附录 H.0.10 条，式（H.0.10–1）中 $\rho = \dfrac{A_s}{bh_0}$

（4）根据《混规》式（7.1.4—7），$\gamma_f' = \dfrac{(b_f' - b)h_f'}{bh_0}$，对于矩形截面，$\gamma_f' = 0.0$

（5）《混规》附录 G.0.12 条中，增大系数为 1.75，应对比《混规》第 7.2.6 条。在《混规》第 7.2.6 条中，增大系数为 2.0。

（6）无支撑叠合梁板不同施工阶段的划分；

（7）第一、二阶段恒载弯矩计算；

（8）永久荷载、可变荷载组合控制的比较；

（9）叠合面受剪承载力计算；

（10）《混规》附录 H.0.12。

2. 典型考题

2008 年一级题 11、2008 年一级题 12、2008 年一级题 13、2016 年一级题 15、2016 年一级题 16。

2014 年二级题 17。

考题精选 1–66：每米板宽的弯矩设计值（2016 年一级题 15）

某三跨混凝土叠合板，其施工流程如下：① 铺设预制板（预制板下不设支撑）；② 以预制板作为模板铺设钢筋、灌缝并在预制板面现浇混凝土叠合层；③ 待叠合层混凝土完全达到设计强度形成单向连续板后，进行建筑面层等装饰施工。最终形成的叠合板如图 1–98 所示。其结构构造满足叠合板和装配整体式楼盖的各项规定。假定，永久荷载标准值：① 预制板自重 $g_{k1} = 3\text{kN/m}^2$；② 叠合层总荷载 $g_{k2} = 1.25\text{kN/m}^2$；③ 建筑装饰总荷载 $g_{k3} = 1.6\text{kN/m}^2$。可

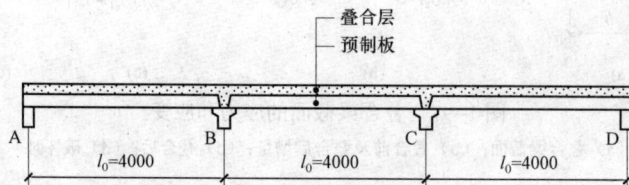

图 1–98　叠合板

变荷载：① 施工荷载 $q_{k1}=2\text{kN/m}^2$；② 使用阶段活载：$q_{k2}=4\text{kN/m}^2$。沿预制板长度方向计算跨度 l_0 取图示支座中到中的距离，永久荷载分项系数 1.2，可变荷载分项系数 1.4。

试问：验算第一阶段（后浇的叠合层混凝土达到强度设计值之前的阶段）预制板的正截面受弯承载力时，其每米板宽的弯矩设计值 M（kN·m），与下列何项数值最为接近？

A. 10   B. 13   C. 16   D. 20

解答过程：

根据《混规》GB 50010—2010 式（H.0.2–1），叠合构件

$$M_{1Gk}=\frac{1}{8}\times3\times4^2=6\text{kN·m}，\quad M_{2Gk}=\frac{1}{8}\times1.25\times4^2=2.5\text{kN·m}，$$

$$M_{2Qk}=\frac{1}{8}\times2\times4^2=4\text{kN·m}$$

根据题意，每米板宽的弯矩设计值 $M=1.2\times(6+2.5)+1.4\times4=15.8\text{kN·m}$

正确答案： C

考题精选 1–67：支座处的每米板宽负弯矩设计值（2016 年一级题 16）

试问：当不考虑支座宽度的影响，验算第二阶段（叠合层混凝土完全达到强度设计值形成连续板之后的阶段）叠合板的正截面受弯承载力时，支座 B 处的每米板宽负弯矩设计值 M（kN·m），与下列何项数值最为接近？

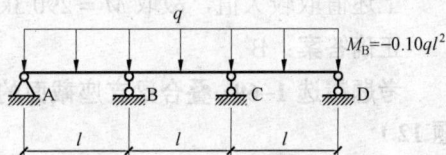

提示：本题仅考虑荷载满布的情况，必考虑荷载的不利分布。等跨梁在满布荷载作用下，支座 B 的负弯矩计算公式如图 1–99 所示。

图 1–99 等跨梁负弯矩计算公式

A. 9   B. 12   C. 16   D. 20

解答过程：

根据《混规》GB 50010—2010 式（H.0.2–3），叠合构件

$$M_{2G}=0.1\times1.2\times1.6\times4^2=3.07\text{kN·m}，$$

$$M_{2Q}=0.1\times1.4\times4\times4^2=8.96\text{kN·m}，$$

支座 B 处的每米板宽负弯矩设计值 $M=M_{2G}+M_{2Q}=3.07+8.96=12.03\text{kN·m}$

正确答案： B

考题精选 1–68：叠合梁跨中弯矩设计值（2008 年一级题 11）

某办公建筑采用钢筋混凝土叠合梁，施工阶段不加支撑，其计算简图和截面如图 1–100 所示。已知预制构件混凝土强度等级为 C35，叠合部分混凝土强度等级为 C25，纵筋采用 HRB335 钢筋，箍筋采用 HPB300 钢筋。第一阶段预制梁承担的静荷载标准值 $q_{1Gk}=15\text{kN/m}$，活荷载标准值 $q_{1Qk}=18\text{kN/m}$；第二阶段预制梁承担的由面层、吊顶等产生的新增静荷载标准值 $q_{2Gk}=12\text{kN/m}$，活荷载标准值 $q_{2Qk}=20\text{kN/m}$。$a_s=a_s'=40\text{mm}$。

试问：该叠合梁跨中弯矩设计值 M（kN·m），与下列何项数值最为接近？

A. 208   B. 290   C. 312   D. 411

解答过程：

根据《混规》GB 50010—2010 第 H.0.2 条，叠合构件

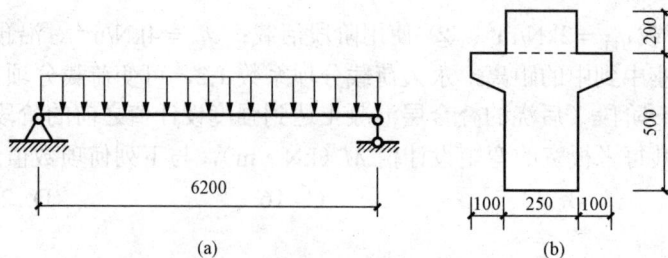

图 1-100　叠合梁计算简图及截面尺寸

(a) 计算简图；(b) 剖面图

$M_{1Gk} = \dfrac{1}{8} \times 15 \times 6.2^2 = 72.1 \text{kN} \cdot \text{m}$，$M_{2Gk} = \dfrac{1}{8} \times 12 \times 6.2^2 = 57.7 \text{kN} \cdot \text{m}$，

$M_{2Qk} = \dfrac{1}{8} \times 20 \times 6.2^2 = 96.1 \text{kN} \cdot \text{m}$

可变荷载效应控制 $M = 1.2 \times (72.1 + 57.7) + 1.4 \times 96.1 = 290.3 \text{kN} \cdot \text{m}$

永久荷载效应控制 $M = 1.35 \times (72.1 + 57.7) + 1.4 \times 0.7 \times 96.1 = 269.41 \text{kN} \cdot \text{m}$

上述值取较大值，故取 $M = 290.3 \text{kN} \cdot \text{m}$

正确答案：B

考题精选 1-69：叠合梁支座截面的剪力设计值与叠合面受剪承载力的比值（2008 年一级题 12）

当箍筋配置为 Φ8@150（双肢箍），试问：该叠合梁支座截面的剪力设计值与叠合面受剪承载力的比值，与下列何项数值最为接近？

A. 0.41　　　　　　　B. 0.48　　　　　　　C. 0.57　　　　　　　D. 0.80

解答过程：

根据《混规》GB 50010—2010 第 H.0.3 条，$V = V_{1G} + V_{2G} + V_{2Q}$

可变荷载效应控制 $V = 1.2 \times \dfrac{1}{2} \times (15 + 12) \times 6.2 + 1.4 \times \dfrac{1}{2} \times 20 \times 6.2 = 187.2 \text{kN}$

永久荷载效应控制 $V = 1.35 \times \dfrac{1}{2} \times (15 + 12) \times 6.2 + 0.7 \times 1.4 \times \dfrac{1}{2} \times 20 \times 6.2 = 173.755 \text{kN}$

上述值取较大者，故取 $V = 187.2 \text{kN}$

由《混规》第 H.0.4 条，取 $f_t = 1.27 \text{N}/\text{mm}^2$，叠合面受剪承载力

$V_u = 1.2 f_t b h_0 + 0.85 f_{yv} \dfrac{A_{sv}}{s} h_0$

$= 1.2 \times 1.27 \times 250 \times 660 + 0.85 \times 270 \times \dfrac{2 \times 50.3}{150} \times 660$

$= 353.04 \times 10^3 \text{N} = 353.04 \text{kN}$

则 $\dfrac{V}{V_u} = \dfrac{187.2}{353.04} = 0.53$

正确答案：C

140

1.14 《抗规》中的钢筋混凝土结构考点

1.14.1 楼层扭转位移比——《抗规》第 3.1.1 条

1. 易考点

（1）是否考虑偶然偏心影响；

（2）正确取用楼层抗侧力构件的最大、最小弹性水平位移。

2. 典型考题

2016 年二级题 13。

考题精选 1–70：楼层扭转位移比（2016 年二级题 13）

某五层档案库，采用钢筋混凝土框架结构，抗震设防烈度为 7 度（0.15g），设计地震分组为第一组，场地类别为Ⅲ类，抗震设防类别为标准设防类。

考虑偶然偏心影响时，某楼层在规定水平力作用下，按刚性楼盖计算，楼层抗侧力构件的最大弹性水平位移 $\delta_{max} = 12.4\text{mm}$，最小弹性水平位移 $\delta_{min} = 6.7\text{mm}$，质量中心的弹性水平位移 $\delta = 9.9\text{mm}$，试问：在根据位移比进行扭转规则性判断时，该楼层扭转位移比与下列何项数值最为接近？

A. 1.20   B. 1.25   C. 1.30   D. 1.50

解答过程：

根据《抗规》GB 50011—2010（2016 版）表 3.4.3–1 及其条文说明，

楼层扭转位移比 $\lambda = \dfrac{\delta_{max}}{(\delta_{max} + \delta_{min})/2} = \dfrac{12.4}{(12.4 + 6.7)/2} = 1.3$

正确答案：C

1.14.2 结构竖向规则性的判断——《抗规》第 3.4.3 条、第 3.4.4 条

1. 流程图

$$\boxed{\text{《抗规》第3.4.2条及条文说明}} \rightarrow \boxed{\dfrac{k_1}{\dfrac{k_2 + k_3 + k_4}{3}}} \xrightarrow{\text{表3.4.2-2}} \boxed{\begin{array}{c}\text{竖向刚度不规则类型，}\\\text{一、二层均为薄弱层}\end{array}} \rightarrow ★$$

$$★ \rightarrow \boxed{\text{第3.4.3条第2款}} \rightarrow \boxed{\text{一、二层地震剪力均应乘以1.15的增大系数}}$$

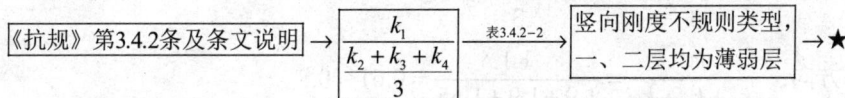

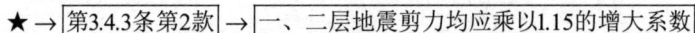

流程图 1–90　结构竖向规则性的判断

2. 易考点

（1）结构竖向规则与否的判定；

（2）X 向、Y 向侧向刚度的比值；

（3）"规定的水平力"的含义；

（4）《抗规》表 3.4.3–1；

（5）《抗规》表 3.4.3-2；

（6）薄弱层的判定。

3. 典型考题

2008 年一级题 1、2009 年一级题 2。

2016 年二级题 13、2016 年二级题 15。

考题精选 1-71：对该结构竖向规则性的判断及水平地震剪力增大系数（2009 年一级题 2）

某 6 层办公楼，采用现浇钢筋混凝土框架结构，抗震等级为二级，其中梁、柱混凝土强度等级均为 C30。

已知该办公楼各楼层的侧向刚度见表 1-37，试问：关于对该结构竖向规则性的判断及水平地震剪力增大系数的采用，在下列各项选项中，何项正确？

表 1-37   各楼层的侧向刚度

计算层	1	2	3	4	5	6
X 向侧向刚度（kN/m）	1.0×10^7	1.1×10^7	1.9×10^7	1.9×10^7	1.65×10^7	1.65×10^7
Y 向侧向刚度（kN/m）	1.2×10^7	1.0×10^7	1.7×10^7	1.55×10^7	1.35×10^7	1.35×10^7

提示：可只进行 X 方向的验算。

A. 属于竖向规则结构

B. 属于竖向不规则结构，仅底层地震剪力应乘以 1.15 的增大系数

C. 属于竖向不规则结构，仅二层地震剪力应乘以 1.15 的增大系数

D. 属于竖向不规则结构，一、二层地震剪力均应乘以 1.15 的增大系数

解答过程： 根据《抗规》GB 50011—2010（2016 版）表 3.4.3-2，

一层 X 方向：$\dfrac{k_1}{\dfrac{k_2 + k_3 + k_4}{3}} = \dfrac{1.0}{\dfrac{1.1 + 1.9 + 1.9}{3}} = 0.61 < 0.8$

一层 Y 方向：$\dfrac{k_1}{\dfrac{k_2 + k_3 + k_4}{3}} = \dfrac{1.2}{\dfrac{1.0 + 1.7 + 1.55}{3}} = 0.85 > 0.8$

二层 X 方向：$\dfrac{k_2}{\dfrac{k_3 + k_4 + k_5}{3}} = \dfrac{1.1}{\dfrac{1.9 + 1.9 + 1.65}{3}} = 0.61 < 0.8$

或 $\dfrac{k_2}{k_3} = \dfrac{1.0}{1.9} = 0.53 < 0.7$

二层 Y 方向：$\dfrac{k_2}{(k_3 + k_4 + k_5)/3} = \dfrac{1.0}{(1.7 + 1.55 + 1.35)/3} = 0.65 < 0.8$ 或 $\dfrac{k_2}{k_3} = \dfrac{1.0}{1.7} = 0.59 < 0.7$

根据《抗规》表 3.4.3-2，属于竖向刚度不规则类型，一、二层均为薄弱层。

根据《抗规》第 3.4.4 条第 2 款，一、二层地震剪力均应乘以 1.15 的增大系数。

正确答案：D

考题精选 1–72：建筑竖向规则性的判断（2016 年二级题 15）

假定各楼层在地震作用下的层剪力 V_i 和层间位移 Δ_i，见表 1–38。试问：以下关于该建筑竖向规则性的判断，何项正确？

表 1–38　　　　　各楼层在地震作用下的层剪力 V_i 和层间位移 Δ_i

楼层	1	2	3	4	5
V_i /kN	3800	3525	3000	2560	2015
Δ_i /mm	9.50	20.0	12.2	11.5	9.1

提示：本工程无立面收进、竖向抗侧力构件不连续及楼层承载力突变。

A. 属于竖向规则结构　　　　　　B. 属于竖向一般不规则结构

C. 属于竖向严重不规则结构　　　D. 无法判断竖向规则性

解答过程：

根据《抗规》GB 50011—2010（2016 版）表 3.4.3–2

各层的侧向刚度分别为 $k_1=\dfrac{3800\times10^3}{9.5}=0.4\times10^6$，$k_2=\dfrac{3525\times10^3}{20.0}=0.176\times10^6$，

$k_3=\dfrac{3000\times10^3}{12.2}=0.246\times10^6$，$k_4=\dfrac{2560\times10^3}{11.5}=0.223\times10^6$，$k_5=\dfrac{2015\times10^3}{9.1}=0.221\times10^6$

$\dfrac{k_2}{(k_3+k_4+k_5)/3}=\dfrac{0.176\times10^6}{(0.246+0.223+0.221)\times10^6/3}=0.765<0.8$，查《抗规》表 3.4.3–2，属于竖向一般不规则结构。

正确答案：B

1.14.3　给定水平力——《抗规》第 3.4.3 条、第 5.2.5 条

1. 流程图

《抗规》表5.2.5 → 楼层最小地震剪力系数值λ → $V_{2min}<V_2$ →（第3.4.3条条文说明）→ $F_2=|V_2-V_3|$

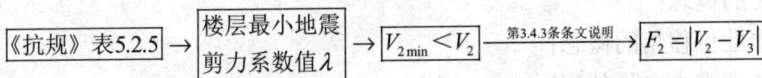

流程图 1–91　给定水平力

2. 易考点

（1）对"给定水平力"的理解；

（2）满足最小地震剪力为结构后续抗震计算的前提，后进行构件内力、位移、倾覆力矩调整。

3. 典型考题

2004 年一级题 6、2008 年一级题 1、2009 年一级题 3、2012 年一级题 9。

2010 年二级题 13。

考题精选 1–73：二层顶楼面的"给定水平力"（2012 年一级题 9）

大题干参见考题精选 1–52。

假设用 CQC 法计算，作用在各楼层的最大水平地震作用标准值 F_i（kN）和水平地震作用的各楼层剪力标准值 V_i（kN）见表 1-39。试问：计算结构扭转位移比对其平面规则性进行判断时，采用的二层顶楼面的"给定水平力 F_2'（kN）"与下列何项数值最为接近？

表 1-39　　　　　　　　　　　　各楼层的 F_i 和 V_i

楼层	一	二	三	四	五
F_i/kN	702	1140	1440	1824	2385
V_i/kN	6552	6150	5370	4140	2385

A. 300　　　　　　　B. 780　　　　　　　C. 1140　　　　　　　D. 1220

解答过程：根据《抗规》GB 50011—2010（2016 版）表 5.2.5，8 度（0.3g）楼层最小地震剪力系数值 $\lambda = 0.048$

根据最小剪重比得 $V_{2min} = 0.048 \times 4 \times 18000 = 3456\text{kN} < V_2 = 6150\text{kN}$

$V_{3min} = 0.048 \times 3 \times 18000 = 2592\text{kN} < V_3 = 5370\text{kN}$，对比 CQC 法结果，满足最小剪重比要求。

根据《抗规》第 3.4.3 条条文说明，给定水平力 $F_2 = |V_2 - V_3| = |6150 - 5370| = 780\text{kN}$

正确答案：B

1.14.4　是否考虑重力二阶效应影响——《抗规》第 3.6.3 条

1. 流程图

$$\boxed{《抗规》第3.6.3条条文说明} \rightarrow \boxed{\theta_{1y} = \frac{M_a}{M_0} = \frac{\sum G_i \cdot \Delta u_i}{V_i h_i} = \frac{1}{\dfrac{V}{\sum G_i}} \cdot \left(\dfrac{\Delta u_i}{h_i}\right)}$$

流程图 1-92　是否考虑重力二阶效应影响

2. 易考点

（1）剪重比的概念；

（2）层间弹性位移角的概念；

（3）是否考虑重力二阶效应影响；

（4）θ 的计算。

3. 典型考题

2010 年一级题 2。

考题精选 1-74：判断是否考虑重力二阶效应影响时，底层 y 方向的稳定系数 θ_{1y}（2010 年一级题 2）

云南省大理市某中学拟建一 6 层教学楼，采用钢筋混凝土框架结构，平面及竖向均规则。各层层高均为 3.4m，首层室内外地面高差为 0.45m。建筑场地类别为 Ⅱ 类。

该结构在 y 向地震作用下，底层 y 方向的剪力系数（剪重比）为 0.075，层间弹性位移角为 1/663，试问：当判断是否考虑重力二阶效应影响时，底层 y 方向的稳定系数 θ_{1y}，与下列何项数值最为接近？

提示：不考虑刚度折减，重力荷载计算值近似取重力荷载代表值，地震剪力计算值近似取对应于水平地震作用标准值的楼层剪力。

A. 0.012　　　　　　　B. 0.020　　　　　　　C. 0.053　　　　　　　D. 0.11

解答过程：

根据《抗规》GB 50011—2010（2016版）第3.6.3条条文说明，

$$底层 y 方向的稳定系数 \theta_{1y} = \frac{M_a}{M_0} = \frac{\sum G_i \cdot \Delta u_i}{V_i h_i} = \frac{1}{\dfrac{V}{\sum G_i}} \cdot \left(\frac{\Delta u_i}{h_i} \right) = \frac{G_i \times \dfrac{1}{663} \times 3.4}{0.075 G_i \times 3.4} = 0.020$$

正确答案：B

1.14.5　钢筋的抗震要求——《抗规》第3.9.2条、第6.1.2条

1. 易考点

（1）设防类别的划分；

（2）抗震措施是否应提高；

（3）钢筋的抗拉强度实测值与屈服强度实测值之比。

2. 典型考题

2009年一级题14。

考题精选1–75：钢筋进行代换（2009年一级题14）

某高档超市为4层钢筋混凝土框架结构，建筑面积为25000m²，建筑物总高度为24m，抗震设防烈度为7度，Ⅱ类场地。框架柱原设计的纵筋为8Φ22；在施工过程中，因现场原材料供应原因，拟用表1–40中的钢筋进行代换。试问：下列哪种代换方案最为合适？

提示：下列4种代换方案均满足强剪弱弯要求。

表1–40　　　　　　　　　　　　　　　钢　筋　表

钢筋	屈服强度实测值 σ_s /MPa	抗拉强度实测值 σ_b /MPa
Φ20	438	550
Φ25	370	510
Φ20	492	610

A. 8Φ20　　　　　　　　　　　　　B. 4Φ25（角部）+4Φ20（中部）

C. 8Φ25　　　　　　　　　　　　　D. 4Φ25（角部）+4Φ20（中部）

解答过程： 根据《分类标准》GB 50223—2008第6.0.5条，本工程应划为重点设防类（乙类），应提高1度采取抗震措施。根据《抗规》GB 50011—2010（2016版）表6.1.2，框架的抗震等级应为二级。

根据《抗规》第3.9.2条，钢筋的抗拉强度实测值与屈服强度实测值之比应不小于1.25，且钢筋的屈服强度实测值与屈服强度标准值之比应不大于1.3。故表中Φ25钢筋满足《抗规》要求，能用于二级框架柱。

正确答案：C

1.14.6 水平地震影响系数——《抗规》第 5.1.4 条、第 5.1.5 条

1. 易错点

（1）是否需考虑抗震不利地段对设计地震动参数的放大作用；

（2）准确计算边坡角度的正切；

（3）准确计算场址距突出地形边缘的相对距离；

（4）T_1 与 T_g、$5T_g$ 的关系；

（5）计算 G_{eq}、G_{Ek}；

（6）查取水平地震影响系数。

2. 流程图

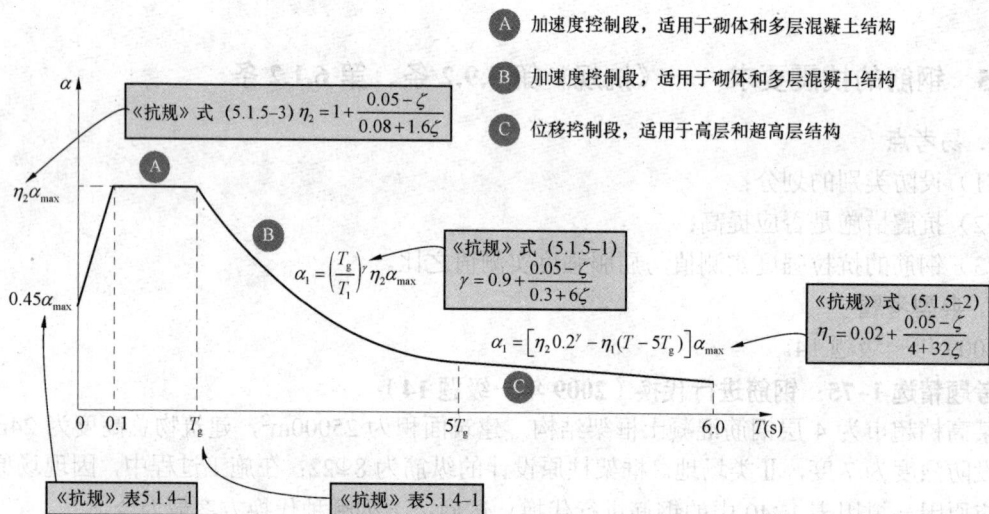

图 1-101　《抗规》第 5.1.4 条、第 5.1.5 条求取水平地震影响系数

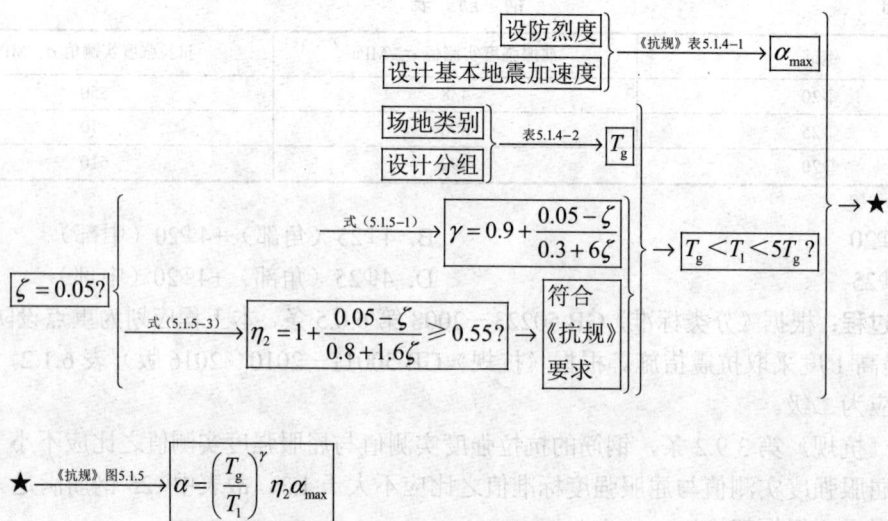

流程图 1-93　水平地震影响系数

146

3. 易考点

（1）正确查取水平地震影响系数；

（2）T_1 与 T_g、$5T_g$ 的关系；

（3）α_1 的计算；

（4）G_{eq}、G_{EK} 的关系；

（5）结构等效总重力荷载代表值的计算；

（6）查取特征周期值；

（7）计算衰减系数、地震影响系数；

（8）F_{Ek} 与 G_{eq} 的关系；

（9）准确理解底部剪力法应用的前提（《抗规》第5.1.2条第1款）；

（10）计算基本周期 T_1；

（11）影响地震作用大小和分布的各种因素有场地条件、地震强弱、地震分组、建筑结构的动力特性。

4. 典型考题

2007年一级题6。

2005年二级题10、2012年二级题2、2012年二级题3。

考题精选1–76：在多遇地震作用下对应第一、二振型地震影响系数（2007年一级题6）

某二层钢筋混凝土框架结构，如图1–102所示。
框架梁刚度 EI 为无穷大，建筑场地类别为Ⅲ类，抗震烈度为8度，设计地震分组为第一组，设计地震基本加速度0.2g，阻尼比为0.05。

已知第一、二振形周期 T_1=1.1s，T_2=0.35s，试问：在多遇地震作用下对应第一、二振型的地震影响系数 α_1、α_2，应与下列何项数值最为接近？

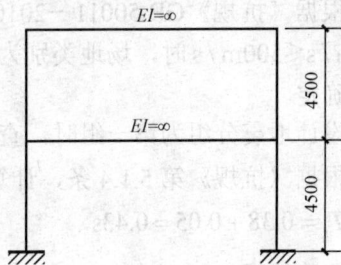

图 1–102　二层钢筋混凝土框架结构示意图

A. 0.07，0.16　　　　B. 0.07，0.12

C. 0.08，0.12　　　　D. 0.16，0.07

解答过程：

根据《抗规》GB 50011—2010（2016版）表5.1.4–1，8度、多遇地震的水平地震影响系数最大值 α_{max}=0.16

根据《抗规》表5.1.4–2，Ⅲ类场地、设计地震分组为第一组时，特征周期 T_g=0.45s

由于 $T_g<T_1<5T_g$，题干中"阻尼比为0.05"，故 γ=0.9，η_2=1.0。根据《抗规》图5.1.5，

得地震影响系数 $\alpha_1=\left(\dfrac{T_g}{T}\right)^{\gamma}\eta_2\alpha_{max}=\left(\dfrac{0.45}{1.1}\right)^{0.9}\times1.0\times0.16=0.072$

由于 $0.1s<T_2<T_g$，故 η_2=1.0。由《抗规》图5.1.5，得地震影响系数 α_2=0.16

正确答案：A

1.14.7 确定特征周期——《抗规》第 5.1.4 条、第 4.1.6 条

1. 流程图

《抗规》第4.1.6条 → v_{se} → 场地类别 $\xrightarrow{\text{第5.1.4条}}$ T_g

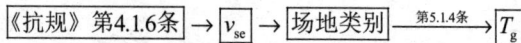

流程图 1-94 确定特征周期

2. 易考点

罕遇地震作用时，确定的特征周期。

3. 典型考题

2011 年一级题 1、2011 年一级题 2、2014 年一级题 13。

2005 年二级题 11、2008 年二级题 15、2010 年二级题 6。

考题精选 1-77：计算罕遇地震作用时，按插值方法确定的特征周期（2014 年一级题 13）

某高层钢筋混凝土房屋，抗震设防烈度为 8 度，设计地震分组为第一组，根据工程地质详勘报告，该建筑场地土层的等效剪切波速为 270m/s，场地覆盖层厚度为 55m。试问，计算罕遇地震作用时，按插值方法确定的特征周期 T_g（s）取下列何项数值最为合适？

A. 0.35   B. 0.38   C. 0.40   D. 0.43

解答过程：

根据《抗规》GB 50011—2010 第 4.1.6 条，当场地土层的等效剪切波速 $250\text{m}/\text{s} < v_{se} = 270\text{m}/\text{s} \leqslant 500\text{m}/\text{s}$ 时，场地类别为 Ⅱ、Ⅲ 类场地分界线附近，场地的特征周期应允许按插值方法确定。

设计地震分组为第一组时，查《抗规》条文说明图 7，特征周期为 0.35s；

根据《抗规》第 5.1.4 条，计算 8 度罕遇地震时，$T_g + 0.05\text{s}$，则特征周期

$$T_g = 0.38 + 0.05 = 0.43\text{s}$$

正确答案：D

1.14.8 振型分解反应谱法——《抗规》第 5.2.2 条

1. 易考点

（1）反弯点法；

（2）$\dfrac{T_2}{T_1}$ 的比值；

（3）水平地震作用效应；

（4）柱端弯矩标准值计算；

（5）《抗规》式（5.2.2-3）与《抗规》式（5.2.3-5）应用前提。

2. 典型考题

2007 年一级题 7、2007 年一级题 8。

2014 年二级题 2。

考题精选 1–78：水平地震作用下 A 轴底层柱剪力标准值（2007 年一级题 7）

大题干参见考题精选 1–77。

当用振型分解反应谱法计算时，相应于第一、二振型水平地震作用下剪力标准值如图 1–103 所示。试问：水平地震作用下 A 轴底层柱剪力标准值 V（kN），应与下列何项数值最为接近？

A. 42.0　　　　　B. 48.2　　　　　C. 50.6　　　　　D. 58.0

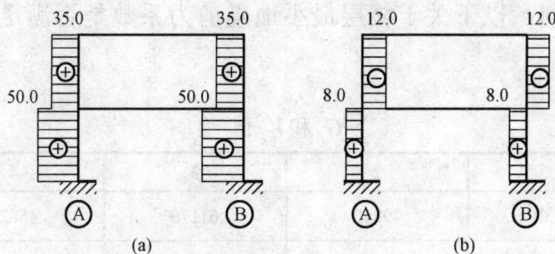

图 1–103　剪力标准值
（a）V_1（kN）；（b）V_2（kN）

解答过程：

由图 1–103 可知，第一、二振型下，A 轴底层柱剪力标准值分别为 50.0kN 和 8.0kN。

根据《抗规》GB 50011—2010（2016 版）第 5.2.2 条，$\dfrac{T_2}{T_1}=\dfrac{0.35}{1.1}=0.318<0.85$，

水平地震作用效应 $V=\sqrt{\Sigma V_j^2}=\sqrt{50.0^2+8.0^2}=50.64$kN

正确答案：C

考题精选 1–79：采用振型分解反应谱法计算时，顶层柱顶弯矩标准值（2007 年一级题 8）

大题干参见考题精选 1–77。

试问：当采用振型分解反应谱法计算时，顶层柱顶弯矩标准值为（kN·m），应与下列何项数值最为接近？

A. 37.0　　　　　B. 51.8　　　　　C. 74.0　　　　　D. 83.3

解答过程：

根据《抗规》GB 50011—2010（2016 版）第 5.2.2 条，顶层柱底剪力 $V=\sqrt{\Sigma V_j^2}=\sqrt{35.0^2+12.0^2}=37$kN。

因框架梁的抗弯刚度无穷大，可采用反弯点法。反弯点位于该层柱子的中点，则顶层柱顶弯矩标准值 $37\times\dfrac{4.5}{2}=83.25$kN·m。

正确答案：D

1.14.9　楼层最小地震剪力系数——《抗规》第 5.2.5 条

1. 易考点

各层的剪力系数的计算，与《抗规》表 5.2.5 中最小剪力系数比较。

2. 典型考题

2016 年二级题 16。

考题精选 1-80：楼层最小地震剪力系数（2016 年二级题 16）

某五层档案库，采用钢筋混凝土框架结构，抗震设防烈度为 7 度（0.15g），设计地震分组为第一组，场地类别为 III 类，抗震设防类别为标准设防类。

假定各楼层及其上部楼层重力荷载代表值之和 $\sum G_j$、各楼层水平地震作用下的剪力标准值 V_j 见表 1-41。试问：以下关于楼层最小地震剪力系数是否满足规范要求的描述，何项正确？

表 1-41 $\sum G_j$ 和 V_j 值

楼层	1	2	3	4	5
$\sum G_j$（kN）	97130	79850	61170	45820	30470
V_j（kN）	3800	3525	3000	2560	2015

提示：基本周期小于 3.5s，且无薄弱层。

A. 各楼层均满足规范要求

B. 各楼层均不满足规范要求

C. 第 1、2、3 层不满足规范要求，4、5 层满足规范要求

D. 第 1、2、3 层满足规范要求，4、5 层不满足规范要求

解答过程：

根据《抗规》GB 50011—2010（2016 版）式（5.2.5），各层的剪力系数分别为

$$\lambda_1 = \frac{3800}{97130} = 0.039，\quad \lambda_2 = \frac{3525}{79850} = 0.044，\quad \lambda_3 = \frac{3000}{61170} = 0.049，$$

$$\lambda_4 = \frac{2560}{45820} = 0.056，\quad \lambda_5 = \frac{2015}{30470} = 0.066$$

以上剪力系数均大于《抗规》表 5.2.5 中最小剪力系数 0.024，则各楼层均满足规范要求。

正确答案：A

1.14.10 是否竖向地震计算——《抗规》第 5.3.3 条

1. 流程图

$$\boxed{《抗规》第5.3.3条} \rightarrow \boxed{8度} \rightarrow \boxed{10\%} \rightarrow \boxed{第5.4.1条} \rightarrow \boxed{M_0 = \gamma_G S_{GE} + \gamma_{Ev} S_{Evk}}$$

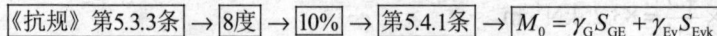

流程图 1-95 是否竖向地震计算

2. 易考点

（1）长悬臂的定义见《抗规》第 5.1.1 条条文说明；

（2）8 度时重力荷载代表值的取值。

3. 典型考题

2004 年一级题 8。

考题精选 1–81：支座负弯矩（2004 年一级题 8）

某框架结构悬挑梁如图 1–104 所示，悬挑长度 2.5m，重力荷载代表值在该梁上形成的均布线荷载为 20kN/m，该框架所在地区抗震设防烈度为 8 度，设计基本地震加速度值为 0.20g。该梁用某程序计算时，未作竖向地震计算。试问：当用手算复核该梁配筋时，其支座负弯矩 M_0（kN·m），应与下列何项数值最为接近？

A. 62.50   B. 83.13

C. 75.00   D. 68.75

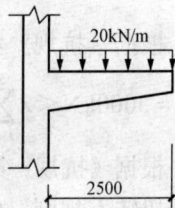

图 1–104 悬挑梁示意图

解答过程：根据《抗规》GB 50011—2010（2016 版）第 5.3.3 条，长悬臂结构的竖向地震作用标准值，8 度时取重力荷载代表值的 10%。

根据《抗规》第 5.4.1 条，得支座负弯矩

$$M_0 = \gamma_G S_{GE} + \gamma_{Ev} S_{Evk} = 1.2 \times \frac{1}{2} \times 20 \times 2.5^2 + 1.3 \times \frac{1}{2} \times (20 \times 10\%) \times 2.5^2 = 83.125 \text{kN·m}$$

正确答案：B

1.14.11 弹性层间位移和楼层最小地震剪力系数值——《抗规》第 5.5.1 条、第 5.2.5 条

1. 易考点

（1）框架–剪力墙结构弹性位移角限值；

（2）楼层最小地震剪力系数的概念；

（3）一般不规则结构的要求；

（4）Δu 计算中的楼层位移与扭转位移比中楼层位移计算方法不同；

（5）准确理解楼层最小地震剪力系数值。

2. 典型考题

2012 年一级题 10。

2016 年二级题 14。

考题精选 1–82：多遇地震作用下计算结果是否符合《抗规》有关要求的判断（2012 年一级题 10）

大题干参见考题精选 1–52。

假设用软件计算的多遇地震作用下的部分计算结果如下所示：

Ⅰ. 最大弹性层间位移 $\Delta u = 5$mm；

Ⅱ. 水平地震作用下底部剪力标准值 $V_{Ek} = 3000$kN；

Ⅲ. 在规定水平力作用下，楼层最大弹性位移为该楼层两端弹性水平位移平均值的 1.35 倍。

试问：针对上述计算结果是否符合《建筑抗震设计规范》GB 50011—2010 有关要求的判断，下列何项正确？

A. Ⅰ、Ⅱ符合，Ⅲ不符合   B. Ⅰ、Ⅲ符合，Ⅱ不符合

C. Ⅱ、Ⅲ符合，Ⅰ不符合   D. Ⅰ、Ⅱ、Ⅲ均符合

解答过程：根据《抗规》GB 50011—2010（2016 版）第 5.5.1 条，楼层最大的弹性层间

位移，对于框架结构，$\Delta u = 5\text{mm} < [\theta]h = \dfrac{1}{800} \times 4500 = 5.63\text{mm}$，则Ⅰ符合《抗规》要求。

根据《抗规》第 5.2.5 条，8 度（0.3g）楼层最小地震剪力系数值 $\lambda = 0.048$，最小剪重比 $V_{Ek1} = 3000\text{kN} < \lambda \sum\limits_{i=1}^{5} G_i = 0.048 \times 5 \times 18000 = 4320\text{kN}$，则Ⅱ不符合《抗规》要求。

根据《抗规》第 3.4.4 条第 1 款及条文说明，扭转位移比不宜大于 1.2，不应大于 1.5，Ⅲ属于扭转不规则，但仍符合《抗规》要求。

正确答案：B

1.14.12　防震缝——《抗规》第 6.1.2 条、第 6.1.4 条

1. 易考点

（1）轴压比；

（2）体积配箍率；

（3）《抗规》第 6.1.4 条，防震缝两侧框架柱的箍筋应全高加密。

2. 典型考题

2007 年二级题 13、2011 年二级题 1、2011 年二级题 2、2011 年二级题 6。

考题精选 1-83：柱的箍筋配置（2011 年二级题 6）

某钢筋混凝土框架结构办公楼，柱距均为 8.4m，由于两侧结构层高相差较大且有错层，设计时拟设置防震缝，并在缝两侧设置抗撞墙，如图 1-105 所示。已知：该房屋抗震设防类别为丙类，抗震设防烈度为 8 度，建筑场地类别为Ⅱ类，建筑安全等级为二级。A 栋房屋高度为 21m，B 栋房屋高度为 27m。

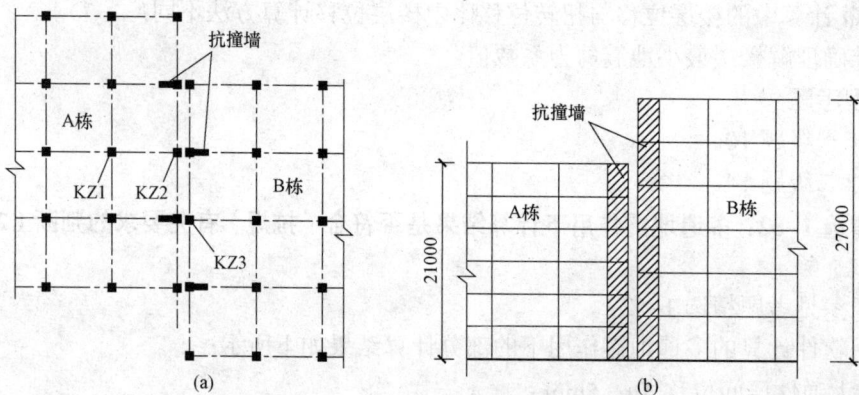

图 1-105　钢筋混凝土框架结构示意图

（a）平面图；（b）剖面图

已知：B 栋底层边柱 KZ3 截面及配筋示意如图 1-106 所示，考虑地震作用组合的柱轴压力设计值 $N = 4120\text{kN}$，该柱剪跨比 $\lambda = 2.5$，该柱混凝土强度等级为 C40，箍筋采用 HPB300 级钢筋，纵向受力钢筋的混凝土保护层厚度 $c = 30\text{mm}$。如仅从抗震构造措施方面考虑，试问：该柱选用下列何项箍筋配置（复合箍）最为恰当？

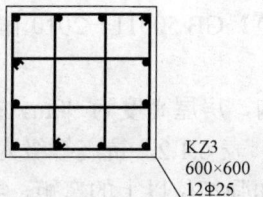

图1-106 KZ3截面及配筋示意图

提示：根据《建筑抗震设计规范》GB 50011—2010作答。

A. $\Phi10@100/200$　　　B. $\Phi10@100$　　　　C. $\Phi12@100/200$　　　　D. $\Phi12@100$

解答过程： 根据《抗规》GB 50011—2010（2016版）表6.1.2，B栋高27m，设防烈度8度，框架抗震等级为一级，轴压比 $\dfrac{N}{f_cA} = \dfrac{4120\times10^3}{19.1\times(600\times600)} = 0.60$

查《抗规》表6.3.9，$\lambda_v = 0.15$，根据《抗规》式（6.3.9），

$$\rho_v \geq \frac{\lambda_v f_c}{f_{yv}} = \frac{0.15\times19.1}{270}\times100\% = 1.06\%$$

$\Phi10@100$ 的体积配箍率 $\rho_v = \dfrac{78.5\times550\times8}{100\times540^2}\times100\% = 1.18\% > 1.06\%$，满足《抗规》要求。

又根据《抗规》第6.1.4条，防震缝两侧框架柱的箍筋应全高加密，则选B。

正确答案：B

1.14.13　抗震墙各墙肢截面组合的内力设计值——《抗规》第6.2.7条

1. 易考点

（1）确定抗震等级；

（2）判断底部加强部位；

（3）抗震墙截面组合弯矩设计值的调整。

2. 典型考题

2011年一级题15。

2011年二级题14。

考题精选1-84：调整后的墙肢组合弯矩设计值简图（2011年一级题15）

8度区某竖向规则的抗震墙结构，房屋高度为90m，抗震设防类别为标准设防类。试问：下列四种经调整后的墙肢组合弯矩设计值简图，哪一种相对准确？

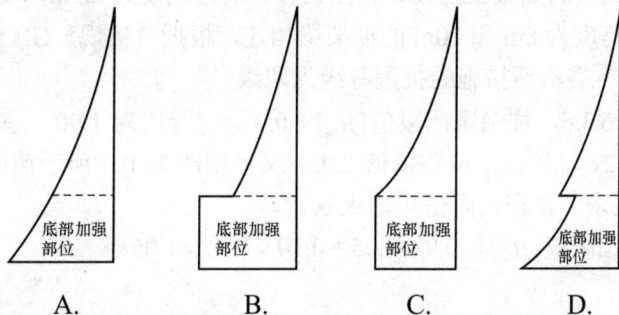

提示：根据《建筑抗震设计规范》GB 50011—2010作答。

解答过程：

8度区某竖向规则的抗震墙结构，房屋高度为90m，抗震设防类别为标准设防类。根据《抗规》GB 50011—2010（2016版）表6.1.2，抗震等级为一级。根据《抗规》第6.2.7条，底部加强部位弯矩不调整，仅调整加强部位以上的弯矩，乘以1.2的系数。因此，加强部位与非加强部位相交处必定出现弯矩突变。

正确答案：D

1.14.14 框架柱的轴压比限值——《抗规》第6.3.6条

1. 易考点

（1）准确区分抗震构造措施的抗震等级，其他抗震措施的抗震等级；

（2）《抗规》表6.3.6，柱轴压比限值的调整。

2. 典型考题

2016年二级题11。

考题精选1–85：框架柱的轴压比限值（2016年二级题11）

某6度区标准设防类钢筋混凝土框架结构办公楼，房屋高度为22m，地震分组为第一组，场地类别为Ⅱ类。其中一根框架角柱，分别与跨度为8m和10m的框架梁相连，剪跨比为1.90，截面及配筋如图1–107所示，混凝土强度等级C40。试问：该框架柱的轴压比限值与下列何项数值最为接近？

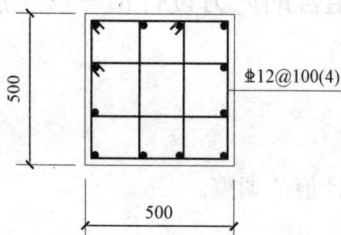

图1–107 框架角柱截面及配筋

提示：可不复核柱的最小配箍特征值。

A. 0.80   B. 0.85   C. 0.90   D. 0.95

解答过程：

6度区标准设防类钢筋混凝土框架结构办公楼，房屋高度为22m，场地类别为Ⅱ类，一根框架角柱，分别与跨度为8m和10m的框架梁相连，根据《抗规》GB 50011—2010（2016版）表6.1.2，则框架抗震构造措施的抗震等级为四级。

根据《抗规》表6.3.6，柱轴压比限值$[\mu_N] = 0.9$。剪跨比为1.90，小于2.0，大于1.5，按《抗规》表6.3.6注2，轴压比限值需降低0.05；又根据图1–107所示截面及配筋，满足《抗规》表6.3.6注3的要求，轴压比限值可增大0.10。

该框架柱的轴压比限值$[\mu_N] = 0.9 - 0.05 + 0.10 = 0.95 < 1.05$

正确答案：D

1.14.15 满足抗震要求的构造要求框架柱——《抗规》第 6.3.5 条、第 6.3.6 条、第 5.4.1 条、第 6.1.2 条

1. 流程图

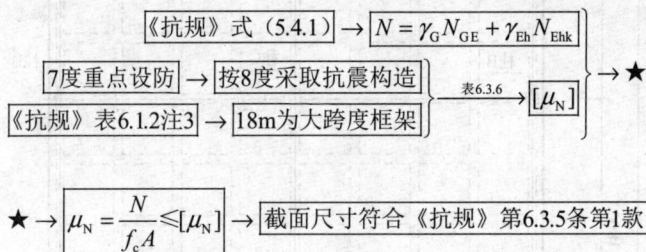

《抗规》式（5.4.1）→ $N = \gamma_G N_{GE} + \gamma_{Eh} N_{Ehk}$

7度重点设防 → 按8度采取抗震构造

《抗规》表6.1.2注3 → 18m为大跨度框架　表6.3.6 → $[\mu_N]$　→ ★

★ → $\mu_N = \dfrac{N}{f_c A} \leqslant [\mu_N]$ → 截面尺寸符合《抗规》第6.3.5条第1款

流程图 1-96　满足抗震要求的构造要求框架柱

2. 易考点

（1）考虑地震作用时，荷载分项系数的确定；

（2）重力荷载代表值的计算；

（3）其他抗震措施与抗震构造措施的区别；

（4）轴压比的概念。

3. 典型考题

2011 年一级题 3。

2007 年二级题 14、2011 年二级题 3、2016 年二级题 11。

考题精选 1-86：未采用有利于提高轴压比限值的构造措施时，柱满足轴压比要求的最小正方形截面边长（2011 年一级题 3）

某 4 层现浇钢筋混凝土框架结构，各层结构计算高度均为 6m，平面布置如图 1-108 所示，抗震设防烈度为 7 度，设计基本地震加速度为 0.15g，设计地震分组为第二组，建筑场地类别为 Ⅱ 类，抗震设防类别为重点设防类。

假定柱 B 混凝土强度等级为 C50，剪跨比大于 2，恒荷载作用下的轴力标准值 $N_1 = 7400\text{kN}$，活荷载作用下的轴力标准值 $N_2 = 2000\text{kN}$（组合值系数为 0.5），水平地震作用下的轴力标准值 $N_{Ehk} = 500\text{kN}$。试问：根据《建筑抗震设计规范》GB 50011—2010，当未采用有利于提高轴压比限值的构造措施时，柱 B 满足轴压比要求的最小正方形截面边长 $h\text{mm}$ 应与下列何项数值最为接近？

提示：风荷载不起控制作用。

A. 750　　　　　B. 800　　　　　C. 850　　　　　D. 900

解答过程：

根据《抗规》GB 50011—2010（2016 版）式（5.4.1）与表 5.4.1，轴向压力设计值

$$N = \gamma_G N_{GE} + \gamma_{Eh} N_{Ehk} = 1.2 \times (7400 + 0.5 \times 2000) + 1.3 \times 500 = 10730\text{kN}$$

根据题目中 7 度重点设防，则按 8 度采取抗震构造措施。

根据《抗规》表 6.1.2 注 3，18m 为大跨度框架；

查《抗规》表 6.1.2，8 度框架结构抗震等级为一级。

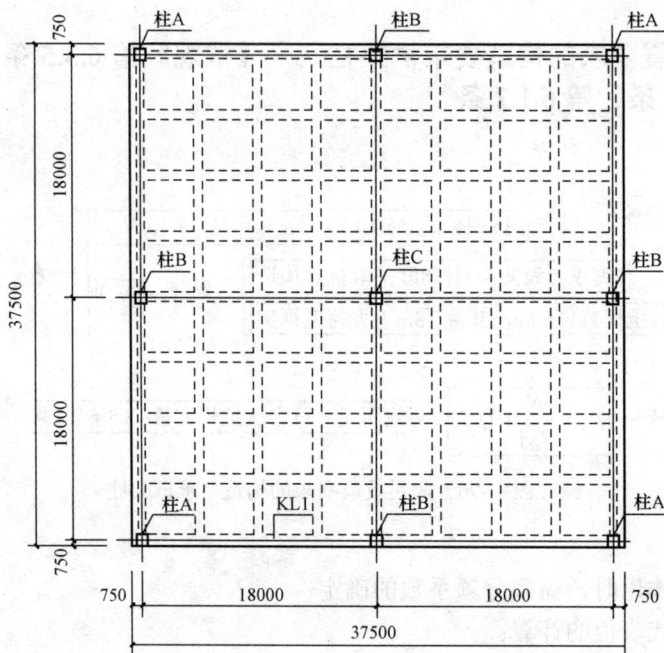

图 1-108 框架结构平面布置图

查《抗规》表 6.3.6，轴压比限值 $[\mu_N] = 0.65$ ；C50 混凝土的抗压强度设计值 $f_c = 23.1\text{N/mm}^2$ ，则有 $\mu_N = \dfrac{N}{f_c A} \leqslant [\mu_N] = 0.65$ ；

柱横截面积 $A = \dfrac{N}{0.65 f_c} = \dfrac{10730 \times 10^3}{0.65 \times 23.1} = 714619\text{mm}^2$

柱 B 满足轴压比要求的最小正方形截面边长 $h = \sqrt{A} = \sqrt{714619} = 845.4\text{mm}$

也满足《抗规》第 6.3.5 条第 1 款的截面尺寸的构造要求。

正确答案：C

1.14.16 框架柱的体积配箍率要求——《抗规》第 6.3.7 条、第 6.3.9 条

1. 易考点

（1）柱的反弯点的位置；

（2）剪跨比的计算及限值；

（3）轴压比的计算；

（4）最小体积配筋率。

2. 典型考题

2016 年一级题 14。

2016 年二级题 18

考题精选 1-87：柱纵向钢筋的配筋率与规范要求的最小配筋率的比值（2016 年二级题 18）

某多层框架办公楼中间楼层的中柱 KZ1，抗震等级二级，场地类别 II 类，截面及配筋平

156

面表示法如图 1-109 所示，混凝土强度等级为 C30，纵筋及箍筋均为 HRB400。试问：该柱纵向钢筋的配筋率与规范要求的最小配筋率的比值，与下列何项数值最为接近？

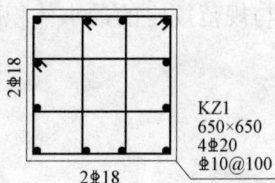

图 1-109　KZ1 截面及配筋平面表示法

A. 0.92　　　　　B. 0.98　　　　　C. 1.05　　　　　D. 1.11

解答过程：

根据《抗规》GB 50011—2010（2016 版）表 6.3.7-1，框架结构二级抗震等级，中柱、纵筋及箍筋均为 HRB400 时，最小配筋率 $\rho_{min} = (0.8 + 0.05) \times 100\% = 0.85\%$

题图 1-109 所示的配筋率 $\rho = \dfrac{2036 + 1256}{650 \times 650} \times 100\% = 0.78\%$

柱纵向钢筋的配筋率与规范要求的最小配筋率的比值 $\dfrac{\rho}{\rho_{min}} = \dfrac{0.78\%}{0.85\%} = 0.92$

注：本题图的配筋不符合《抗规》要求。

正确答案： A

考题精选 1-88：柱箍筋加密区的体积配箍率与规范规定的最小体积配箍率的比值（2016 年一级题 14）

某 7 度（0.1g）地区多层重点设防类民用建筑，采用现浇钢筋混凝土框架结构，建筑平、立面均规则，框架的抗震等级为二级。框架柱的混凝土强度等级均为 C40，钢筋采用 HRB400，$a_s = a'_s = 50mm$。

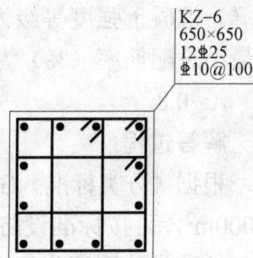

假定，某中间层的中柱 KZ-6 的净高为 3.5m，截面和配筋如图 1-110 所示，其柱底考虑地震作用组合的轴向压力设计值为 4840kN，柱的反弯点位于柱净高中点处。试问：该柱箍筋加密区的体积配箍率 ρ_v 与规范规定的最小体积配箍率 $\rho_{v,min}$ 的比值，与下列何项数值最为接近？

图 1-110　KZ-6 截面及配筋

提示：箍筋的保护层厚度取 27mm，不考虑重叠部分的箍筋面积。

A. 1.2　　　　　B. 1.4　　　　　C. 1.6　　　　　D. 1.8

解答过程：

柱的反弯点位于柱净高中点处，剪跨比 $\lambda = \dfrac{H_n}{2h_0} = \dfrac{3500}{2 \times (650 - 50)} = 2.92 > 2$

轴压比 $\mu = \dfrac{N}{f_c A} = \dfrac{4840 \times 10^3}{19.1 \times 650^2} = 0.6$

查《抗规》GB 50011—2010（2016 版）表 6.3.9，柱最小配筋特征值 $\lambda_v = 0.13$

根据《抗规》第 6.3.9 条，最小体积配箍率 $\rho_{v,min} = \dfrac{\lambda_v f_c}{f_{yv}} = \dfrac{0.13 \times 19.1}{360} = 0.69\% > 0.6\%$

该柱箍筋加密区的体积配箍率 $\rho_v = \dfrac{78.5 \times (650 - 2 \times 27 - 10) \times 8}{(650 - 2 \times 27 - 10)^2 \times 100} = 1.11\%$

柱箍筋加密区的体积配箍率 ρ_v 与规范规定的最小体积配箍率 $\rho_{v,min}$ 的比值

$\dfrac{\rho_v}{\rho_{v,min}} = \dfrac{1.11\%}{0.69\%} = 1.6$

正确答案：C

1.14.17 框架柱的纵向钢筋配筋要求——《抗规》第 6.3.7 条、第 6.3.9 条

1. 易考点

（1）设防类类别的判定；

（2）抗震等级的判定；

（3）钢筋级别、角柱等因素对构造要求的纵向钢筋最小总配筋率的影响。

2. 典型考题

2010 年一级题 6、2011 年一级题 8、2013 年一级题 1、2013 年一级题 12。

2006 年二级题 10、2008 年二级题 12、2008 年二级题 13、2012 年二级题 4、2014 年二级题 5、2016 年二级题 18。

考题精选 1-89：框架角柱构造要求的纵向钢筋最小总配筋率（2013 年一级题 12）

某地区抗震设防烈度为 7 度（0.15g），场地类别为 Ⅱ 类，拟建造一座 4 层商场，商场总建筑面积为 16000m²，房屋高度 21m，采用钢筋混凝土框架结构，框架的最大跨度 12m，不设缝。混凝土强度等级为 C40，均采用 HRB400 钢筋，试问：此框架角柱构造要求的纵向钢筋最小总配筋率（%）为下列何值？

A. 0.8   B. 0.85   C. 0.9   D. 0.95

解答过程：

根据《分类标准》GB 50223—2008 第 6.0.5 条及条文说明，商场总建筑面积❶16000m²＜17000m²，可按标准设防类（丙类）考虑。

抗震设防烈度为 7 度（0.15g），钢筋混凝土框架结构，框架的最大跨度 12m＜18m，房屋高度 $H=21$m，根据《抗规》GB 50011—2010（2016 版）表 6.1.2，抗震等级为三级。

根据《抗规》表 6.3.7-1 及注 2，采用 HRB400 钢筋，框架角柱构造要求的纵向钢筋最小总配筋率 $\rho_{min} = 0.8\% + 0.05\% = 0.85\%$

正确答案：B

1.14.18 墙肢底截面的轴压比——《抗规》第 6.4.2 条、第 5.1.3 条

1. 流程图

---

❶ 有的考生可能认为应该按重点设防类来计算，毕竟建筑面积与 17 000m² 非常接近，这是由于规范用语的模糊性造成；得到的结果自然不同，此题有一定争议性。

$$\boxed{《混规》\,表4.1.4-1} \rightarrow \boxed{f_c}$$
$$\boxed{《抗规》第5.1.3条} \rightarrow \boxed{G = N_{Qk} + 0.5N_{Qk}}\;\xrightarrow{\text{第6.4.2条及条文说明}}\;\boxed{\mu_N = \dfrac{N}{f_c A}}$$

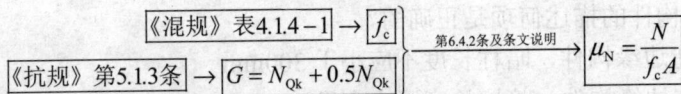

流程图 1-97 墙肢底截面的轴压比

2. 易考点

（1）剪力墙轴压比的定义；

（2）重力荷载代表值，不考虑地震作用；

（3）注意剪力墙与柱计算轴压比时的取值不同。

3. 典型考题

2013 年一级题 5。

2006 年二级题 11、2016 年二级题 10。

考题精选 1-90：底层该墙肢底截面的轴压比（2013 年一级题 5）

大题干参见考题精选 1-56。

假定底层作用在该墙肢底面的由永久荷载标准值产生的轴向压力 N_{Gk}=3150kN，按等效均布荷载计算的活荷载标准值产生的轴向压力 N_{Qk}=750kN，由水平地震作用标准值产生的轴向压力 N_{Ek}=900kN。试问：按《建筑抗震设计规范》GB 50011—2010 计算，底层该墙肢底截面的轴压比与下列何项数值最为接近？

A. 0.35   B. 0.40   C. 0.45   D. 0.55

解答过程：

查《混规》GB 50010—2010 表 4.1.4-1，C35 的抗压强度设计值 f_c=16.7N/mm²。

根据《抗规》GB 50011—2010（2016 版）第 5.1.3 条，重力荷载代表值

$G = N_{Qk} + 0.5N_{Qk}$ =3150+0.5×750=3525kN

根据《抗规》第 6.4.2 条及条文说明，底层该墙肢底截面的轴压比

$$\mu_N = \frac{N}{f_c A} = \frac{1.2 \times 3525 \times 10^3}{16.7 \times 250 \times 2300} = 0.44$$

正确答案：C

1.14.19 抗震墙墙肢两端边缘构件——《抗规》第 6.4.5 条、第 6.1.10 条

1. 易考点

（1）加强区高度的取值；

（2）是否需设置构造边缘构件及其长度。

2. 典型考题

2013 年一级题 6。

2006 年二级题 12。

考题精选 1-91：墙肢两端边缘构件（2013 年一级题 6）

大题干参见考题精选 1-56。

假定该墙肢底层底截面的轴压比为 0.58，三层底截面的轴压比为 0.38。试问：下列对三

层该墙肢两端边缘构件的描述何项是正确的？

A. 需设置构造边缘构件，暗柱长度不应小于 300mm

B. 需设置构造边缘构件，暗柱长度不应小于 400mm

C. 需设置约束边缘构件，l_c 不应小于 500mm

D. 需设置约束边缘构件，l_c 不应小于 400mm

解答过程：

根据《抗规》GB 50011—2010（2016 版）第 6.1.10 条第 2 款，房屋高度 22.3m＜24m，墙底部加强部位可取底部一层，则三层为非底部加强部位。

根据《抗规》第 6.4.5 条第 2 款，三层应设构造边缘构件。由《抗规》图 6.4.5–1 可知，暗柱长度不应小于 400mm。

正确答案： B

1.14.20 等效侧力法的水平地震作用标准值——《抗规》第 13.2.3 条、附录 M.2.2

1. 流程图

$$《抗规》附表 M.2.2 \rightarrow \boxed{\gamma, \eta, \xi_1, \xi_2}$$
$$《抗规》表 5.1.4 \rightarrow \boxed{\alpha_{\max}}$$
$$\xrightarrow{\text{式 (13.2.3)}} \boxed{F = \eta \xi_1 \xi_2 \alpha_{\max} G}$$

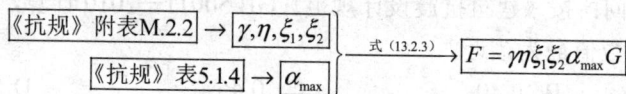

流程图 1–98　等效侧力法的水平地震作用标准值

2. 易考点

非结构构件的抗震作用计算方法及相关系数的确定。

3. 典型考题

2011 年一级题 9。

考题精选 1–92：附属构件自身重力沿不利方向产生的水平地震作用标准值（2011 年一级题 9）

大题干参见考题精选 1–54。

已知该建筑抗震设防烈度为 7 度，设计基本地震加速度为 0.10g。建筑物顶部附设 6m 高悬臂式广告牌，附属构件重力为 100kN；自振周期为 0.08s，顶层结构重力为 12000kN。试问：该附属构件自身重力沿不利方向产生的水平地震作用标准值 F（kN）应与下列何项数值最为接近？

A. 16　　　　　B. 20　　　　　C. 32　　　　　D. 38

解答过程：

查《抗规》GB 50011—2010（2016 版）附表 M.2.2，得 $\eta = 1.2$，$\gamma = 1.0$，$\xi_1 = 2.0$，$\xi_2 = 2.0$。附属构件重力 $G = 100$kN；7 度设防多遇地震，查《抗规》表 5.1.4，得地震影响系数最大值 $\alpha_{\max} = 0.08$，代入《抗规》式（13.2.3），得水平地震标准值

$$F = \eta \xi_1 \xi_2 \alpha_{\max} G = 1.0 \times 1.2 \times 2.0 \times 2.0 \times 0.08 \times 100 = 38.4 \text{kN}$$

正确答案： D

1.14.21 预应力混凝土结构抗震设计要求——《抗规》附录 C.0.7

1. 流程图

$$\boxed{《混规》\ 表4.2.3-2} \rightarrow \boxed{f_{py}} \rightarrow \boxed{《抗规》\ 第C.0.7条} \rightarrow \boxed{\lambda = \dfrac{f_{py}A_p}{f_{py}A_p + f_yA_s}}$$

流程图 1-99　预应力混凝土结构抗震设计要求

2. 易考点

预应力强度比的概念。

3. 典型考题

2005 年一级题 15。

考题精选 1-93：梁跨中截面的预应力强度比（2005 年一级题 15）

某钢筋混凝土框架结构的一根预应力框架梁，抗震等级为二级，采用 C40 混凝土。其平法施工图如图 1-111 所示。试问：该梁跨中截面的预应力强度比 λ，应与下列何项数值最为接近？

A. 0.34　　　　　B. 0.66　　　　　C. 1.99　　　　　D. 3.40

提示：预应力筋 $\phi^s15.2(1\times7)$ 为钢绞线，$f_{ptk}=1860\text{N/mm}^2$。

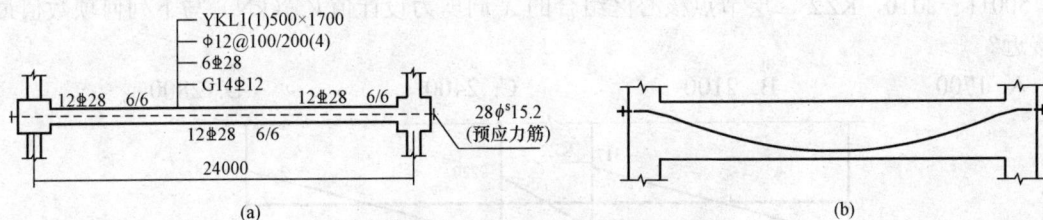

图 1-111　预应力框架梁平法施工图

（a）平法施工图；（b）预应力筋示意图

解答过程：

根据《混规》GB 50010—2010 表 4.2.3-2，钢绞线 $f_{ptk}=1860\text{N/mm}^2$ 时，$f_{py}=1320\text{N/mm}^2$。根据《混规》附录表 A.0.1，12 根直径为 28mm 的钢筋截面积为 7390mm²。根据《混规》附表 A.0.2，钢绞线截面积为 139×28=3892mm²。

参照《抗规》GB 50011—2010（2016 版）第 C.0.7 条，抗震等级为二级时，梁跨中截面的预应力强度比

$$\lambda = \frac{f_{py}A_p}{f_{py}A_p + f_yA_s} = \frac{1320\times3892}{1320\times3892 + 360\times7390} = 0.66$$

正确答案：B

1.14.22 框架梁柱节点核芯区截面抗震验算——《抗规》附录 D、第 5.4.1 条

1. 流程图

$$\text{《抗规》第5.4.1条} \rightarrow \boxed{M_{\mathrm{b}} = M_{\mathrm{b}}^{l} + M_{\mathrm{b}}^{r}} \xrightarrow{\text{式D.1.1-1}} \bigstar$$

$$\bigstar \rightarrow \boxed{V_{j} = \frac{\eta_{j\mathrm{b}}\Sigma M_{\mathrm{b}}}{h_{\mathrm{b}0} - a_{\mathrm{s}}'}\left(1 - \frac{h_{\mathrm{b}0} - a_{\mathrm{s}}'}{H_{\mathrm{c}} - h_{\mathrm{b}}}\right)} \xrightarrow{\text{应满足《抗规》D.1.3}} \boxed{V_{j} \leqslant \frac{1}{\gamma_{\mathrm{RE}}}0.3\eta_{j}f_{\mathrm{c}}b_{j}h_{j}}$$

流程图 1-100　框架梁柱节点核芯区截面抗震验算

2. 易考点

（1）框架梁柱节点剪力设计值的确定；

（2）考虑地震作用时，结构构件组合的设计值的计算；

（3）考虑地震作用时，承载力抗震调整系数的确定；

（4）参数 H_{c}、H_{n} 和 H 的准确区分。

3. 典型考题

2011 年一级题 6。

考题精选 1-94：KZ2 二层节点核心区组合的 X 向剪力设计值（2011 年一级题 6）

大题干参见考题精选 1-54。

假定二层框架梁 KL1 及 KL2 在重力荷载代表值及 X 向水平地震作用下的弯矩图如图 1-112 所示，$a_{\mathrm{s}} = a_{\mathrm{s}}' = 35\mathrm{mm}$，柱的计算高度 $H_{\mathrm{c}} = 4000\mathrm{mm}$。试问：根据《建筑抗震设计规范》GB 50011—2010，KZ2 二层节点核心区组合的 X 向剪力设计值 V_{j}（kN）与下列何项数值最为接近？

A. 1700　　　　B. 2100　　　　C. 2400　　　　D. 2800

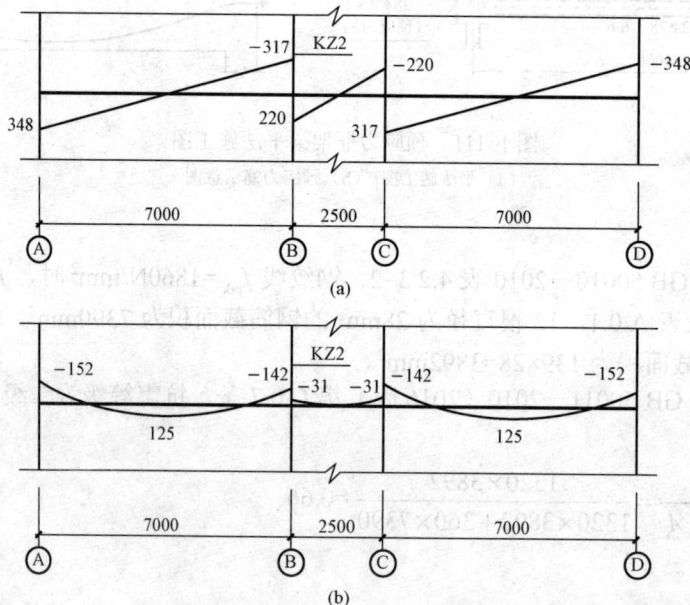

图 1-112　KL1 和 KL2 受力图

（a）正 X 向水平地震作用下梁弯矩标准值（kN·m）；（b）重力荷载代表值作用下梁弯矩标准值（kN·m）

解答过程：

根据《抗规》GB 50011—2010（2016 版）第 5.4.1 条，

162

$$M_b^l = 1.2 \times 142 + 1.3 \times 317 = 582.5 \text{kN} \cdot \text{m} \quad (\curvearrowleft)$$

$$M_b^r = -1.2 \times 31 + 1.3 \times 220 = 248.8 \text{kN} \cdot \text{m} \quad (\curvearrowleft)$$

则 $M_b = M_b^l + M_b^r = 582.5 + 248.8 = 831.3 \text{kN} \cdot \text{m}$

代入《抗规》式（D.1.1–1），则 X 向剪力设计值

$$V_j = \frac{\eta_{jb} \Sigma M_b}{h_{b0} - a_s'} \left(1 - \frac{h_{b0} - a_s'}{H_c - h_b} \right) = \frac{1.35 \times 831.3 \times 10^6}{600 - 35 - 35} \times \left(1 - \frac{600 - 35 - 35}{4000 - 600} \right)$$

$$= 1787 \times 10^3 \text{N} = 1787 \text{kN}$$

且应满足《抗规》式（D.1.3），

$$V_j \leqslant \frac{1}{\gamma_{RE}} 0.3 \eta_j f_c b_j h_j = \frac{1}{0.85} \times 0.3 \times 1.5 \times 19.1 \times 600 \times 600 = 3640 \times 10^3 \text{N} = 3640 \text{kN}$$

正确答案：A

1.14.23 单层厂房纵向抗震验算——《抗规》附录 K

1. 易考点

H 的取值。

2. 典型考题

2013 年二级题 8。

考题精选 1–95：估算的厂房纵向基本周期 T（2013 年二级题 8）

大题干参见考题精选 1–44。

当计算厂房纵向地震作用时，按《建筑抗震设计规范》GB 50011—2010 估算的厂房纵向基本周期 T（s），与下列何项数值最为接近？

A. 0.4   B. 0.6   C. 0.8   D. 1.1

解答过程：

根据《抗规》GB 50011—2010（2016 版）式（K.1.1–1），砖围护墙厂房纵向基本周期

$$T = 0.23 + 0.00025 \psi_1 l \sqrt{H^3} = 0.23 + 0.00025 \times 0.85 \times 18 \sqrt{(11.8+1)^3} = 0.405 \text{s}$$

正确答案：A

1.14.24 混凝土结构抗震在《混规》与《抗规》相关内容的对照表

表 1–42   混凝土结构抗震内容在《混规》与《抗规》中相关内容的对照

	内　容	《混规》	《抗规》
一般规定	规范关系	11.1.1 条	—
	抗震设防分类	11.1.2 条	—
	抗震等级	11.1.3 条	6.1.2 条
	裙房、地下室等的抗震等级	11.1.4 条	6.1.3 条
	承载力抗震调整系数	11.1.6 条	5.4.2 条

内　容			《混规》	《抗规》
材料		混凝土的选用	11.2.1 条	3.9.3 条第 2 款
		钢筋的选用原则	11.2.2 条	—
		钢筋性能标准	11.2.3 条	3.9.3 条第 1 款
		钢材要求	—	3.9.3 条第 3 款
框架柱	内力调整	强柱弱梁	11.4.1 条	6.2.2 条
		强柱根	11.4.2 条	6.2.3 条
		强剪弱弯	11.4.3 条	6.2.5 条
		角柱	11.4.5 条	6.2.6 条
		强剪弱弯	11.3.2 条	6.2.4 条
	受剪截面要求（剪压比）		11.3.3 条、11.4.6 条	6.2.9 条
	节点核心区抗震要求		11.6.1 条	6.2.14 条第 1 款
	受剪承载力	压、弯、剪	11.4.7 条	—
		拉、弯、剪	11.4.8 条	—
框架梁		梁高	—	—
		混凝土相对压区高度	11.3.1 条	6.3.3 条第 1 款
		纵向钢筋最小配筋率	11.3.6 条第 1 款	
		A_s'/A_s	11.3.6 条第 2 款	6.3.3 条第 2 款
		箍筋的直径、间距、加密区长度	11.3.6 条第 3 款	6.3.3 条第 3 款
	纵向钢筋	最大配筋率	11.3.7 条	6.3.4 条第 1 款
		通长纵筋	11.3.7 条	6.3.4 条第 1 款
		直径	11.3.7 条	—
	箍筋构造	非抗震	—	—
		抗震面积配筋率	11.3.9 条	—
		抗震箍筋肢距	11.3.8 条	6.3.4 条第 3 款
		开洞	—	—
框架柱		截面尺寸	11.4.11 条	6.3.5 条
		轴压比	11.4.16 条	6.3.6 条
		配筋	11.4.12 条	6.3.7 条
		纵筋调整和限制	11.4.13 条	6.3.8 条
	箍筋加密区	范围	11.4.14 条	6.3.9 条第 1 款
		体积配箍率	11.4.17 条	6.3.9 条第 3 款
		箍筋肢距	11.4.15 条	6.3.9 条第 2 款
	非加密区的体积配箍率		11.4.18 条	6.3.9 条第 4 款
	非抗震时箍筋		—	—
	节点区箍筋		—	—

内 容			《混规》	《抗规》
钢筋的连接与锚固		受力钢筋接头	—	—
		非抗震连接	—	—
		抗震连接	—	—
	节点区	非抗震	—	—
		抗震	—	—
剪力墙		底部加强部位	11.1.5 条	6.1.10 条
		截面厚度	11.7.12 条	6.4.1 条
		分布钢筋的排数	11.7.13 条	6.4.4 条第 2 款
		底部加强部位以上部位弯矩调整	11.7.1 条	6.2.7 条第 1 款
		底部加强部位剪力的调整	11.7.2 条	6.2.8 条
		受剪截面限值（剪压比）	11.7.3 条	6.2.9 条
	正截面	受压承载力		
		受拉承载力		
	受剪承载力	压、弯、剪	11.7.4 条	—
		拉、弯、剪	11.7.5 条	—
		施工缝	11.7.6 条	—
		轴压比限值	11.7.16 条	6.4.2 条
	边缘构件	设置条件	11.7.17 条	6.4.5 条第 1 款
		约束	11.7.18 条	6.4.5 条第 2 款
		构造	11.7.19 条	6.4.5 条第 1 款
	分布钢筋	配筋率	11.7.14 条	6.4.3 条
		间距、直径	11.7.15 条	6.4.4 条第 1 款、6.4.4 条第 3 款
	特殊部位	配筋率、间距、直径	—	—
		锚固、连接	—	—
连梁		受弯承载力	11.7.7 条	—
		剪力设计值	11.7.8 条	6.2.4 条
		受剪截面控制（剪压比）	11.7.9 条第 1 款	6.2.9 条
		受剪承载力	11.7.9 条第 2 款	—
		最小配筋率	—	—
		最大配筋率	—	—
		配置交叉筋的连梁	11.7.10 条	—
		配筋构造	11.7.11 条	—
		开洞	—	—

内　　容			《混规》	《抗规》
一般规定	倾覆		—	—
	剪力最小值		—	—
	剪力墙布置		—	—
	板柱剪力墙	托板、柱帽	11.9.2 条	6.6.2 条第 3 款
		无梁板		
截面设计与构造	竖向分布钢筋		—	—
	抗冲切承载力		11.9.4 条	6.3.3 条第 3 款
	通过节点的连续钢筋		11.9.6 条	6.6.4 条第 3 款
	暗梁		11.9.5 条	6.6.4 条第 1 款

1.15 《荷规》中的钢筋混凝土结构考点

1.15.1 荷载基本组合的效应设计值——《荷规》第 3.2.3 条、第 3.2.4 条

1. 易考点

（1）《荷规》第 3.2.3 条及第 3.2.4 条；

（2）构件的内力计算。

2. 典型考题

2016 年一级题 1、2016 年一级题 8。

2016 年二级题 1。

考题精选 1–96：集中荷载设计值 F（2016 年一级题 1）

某办公楼为现浇混凝土框架结构，设计使用年限 50 年，安全等级为二级。其二层局部平面图、主次梁节点示意图和次梁 L–1 的计算简图如图 1–113 所示，混凝土强度等级 C35，钢筋均采用 HRB400。

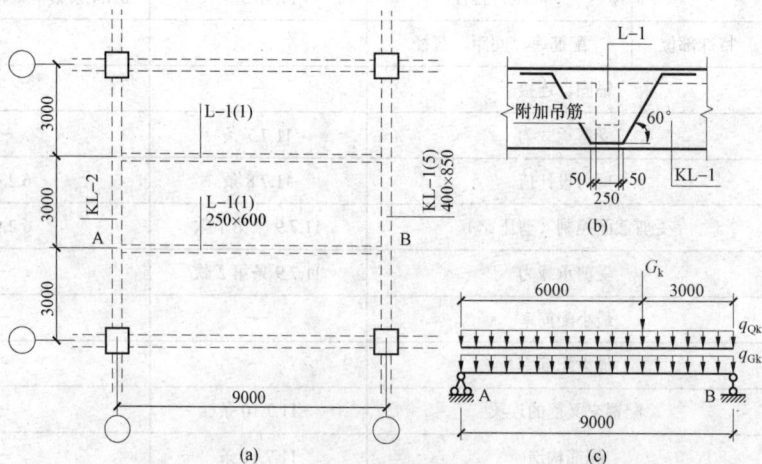

图 1–113　二层平面及计算示意图

（a）局部平面图；（b）主次梁节点示意图；（c）L–1 计算简图

假定次梁上的永久均布荷载标准值 $q_{Gk}=18kN/m$（包括自重），可变均布荷载标准值 $q_{Qk}=6kN/m$，永久集中荷载标准值 $G_k=30kN$，可变荷载组合值系数 0.7。试问：当不考虑楼面活载折减系数时，次梁 L–1 传给主梁 KL–1 的集中荷载设计值 F（kN），与下列何项数值最为接近？

A. 130   B. 140   C. 155   D. 165

解答过程：

根据《荷规》GB 50009—2012 第 3.2.3 条及第 3.2.4 条，

永久荷载对支座 B 的支座反力设计值

$$R_1=1.35\times\frac{1}{2}\times18\times9+1.4\times0.7\times\frac{1}{2}\times6\times9+1.35\times30\times6/9=162.81kN$$

可变荷载对支座 B 的支座反力设计值

$$R_2=1.2\times\frac{1}{2}\times18\times9+1.4\times\frac{1}{2}\times6\times9+1.2\times30\times6/9=159kN$$

取大值，选 D。

正确答案：D

1.15.2 消防车活荷载考虑覆土厚度影响的折减系数——《荷规》附录 B.0.2、第 5.1.1 条

1. 易考点

（1）准确查取消防车活荷载标准值；

（2）消防车的等效均布活荷载考虑覆土厚度影响的折减系数。

2. 典型考题

2013 年二级题 1。

考题精选 1–97：消防车的等效均布活荷载标准值（2013 年二级题 1）

大题干参见考题精选 1–41。

试问：计算地下车库顶板楼盖承载力时，消防车的等效均布活荷载标准值 q_k（kN/m²），与下列何项数值最为接近？

提示：消防车的等效均布活荷载考虑覆土厚度影响的折减系数，可按 6m×6m 的双向板楼盖取值。

A. 16   B. 20   C. 28   D. 35

解答过程：

根据《荷规》GB 50009—2012 表 5.1.1 第 8 项，板跨不小于 6m×6m 的双向板楼盖，消防车均布活荷载标准值为 20kN/m²。

由于覆土厚度为 2.5m，根据《荷规》附录 B.0.2 条，

$\bar{s}=1.4s\tan\theta=1.4\times2.5\times\tan35°=2.5m$，查表 B.0.2 消防车活荷载折减系数为 0.81，

消防车的等效均布活荷载标准值

$$q_k=0.81\times20=16.2kN/m^2$$

1.16 《异形柱规》中的钢筋混凝土结构考点

1. 流程图

《异形柱规》表6.2.2 → 二级的T形截面剪跨比$\lambda>2$ → $[\mu_{\mathrm{N}}]$

《抗规》表5.1.3 → 组合系数为0.5 —式(5.4.1)→ N → $\mu=\dfrac{N}{f_{\mathrm{c}}A}$

$\Big\} \to \dfrac{\mu}{[\mu_{\mathrm{N}}]}$

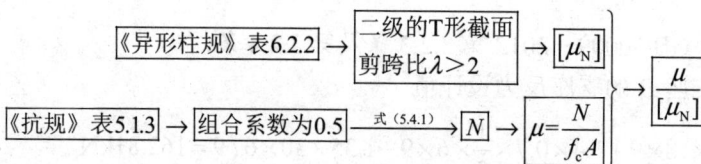

流程图 1—101　轴压比

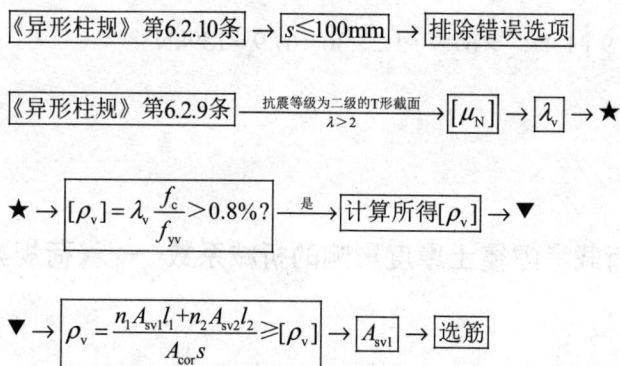

《异形柱规》第6.2.10条 → $s\leqslant100\mathrm{mm}$ → 排除错误选项

《异形柱规》第6.2.9条 —抗震等级为二级的T形截面 $\lambda>2$→ $[\mu_{\mathrm{N}}]$ → λ_{v} → ★

★ → $[\rho_{\mathrm{v}}]=\lambda_{\mathrm{v}}\dfrac{f_{\mathrm{c}}}{f_{\mathrm{yv}}}>0.8\%?$ —是→ 计算所得$[\rho_{\mathrm{v}}]$ → ▼

▼ → $\rho_{\mathrm{v}}=\dfrac{n_1A_{\mathrm{sv1}}l_1+n_2A_{\mathrm{sv2}}l_2}{A_{\mathrm{cor}}s}\geqslant[\rho_{\mathrm{v}}]$ → A_{sv1} → 选筋

流程图 1—102　箍筋配置

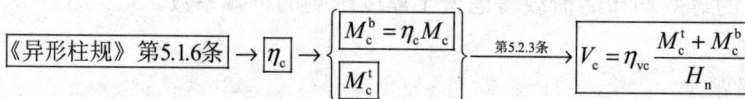

《异形柱规》第5.1.6条 → η_{c} → $\begin{cases}M_{\mathrm{c}}^{\mathrm{b}}=\eta_{\mathrm{c}}M_{\mathrm{c}}\\[4pt]M_{\mathrm{c}}^{\mathrm{t}}\end{cases}$ —第5.2.3条→ $V_{\mathrm{c}}=\eta_{\mathrm{vc}}\dfrac{M_{\mathrm{c}}^{\mathrm{t}}+M_{\mathrm{c}}^{\mathrm{b}}}{H_{\mathrm{n}}}$

流程图 1—103　剪力计算

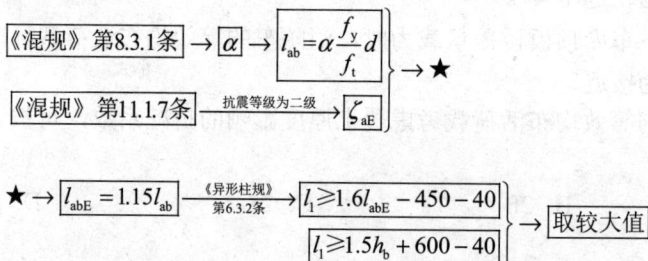

《混规》第8.3.1条 → α → $l_{\mathrm{ab}}=\alpha\dfrac{f_{\mathrm{y}}}{f_{\mathrm{t}}}d$

《混规》第11.1.7条 —抗震等级为二级→ ζ_{aE}

$\Big\} \to$ ★

★ → $l_{\mathrm{abE}}=1.15l_{\mathrm{ab}}$ —《异形柱规》第6.3.2条→ $\begin{cases}l_1\geqslant1.6l_{\mathrm{abE}}-450-40\\[4pt]l_1\geqslant1.5h_{\mathrm{b}}+600-40\end{cases}$ → 取较大值

流程图 1—104　锚固长度

2. 易考点

（1）抗震设计时，轴向压力设计的计算；

（2）轴压比的限值；

（3）实际轴压比的计算；

（4）由轴压比，查表得λ_{v}；

168

（5）允许配筋率$[\rho_v]$的限值；

（6）柱上下端的弯矩的计算；

（7）柱考虑地震作用组合的剪力设计值；

（8）混凝土的f_t的取值取上限；

（9）l_{ab}、l_{aE}的计算；

（10）纵向钢筋在梁柱节点的构造要求。

3. 典型考题

2014年一级题1、2014年一级题2、2014年一级题3、2014年一级题4。

2011年二级题12、2011年二级题13。

考题精选1–98：底层柱的轴压比μ_N与轴压比限值$[\mu_N]$之比（2014年一级题1）

某现浇钢筋混凝土异形柱框架结构多层住宅楼，安全等级为二级，框架抗震等级为二级。该房屋各层层高均为3.6m，各层梁高均为450mm。建筑面层厚度为50mm，首层地面标高为±0.000m，基础顶面标高为−1.000m。框架某边柱截面如图1–114所示，剪跨比$\lambda>2$。混凝土强度等级：框架柱为C35，框架梁、楼板为C30，梁、柱纵向钢筋及箍筋均采用HRB400（Φ），纵向受力钢筋的保护层厚度为30mm。

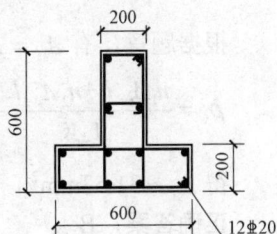

图1–114　边框截面图

假定该底层柱下端截面产生的竖向内力标准值如下：由结构和构配件自重荷载产生的$N_{Gk}=980kN$；由按等效均布荷载计算的楼（屋）面可变荷载产生的$N_{Qk}=220kN$；由水平地震作用产生的$N_{Ehk}=280kN$，试问，该底层柱的轴压比μ_N与轴压比限值$[\mu_N]$之比，与下列何项数值最为接近？

A. 0.67 　　　　　B. 0.80 　　　　　C. 0.91 　　　　　D. 0.98

解答过程：

框架结构框架抗震等级为二级的T形截面，剪跨比$\lambda>2$，查《异形柱规》JGJ 149—2017表6.2.2，轴压比限值为$[\mu_N]=0.55$。

再查《抗规》GB 50011—2010（2016版）表5.1.3，等效均布荷载计算的楼（屋）面可变荷载产生的组合系数为0.5；

根据《抗规》式（5.4.1），轴向压力设计值

$N=1.2\times(980+0.5\times220)+1.3\times280=1672kN$

柱轴压比 $\mu=\dfrac{N}{f_cA}=\dfrac{1672\times10^3}{16.7\times[600\times200+(600-200)\times200]}=0.5$

则柱轴压比与柱轴压比限值的比值 $\dfrac{\mu}{[\mu_N]}=\dfrac{0.5}{0.55}=0.91$

正确答案：C

考题精选1–99：满足规程的最低要求的框架柱柱端加密区的箍筋配置选用（2014年一级题2）

假定该底层柱轴压比为0.5，试问，该框架柱柱端加密区的箍筋配置选用下列何项才能满足规程的最低要求？

提示：① 按《混凝土异形柱结构技术规程》JGJ 149—2017 作答；② 扣除重叠部分箍筋的体积。

A. $\phi 8@150$ 　　　B. $\phi 8@100$ 　　　C. $\phi 10@150$ 　　　D. $\phi 10@100$

解答过程：

根据《异形柱规》JGJ 149—2017 第 6.2.10 条，抗震等级为二级，箍筋间距 $s \leqslant \min(6 \times 20, 100) = 100\text{mm}$，可以排除选项 A、C。

根据《异形柱规》第 6.2.9 条，框架结构构件框架抗震等级为二级的 T 形截面，剪跨比 $\lambda > 2$，轴压比限值为 $[\mu_N] = 0.5$，得最小配箍特征值 $\lambda_v = 0.20$。

根据《异形柱规》第 6.2.9 条第 2 款，对抗震等级为二级的框架柱 $[\rho_v] \geqslant 0.8\%$，

允许配箍筋 $[\rho_v] = \lambda_v \dfrac{f_c}{f_{yv}} = 0.20 \times \dfrac{16.7}{300} = 1.07\% > 0.8\%$

根据题意，有 $A_{s1} = A_{s2}$，实际配置箍筋的体积配筋率

$$\rho_v = \frac{n_1 A_{sv1} l_1 + n_2 A_{sv2} l_2}{A_{cor} s} = \frac{2 \times 2 \times [(600 - 2 \times 30 + 10) + (200 - 2 \times 30 + 10)] A_{sv1}}{(600 + 400 - 2 \times 30) \times (200 - 2 \times 30) \times 100} \geqslant [\rho_v] = 1.07\%$$

得 $A_{s1} = 31.53\text{mm}^2$，可选 $\phi 8$，符合《异形柱规》表 6.2.10 的要求。

正确答案：B

考题精选 1–100：柱考虑地震作用组合的剪力设计值（2014 年一级题 3）

假定该框架边柱底层柱下端截面（基础顶面）有地震作用组合未经调整的弯矩设计值为 320kN·m，底层柱上端截面地震作用组合并经调整后的弯矩设计值为 312kN·m，柱反弯点在柱层高范围内。试问，该柱考虑地震作用组合的剪力设计值 V_c（kN），与下列何项数值最为接近？

提示：按《混凝土异形柱结构技术规程》JGJ 149—2017 作答。

A. 185 　　　B. 222 　　　C. 266 　　　D. 290

解答过程：

根据《异形柱规》JGJ 149—2017 第 5.1.6 条，框架结构框架抗震等级为二级，$\eta_c = 1.5$，柱上下端的弯矩分别为 $M_c^b = \eta_c M_c = 1.5 \times 320 = 480\text{kN·m}$；$M_c^t = 312\text{kN·m}$

根据《异形柱规》第 5.2.3 条，柱考虑地震作用组合的剪力设计值

$$V_c = \eta_{vc} \frac{M_c^t + M_c^b}{H_n} = 1.3 \times \frac{480 + 312}{3.6 + 1 - 0.45 - 0.05} = 251.1\text{kN}$$

正确答案：C

考题精选 1–101：柱外侧纵向受拉钢筋伸入梁内或板内的水平段长度（2014 年一级题 4）

假定该异形柱框架顶层端节点如图 1–115 所示，计算时按刚接考虑，柱外侧按计算配置的受拉钢筋为 $4\phi 20$。试问，柱外侧纵向受拉钢筋伸入梁内或板内的水平段长度 l（mm），取以下何项数值才能满足《混凝土异形柱结构技术规程》JGJ 149—2017 的最低要求？

A. 700 　　　B. 900 　　　C. 1100 　　　D. 1300

解答过程：

根据《混规》GB 50010—2017 第 8.3.1 条，混凝土强度等级 C30 小于 C60，抗拉强度设计值 $f_t = 1.43\text{N/mm}^2$，查《混规》表 8.3.1，得锚固钢筋的外形系数 $\alpha = 0.14$。

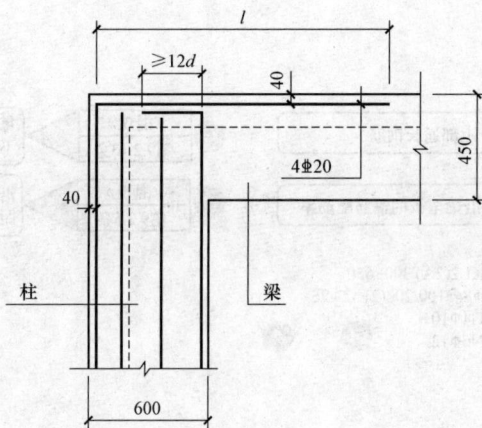

图 1-115　顶层端节点示意图

受拉钢筋基本锚固长度 $l_{ab} = \alpha \dfrac{f_y}{f_t} d = 0.14 \times \dfrac{360}{1.43} \times 20 = 704.9\text{mm}$

根据《混规》第 11.6.7 条，抗震等级为二级，有 $\zeta_{aE} = 1.15$，

则钢筋抗震锚固长度 $l_{abE} = 1.15 l_{ab} = 1.15 \times 704.9 = 810.6\text{mm}$

根据《异形柱规》JGJ 149—2017 第 6.3.2 条，

$l_1 \geqslant 1.6 l_{abE} - 450 - 40 = 1.6 \times 810.6 - 450 - 40 = 806.96\text{mm}$

同时根据《异形柱规》图 6.3.2（a）需满足

$l_1 \geqslant 1.5 h_b + (600 - 40) = 1.5 \times 450 + (600 - 40) = 1235\text{mm}$

正确答案：D

1.17　审图题

1.17.1　框架梁审图

1. 流程图

2. 易考点

（1）保护层要求；

（2）抗扭钢筋构造要求；

（3）梁侧钢筋构造要求；

（4）抗震设计时，配筋率；

（5）最小纵向配筋率；

（6）梁端底部与顶部钢筋面积比；

（7）框剪结构的纵向钢筋最小配筋率；

（8）最小配箍率；

（9）加密区/非加密区箍筋的要求；

（10）箍筋的最小直径；

（11）箍筋最大间距；

（12）箍筋的最小直径。

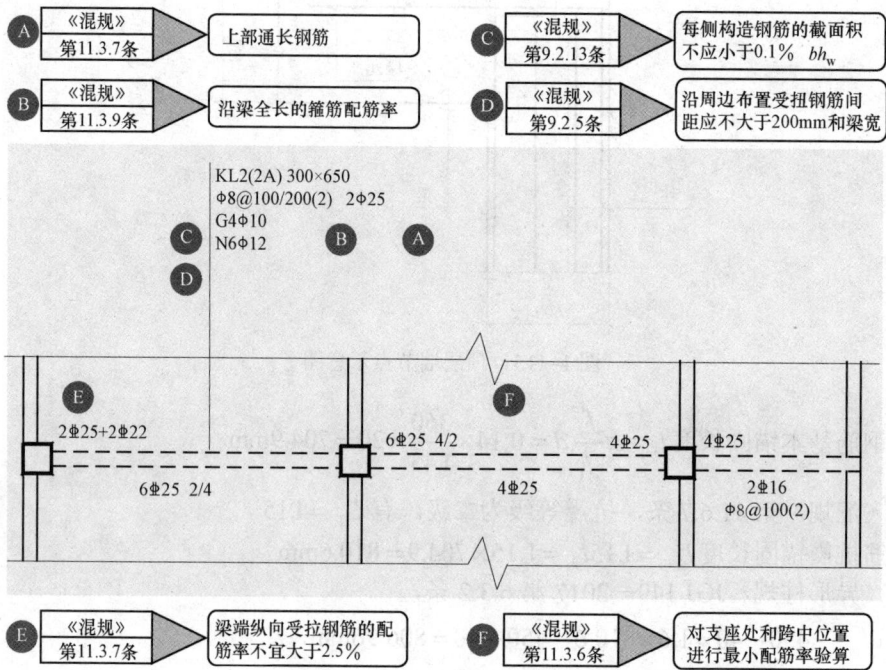

流程图 1-105　框架梁审图

3. 典型考题

2004 年一级题 7、2006 年一级题 11、2014 年一级题 5、2014 年一级题 7。

考题精选 1-102：框架边梁审图题（2004 年一级题 7）

框架结构边框架梁受扭矩作用，截面尺寸及配筋采用国标 16G101-1 平法表示，如

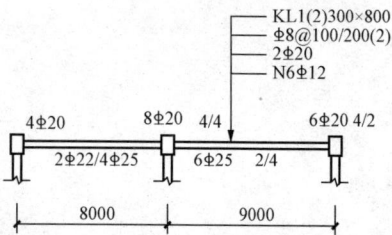

图 1-116　边框架梁截面尺寸及配筋

图 1-116 所示。该混凝土梁环境类别为一类，强度等级为 C35，钢筋用 HPB300 和 HRB335，抗震等级为二级。试问：下述哪种意见正确，说明理由？

提示：此题不执行规范"不宜"的限制条件。

A. 该梁设计符合规范要求

B. 该梁设计有 1 处违反规范条文

C. 该梁设计有 2 处违反规范条文

D. 该梁设计有 3 处违反规范条文

解答过程：

（1）根据《混规》GB 50010—2010 第 9.2.5 条，沿周边布置的受扭钢筋间距应不大于 200mm 和梁宽，梁每个侧面布置 3 根抗扭钢筋，钢筋间距应满足《混规》要求。

（2）每侧钢筋量为 339mm²，满足《混规》第 9.2.13 条"每侧构造钢筋的截面积不应小于 $0.1\% bh_w$"的规定，$0.1\% \times 300 \times (800-65)=220.5mm^2$"。

（3）根据《混规》第 11.3.7 条，梁端纵向受拉钢筋的配筋率不宜大于 2.5%，中柱梁端钢

172

筋数量最大。a_s 按照最小保护层厚度和最小净距 $20+10+20+\dfrac{25}{2}=62.5\text{mm}$，取为 65mm。配

筋率 $\rho=\dfrac{A_s}{bh_0}\times100\%=\dfrac{2513}{300\times(800-65)}\times100\%=1.14\%$，满足《混规》要求。

（4）根据《混规》第 11.3.6 条，对支座处和跨中位置进行最小配筋率验算。抗震等级为二级时，支座处最小配筋率 $0.65\dfrac{f_t}{f_y}=0.65\times\dfrac{1.57}{300}=0.34\%$ 和 0.3% 的较大者，取为 0.34%，实际

配筋率为 $\dfrac{1256}{300\times(800-65)}\times100\%=0.567\%$，满足《混规》要求。

跨中位置，$0.55\dfrac{f_t}{f_y}=0.55\times\dfrac{1.57}{300}=0.28\%>0.25\%$，最小配筋率为 0.28%，实际配筋率

为 $\dfrac{2724}{300\times(800-65)}=1.227\%$，满足《混规》要求。箍筋直径、间距满足《混规》第 11.3.6 条要求。

梁端截面的底部和顶部纵向受力钢筋截面积的比值满足《混规》第 11.3.6 条第 2 款，二级抗震等级不应小于 0.3 的要求。

（5）根据《混规》第 11.3.9 条，沿梁全长的箍筋配筋率应满足 $\rho_{sv}\geqslant0.28\dfrac{f_t}{f_{yv}}$。

$\rho_{sv}=\dfrac{A_{sv}}{bs}=\dfrac{101}{300\times200}=0.168\%>0.28\dfrac{f_t}{f_{yv}}=0.28\times\dfrac{1.57}{270}=0.163\%$，故满足《混规》要求。

（6）根据《混规》第 11.3.7 条，上部通长钢筋为 2Φ20，$A_s=628\text{mm}^2<6\Phi25$ 钢筋的 25%，

即 $0.25A_s=735\text{mm}^2$。

正确答案：B

考题精选 1–103：框架梁的构造（2006 年一级题 11）

某框架梁，抗震设防烈度为 8 度，抗震等级为二级，环境类别一类，其施工图用平法表示如图 1–117 所示。试问：在 KL1（3）梁的构造中（不必验算箍筋加密区长度），下列何项判断是正确的？

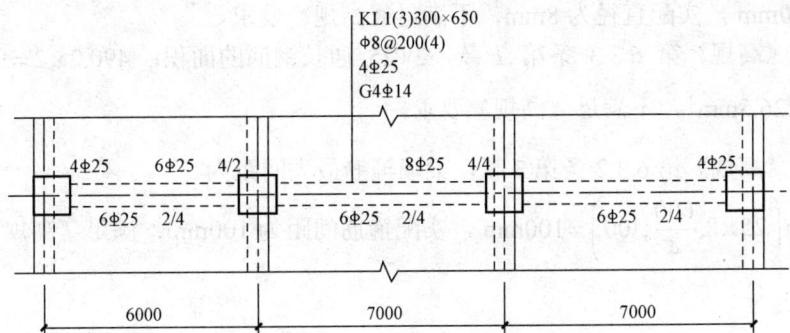

图 1–117　框架梁施工图平法

A. 未违反强制性条文   B. 违反 1 条强制性条文
C. 违反 2 条强制性条文   D. 违反 3 条强制性条文

解答过程：

（1）查《混规》GB 50010—2010 附表 A.0.1，得 8Φ25 钢筋的面积 $A_s=3927\text{mm}^2$。

根据《混规》第 11.3.7 条，对梁端纵向受拉钢筋的配筋率 $\rho=\dfrac{A_s}{bh_0}=\dfrac{3927}{300\times615}=2.1\%<2.5\%$，

满足《混规》要求。

（2）根据《混规》第 11.3.6 条第 2 款，对梁端底部与顶部钢筋截面积比值进行验算。因钢筋直径相同，底部钢筋根数/顶部钢筋根数=6/8=0.75>0.3，满足《混规》要求。

（3）根据《混规》第 11.3.6 条第 3 款，箍筋最大间距为 25×8=200mm、$\dfrac{650}{4}=163\text{mm}$ 和

100mm 的最小值，为 100mm，箍筋间距实为 200mm，不满足《混规》要求；箍筋最小直径，由于配筋率为 2.1%>2%，应为 8+2=10mm，实际布置为 8mm，违反《混规》规定。

正确答案：B

考题精选 1-104：框架梁配筋有几处违反规范的抗震构造要求（2014 年一级题 5）

大题干参见考题精选 1-5。

已知，框架梁中间支座截面有效高度 $h_0=530\text{mm}$。试问，图 1-12（A）框架梁 KL1（2）配筋有几处违反规范的抗震构造要求，并简述理由。

提示：$x/h_0<0.35$。

A. 无违反   B. 有一处   C. 有二处   D. 有三处

解答过程[1]：

（1）根据《高规》JGJ 3—2010 第 6.3.2 条第 3 款，对梁端底部与顶部钢筋截面积比值进行验算，因框架梁上下配筋直径相同，可以用钢筋根数代替面积计算，则 $\dfrac{A'_s}{A_s}=\dfrac{6}{6+4}=0.6>0.3$，

满足《高规》要求。

（2）对梁端纵向受拉钢筋的配筋率 $\rho=\dfrac{A_s}{bh_0}=\dfrac{4906}{400\times530}=2.3\%$，$2\%<\rho=2.3\%<2.5\%$，

满足《高规》第 6.3.3 条第 1 款要求。

（3）箍筋最小直径，由于配筋率为 2.3%>2%，根据《高规》第 6.3.2 条第 4 款，$d_{\min}=8+2=10\text{mm}$，实配直径为 8mm，不满足《高规》要求。

（4）根据《高规》第 6.3.3 条第 2 款，2Φ25 通长钢筋的面积：$490.2\times2=980.4\text{mm}^2$，

$490.2\times\dfrac{10}{4}=1226.5\text{mm}^2$，不满足《高规》要求。

（5）根据《高规》第 6.3.2 条第 3 款，梁端箍筋最大间距为

$$s_{\max}=\min\left(25\times8,\dfrac{600}{4},100\right)=100\text{mm}$$，实配箍筋间距为 100mm，满足《高规》要求。

正确答案：C

---

❶ 因大题干中提到"高层办公楼"，所以本解答采用《高规》作答。

考题精选 1–105：框架梁有几处违反规范的抗震构造要求（2014 年一级题 7）

大题干参见考题精选 1–5。

框架柱 KZ1 剪跨比大于 2，配筋如图 1–12（b）所示，试问，图中 KZ1 有几处违反规范的抗震构造要求，并简述理由。

提示：KZ1 的箍筋体积配箍率及轴压比均满足规范要求。

A. 无违反 　　　　B. 有一处 　　　　C. 有二处 　　　　D. 有三处

解答过程：

根据《高规》JGJ 3—2010 第 6.4.3 条，二级抗震框架结构中柱，采用 HRB400 级钢筋，根据《高规》表 6.4.3 注 2，最小配筋率应增大 0.05%，则框剪结构的纵向钢筋最小配筋率 $[\rho_{\min}] = 0.7\% + 0.05\% = 0.75\%$。

实际纵向钢筋配筋率 $\rho = \dfrac{A_s}{bh} = \dfrac{314 \times 4 + 254.5 \times 12}{800 \times 800} = 0.67\% < [\rho_{\min}] = 0.75\%$，不满足《高规》要求；

根据《高规》第 6.4.8 条第 3 款，非加密区箍筋间距 200mm > 10d = 10 × 18 = 180mm，不满足《高规》要求。

正确答案：C

1.17.2　现浇混凝土梁板结构审图

1. 流程图

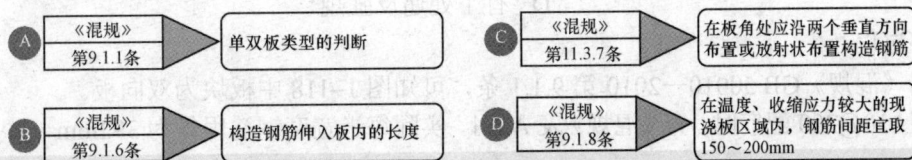

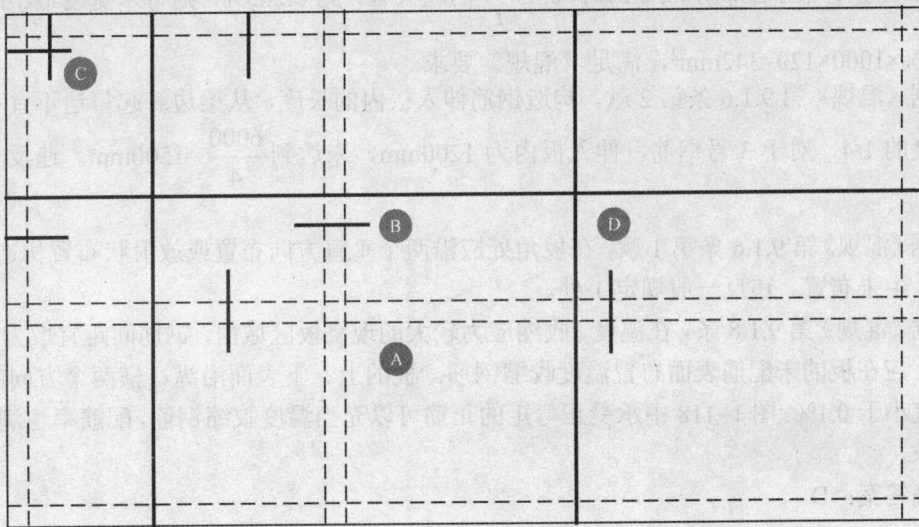

流程图 1–106　现浇混凝土梁板结构审图

2. 易考点

（1）单、双向板的分界；

（2）板的最小配筋率；

（3）构造钢筋的锚固长度；

（4）板角构造钢筋；

（5）板中温度收缩筋。

3. 典型考题

2004 年一级题 9。

考题精选 1-106：现浇混凝土梁板结构审图题（2004 年一级题 9）

有一现浇混凝土梁板结构，图 1-118 为该屋面板的施工详图；截面画有斜线的部分为剪力墙体，未画斜线的为钢筋混凝土柱。屋面板的昼夜温差较大。板厚 120mm，采用 C40 混凝土，HPB300 钢筋。

校审该屋面板施工图时，有以下几种意见。试指出何项说法是正确的，并说明理由。

提示：① 板边支座按简支考虑；② 板的负筋（构造钢筋，受力钢筋）的长度、配筋量，均已满足规范要求；③ 属于规范同一条中的问题，应算作一处。

A. 均符合规范要求，无问题

B. 有 1 处违反强规，有 3 处不符合一般规定

C. 有 3 处不符合一般规定

D. 有 1 处违反强规

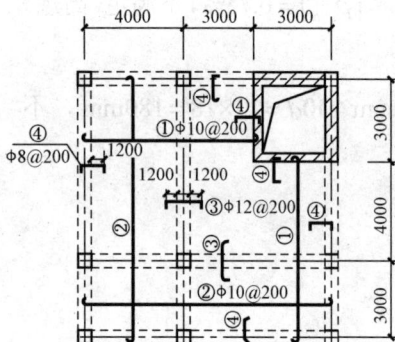

图 1-118　屋面板施工详图

解答过程：

根据《混规》GB 50010—2010 第 9.1.1 条，可知图 1-118 中板块为双向板。

按照 Φ10@200 配筋时，查《混规》表 A.0.1，实际每米宽度钢筋用量为 393mm²。根据《混规》第 8.5.1 条，最小配筋率取 0.2% 和 $0.45\dfrac{f_t}{f_y}$ 的较大者，为 0.285%，则每米宽度最小配筋应为 0.285%×1000×120=342mm²，满足《混规》要求。

根据《混规》第 9.1.6 条第 2 款，构造钢筋伸入板内的长度，从梁边算起每边不宜小于板计算跨度的 1/4，对于 3 号钢筋，伸入板内为 1200mm，未达到 $\dfrac{6000}{4}$=1500mm。违反一般规定 1 处。

根据《混规》第 9.1.6 条第 1 款，在板角处应沿两个垂直方向布置或放射状布置构造钢筋，图 1-118 中未布置。违反一般规定 1 处。

根据《混规》第 9.1.8 条，在温度、收缩应力较大的现浇板区域内，钢筋间距宜取为 150～200mm，应在板的未配筋表面布置温度收缩钢筋。板的上、下表面沿纵、横两个方向的配筋率均不宜小于 0.1%。图 1-118 中承受正弯矩的正筋可以充当温度收缩钢筋，配筋率也满足《混规》要求。

正确答案：D

1.17.3 框架结构的角柱审图

1. 流程图

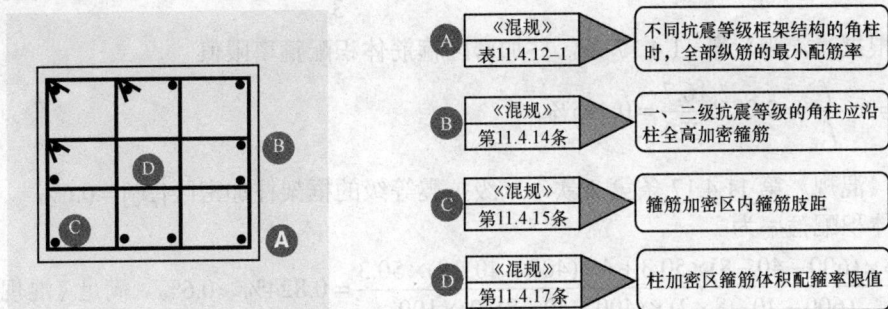

流程图 1-107　框架结构的角柱审图

图中流程内容：

A	《混规》表11.4.12-1	不同抗震等级框架结构的角柱时，全部纵筋的最小配筋率
B	《混规》第11.4.14条	一、二级抗震等级的角柱应沿柱全高加密箍筋
C	《混规》第11.4.15条	箍筋加密区内箍筋肢距
D	《混规》第11.4.17条	柱加密区箍筋体积配箍率限值

2. 易考点

（1）柱的最小配筋率；

（2）一、二级抗震时角柱箍筋的要求；

（3）箍筋加密区的肢距。

3. 典型考题

2004 年一级题 10。

考题精选 1-107：框架结构的角柱审图题（2004 年一级题 10）

有一 6 层框架结构的角柱，其按平法 16G101—1 的施工图原位表示见图 1-119。该结构为一般民用建筑，无库房区，且作用在结构上的活荷载仅为按等效均布荷载计算的楼面活荷载。框架的抗震等级为二级，环境类别为一类；该角柱的轴压比 $\mu_\mathrm{N} \leqslant 0.3$。采用 C35 混凝土，HPB300 和 HRB335 钢筋[1]。

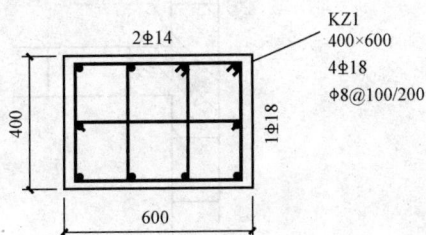

图 1-119　角柱施工图原位表示

在对该施工图进行校审时，有如下几种意见，试问何项正确，并说明理由。

A. 有 2 处违反规范要求　　　　B. 完全满足

C. 有 1 处违反规范要求　　　　D. 有 3 处违反规范要求

解答过程：

4Φ18 截面积为 1017mm²，4Φ14 截面积为 615mm²，2Φ18 截面积为 509mm²。

（1）根据《混规》GB 50010—2010 表 11.4.12-1，抗震等级为二级的框架结构的角柱采用 HRB335 级钢筋时，全部纵筋的最小配筋率为 0.9+0.1=1.0%。实际配筋率

$$\rho = \frac{A_\mathrm{s}}{bh} = \frac{1017 + 509 + 615}{400 \times 600} = 0.89\%$$

，不满足《混规》要求。

（2）根据《混规》第 11.4.14 条，一、二级抗震等级的角柱应沿柱全高加密箍筋，不满足《混规》要求。

---

❶ 题中"采用 C35 混凝土，HPB235 和 HRB335 钢筋"根据新规范应改为"采用 C35 混凝土，HPB300 和 HRB335 钢筋"。

（3）根据《混规》第 11.4.15 条，箍筋加密区内箍筋肢距，二级抗震时不宜大于 250mm 和 20 倍箍筋直径中的较大者，即箍筋肢距不大于 250mm 和 20×8=160mm 中的较大者。由图 1-120 可知，保护层厚度为 30mm，箍筋肢距为 $\dfrac{600-2\times30}{3}=180\text{mm}$，满足《混规》要求。

（4）根据《混规》第 11.4.17 条，柱加密区箍筋体积配箍率限值

$$[\rho_{\text{v}}] = \lambda_{\text{v}}\frac{f_{\text{c}}}{f_{\text{yv}}} = 0.08\times\frac{16.7}{270} = 0.495\%$$

根据《混规》第 11.4.17 条第 2 款，二级抗震等级的框架柱加密区 $[\rho_{\text{v}}]=0.6\%$
实际体积配箍率为

$$\rho_{\text{v}} = \frac{3\times(600-40-8)\times50.3+4\times(400-40-8)\times50.3}{(600-40-8\times2)\times(400-40-8\times2)\times100} = 0.824\%>0.6\%$$，满足《混规》要求。

正确答案：A

1.17.4 剪力墙翼墙审图

1. 流程图

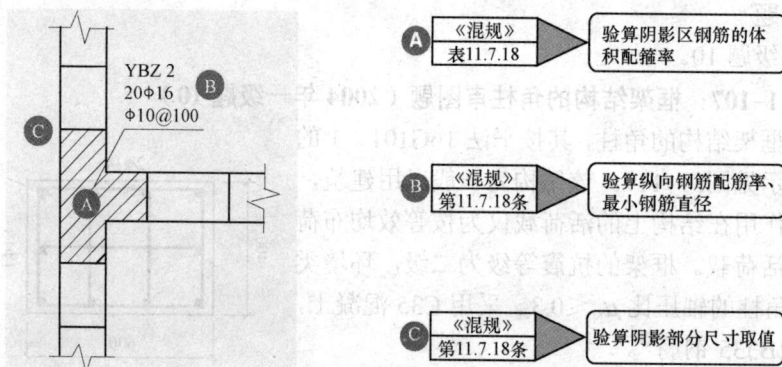

流程图 1-108 剪力墙翼墙审图

2. 易考点

（1）剪力墙约束边缘构件 l_{c}；
（2）剪力墙约束边缘构件的配筋率；
（3）剪力墙约束边缘构件的箍筋直径和间距；
（4）约束边缘构件的概念；
（5）约束构件的尺寸；
（6）最小体积配筋率的计算；
（7）实际体积配箍率的计算；
（8）纵向配筋率；
（9）剪力墙的配筋率；
（10）连梁箍筋的要求。

178

3. 典型考题

2004 年一级题 12、2014 年一级题 6、2014 年一级题 8。

考题精选 1–108：剪力墙翼墙审图题（2004 年一级题 12）

某多层框剪结构，经验算其底层剪力墙应设约束边缘构件（有翼墙），该剪力墙抗震等级为二级，结构的环境类别为一类，轴压比 $\mu_N > 0.4$；采用 C40 混凝土，HPB300 和 HRB335 钢筋。该约束边缘翼墙设置箍筋范围（即图中阴影部分）的尺寸及配筋，采用平法 16G101-1 表示于图 1–120。

当对该图校审时，有如下意见，指出其中何项正确，并说明理由。

提示：非阴影部分配筋及尺寸均满足规范要求。

A. 有 1 处违反规范规定

B. 有 2 处违反规范规定

C. 有 3 处违反规范规定

D. 符合规范要求，无问题

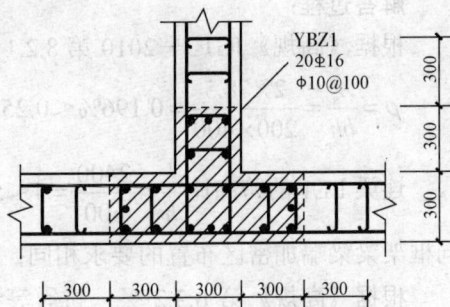

图 1–120　箍筋设置范围

解答过程：

（1）验算阴影区钢筋的体积配箍率

根据《混规》GB 50010—2010 表 11.7.18，轴压比 $\mu_N > 0.4$，得最小配箍特征值 $\lambda_v = 0.2$，

允许体积配箍率 $[\rho_v] = \lambda_v \dfrac{f_c}{f_{yv}} = 0.2 \times \dfrac{19.1}{270} = 1.41\%$。

根据《混规》第 8.2.1 条，墙、C40、一类环境取钢筋保护层厚度最小为 15mm，则实际体积配箍率为

$$\rho_v = \frac{\left[(300 - 15 \times 2 - 10) \times 6 + 2 \times 900 + 2 \times \left(600 - 15 - \dfrac{10}{2}\right)\right] \times 78.5}{(300 - 15 \times 2 - 10) \times (900 + 315) \times 100} = 1.21\% < 1.41\%，不满足$$

《混规》要求。

（2）验算纵向钢筋配筋率

纵向钢筋面积为 4020mm²，大于阴影部分面积的 1.0%。1.0% × 300 × （900 + 300）= 3600mm²，满足《混规》要求。

（3）验算阴影部分尺寸取值

图 1–120 阴影部分竖向尺寸应取 b_w 且不小于 300mm，实际为 300mm，满足《混规》要求。

图 1–120 阴影部分水平尺寸，两侧应延伸 b_f 且不小于 300mm，实际为 300mm，满足《混规》要求。

正确答案：A

考题精选 1–109：剪力墙配筋及连梁配筋共有几处违反规范的抗震构造要求（2014 年一级题 6）

大题干参见考题精选 1–5。

试问，图 1–12（a）剪力墙 Q1 配筋及连梁 LL1 配筋共有几处违反规范的抗震构造要求，

并简述理由。

提示：LL1 腰筋配置满足规范要求。

A. 无违反   B. 有一处   C. 有二处   D. 有三处

解答过程：

根据《高规》JGJ 3—2010 第 8.2.1 条，剪力墙 Q1 的配筋率

$$\rho = \frac{A_s}{bh} = \frac{2 \times 78.5}{200 \times 400} = 0.196\% < 0.25\%，不满足《高规》要求；$$

连梁 LL1 的跨高比 $\frac{l}{h} = \frac{2400}{600} = 4 < 5$，根据《高规》第 7.2.27 条第 2 款，连梁箍筋的布置同框架梁梁端加密区布置的要求相同；

根据《高规》第 6.3.2 条，抗震等级为一级，箍筋最小直径 $d_{min} = 10mm$，图 1—12（a）中箍筋直径为 8mm，不满足《高规》要求。

正确答案：C

考题精选 1–110：剪力墙约束边缘构件有几处违反规范的抗震构造要求（2014 年一级题 8）

大题干参见考题精选 1–5。

剪力墙约束边缘构件 YBZ1 配筋图 1–12（c）所示，已知墙肢底截面的轴压比为 0.4，试问，图中 YBZ1 有几处违反规范的抗震构造要求，并简述理由。

提示：YBZ1 阴影区和非阴影区的箍筋和拉筋体积配箍率满足规范要求。

A. 无违反   B. 有一处   C. 有二处   D. 有三处

解答过程：

轴压比 0.4 > 0.3，根据《高规》JGJ 3—2010 第 7.2.15 条，抗震等级为一级，设防烈度为 8 度

$$l_c = 0.15h_w = 0.15 \times (7500 + 400) = 1185mm$$

图 1–12（c）中 $l_c = 1100mm < 1185mm$，不满足《高规》要求；

$$\rho = \frac{A_s}{A} = \frac{16 \times 314}{400 \times (800 + 400)} = 1.05\% < 1.2\%，不满足《高规》要求；$$

箍筋直径和间距满足要求。

正确答案：C

2 钢 结 构

2

2

流程图目录

2

2

2.1 考试常用条文与内容

2.1.1 钢结构在考试中常用条文（表 2-1～表 2-6）

表 2-1 　　　　　　　　　　　　《钢 规》常 考 条 文❶

章节	规范条文代号						
3. 基本设计规定	3.1.2 条	3.1.3 条	3.1.4 条	3.1.5 条	3.1.6 条	—	—
	3.2.1 条	3.2.2★	3.2.3 条	3.2.4 条	3.2.8 条★	—	—
	3.3.2 条	3.3.3 条	3.3.4 条	—	—	—	—
	3.4.1 条★	3.4.2 条★	3.4.3 条	—	—	—	—
	3.5.3 条	—	—	—	—	—	—
4. 受弯构件的计算	4.1.1 条★	4.1.2 条★	4.1.3 条	4.1.4 条	4.1.5 条	—	—
	4.2.1 条	4.2.2 条★	4.2.3 条★	4.2.4 条	—	—	—
	4.4.1 条	4.4.2 条	—	—	—	—	—
5. 轴心受力构件和拉弯、压弯构件的计算	5.1.1 条★	5.1.2 条★	5.1.3 条	5.1.4 条	5.1.5 条	—	—
	5.2.1 条★	5.2.2 条★	5.2.3 条★	5.2.4 条	5.2.5 条	5.2.6 条	5.2.7 条
	5.3.1 条★	5.3.2★	5.3.6 条	5.3.8 条★	5.3.9 条★	—	—
	5.4.1 条	5.4.2 条	5.4.3 条	5.4.4 条	5.4.6 条	—	—
6. 疲劳计算	6.1.1 条	6.2.1 条★	6.2.2 条★	6.2.3 条★			
7. 连接计算	7.1.1 条	7.1.2 条★	7.1.3 条★	7.1.4 条	7.1.5 条		
	7.2.1 条★	7.2.2 条★	7.2.3 条★	7.2.4 条	7.2.5 条		
	7.3.1 条	7.3.2 条	—	—	—		
	7.4.1 条	7.4.2 条	—	—	—		
	7.5.1 条	7.5.2 条	—	—	—		
	7.6.2 条	7.6.3 条	—	—	—		
8. 构造要求	8.1.2 条	8.1.4 条	—			—	—
	8.2.1 条	8.2.4 条	8.2.5 条	8.2.7 条★	8.2.8 条	—	—
	8.3.1 条	8.3.4 条	8.3.5 条			—	—
	8.7.1 条	8.7.2 条				—	—
9. 塑性要求	9.1.2 条	9.1.3 条	9.1.4 条				
	9.2.1 条	9.2.2 条	9.2.3 条	9.2.4 条	—	—	—
	9.3.1 条	9.3.2 条	—	—	—	—	—

❶ 加★者为注册结构考试中重点考查条文。

188

章节	规范条文代号					
10. 钢管结构	10.1.2 条	10.1.4 条	—	—	—	—
	10.2.1 条	10.2.3 条	10.2.5 条	—	—	—
	10.3.2 条	10.3.3 条	—	—	—	—
11. 钢与混凝土组合梁	11.1.2 条	—	—	—	—	—
	11.2.1 条	11.2.2 条	—	—	—	—
	11.3.1 条	11.3.2 条	11.3.4 条	—	—	—
附录	B★	C★	D★	—	—	—

表 2-2 　　　　　　　　　　**《抗规》GB 50010—2010 常考条文**

章节	规范条文代号					
8. 多层和高层钢结构房屋	8.1.1 条	8.1.2 条	8.1.3 条★	8.1.6 条	8.1.8 条	—
	8.2.2 条★	8.2.3 条★	8.2.5★	8.2.6 条	8.2.7 条	8.2.8 条
	8.3.1 条	8.3.2 条	8.3.4 条	—	—	—
	8.4.1 条	8.4.2 条	—	—	—	—
	8.5.1 条	8.5.3 条	8.5.4 条	—	—	—
9.2 单层钢结构厂房	9.2.9 条	9.2.10 条	9.2.13 条	9.2.14 条	9.2.16 条	—
附录	K	—	—	—	—	—

表 2-3 　　　　　　　　　　**《高钢规》JGJ 82—2015 可考条文**

章节	规范条文代号					
3. 基本规定	3.1.1 条	3.1.2 条	3.1.3 条	3.1.4 条	3.1.5 条	3.1.7 条
	3.2.3 条	3.2.4 条	3.2.5 条	—	—	—
4. 连接设计	4.1.1 条	4.1.2 条	4.1.3 条	4.1.4 条	4.1.5 条	—
	4.2.3 条	4.2.4 条	4.2.5 条	4.2.7 条	—	—
	4.3.1 条	4.3.3 条	4.3.4 条	—	—	—
5. 连接接头设计	5.1.2 条	5.1.3 条	5.1.4 条	—	—	—
	5.2.2 条	5.2.3 条	5.2.4 条	—	—	—
	5.3.2 条	5.3.3 条	5.3.4 条	—	—	—
	5.4.2 条	5.4.3 条	5.5.3 条	5.5.5 条	—	—

表 2–4 《网格规》JGJ 7—2010 可考条文

章节	规范条文代号						
3. 基本规定	3.1.2条	3.1.8条	3.2.5条	3.2.6条	3.2.8条	3.2.11条	3.5.1条
4. 结构计算	4.3.1条	4.4.1条	4.4.8条	4.4.10条	—	—	—
5. 杆件和节点的设计与构造	5.1.2条	5.1.3条	5.1.4条	5.1.6条	—	—	—
	5.2.4条	5.2.5条	5.3.2条	5.3.4条	5.5.5条	—	—
6. 制作、安装与交验	6.2.3条	6.3.2条	6.3.3条	—	—	—	—

表 2–5 《焊规》GB 50661—2011 可考条文

章节	规范条文代号						
3. 基本规定	3.0.1条	—	—	—	—	—	—
4. 材料	4.0.5条	4.0.10条	—	—	—	—	—
5. 焊接连接构造设计	5.1.5条	5.3.2条	5.3.3条	5.3.4条	5.3.5条	5.4.2条	5.5.1条
	5.6.1条	5.6.2条	—	—	—	—	—

表 2–6 《高强度螺栓规程》JGJ 82—2011 可考条文

章节	规范条文代号					
3. 基本规定	3.1.1条	3.1.2条	3.1.3条	3.1.4条	3.1.5条	3.1.7条
	3.2.3条	3.2.4条	3.2.5条	—	—	—
4. 连接设计	4.1.1条	4.1.2条	4.1.3条	4.1.4条	4.1.5条	—
	4.2.3条	4.2.4条	4.2.5条	4.2.7条	—	—
	4.3.1条	4.3.3条	4.3.4条	—	—	—
5. 连接接头设计	5.1.2条	5.1.3条	5.1.4条	—	—	—
	5.2.2条	5.2.3条	5.2.4条	—	—	—
	5.3.2条	5.3.3条	5.3.4条	—	—	—
	5.4.2条	5.4.3条	5.5.3条	5.5.5条	—	—

2.1.2 钢结构常考的内容

（1）吊车荷载、吊车梁的相关计算；
（2）受弯构件的强度、整体稳定、局部稳定、挠度计算；
（3）轴心受压构件的强度、整体稳定、局部稳定、刚度计算；
（4）轴心受拉构件的强度、刚度计算；
（5）拉弯构件的强度、刚度计算；
（6）压弯构件的强度、整体稳定、局部稳定、刚度计算；

（7）疲劳计算；

（8）焊缝连接计算及构造要求；

（9）螺栓连接计算及构造要求；

（10）钢与混凝土组合梁计算及构造要求；

（11）等稳定、等强度连接的概念；

（12）钢结构的抗震计算及构造。

2.2 基本设计规定

2.2.1 设计原则——《钢规》第 3.1.1 条、第 3.1.5 条（表 2-7）

表 2-7   钢结构的设计原则（《钢规》第 3.1.1 条与第 3.1.5 条）

序号	计算类别	设计方法	荷载取值
1	强度	极限状态设计方法 （采用分项系数设计表达式）	荷载设计值=荷载标准值×荷载分项系数
2	稳定性		
3	刚度		荷载标准值
4	疲劳	以应力幅为准的疲劳设计	

2.2.2 承重结构设计内容与荷载效应的组合——《钢规》第 3.1.2 条、第 3.1.4 条（流程图 2-1、流程图 2-2）

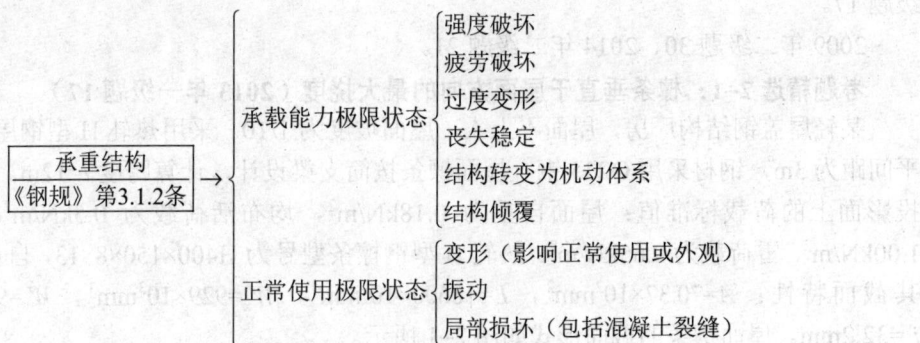

流程图 2-1   承重结构设计内容（《钢规》第 3.1.2 条）

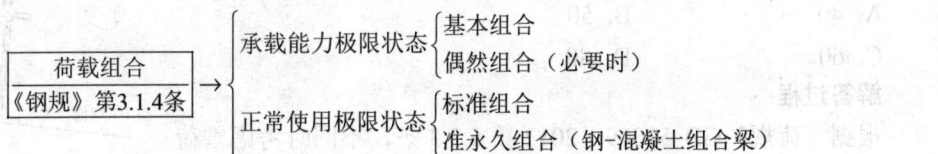

流程图 2-2   荷载效应的组合（《钢规》第 3.1.4 条）

2.2.3　正常使用极限状态的荷载组合——《钢规》第3.1.4条

1. 流程图

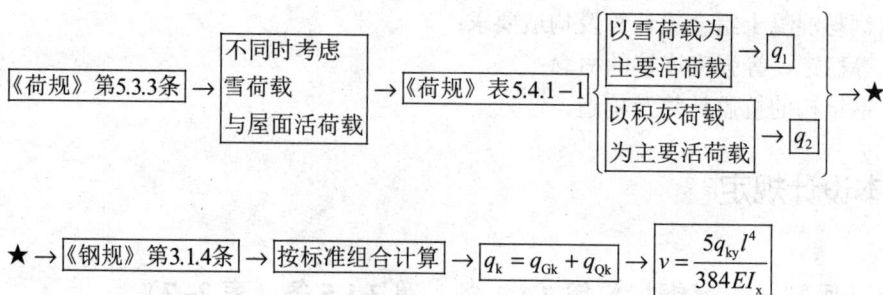

流程图 2–3　正常使用极限状态的荷载组合（《钢规》第3.1.4条）

2. 易考点

（1）荷载的组合；

（2）挠度计算；

（3）主导荷载的确定；

（4）不上人屋面，不同时考虑雪荷载与活荷载；

（5）屋面水平投影面上的标准值计算；

（6）《荷规》第5.3.3条与《钢规》的关联计算；

（7）对钢与混凝土组合梁，尚应考虑准永久组合。

3. 典型考题

2005年一级题17、2007年一级题19、2008年一级题18、2009年一级题17、2013年一级题17。

2009年二级题30、2014年二级题21。

考题精选 2–1：檩条垂直于屋面方向的最大挠度（2013年一级题17）

某轻屋盖钢结构厂房，屋面不上人，屋面坡度为1/10。采用热轧H型钢屋面檩条，其水平间距为3m，钢材采用Q235钢。屋面檩条按简支梁设计，计算跨度 $l=12\mathrm{m}$。假定屋面水平投影面上的荷载标准值：屋面自重为 $0.18\mathrm{kN/m^2}$，均布活荷载为 $0.5\mathrm{kN/m^2}$，积灰荷载为 $1.00\mathrm{kN/m^2}$，雪荷载为 $0.65\mathrm{kN/m^2}$。热轧H型钢檩条型号为H400×150×8×13，自重为0.56kN/m，其截面特性：$A=70.37\times10^2\mathrm{mm^2}$，$I_x=18600\times10^4\mathrm{mm^4}$，$W_x=929\times10^3\mathrm{mm^3}$，$W_y=97.8\times10^3\mathrm{mm^3}$，$i_y=32.2\mathrm{mm}$。屋面檩条的截面形式如图2–1所示。

试问：屋面檩条垂直于屋面方向的最大挠度（mm）应与下列何项数值最为接近？

A. 40　　　　　　　　B. 50

C. 60　　　　　　　　D. 80

解答过程：

根据《荷规》GB 50009—2012第5.3.3条，不同时考虑雪荷载与屋面活荷载，因 $0.65\,\mathrm{kN/m^2}>0.5\,\mathrm{kN/m^2}$，仅考虑雪荷载。

雪荷载与积灰组合时，查《荷规》表5.4.1–1，得积灰荷载的

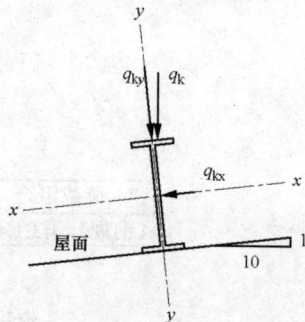

图 2–1　屋面檩条的截面形式

组合系数 $\psi_c = 0.9$；根据《荷规》第 7.1.5 条，雪荷载的组合系数 $\psi_c = 0.7$

当以雪荷载为主要活荷载时，$q_1 = 0.65 + 1.0 \times 0.9 = 1.55\text{kN/m}^2$

当以积灰荷载为主要活荷载时，$q_2 = 0.65 \times 0.7 + 1 = 1.455\text{kN/m}^2$，故以雪荷载为主要活荷载。

根据《钢规》GB 50017—2003 第 3.1.4 条，应按标准组合计算。

屋面檩条均布荷载标准值（包括自重）

$$q_k = q_{Gk} + q_{Qk} = (0.56 + 0.18 \times 3) + (0.65 \times 3 + 1 \times 0.9 \times 3) = 5.75\text{kN/m}$$

根据图 2–1 可知，屋面坡度为 1/10，$q_{ky} = 5.75 \times 10 / \sqrt{10^2 + 1} = 5.72\text{kN/m}$

屋面檩条垂直于屋面方向的最大挠度

$$v = \frac{5q_{ky}l^4}{384EI_x} = \frac{5 \times 5.72 \times 12000^4}{384 \times 206 \times 10^3 \times 18600 \times 10^4} = 40.31\text{mm}$$

正确答案：A

2.2.4 结构安全等级——《钢规》第 3.1.3 条条文说明

易错点

跨度 ≥60m 的结构安全等级宜取为一级。

2.2.5 荷载系数——《钢规》第 3.1.6 条

1. 流程图

$$直接承受动力荷载 \begin{cases} 承载能力极限状态 \begin{cases} 强度 \\ 稳定性 \end{cases} \times 动力系数 \\ 正常使用极限状态 \begin{cases} 疲劳 \\ 变形 \end{cases} 采用标准值（不乘动力系数） \end{cases}$$

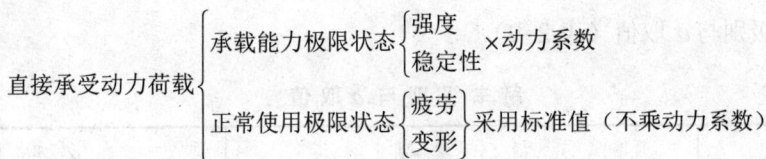

流程图 2–4　直接承受动力荷载的结构（《钢规》第 3.1.6 条）

直接承受动力荷载的构件如吊车梁、吊车桁架等；牛腿为不直接承受动力荷载的构件。

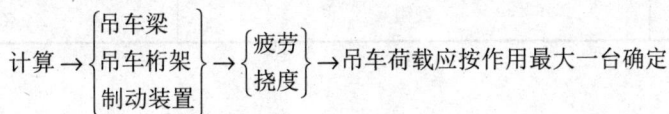

$$计算 \rightarrow \begin{cases} 吊车梁 \\ 吊车桁架 \\ 制动装置 \end{cases} \rightarrow \begin{cases} 疲劳 \\ 挠度 \end{cases} \rightarrow 吊车荷载应按作用最大一台确定$$

流程图 2–5　吊车荷载的确定

2. 易考点

吊车梁疲劳计算时，吊车荷载取值。

3. 典型考题

2008 年一级题 28；2011 年一级题 29。

2.2.6 结构的重要性系数——《钢规》第 3.2.1 条

易错点

（1）设计钢结构时，应按《荷规》采用荷载的标准值、荷载分项系数、荷载组合值系数、动力荷载的动力系数等。对设计使用年限为 25 年的结构构件，结构的重要性系数 γ_0 不应小于 0.95。

（2）对支承轻屋面的构件或结构（檩条、屋架、框架等），当仅有一个可变荷载且受荷水平投影面积超过 60m² 时，屋面均布活荷载标准值应取为 0.3kN/m²。

2.2.7 作用于每个轮压处的水平力标准值——《钢规》第 3.2.2 条

1. 易错点

（1）吊车摆动引起的横向水平力标准值。

（2）计算重级工作制吊车梁（或吊车桁架）及其制动结构的强度、稳定性以及连接（吊车梁或吊车桁架、制动结构、柱相互间的连接）的强度时，应考虑由吊车摆动引起的横向水平力（此水平力不与荷载规范规定的横向水平荷载同时考虑）。

（3）《荷规》6.1.1 条的条文说明中提到：《起重机设计规范》GB/T 3811 把吊车工作级别划分为 A1～A8 级，详见表 2-8。

表 2-8   吊车的工作制等级与工作级别的对应关系

工作制等级	轻级	中级	重级	超重级
工作级别	A1～A3	A4、A5	A6、A7	A8

（4）吊车级别与 α 取值（表 2-9）。

表 2-9   吊车级别与 α 取值

序 号	吊 车 级 别	α 取 值
1	一般结构	$\alpha = 0.1$
2	抓斗或磁盘	$\alpha = 0.15$
3	硬钩	$\alpha = 0.2$

2. 流程图

$$\boxed{《钢规》第3.2.2条} \rightarrow \boxed{H_k = \alpha P_{k,\max}}$$

流程图 2-6   作用于每个轮压处的水平力标准值（《钢规》第 3.2.2 条）

3. 易考点

（1）吊车最大轮压标准值的计算；

（2）吊车摆动引起的横向水平力标准值；

（3）吊车工作制与吊车工作级别的关系；

（4）与《荷规》第6.1.2条相区别。

4. 典型考题

2006年一级题17、2007年一级题16、2010年一级题17。

2014年二级题24、2016年二级题28。

考题精选 2-2：作用在每个吊车轮处由吊车摆动引起的横向水平力标准值（2010年一级题17）

某单层工业厂房为钢结构，厂房柱距21m，设置有两台重级工作制的软钩吊车，吊车每侧有4个车轮，最大轮压标准值 $P_{k,max}$=355kN，吊车轨道高度 h_R=150mm，每台吊车的轮压分布如图2-2（a）所示。吊车梁为焊接工字形截面如图2-2（b）所示，采用Q345C钢制作，焊条采用E50型，图中长度单位为mm。

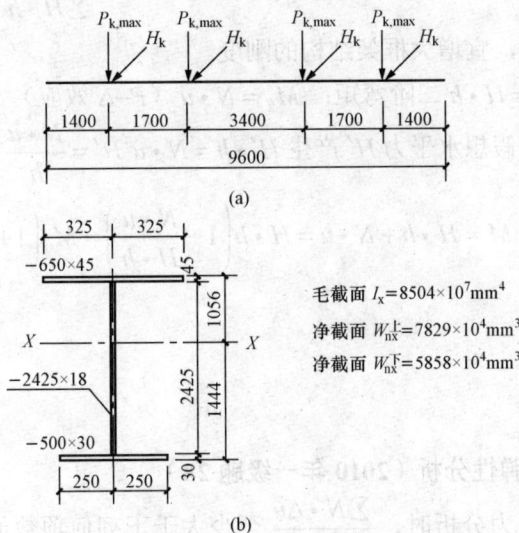

图 2-2　吊车轮压分布

在计算吊车梁的强度、稳定性及连接的强度时，应考虑由吊车摆动引起的横向水平力，试问：作用在每个吊车轮处由吊车摆动引起的横向水平力标准值 H_k(kN)，与下列何项数值最为接近？

A. 11.1　　　　　　B. 13.9　　　　　　C. 22.3　　　　　　D. 35.5

解答过程：

根据《钢规》GB 50017—2003 第3.2.2条，作用在每个吊车轮处由吊车摆动引起的横向水平力标准值 $H_k = \alpha P_{k,max} = 0.1 \times 355 = 35.5\text{kN}$

正确答案：D

2.2.8　折减系数——《钢规》第3.2.4条

易错点

计算冶炼车间或其他类似车间的工作平台结构时，由检修材料所产生的荷载，可乘以下列折减系数：

主梁：0.85；柱（包括基础）：0.75。

2.2.9 框架结构内力分析——《钢规》第3.2.8条

1. 易错点

（1）框架结构可采用一阶弹性分析。

（2）对 $\dfrac{\sum N \cdot \Delta u}{\sum H \cdot h} > 0.1$ 的框架结构宜采用二阶弹性分析，此时应在每层柱顶附加考虑由《钢规》式（3.2.8–1）计算的假想水平力 H_{ni}（图2–3）。

（3）当按《钢规》式（3.2.8–3）计算的 $\alpha_{2i} > 1.33$ 时，即 $\dfrac{\sum N \cdot \Delta u}{\sum H \cdot h} > 0.25$，说明框架侧向刚度太小，二阶效应太大，宜增大框架结构的刚度。

（4）一阶弯矩：$M_1 = H \cdot h$ 二阶弯矩：$M_2 = N \cdot u$（P–Δ 效应）

二阶弯矩可等效为一假想水平力 H' 产生 $H' \cdot h = N \cdot u$ $H' = \dfrac{N \cdot u}{h}$；$\dfrac{H'}{H} = \dfrac{N \cdot u}{H \cdot h}$

一阶和二阶总弯矩：$M = H \cdot h + N \cdot u = H \cdot h\left(1 + \dfrac{N \cdot u}{H \cdot h}\right) = M_0\left(1 + \dfrac{H'}{H}\right)$

2. 易考点
二阶弹性分析。

3. 典型考题
2010年一级题28。

考题精选 2–3：二阶弹性分析（2010年一级题28）

试问：钢结构框架内力分析时，$\dfrac{\sum N \cdot \Delta u}{\sum H \cdot h}$ 至少大于下列何项数值时，宜采用二阶弹性分析？

式中　$\sum N$ ——所计算楼层各柱轴心压力设计值之和；

　　　H ——产生层间侧移 Δu 的所计算楼层及以上各层的水平荷载之和；

　　　Δu ——按一阶弹性分析求得的所计算楼层的层间侧移；

　　　h ——所计算楼层的高度。

A. 0.10　　　　　　　　　　　　B. 0.15

C. 0.20　　　　　　　　　　　　D. 0.25

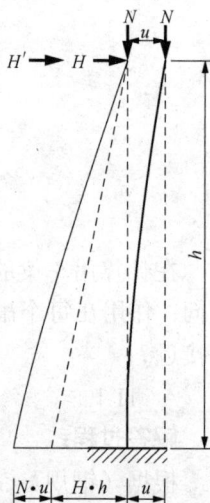

图 2–3　二阶弯矩示意

解答过程：

根据《钢规》GB 50017—2003 第3.2.8条第1款，当 $\dfrac{\sum N \cdot \Delta u}{\sum H \cdot h} > 0.1$ 时，宜采用二阶弹性分析。

正确答案：A

2.2.10 钢结构的钢材选用和保证项目要求——《钢规》第3.3.2条～第3.3.4条（表2-10）

表2-10   钢结构的钢材选用和保证项目要求

《钢规》条文	内　容
3.3.2条	不应采用Q235沸腾钢的承重结构和构件
3.3.3条	承重结构采用的钢材应具有抗拉强度、伸长率、屈服强度和硫、磷含量的合格保证，对焊接结构尚应具有碳含量的合格保证。 焊接承重结构以及重要的非焊接承重结构采用的钢材还应具有冷弯试验的合格保证
3.3.4条	对需要验算疲劳的焊接和非焊接结构分别提出冲击韧性的要求

2.2.11 钢材选用——《钢规》第3.3.4条

1. 易考点

（1）重级工作制软钩吊车需验算疲劳；

（2）最低日平均室外计算温度；

（3）不同钢种的质量等级选择。

2. 典型考题

2016年一级题17。

考题精选2-4：钢材选用（2016年一级题17）

某冷轧车间单层钢结构主厂房，设有两台起重量为25t的重级工作制（A6）软钩吊车。吊车梁系统布置见图2-4，吊车梁钢材为Q345。

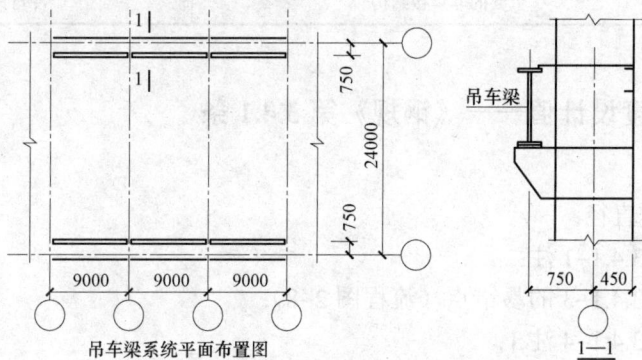

图2-4　吊车梁系统布置

假定，非采暖车间，最低日平均室外计算温度为-7.2℃。试问：焊接吊车梁钢材选用下列何种质量等级最为经济？

提示：最低日平均室外计算温度为吊车梁工作温度。

A. Q345A　　　　　　　B. Q345B　　　　　　　C. Q345C　　　　　　　D. Q345D

解答过程：

根据《钢规》GB 50017—2003第3.3.4条，重级工作制（A6）软钩吊车需验算疲劳，最低日平均室外计算温度为-7.2℃，高于-20℃、小于0℃，Q345钢应选用具有0℃冲击韧性的钢材，即质量等级为C级。

2.2.12 不应采用 Q235 沸腾钢的情况——《钢规》第 3.3.2 条（流程图 2-7）

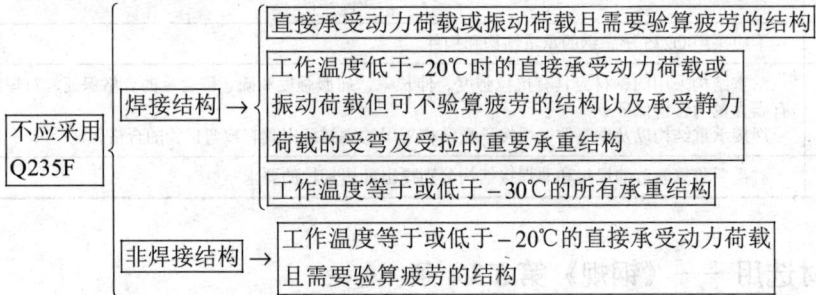

```
                    ┌─────────────────────────────────────────────────┐
                    │ 直接承受动力荷载或振动荷载且需要验算疲劳的结构        │
              ┌─────┤─────────────────────────────────────────────────┤
              │     │ 工作温度低于-20℃时的直接承受动力荷载或              │
        焊接结构 →   │ 振动荷载但可不验算疲劳的结构以及承受静力             │
  不应采用  │     │ 荷载的受弯及受拉的重要承重结构                       │
  Q235F ──┤     ├─────────────────────────────────────────────────┤
              │     │ 工作温度等于或低于-30℃的所有承重结构                │
              │     └─────────────────────────────────────────────────┘
              │     ┌─────────────────────────────────────────────────┐
        非焊接结构 → │ 工作温度等于或低于-20℃的直接承受动力荷载           │
                    │ 且需要验算疲劳的结构                               │
                    └─────────────────────────────────────────────────┘
```

流程图 2-7　不应采用 Q235 沸腾钢的情况（《钢规》第 3.3.2 条）

2.2.13 承重结构钢材的要求——《钢规》第 3.3.3 条（表 2-11）

承重结构：抗拉强度、伸长率、屈服强度、硫磷含量。

表 2-11　　　　　　　　　　　　　　承重结构钢材的要求

序　号	结　构　类　型	规　范　要　求
1	焊接结构	碳含量
2	重要的非焊接结构	冷弯试验合格

2.2.14 钢材的强度设计值——《钢规》第 3.4.1 条

1. 易错点

（1）钢材厚度或直径；

（2）《钢规》表 3.4.1-1 注；

（3）《钢规》表 3.4.1-3 的易错点（流程图 2-8）；

（4）《钢规》表 3.4.1-4 注 1；

（5）《钢规》表 3.4.1-5 注 1、2（Ⅰ、Ⅱ类孔）；

（6）对接焊缝的 f_c^w、f_v^w 与钢材质量等级无关；

（7）角焊缝各强度设计值与构件钢材牌号相关；

（8）螺栓各强度值的取用（流程图 2-9）。

```
              ┌ 焊接方法和焊条类型
              │ 构件钢材厚度或直径（表下注4）
  对接焊缝 →   ┤                                → │ f_t^w │
              │ 焊缝质量等级
              └ 构件钢材牌号
```

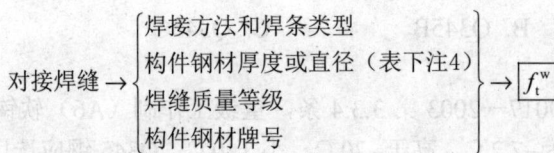

流程图 2-8　对接焊缝抗拉强度取值（《钢规》第 3.4.1 条）

$$\text{普通螺栓级别}\begin{cases}\text{C}\\\text{A、B}\end{cases}\xrightarrow{\text{表3.4.1-4}}\begin{cases}f_t^b\\f_v^b\\f_c^b\end{cases}$$

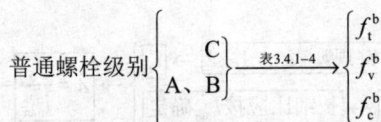

流程图 2-9　螺栓各强度值的取用（《钢规》表 3.4.1-4）

2. 易考点

钢材和焊缝强度设计值的取值。

3. 典型考题

2011 年一级题 28。

考题精选 2-5：关于钢材和焊缝强度设计值的说法（2011 年一级题 28）

下列关于钢材和焊缝强度设计值的说法中，何项有误？

Ⅰ. 同一钢号不同质量等级的钢材，强度设计值相同；

Ⅱ. 同一钢号不同厚度的钢材，强度设计值相同；

Ⅲ. 钢材工作温度不同（如低温冷脆），强度设计值不同；

Ⅳ. 对接焊缝强度设计值与母材厚度有关；

Ⅴ. 角焊缝的强度设计值与焊缝质量等级有关。

A. Ⅱ、Ⅲ、Ⅴ　　　　B. Ⅱ、Ⅴ　　　　C. Ⅲ、Ⅳ　　　　D. Ⅰ、Ⅳ

解答过程：

根据《钢规》GB 50017—2003 第 3.4.1 条，知Ⅰ、Ⅳ为正确描述,Ⅱ、Ⅲ、Ⅴ为错误描述。

正确答案：A

2.2.15　强度设计值的折减系数——《钢规》第 3.4.2 条

1. 流程图

构件及焊缝和螺栓连接强度设计值的折减系数见表 2-12，强度设计值的折减系数见流程图 2-10）。

表 2-12　　　　　　　　　构件及焊缝和螺栓连接强度设计值的折减系数

项次	构件和连接情况			折减系数
1	单面连接的单角钢	按轴心受力计算强度和连接		0.85
		按轴心受压计算稳定性	等边角钢	$0.6+0.0015\lambda$，但不大于 1.0
			短边相连的不等边角钢	$0.5+0.0025\lambda$，但不大于 1.0
			长边相连的不等边角钢	0.70
2	无垫板的单面施焊对接焊接			0.85
3	施工条件较差的高空安装焊缝和铆钉连接			0.90
4	沉头和半沉头铆钉连接			0.80

注：1. λ 为长细比、对中间无连系的单角钢压杆，应按最小回转半径计算，当 $\lambda<20$ 时，取 $\lambda=20$。

　　2. 当几种情况同时存在时，其折减系数应连乘。

$$\boxed{《钢规》表5.3.1注2} \rightarrow \boxed{l_0}$$
$$\boxed{《钢规》第3.4.2条} \rightarrow \boxed{长细比应按 i_{min} 确定} \Bigg\} \rightarrow \boxed{\lambda = \dfrac{l_0}{i_{min}}} \xrightarrow{\text{第3.4.2条}} \boxed{上表}$$

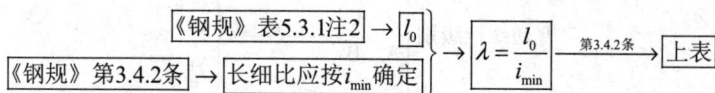

流程图 2–10   强度设计值的折减系数（《钢规》第 3.4.2 条）

2. 易考点

（1）腹杆在平面内（外）的计算长度；

（2）长细比计算；

（3）单角钢单面连接强度折减系数的查取；

（4）角钢肢边平行轴回转半径的取值；

（5）单面连接的单角钢的正确识别；

（6）轴心受压计算稳定性的折减系数；

（7）中间无连系的等边角钢组成的腹杆的计算长度；

（8）无垫板的单面施焊对接焊缝的折减系数。

3. 典型考题

2003 年一级题 19、2003 年一级题 20、2008 年一级题 29。

2005 年二级题 29、2007 年二级题 30、2013 年二级题 22。

考题精选 2–6：单角钢计算连接时，焊缝强度的折减系数（2008 年一级题 29）

与节点板单面连接的等边角钢轴心压杆，长细比 $\lambda=100$，工地高空安装采用焊接，施工条件较差。试问：计算连接时，焊缝强度的折减系数与下列何项数值最为接近？

 A. 0.63   B. 0.675   C. 0.765   D. 0.9

解答过程：

根据《钢规》GB 50017—2003 第 3.4.2 条，施工条件较差，折减系数取 0.9；单面连接单角钢强度折减系数取 0.85；折减系数连乘 $0.9 \times 0.85 = 0.765$。

正确答案：C

2.2.16　挠度计算——《钢规》第 3.5.1 条、第 3.5.2 条、附录 A

1. 易错点

（1）《钢规》第 3.5.2 条，挠度 v 采用荷载的标准值和构件的毛截面计算。

（2）《钢规》第 3.5.3 条，为改善外观和使用条件，可将梁预先起拱，起拱一般取恒载标准值加 1/2 活载标准值所产生的挠度值。当仅为改善外观条件时，构件挠度可取上述挠度计算值减去起拱度。

（3）《钢规》附表 A.1.1 注 1：l 为受弯构件的跨度（对悬臂梁和伸壁梁为悬伸长度的 2 倍）。

（4）《钢规》附表 A.1.1 项次 1。

2. 流程图

挠度计算见流程图 2–11，简支梁最大挠度的计算公式见表 2–13。

$$\boxed{挠度容许值[v] \to 附录A.1.1} \atop \boxed{《钢规》第3.5.1条 \to 进行适当调整}} \to \boxed{调整后挠度容许值[v]} \atop \boxed{计算挠度值v}} \to \boxed{v \leqslant [v]}$$

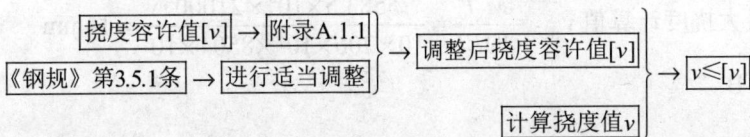

流程图 2-11　挠度计算（《钢规》第 3.5.1 条、第 3.5.2 条、附录 A）

表 2-13　　　　　　　　　简支梁最大挠度的计算公式

荷载类型				
计算公式	$\dfrac{1}{48}\dfrac{Fl^3}{EI}=0.083\dfrac{Ml^2}{EI}$	$\dfrac{23}{648}\dfrac{Fl^3}{EI}=0.106\dfrac{Ml^2}{EI}$	$\dfrac{19}{384}\dfrac{Fl^3}{EI}=0.099\dfrac{Ml^2}{EI}$	$\dfrac{5}{384}\dfrac{ql^4}{EI}=0.104\dfrac{Ml^2}{EI}$

一般情况下，可采用近似公式 $v=0.1\dfrac{Ml^2}{EI}$。

3. 易考点

（1）吊车最大轮压采用标准值；

（2）吊车最大轮压标准值的计算；

（3）挠度计算中构件截面采用毛截面。

4. 典型考题

2016 年二级题 30。

考题精选 2-7：吊车梁的最大挠度计算值（2016 年二级题 30）

某单层钢结构厂房，安全等级为二级，柱距 21m，设置有两台重级工作制（A6）的软钩桥式吊车，最大轮压标准值 $P_{k,max}=355kN$，吊车轨道高度 $h_R=150mm$。吊车梁为焊接工字形截面，采用 Q345C 钢，吊车梁的截面尺寸如图 2-5 所示。图中长度单位为 mm。

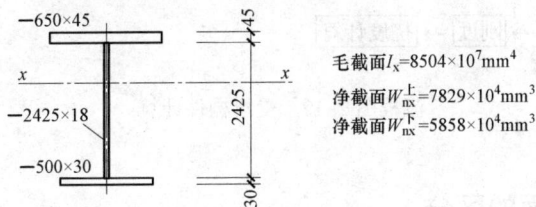

毛截面 $I_x=8504\times10^7 mm^4$

净截面 $W_{nx}^{上}=7829\times10^4 mm^3$

净截面 $W_{nx}^{下}=5858\times10^4 mm^3$

图 2-5　吊车梁截面尺寸

一台吊车作用时，吊车梁的最大竖向弯矩标准值 $M_{kmax}=5583.5kN\cdot m$。试问：该吊车梁的最大挠度计算值（mm），与下列何项数值最为接近？

提示：挠度可按近似公式 $v=\dfrac{M_k l^2}{10EI}$ 计算。

A. 10　　　　　　　B. 14　　　　　　　C. 18　　　　　　　D. 22

解答过程：

吊车梁的最大挠度计算值 $v_{max} = \dfrac{M_k l^2}{10EI} = \dfrac{5583.5 \times 10^6 \times 21000^2}{10 \times 206 \times 10^3 \times 8504 \times 10^7} = 14\text{mm}$

正确答案： B

2.3 受弯构件

2.3.1 受弯构件计算

在所有构件的所有强度计算中，除梁的抗剪强度采用毛截面计算外，其余的全采用计算截面的净截面计算。因为在抗剪计算式中分子和分母中均有截面几何量，采用毛截面计算，几何量的比值与采用净截面相差很小，可采用规范中的简化计算。

受弯构件计算见流程图 2–12。

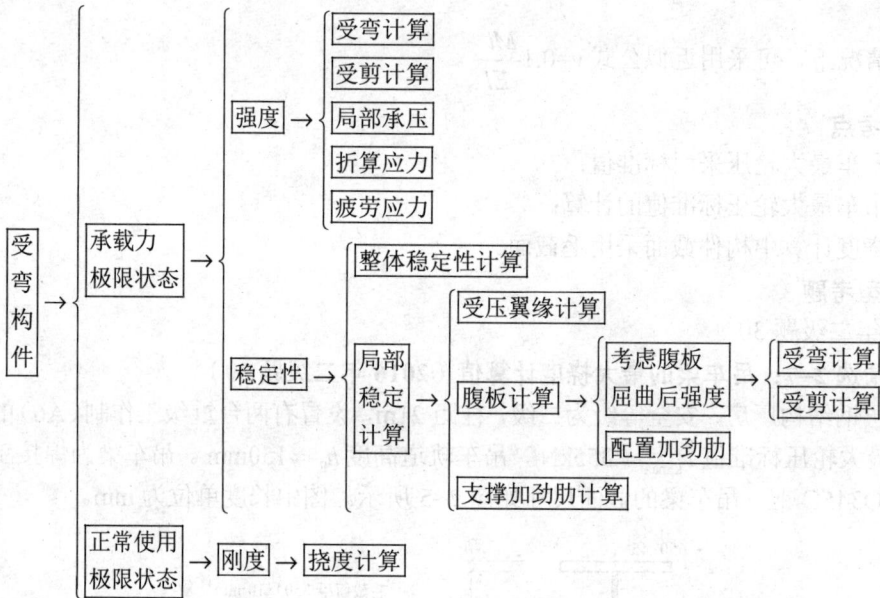

流程图 2–12　受弯构件计算

2.3.2 毛截面和净截面的区分

除受剪计算外，毛截面适用于整根构件的计算，而净截面适用于构件上某个具体横截面的计算。

《钢规》对应不同计算内容的截面特性取值规定见表 2–14。

表 2–14　　　　　　　　　　　毛截面和净截面的取值

序号	计 算 内 容	《钢规》条文代号
1	对承载能力极限状态的抗弯强度计算要求较严,其截面模量均采用净截面计	第 4.1.1 条
2	对受弯构件整体稳定性计算,其截面模量采用毛截面计算	第 4.2.3 条
3	对受弯构件抗剪强度计算	第 4.1.2 条,截面特性 S、I 均采用毛截面计算
4	对结构或构件变形计算	第 3.5.2 条,不考虑扣孔削弱,即采用毛截面计算
5	对构件的长细比计算,其截面的回转半径	采用毛截面计算

2.3.3　主平面内受弯的实腹构件抗弯强度计算——《钢规》第 4.1.1 条、第 4.1.2 条

1. 易错点

（1）流程图 2–13 不适用于考虑腹板屈曲后强度的情况,需要考虑《钢规》第 4.4.1 条的要求。

（2）截面塑性发展系数 γ_x、γ_y 的取值：当梁受压翼缘的自由外伸宽度与其厚度之比大于 $13\sqrt{235/f_y}$,不超过 $15\sqrt{235/f_y}$ 时,取 $\gamma_x=1.0$,故计算时需先判别受压翼缘的自由外伸宽度与其厚度之比,但轧制 I、H、T 型钢除外。

（3）《钢规》式（4.1.1）中 f 的取值,取受压翼缘处的抗弯强度设计值；W_{nx}、W_{ny} 为净截面模量。

（4）γ_x、γ_y——截面塑性发展系数一般可按下列规则确定：

1）截面在计算一侧有平行于中和轴的板件时,$\gamma=1.05$；

2）截面在计算一侧无平行于中和轴的板件时,$\gamma=1.20$；

3）钢管截面对任意中和轴,$\gamma=1.15$；

4）构格式构件截面绕虚轴弯曲时,$\gamma=1.00$；绕实轴弯曲时按实腹式采用。

（5）下列两种情况,不利用钢梁的塑性：

1）当梁受压翼缘的自由外伸宽度 b 与其厚度 t,$13\sqrt{\dfrac{235}{f_y}}<\dfrac{b}{t}\leqslant 15\sqrt{\dfrac{235}{f_y}}$ 时,应取 $\gamma_x=1.0$。

f_y 为钢材牌号所指屈服点。受拉翼缘不受此限制。当加强受压翼缘时,受拉翼缘先进入塑性,还可以利用塑性,只要受压翼缘 $\dfrac{b}{t}\leqslant 15\sqrt{\dfrac{235}{\gamma_R \sigma}}$ 即可。

2）对需要计算疲劳（《钢规》第 6.1.1 条,应力循环次数 $n\geqslant 5\times 10^4$）的梁,取 $\gamma_x=\gamma_y=1.0$。

2. 流程图

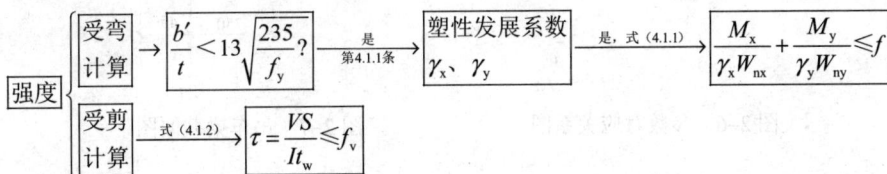

流程图 2–13　主平面内受弯的实腹构件强度计算（《钢规》第 4.1.1 条、第 4.1.2 条）

3. 易考点

（1）内力计算；

（2）截面塑性发展系数的查取；

（3）弯曲应力设计值的计算；

（4）正确判断构件是否需要考虑疲劳；

（5）准确区分梁的强弱轴；

（6）梁受压翼缘的自由外伸宽度与其厚度的比值；

（7）强度计算时，梁的弯曲应力值的计算；

（8）重级工作制吊车梁需验算疲劳；

（9）吊车梁翼缘拉应力计算；

（10）此类单轴对称截面，需要验算带翼缘和无翼缘两处的应力值。

（11）查《钢规》表 5.2.1，得截面塑性发展系数 γ_{x1}、γ_{x2} 时，需特别注意下标的 1、2 与《钢规》表 5.2.1 图示中的 1、2 对应关系（图 2-6）。

4. 典型考题

2004 年一级题 17、2005 年一级题 18、2007 年一级题 17、2008 年一级题 16、2009 年一级题 16、2010 年一级题 16、2011 年一级题 23、2013 年一级题 18、2016 年一级题 19。

2003 年二级题 22、2003 年二级题 28、2004 年二级题 22、2005 年二级题 19、2005 年二级题 21、2006 年二级题 21、2007 年二级题 24、2008 年二级题 25、2008 年二级题 26、2009 年二级题 19、2010 年二级题 22、2011 年二级题 25、2012 年二级题 19、2013 年二级题 25、2014 年二级题 19、2016 年二级题 27。

考题精选 2-8：吊车梁抗弯强度的计算值（2016 年一级题 19）

大题干参见考题精选 2-4。

吊车梁截面见图 2-7，截面几何特性见表 2-15，假定吊车梁最大竖向弯矩设计值为 1200kN·m，相应水平向弯矩设计值为 100kN·m。试问，在计算吊车梁抗弯强度时，其计算值（N/mm²）与下列项系数之最为接近？

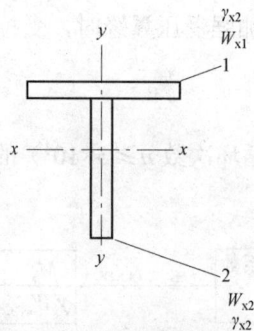

图 2-6　参数对应关系图

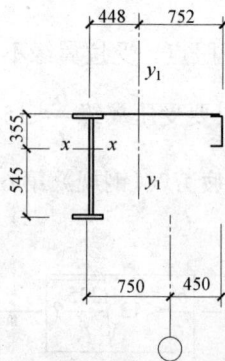

图 2-7　吊车梁截面图

表 2–15

截 面 几 何 特 性

吊车梁对 x 轴毛截面模量（mm³）		吊车梁对 x 轴净截面模量（mm³）		吊车梁对 y_1 轴净截面模量（mm³）
$W_x^{上}$	$W_x^{下}$	$W_{nx}^{上}$	$W_{nx}^{下}$	$W_{ny_1}^{左}$
8202×10^3	5362×10^3	8085×10^3	5266×10^3	6866×10^3

A. 150　　　　　　B. 165　　　　　　C. 230　　　　　　D. 240

解答过程：

根据《钢规》GB 50017—2003 第 4.1.1 条，重级工作制吊车，应考虑疲劳。

取截面塑性发展系数 $\gamma_x=1.0$，$\gamma_y=1.0$，

上翼缘最大弯曲应力设计值

$$\frac{M_x}{\gamma_x W_{nx}}+\frac{M_y}{\gamma_y W_{ny}}=\frac{1200\times10^6}{1.0\times8085\times10^3}+\frac{100\times10^6}{1.0\times6866\times10^3}=163\text{N/mm}^2$$

下翼缘最大弯曲应力设计值

$$\frac{M_x}{\gamma_x W_{nx}}=\frac{1200\times10^6}{1.0\times5266\times10^3}=227.9\text{N/mm}^2$$

两者取较大值。

正确答案：C

考题精选 2–9：强度计算时，梁类构件上翼缘的最大正应力值（2013 年一级题 18）

大题干参见考题精选 2–1。

假定屋面檩条垂直于屋面方向的最大弯矩设计值 $M_x=133\text{kN}\cdot\text{m}$，同一截面处平行于屋面方向的侧向弯矩设计值 $M_y=0.3\text{kN}\cdot\text{m}$。试问：若计算截面无削弱，在上述弯矩作用下，强度计算时，屋面檩条上翼缘的最大正应力计算值（N/mm²）应与下列何项数值最为接近？

A. 180　　　　　　B. 165　　　　　　C. 150　　　　　　D. 140

解答过程：

焊接工字钢截面宽厚比 $\dfrac{b'}{t}=\dfrac{\dfrac{150-8}{2}}{13}=5.46<13\sqrt{\dfrac{235}{f_y}}=13\times\sqrt{\dfrac{235}{235}}=13$

根据《钢规》GB 50017—2003 第 4.1.1 条，取截面塑性发展系数 $\gamma_x=1.05$，$\gamma_y=1.2$，

最大弯曲应力设计值 $\dfrac{M_x}{\gamma_x W_{nx}}+\dfrac{M_y}{\gamma_y W_{ny}}=\dfrac{133\times10^6}{1.05\times929\times10^3}+\dfrac{0.3\times10^6}{1.2\times97.8\times10^3}=138.9\text{N/mm}^2$

正确答案：D

2.3.4　腹板计算高度上边缘的局部承压强度——《钢规》第 4.1.3 条

1. 易错点

（1）腹板的计算高度 h_0（《钢规》第 4.1.3 条注）；对轧制型钢梁，为腹板与上、下翼缘

相接处两内弧起点间的距离；对焊接组合梁，为腹板高度。

（2）一般对吊车梁需要计算，对非吊车梁，分布荷载可不计算，对集中荷载作用，如果设置了支承加劲肋，也可不计算，但需计算支承加劲肋的强度和稳定（《钢规》第4.3.7条）。

2. 流程图

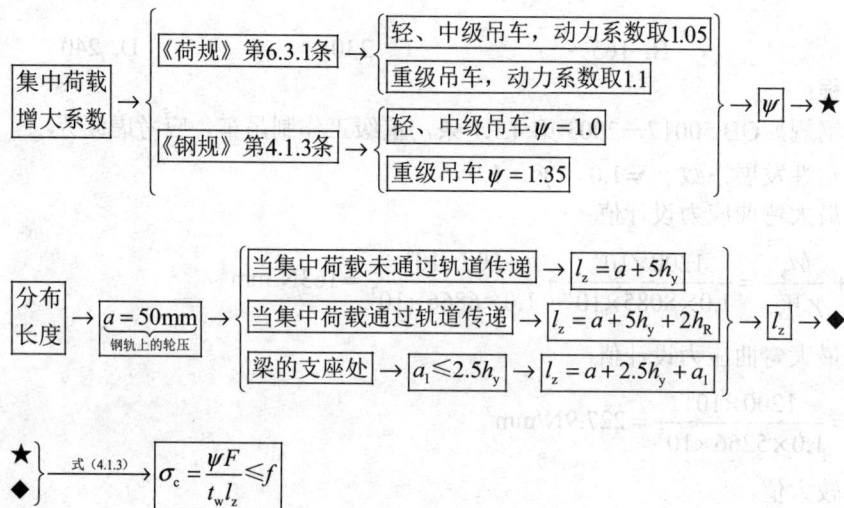

流程图 2-14 局部承压计算（《钢规》第 4.1.3 条）

3. 易考点

（1）腹板计算高度的取值；

（2）腹板高厚比的计算；

（3）《钢规》第 4.1.3 条 l_z 的取值；

（4）在梁的支座处，当不设置支承加劲肋时，ψ 的取值；

（5）钢材的抗压强度设计值 f 应取用受压翼缘的值；

（6）吊车动力系数的查取；

（7）轮压分布长度的计算；

（8）吊车梁在腹板计算高度上边缘的局部承压应力设计值；

（9）重级工作制吊车梁。

4. 典型考题

2006 年一级题 18、2010 年一级题 18、2010 年一级题 24。

2013 年二级题 26、2014 年二级题 27、2016 年二级题 29。

考题精选 2-10：局部稳定验算时，腹板计算高度与其厚度值（2010 年一级题 24）

某受压构件采用热轧 H 型钢 HN700×300×13×24，其腹板与翼缘相接处两侧圆弧半径 r=28mm，试问：进行局部稳定验算时，腹板计算高度 h_0 与其厚度 t_w 之比值，与下列何项数值最为接近？

A. 42   B. 46   C. 50   D. 54

解答过程：

根据《钢规》GB 50017—2003 第 4.1.3 条注，知腹板计算高度 $h_0 = 700 - 2 \times 24 - 2 \times 28 = 596\text{mm}$

腹板计算高度 h_0 与其厚度 t_w 之比值 $\dfrac{h_0}{t_w} = \dfrac{596}{13} = 45.85$。

正确答案：B

2.3.5 主平面内受弯的实腹构件折算应力计算——《钢规》第 4.1.2 条、第 4.1.4 条

1. 易错点

（1）σ、τ、σ_c——腹板计算高度边缘同一点上同时产生的；

（2）σ 和 σ_c 以拉应力为正值，压应力为负值；

（3）β_1——计算折算应力的强度设计值增大系数，$\beta_1 = \begin{cases} 1.1 & \sigma \cdot \sigma_c \geqslant 0 \,(\text{只有}\,\sigma_c=0\text{时},\\ & \qquad\qquad \text{才有}\,\sigma \cdot \sigma_c=0)\,; \\ 1.2 & \sigma \cdot \sigma_c < 0 \end{cases}$

（4）f 和 f_v 的取值应该按计算点所在钢板的厚度确定，抗弯强度设计值按翼缘厚度确定，其他强度设计值按腹板厚度确定。

2. 流程图

$$\boxed{《钢规》式 4.1.2} \rightarrow \boxed{\tau = \frac{VS}{It_w} \leqslant f_v}$$

$$\boxed{《钢规》式 4.1.3} \rightarrow \boxed{\sigma_c = \frac{\psi F}{t_w l_z} \leqslant f} \xrightarrow{\text{式}(4.1.4-1)} \boxed{\sqrt{\sigma^2 + \sigma_c^2 - \sigma\sigma_c + 3\tau^2} \leqslant \beta_1 f}$$

$$\boxed{\sigma = \frac{M}{I_n} y_1}$$

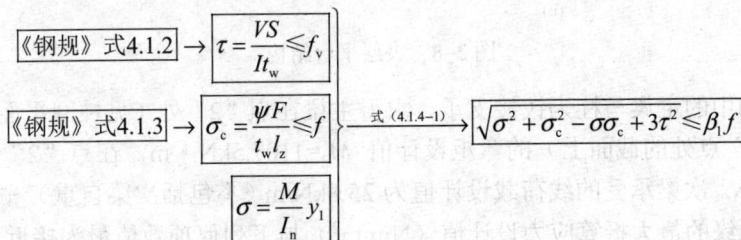

流程图 2-15　折算应力计算（《钢规》第 4.1.2 条、第 4.1.4 条）

3. 易考点

（1）内力计算；

（2）剪应力值计算；

（3）最大折算应力设计值；

（4）主梁腹板边缘处弯曲正应力值计算；

（5）计算剪应力处以上毛截面对中和轴的面积矩 S；

（6）钢材的抗剪强度设计值 f_v 应取用腹板的值。

4. 典型考题

2009 年一级题 18。

2003 年二级题 29、2005 年二级题 24、2009 年二级题 20、2011 年二级题 26。

考题精选 2-11：主梁腹板上边缘的最大折算应力设计值（2009 年一级题 18）

为增加使用面积，在现有一个单层单跨建筑内加建一个全钢结构夹层，该夹层与原建筑结构脱开，可不考虑抗震设防。新加夹层结构选用钢材为 Q235B，焊接使用 E43 型焊条。楼

板为 SP10D 板型，面层做法 20mm 厚，SP 板板端预埋件与次梁焊接。荷载标准值：永久荷载为 2.5kN/m（包括 SP10D 板自重、板缝灌缝及楼面面层做法），可变荷载为 4.0kN/m。夹层平台结构如图 2-8 所示。

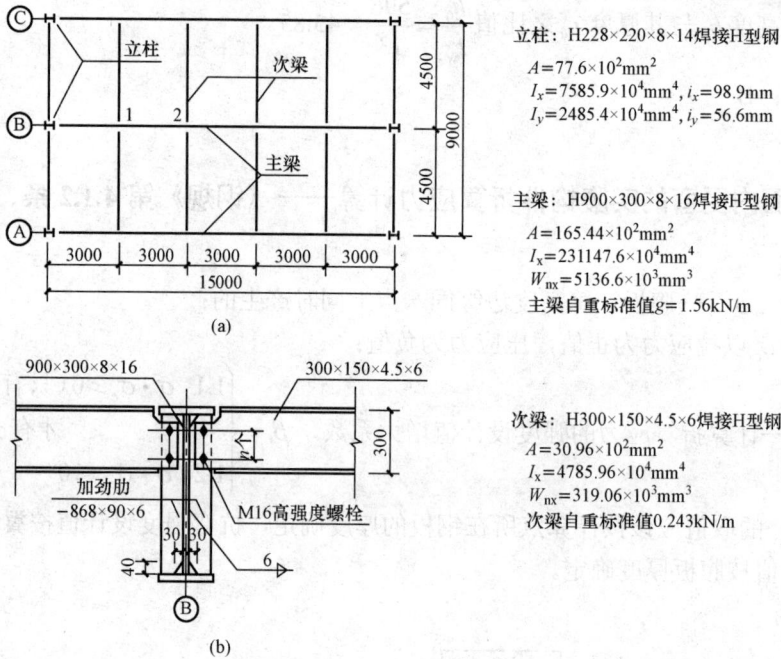

立柱：H228×220×8×14焊接H型钢
$A=77.6×10^2mm^2$
$I_x=7585.9×10^4mm^4$，$i_x=98.9mm$
$I_y=2485.4×10^4mm^4$，$i_y=56.6mm$

主梁：H900×300×8×16焊接H型钢
$A=165.44×10^2mm^2$
$I_x=231147.6×10^4mm^4$
$W_{nx}=5136.6×10^3mm^3$
主梁自重标准值$g=1.56kN/m$

次梁：H300×150×4.5×6焊接H型钢
$A=30.96×10^2mm^2$
$I_x=4785.96×10^4mm^4$
$W_{nx}=319.06×10^3mm^3$
次梁自重标准值0.243kN/m

图 2-8　夹层平台结构

该夹层结构中的主梁与柱为铰接支承，求得主梁在点"2"处（见柱网平面布置图，相当于在编号为"2"点处的截面上）的弯矩设计值 $M_2=1107.5$kN·m，在点"2"左侧的剪力设计值 $V_2=120.3$kN。次梁承受的线荷载设计值为 25.8kN/m（不包括次梁自重）。试问：在点"2"处主梁腹板上边缘的最大折算应力设计值（N/mm²）与下列何项数值最为接近？

提示：① 主梁单侧翼缘毛截面中和轴的面积矩 $S=2121.6×10^3mm^3$；② 假设局部压应力 $\sigma_c=0$。

A. 189.5　　　　　　B. 209.2　　　　　　C. 215.0　　　　　　D. 220.8

解答过程：

根据《钢规》GB 50017—2003 第 4.1.4 条，点"2"主梁腹板边缘处弯曲正应力

$$\sigma_2=\frac{M_2}{I_x}y_1=\frac{1107.5×10^6}{231147.6×10^4}×\left(\frac{900}{2}-16\right)=207.9N/mm^2$$

根据《钢规》第 4.1.2 条，点"2"主梁腹板边缘处剪应力值

$$\tau_2=\frac{V_2S}{It_w}=\frac{120.3×10^3×2121.6×10^3}{231147.6×10^4×8}=13.80N/mm^2$$

根据《钢规》式（4.1.4-1），在点"2"处主梁腹板上边缘的最大折算应力设计值

$$\sqrt{\sigma_2^2+\sigma_c^2-\sigma\sigma_c+3\tau_2^2}=\sqrt{207.9^2+0+0+3×13.8^2}=209.2N/mm^2$$

正确答案：B

2.3.6 受弯构件的整体稳定性——《钢规》第 4.2.2 条、附录 B

1. 易错点

（1）W_x，W_y——按受压纤维确定的对 x 轴和对 y 轴毛截面模量；

（2）密铺一般应该理解成满铺，否则应按双向受弯构件计算；

（3）双向受弯构件仅限 H 型钢或工字形；对跨中无侧向支承点的梁，l_1 为其跨度；对跨中有侧向支承点的梁，l_1 为受压翼缘侧向支承点间的距离（梁的支座处视为有侧向支承《钢规》第 4.2.5 条）。

2. 流程图

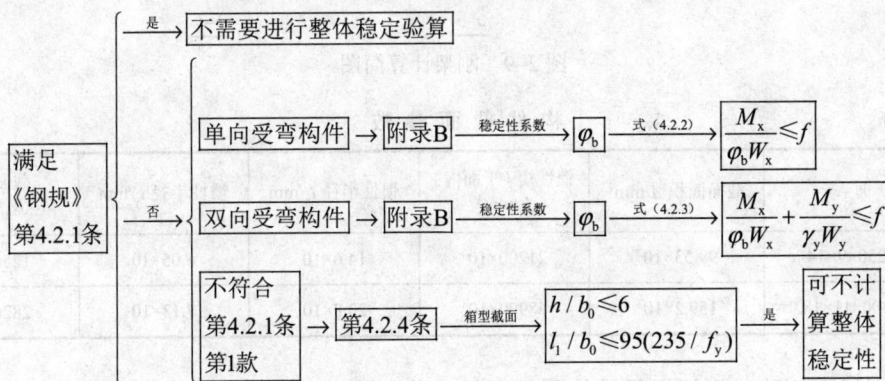

流程图 2-16　整体稳定计算（《钢规》第 4.2 节）

3. 易考点

（1）楼盖是否可阻止受压翼缘的侧向位移；

（2）长细比的计算及其限值；

（3）稳定系数的计算；

（4）《钢规》附录 B 中各计算情况的正确选取及适用条件；

（5）平面内（外）计算长度的计算；

（6）截面类型的判定；

（7）弯曲应力设计值计算；

（8）楼盖是否可阻止受压翼缘的侧向位移；

（9）受压纤维确定的梁毛截面模量 W_x（尤其是对于单轴对称的梁，此处的关键是受压纤维，而非受拉纤维）。

4. 典型考题

2005 年一级题 28、2006 年一级题 26、2008 年一级题 17、2012 年一级题 26、2012 年一级题 27。

2006 年二级题 23、2014 年二级题 20。

考题精选 2-12：应力形式表达的稳定性计算数值（2012 年一级题 27）

某车间设备平台改造增加 1 跨，新增部分跨度 8m，柱距 6m，采用柱下端铰接、梁柱刚接、梁与原有平台铰接的刚架结构，平台铺板为钢格栅板；刚架计算简图如图 2-9 所示；图中长度单位为 mm。刚架与支撑全部采用 Q235-B 钢，手工焊接采用 E43 型焊条。构件截面参数见表 2-16。

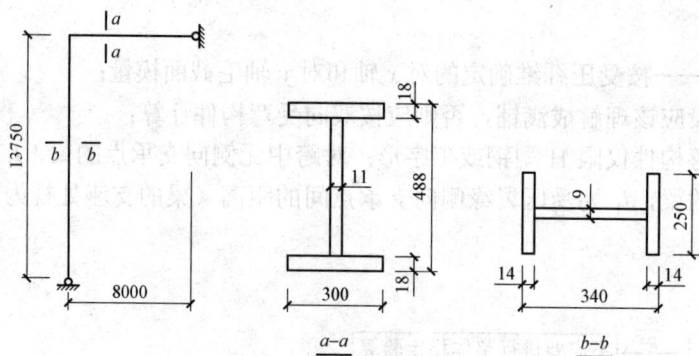

图 2-9　刚架计算简图

表 2-16　　　　　　　　　　　　　构 件 截 面 参 数

截　面	截面面积 A/mm^2	惯性矩（平面内）I_x/mm^4	惯性半径 i_x/mm	惯性半径 i_y/mm	截面模量 W_x/mm^3
HM340×250×9×14	$99.53×10^2$	$21200×10^4$	$14.6×10$	$6.05×10$	$1250×10^3$
HM488×300×11×18	$159.2×10^2$	$68900×10^4$	$20.8×10$	$7.13×10$	$2820×10^3$

假设刚架无侧移，刚架梁及柱均采用双轴对称轧制 H 型钢，梁计算跨度 l_x=8m，平面外自由长度 l_y=4m，梁截面为 HM488×300×11×18，柱截面为 HM340×250×9×14；刚架梁的最大弯矩设计值为 M_{xmax}=486.4kN·m，且不考虑截面削弱。试问：刚架梁整体稳定验算时，以应力形式表达的稳定性计算数值（N/mm²）与下列何项数值最为接近？

提示：假定梁为均匀弯曲的受弯构件。

A. 163　　　　　　　B. 173　　　　　　　C. 183　　　　　　　D. 193

解答过程[1]：

根据《钢规》GB 50017—2003 第 4.2.2 条及附录 B.5-1 条，

长细比 $\lambda_y = \dfrac{l_y}{i_y} = \dfrac{4000}{71.3} = 56.1 < 120\sqrt{\dfrac{235}{f_y}} = 120 × \sqrt{\dfrac{235}{235}} = 120$

根据"提示"，梁的整体稳定性系数

$\varphi_b = 1.07 - \dfrac{\lambda_y^2}{44000} \cdot \dfrac{f_y}{235} = 1.07 - \dfrac{56.1^2}{44000} × \dfrac{235}{235} = 0.998 < 1.0$，

代入《钢规》式（4.2.2），刚架梁整体稳定应力值

$\dfrac{M_{x,max}}{\varphi_b W_x} = \dfrac{486.4×10^6}{0.998×2820×10^3} = 172.8 \text{N/mm}^2$

---

[1] 本题争议之处在于，根据《钢规》表 4.2.1，$\dfrac{l_1}{b_1} = \dfrac{4000}{300} = 13.3 < 16$，可不计算梁的整体稳定性；但如此理解并非出题者本意。

正确答案：B

2.3.7 两个主平面受弯构件的整体稳定性——《钢规》第 4.2.3 条、附录 B

1. 流程图

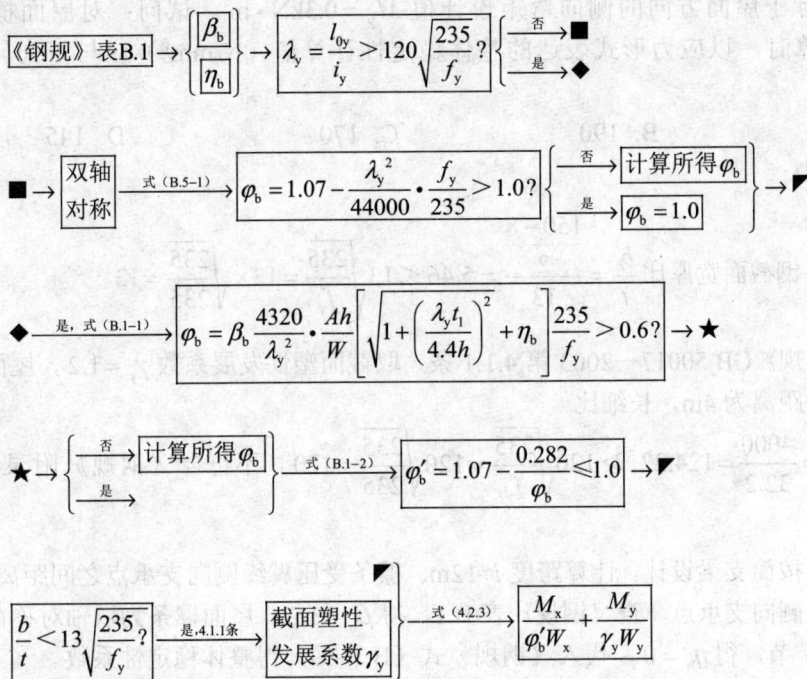

流程图 2-17 两个主平面受弯构件的整体稳定性（《钢规》第 4.2.3 条、附录 B）

2. 易考点
（1）平面内（外）计算长度的取值；

（2）截面几何特性参数的选定；

（3）截面塑性发展系数；

（4）长细比的计算；

（5）稳定系数的计算；

（6）稳定系数计算式的限值及另式重新计算；

（7）弯曲应力设计值的计算；

（8）《钢规》附录 B 中各计算情况的正确选取及适用条件；

（9）受压纤维确定的梁毛截面模量 W_x、W_y（尤其是对于单轴对称的梁，此处的关键是受压纤维，而非受拉纤维）。

3. 典型考题
2005 年一级题 28；2012 年一级题 26；2013 年一级题 19。

考题精选 2–13：梁类构件整体稳定性计算时，以应力形式表达的整体稳定性值（2013年一级题 19）

大题干参见考题精选 2–1。

屋面檩条支座处已采取构造措施以防止梁端截面的扭转。假定屋面不能阻止屋面檩条的扭转和受压翼缘的侧向位移，而在檩条间设置水平支撑系统，檩条受压翼缘侧向支承点之间间距为 4m，屋面檩条垂直于屋面方向的最大弯矩设计值 $M_x = 133 \text{kN} \cdot \text{m}$，同一截面处平行于屋面方向的侧向弯矩设计值 $M_y = 0.3 \text{kN} \cdot \text{m}$。试问：对屋面檩条进行整体稳定性计算时，以应力形式表达的整体稳定性计算值（N/mm²）应与下列何项数值最为接近？

A. 205   B. 190   C. 170   D. 145

解答过程：

焊接工字钢截面宽厚比 $\dfrac{b'}{t} = \dfrac{\frac{150-8}{2}}{13} = 5.46 < 13\sqrt{\dfrac{235}{f_y}} = 13 \times \sqrt{\dfrac{235}{235}} = 13$

根据《钢规》GB 50017—2003 第 4.1.1 条，取截面塑性发展系数 $\gamma_y = 1.2$，屋面檩条侧向支撑点之间的距离为 4m，长细比

$\lambda_y = \dfrac{l_{0y}}{i_y} = \dfrac{4000}{32.2} = 124.22 > 120\sqrt{\dfrac{235}{f_y}} = 120\sqrt{\dfrac{235}{235}} = 120$，不符合《钢规》附录 B.5 节的要求。

屋面檩条按简支梁设计。计算跨度 $l = 12\text{m}$。檩条受压翼缘侧向支承点之间距离为 4m，则檩条共有 2 个侧向支承点，查《钢规》表 B.1，得 $\beta_b = 1.2$。屋面檩条为双轴对称截面，根据《钢规》第 B.1 节，得 $\eta_b = 0$，代入《钢规》式（B.1–1），得整体稳定性系数

$$\varphi_b = \beta_b \frac{4320}{\lambda_y^2} \cdot \frac{Ah}{W} \left[\sqrt{1 + \left(\frac{\lambda_y t_1}{4.4h} \right)^2} + \eta_b \right] \frac{235}{f_y}$$

$$= 1.2 \times \frac{4320}{124.22^2} \times \frac{7037 \times 400}{929 \times 10^6} \times \left[\sqrt{1 + \left(\frac{124.22 \times 13}{4.4 \times 400} \right)^2} + 0 \right] \times \frac{235}{235}$$

$$= 1.38 > 0.6$$

代入《钢规》式（B.1–2），得整体稳定性系数

$$\varphi_b' = 1.07 - \frac{0.282}{\varphi_b} = 1.07 - \frac{0.282}{1.38} = 0.866 < 1.0$$

屋面檩条进行整体稳定性计算时，最大弯曲应力设计值

$$\frac{M_x}{\varphi_b' W_x} + \frac{M_y}{\gamma_y W_y} = \frac{133 \times 10^6}{0.866 \times 929 \times 10^3} + \frac{0.3 \times 10^6}{1.2 \times 97.8 \times 10^3} = 167.9 \text{N/mm}^2$$

正确答案：C

2.3.8　计算腹板的稳定性——《钢规》第 4.3.1 条、第 4.3.2 条

1. 流程图
不考虑屈曲后强度的组合梁（流程图 2–18）。

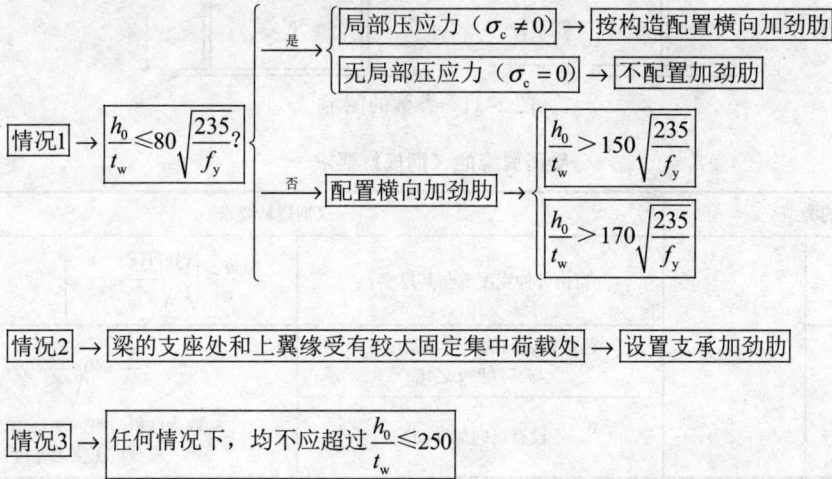

情况1 → $\dfrac{h_0}{t_w} \leqslant 80\sqrt{\dfrac{235}{f_y}}$?

是 →
- 局部压应力（$\sigma_c \neq 0$）→ 按构造配置横向加劲肋
- 无局部压应力（$\sigma_c = 0$）→ 不配置加劲肋

否 → 配置横向加劲肋 →
- $\dfrac{h_0}{t_w} > 150\sqrt{\dfrac{235}{f_y}}$
- $\dfrac{h_0}{t_w} > 170\sqrt{\dfrac{235}{f_y}}$

情况2 → 梁的支座处和上翼缘受有较大固定集中荷载处 → 设置支承加劲肋

情况3 → 任何情况下，均不应超过 $\dfrac{h_0}{t_w} \leqslant 250$

流程图 2–18　不考虑屈曲后强度的组合梁（《钢规》第 4.3.2 条）

2. 易错点
加劲肋布置见图 2–10。

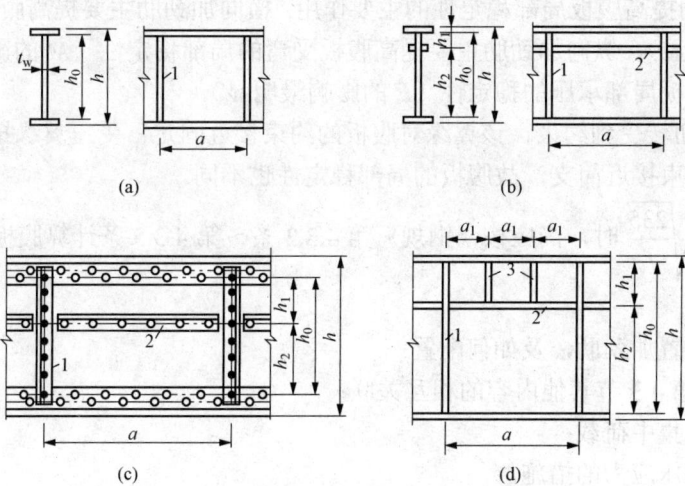

图 2–10　加劲肋布置
1—横向加劲肋；2—纵向加劲肋；3—短加劲肋

（1）受压翼缘
1）翼缘板自由外伸宽度 b 的取值易错点：
① 对焊接构件，取腹板边至翼缘板（肢）边缘的距离（图 2–11）；
② 对轧制构件，取内圆弧起点至翼缘板（肢）边缘的距离；
2）受压翼缘的《钢规》要求（表 2–17）。

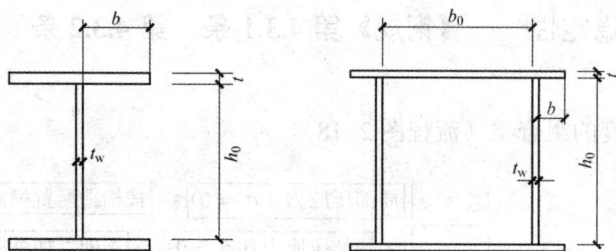

图 2-11　参数的图示

表 2-17　　　　　　　　　　　　受压翼缘的《钢规》要求

梁的类型		《钢规》要求		
一般截面梁	受压翼缘	自由外伸宽度 b 与其厚度 t	$\dfrac{b}{t} \leqslant \begin{cases} 13 \\ 15 \end{cases} \sqrt{\dfrac{235}{f_y}}$	$\gamma_x = \begin{cases} 1.05 \\ 1.00 \end{cases}$
箱形截面梁		两腹板之间的无支承宽度 b_0 与其厚度 t 之比	$\dfrac{b_0}{t} \leqslant 40\sqrt{\dfrac{235}{f_y}}$	
		设有纵向加劲肋	b_0 取为腹板与纵向加劲肋之间的翼缘板无支承宽度	

（2）腹板要点

1）加劲肋的设置方法：仅设横向加劲肋，同时设横向和纵向加劲肋，同时设横向、纵向和短加劲肋。

2）各种加劲肋提高腹板局部稳定性的主要作用：横向加劲肋主要提高腹板受剪局部稳定性（V 的影响最明显），纵向加劲肋主要提高腹板受弯的局部稳定性（M 的影响最明显），短加劲肋主要提高腹板局部承压的稳定性（F 的影响最明显）。

3）受压翼缘扭转受到约束，该翼缘对腹板的约束接近固定；受压翼缘扭转未受到约束，该翼缘对腹板的约束接近简支，故腹板的局部稳定性也不同。

4）当 $\dfrac{h_0}{t_w} > 80\sqrt{\dfrac{235}{f_y}}$ 时，尚应按《钢规》第 4.3.3 条～第 4.3.5 条计算腹板的稳定性。

3. 易考点

（1）是否需配置加劲肋，及如何配置；

（2）《钢规》第 4.3 节其他内容的相互关联；

（3）梁受固定集中荷载；

（4）改善局部压应力的措施。

4. 典型考题

2009 年一级题 28、2014 年一级题 29、2016 年一级题 20。

考题精选 2-14：吊车梁腹板采用何种措施最为合理（2016 年一级题 20）

大题干参见考题精选 2-4。

假定吊车梁腹板采用—900×10 截面，试问：采用下列何种措施最为合理？

A. 设置横向加劲肋，并计算腹板的稳定性

B. 设置纵向加劲肋

C. 加大腹板厚度

D. 可考虑腹板屈曲后强度，按《钢规》GB 50017—2003 第 4.4 节的规定计算抗弯和抗剪承载力。

解答过程：

根据《钢规》GB 50017—2003 第 4.3.2 条，腹板板件高厚比

$$\frac{h_0}{t_w} = \frac{900}{10} = 87.5 > 80\sqrt{\frac{235}{f_y}} = 80 \times \sqrt{\frac{235}{345}} = 66$$

$$< 170\sqrt{\frac{235}{f_y}} = 170 \times \sqrt{\frac{235}{345}} = 140$$

因此应设横向加劲肋，可不设纵向加劲肋，根据《钢规》第 4.3.1 条，应进行腹板局部稳定验算吊车梁承受动力荷载，不可考虑腹板屈曲后强度利用。

正确答案： A

2.3.9 仅配置横向加劲肋的腹板的局部稳定——《钢规》第 4.3.3 条

1. 流程图

仅配置横向加劲肋的腹板的局部稳定见流程图 2–19。

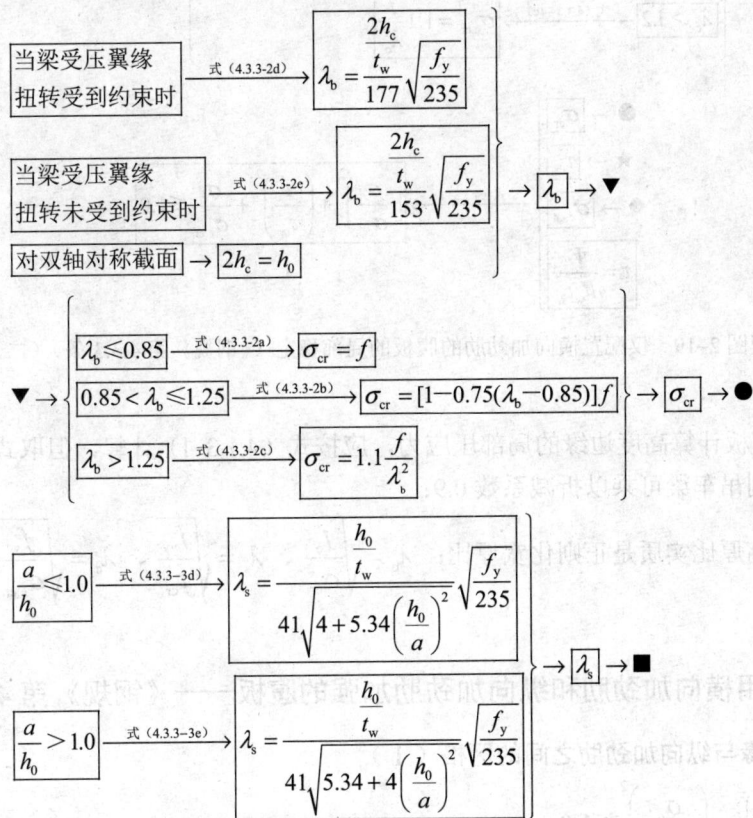

流程图 2–19 仅配置横向加劲肋的腹板的局部稳定（《钢规》第 4.3.3 条）（一）

$$\blacksquare \to \begin{cases} \boxed{\lambda_s \leqslant 0.8} \xrightarrow{\text{式 (4.3.3-3a)}} \boxed{\tau_{cr} = f_v} \\ \boxed{0.8 < \lambda_s \leqslant 1.2} \xrightarrow{\text{式 (4.3.3-3b)}} \boxed{\tau_{cr} = [1 - 0.59(\lambda_s - 0.8)]f_v} \\ \boxed{\lambda_s > 1.2} \xrightarrow{\text{式 (4.3.3-3c)}} \boxed{\tau_{cr} = 1.1\dfrac{f_v}{\lambda_s^2}} \end{cases} \to \boxed{\tau_{cr}} \to \bigstar$$

$$\begin{cases} \boxed{0.5 \leqslant \dfrac{a}{h_0} \leqslant 1.5} \xrightarrow{\text{式 (4.3.3-4d)}} \boxed{\lambda_c = \dfrac{\dfrac{h_0}{t_w}}{28\sqrt{10.9 + 13.4\left(1.83 - \dfrac{a}{h_0}\right)^3}}\sqrt{\dfrac{f_y}{235}}} \\ \boxed{1.5 < \dfrac{a}{h_0} \leqslant 2.0} \xrightarrow{\text{式 (4.3.3-4e)}} \boxed{\lambda_s = \dfrac{\dfrac{h_0}{t_w}}{28\sqrt{18.9 - 5\dfrac{a}{h_0}}}\sqrt{\dfrac{f_y}{235}}} \end{cases} \to \boxed{\lambda_c} \to \blacktriangledown$$

$$\blacktriangledown \to \begin{cases} \boxed{\lambda_c \leqslant 0.9} \xrightarrow{\text{式 (4.3.3-4a)}} \boxed{\sigma_{c,cr} = f} \\ \boxed{0.9 < \lambda_c \leqslant 1.2} \xrightarrow{\text{式 (4.3.3-4b)}} \boxed{\sigma_{c,cr} = [1 - 0.79(\lambda_c - 0.9)]f} \\ \boxed{\lambda_c > 1.2} \xrightarrow{\text{式 (4.3.3-4c)}} \boxed{\sigma_{c,cr} = 1.1\dfrac{f}{\lambda_c^2}} \end{cases} \to \boxed{\sigma_{c,cr}} \to \blacklozenge$$

$$\begin{cases} \bullet \to \boxed{\sigma_{cr}} \\ \bigstar \to \boxed{\tau_{cr}} \\ \blacklozenge \to \boxed{\sigma_{c,cr}} \\ \boxed{\tau = \dfrac{V}{h_w t_w}} \end{cases} \xrightarrow{\text{式 (4.3.3-1)}} \boxed{\left(\dfrac{\sigma}{\sigma_{cr}}\right)^2 + \left(\dfrac{\tau}{\tau_{cr}}\right)^2 + \dfrac{\sigma_c}{\sigma_{c,cr}} \leqslant 1.0}$$

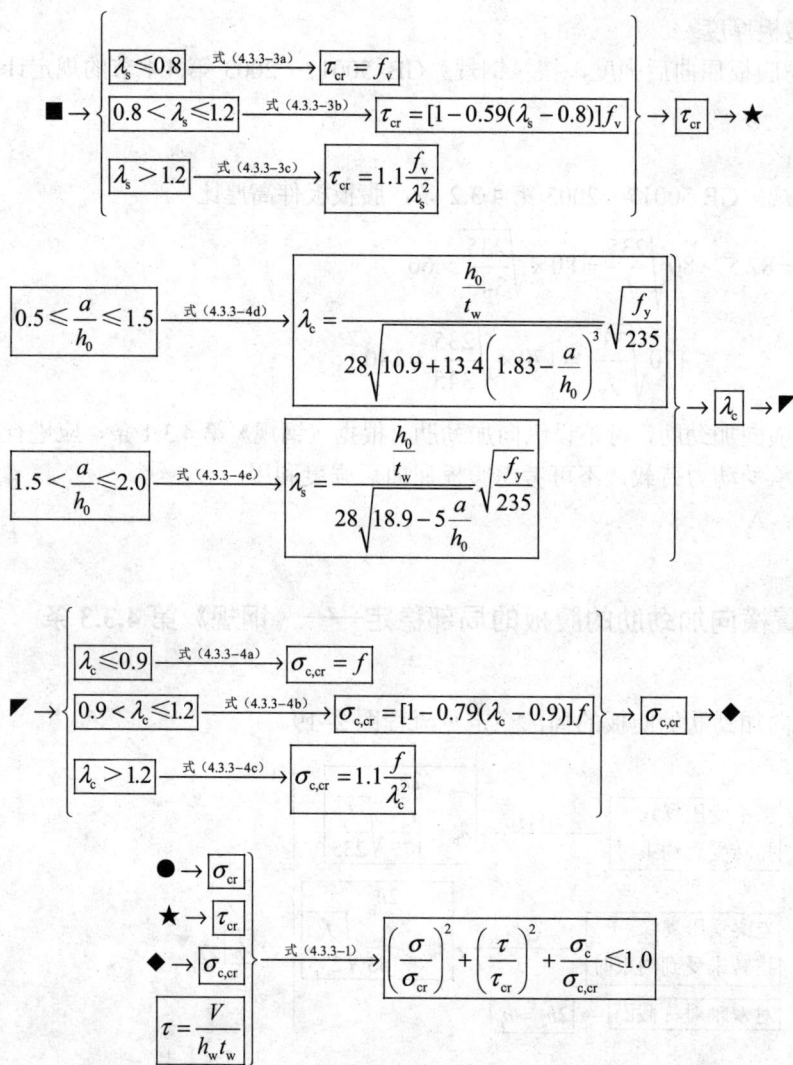

流程图 2-19　仅配置横向加劲肋的腹板的局部稳定（《钢规》第 4.3.3 条）（二）

2. 易考点

（1）σ_c—腹板计算高度边缘的局部压应力，应按式（4.1.3-1）计算，但取式中的 $\psi = 1.0$；轻、中级工作制吊车梁可乘以折减系数 0.9；

（2）通用高厚比实质是正则化宽厚比：$\lambda_b = \sqrt{\dfrac{f_y}{\sigma_{cr}}}$、$\lambda_s = \sqrt{\dfrac{f_{vy}}{\tau_{cr}}}$、$\lambda_c = \sqrt{\dfrac{f_y}{\sigma_{c,cr}}}$

2.3.10　同时用横向加劲肋和纵向加劲肋加强的腹板——《钢规》第 4.3.4 条

1. 受压翼缘与纵向加劲肋之间的区格（Ⅰ）

$$\dfrac{\sigma}{\sigma_{cr1}} + \left(\dfrac{\tau}{\tau_{cr1}}\right)^2 + \left(\dfrac{\sigma_c}{\sigma_{c,cr1}}\right)^2 \leqslant 1.0$$

式中，σ_{cr1}、τ_{cr1}、$\sigma_{c,cr1}$ 分别按下列方法计算：

（1）σ_{cr1} 按《钢规》式（4.3.3-2）计算，但式中λ_b的改用下列λ_{b1}代替。

当梁受压翼缘扭转受到约束时 $\lambda_{b1} = \dfrac{\dfrac{h_1}{t_w}}{75}\sqrt{\dfrac{f_y}{235}}$

当梁受压翼缘扭转未受到约束时 $\lambda_{b1} = \dfrac{\dfrac{h_1}{t_w}}{64}\sqrt{\dfrac{f_y}{235}}$

式中 h_1——纵向加劲肋至腹板计算高度受压边缘的距离。

说明：纵向加劲肋至腹板计算高度受压边缘的距离应在 $h_c/2.5 \sim h_c/2$ 范围内。

（2）τ_{cr1} 按《钢规》式（4.3.3-3）计算，将式中的 h_0 改为 h_1。

（3）$\sigma_{c,cr1}$ 按《钢规》式（4.3.3-2）计算，但式中的λ_b改用下列λ_{c1}代替。

当梁受压翼缘扭转受到约束时：$\lambda_{c1} = \dfrac{\dfrac{h_1}{t_w}}{56}\sqrt{\dfrac{f_y}{235}}$

当梁受压翼缘扭转未受到约束时：$\lambda_{c1} = \dfrac{h_1/t_w}{40}\sqrt{\dfrac{f_y}{235}}$

2. 受拉翼缘与纵向加劲肋之间的区格（Ⅱ）

$$\left(\frac{\sigma_2}{\sigma_{cr2}}\right)^2 + \left(\frac{\tau}{\tau_{cr2}}\right)^2 + \frac{\sigma_{c2}}{\sigma_{c,cr2}} \leqslant 1.0$$

式中 σ_2——所计算区格内由平均弯矩产生的腹板在纵向加劲肋处的弯曲压应力；

σ_{c2}——腹板在纵向加劲肋处的横向压应力，取 $0.3\sigma_c$。

（1）σ_{cr2} 按《钢规》式（4.3.3-2）计算，但式中的λ_b改用下列λ_{b2}代替，$\lambda_{b2} = \dfrac{\dfrac{h_2}{t_w}}{194}\sqrt{\dfrac{f_y}{235}}$。

（2）按《钢规》式（4.3.3-3）计算，将式中的 h_0 改为 h_2（$h_2 = h_0 - h_1$）。

（3）$\sigma_{c,cr2}$ 按《钢规》式（4.3.3-4）计算，但式中的 h_0 改为 h_2，当 $\dfrac{a}{h} > 2$ 时，取 $\dfrac{a}{h} = 2$。

2.3.11 加劲肋的配置——《钢规》第 4.3.6 条

易考点

（1）计算支座反力；

（2）《钢规》第 4.3.6 条，按构造要求，确定 b_s、厚度 t_s；

（3）端面承压的 f_{ce} 查取与实际应力的比较；

（4）根据实际设置的加劲板，验算正应力值；

（5）角焊缝折算应力的计算较为烦琐，并注意 β_f 的取值；

（6）加劲板处为十字形截面，计算长细比时，注意准确计算回转半径 i；

（7）端横隔板的常见形式及要求（图 2-12）。

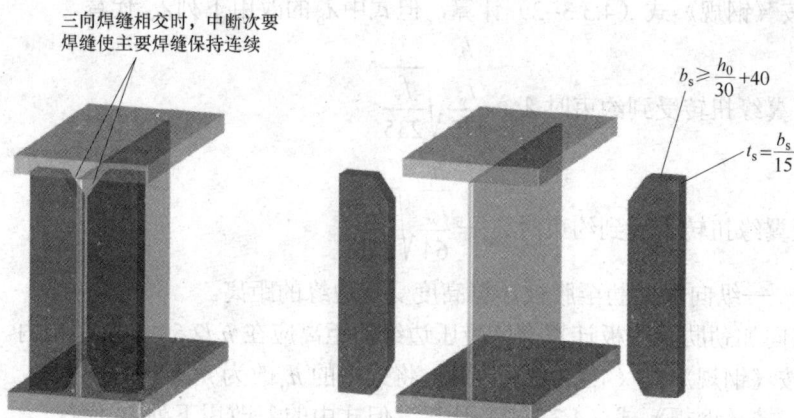

图 2-12　端横隔板的常见形式及要求

考题精选 2-15：本题非真题。

某跨度 6m 的简支梁承受均布荷载作用（作用在梁的上翼缘），其中永久荷载标准值为 20kN/m，可变荷载标准值为 25kN/m。该梁采用 Q235 钢制成的焊接组合工字形截面（图 2-13）。截面特性：$I_x = 35\,643\text{cm}^4$，$W_x = 1467\text{cm}^3$，$A = 90\text{cm}^2$。

支座的支承加劲肋与下列何项数值最为接近？

A. 肋板为—60×6

B. 肋板为—60×8

C. 肋板为—80×6

D. 肋板为—60×10

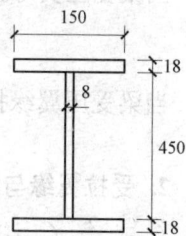

图 2-13　梁的截面尺寸

解答过程：

根据《钢规》GB 50017—2003 第 4.3.6 条（图 2-14），按构造要求 $b_s \geqslant \dfrac{h_0}{30} + 40 = 55\text{mm}$

厚度 $t_s = \dfrac{b_s}{15} = \dfrac{55}{15} = 3.7\text{mm}$。取 $b_s = 60\text{mm}$，$t_s = 6\text{mm}$

支座反力 $R = 59.83 \times 6 / 2 = 179.5\text{kN}$，肋板为 -60×6

加劲肋与腹板间的角焊缝计算，取 $h_f = 5\text{mm}$，$l_w = 60h_f = 300\text{mm}$

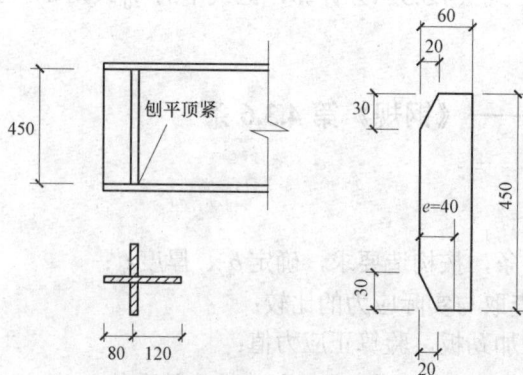

图 2-14　支承加劲肋示意图

$$\tau_f = \frac{R}{0.7 h_f \sum l_f} = \frac{179.5 \times 10^3}{0.7 \times 5 \times 4 \times 300} = 42.7 \text{N/mm}^2$$

$$\sigma_f = \frac{R \cdot e}{2 W_f} = \frac{179.5 \times 10^3 \times 40}{2 \times \dfrac{2 \times 0.7 \times 5 \times 300^2}{6}} = 34.2 \text{N/mm}^2$$

$$\sqrt{\left(\frac{\sigma_f}{\beta_f}\right)^2 + \tau_f^2} = \sqrt{\left(\frac{34.2}{1.22}\right)^2 + (42.7)^2} = 51.1 \text{N/mm}^2 < f_f^w = 160 \text{N/mm}^2$$

验算平面外稳定 $l_0 = h_0 = 450\text{mm}$，十字形截面

$$A = 2 \times 0.6 \times 6 + 0.8 \times 20 = 23.2 \text{cm}^2 = 2320 \text{mm}^2$$

$$I \cong 0.6 \times 12.8^3 / 12 = 104.9 \text{cm}^4 = 104.9 \times 10^4 \text{mm}^4, \quad i = \sqrt{\frac{I}{A}} = \sqrt{\frac{104.9}{23.2}} = 2.13 \text{cm} = 21.3 \text{mm}$$

长细比 $\lambda = l_0 / i = 45 / 2.13 = 21$，查《钢规》表 C–2 得稳定系数 $\varphi = 0.967$

$$\sigma = \frac{R}{A} = \frac{179.5 \times 10^3}{23.2 \times 10^2} = 77.4 \text{N/mm}^2 < \varphi f = 207.9 \text{N/mm}^2$$

肋板为—60×6（图 2–14），实际承压面积 480mm^2

$$\sigma = \frac{R}{A_{ce}} = \frac{179.5 \times 10^3}{480} = 374 \text{N/mm}^2 > f_{ce} = 325 \text{N/mm}^2，不满足《钢规》表 3.4.1–1 的要求。$$

肋板改为–60×8，实际承压面积 640mm^2

$$\sigma = \frac{R}{A_{ce}} = \frac{179.5 \times 10^3}{640} = 280 \text{N/mm}^2 < f_{ce} = 325 \text{N/mm}^2，满足《钢规》要求。$$

正确答案：B

2.3.12　支承加劲——《钢规》第 4.3.7 条

按承受梁支座反力或固定集中荷载的轴心受压构件计算其在腹板平面外的稳定性。此受压构件的截面应包括加劲肋和加劲肋每侧 $15 t_w \sqrt{\dfrac{235}{f_y}}$ 范围内的腹板面积，计算长度取 h_0，如图 2–15 所示。

当梁支承加劲肋的端部为刨平顶紧时，应按其所承受的支座反力或固定集中荷载计算其端面承压应力（对突缘支座的突缘高度不得大于其厚度的两倍）；当端部为焊接时，应按传力情况计算其焊缝应力。

注：当突缘加劲肋两边是轧制或剪切边时，按轴心受压构件截面分类是 c 类截面，但考虑梁腹板的连续性约束可按 b 类截面计算其稳定。

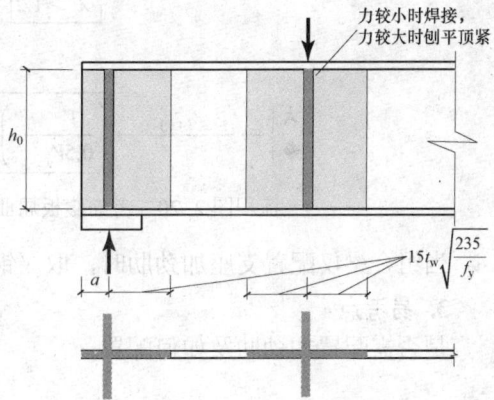

图 2–15　支承加劲

2.3.13 考虑腹板屈曲后强度计算——《钢规》第 4.4.1 条

1. 易错点

（1）《钢规》式（4.4.1–1）中，M、V 取值，取梁的同一截面上同时产生的弯矩和剪力设计值。

（2）《钢规》式（4.4.1–3）中，γ_x 的取值，当 $b/t \leq 13\sqrt{235/f_y}$ 时，取 $\gamma_x=1.05$；当 $13\sqrt{235/f_y} \leq b/t \leq 15\sqrt{235/f_y}$ 时，取 $\gamma_x=1.0$。

（3）M、V——梁的同一截面上同时产生的弯矩和剪力设计值。

（4）当 $V<0.5V_u$，取 $V=0.5V_u$；当 $M<M_f$，取 $M=M_f$。

（5）λ_s 为用于腹板受剪计算时的通用高厚比，按《钢规》式（4.3.3–3d）、式（4.3.3–3e）计算；λ_b 为用于腹板受弯计算时的通用高厚比，按式（4.3.3–2d）、式（4.3.3–2e）计算。

2. 流程图

$$\boxed{\lambda_b \leq 0.85} \xrightarrow{\text{式 (4.4.1-5a)}} \boxed{\rho=1.0}$$

$$\boxed{0.85 < \lambda_b \leq 1.25} \xrightarrow{\text{式 (4.4.1-5b)}} \boxed{\rho=1-0.82(\lambda_b-0.85)} \rightarrow \boxed{\rho} \rightarrow \blacktriangledown$$

$$\boxed{\lambda_b > 1.25} \xrightarrow{\text{式 (4.4.1-5c)}} \boxed{\rho=\frac{1}{\lambda_b}\left(1-\frac{0.2}{\lambda_b}\right)}$$

$$\blacktriangledown \rightarrow \boxed{\alpha_e=1-\frac{(1-\rho)h_c^3 t_w}{2I_x}} \xrightarrow{\text{式 (4.4.1-3)}} \boxed{M_{eu}=\gamma_x \alpha_e W_x f}$$

$$\boxed{M_f=\left(A_{f1}\frac{h_1^2}{h_2}+A_{f2}h_2\right)f} \rightarrow \bigstar$$

$$\boxed{\lambda_s \leq 0.8} \xrightarrow{\text{式 (4.4.1-6a)}} \boxed{V_u=h_w t_w f_v}$$

$$\boxed{0.8 < \lambda_s \leq 1.2} \xrightarrow{\text{式 (4.4.1-6b)}} \boxed{V_u=h_w t_w f_v[1-0.5(\lambda_s-0.8)]} \rightarrow \boxed{V_u} \rightarrow \blacklozenge$$

$$\boxed{\lambda_s > 1.2} \xrightarrow{\text{式 (4.4.1-6c)}} \boxed{V_u=\frac{h_w t_w f_v}{\lambda_s^{1.2}}}$$

$$\left.\begin{array}{c}\bigstar \\ \blacklozenge\end{array}\right\} \rightarrow \xrightarrow{\text{式 (4.4.1-1)}} \boxed{\left(\frac{V}{0.5V_u}-1\right)^2+\frac{M-M_f}{M_{eu}-M_f} \leq 1}$$

流程图 2–20 考虑腹板屈曲后强度计算（《钢规》第 4.4.1 条）

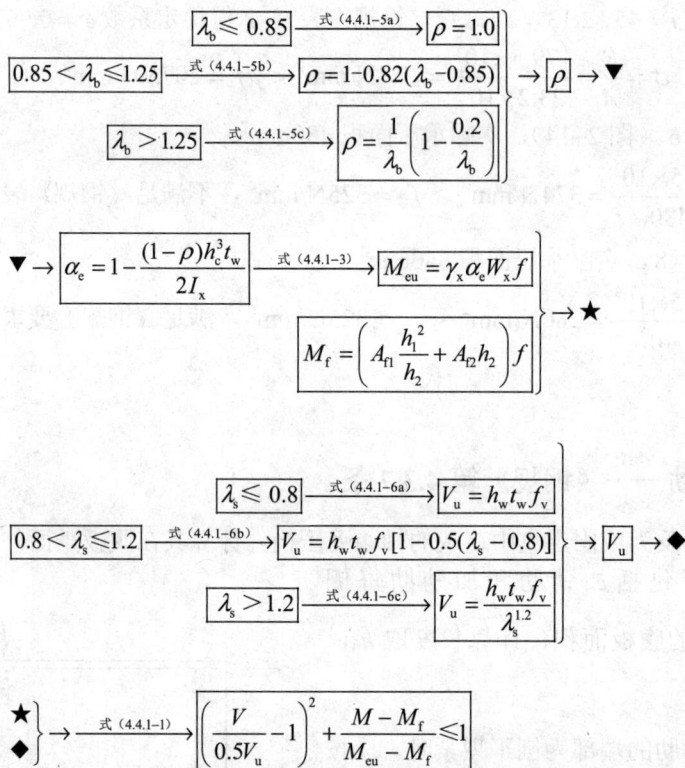

当组合梁仅配置支座加劲肋时，取《钢规》式（4.3.3–3e）中的 $h_0/a=0$。

3. 易考点

是否需配置加劲肋及如何配置。

2.3.14 成对配置中间横向加劲肋——《钢规》第 4.4.2 条

当仅配置支承加劲肋不能满足《钢规》式（4.4.1–1）的要求时，应在两侧成对配置中间横向加劲肋。中间横向加劲肋和上端受有集中压力的中间支承加劲肋，其截面尺寸除应满足《钢规》式（4.3.6-1）和式（4.3.6-2）的要求外，尚应按轴心受压构件参照《钢规》第 4.3.7 条计算其在腹板平面外的稳定性。

1. 易错点

（1）《钢规》第 4.4.2 条，$\lambda_s > 0.8$ 即腹板在支座旁的区格利用了屈服后强度，需考虑拉力场的水平分力 H；反之，$\lambda_s \leqslant 0.8$ 即腹板在支座旁的区格未利用屈服后强度，使 a_1 范围内的 $\tau_{cr} \geqslant f_v$，此时支座加劲肋就不会受到水平分力 H 的作用。

（2）《钢规》第 4.4.2 条，当考虑腹板在支座旁的区格利用屈曲后强度时：一般支座加劲肋的计算，根据《钢规》第 4.3.7 条，构件的截面包括加劲肋和加劲肋每侧 $15t_{w}\sqrt{235/f_y}$ 范围内的腹板面积，计算长度取 h_0。

2. 流程图

成对配置中间横向加劲肋见流程图 2-21。

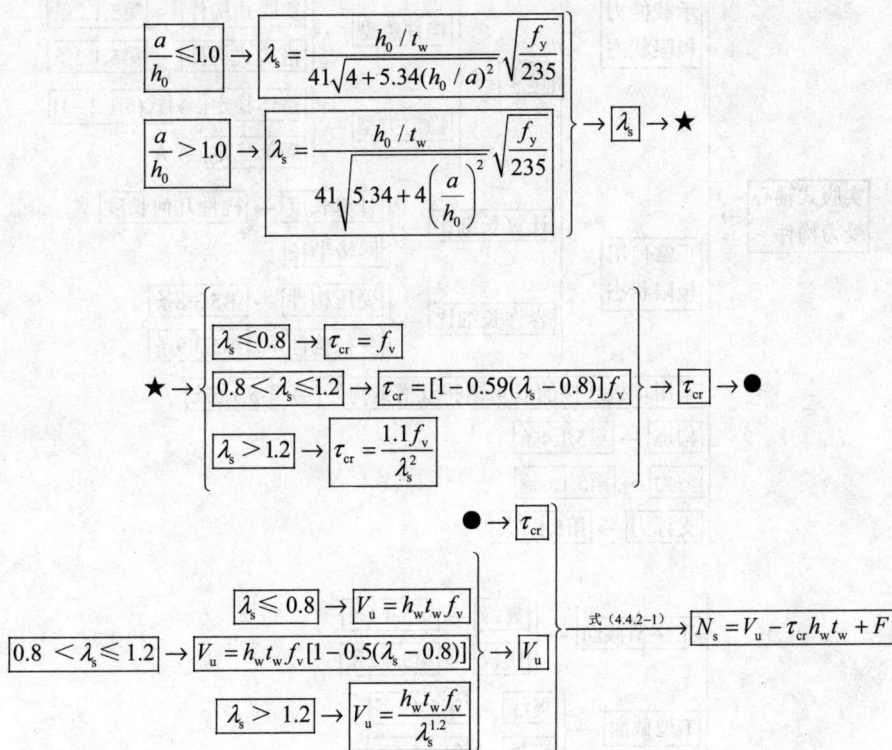

$$\frac{a}{h_0} \leqslant 1.0 \rightarrow \lambda_s = \frac{h_0/t_w}{41\sqrt{4+5.34(h_0/a)^2}}\sqrt{\frac{f_y}{235}}$$

$$\frac{a}{h_0} > 1.0 \rightarrow \lambda_s = \frac{h_0/t_w}{41\sqrt{5.34+4\left(\dfrac{a}{h_0}\right)^2}}\sqrt{\frac{f_y}{235}}$$

$$\rightarrow \boxed{\lambda_s} \rightarrow \bigstar$$

$$\bigstar \rightarrow \begin{cases} \boxed{\lambda_s \leqslant 0.8} \rightarrow \boxed{\tau_{cr}=f_v} \\ \boxed{0.8 < \lambda_s \leqslant 1.2} \rightarrow \boxed{\tau_{cr}=[1-0.59(\lambda_s-0.8)]f_v} \\ \boxed{\lambda_s > 1.2} \rightarrow \boxed{\tau_{cr}=\dfrac{1.1f_v}{\lambda_s^2}} \end{cases} \rightarrow \boxed{\tau_{cr}} \rightarrow \bullet$$

$$\bullet \rightarrow \boxed{\tau_{cr}}$$

$$\begin{cases} \boxed{\lambda_s \leqslant 0.8} \rightarrow \boxed{V_u=h_w t_w f_v} \\ \boxed{0.8 < \lambda_s \leqslant 1.2} \rightarrow \boxed{V_u=h_w t_w f_v[1-0.5(\lambda_s-0.8)]} \\ \boxed{\lambda_s > 1.2} \rightarrow \boxed{V_u=\dfrac{h_w t_w f_v}{\lambda_s^{1.2}}} \end{cases} \rightarrow \boxed{V_u} \xrightarrow{\text{式 (4.4.2-1)}} \boxed{N_s=V_u-\tau_{cr}h_w t_w + F}$$

流程图 2-21　成对配置中间横向加劲肋（《钢规》第 4.4.2 条）

2.4　轴心受力构件

2.4.1　轴心受力构件核心提示

（1）仅仅受拉的板件（构件）不存在失稳的问题，则轴拉构件无需稳定性计算。

（2）无论是轴压、拉压弯构件，均存在受压的板件（构件），则必须考虑稳定性的问题，包括整体稳定性与局部稳定性。

（3）以一言蔽之，只要有受压的板件（构件），则必须考虑稳定性的问题，在钢结构中主要的构件有受弯构件、轴压构件、拉压弯构件。

2.4.2 轴心受力构件概览

实腹式轴心受力构件计算见流程图 2-22，格构式轴心受力构件计算见流程图 2-23，轴心受力构件计算参数见流程图 2-24。

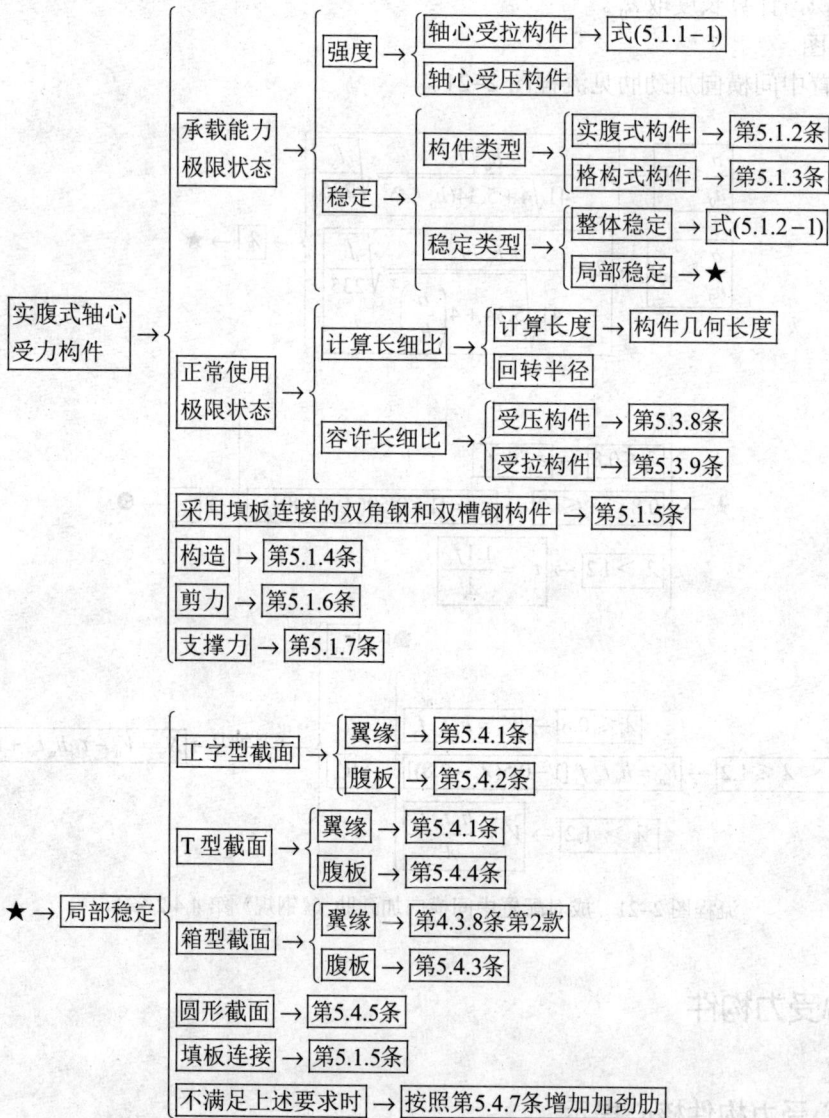

流程图 2-22 实腹式轴心受力构件计算

```
                          ┌─强度─┬→ 轴心受拉构件 →│式(5.1.1-1)│
                          │      └→ 轴心受压构件 →│式(5.1.2-1)│
               ┌ 承载能力 ┤
               │ 极限状态 │        ┌ 构件类型 ┬→ 实腹式构件 →│第5.1.2条│
               │          └─稳定─┤          └→ 格构式构件 →│第5.1.3条│
               │                  └ 稳定类型 ┬→ 整体稳定 →│式(5.1.2-1)│
               │                             └→ 局部稳定 →│见下一个流程图│
  格构式轴心 ┤
  受力构件    │                  ┌ 计算长细比 ┬→ 计算长度 →│构件几何长度│
               │ 正常使用 ┤        │            └→ 回转半径
               │ 极限状态 │        └ 容许长细比 ┬→ 受压构件 →│第5.3.8条│
               │          └                     └→ 受拉构件 →│第5.3.9条│
               │
               ├ 采用填板连接的双角钢和双槽钢构件 →│第5.1.5条│
               ├ 构造 →│第5.1.4条│
               ├ 剪力 →│第5.1.6条│
               └ 支撑力 →│第5.1.7条│
```

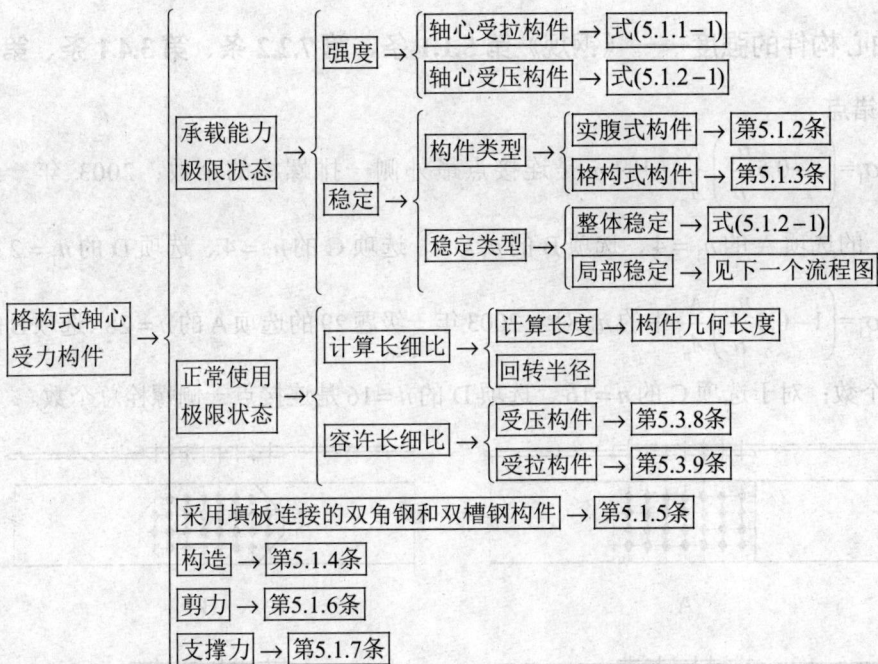

流程图 2-23　格构式轴心受力构件计算

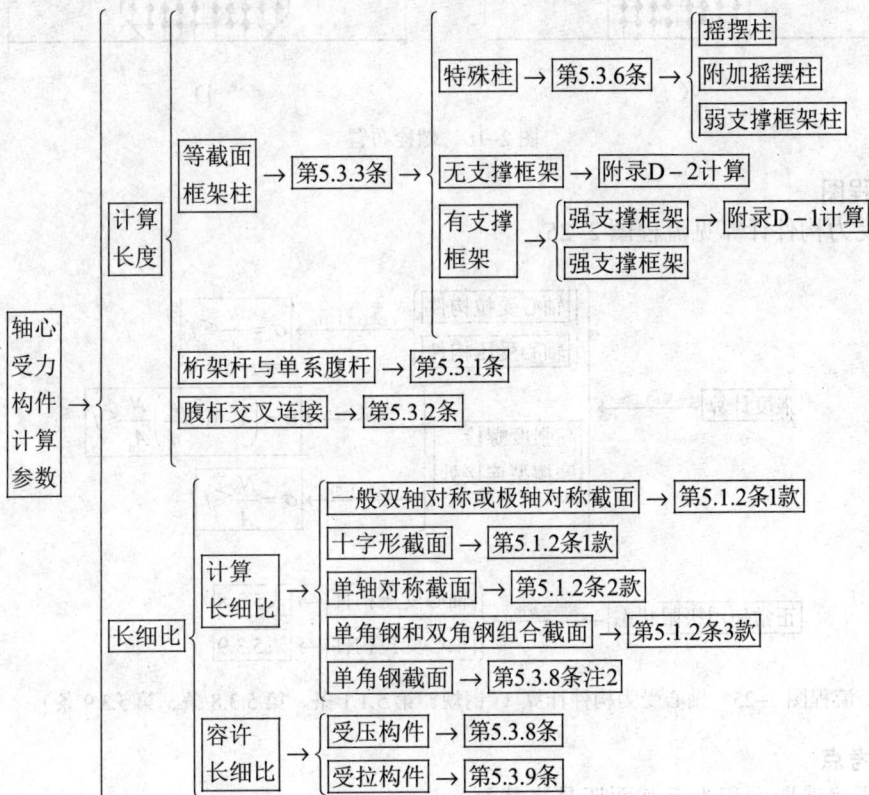

```
                                                    ┌→ 摇摆柱
                              ┌ 特殊柱 →│第5.3.6条│ ┼→ 附加摇摆柱
                              │                      └→ 弱支撑框架柱
               ┌ 等截面 ┐    │
               │ 框架柱 ├→│第5.3.3条│┤ 无支撑框架 →│附录D-2计算│
               │        ┘    │
        ┌ 计算 ┤              │ 有支撑 ┬→ 强支撑框架 →│附录D-1计算│
        │ 长度 │              └ 框架  └→ 强支撑框架
        │      │
  轴心  │      ├ 桁架杆与单系腹杆 →│第5.3.1条│
  受力 ┤      └ 腹杆交叉连接 →│第5.3.2条│
  构件  │
  计算  │              ┌ 一般双轴对称或极轴对称截面 →│第5.1.2条1款│
  参数  │              ├ 十字形截面 →│第5.1.2条1款│
        │      ┌ 计算 ┤ 单轴对称截面 →│第5.1.2条2款│
        │      │ 长细比├ 单角钢和双角钢组合截面 →│第5.1.2条3款│
        └ 长细比┤      └ 单角钢截面 →│第5.3.8条注2│
               │
               └ 容许 ┬→ 受压构件 →│第5.3.8条│
                 长细比└→ 受拉构件 →│第5.3.9条│
```

流程图 2-24　轴心受力构件计算参数

2.4.3　轴心构件的强度——《钢规》第 5.1.1 条、第 7.2.2 条、第 3.4.1 条、第 7.2.4 条

1. 易错点

（1）$\sigma_1 = \left(1 - 0.5\dfrac{n_1}{n}\right)\dfrac{N}{A_n}$ 中的 n_1 是连接点最外侧一排螺栓的个数；2003 年一级题 29

（图 2-16）的选项 A 的 $n_1 = 4$、选项 B 的 $n_1 = 2$、选项 C 的 $n_1 = 4$、选项 D 的 $n_1 = 2$；

（2）$\sigma_1 = \left(1 - 0.5\dfrac{n_1}{n}\right)\dfrac{N}{A_n}$ 中的 n，对于 2003 年一级题 29 的选项 A 的 $n = 28$、选项 B 的 $n = 28$

是螺栓总个数；对于选项 C 的 $n = 16$、选项 D 的 $n = 16$ 是连接点一侧螺栓总个数。

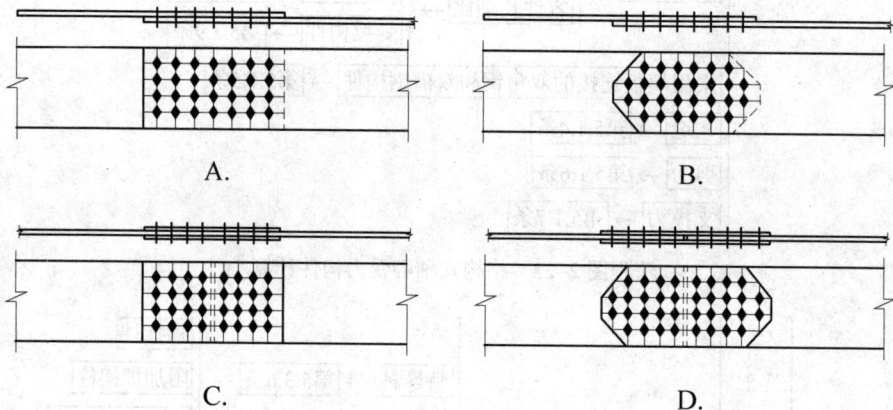

图 2-16　螺栓布置

2. 流程图

轴心受力构件计算见流程图 2-25。

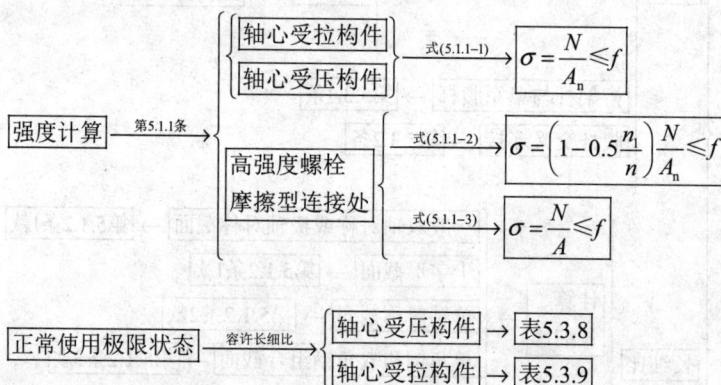

流程图 2-25　轴心受力构件计算（《钢规》第 5.1.1 条、第 5.3.8 条、第 5.3.9 条）

3. 易考点

（1）正确选取面积为毛截面还是净截面；

（2）准确选取所计算截面上高强螺栓数 n_1；

（3）螺栓预拉力值的查取；

（4）高强螺栓的抗剪强度设计值计算；

（5）等承载力连接的概念；

（6）连接长度较大时，折减系数的计算；

（7）《钢规》第7.2.4条的折减系数；

（8）与《钢规》第7.2.5条组合，注意到"摩擦型连接的高强度螺栓除外"；

（9）高强度螺栓摩擦型连接的计算；

（10）螺栓布置对承载力的影响；

（11）$1-0.5\dfrac{n_1}{n}$；

（12）高强螺栓连接部位最大应力的计算；

（13）考虑高强度螺栓摩擦型连接的孔前传力。

4. 典型考题

2003年一级题27、2003年一级题29、2005年一级题19、2013年一级题28。

2004年二级题23、2004年二级题24、2008年二级题19、2009年二级题22、2009年二级题24、2011年二级题24、2016年二级题26。

考题精选2-16：连接板按轴心受拉构件计算，高强度螺栓摩擦型连接处的最大应力计算值（2013年一级题28）

某钢结构平台承受静力荷载，钢材均采用Q235钢。该平台有悬挑次梁与主梁刚接。假定次梁上翼缘处的连接板需要承受由支座弯矩产生的轴心拉力设计值 $N=360\text{kN}$。

次梁上翼缘与连接板每侧各采用6个高强度螺栓，其刚接节点如图2-17所示，高强度螺栓的性能等级为10.9级，连接处构件接触面采用喷砂（丸）处理。

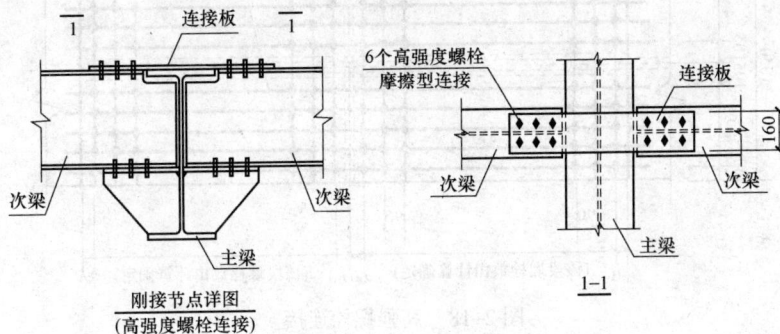

图2-17　刚接节点

假定次梁上翼缘处的连接板厚度 $t=16\text{mm}$，设在高强度螺栓处连接板的净截面面积 $A_n = 18.5 \times 10^2 \text{mm}^2$。试问：该连接板按轴心受拉构件进行计算，在高强度螺栓摩擦型连接处的最大应力计算值（N/mm^2）应与下列何项数值最为接近？

A. 140　　　　B. 165　　　　C. 195　　　　D. 215

解答过程：

根据《钢规》GB 50017—2003式（5.1.1-2），高强度螺栓摩擦型连接处的最大应力计算值

$$\sigma_1 = \left(1 - 0.5\frac{n_1}{n}\right)\frac{N}{A_n} = \left(1 - 0.5 \times \frac{2}{6}\right) \times \frac{360 \times 10^3}{18.5 \times 10^2} = 162.2 \text{N/mm}^2$$

$$\sigma_2 = \frac{N}{A} = \frac{360 \times 10^3}{160 \times 16} = 140.6 \text{N/mm}^2 < \sigma_1$$

两者取较大值。

正确答案：B

考题精选 2-17：要求高强度螺栓的承载力不低于板件承载力的条件下，拼接螺栓的数目（2003 年一级题 27）

某工地拼接实腹梁的受拉翼缘板，采用高强度螺栓摩擦型连接，如图 2-18 所示。受拉翼缘板的截面为-1050×100，f =325N/mm²。高强度螺栓采用 M24（孔径 d_0 =26mm），10.9 级，摩擦面抗滑移系数 μ =0.4。试问：在要求高强度螺栓的承载力不低于板件承载力的条件下，拼接螺栓的数目与下列何项数值最为接近？

A. 170   B. 220   C. 240   D. 310

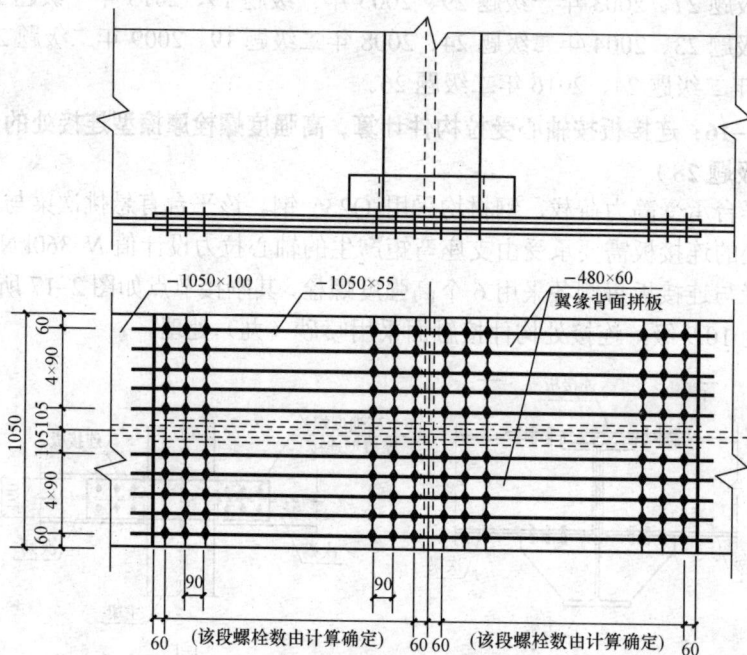

图 2-18　高强螺栓连接

解答过程：

查《钢规》GB 50017—2003 表 7.2.2-2，得 10.9 级 M24 螺栓预拉力 P=225kN，一个高强螺栓的抗剪强度设计值 $N_v^b = 0.9n_f \mu P = 0.9 \times 2 \times 0.4 \times 225 = 162$kN

根据《钢规》第 3.4.1 条和《钢规》式（5.1.1-2）计算拉力

$$N = fA_n + \frac{1}{2}n_1 \cdot N_v^b = 100 \times (1050 - 10 \times 26) \times 325 + \frac{1}{2} \times 10 \times 162 \times 10^3$$

$$= 26485 \times 10^3 \text{N} = 26485 \text{kN}$$

由等承载力原则得 $n \geqslant \dfrac{N}{N_v^b} = \dfrac{26485}{162} = 163.5$

取 170 个，一排布置 10 个螺栓则有 17 排，此时连接长度

$16 \times 90 = 1440\text{mm} > 15d_0 = 15 \times 26 = 390\text{mm}$

由《钢规》第 7.2.4 条，折减系数为 $\eta = 1.1 - \dfrac{l_1}{150d_0} = 1.1 - \dfrac{16 \times 90}{150 \times 26} = 0.73 > 0.7$

因此螺栓个数应重新设计为 $\dfrac{170}{0.73} = 233$，取 $n = 240$，

此时连接长度 $23 \times 90 = 2070\text{mm} > 60d_0 = 60 \times 26 = 1560\text{mm}$，取 $\eta = 0.7$。

此时，螺栓群承载力 $\eta n N_v^b = 0.7 \times 240 \times 162 = 27216\text{kN}$

板件承载力

$$\dfrac{A_n f}{1 - 0.5\dfrac{n_1}{n}} = \dfrac{100 \times (1050 - 10 \times 26) \times 325}{1 - 0.5 \times \dfrac{10}{240}} = 26221 \times 10^3 \text{N} = 26221\text{kN} < 27216\text{kN}$$

正确答案：C

2.4.4　实腹式轴心受压构件的稳定性——《钢规》第 5.1.2 条、附录 C、第 5.1.6 条、第 5.1.5 条、第 5.3.1 条、第 5.3.8 条、第 5.2.7 条

1. 易错点

（1）缀条式构件的换算长细比与是否设置横缀条无关，说明横缀条对整体稳定无影响。因其处于水平方向，不能产生竖向分力，对分肢间的相对错动不能约束。

（2）格构式构件的最大优点在于总可以调整分肢的间距来达到绕两个主轴方向等稳定。

（3）对于采用槽钢做分肢的格构式构件不必考虑扭转的影响，因从格构式构件看，其截面是双轴对称的，所以分肢不会发生扭转。支撑力计算与实腹式构件相同。

（4）《钢规》表 5.1.2–1 中构件的截面分类，注意区别工字形、T 字形情况，因轧制或焊接，$\dfrac{b}{h}$ 不同，以及翼缘为焰切边、轧制或剪切边等，各自属于不同截面类型。

（5）《钢规》第 5.1.2 条，对双轴对称十字形截面构件，λ_x 或 λ_y 取值不得小于 $\dfrac{5.07b}{t}$（其中 $\dfrac{b}{t}$ 为悬伸板件宽厚比）。

（6）对单轴对称的构件，绕对称轴的长细比应用换算长细比；查《钢规》附表 C 时，应按 $\lambda_{yz}\sqrt{\dfrac{f_y}{235}}$ 值进行确定。

（7）《钢规》式（5.1.2–1）中，φ 值查附表时，应根据截面类型（a 类、或 b 类、或 c 类、或 d 类）和 $\lambda\sqrt{f_y/235}$ 值进行确定。

（8）对单轴对称的构件（如十字形、T 形等），绕对称轴的长细比应用换算长细比，即查

2

附表时，应按 $\lambda_{yz}\sqrt{f_y/235}$ 值进行确定。

（9）《钢规》表 5.1.2–1 中，注意区别工字形、T 字形情况，因轧制，或焊接，b/h 不同，以及翼缘为焰切边、轧制或剪切边等，各自属于不同截面类型。

（10）对双轴对称十字形截面构件，《钢规》5.1.2 条，λ_x 或 λ_y 取值不得小于 $5.07b/t$（其中 b/t 为悬伸板件宽厚比）。

（11）截面类型的确定。

（12）钢种是否为 Q235，否则根号下数值不为 1，即须按 $\lambda\sqrt{f_y/235}$ 计算。

（13）换算长细比 λ_{yz}（表 2–18）。

表 2–18 　　　　　　　　　　换算长细比 λ_{yz}（《钢规》第 5.1.2 条）

简　　图	计算流程图
 (a)	等边单角钢 $\begin{cases}\dfrac{b}{t}\leq 0.54\dfrac{l_{0y}}{b} & \text{式(5.1.2–5a)} \rightarrow \lambda_{yz}=\lambda_y\left(1+\dfrac{0.85b^4}{l_{0y}^2t^2}\right) \\[3mm] \dfrac{b}{t}>0.54\dfrac{l_{0y}}{b} & \text{式(5.1.2–5b)} \rightarrow \lambda_{yz}=\dfrac{4.78b}{t}\left(1+\dfrac{l_{0y}^2t^2}{13.5b^4}\right)\end{cases}$
 (b)	弯扭屈曲 $\begin{cases}\dfrac{b}{t}\leq 0.69\dfrac{l_{0u}}{b} & \text{式(5.1.2–8a)} \rightarrow \lambda_{uz}=\lambda_u\left(1+\dfrac{0.25b^4}{l_{0u}^2t^2}\right) \\[3mm] \dfrac{b}{t}>0.69\dfrac{l_{0u}}{b} & \text{式(5.1.2–8b)} \rightarrow \lambda_{uz}=5.4\dfrac{b}{t}\end{cases}$
 (c)	等边双角钢 $\begin{cases}\dfrac{b}{t}\leq 0.58\dfrac{l_{0y}}{b} & \text{式(5.1.2–6a)} \rightarrow \lambda_{yz}=\lambda_y\cdot\left(1+\dfrac{0.475b^4}{l_{0y}^2t^2}\right) \\[3mm] \dfrac{b}{t}>0.58\dfrac{l_{0y}}{b} & \text{式(5.1.2–6b)} \rightarrow \lambda_{yz}=3.9\dfrac{b}{t}\cdot\left(1+\dfrac{l_{0y}^2t^2}{18.6b^4}\right)\end{cases}$
 (d)	长边相连 不等边双角钢 $\begin{cases}\dfrac{b_2}{t}\leq 0.48\dfrac{l_{0y}}{b_2} & \text{式(5.1.2–7a)} \rightarrow \lambda_{yz}=\lambda_y\cdot\left(1+\dfrac{1.09b_2^4}{l_{0y}^2t^2}\right) \\[3mm] \dfrac{b_2}{t}>0.48\dfrac{l_{0y}}{b_2} & \text{式(5.1.2–7b)} \rightarrow \lambda_{yz}=5.1\dfrac{b_2}{t}\cdot\left(1+\dfrac{l_{0y}^2t^2}{17.4b_2^4}\right)\end{cases}$

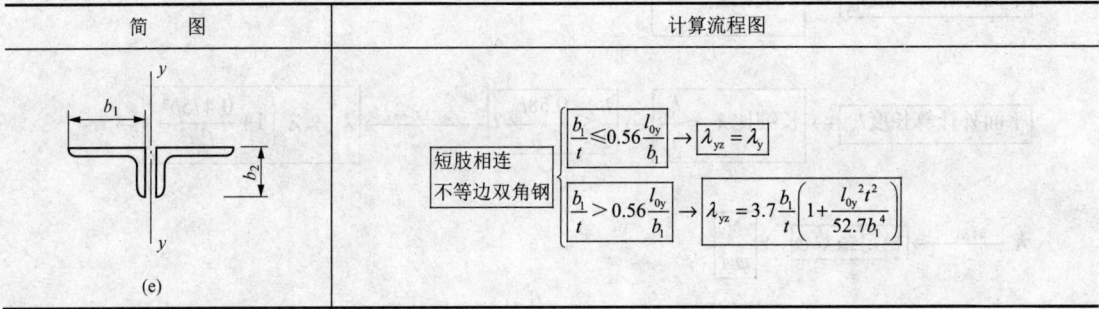

简　　图	计算流程图

短肢相连
不等边双角钢

$$\dfrac{b_1}{t}\leqslant 0.56\dfrac{l_{0y}}{b_1} \rightarrow \lambda_{yz}=\lambda_y$$

$$\dfrac{b_1}{t}> 0.56\dfrac{l_{0y}}{b_1} \rightarrow \lambda_{yz}=3.7\dfrac{b_1}{t}\left(1+\dfrac{l_{0y}^{2}t^{2}}{52.7b_1^{4}}\right)$$

(e)

2. 流程图

《钢规》第4.3.7条 $\rightarrow$ $\begin{Bmatrix}A\\I_y\end{Bmatrix}$ $\rightarrow$ $i_y=\sqrt{\dfrac{I_y}{A}}$ $\rightarrow$ i_y $\rightarrow$ ●

l_0

《钢规》表5.3.1 $\begin{Bmatrix} i_x \\ l_{0x}=l \\ l_{0y}=0.8l \\ ● \rightarrow \end{Bmatrix}$ $\rightarrow$ $\lambda_x=\dfrac{l_{0x}}{i_x}$ $\xrightarrow{\text{表5.1.2-1}}$, $\lambda_y=\dfrac{l_{0y}}{i_y}$ $\xrightarrow{\text{表5.1.2-1}}$ $\rightarrow$ $\dfrac{b}{h}<0.8?$ $\xrightarrow{\text{是}}$ $\begin{Bmatrix}\text{x轴属于a类}\\\text{y轴属于b类}\end{Bmatrix}$ $\rightarrow$ ★

★ $\xrightarrow{\text{Q345钢}}$ $\begin{Bmatrix}\lambda_x\sqrt{\dfrac{f_y}{235}} \xrightarrow{\text{表C-1}} \varphi_x \\ \lambda_y\sqrt{\dfrac{f_y}{235}} \xrightarrow{\text{表C-2}} \varphi_y\end{Bmatrix}$ $\rightarrow$ $\varphi_{min}=\min(\varphi_x,\varphi_y)$ $\rightarrow$ $\dfrac{N}{\varphi_{min}A}$

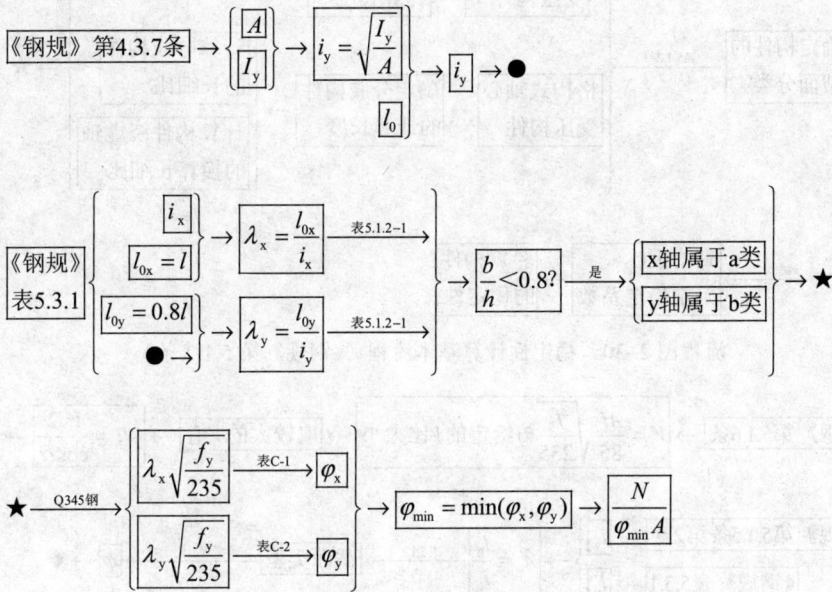

流程图 2-26　轴心受力构件的稳定系数（《钢规》第 4.3.7 条、第 5.1.2、附录 C）

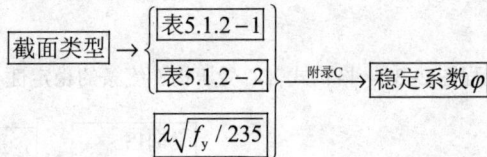

截面类型 $\rightarrow$ $\begin{Bmatrix}\text{表5.1.2-1}\\\text{表5.1.2-2}\\\lambda\sqrt{f_y/235}\end{Bmatrix}$ $\xrightarrow{\text{附录C}}$ 稳定系数 φ

流程图 2-27　稳定系数的确定与稳定性验算（《钢规》附录 C）

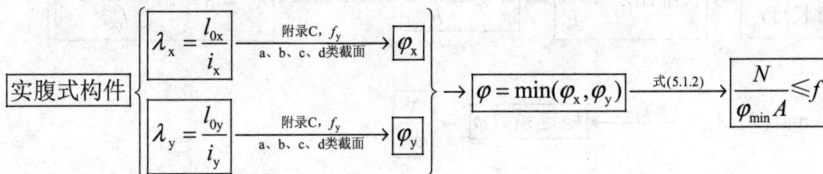

实腹式构件 $\begin{Bmatrix}\lambda_x=\dfrac{l_{0x}}{i_x} \xrightarrow[\text{a、b、c、d类截面}]{\text{附录C, }f_y} \varphi_x \\ \lambda_y=\dfrac{l_{0y}}{i_y} \xrightarrow[\text{a、b、c、d类截面}]{\text{附录C, }f_y} \varphi_y\end{Bmatrix}$ $\rightarrow$ $\varphi=\min(\varphi_x,\varphi_y)$ $\xrightarrow{\text{式(5.1.2)}}$ $\dfrac{N}{\varphi_{min}A}\leqslant f$

流程图 2-28　实腹式构件稳定性计算-1

平面外计算长度 l_{0x} → 长细比 $\lambda_x = \dfrac{l_{0x}}{i_x}$

平面外计算长度 l_{0y} → 长细比 $\lambda_y = \dfrac{l_{0y}}{i_y}$ → $\dfrac{b}{t} < \dfrac{0.58l_{0y}}{b}$? →式(5.1.2−6a)→ $\lambda_{yz} = \lambda_y\left(1 + \dfrac{0.475b^4}{l_{0y}^2 t^2}\right)$ → ★

★ —附表C−2→ 稳定系数 φ → $\dfrac{N}{\varphi A}$

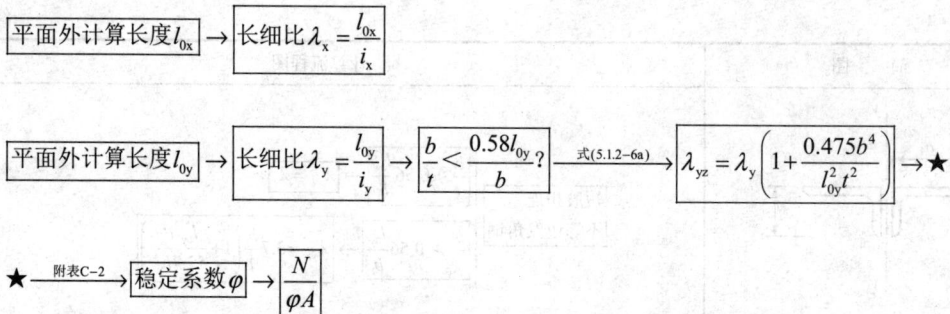

流程图 2−29　实腹式构件稳定性计算−2

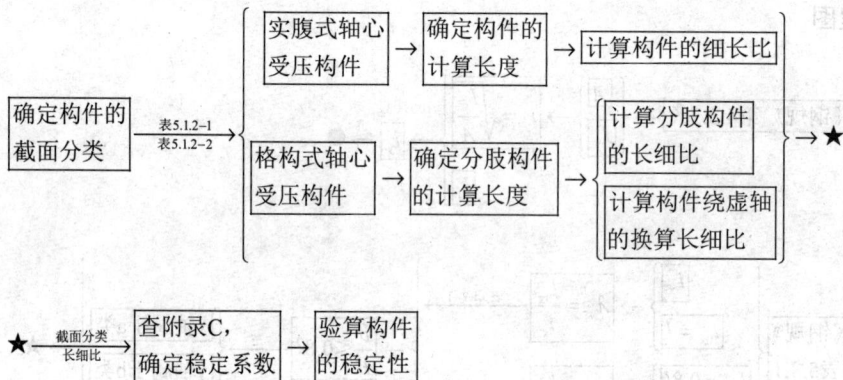

确定构件的截面分类 —表5.1.2−1 表5.1.2−2→
- 实腹式轴心受压构件 → 确定构件的计算长度 → 计算构件的细长比
- 格构式轴心受压构件 → 确定分肢构件的计算长度 → {计算分肢构件的长细比 / 计算构件绕虚轴的换算长细比}
→ ★

★ —截面分类 长细比→ 查附录C，确定稳定系数 → 验算构件的稳定性

流程图 2−30　稳定性计算基本流程（《钢规》第 5.1.2 条）

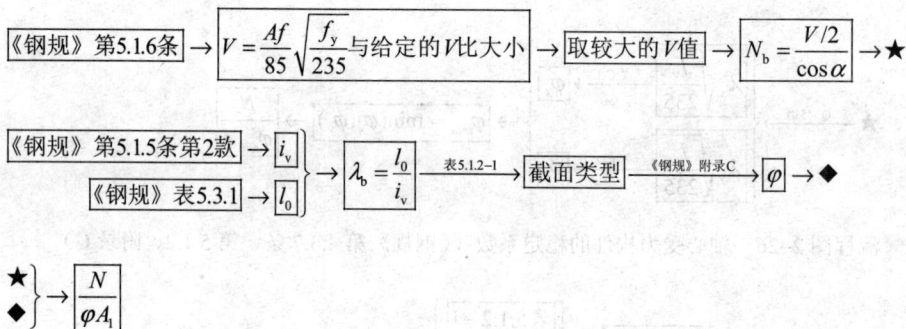

《钢规》第5.1.6条 → $V = \dfrac{Af}{85}\sqrt{\dfrac{f_y}{235}}$ 与给定的V比大小 → 取较大的V值 → $N_b = \dfrac{V/2}{\cos\alpha}$ → ★

《钢规》第5.1.5条第2款 → i_v
《钢规》表5.3.1 → l_0
} → $\lambda_b = \dfrac{l_0}{i_v}$ —表5.1.2−1→ 截面类型 —《钢规》附录C→ φ → ◆

★
◆ } → $\dfrac{N}{\varphi A_1}$

流程图 2−31　格构式轴心受压构件缀条的稳定性

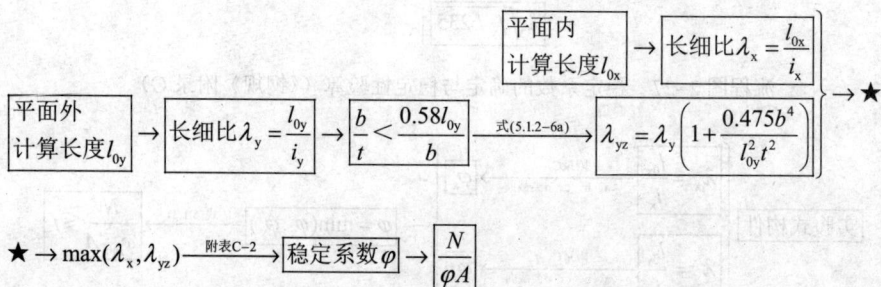

平面内计算长度 l_{0x} → 长细比 $\lambda_x = \dfrac{l_{0x}}{i_x}$ → ★

平面外计算长度 l_{0y} → 长细比 $\lambda_y = \dfrac{l_{0y}}{i_y}$ → $\dfrac{b}{t} < \dfrac{0.58l_{0y}}{b}$ →式(5.1.2−6a)→ $\lambda_{yz} = \lambda_y\left(1 + \dfrac{0.475b^4}{l_{0y}^2 t^2}\right)$ → ★

★ → $\max(\lambda_x, \lambda_{yz})$ —附表C−2→ 稳定系数 φ → $\dfrac{N}{\varphi A}$

流程图 2−32　格构式轴心受压构件双角钢的稳定性

3. 易考点

（1）平面内（外）计算长度的计算；

（2）长细比的计算；

（3）稳定系数的计算；

（4）弯曲应力设计值计算。

（5）钢种、稳定系数的查取；

（6）正确查取《钢规》表 5.1.2；

（7）正确查取《钢规》附表 C；

（8）单轴对的构件的换算长细比；

（9）单角钢截面和双角钢组合 T 形截面的简化方法；

（10）格构式柱缀条剪力的计算及判断；

（11）腹杆计算长度、长细比的计算；

（12）截面类型、稳定系数的查取；

（13）最大压应力设计值计算式；

（14）准确的剪切力换算到轴向压力；

（15）《钢规》第 5.1.6 条与《钢规》第 5.2.7 条的关联；

（16）平面内（外）计算长度的取值；

（17）长细比的计算；

（18）容许长细比的查取；

（19）截面类型的判定；

（20）钢种、稳定系数的查取；

（21）分肢承受的最大轴心压力；

（22）最大压应力设计值的计算；

（23）弯曲应力设计值计算；

（24）等稳定原则；

（25）计算 $\lambda_y \sqrt{\dfrac{f_y}{235}}$。

4. 典型考题

2003 年一级题 23、2004 年一级题 19、2004 年一级题 23、2004 年一级题 24、2004 年一级题 28、2005 年一级题 27、2006 年一级题 23、2007 年一级题 26、2007 年一级题 28、2008 年一级题 19、2008 年一级题 26、2008 年一级题 27、2009 年一级题 22、2010 年一级题 22、2011 年一级题 24、2012 年一级题 20、2014 年一级题 20。

2003 年二级题 30、2004 年二级题 26、2005 年二级题 25、2005 年二级题 28、2008 年二级题 22、2010 年二级题 20、2010 年二级题 21、2011 年二级题 21、2013 年二级题 19、2016 年二级题 23。

考题精选 2-18：缀条应力设计值（2014 年一级题 20）

某单层钢结构厂房，钢材均为 Q235B，边列单阶柱截面及内力见图 2-19，上段柱为焊接工字形截面实腹柱，下段柱为不对称组合截面格构柱，所有板件均为火焰切割，柱上端与钢屋架形成刚接，无截面削弱。截面特性见表 2-19。

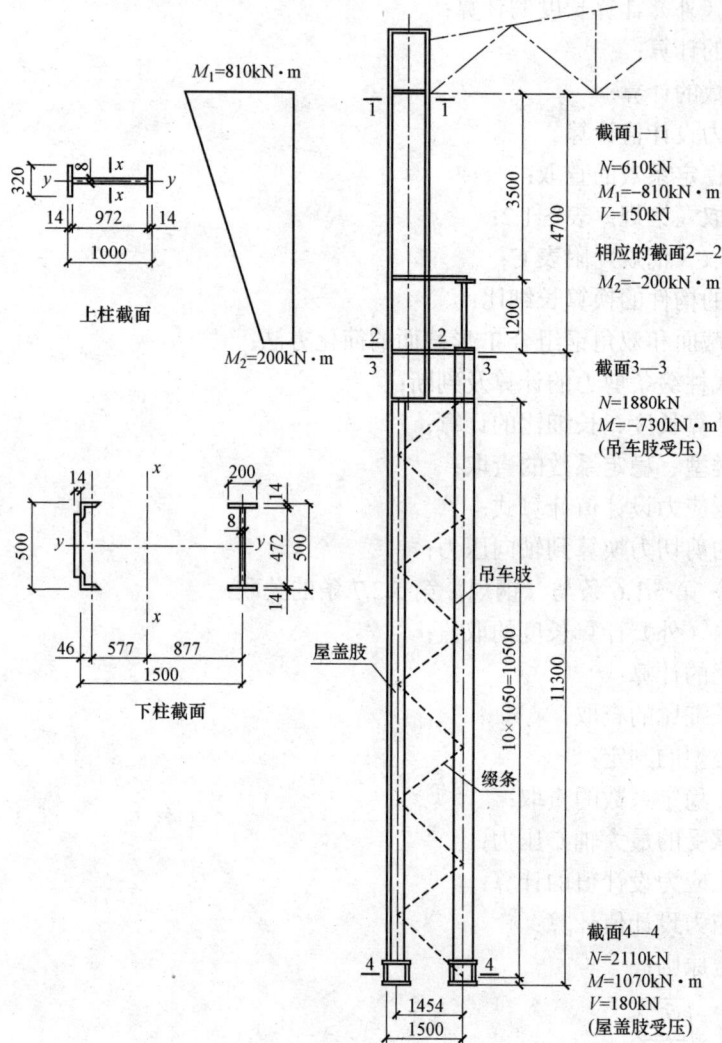

图 2-19　边列单阶柱截面及内力

表 2-19　　　　　　　　　　　　　　　　　　截　面　特　性

参数 位置		面积 A /cm²	惯性矩 I_x /cm⁴	回转半径 i_x /cm	惯性矩 I_y /cm⁴	回转半径 i_y /cm	弹性截面模量 W_x /cm³	
上柱		167.4	279000	40.8	7646	6.4	5580	
下柱	屋盖肢	142.6	4016	5.3	46088	18.0	—	
	吊车肢	93.8	1867	—	40077	20.7	—	
下柱组合柱截面		236.4	1202083	71.3	—	—	屋盖肢侧： 19295	吊车肢侧： 13707

假定，缀条采用单角钢∟90×6，∟90×6 截面特性（图 2-20）：面积 A_1=1063.7mm²，回转半径 i_x=27.9mm，i_u=35.1mm，i_v=18.0mm。试问：缀条应力设计值（N／mm²）与下列何项

数值最为接近？

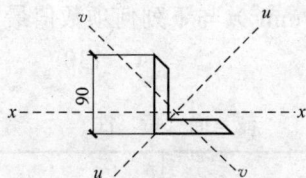

图 2-20　缀条截面

A. 120　　　　　　B. 127　　　　　　C. 136　　　　　　D. 168

解答过程： 根据《钢规》GB 50017—2003 第 5.1.6 条，

格构式柱缀条剪力 $V = \dfrac{Af}{85}\sqrt{\dfrac{f_y}{235}} = \dfrac{23640 \times 215}{85} \times \sqrt{\dfrac{235}{235}} = 59795.3\text{N} = 59.7953\text{kN} < 180\text{kN}$

根据《钢规》第 5.2.7 条，应取较大值 $V = 180\text{kN}$ 。

根据题图 2-19，假定缀条与水平面的夹角为 α ，则 $\cos\alpha = \dfrac{1454}{\sqrt{1454^2 + 1050^2}} = 0.811$

单根缀条所受压力 $N_b = \dfrac{V/2}{\cos\alpha} = \dfrac{180/2}{0.811} = 111\text{kN}$

根据题图 2-19，缀条几何长度 $l_b = \sqrt{1454^2 + 1050^2} = 1793.5\text{mm}$

根据《钢规》表 5.3.1，对斜平面的其他腹杆计算长度 $l_0 = 0.9l_b$ ，

回转半径取 $i_v = 18.0\text{mm}$

长细比 $\lambda_b = \dfrac{l_0}{i_v} = \dfrac{0.9 \times 1793.5}{18} = 89.7$

查《钢规》表 5.1.2-1，截面对 x、y 轴均属于 b 类。

查《钢规》表 C-2，得稳定系数 $\varphi = 0.622$ ，

则最大压应力设计值 $\dfrac{N}{\varphi A_1} = \dfrac{111 \times 10^3}{0.622 \times 1063.7} = 167.8\text{N/mm}^2$

正确答案： D

考题精选 2-19：以应力形式表达的稳定性计算数值（2011 年一级题 24）
某厂房屋面上弦平面布置如图 2-21 所示，钢材采用 Q235，焊条采用 E43 型。

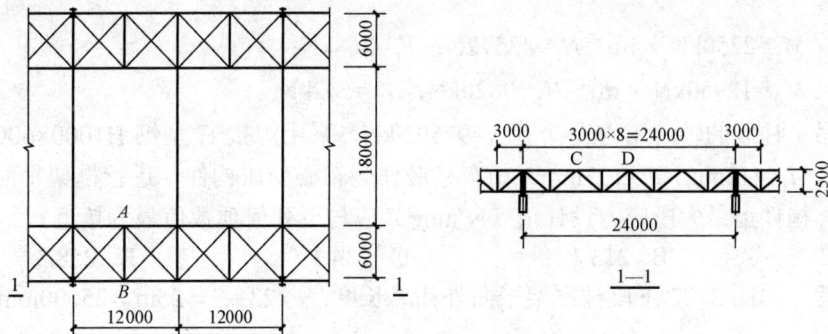

图 2-21　某厂房屋面上弦平面布置

托架上弦杆 *CD* 选用⌐⌐140×10（截面特性见表 2–20），轴心压力设计值为 450kN，以应力形式表达的稳定性计算数值（N/mm²）与下列何项数值最为接近？

A. 100　　　　　B. 110　　　　　C. 130　　　　　D. 140

表 2–20　　　　　　　　　　　　　　　　　　截　面　特　性

截面	A	i_x	i_y
	mm²	mm	mm
⌐⌐ 140×10	5475	43.4	61.2

解答过程：

由图 2–21 左边图示知，托架上弦杆 *CD* 的平面外计算长度 $l_{0y}=6000\text{mm}$，平面内计算长度 $l_{0x}=3000\text{mm}$，则托架上弦杆 *CD* 长细比 $\lambda_x=\dfrac{l_{0x}}{i_x}=\dfrac{3000}{43.4}=69$，$\lambda_y=\dfrac{l_{0y}}{i_y}=\dfrac{6000}{61.2}=98.04$

因托架上弦杆 *CD* 为等边角钢截面，$\dfrac{b}{t}=14<\dfrac{0.58l_{0y}}{b}=\dfrac{0.58\times6000}{140}=24.8$

符合《钢规》GB 50017—2003 式（5.1.2–6a），

则换算长细比 $\lambda_{yz}=\lambda_y\left(1+\dfrac{0.475b^4}{l_{0y}^2t^2}\right)=98.04\times\left(1+\dfrac{0.475\times140^4}{6000^2\times10^2}\right)=103$

查《钢规》附表 C–2，得稳定系数 $\varphi=0.536$，则 $\dfrac{N}{\varphi A}=\dfrac{450\times10^3}{0.536\times5475}=153\text{N/mm}^2$

正确答案：D

考题精选 2–20：构件上最大压应力设计值（2007 年一级题 26）

某电力炼钢车间单跨厂房，跨度 30m，长 168m，柱距 24m，采用轻型外围结构。厂房内设置两台 $Q=225/50$t 重级工作制软钩桥式吊车，吊车轨面标高 26m，屋架间距 6m，柱顶设置跨度为 24m 的托架，托架与屋架平接。沿厂房纵向设有上部柱间支撑和双片的下部柱间支撑，柱子和柱间支撑布置如图 2–22（a）所示。厂房框架采用单阶钢柱，柱顶与屋面刚接，柱底与基础假定为刚接，钢柱的简图和截面尺寸如图 2–22（b）所示。钢柱采用 Q345 钢，焊条用 E50 型，柱翼缘板为焰切边。根据内力分析，厂房框架上段柱和下段柱的内力设计值如下：

上段柱：$M_1=2250\text{kN}\cdot\text{m}$；$N_1=4357\text{kN}$；$V_1=368\text{kN}$；

下段柱：$M_2=12950\text{kN}\cdot\text{m}$；$N_2=9820\text{kN}$；$V_2=512\text{kN}$

下段柱吊车柱肢的轴心压力设计值 $N=9759.5\text{kN}$，采用焊接 H 型钢 H1000×600×25×28，$A=57200\text{mm}^2$，$i_x=412\text{mm}$，$i_y=133\text{mm}$。吊车柱肢作为轴心受压构件，进行框架平面外稳定验算时，试问：构件上最大压应力设计值（N/mm²）应与下列何项数值最为接近？

A. 195.2　　　　　B. 213.1　　　　　C. 234.1　　　　　D. 258.3

解答过程：由图 2–22 下段柱框架平面外计算长度 $l_{0y}=23+2=25\text{m}=25000\text{mm}$，长细比

$\lambda_y=\dfrac{l_{0y}}{i_x}=\dfrac{25000}{412}=60.7$

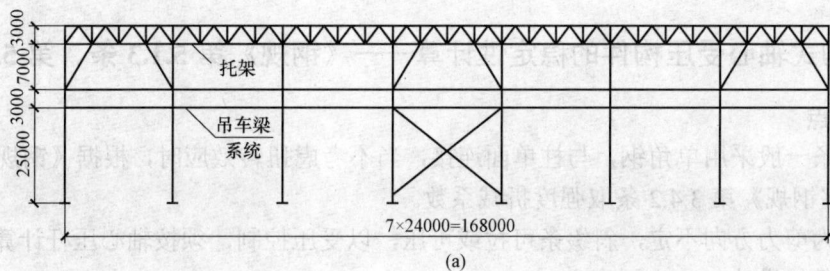

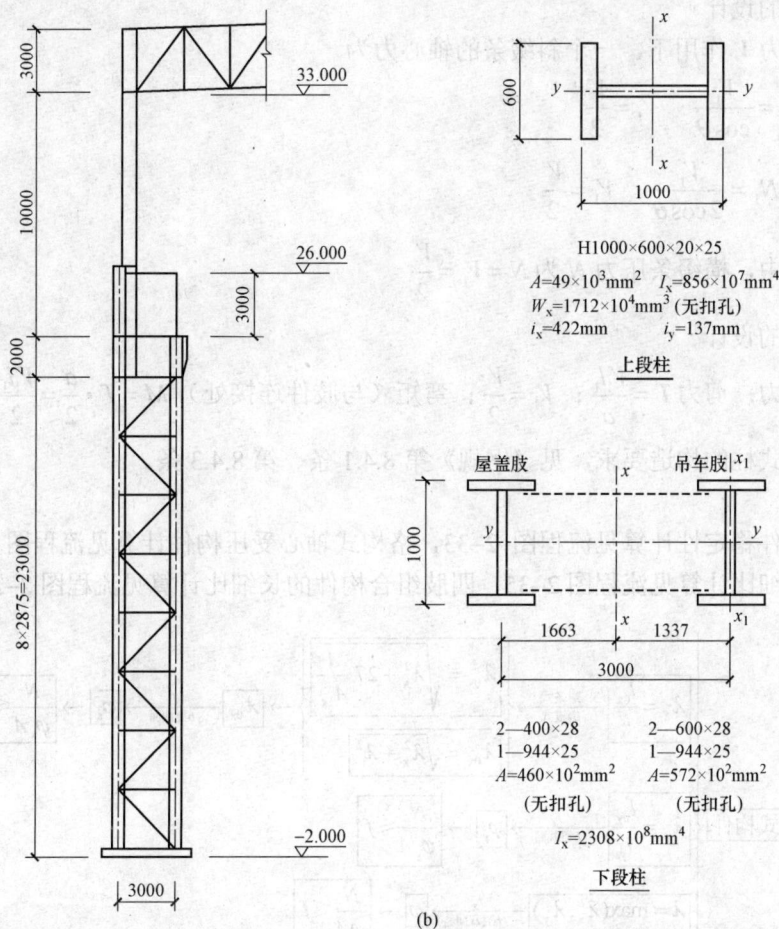

图 2-22 柱的纵向布置和横向剖面

（a）柱及支撑纵向布置；（b）厂房横剖面中柱的构造

根据《钢规》GB 50017—2003 表 5.1.2-1，截面对 y 轴属于 b 类。

对 Q345 钢，用 $\lambda_y \sqrt{\dfrac{f_y}{235}} = 60.7 \times \sqrt{\dfrac{345}{235}} = 73.5$，查《钢规》表 C-2 得 $\varphi_y = 0.7285$，

则构件上最大压应力设计值 $\dfrac{N}{\varphi_y A} = \dfrac{9759.5 \times 10^3}{0.7285 \times 57200} = 234.2\text{N/mm}^2$

正确答案：C

2.4.5 格构式轴心受压构件的稳定性计算——《钢规》第 5.1.3 条、第 5.1.4 条

1. 易错点

（1）缀条一般采用单角钢，与柱单面连接，当不考虑扭转效应时，根据《钢规》第 5.1.2 条注 2，按《钢规》第 3.4.2 条取强度折减系数。

（2）因为剪力方向不定，斜缀条可拉或可压，以受压控制，须按轴心压杆计算。

（3）缀条的设计

在横向剪力 V 作用下，一个斜缀条的轴心力为

单缀条 $N_1 = \dfrac{V_1}{\cos\theta}$；$V_1 = \dfrac{V}{2}$

交叉缀条 $N_1 = \dfrac{V_1}{2\cos\theta}$；$V_1 = \dfrac{V}{2}$

交叉缀条中，横缀条压力 N 为 $N = V_1 = \dfrac{V}{2}$

（4）缀板的设计

其缀板内力：剪力 $T = \dfrac{V_1 l_1}{a}$；$V_1 = \dfrac{V}{2}$；弯矩（与肢件连接处）$M = T \cdot \dfrac{a}{2} = \dfrac{V_1 l_1}{2}$

（5）格构式柱的构造要求，见《钢规》第 8.4.1 条、第 8.4.3 条。

2. 流程图

格构式构件稳定性计算见流程图 2-33，格构式轴心受压构件计算见流程图 2-34。双肢组合构件的长细比计算见流程图 2-35，四肢组合构件的长细比计算见流程图 2-36。

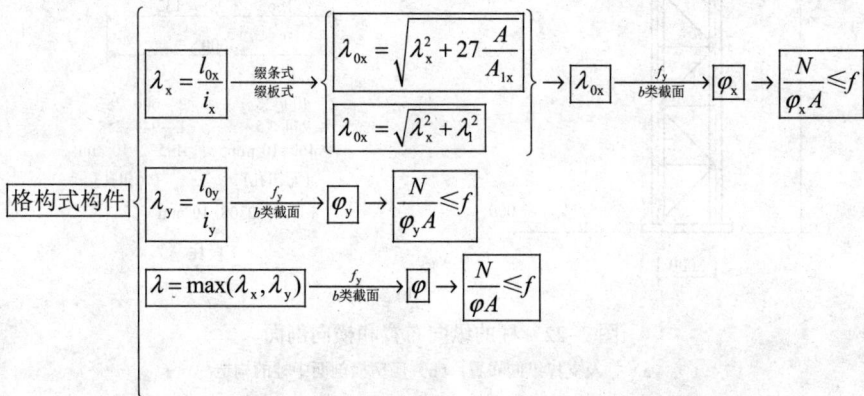

流程图 2-33　格构式构件稳定性计算（《钢规》5.1.3 条、第 5.1.4 条）

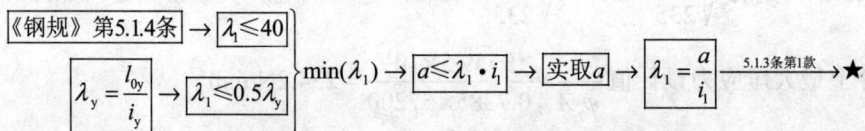

流程图 2-34　格构式轴心受压构件计算（《钢规》第 5.1.4 条）（一）

$$\bigstar \rightarrow \boxed{\lambda_{0x} = \sqrt{\lambda_x^2 + \lambda_1^2}} \xrightarrow{\text{等稳定原则}} \boxed{\lambda_{0x} = \lambda_y} \rightarrow \boxed{\lambda_x = \sqrt{\lambda_{0x}^2 - \lambda_1^2}} \rightarrow \boxed{i_x = \dfrac{l_{0x}}{\lambda_x}}$$

$$\left. \begin{array}{l} \\ \boxed{I_x = 2\left[I_1 + A_x\left(\dfrac{b_0}{2} - y_0\right)^2\right]} \end{array} \right\} \rightarrow \boxed{b = 2\sqrt{i_x^2 - i_1^2} + 2y_0}$$

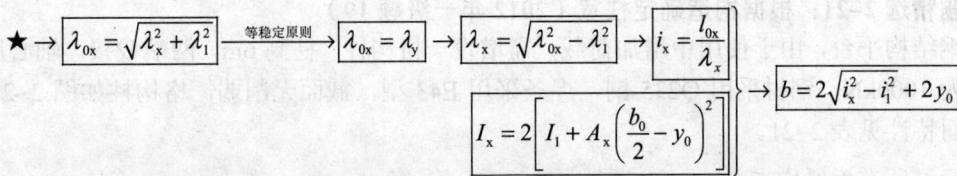

流程图 2-34　格构式轴心受压构件计算（《钢规》第 5.1.4 条）（二）

双肢组合构件的长细比（流程图 2-35）和四肢组合构件的长细比（流程图 2-36）。

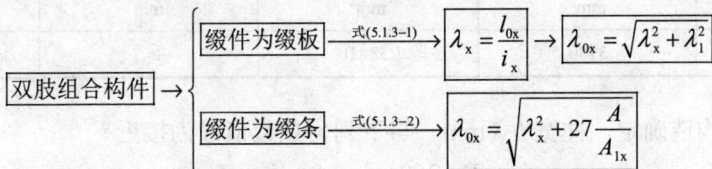

$$\text{双肢组合构件} \rightarrow \begin{cases} \boxed{\text{缀件为缀板}} \xrightarrow{\text{式(5.1.3-1)}} \boxed{\lambda_x = \dfrac{l_{0x}}{i_x}} \rightarrow \boxed{\lambda_{0x} = \sqrt{\lambda_x^2 + \lambda_1^2}} \\[2em] \boxed{\text{缀件为缀条}} \xrightarrow{\text{式(5.1.3-2)}} \boxed{\lambda_{0x} = \sqrt{\lambda_x^2 + 27\dfrac{A}{A_{1x}}}} \end{cases}$$

流程图 2-35　双肢组合构件的长细比计算（《钢规》第 5.1.3 条）

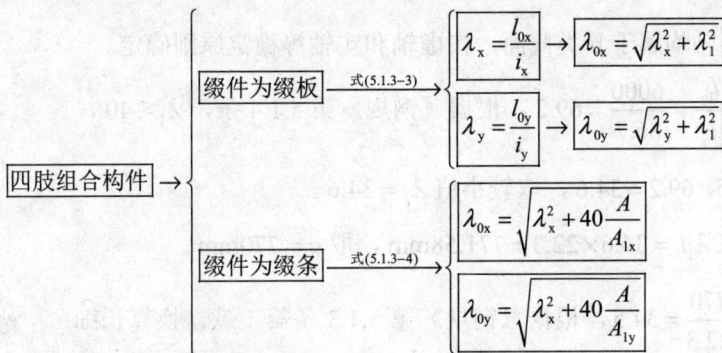

$$\text{四肢组合构件} \rightarrow \begin{cases} \boxed{\text{缀件为缀板}} \xrightarrow{\text{式(5.1.3-3)}} \begin{cases} \boxed{\lambda_x = \dfrac{l_{0x}}{i_x}} \rightarrow \boxed{\lambda_{0x} = \sqrt{\lambda_x^2 + \lambda_1^2}} \\[1em] \boxed{\lambda_y = \dfrac{l_{0y}}{i_y}} \rightarrow \boxed{\lambda_{0y} = \sqrt{\lambda_y^2 + \lambda_1^2}} \end{cases} \\[3em] \boxed{\text{缀件为缀条}} \xrightarrow{\text{式(5.1.3-4)}} \begin{cases} \boxed{\lambda_{0x} = \sqrt{\lambda_x^2 + 40\dfrac{A}{A_{1x}}}} \\[1em] \boxed{\lambda_{0y} = \sqrt{\lambda_x^2 + 40\dfrac{A}{A_{1y}}}} \end{cases} \end{cases}$$

流程图 2-36　四肢组合构件的长细比计算（《钢规》第 5.1.3 条）

3. 易考点

（1）等稳定原则；

（2）长细比的计算；

（3）分肢长细比的计算；

（4）惯性矩的计算；

（5）等稳定原则是轴心受压构件设计的一个基本原则；

（6）《钢规》第 5.1.3 条第 1 款，换算长细比 $\lambda_{0x} = \sqrt{\lambda_x^2 + \lambda_1^2}$，对式中参数的角标理解是本条文的重点；

（7）缀条一般采用单角钢，与柱单面连接，当不考虑扭转效应时，根据《钢规》第 5.1.2 条注 2，按《钢规》第 3.4.2 条取强度折减系数；

（8）因为剪力方向不定，斜缀条可拉或可压，以受压控制，须按轴心压杆计算；

（9）《钢规》第 5.1.4 条缀条长细比计算。

4. 典型考题

2012 年一级题 19。

考题精选 2-21：根据构造确定柱宽（2012 年一级题 19）

某钢结构平台，由于使用中增加荷载，需增设一格构柱，柱高 6m，两端铰接，轴心压力设计值为 1000kN，钢材采用 Q235 钢，焊条采用 E43 型，截面无削弱，格构柱如图 2-23 所示。截面特性见表 2-21。

提示：所有板厚均≤16mm。

表 2-21　　　　　　　　　　　　　格构柱截面特性

截面	A	I_1	i_y	i_1
	mm²	mm⁴	mm	mm
22a	3180	$1.58×10^6$	86.7	22.3

试问：根据构造确定，柱宽 b（mm）与下列何项数值最为接近？

A. 150　　　　　　　　　　B. 250

C. 350　　　　　　　　　　D. 450

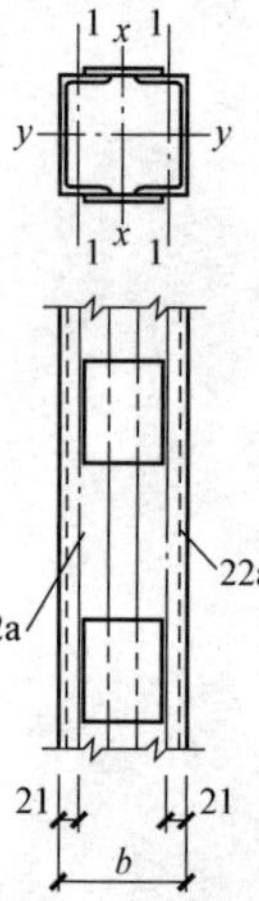

解答过程：

钢柱对 x、y 轴均属于 b 类截面，按虚轴和实轴等稳定原则确定。

长细比 $\lambda_y = \dfrac{l_{0y}}{i_y} = \dfrac{6000}{86.7} = 69.2$，根据《钢规》第 5.1.4 条，$\lambda_1 \leq 40$，

及 $\lambda_1 \leq 0.5\lambda_y = 0.5 \times 69.2 = 34.6$，取较小值 $\lambda_1 = 34.6$。

缀板净距 $a \leq \lambda_1 i_1 = 34.6 \times 22.3 = 771.58mm$，取 $a = 770mm$。

则 $\lambda_1 = \dfrac{a}{i_1} = \dfrac{770}{22.3} = 34.5$，根据《钢规》第 5.1.3 条第 1 款，换算长细

图 2-23　格构柱
截面图

比 $\lambda_{0x} = \sqrt{\lambda_x^2 + \lambda_1^2}$，根据等稳定原则，$\lambda_{0x} = \lambda_y$，可得 $\lambda_x = \sqrt{\lambda_{0x}^2 - \lambda_1^2} =$

$\sqrt{69.2^2 - 34.5^2} = 60$，回转半径 $i_x = \dfrac{l_{0x}}{\lambda_x} = \dfrac{6000}{60} = 100$

由惯性矩（图 2-24），$I_x = 2\left[I_1 + A_x\left(\dfrac{b_0}{2} - y_0\right)^2\right]$，得回转半径

$$i_x = \sqrt{\dfrac{I_x}{2A}} = \sqrt{\dfrac{2\left[I_1 + A_x\left(\dfrac{b}{2} - y_0\right)^2\right]}{2A_x}} = \sqrt{i_1^2 + \left(\dfrac{b}{2} - y_0\right)^2}\, i_1$$

柱宽 $b = 2\sqrt{i_x^2 - i_1^2} + 2y_0 = 2 \times \sqrt{100^2 - 22.3^2} + 2 \times 21 = 237mm$

正确答案：B

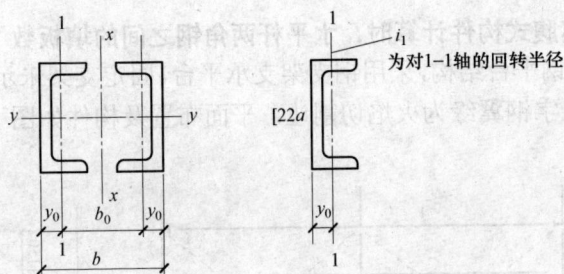

图2-24 惯性矩

2.4.6 填板——《钢规》第5.1.5条

1. 易错点

（1）填板布置

用填板连接而成的双角钢或双槽钢构件，在填板设置符合规定条件时，可按实腹构件进行计算。

当填板间净距离（不是中心距），受压≤40i，受拉≤80i可采用组合构件计算，净距和i的形心轴位置如图2-25所示。

图2-25 填板间净距离及回转半径的轴

受压构件两个侧向支承点间的填板数不得少于2个，如果仅1个居中，可能两角钢或槽钢各自都在中部同向失稳，填板就起不了阻止整体失稳的作用。

填板厚度等同于节点板厚，节点板厚根据杆件内力确定，支座杆件仅支座一端节点板加厚，填板不加厚。填板宽度一般取60～100mm。

（2）填板计算

1）先判断杆件是受压还是受拉；

2）受压构件≤40i，受拉构件≤80i；

3）填板数量：受压构件 $n=\dfrac{l}{40i}-1$ 或受拉构件 $n=\dfrac{l}{80i}-1$（i见图2-25，l为节点间的距离）。

2. 易考点

（1）交叉支撑的概念；

（2）填板间距离；

（3）构件是受压还是受拉的判定；

（4）《钢规》图5.1.5的正确选用。

3. 典型考题

2008年一级题20。

2004年二级题28、2012年二级题25。

考题精选 2-22：实腹式构件计算时，水平杆两角钢之间的填板数（2008 年一级题 20）

某皮带运输通廊为钢平台结构，采用钢支架支承平台，固定支架未示出。钢材采用 Q235B，焊条为 E43 型，焊接工字钢翼缘为火焰切割边，平面布置及构件如图 2-26 所示，图中长度单位为 mm。

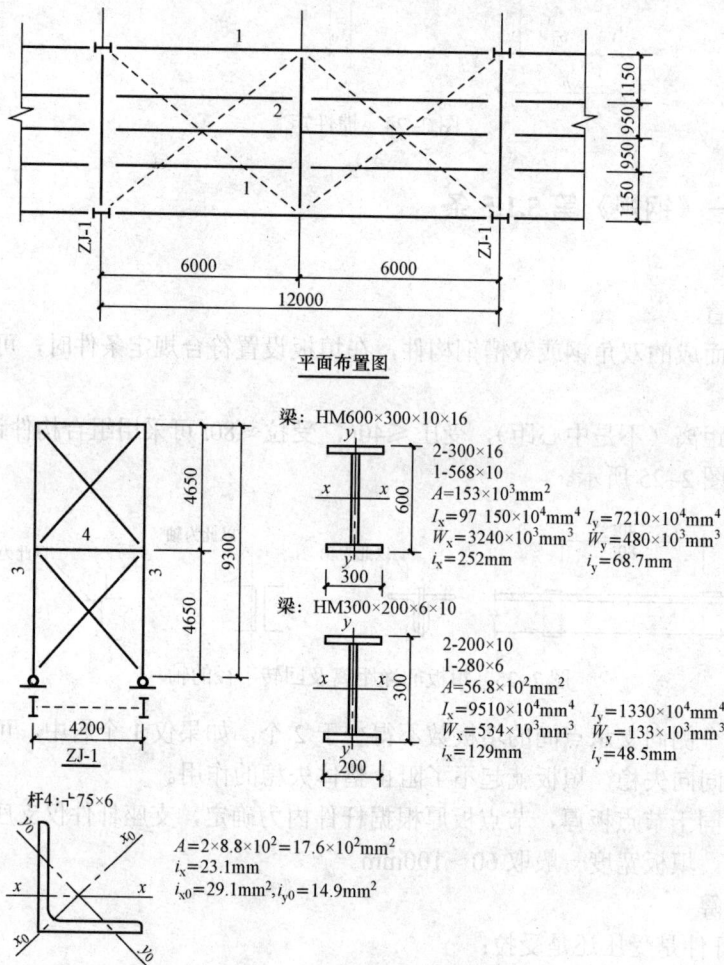

图 2-26 平面布置及构件

钢支架的水平杆（杆 4）采用等边双角钢（∟75×6）组成的十字形截面，梁端用连接板焊在立柱上。试问：当按实腹式构件计算时，水平杆两角钢之间的填板数，与下列何项数值最为接近？

A. 3   B. 4   C. 5   D. 6

解答过程：

一般情况下，交叉支撑仅作为拉杆，水平支撑可作为压杆和拉杆。

根据《钢规》GB 50017—2003 第 5.1.5 条，双角钢十字形组合构件做压杆时，填板间距离不超过 $40i_{min}$。填板数 $n = \dfrac{4200}{40i_{min}} - 1 = \dfrac{4200}{40 \times 14.9} - 1 = 6$。

正确答案：D

2.5 拉弯、压弯受力构件

2.5.1 拉弯、压弯受力构件概览——《钢规》第5.2节

流程图

拉弯、压弯受力构件计算见流程图2-37。

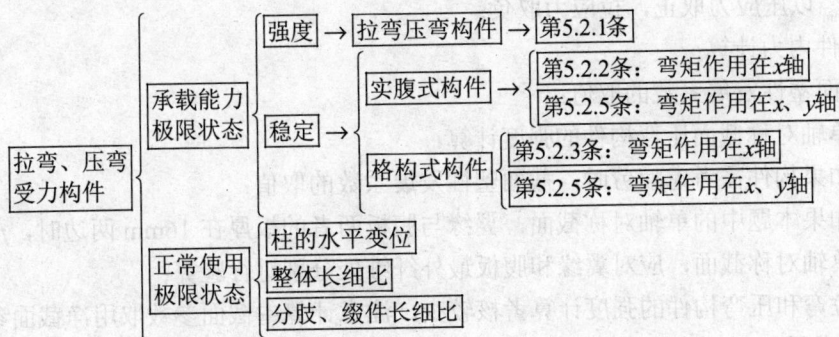

流程图2-37 拉弯、压弯受力构件计算（《钢规》第5.2节）

2.5.2 拉弯、压弯构件的强度——《钢规》第5.2.1条、第5.4.2条、第5.4.6条

1. 易错点

（1）γ_x 的数值，《钢规》表5.2.1中，对T形、十字形截面拉弯构件，$\gamma_{x1}=1.05$；$\gamma_{x2}=1.2$；

（2）当 $13\sqrt{235/f_y} < b/t \leqslant 15\sqrt{235/f_y}$ 时，压弯构件，取 $\gamma_x=1.0$；

（3）需要计算疲劳的拉弯、压弯构件，宜取 $\gamma_x=\gamma_y=1.0$。

2. 流程图

拉弯和压弯构件的强度计算见流程图2-38。

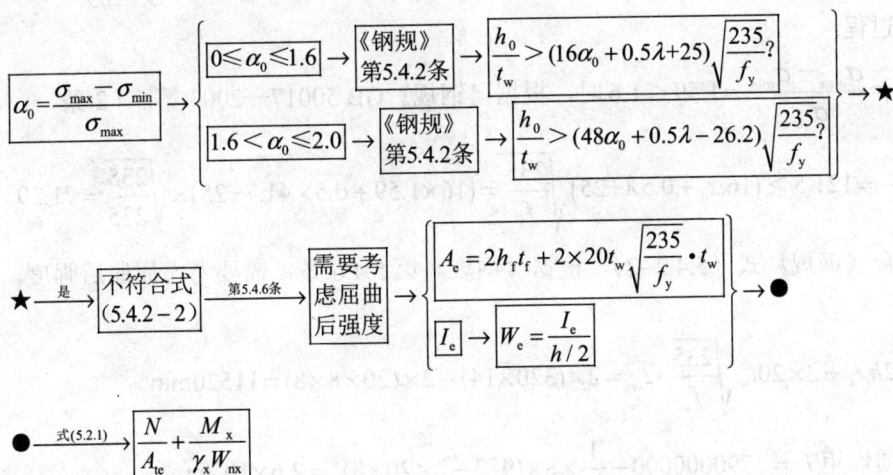

流程图2-38 拉弯和压弯构件的强度计算（《钢规》第5.2.1条、第5.4.2条）

3. 易考点

（1）截面塑性发展系数的查取；

（2）是否考虑屈曲后强度；

（3）柱肢翼缘外侧最大压应力设计值计算式；

（4）《钢规》第 5.4.2 条与第 5.4.6 条的关联；

（5）σ_{max}、σ_{min} 的计算；

（6）计算 σ_{max} 时不考虑构件的稳定系数和截面塑性发展系数；

（7）σ_{min} 以压应力取正，拉应力取负；

（8）构件内力计算；

（9）截面塑性发展系数的取值；

（10）单轴对称截面压弯构件的强度计算；

（11）如果构件需考虑疲劳时，截面塑性发展系数的取值；

（12）如果本题中的单轴对称截面，翼缘与腹板两者的板厚在 16mm 两边时，f 的取值；

（13）单轴对称截面，应对翼缘和腹板最外纤维处分别进行验算；

（14）拉弯和压弯构件的强度计算考核较少，注意计算中截面参数取用净截面参数值。

4. 典型考题

2008 年一级题 24、2014 年一级题 18。

2006 年二级题 19、2006 年二级题 24、2007 年二级题 25、2010 年二级题 19、2011 年二级题 22、2012 年二级题 23。

考题精选 2–23：上柱强度设计值（2014 年一级题 18）

大题干参见考题精选 2–18。

假定，上柱长细比 $\lambda = 41.7$，试问，上柱强度设计值（N/mm²）与下列何项数值最为接近？

提示：① 考虑是否需要采用有效截面；② 取应力梯度 $\alpha_0 = \dfrac{\sigma_{max} - \sigma_{min}}{\sigma_{max}} = 1.59$，$\gamma_x = 1.0$。

A. 175　　　　　　B. 191　　　　　　C. 195　　　　　　D. 209

解答过程：

当 $\alpha_0 = \dfrac{\sigma_{max} - \sigma_{min}}{\sigma_{max}} = 1.59 < 1.6$ 时，根据《钢规》GB 50017—2003 第 5.4.2 条，

因 $\dfrac{h_0}{t_w} = \dfrac{972}{8} = 121.5 > (16\alpha_0 + 0.5\lambda + 25)\sqrt{\dfrac{235}{f_y}} = (16 \times 1.59 + 0.5 \times 41.7 + 25) \times \sqrt{\dfrac{235}{235}} = 71.29$，

不符合《钢规》式（5.4.2–2），根据《钢规》第 5.4.6 条，需要考虑屈曲后强度，采用有效截面积

$$A_e = 2h_f t_f + 2 \times 20t_w \sqrt{\dfrac{235}{f_y}} \cdot t_w = 2 \times (320 \times 14) + 2 \times (20 \times 8 \times 8) = 11520 \text{mm}^2$$

有效惯性矩 $I_e = 2790000000 - \dfrac{1}{12} \times 8 \times (972 - 2 \times 20 \times 8)^3 = 2.6 \times 10^9 \text{mm}^4$

有效抵抗矩 $W_{\mathrm{e}}=\dfrac{I_{\mathrm{e}}}{h/2}=\dfrac{2.6\times10^9}{1000/2}=5.2\times10^6\,\mathrm{mm}^3$

因需要考虑屈曲后强度，则取 $\gamma_{\mathrm{x}}=1.0$（提示②），根据《钢规》第5.2.1条，上柱强度设计值

$$\frac{N}{A_{\mathrm{te}}}+\frac{M_{\mathrm{x}}}{\gamma_{\mathrm{x}}W_{\mathrm{nx}}}=\frac{610\times10^3}{11520}+\frac{810\times10^6}{1.0\times5.2\times10^6}=208.7\,\mathrm{N/mm}^2$$

正确答案：D

考题精选2-24：本题非真题。

验算图2-27所示焊接T形截面（组成板件均为剪切边）偏心压杆，杆长为8m，两端铰接，杆中央在侧向有一支点，钢材为Q235。已知静力荷载作用于对称轴平面内的翼缘一侧，设计值 $N=800\mathrm{kN}$，偏心距 $e_1=150\mathrm{mm}$，$e_2=100\mathrm{mm}$。

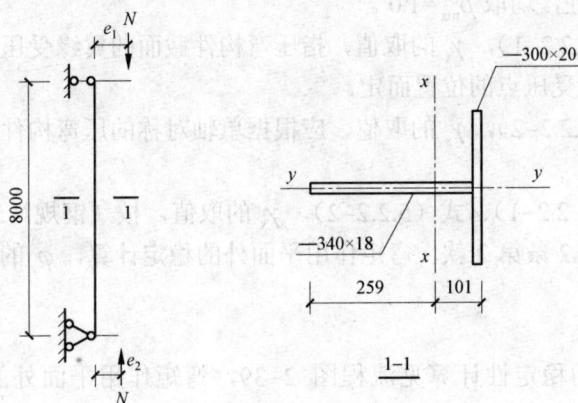

图2-27 焊接T形截面偏心压杆

截面几何特征 $A_{\mathrm{n}}=A=1.212\times10^4\,\mathrm{mm}^2$，截面形心位置 $y=101\mathrm{mm}$，$I_{\mathrm{x}}=1.57\times10^8\,\mathrm{mm}^4$，$I_{\mathrm{y}}=4.5\times10^7\,\mathrm{mm}^4$，$i_{\mathrm{x}}=114\mathrm{mm}$，$i_{\mathrm{y}}=61\mathrm{mm}$，$W_{1\mathrm{nx}}=W_{1\mathrm{x}}=1.554\times10^6\,\mathrm{mm}^3$，$W_{2\mathrm{nx}}=W_{2\mathrm{x}}=6.06\times10^5\,\mathrm{mm}^3$，强度应力与下列何项数值最为接近？

A. $139.5\mathrm{N/mm}^2$ B. $99.0\mathrm{N/mm}^2$ C. $136.0\mathrm{N/mm}^2$ D. $132.0\mathrm{N/mm}^2$

解答过程：

截面弯矩：$M_1=Ne_1=800\times0.15=120\mathrm{kN\cdot m}$，$M_2=Ne_2=800\times0.10=80\mathrm{kN\cdot m}$，$M_{\mathrm{x}}=M_1=120\mathrm{kN\cdot m}$

因翼缘外侧部分 $b_1/t_1=141/20=7<13$，根据《钢规》GB 50017—2003 表5.2.1，截面塑性发展系数 $\gamma_{\mathrm{x1}}=1.05$，$\gamma_{\mathrm{x2}}=1.20$

根据《钢规》第5.2.1条，

由于截面为单轴对称截面，故应对翼缘和腹板最外纤维处分别进行验算：

翼缘　$\dfrac{N}{A_{\mathrm{n}}}+\dfrac{M_{\mathrm{x}}}{\gamma_{\mathrm{x1}}W_{1\mathrm{nx}}}=\dfrac{800\times10^3}{1.212\times10^4}+\dfrac{120\times10^6}{1.05\times1.554\times10^6}=139.5\,\mathrm{N/mm}^2<f=205\,\mathrm{N/mm}^2$

因翼缘厚度 $t=20\mathrm{mm}>16\mathrm{mm}$，取 $f=205\mathrm{N/mm}^2$

腹板 $\left| \dfrac{N}{A_n} - \dfrac{M_x}{\gamma_{x2}W_{2nx}} \right| = \left| \dfrac{800 \times 10^3}{1.212 \times 10^4} - \dfrac{120 \times 10^6}{1.2 \times 6.06 \times 10^5} \right| = 99.0 \text{N} / \text{mm}^2 < f = 205 \text{N} / \text{mm}^2$

正确答案：B

2.5.3 压弯构件的稳定性——《钢规》第 5.2.2 条、第 5.1.2 条、第 5.3.7 条、附录 B、附录 C

1. 易错点

（1）《钢规》第 5.2.2 条第 1 款，弯矩作用平面内的稳定性计算，β_{mx} 的取值中所指框架柱和两端支撑的构件，其中，框架柱是指：① 强支撑框架柱；② 考虑二阶效应的无支撑纯框架柱。

对于其他情况的框架柱，《钢规》第 5.2.2 条第 1 款 2）：① 未考虑二阶效应的无支撑纯框架；② 弱支撑框架柱，均取 $\beta_{mx}=1.0$。

（2）《钢规》式（5.2.2-1），γ_x 的取值，指压弯构件截面的翼缘受压点，如 T 形、星形等单轴对称情况，应根据受压点的位置而定。

（3）《钢规》式（5.2.2-2），γ_x 的取值，应根据单轴对称的压弯构件截面的无翼缘受拉点的位置而定。

（4）《钢规》式（5.2.2-1）、式（5.2.2-2），γ_x 的取值，按《钢规》5.4.1 条。

（5）《钢规》第 5.1.2 条第 2 款，弯矩作用平面外的稳定计算，φ_y 的数值，按《钢规》第 5.2.2 条条文说明。

2. 流程图

弯矩作用平面内的稳定性计算见流程图 2-39，弯矩作用平面外的稳定性计算见流程图 2-40。

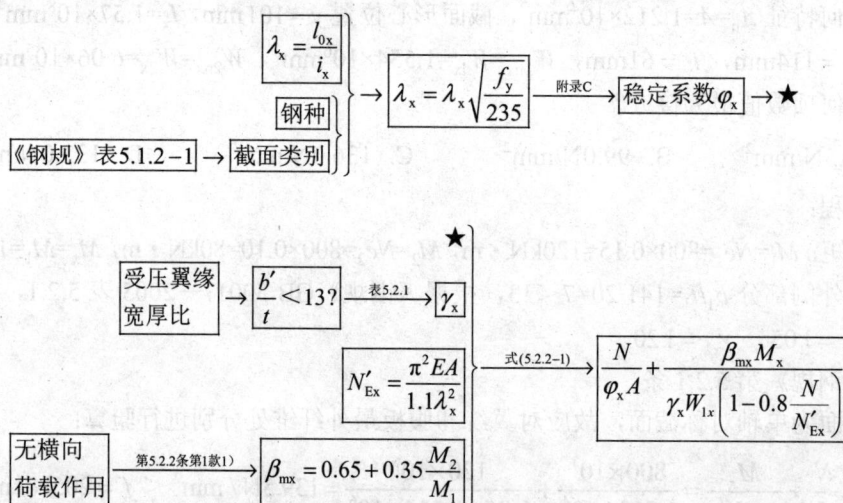

流程图 2-39　弯矩作用平面内的稳定性计算（《钢规》第 5.2.2 条）

$$\lambda_y = \frac{l_{0y}}{i_y}$$ 式(B.5-1) $$\varphi_b = 1.07 - \frac{\lambda_y^2}{44\,000} \cdot \frac{f_y}{235}$$ → $0.6 < \varphi_b < 1?$ 是 → 不需要调整 → ●

表5.1.2-1 → 钢种 截面类别 → $\lambda_y \sqrt{\dfrac{f_y}{235}}$ 附录C → 稳定系数 φ_y → ★

★
●
闭口截面 → 截面影响系数 η 式(5.2.2-3) → $\dfrac{N}{\varphi_y A} + \eta \dfrac{\beta_{tx} M_x}{\varphi_b W_{1x}}$

无横向荷载作用 → $\beta_{tx} = 0.65 + 0.35 \dfrac{M_2}{M_1}$

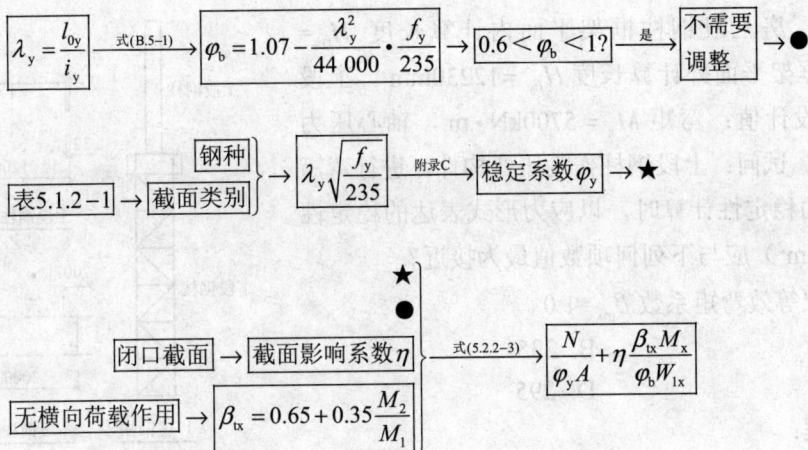

流程图 2-40　弯矩作用平面外的稳定性计算（《钢规》第 5.2.2 条）

3. 易考点

（1）N'_{Ex} 的计算；

（2）β_{mx}、β_{tx} 的取值；

（3）弯矩作用 x、y 方向的判定；

（4）等效弯矩系数的计算；

（5）平面内（外）计算长度及其长细比计算；

（6）截面类型、稳定系数的查取；

（7）最大压应力设计值计算式；

（8）《钢规》第 5.3.7 条的框架柱的计算长度取值；

（9）弯矩作用平面内外稳定性计算式的正确选用；

（10）单轴对称截面压弯构件尚应计算《钢规》式（5.2.2-2）；

（11）均匀弯曲的受弯构件整体稳定系数的取用；

（12）翼缘宽厚比计算及塑性发展系数的取值；

（13）平面内整体稳定应力的计算。

4. 典型考题

2005 年一级题 29、2006 年一级题 27、2007 年一级题 25、2011 年一级题 21、2012 年一级题 29、2013 年一级题 24、2013 年一级题 25、2016 年一级题 25。

2005 年二级题 26、2006 年二级题 25、2007 年二级题 20、2007 年二级题 26、2008 年二级题 29、2009 年二级题 23、2009 年二级题 25、2010 年二级题 27、2010 年二级题 28、2011 年二级题 23、2012 年二级题 21、2012 年二级题 24。

考题精选 2-25：弯矩作用平面内的稳定性计算时，以应力形式表达的稳定性计算值（2013 年一级题 24）

某轻屋盖单层钢结构多跨厂房，中列厂房柱采用单阶钢柱，钢材采用 Q345 钢。上段钢柱采用焊接工字形截面 H1200×700×20×32，翼缘为焰切边，其截面特性：A=675.2×10^{2}mm^2，W_x=29544×10^{3}mm^3，i_x=512.3mm，i_y=164.6mm。下段钢柱为双肢格构式构件，厂房钢柱的截面形式和截面尺寸如图 2-28 所示。

假定，厂房上段钢柱框架平面内计算长度 $H_{0x}=$ 30860mm，框架平面外计算长度 $H_{0y}=12230$mm。上段钢柱的内力设计值：弯矩 $M_x=5700$kN·m，轴心压力 $N=2100$kN。试问：上段钢柱作为压弯构件，进行弯矩作用平面内的稳定性计算时，以应力形式表达的稳定性计算值（N/mm²）应与下列何项数值最为接近？

提示：取等效弯矩系数 $\beta_{mx}=1.0$。

A. 215   B. 235

C. 270   D. 295

解答过程：

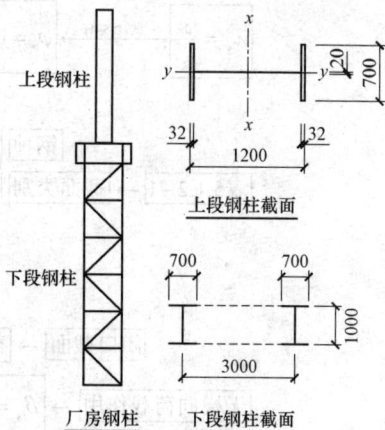

图 2-28 厂房钢柱的截面形式和尺寸

长细比 $\lambda_x=\dfrac{l_{0x}}{i_x}=\dfrac{30860}{512.3}=60.238$。根据《钢规》GB 50017—2003 第 5.1.3 条，焊接工字形截面 H1200×700×20×32，翼缘为焰切边。

查《钢规》表 5.1.2-1，截面对 x、y 轴均属于 b 类。

因为采用 Q345 钢，则 $\lambda_x=\lambda_x\sqrt{\dfrac{f_y}{235}}=60.238\times\sqrt{\dfrac{345}{235}}=73$，

查《钢规》表 C-2，得稳定系数 $\varphi_x=0.732$

参数 $N'_{Ex}=\dfrac{\pi^2EA}{1.1\lambda_x^2}=\dfrac{3.14^2\times2.06\times10^5\times67520}{1.1\times60.238^2}=34357.79\times10^3\text{N}=34357.79$kN

根据《钢规》第 5.2.2 条，平面内的最大压应力设计值

$$\frac{N}{\varphi_xA}+\frac{\beta_{mx}M_x}{\gamma_xW_{1x}\left(1-0.8\dfrac{N}{N'_{Ex}}\right)}$$

$$=\frac{2100\times10^3}{0.732\times675.2\times10^2}+\frac{1.0\times5700\times10^6}{1.05\times29544\times10^3\times\left(1-0.8\times\dfrac{2100}{34357.79}\right)}$$

$$=235.68\text{N/mm}^2$$

正确答案： B

考题精选 2-26：压弯构件平面外的稳定性计算（2013 年一级题 25）

已知条件同考题精选 2-25。试问：上段钢柱作为压弯构件，进行弯矩作用平面外的稳定性计算时，以应力形式表达的稳定性计算值（N/mm²）应与下列何项数值最为接近？

提示：取等效弯矩系数 $\beta_{tx}=1.0$。

A. 215   B. 235   C. 270   D. 295

解答过程： 根据题意，上段钢柱框架平面外计算长度 $H_{0y}=12230$mm，

则长细比 $\lambda_y = \dfrac{H_{0y}}{i_y} = \dfrac{12230}{164.6} = 74.3$

焊接工字形截面 H1200×700×20×32，翼缘为焰切边，
查《钢规》表 5.1.2-1，截面对 x、y 轴均属于 b 类。

因为采用 Q345 钢，则 $\lambda_y \sqrt{\dfrac{f_y}{235}} = 74.3 \times \sqrt{\dfrac{345}{235}} = 90 < 120\sqrt{\dfrac{235}{f_y}} = 120 \times \sqrt{\dfrac{235}{345}} = 99$

查《钢规》表 C-2，得稳定系数 $\varphi_y = 0.621$

根据《钢规》式（B.5-1）的条文说明，

$$\varphi_b = 1.07 - \frac{\lambda_y^2}{44000} \cdot \frac{f_y}{235} = 1.07 - \frac{74.3^2}{44000} \times \frac{345}{235} = 0.886 < 1.0$$

H 型钢为开口构件，根据《钢规》第 5.2.2 条第 2 款，截面影响系数 $\eta = 1.0$
根据《钢规》式（5.2.2-3），构件上最大压应力设计值

$$\frac{N}{\varphi_y A} + \eta \frac{\beta_{tx} M_x}{\varphi_b W_{1x}} = \frac{2100 \times 10^3}{0.621 \times 675.2 \times 10^2} + 1.0 \times \frac{1 \times 5700 \times 10^6}{0.886 \times 29544 \times 10^3} = 267.8 \text{N/mm}^2$$

正确答案：C

2.5.4 弯矩绕虚轴作用的格构式压弯构件——《钢规》第 5.2.3 条

1. 易错点

（1）《钢规》式（5.2.3）中：$W_{1x} = \dfrac{I_x}{y_0}$

式中，I_x 为对 x 轴的毛截面惯性矩；y_0 为由 x 轴到压力较大分肢的轴线距离，或到压力较大分肢腹板外边缘的距离，二者取较大者，M_x 代表绕虚轴（x 轴）作用的弯矩。

（2）《钢规》式（5.2.3）中，φ_x、N'_{Ex} 由换算长细比确定；缀条时：$\lambda_{0x} = \sqrt{\lambda_x^2 + 27A/A_1}$，

由 λ_{0x} 查《钢规》附表 C 确定 φ_x；$N'_{Ex} = \dfrac{\pi^2 EA}{1.1\lambda_x^2}$

（3）分肢稳定计算，将整个构件视为一平行弦桁架，构件的两个分肢看作桁架体系的弦杆，两分肢的轴心力计算为：分肢 1：$N_1 = N\dfrac{y_2}{a} + \dfrac{M_x}{a}$；分肢 2：$N_2 = N - N_1$

（4）缀条式压弯构件的分肢轴心压杆计算；分肢的计算长度，在缀条平面内（图 3.5.30 中 1-1 轴）取缀条体系的节间长度，在缀条平面外，取整个构件两侧支撑点间的距离。

（5）缀板式压弯构件的分肢计算时，除轴心力 N_1（或 N_2）外，还应考虑由剪力作用引起的局部弯矩，按实腹式压弯构件计算分肢的稳定性。

2. 流程图
格构式压弯构件的整体稳定性见流程图 2-41。

$$《钢规》第5.2.3条 \rightarrow \begin{cases} 屋盖肢受压 \rightarrow \dfrac{N}{\varphi_x A}+\dfrac{\beta_{mx}M_x}{W_{1x}\left(1-\varphi_x \dfrac{N}{N'_{Ex}}\right)} \\[4ex] 吊车肢受压 \rightarrow \dfrac{N}{\varphi_x A}+\dfrac{\beta_{mx}M_x}{W_{1x}\left(1-\varphi_x \dfrac{N}{N'_{Ex}}\right)} \end{cases}$$

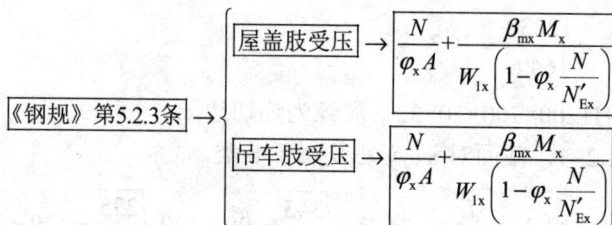

流程图 2-41　格构式压弯构件的整体稳定性（《钢规》第 5.2.3 条）

3. 易考点

（1）β_{mx} 的取值；

（2）W_{1x} 的正确计算与取用。

（3）N'_{Ex} 的计算；

（4）缀条面积的计算；

（5）长细比、换算长细比的计算；

（6）截面类型、稳定系数的查取；

（7）最大压应力设计值计算；

（8）格构式构件与实腹时构件弯矩作用平面内稳定性计算式的正确选用。

4. 典型考题

2008 年一级题 25；2013 年一级题 24；2014 年一级题 19。

2008 年一级题 25、2014 年一级题 19。

考题精选 2–27：平面内稳定性计算最大值（2014 年一级题 19）

大题干参见考题精选 2–18。

假定，下柱在弯矩作用平面内的计算长度系数为 2，由换算长细比确定：$\varphi_x=0.916$，$N'_{Ex}=34476\text{kN}$。试问，以应力形式表达的平面内稳定性计算最大值（N／mm²），与下列何项数值最为接近？

提示：①　$\beta_{mx}=1$；②　按全截面有效考虑。

A. 125 　　　　　 B. 143 　　　　　 C. 156 　　　　　 D. 183

解答过程：

根据《钢规》GB 50017—2003 第 5.2.3 条，以应力形式表达的平面内稳定性计算最大值：

屋盖肢受压

$$\frac{N}{\varphi_x A}+\frac{\beta_{mx}M_x}{W_{1x}\left(1-\varphi_x \dfrac{N}{N'_{Ex}}\right)}=\frac{2110\times10^3}{0.916\times23640}+\frac{1.0\times1070\times10^6}{19295\times10^3\times\left(1-0.916\times\dfrac{2110}{34476}\right)}=156.2\text{N/mm}^2$$

吊车肢受压

$$\frac{N}{\varphi_x A}+\frac{\beta_{mx}M_x}{W_{1x}\left(1-\varphi_x \dfrac{N}{N'_{Ex}}\right)}=\frac{1880\times10^3}{0.916\times23640}+\frac{1.0\times730\times10^6}{13707\times10^3\times\left(1-0.916\times\dfrac{1880}{34476}\right)}=142.9\text{N/mm}^2$$

正确答案：C

2.5.5 压弯构件分肢稳定性计算——《钢规》第 5.2.6 条

1. 弯矩绕虚轴作用

（1）l_{01} 与轴压构件一样取缀条节点间距，i_{01} 为压力较大分肢截面绕平行于虚轴的自身形心轴的回转半径。

（2）分肢绕实轴的稳定满足也就保证了整体构件在弯矩作用平面外的稳定性。

（3）分肢绕自身弱轴 x_1 的稳定满足也就保证了分肢的稳定性。

压力较大分肢的轴心压力 $N_1 = \dfrac{A_1}{A}N + \dfrac{M_x}{c}$

压力较小分肢的轴心压力 $N_2 = \dfrac{A_2}{A}N - \dfrac{M_x}{c}$

当两个分肢相同，即双轴对称截面，只需计算压力较大分肢两个主轴方向的稳定。

2. 弯矩绕实轴作用

在 N 和 M_x 作用下，将分肢作为桁架弦杆计算其轴心力

较大分肢的轴心压力 $N_1 = \dfrac{A_1}{A}N$

较小分肢的轴心压力 $N_2 = \dfrac{A_2}{A}N$

M_y 按《钢规》式（5.2.6–2）和式（5.2.6–3）分配给两分肢（图 2–29）

分肢 1：$M_{y1} = \dfrac{I_1 / y_1}{I_1 / y_1 + I_2 / y_2}M_y$

分肢 2：$M_{y2} = \dfrac{I_2 / y_2}{I_1 / y_1 + I_2 / y_2}M_y$

图 2-29 M_y 计算图

式中　I_1、I_2——分肢 1、分肢 2 对 y 轴的惯性矩；

　　　y_1、y_2——M_y 作用的主轴平面至分肢 1、分肢 2 轴线的距离。

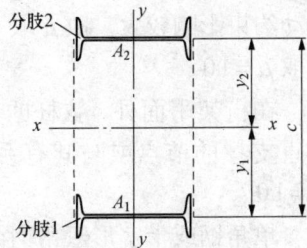

2.6　构件的计算长度及长细比

2.6.1　轴心受压构件的计算长度——《钢规》第 5.3.1 条

计算长度 $l_0 = \mu l$，计算长度系数 μ 与构件两端的约束条件有关，可以由理论分析得到，见表 2–22。考虑到理论上的约束条件在现实中难以完全实现，截面有两个主轴 x 轴和 y 轴，l_{0x}、l_{0y} 分别表示绕 x 轴和 y 轴的计算长度。

轴心受力杆件主要为桁架杆件和两端铰接柱，其计算长度为节点中心间的几何长度与系数产的乘积，产值取决于屈曲时构件两端位移所受的约束程度。

表 2-22　　　　　　　　　　　　轴心受压构件的计算长度系数 μ 取值

项次	1	2	3	4	5	6
简图						
μ 的理论值	0.50	0.70	1.0	1.0	2.0	2.0
μ 的建议值	0.65	0.80	1.0	1.2	2.1	2.0
端部条件符号	无转动，无侧移	无转动，自由侧移	自由转动，无侧移		自由转动，自由侧移	

1. μ 取值

《钢规》表 5.3.1 列出了桁架弦杆和单系腹杆（指无中间节点的腹杆，还要求用节点板与弦杆连接）的计算长度。弦杆因受腹杆约束较小，故平面内外计算长度均无折扣，中间腹杆平面内上端与受压弦杆相连，对其转动约束影响不大，而下端则与刚度较大的受拉弦杆相连，转动约束影响较大，故 μ 取 0.8。如两端不用节点板的腹杆则 μ 取 1.0，支座斜杆及支座竖杆均取 $\mu=1.0$。

在桁架平面外，弦杆的计算长度取侧向支承点的距离。侧向支承点指屋面横向支撑或垂直支撑的节点或与其有系杆相连的节点。桁架腹杆则以弦杆作为平面外支承点，均取 $\mu=1.0$。

单角钢或十字形双角钢截面的腹杆，其主轴不在桁架平面内，其屈曲将发生在斜向平面内，故 μ 可取 0.9。

2. 屋架计算长度的取值

当受压弦杆或受压腹杆平面外支承点间距离为平面内节间长度的 2 倍，且内力不等时，如图 2-30 所示，应采用《钢规》式（5.3.1）核定其平面外计算长度，该式仅适用于杆件以受压为主，如全受拉、节间不等、压力无变化均采用常规取值。对再分式受拉主斜杆平面外取 l_1。对图 2-30 内力变化各杆件平面内计算长度均取节点中心间距离。（a）为弦杆平面外的支承点；（b）为再分式腹杆的受压斜杆；（c）为 K 形腹杆体系的竖杆。

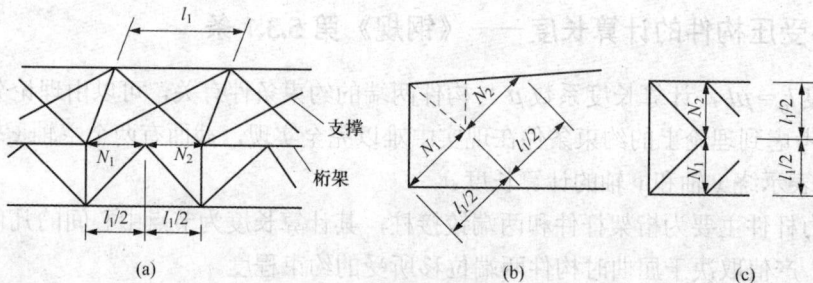

图 2-30　不同受力类型的屋架计算简图

无节点板的腹杆计算长度取几何长度，钢管桁架符合《钢规》第 10.1.4 条，也可将节点视为铰接，即计算长度取其几何长度；采用焊接球节点的网架、板节点网架的弦杆及支座腹杆计算长度取几何长度的 0.9、1.0 倍，而腹杆均取 0.8 倍；螺栓球节点网架所有杆件计算长度均取其几何长度。

超静定桁架的交叉腹杆平面内计算长度取节点中心到交叉点间的距离；平面外计算长度则根据各杆件受力情况由《钢规》第 5.3.2 条确定。

钢结构设计对交叉支撑的处理，是交叉杆件均采用受拉长细比控制，受压则屈曲退出工作，因此其平面内计算长度取端节点至交叉点的距离，平面外计算长度则取交叉杆全长，不考虑另一杆的作用。

《钢规》5.3.1 条表 5.3.1 注 1 规定：桁架弦杆在桁架平面外的计算长度 l_0，应取桁架弦杆侧向支承点之间的距离 l_1，即 $l_0 = l_1$。

屋架上弦：一般取上弦横向水平支撑的节间长度。在有檩屋盖中，如檩条与横向水平支撑的交叉点用节点板焊牢，则此檩条可能为屋架上弦杆的支承点，在无檩屋盖中，考虑大型屋面板能起一定的支持作用，故一般取两块屋面板的宽度，但不大于 3.0m。

屋架下弦：视有无纵向水平支撑，取纵向水平支撑节点与系杆或系杆与系杆间的距离。

3. 易错点

（1）《钢规》第 5.3.1 条条文说明；

（2）桁架再分式腹杆体系的受压主斜杆及 K 形腹杆体系的竖杆等，如《钢规》图 3.3.8 所示，在桁架平面外的计算长度也应按《钢规》式（5.3.1）：$l_0 = l_1 \left(0.75 + 0.25 \dfrac{N_2}{N_1} \right) \geq 0.5 l_1$ 在桁架平面内的计算长度则取节点中心间距离。

（3）《钢规》第 5.3.8 条注 1、2、3、4 的规定，如单角钢受压构件的长细比计算。

2.6.2 构件的计算长度和容许长细比——《钢规》第 5.3.2 条

有关交叉腹杆在桁架平面外的计算长度（所计算杆内力为 N，另一杆内力为 N_0，均为绝对值），1 为节间距（图 2-31 中的交叉点不是节点）。

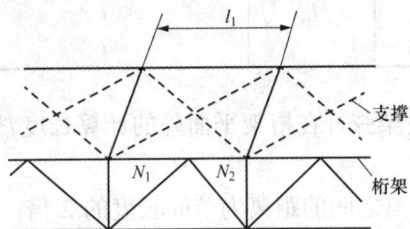

图 2-31 《钢规》图 5.3.1

构件的计算长度见表 2-23。

表 2–23　　　　　　　　　　构件的计算长度（《钢规》第 5.3.2 条）

杆件类型	交 叉 类 型	计算长度
压杆	相交另一杆受压，两杆截面相同，并在交点处均不中断	$l_0 = l \cdot \sqrt{\dfrac{1}{2}\left(1 + \dfrac{N_0}{N}\right)}$
	相交另一杆受压，且另一杆在交点处中断，以节点板搭接	$l_0 = l \cdot \sqrt{1 + \dfrac{\pi^2}{12} \cdot \dfrac{N_0}{N}}$
	相交另一杆受拉，两杆截面相同，并在交点处均不中断	$l_0 = l \cdot \sqrt{\dfrac{1}{2}\left(1 - \dfrac{3}{4} \cdot \dfrac{N_0}{N}\right)} \geq 0.5l$
	相交另一杆受拉，且拉杆在交点处中断，以节点板搭接	$l_0 = l \cdot \sqrt{1 - \dfrac{3}{4} \cdot \dfrac{N_0}{N}} \geq 0.5l$
	当此拉杆连续而压杆在交叉点中断但以节点板搭接， 若 $N_0 \geq N$ 或 $EI_y \geq \dfrac{3N_0 l^2}{4\pi^2}\left(\dfrac{N}{N_0} - 1\right)$	$l_0 = 0.5l$
拉杆	—	$l_0 = l$

式中 l 为桁架节点中心间距离（交叉点不作为节点考虑）；N 为所计算杆的内力；N_0 为相交另一杆的内力，均为绝对值。两杆均受压时，取 $N_0 \geq N$，两杆截面应相同。

当确定交叉腹杆中单角钢杆件斜平面内的长细比时，计算长度应取节点中心至交叉点的距离。

2.6.3　受压构件的长细比——《钢规》第 5.3.1 条、第 5.3.8 条

1. 易错点

桁架弦杆和单系腹杆的计算长度 l_0 见表 2–24。

表 2–24　　　　　　桁架弦杆和单系腹杆的计算长度 l_0（《钢规》表 5.3.1）

项次	弯曲方向	弦杆	腹　杆	
			支座斜杆和支座竖杆	其他腹杆
1	在桁架平面内	l	l	$0.8l$
2	在桁架平面外	l_1	l	l
3	斜平面	—	l	$0.9l$

（1）表 5.3.1 注 1 规定：桁架弦杆在桁架平面外的计算长度 l_0，应取桁架弦杆侧向支承点之间的距离 l_1，即 $l_0 = l_1$。

（2）当桁架弦杆侧向支撑点之间的距离为节间长度的 2 倍，且两节间的弦杆轴心压力不同时 $l_0 = \left(0.75 + 0.25\dfrac{N_2}{N_1}\right)l_1 \geq 0.5l_1$

（3）l 为构件几何长度（节点中心间距）；l_1 为桁架弦杆侧向支承点之间的距离。

轴心受压构件的长细比见表 2–25。

表 2–25   轴心受压构件的长细比

构件类型	截面举例	长细比	回转半径
双轴对称极对称构件	工字形、箱形、十字形截面	$\lambda_x = \dfrac{l_{0x}}{i_x}$	$i_x = \sqrt{\dfrac{I_x}{A}}$
		$\lambda_y = \dfrac{l_{0y}}{i_y}$	$i_y = \sqrt{\dfrac{I_y}{A}}$
单轴对称构件	单角钢、双角钢、槽钢、T 形截面	取值见换算长细比 λ_{yz}（见表 2–18）	

2. 流程图

长细比见流程图 2–42。

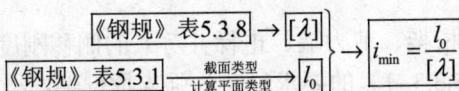

$$\left.\begin{array}{l} \boxed{《钢规》表5.3.8} \rightarrow [\lambda] \\ \boxed{《钢规》表5.3.1} \xrightarrow[\text{计算平面类型}]{\text{截面类型}} l_0 \end{array}\right\} \rightarrow i_{min} = \dfrac{l_0}{[\lambda]}$$

流程图 2–42   长细比（《钢规》第 5.3.1 条、第 5.3.8 条）

3. 易考点

（1）容许长细比的查取；

（2）双角钢十字形，斜平面计算长度的取值；

（3）《钢规》表 5.3.1 下注；

（4）准确取用《钢规》表 5.3.8 和《钢规》表 5.3.9；

（5）腹杆在斜平面内的计算长度；

（6）回转半径与长细比的关系。

4. 典型考题

2003 年一级题 21、2006 年一级题 25、2011 年一级题 26。

2008 年二级题 20、2008 年二级题 21、2011 年二级题 20、2012 年二级题 26、2016 年二级题 22。

考题精选 2–28：按杆件的长细比选择截面时，何项截面最为合理（2011 年一级题 26）

大题干参见考题精选 2–19。

图 2–21 中，AB 杆为双角钢十字截面，采用节点板与弦杆连接，当按杆件的长细比选择截面时，下列何项截面最为合理？

提示：杆件的轴心压力很小（小于其承载能力的 50%）。

A. $⌐63×5$（$i_{min}=24.5mm$）　　　　　　　B. $⌐70×5$（$i_{min}=27.3mm$）

C. $⌐75×5$（$i_{min}=29.2mm$）　　　　　　　D. $⌐80×5$（$i_{min}=31.3mm$）

解答过程：

根据《钢规》GB 50017—2003 表 5.3.1，双角钢十字形，斜平面计算长度取斜平面，取 $l_0 = 0.9l = 0.9×6000 = 5400mm$

根据《钢规》表 5.3.8 注 1，知 $[\lambda]=200$，$\dfrac{l_0}{i_{min}} \leqslant [\lambda]$，得 $i_{min} \geqslant \dfrac{l_0}{[\lambda]} = \dfrac{5400}{200} = 27mm$

正确答案：B

2.6.4 框架柱在框架平面内计算——《钢规》第5.3.3条

单层或多层框架等截面柱，在框架平面内的计算长度应等于该层柱的高度乘以计算长度系数 μ。框架分为无支撑的纯框架和有支撑框架，其中有支撑框架又根据抗侧移刚度的大小，分为强支撑框架和弱支撑框架。

1. 无支撑纯框架

（1）当采用一阶弹性分析方法计算内力时，框架柱的计算长度系数 μ 按《钢规》附录 D 表 D-2 有侧移框架柱的计算长度系数确定。

（2）当采用二阶弹性分析方法计算内力且在每层柱顶附加考虑《钢规》式（3.2.81）的假想水平力 H_{ni} 时，框架柱的计算长度系数 $\mu = 1.0$。

2. 有支撑框架

（1）当支撑结构（支撑桁架、剪力墙、电梯井等）的侧移刚度（产生单位侧倾角的水平力）S_b，满足《钢规》式（5.3.3-1）的要求时，为强支撑框架，框架柱的计算长度系数 μ 按附录 D 表 D-1 无侧移框架柱的计算长度系数确定。

$$S_b \geq 3\left(1.2\sum N_{bi} - \sum N_{0i}\right)$$

式中　　$\sum N_{bi}$，$\sum N_{0i}$——第 i 层层间所有框架柱用无侧移框架和有侧移框架柱计算长度系数算得的轴压杆稳定承载力之和。

（2）当支撑结构的侧移刚度 S_b 不满足《钢规》式（5.3.3-1）的要求时，为弱支撑框架，框架柱的轴压杆稳定系数 φ 按公式（5.3.3-2）计算。

$$\varphi = \varphi_0 + (\varphi_1 - \varphi_0)\frac{S_b}{3\left(1.2\sum N_{bi} - \sum N_{0i}\right)}$$

式中　　φ_1、φ_0——分别是框架柱用《钢规》附录 D 中无侧移框架柱和有侧移框架柱计算长度系数算得的轴心压杆稳定系数。

3. 易考点

框架柱二阶分析时计算长度系数。

4. 典型考题

2014 年一级题 24。

考题精选 2-29：二阶弹性分析方法计算且考虑假想水平力时，框架柱进行稳定性计算（2014 年一级题 24）

某 4 层钢结构商业建筑，层高 5m，房屋高度 20m。抗震设防烈度 8 度，采用框架结构，布置如图 2-32 所示。框架梁柱采用 Q345，框架梁截面采用轧制型钢 H600×200×11×17，柱采用箱形截面 B450×450×16，梁柱截面特性见表 2-26。

表2-26　　　　　　　　　梁 柱 截 面 特 性

位置 \ 参数	面积 A/mm²	惯性矩 I/mm⁴	回转半径 i_x/mm	弹性截面模量 W_x/mm³
梁截面	13028	7.44×10^8	—	—
柱截面	27776	8.73×10^8	177	3.88×10^8

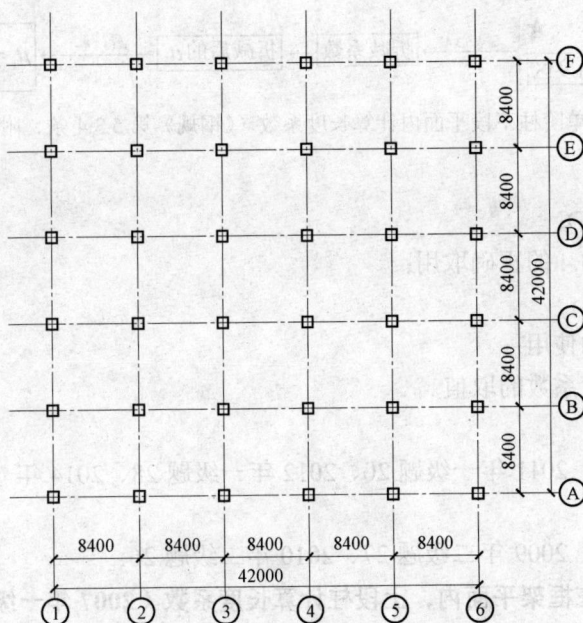

图 2-32　框架柱平面布置图

假定，框架柱几何长度为 5m，采用二阶弹性分析方法计算且考虑假想水平力时，框架柱进行稳定性计算时下列何项说法正确？

A. 只需计算强度，无须计算稳定　　　　B. 计算长度取 4.275m

C. 计算长度取 5m　　　　　　　　　　D. 计算长度取 7.95m

解答过程：

根据《钢规》GB 50017—2003 第 5.3.3 条第 1 款 2），二阶分析时计算长度系数取 1.0，故计算长度取 5m。

正确答案：C

2.6.5　框架平面内的计算长度——《钢规》第 5.3.4 条、附录 D

1. 流程图

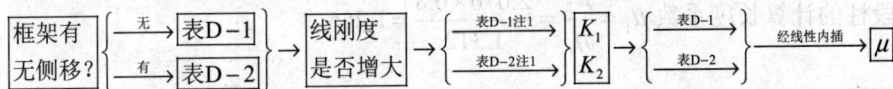

流程图 2-43　框架柱的计算长度系数（《钢规》附录 D）

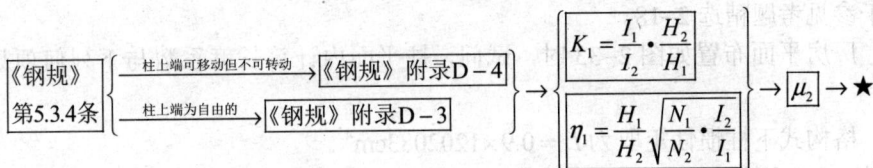

流程图 2-44　单阶柱下段平面内计算长度系数（《钢规》第 5.3.4 条、附录 D）（一）

$$\boxed{\text{纵向温度区}} \xrightarrow{\text{表}5.3.4} \boxed{\text{折减系数}} \rightarrow \boxed{\text{折减后的}\mu_2} \xrightarrow{\text{式}(5.3.4-1)} \boxed{\mu_1 = \dfrac{\mu_2}{\eta_1}}$$

流程图 2–44　单阶柱下段平面内计算长度系数（《钢规》第 5.3.4 条、附录 D）（二）

2. 易考点

（1）《钢规》附录 D；

（2）《钢规》表 5.3.4 的正确取用；

（3）线刚度的计算；

（4）线性内插法的使用；

（5）构件计算长度系数的取值。

3. 典型考题

2007 年一级题 24、2011 年一级题 20、2012 年一级题 28、2014 年一级题 17、2016 年一级题 24。

2008 年二级题 28、2009 年二级题 27、2010 年二级题 26。

考题精选 2–30：在框架平面内，上段柱计算长度系数（2007 年一级题 24）

大题干参见考题精选 2–20。

试问：在框架平面内，上段柱计算长度系数应与下列何项数值最为接近？

提示：① 下段柱的惯性矩已考虑腹杆影响变形；② 屋架下弦设有纵向水平撑和横向水平撑。

A. 1.51　　　　　B. 1.31　　　　　C. 1.27　　　　　D. 1.12

解答过程：

根据《钢规》GB 50017—2003 第 5.3.4 条及附表 D–4，有

$$K_1 = \frac{I_1 H_2}{I_2 H_1} = \frac{856021 \times 10^4 \times 25000}{2308 \times 10^8 \times 10000} = 0.103$$

$$\eta_1 = \frac{H_1}{H_2}\sqrt{\frac{N_1 I_2}{N_2 I_1}} = \frac{10 \times 10^3}{25 \times 10^3} \times \sqrt{\frac{4357 \times 2308 \times 10^8}{9820 \times 856021 \times 10^4}} = 1.312$$

查《钢规》表 D–4，下段柱计算长度系数 $\mu_2 = 2.076$

根据《钢规》表 5.3.4，折减系数为 0.8，

则上段柱的计算长度系数 $\mu_1 = \dfrac{\mu_2}{\eta_1} = \dfrac{2.076 \times 0.8}{1.312} = 1.266$

正确答案：C

考题精选 2–31：柱平面内计算长度系数（2014 年一级题 17）

大题干参见考题精选 2–18。

假定，厂房平面布置如图 2–33 时，试问，柱平面内计算长度系数与下列何项数值最为接近？

提示：格构式下柱惯性矩取为 $I_2 = 0.9 \times 1202083 \text{cm}^4$。

A. 上柱 1.0、下柱 1.0　　　　　　B. 上柱 3.52、下柱 1.55

C. 上柱 3.91、下柱 1.55　　　　　D. 上柱 3.91、下柱 1.72

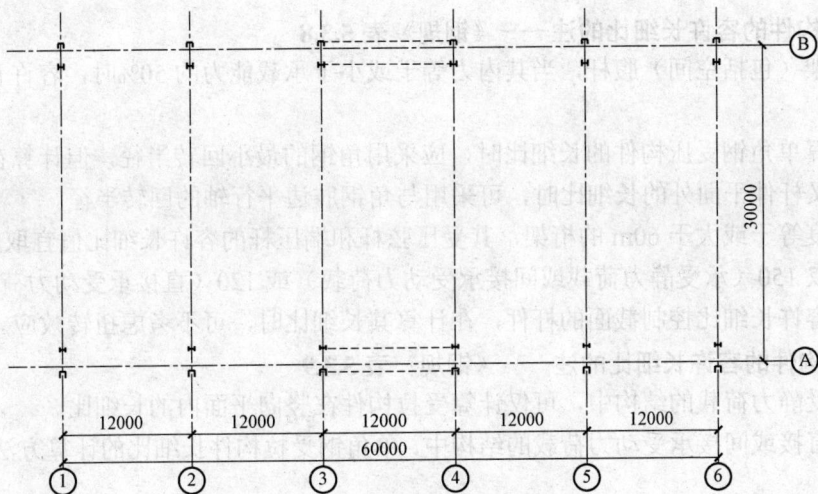

图 2-33　框架柱平面布置图

解答过程:

根据《钢规》GB 50017—2003 第 5.3.4 条,下柱:根据"柱上端与钢屋架形成刚接",即可移动不可转动,应查《钢规》附录 D-4,则

$$K_1 = \frac{I_1}{I_2} \cdot \frac{H_2}{H_1} = \frac{279000}{0.9 \times 1202083} \times \frac{11300}{4700} = 0.62$$

$$\eta_1 = \frac{H_1}{H_2} \sqrt{\frac{N_1}{N_2} \cdot \frac{I_2}{I_1}} = \frac{4700}{11300} \times \sqrt{\frac{610}{2110} \times \frac{0.9 \times 1202083}{27900}} = 0.44$$

经线性内插得折减系数 $\mu_2 = 1.723$,由图 2-33 知纵向温度区❶小于等于 6 个,查《钢规》表 5.3.4,得折减系数为 0.9,则下段柱的计算长度系数 $\mu_2 = 0.9 \times 1.723 = 1.551$

上柱:根据《钢规》式(5.3.4-1),上段柱的计算长度系数 $\mu_1 = \frac{\mu_2}{\eta_1} = \frac{1.55}{0.44} = 3.52$

正确答案:B

2.6.6　实腹轴心受力构件式容许长细比——《钢规》第 5.3.8 条、第 5.3.9 条

1. 流程图

实腹轴心受力构件式容许长细比见流程图 2-45。

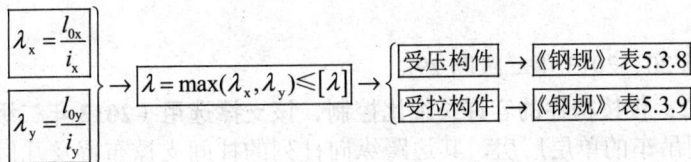

流程图 2-45　实腹轴心受力构件式容许长细比(《钢规》第 5.3.8 条、第 5.3.9 条)

---

❶ 对于本题,因房屋长度较小,没有温度分区。

257

2. 受压构件的容许长细比的注——《钢规》表 5.3.8

（1）桁架（包括空间）腹杆，当其内力等于或小于承载能力的 50% 时，容许长细比值可取 200。

（2）计算单角钢受压构件的长细比时，应采用角钢的最小回转半径，但计算在交叉点相互连接的交叉杆件平面外的长细比时，可采用与角钢肢边平行轴的回转半径。

（3）跨度等于或大于 60m 的桁架，其受压弦杆和端压杆的容许长细比值宜取 100，其他受压腹杆可取 150（承受静力荷载或间接承受动力荷载）或 120（直接承受动力荷载）。

（4）由容许长细比控制截面的杆件，在计算其长细比时，可不考虑扭转效应。

3. 受拉构件的容许长细比的注——《钢规》表 5.3.9

（1）承受静力荷载的结构中，可仅计算受拉构件在竖向平面内的长细比。

（2）在直接或间接承受动力荷载的结构中，单角钢受拉构件长细比的计算方法与表 5.3.8 注 2 相同。

（3）中、重级工作制吊车桁架下弦杆的长细比不宜超过 200。

（4）在设有火钳或刚性料耙等硬钩吊车的厂房中，支撑（表中第 2 项除外）的长细比不宜超过 300。

（5）受拉构件在永久荷载与风荷载组合作用下受压时，其长细比不宜超过 250。

（6）跨度等于或大于 60m 的桁架，其受拉弦杆和腹杆的长细比不宜超过 300（承受静力荷载或间接承受动力荷载）或 250（直接承受动力荷载）。

2.6.7　受拉构件的长细比——《钢规》第 5.3.9 条

1. 流程图

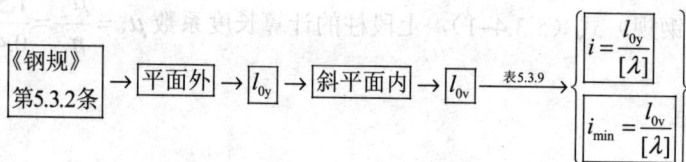

流程图 2-46　受拉构件的长细比

2. 易考点

（1）单角钢柱间支撑杆件计算长度；

（2）正确查取《钢规》表 5.3.9。

3. 典型考题

2013 年二级题 20、2013 年二级题 29。

考题精选 2-32：仅按构件的容许长细比控制，该支撑选用（2013 年二级题 20）

某重级工作制吊车的单层厂房，其边跨纵向柱列的柱间支撑布置及几何尺寸如图 2-34 所示。上段、下段柱间支撑 ZC-1，ZC-2 均采用十字交叉式，按柔性受拉斜杆设计，柱顶设有通长刚性系杆。钢材采用 Q235 钢，焊条为 E43 型。假定，厂房山墙传来的风荷载设计值 R=110kN，吊车纵向水平刹车力设计值 T=125kN。

258

假定，上段柱间支撑 ZC-1 采用等边单角钢组成的单片交叉式支撑，在交叉点相互连接。试问：若仅按构件的容许长细比控制，该支撑选用下列何种规格角钢最为合理？

提示：斜平面内的计算长度可取平面外计算长度的 0.7 倍。

A. ∟70×6（i_x=21.5mm，i_{min}=13.8mm）

B. ∟80×6（i_x=24.7mm，i_{min}=15.9mm）

C. ∟90×6（i_x=27.9mm，i_{min}=18.0mm）

D. ∟100×6（i_x=31.0mm，i_{min}=20.0mm）

解答过程：

根据《钢规》GB 50017—2003 第 5.3.2 条，单角钢柱间支撑杆件计算长度，

平面外计算长度 $l_{0y} = \sqrt{4800^2 + 7500^2} = 8904\text{mm}$

根据"提示"，斜平面内计算长度 $l_{0v} = 0.7 \times 8904 = 6233\text{mm}$

根据《钢规》表 5.3.9，平面外的回转半径 $i = \dfrac{l_{0y}}{[\lambda]} = \dfrac{8904}{350} = 25.4\text{mm}$

斜平面内的回转半径 $i_{min} = \dfrac{l_{0v}}{[\lambda]} = \dfrac{6233}{350} = 17.3\text{mm}$

选项 C：∟90×6（i_x=27.9mm，i_{min}=18.0mm），符合要求。

正确答案：C

考题精选 2-33：支撑的长细比（2013 年二级题 29）

门式刚架屋面水平支撑采用张紧的十字交叉圆钢支撑，假定其截面满足抗拉强度的设计要求。试问：该支撑的长细比按下列何项要求控制？

A. 300　　　　　　B. 350　　　　　　C. 400　　　　　　D. 不控制

解答过程：

根据《钢规》GB 50017—2003 表 5.3.9，张紧的圆钢不控制长细比。

正确答案：D

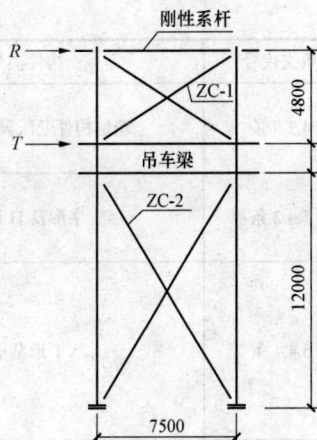

图 2-34　边跨纵向柱列的柱间支撑及几何尺寸

（图中标注：刚性系杆，R，ZC-1，4800，T，吊车梁，ZC-2，12000，7500）

2.7　受压构件的局部稳定

2.7.1　轴心受压构件的局部稳定要求——《钢规》第 5.4 节（表 2-27）

表 2-27　　　　　　　　　　　轴心受压构件的局部稳定要求

条文代号	构件类型	比　　值
5.4.1 条	轴心受压构件翼缘的要求	$\dfrac{b}{t} \leqslant (10 + 0.1\lambda)\sqrt{\dfrac{235}{f_y}}$

条文代号	构件类型		比　值
4.3.8 条	箱形构件受压翼缘的要求		$\dfrac{b_0}{t} \leqslant 40\sqrt{\dfrac{235}{f_y}}$
5.4.2 条	工字形及 H 形截面		$\dfrac{h_0}{t_w} \leqslant (25+0.5\lambda)\sqrt{\dfrac{235}{f_y}}$
5.4.4 条	T 形截面	热轧部分 T 形钢	$\dfrac{h_w}{t_w} \leqslant (15+0.2\lambda)\sqrt{\dfrac{235}{f_y}}$
		焊接 T 形钢	$\dfrac{h_w}{t_w} \leqslant (13+0.17\lambda)\sqrt{\dfrac{235}{f_y}}$
5.4.5 条	圆管截面的要求		$\dfrac{D}{t} \leqslant 100\left(\dfrac{235}{f_y}\right)$

2.7.2　腹板不采用加劲肋加强，确定截面面积——《钢规》第 5.4.6 条

1. 流程图

$$\boxed{《钢规》第5.4.6条} \xrightarrow{\text{腹板}} \boxed{20t_w\sqrt{\dfrac{235}{f_y}}} \rightarrow \boxed{截面面积 A}$$

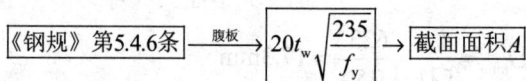

流程图 2-47　腹板不采用加劲肋加强时的截面面积

2. 易考点

（1）《钢规》第 5.4.6 条。

（2）腹板有效面积的取值。

3. 典型考题

2010 年一级题 23、2013 年一级题 29。

2009 年二级题 28。

考题精选 2-34：腹板不采用加劲肋加强，在计算该钢柱的强度和稳定性时，确定截面面积（2013 年一级题 29）

某非抗震设防的钢柱采用焊接工字形截面 H900×350×10×20，钢材采用 Q235 钢。假定该钢柱作为受压构件，其腹板高厚比不符合《钢结构设计规范》GB 50017—2003 关于受压构件腹板局部稳定的要求。试问：若腹板不能采用加劲肋加强，在计算该钢柱强度和稳定性时，其截面面积（mm²），应采用下列何项数值？

A. 86×10²　　　　B. 140×10²　　　　C. 180×10²　　　　D. 226×10²

解答过程：

根据《钢规》GB 50017—2003 第 5.4.6 条，腹板应取

$20t_w\sqrt{\dfrac{235}{f_y}} = 20 \times 10 \times \sqrt{\dfrac{235}{235}} = 200\text{mm}$ 的长度计算，则在计算该钢柱强度及稳定性时，其截

面面积 $A = 2 \times (350 \times 20 + 200 \times 10) = 18000\text{mm}^2$

正确答案：C

2.7.3 计算弯扭效应时截面中悬伸板件 *b*、*t* 取值

计算双轴对称十字形截面长细比限值或单轴对称截面考虑弯扭效应的换算长细比时，对悬伸宽 *b*、厚 *t* 采用图 2-35 取值，即采用标志尺寸，不计入圆弧、焊缝等影响。

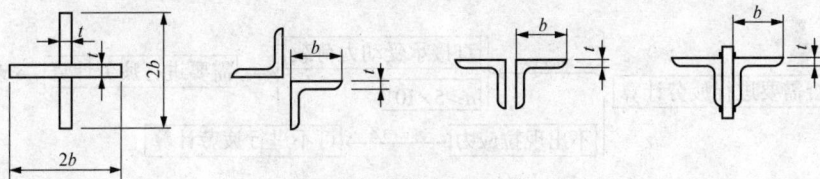

图 2-35　组合截面 *b*、*t* 取值

计算各截面回转半径则用其实际值，对于轧制型钢则采用有关国标规定值采用。组合截面可查阅手册图表，也可自行计算，均不计入焊缝面积。一般也不计扣孔削弱。

2.8　疲劳计算与塑性设计

2.8.1　简支实腹吊车梁的疲劳计算部位

《钢规》列有疲劳计算分类表，在简支实腹吊车梁上，包括如图 2-36 所示部位。

（1）下翼缘与腹板连接角焊缝；

（2）横向加劲肋下端的主体金属；

（3）下翼缘螺栓和螺栓孔处的主体金属；

（4）下翼缘连接焊缝处的主体金属；

（5）支座加劲肋处的角焊缝。

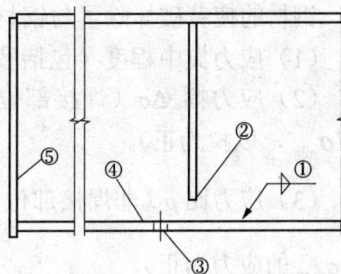

图 2-36　简支吊车梁疲劳计算位置

2.8.2　疲劳计算——《钢规》第 6.1.1 条，第 6.1.3 条，第 6.2.1 条～第 6.2.3 条

1. 易错点

（1）《钢规》第 6.1.3 条，在应力循环中不出现拉应力的部位可不计算疲劳。

（2）《钢规》第 6.1.3 条，疲劳计算方法采用容许应力幅法，故在计算时应取重复作用的活荷载的标准值，不计入永久荷载，因为永久荷载产生的应力值不变，没有应力幅。

（3）《钢规》第 6.1.3 条条文说明。

（4）《钢规》第 6.2.1 条，对焊接部位用应力幅计算，$\Delta\sigma = \sigma_{max} - \sigma_{min}$；对非焊接部位（如高强度螺栓摩擦型连接）用折算应力幅计算，$\Delta\sigma = \sigma_{max} - 0.7\sigma_{min}$。

（5）《钢规》第 6.2.3 条：$\alpha_f \cdot \Delta\sigma \leqslant [\Delta\sigma]_{2 \times 10^6}$

式中，α_f 的数值应对应于循环次数 n 为 2×10^6 次的情况。

（6）《钢规》附表 E，应根据计算的具体位置确定构件和连接类别，查附表 E 时，应注意连接方式。

2. 流程图

疲劳计算见流程图 2-48。

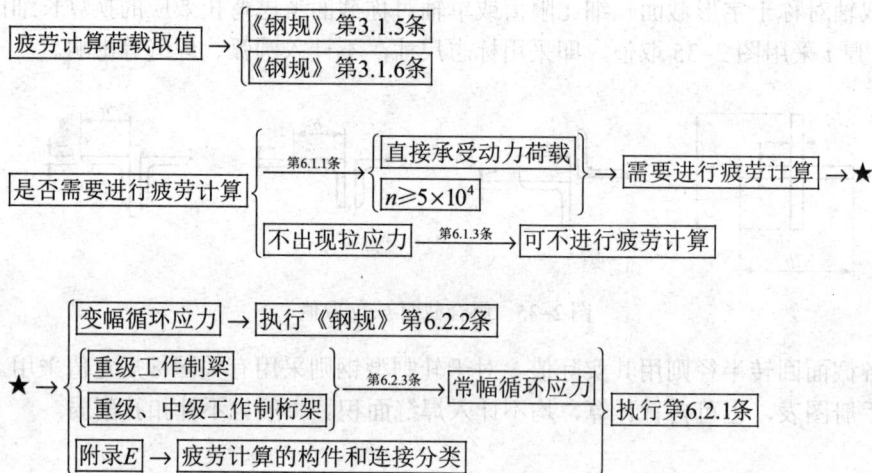

流程图 2-48　疲劳计算（《钢规》第 6.1.1 条、第 6.1.3 条、第 6.2.1 条～第 6.2.3 条）

3. 影响钢材的疲劳强度的主要因素

钢材的疲劳破坏除了与钢材质量、构件几何尺寸和缺陷等因素有关外，主要因素有：

（1）应力集中程度（包括残余应力）。

（2）应力幅 $\Delta\sigma$（焊接部位：$\Delta\sigma = \sigma_{max} - \sigma_{min}$，非焊接部位为折算应力幅：$\Delta\sigma = \sigma_{max} - 0.7\sigma_{min}$，以拉为正）。

（3）应力比 ρ（非焊接部位，$\rho = \dfrac{\sigma_{min}}{\sigma_{max}}$，$\sigma_{max}$ 和 σ_{min} 分别为绝对值最大和最小应力，并常以 σ_{max} 的应力为正）。

（4）应力循环次数 n。实用上常取相应于 $n=5 \times 10^6$ 次的疲劳强度作为钢材的耐久疲劳强度；相应于其他循环次数的疲劳强度 σ_{max} 称条件疲劳强度。

4. 易考点

直接承受动力荷载重复作用的钢结构构件及其连接，应进行疲劳计算的应力变化的循环次数。

5. 典型考题

2012 年二级题 29。

考题精选 2-35：疲劳计算（2012 年二级题 29）

试问：直接承受动力荷载重复作用的钢结构构件及其连接，当应力变化的循环次数 n 等于或大于下列何项数值时，应进行疲劳计算？

A. 10^4 次　　　　B. 3×10^4 次　　　　C. 5×10^4 次　　　　D. 10^3 次

解答过程：

根据《钢规》GB 50017—2003 第 6.1.1 条，知选 C。

正确答案：C

2.8.3　常幅循环应力——《钢规》第 6.2.1 条

常幅循环应力见流程图 2-49。

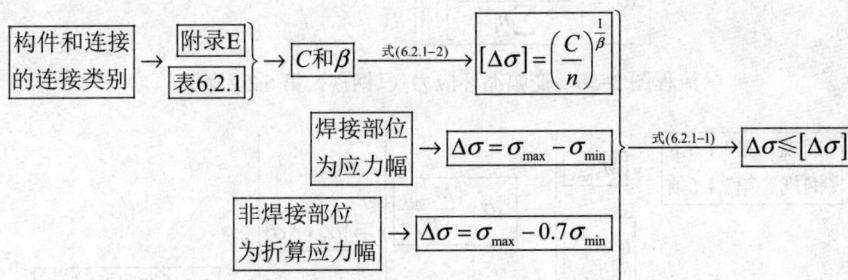

流程图 2-49　常幅循环应力（《钢规》第 6.2.1 条）

说明：

（1）$\Delta\sigma$ 是广义应力幅，不仅代表正应力幅，还代表剪应力幅，根据计算部位确定是正应力还是剪应力。

（2）《钢规》第 3.1.5 条：计算疲劳时，应采用荷载的标准值，是因为实质上还在沿用容许应力设计法；《钢规》第 3.1.6 条：计算疲劳时，动力荷载标准值不乘动力系数，动力影响已经包含以试验为基础的疲劳计算公式和参数中；计算吊车梁或吊车桁架及其制动结构的疲劳和挠度时，吊车荷载应按作用在跨间内荷载效应最大的一台吊车确定。

（3）《钢规》第 6.1.1 条：只有当应力循环次数 $n \geqslant 5 \times 10^4$ 次以上时，才需要计算构件或连接的疲劳；当应力循环次数 $n \geqslant 5 \times 10^6$ 次后，一般不会再发生疲劳破坏，所以计算疲劳的最大循环次数可取 5×10^6。

（4）容许应力幅与钢材品种和强度无关，如果尺寸和构造完全一样，则采用高强度钢材并不能提高其疲劳强度。

（5）附录 E 中，构件和连接计算部位的应力集中越严重，残余应力越大，疲劳类别就越高，疲劳强度就越低，故应在构造和形状等方面尽量减少应力集中程度。

（6）《钢规》第 6.1.3 条：在应力循环中不出现拉应力的部位可不计算疲劳，原因是压应力一般不会引起微裂缝的发展。

2.8.4　变幅循环应力——《钢规》第 6.2.2 条

1. 流程图

变幅循环应力见流程图 2-50，重级工作制吊车梁和重级、中级工作制吊车桁架的疲劳可作为常幅疲劳见流程图 2-51。

构件和连接的连接类别 → 附录E → 表6.2.1 → C和β → ★

★ $\xrightarrow{\text{式}(6.2.1-2)}$ $[\Delta\sigma]=\left(\dfrac{C}{n}\right)^{\frac{1}{\beta}}$ $\xrightarrow{\text{式}(6.2.2-1)}$ $\Delta\sigma_e\leqslant[\Delta\sigma]$

$\Delta\sigma_e=\left[\dfrac{\sum n_i(\Delta\sigma_i)^{\beta}}{\sum n_i}\right]^{1/\beta}$

流程图 2-50　变幅循环应力（《钢规》第 6.2.2 条）

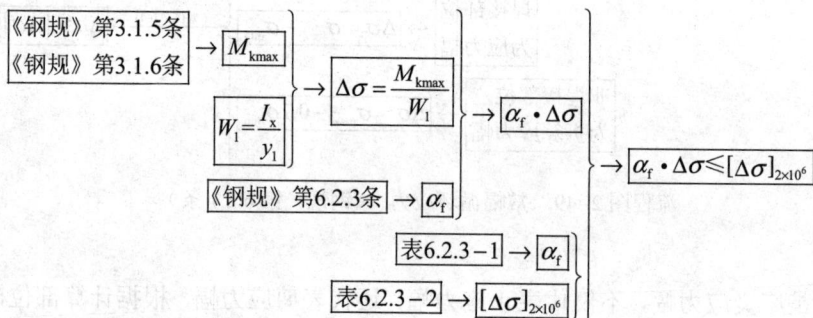

《钢规》第3.1.5条　
《钢规》第3.1.6条　$\to M_{kmax}$ $\to \Delta\sigma=\dfrac{M_{kmax}}{W_1}$ $\to \alpha_f\cdot\Delta\sigma$ $\to \alpha_f\cdot\Delta\sigma\leqslant[\Delta\sigma]_{2\times10^6}$

$W_1=\dfrac{I_x}{y_1}$

《钢规》第6.2.3条 $\to \alpha_f$

表6.2.3-1 $\to \alpha_f$

表6.2.3-2 $\to [\Delta\sigma]_{2\times10^6}$

流程图 2-51　重级工作制吊车梁和重级、中级工作制吊车桁架的疲劳
可作为常幅疲劳（《钢规》第 6.2.3 条）

2. 易考点

（1）疲劳验算时采用标准值；

（2）欠载效应的等效系数 α_f；

（3）容许应力幅 $\Delta\sigma$、疲劳应力幅。

3. 典型考题

2010 年一级题 20。

考题精选 2-36：考虑欠载效应，吊车梁下翼缘与腹板连接处腹板的疲劳应力幅（2010 年一级题 20）

大题干参见考题精选 2-2。

吊车梁由一台吊车荷载引起的最大竖向弯矩标准值 $M_{kmax}=5583.5$kN·m，试问：考虑欠载效应，吊车梁下翼缘与腹板连接处腹板的疲劳应力幅（N/mm²）与下列何项数值最为接近？

A. 74　　　　　　　　B. 70　　　　　　　　C. 66　　　　　　　　D. 53

解答过程：

根据《钢规》GB 50017—2003 第 3.1.5 条和第 3.1.6 条，在钢结构进行疲劳验算时，采用标准值，且不乘动力系数。根据《钢规》第 6.2.3 条，欠载效应的等效系数 $\alpha_f=0.8$。

吊车梁下翼缘与腹板连接处截面模量❶ $W_1=\dfrac{I_x}{y_1}=\dfrac{8504\times10^7}{1444-30}=6.014\times10^7\text{mm}^3$

---

❶ 根据《钢规》不能直接采用净模量，应采用了毛截面模量，但题目未给出截面参数值。

264

$$\Delta\sigma = \frac{M_{k\,max}}{W_1} = \frac{5583.5\times10^6}{6.014\times10^7} = 92.8\text{N/mm}^2$$

吊车梁下翼缘与腹板连接处腹板的疲劳应力幅 $\alpha_f \cdot \Delta\sigma = 0.8\times92.8 = 74.3\text{N/mm}^2$

正确答案：A

2.8.5 减小疲劳破坏的措施

（1）合理设计：选材，截面，焊接，形式。

（2）合理制造：减小焊接应力，刨边，严格检查。

（3）合理使用：受拉部位不焊接挂物。

2.9 塑性设计

2.9.1 塑性设计截面板件的宽厚比——《钢规》第9.1.1条、第9.1.4条

1. 易错点

塑性设计对钢材力学性能要求满足3个条件：

（1）按塑性设计时，钢材的力学性能应满足强屈比 $\dfrac{f_u}{f_y} \geq 1.2$；

（2）伸长率 $\delta_5 \geq 15\%$；

（3）相应于抗拉强度 f_u 的应变 ε_u 不小于20倍屈服点应变 ε_y，$\dfrac{\varepsilon_u}{\varepsilon_y} \geq 20$。

2. 易考点

（1）截面外伸翼缘宽厚比的限值及相应计算；

（2）钢种对宽厚比计算的影响；

（3）《钢规》第9.1.1条规定了塑性设计的范围；

（4）《钢规》表9.1.1中 $\dfrac{N}{Af}$ 的取值。

3. 典型考题

2010年一级题29；2012年一级题18。

2012年一级题18。

考题精选 2–37：不直接承受动力荷载且钢材的各项性能满足塑性设计要求的钢结构（2012年一级题18）

不直接承受动力荷载且钢材的各项性能满足塑性设计要求的下列钢结构：

Ⅰ. 符合计算简图2–37（a），材料采用Q345钢，截面均采用焊接H形钢H300×200×8×12；

Ⅱ. 符合计算简图2–37（b），材料采用Q345钢，截面均采用焊接H形钢H300×200×8×12；

Ⅲ. 符合计算简图2–37（c），材料采用Q235钢，截面均采用焊接H形钢H300×200×8×12；

Ⅳ．符合计算简图 2–37（d），材料采用 Q235 钢，截面均采用焊接 H 形钢 H300×200×8×12。

试问：根据《钢结构设计规范》GB 50017—2003 的有关规定，针对上述结构是否可采用塑性设计的判断，下列何项正确？

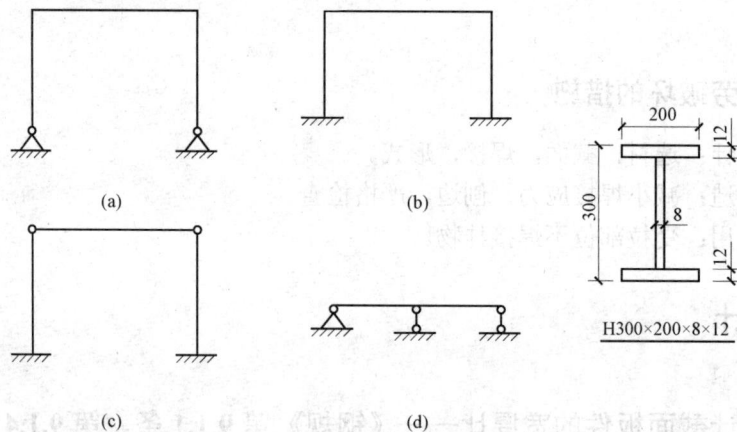

图 2–37　计算简图

A．Ⅱ、Ⅲ、Ⅳ可采用，Ⅰ不可采用　　　　B．Ⅳ可采用，Ⅰ、Ⅱ、Ⅲ不可采用

C．Ⅲ、Ⅳ可采用，Ⅰ、Ⅱ不可采用　　　　D．Ⅰ、Ⅱ、Ⅳ可采用，Ⅲ不可采用

解答过程：

根据《钢规》GB 50017—2003 第 9.1.1 条，图 2–37（c）属于排架结构，不能采用塑性设计。翼缘宽厚比，采用 Q345 时，$9\sqrt{\dfrac{235}{f_y}}=9\times\sqrt{\dfrac{235}{345}}=7.4<\dfrac{b}{t}=\dfrac{\dfrac{200-8}{2}}{12}=8$；

采用 Q235，有 $\dfrac{b}{t}=\dfrac{\dfrac{200-8}{2}}{12}=8<9\sqrt{\dfrac{235}{f_y}}=9\times\sqrt{\dfrac{235}{235}}=9$

根据《钢规》表 9.1.4，采用 Q345 钢材不能采用塑性设计，仅图 2–37（d）能进行塑性设计。

正确答案：B

2.9.2　受弯构件塑性计算——《钢规》第 9.2.1 条、第 9.2.2 条、第 9.3.2 条

（1）抗弯强度设计值 f 应按翼缘厚度确定。

（2）取腹板的毛截面面积计算，与弹性设计相同。

（3）钢材抗剪强度设计值 f_v 按腹板厚度确定。

（4）塑性净截面模量计算要点：截面中和轴平分截面面积；塑性净截面模量为截面中和轴上下面积对中和轴的面积矩之和。

（5）受弯构件计算见流程图 2–52。

流程图 2-52 所示。

$$\text{受弯构件} \left\{ \begin{array}{l} \text{强度} \rightarrow \left\{ \begin{array}{l} \text{抗弯} \xrightarrow{\text{式}(9.2.1)} \boxed{M_x \leq W_{pnx}f} \\ \text{抗剪} \xrightarrow{\text{式}(9.2.2)} \boxed{V \leq h_w t_w f_v} \end{array} \right. \\ \text{整体稳定} \xrightarrow{\text{第}9.3.2\text{条}} \boxed{\text{通过构造措施来保证}} \end{array} \right.$$

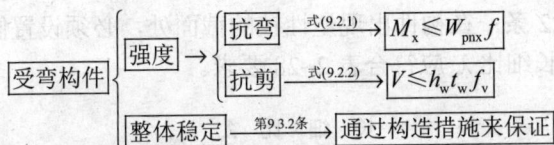

流程图 2-52　受弯构件计算（《钢规》第 9.2.1 条、第 9.2.2 条、第 9.3.2 条）

2.9.3　压弯构件塑性计算——《钢规》第 9.2 节

1. 易错点

（1）为防止二阶效应过大，应限制压弯构件的压力 $N \leq 0.6A_n f$。

（2）φ_x、N'_{Ex} 和 β_{mx} 应按《钢规》第 5.2.2 条计算弯矩作用平面内稳定的采用。

（3）φ_y、φ_b、η 和 β_{tx} 应按《钢规》第 5.2.2 条计算弯矩作用平面外稳定的采用。

W_{pnx}，指对 x 轴的塑性净截面模量。

W_{px}，指对 x 轴的塑性毛截面模量，即为截面的上、下面积矩之和。对称截面时，$W_{px} = 2S_x$

2. 流程图

压弯构件计算见流程图 2-53。

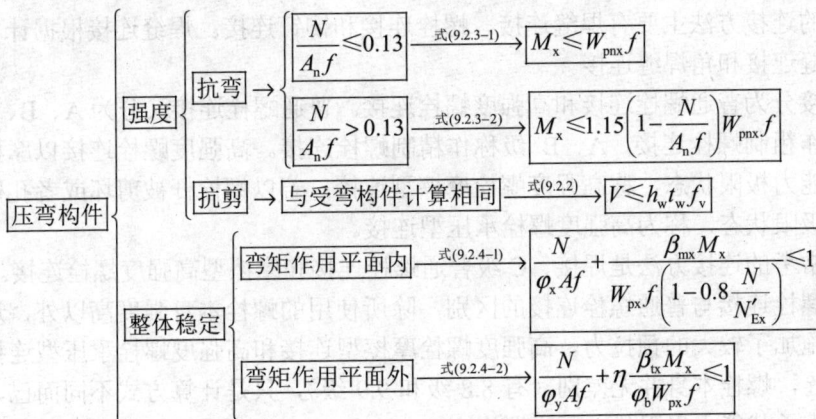

$$\text{压弯构件} \left\{ \begin{array}{l} \text{强度} \left\{ \begin{array}{l} \text{抗弯} \rightarrow \left\{ \begin{array}{l} \dfrac{N}{A_n f} \leq 0.13 \xrightarrow{\text{式}(9.2.3\text{-}1)} \boxed{M_x \leq W_{pnx}f} \\ \dfrac{N}{A_n f} > 0.13 \xrightarrow{\text{式}(9.2.3\text{-}2)} \boxed{M_x \leq 1.15\left(1-\dfrac{N}{A_n f}\right)W_{pnx}f} \end{array} \right. \\ \text{抗剪} \rightarrow \boxed{\text{与受弯构件计算相同}} \xrightarrow{\text{式}(9.2.2)} \boxed{V \leq h_w t_w f_v} \end{array} \right. \\ \text{整体稳定} \left\{ \begin{array}{l} \text{弯矩作用平面内} \xrightarrow{\text{式}(9.2.4\text{-}1)} \boxed{\dfrac{N}{\varphi_x A f} + \dfrac{\beta_{mx}M_x}{W_{px}f\left(1-0.8\dfrac{N}{N'_{Ex}}\right)} \leq 1} \\ \text{弯矩作用平面外} \xrightarrow{\text{式}(9.2.4\text{-}2)} \boxed{\dfrac{N}{\varphi_y A f} + \eta\dfrac{\beta_{tx}M_x}{\varphi_b W_{px}f} \leq 1} \end{array} \right. \end{array} \right.$$

流程图 2-53　压弯构件计算（《钢规》第 9.2.3 条、第 9.2.4 条）

2.9.4　长细比限制——《钢规》第 9.3 节

易错点

（1）M_1 为与塑性铰相距为 l_1 的侧向支承点处的弯矩；与长度 l_1 内为同向曲率时，$\dfrac{M_1}{W_{px}f}$ 为

正；当为反向曲率时，$\dfrac{M_1}{W_{px}f}$ 为负。

（2）《钢规》第 9.3.1 条：受压构件的长细比不宜大于 $130\sqrt{\dfrac{235}{f_y}}$。

（3）《钢规》第9.3.2条：在构件出现塑性铰的截面处，必须设置侧向支承。该支承点与其相邻支承点间构件的长细比 λ_y 应符合表 2-28 要求。

表 2-28 长 细 比 λ_y

当 $-1 \leqslant \dfrac{M_1}{W_{wp}f} \leqslant 0.5$ 时	$\lambda_y \leqslant \left(60 - 40\dfrac{M_1}{W_{px}f}\right)\sqrt{\dfrac{235}{f_y}}$
当 $0.5 \leqslant \dfrac{M_1}{W_{wp}f} \leqslant 1.0$ 时	$\lambda_y \leqslant \left(45 - 10\dfrac{M_1}{W_{px}f}\right)\sqrt{\dfrac{235}{f_y}}$

注：式中 λ_y—弯矩作用平面外的长细比，$\lambda_y = \dfrac{l_1}{i_y}$，$l_1$ 为侧向支撑点间距离，i_y 为截面回转半径。

2.10 普通螺栓连接

2.10.1 钢结构连接的主要内容

钢结构的连接方法主要有焊缝连接、螺栓连接和铆钉连接。焊缝连接根据计算方法不同分为对接焊缝连接和角焊缝连接。

螺栓连接分为普通螺栓连接和高强度螺栓连接。普通螺栓连接又分为 A、B、C 三级，C 级连接也称作粗制螺栓连接，A、B 级称作精制螺栓连接。高强度螺栓连接以摩擦阻力被克服作为承载能力极限状态，称高强度螺栓摩擦型连接；若以螺栓杆被剪坏或者孔壁被压坏作为承载能力极限状态，称为高强度螺栓承压型连接。

目前最常考的连接方法是焊接、C 级普通螺栓连接和摩擦型高强度螺栓连接。

高强度螺栓连接与普通螺栓连接的区别，除所使用的螺栓本身强度高以外，还在拧紧螺帽的过程中施加了较大的预拉力。高强度螺栓摩擦型连接和高强度螺栓承压型连接使用的都是高强度螺栓，螺栓本身并无差别（有 8.8 级和 9.9 级），只是计算方式不同而已，以摩擦阻力被克服作为承载能力极限状态更为严格。

连接是钢结构中十分重要的内容之一。复习时不仅要对计算公式熟练运用，注意是否应进行的强度折减，而且必须对构造要求引起足够的注意。

钢结构连接的主要内容见流程图 2-54。

2.10.2 螺栓或铆钉的距离要求——《钢规》第 8.3.4 条

钢板上的螺栓（铆钉）排列见图 2-38，螺栓或铆钉的最大、小最容许距离见表 2-29，螺栓连接的一些构造要求见表 2-30。

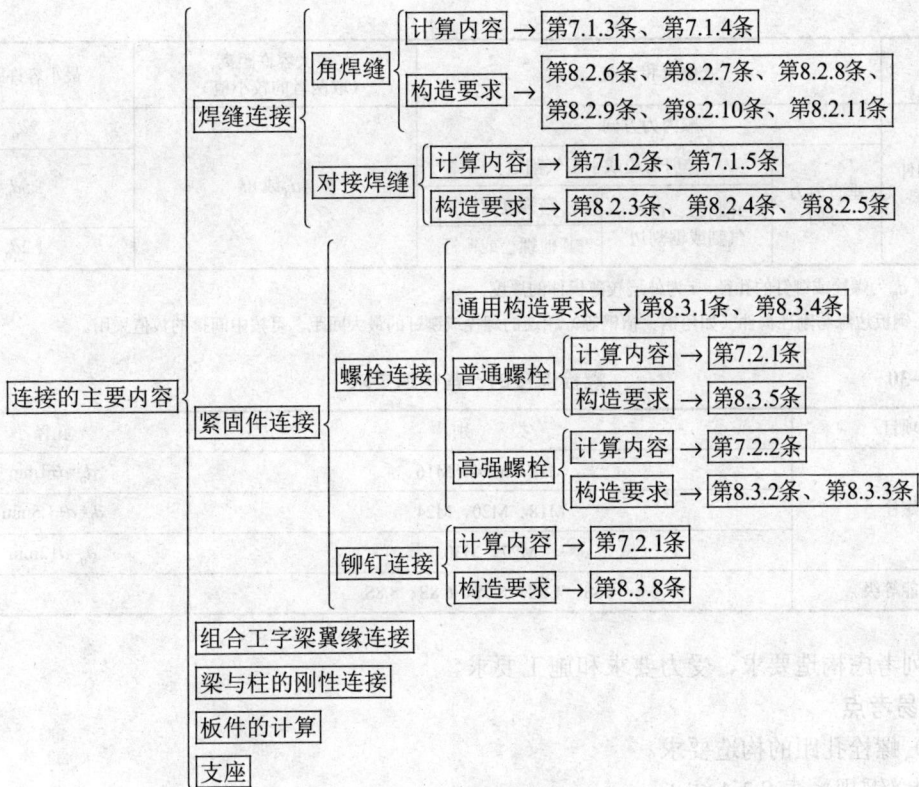

流程图 2-54　钢结构连接的主要内容

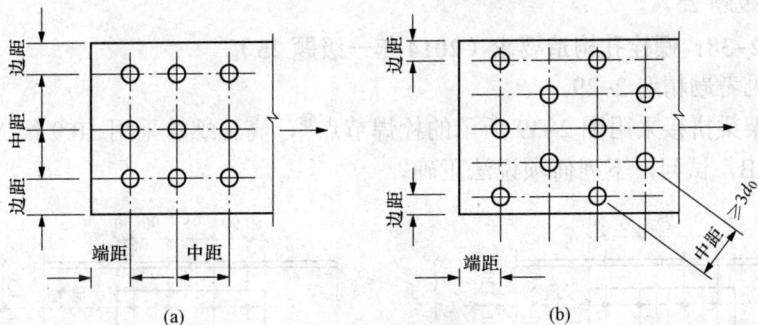

图 2-38　钢板上的螺栓（铆钉）排列

表 2-29　　　　　　　　　螺栓或铆钉的最大、小最容许距离（《钢规》表 8.3.4）

项目	位置和方向			最大容许距离 （取两者的较小值）	最小容许距离
中心间距	外排（垂直内力方向或顺内力方向）			$8d_0$ 或 $12t$	$3d_0$
	中间排	垂直内力方向		$16d_0$ 或 $24t$	
		顺内力方向	构件受压力	$12d_0$ 或 $18t$	
			构件受拉力	$16d_0$ 或 $24t$	
	沿对角线方向			—	

项目	位置和方向			最大容许距离 （取两者的较小值）	最小容许距离
中心至构件 边缘距离	顺内力方向			4d_0 或 8t	2d_0
	垂直内力 方向	剪切边或手工气割边			1.5d_0
		轧制边、自动 气割或锯割边	高强度螺栓		
			其他螺栓或铆钉		1.2d_0

注：1. d_0 为螺栓或铆钉的孔径，t 为外层较薄板件的厚度。

2. 钢板边缘与刚性构件（如角钢、槽钢等）相连的螺栓或铆钉的最大间距，可按中间排的数值采用。

表 2-30　　　　　　　　　　　　螺栓连接的一些构造要求

项目	类　别	孔径
螺栓	M12、M14、M16	$d_0=d+1mm$
	M18、M20、M24	$d_0=d+1.5mm$
	M27、M30	$d_0=d+2mm$
性能等级	4.6S、4.8S、5.6S、6.8S、8.8S	

排列考虑构造要求、受力要求和施工要求。

1. 易考点

（1）螺栓孔距的构造要求。

（2）《钢规》表 8.3.4 注 1。

2. 典型考题

2014 年一级题 25。

考题精选 2-38：螺栓孔构造要求（2014 年一级题 25）

大题干参见考题精选 2-29。

假定，框架梁拼接采用图 2-39 所示的栓焊节点[1]，高强螺栓采用 10.9 级 M22 螺栓，连接板采用 Q345B，试问，下列何项说法正确？

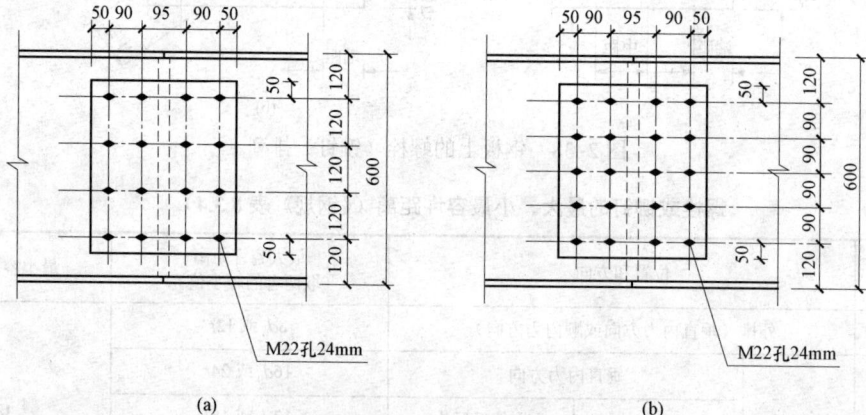

图 2-39　栓焊节点示意图

---

[1] 按照节点板的厚度为 8mm 进行解答。

A. 图（a）、图（b）均符合螺栓孔距设计要求

B. 图（a）、图（b）均不符合螺栓孔距设计要求

C. 图（a）符合螺栓孔距设计要求

D. 图（b）符合螺栓孔距设计要求

解答过程：

根据《钢规》GB 50017—2003 第 8.3.4 条，中距：最小容许距离 $3d_0 = 3 \times 24 = 72\text{mm}$；

最大容许距离：$\min(8d_0, 12t) = \min(8 \times 24, 12 \times 8) = 96\text{mm}$，此处的 8mm 是梁腹板处连接板的厚度；图（a）不符合螺栓孔距设计要求。

最小容许端距：$2d_0 = 2 \times 24 = 48\text{mm}$

最小容许边距：$1.5d_0 = 1.5 \times 24 = 36\text{mm}$

最大容许间距：$\min(4d_0, 8t) = \min(4 \times 24, 8 \times 8) = 64\text{mm}$

由以上分析可知（b）满足构造要求。

正确答案：D

2.10.3 普通螺栓连接计算——《钢规》第 5.1.1 条、第 7.2.1 条、第 8.3.4 条

1. 普通螺栓连接计算（流程图 2-55）

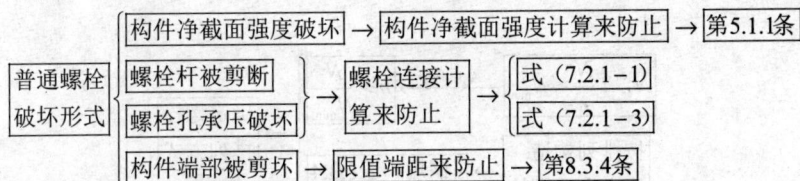

流程图 2-55 普通螺栓连接计算（《钢规》第 5.1.1 条、第 7.2.1 条、第 8.3.4 条）

2. 单个螺栓受剪承载力（流程图 2-56）

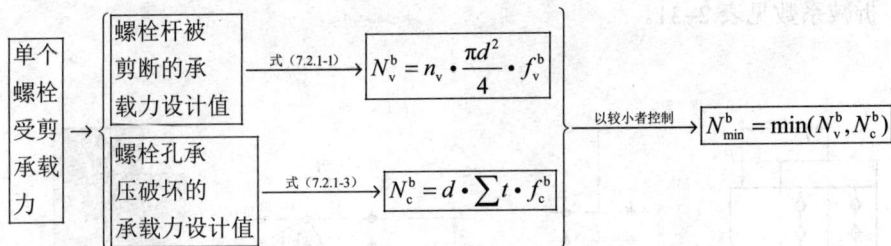

流程图 2-56 单个螺栓受剪承载力（《钢规》第 7.2.1 条）

普通螺栓群常见受力简图见图 2-40。

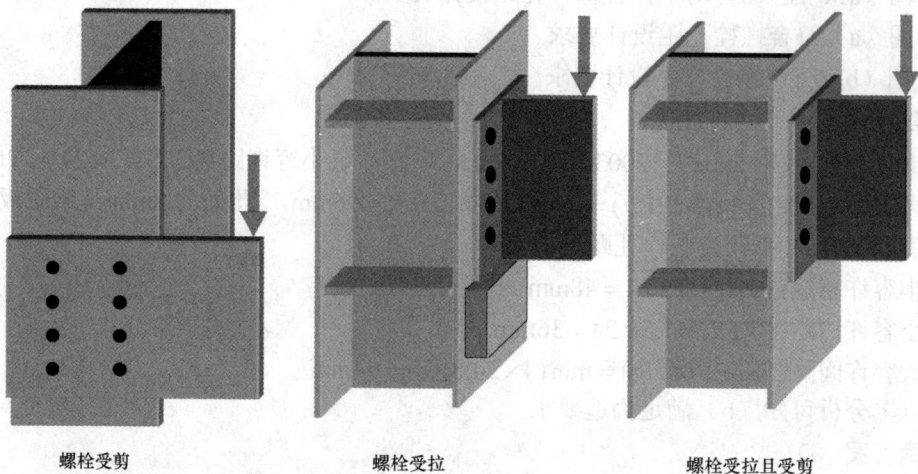

螺栓受剪　　　　　　　螺栓受拉　　　　　　螺栓受拉且受剪

图 2-40　普通螺栓群常见受力简图

2.10.4　螺栓群受剪计算

1. 承受形心力 N（流程图 2-57）

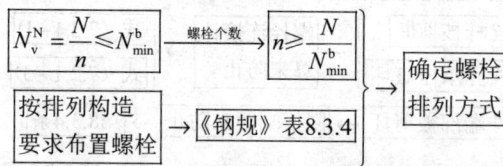

$$N_v^N = \frac{N}{n} \leq N_{min}^b \xrightarrow{\text{螺栓个数}} n \geq \frac{N}{N_{min}^b}$$

按排列构造
要求布置螺栓 → 《钢规》表8.3.4

确定螺栓
排列方式

流程图 2-57　承受形心力的螺栓群计算

2. 承受 V（竖向）、扭矩 T

承受 V（竖向）、扭矩 T 受力计算简图见图 2-41；承受 V（竖向）、扭矩 T 计算见流程图 2-58，折减系数见表 2-31。

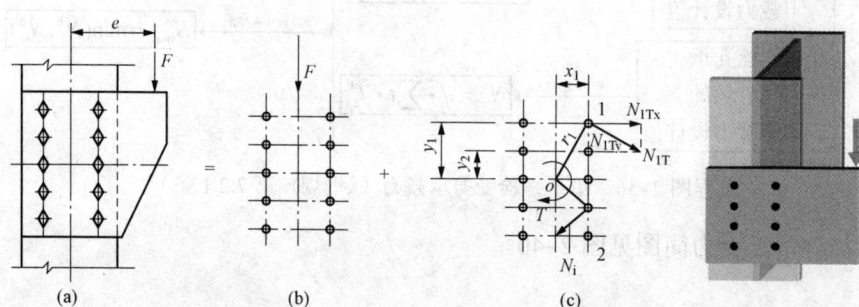

图 2-41　承受 V（竖向）、扭矩 T 受力计算简图

272

$$\boxed{\text{轴力}N} \rightarrow \boxed{N_x^N = \dfrac{N}{n}}$$

$$\boxed{\text{扭矩}T} \rightarrow \begin{cases} \boxed{N_x^T = \dfrac{Tr}{I_p} \times \dfrac{y_1}{r} A_b = \dfrac{Ty_1}{\sum x^2 + \sum y^2}} \\[4mm] \boxed{N_y^T = \dfrac{Tx_1}{\sum x^2 + \sum y^2}} \end{cases} \rightarrow \boxed{N_v = \sqrt{(N_x^N + N_x^T)^2 + (N_y^v + N_y^T)^2} \leqslant N_{min}^b}$$

$$\boxed{\text{剪力}V} \rightarrow \boxed{N_y^v = \dfrac{V}{n}}$$

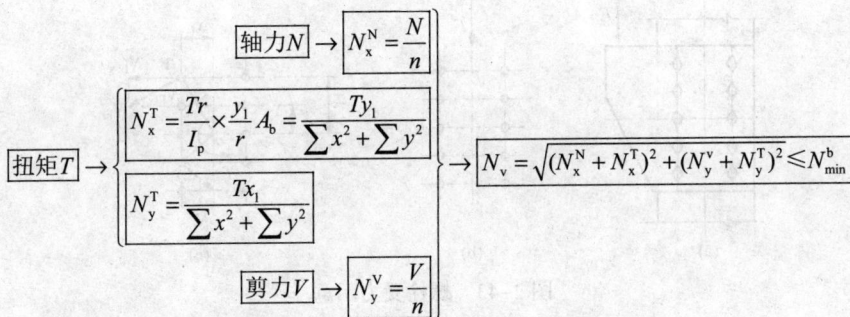

流程图 2-58　承受 V（竖向）、扭矩 T 计算

当连接一侧两端排螺栓的距离 l_0 较大时，与侧面角焊缝的内力分布相类似，也是两头大中间小，所以也应该进行折减，折减系数见表 2-31。

表 2-31　　　　　　　　　　　　　　折　减　系　数

序号	情　　况	折减系数 η
1	$15d_0 < l_0 \leqslant 60d_0$	$\eta = 1.1 - \dfrac{l_0}{150d_0}$
2	$l_0 > 60d_0$	$\eta = 0.7$

3. 易考点

（1）扭矩的计算；

（2）螺栓承受综合应力最大值；

（3）按受剪所需直径；

（4）按承压所需直径；

（5）采用高强度螺栓摩擦型连接的计算；

（6）采用高强度螺栓承压型连接的计算；

（7）螺栓群受力状态的分析；

（8）确定最不利螺栓的荷载值。

考题精选 2-39：本题非真题。

柱翼缘板厚度为 10mm，连接板厚度为 8mm，钢材为 Q235B，荷载设计值 F=150kN，偏心距 e=250mm。若螺栓排列为竖向排距 2×60=120mm，竖向行距 y_2=80mm，竖向端距为 50mm（图 2-42）。

试问：如果采用 C 级螺栓，偏心受剪的螺栓群所需螺栓直径与下列何项数值最为接近？

A. 18　　　　　　B. 20

C. 22　　　　　　D. 24

解答过程：

螺栓群中受力最大的点为 1、2 二点的螺栓（图 2-43），1 点螺栓所受的剪力 N_{1T} 计算如下：

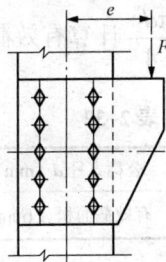

图 2-42　螺栓排列示意

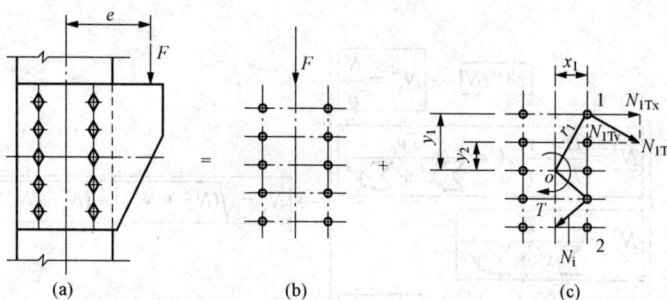

图 2–43　螺栓受力示意

$$\Sigma x_i^2 + \Sigma y_i^2 = 10 \times 6^2 + (4 \times 8^2 + 4 \times 16^2) = 1640 \text{cm}^2$$

$$T = F \cdot e = \frac{150 \times 25}{10^2} = 37.5 \text{kN} \cdot \text{m}$$

$$N_{1Tx} = \frac{Ty_1}{\Sigma x_i^2 + \Sigma y_i^2} = \frac{37.5 \times 16 \times 10^2}{1640} = 36.6 \text{kN}$$

$$N_{1Ty} = \frac{Tx_1}{\Sigma x_i^2 + \Sigma y_i^2} = \frac{37.5 \times 16 \times 10^2}{1640} = 13.7 \text{kN}$$

$$N_{1F} = \frac{F}{n} = \frac{150}{10} = 15 \text{kN}$$

$$N_{1T} = \sqrt{N_{1Tx}^2 + (N_{1Ty} + N_{1F})^2} = \sqrt{36.6^2 + (13.7 + 15)^2} = 46.5 \text{kN}$$

为求所需螺栓直径，首先要确定 C 级螺栓的抗剪和承压强度设计值。

查《钢规》表 3.4.1–4，得 $f_v^b = 140 \text{N/mm}^2$，$f_c^b = 305 \text{N/mm}^2$。

则所需的螺栓直径：

受剪所需直径 $d_v \geqslant \sqrt{\dfrac{4N_{1T}}{\pi n_v f_v^b}} = \sqrt{\dfrac{4 \times 46.5 \times 10^3}{3.14 \times 1 \times 140}} = 20.6 \text{mm}$

承压所需直径 $d_c \geqslant \dfrac{N_{1T}}{\Sigma t \cdot f_c^b} = \dfrac{46.5 \times 10^3}{8 \times 305} = 19.1 \text{mm}$

正确答案：C

2.10.5　单个螺栓的承载力——《钢规》第 7.2.1 条

设计值 $N_t^b = A_e f_t^b$，A_e 为螺栓的有效截面积（表 2–32），由于有螺纹削弱，不能直接使用 $\dfrac{\pi d^2}{4}$ 计算有效截面积。

表 2–32　　　　　　　　　　　　　　常考螺栓的有效截面积

公称直径 d（mm）	16	18	20	22	24	27	30	33	36
有效截面积 A_e（mm²）	156.7	192.5	244.8	303.4	352.5	459.4	560.6	693.6	816.7

单个螺栓计算见流程图 2–60。

274

$$\boxed{\text{仅承受剪力}} \rightarrow \boxed{N_v \leqslant N_{v\,min}^b}$$

$$\boxed{\text{仅承受拉力}} \rightarrow \boxed{N_t \leqslant N_t^b}$$

$$\boxed{\text{同时承受剪力和拉力}}\begin{cases} \xrightarrow{\text{式（7.2.1-8）}} \boxed{\sqrt{\left(\dfrac{N_v}{N_v^b}\right)^2 + \left(\dfrac{N_t}{N_t^b}\right)^2} \leqslant 1} \\ \\ \xrightarrow{\text{式（7.2.1-9）}} \boxed{N_v \leqslant N_c^b} \end{cases}$$

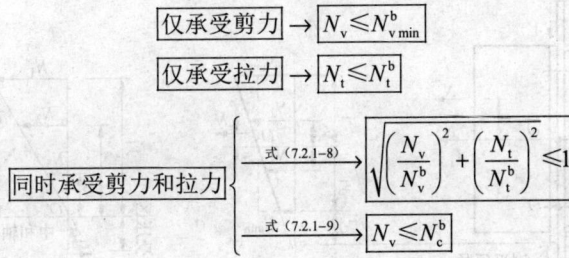

流程图 2-59 单个螺栓计算

2.10.6 螺栓群受拉计算

1. 承受形心力

采取防撬力的附加作用的轴拉螺栓见图 2-44，轴拉计算见流程图 2-60。

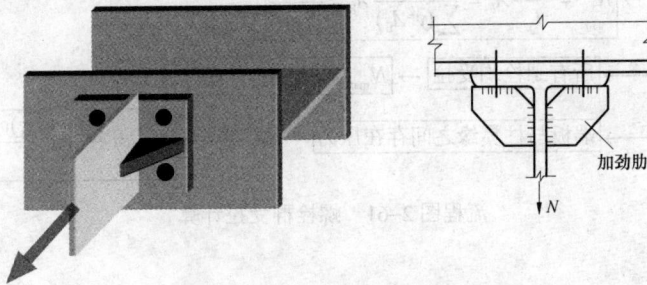

图 2-44 采取防撬力的附加作用的轴拉螺栓

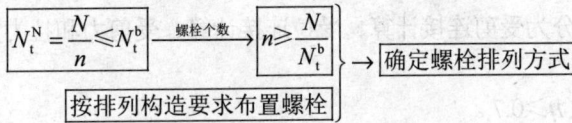

$$\boxed{N_t^N = \frac{N}{n} \leqslant N_t^b} \xrightarrow{\text{螺栓个数}} \boxed{n \geqslant \frac{N}{N_t^b}} \rightarrow \boxed{\text{确定螺栓排列方式}}$$

$$\boxed{\text{按排列构造要求布置螺栓}}$$

流程图 2-60 轴拉计算

2. 承受形心拉力 N 和弯矩 M（一般 C 级普通螺栓不宜同时受拉受剪）

普通螺栓弯矩受拉计算简图见图 2-45，螺栓群偏心受拉计算简图见图 2-46，螺栓群受拉计算见流程图 2-61。

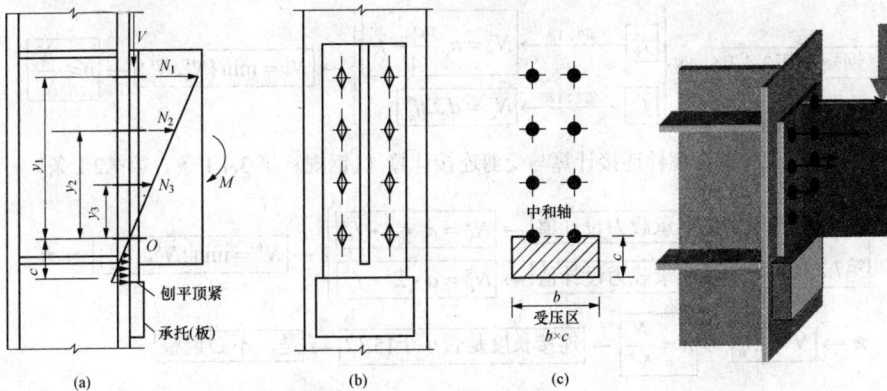

图 2-45 普通螺栓因弯矩受拉计算简图

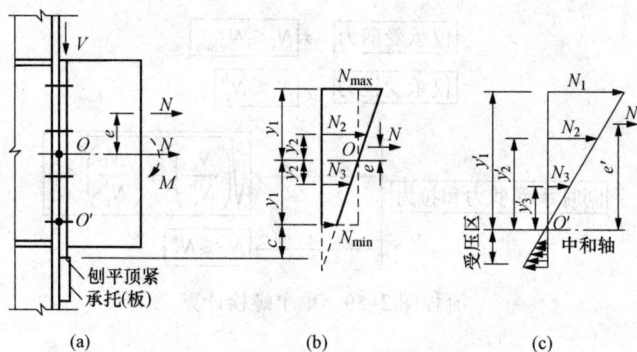

图 2-46　螺栓群偏心受拉计算简图

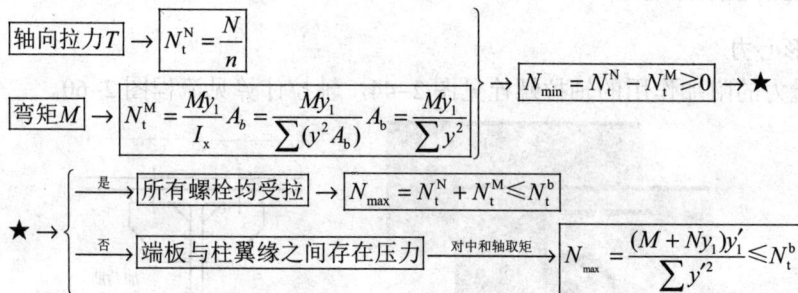

流程图 2-61　螺栓群受拉计算

2.10.7　普通螺栓连接计算与受剪连接计算——《钢规》第 7.2.1 条、第 7.2.4 条

普通螺栓连接计算分为受剪连接计算、受拉连接计算、受剪力和拉力共同作用的连接计算。

1. 易错点

（1）超长折减系数 $\eta \geqslant 0.7$。

（2）《钢规》7.2.1 条第 1 款中，螺栓受剪的计算公式（7.2.1-1）、式（7.2.1-3）仅适用于较简单的搭接连接或对接连接。

2. 流程图

普通螺栓连接计算与受剪连接计算见流程图 2-62，普通螺栓计算见流程图 2-63。

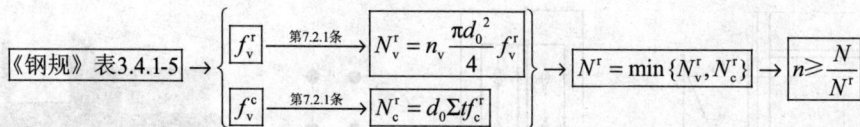

流程图 2-62　普通螺栓连接计算与受剪连接计算（《钢规》第 3.4.1 条、第 7.2.1 条）

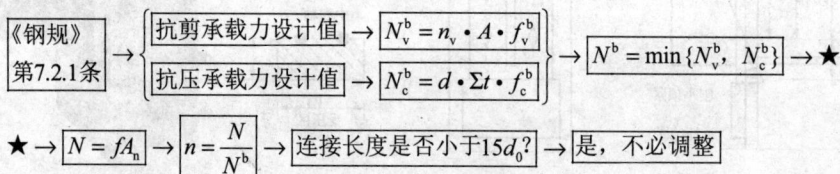

流程图 2-63　普通螺栓计算

276

3. 易考点

（1）高强螺栓抗剪承载力的计算；

（2）准确取用受剪面数目；

（3）准确取用 $\sum t$；

（4）准确判定螺栓受力状态；

（5）净截面处承载力；

（6）是否需折减；

（7）准确取用 d_e，备考中应准备好相应的表格，可以查取相应的数值。

4. 典型考题

2005 年一级题 22；2008 年一级题 23。

考题精选 2–40：主梁上翼缘拼接所用高强度螺栓的数量（2008 年一级题 23）

某工业钢平台主梁，采用焊接工字形截面，如图 2–47 所示。I_x =41579×10^{6}mm^4，Q345B 制作。由于长度超长，需要工地拼接。

主梁翼缘拟在工地用 5.6 级 M24 普通螺栓进行双面拼接，如图 2–48 所示，螺栓孔径 d_0=25.5mm。设计按等强原则。试问：在拼接头一端，主梁上翼缘拼接所需的普通螺栓数量，与下列何项数值最为接近？

A. 12 B. 18 C. 24 D. 30

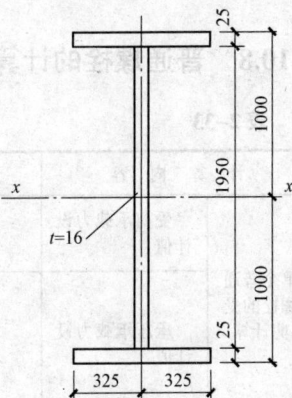

图 2–47 钢平台主梁工字形截面

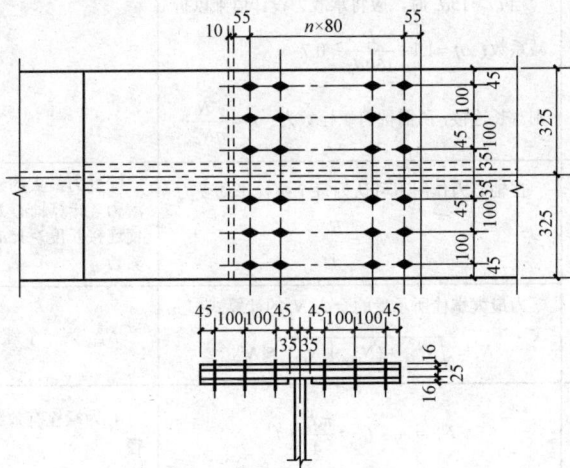

图 2–48 普通螺栓双面拼接示意图

解答过程：

上翼缘净截面 $A_n = (650 - 6 \times 25.5) \times 25 = 12\,425\,\text{mm}^2$

其承力力 $N = fA_n = 295 \times 12425 = 3665.4 \times 10^3\,\text{N} = 3665.4\,\text{kN}$

根据《钢规》GB 50017—2003 第 7.2.1 条，得

抗剪承载力设计值 $N_v^b = n_v \cdot A \cdot f_v^b = 2 \times \dfrac{\pi \times 24^2}{4} \times 190 = 171.8 \times 10^3\,\text{N} = 171.8\,\text{kN}$

抗压承载力设计值 $N_c^b = d \cdot \Sigma t \cdot f_c^b = 24 \times 25 \times 510 = 306 \times 10^3 \, \text{N} = 306 \text{kN}$

$N^b = \min\{N_v^b, \ N_c^b\} = 171.8 \text{kN}$

所需螺栓数 $n = \dfrac{N}{N^b} = \dfrac{3665.4}{171.8} = 21.3$，取 24 个。

有 4 排螺栓，连接长度为 $3 \times 80 = 240 \text{mm} < 15d_0 = 15 \times 25.5 = 382 \text{mm}$，不必考虑折减。

正确答案：C

2.10.8 普通螺栓的计算公式汇总（表 2-33）

表 2-33 普通螺栓的计算公式汇总

计算内容		计算公式	备注
单个普通螺栓的受剪计算	受剪承载力设计值	$N_v^b = n_v \dfrac{\pi d^2}{4} f_v^b$	n_v ——受剪面数目，单剪 $n_v=1$，双剪 $n_v=2$，四剪 $n_v=4$； d ——螺栓杆直径； $\sum t$ ——在不同受力方向中一个受力方向承压构件总厚度的较小值； f_v^b、f_c^b ——螺栓的抗剪和承压强度设计值
	承压承载力设计值	$N_c^b = d \sum t \cdot f_c^b$	
普通螺栓群受剪连接计算	普通螺栓群轴心受剪	当连接长度 $l_1 \leqslant 15d_0$（d_0 为螺孔直径）时，螺栓数 n 为：$n = \dfrac{N}{N_{\min}^b}$	$N_{\min}^b$ ——一个螺栓受剪承载力设计值与承压承载力设计值的较小值
		当 $l_1 > 15d_0$ 时，应将承载力设计值乘以折减系数：$\eta = 1.1 - \dfrac{l_1}{150d_0} \geqslant 0.7$ 则对长连接，所需抗剪螺栓数为：$n = \dfrac{N}{\eta N_{\min}^b}$	——
	普通螺栓群偏心受剪	在轴心力作用下可认为每个螺栓平均受力 $N_{1F} = \dfrac{F}{n}$	除受力最大的螺栓外，其余大多数螺栓均有潜力。计算轴心力 F 作用下的螺栓内力时，即使连接长度 $>15d_0$，也不用考虑长接头的折减系数 η
		力最大螺栓所承受的合力 N_1 的计算式：$N_1 = \sqrt{N_{1Tx}^2 + (N_{1Ty} + N_{1F})^2} \leqslant N_{\min}^b$	$N_{\min}^b$ 为一个螺栓的受剪承载力设计值
单个普通螺栓的受拉承载力	——	$N_t^b = A_e \cdot f_t^b = \dfrac{\pi d_e^2}{4} \cdot f_t^b$	A_e 为螺栓有效截面积；d_e 为螺纹处的有效直径
普通螺栓群受拉	栓群轴心受拉	$n = \dfrac{N}{N_t^b}$	——
	栓群承受弯矩作用	螺栓 i 的拉力为：$N_i = \dfrac{My_i}{\Sigma y_i^2}$ 设计时要求受力最大的最外排螺栓 1 的拉力不超过一个螺栓的抗拉承载力设计值： $N_1 = \dfrac{My_1}{\Sigma y_i^2} \leqslant N_t^b$	——

计 算 内 容	计 算 公 式	备 注
普通螺栓群受拉	栓群偏心受拉	小偏心受拉 $$N_{max} = \frac{N}{n} + \frac{Ney_1}{\Sigma y_i^2} \leqslant N_t^b \quad 式（1）$$ $$N_{min} = \frac{N}{n} - \frac{Ney_1}{\Sigma y_i^2} \geqslant 0 \quad 式（2）$$	式(2)为公式使用条件，由此式可得 $N_{min}=0$ 时的偏心距 $e = \frac{\Sigma y_i^2}{ny_1}$。令 $\rho = \frac{W_e}{nA_e} = \frac{\Sigma y_i^2}{ny_1}$ 为螺栓有效截面组成的核心距，则当 $e \leqslant \rho$ 时为小偏心受拉
		大偏心受拉 $$\frac{N_1}{y_1'} = \frac{N_2}{y_2'} = \cdots = \frac{N_n}{y_n'}$$ $$N'e = N_1 y_1' + \cdots + N_i y_i' + \cdots + N_n y_n'$$ $$N_i = \frac{N e' y_1'}{\Sigma y_i'^2}$$ $$N_1 = \frac{N e' y_1'}{\Sigma y_i'^2} \leqslant N_t^b$$	—
普通螺栓受剪力和拉力的联合作用	—	验算剪—拉作用：$\sqrt{\left(\dfrac{N_v}{N_v^b}\right)^2 + \left(\dfrac{N_t}{N_t^b}\right)^2} \leqslant 1$	N_v、N_t ——一个螺栓所承受的剪力和拉力设计值；N_v^b、N_t^b ——一个螺栓的螺杆抗剪和抗拉承载力设计值；N_c^b ——一个螺栓的孔壁承压载力设计值
	—	验算孔壁承压：$N_v \leqslant N_c^b$	

2.11 高强度螺栓连接

2.11.1 高强度螺栓连接的构造和计算

高强度螺栓连接的构造要求见流程图 2-64，高强度螺栓的《钢规》要求见表 2-34。

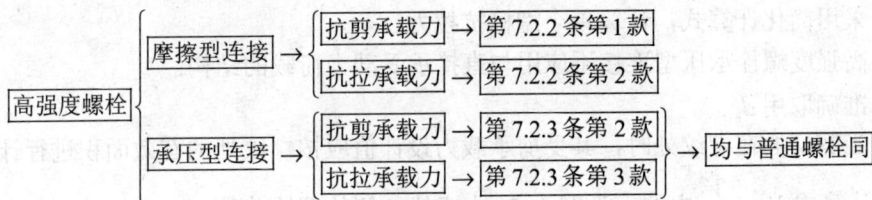

流程图 2-64 高强度螺栓连接的构造要求

表 2-34　　　　　　　　　　　　　高强度螺栓的《钢规》要求

项目	类别	孔　径
螺栓	M20、M24	$d_0 = d + 1.5\text{mm}$
	M27、M30	$d_0 = d + 2\text{mm}$
性能等级	8.8S	材料为 45 号、35 号钢，外形一般为大六角头
	10.9S	材料为 20MnTiB，外形为扭剪型；材料为 40B 等外形为大六角头

排列考虑构造要求、受力要求和施工要求，与普通螺栓相同。

2.11.2 高强度螺栓摩擦型连接——《钢规》第7.2.2条、第7.2.4条、第7.3.3条

1. 流程图

高强度螺栓摩擦型连接见流程图2–65和流程图2–66。

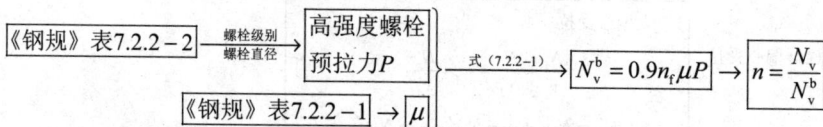

流程图2–65 高强度螺栓摩擦型连接–1（《钢规》第7.2.2条）

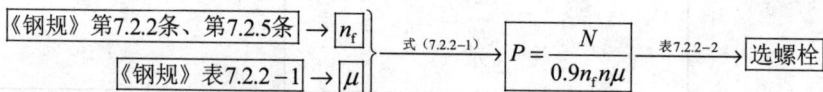

流程图2–66 高强度螺栓摩擦型连接–2（《钢规》第7.2.2条）

2. 易考点

（1）选高强螺栓；

（2）传力摩擦面数；

（3）摩擦面的取值；

（4）抗滑移系数的查取；

（5）准确判定螺栓受力状态；

（6）一个螺栓抗剪承载力的计算；

（7）一个螺栓抗拉承载力的计算；

（8）高强螺栓预拉力值的查取；

（9）准确区分高强度螺栓摩擦型和承压型；

（10）采用简化计算式，计算单个螺栓抗拉力；

（11）高强度螺栓承压型连接不应用与直接承受动力荷载的结构；

（12）准确取用 d_e；

（13）当剪切面在螺纹处时，其受剪承载力设计值应按螺纹处的有效面积进行计算；

（14）计算式 $N_v^v = \dfrac{V}{n}$ 中的 n 为图2–51中虚线一侧的螺栓总数，共计2列，每列为16个，图示中 7×120 意为7个间距，8个螺栓；

（15）考题精选 2–41 提示：弯矩设计值引起的单个螺栓水平方向最大剪力

$N_v^M = \dfrac{M_w y_{max}}{2\Sigma y_i^2} = 142.2\text{kN}$，参数的来历见图2–49；严格的来说，$N_v^M = \dfrac{M_w y_{max}}{2\Sigma(x_i^2 + y_i^2)}$，式中 M_w 为

腹板所承担的弯矩值，在计算中尚需考虑剪力引起的附加弯矩值，具体计算模式可参考《钢结构设计——方法与例题》例题2.4。

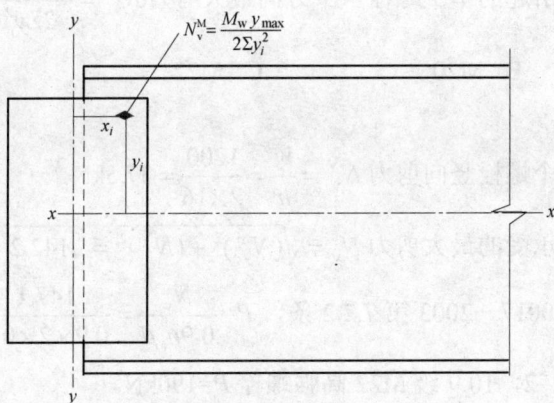

图 2-49 参数来历

3. 典型考题

2003 年一级题 25、2008 年一级题 21、2008 年一级题 22、2009 年一级题 21、2011 年一级题 18、2012 年一级题 22、2013 年一级题 27。

2003 年二级题 24、2003 年二级题 25、2003 年二级题 26、2005 年二级题 23、2006 年二级题 27、2006 年二级题 30、2008 年二级题 27、2010 年二级题 25、2013 年二级题 28、2014 年二级题 22。

考题精选 2-41：主梁腹板拼接所用高强度螺栓的型号（2008 年一级题 21）

某工业钢平台主梁，采用焊接工字形截面，如图 2-50 所示。$I_x = 41579 \times 10^6 \mathrm{mm}^4$，Q345B 制作。由于长度超长，需要工地拼接。

主梁腹板拟在工地用 10.9 级摩擦型高强度螺栓进行双面拼接，如图 2-51 所示。连接处构件接触面处理方式为喷砂后生赤锈。拼接处梁的弯矩设计值 $M_x = 6000\mathrm{kN \cdot m}$，剪力设计值 $V=1200\mathrm{kN}$。试问：主梁腹板拼接所用高强度螺栓的型号，应按下列何项采用？

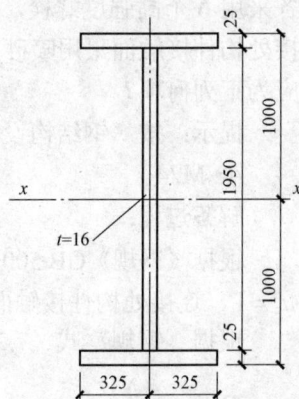

图 2-50 钢梁工字形截面

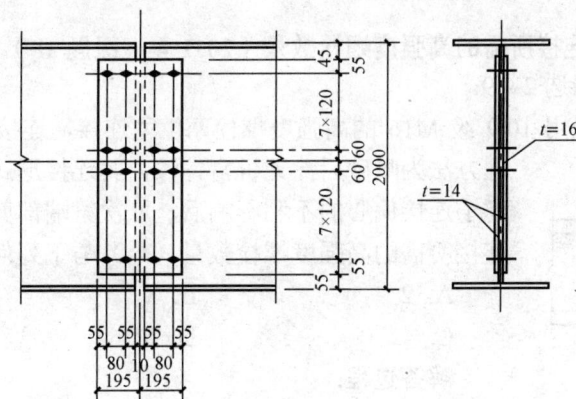

图 2-51 高强螺栓双面拼接示意图

提示：弯矩设计值引起的单个螺栓水平方向最大剪力 $N_v^M = \dfrac{M_w y_{max}}{2\Sigma y_i^2} = 142.2\text{kN}$。

A. M16   B. M20   C. M22   D. M24

解答过程：

剪力设计值引起每个螺栓竖向剪力 $N_v^v = \dfrac{V}{n} = \dfrac{1200}{2\times16} = 37.5\text{kN}$

螺栓群中一个螺栓承受的最大剪力 $N_v = \sqrt{(N_v^M)^2 + (N_v^v)^2} = \sqrt{142.2^2 + 37.5^2} = 147.1\text{kN}$

根据《钢规》GB 50017—2003 第 7.2.2 条，$P = \dfrac{N_v}{0.9n_f\mu} = \dfrac{147.1}{0.9\times2\times0.5} = 163.4\text{kN}$

查《钢规》表 7.2.2-2，10.9 级 M22 高强螺栓 $P=190\text{kN}$。

正确答案：C

考题精选 2-42：上翼缘处连接所需高强度螺栓的最小规格（2013 年一级题 27）

大题干参见考题精选 2-16。

假定悬挑次梁与主梁的焊接连接改为高强度螺栓摩擦型连接。次梁上翼缘与连接板每侧各采用 6 个高强度螺栓，其刚接节点如图 2-17 所示，高强度螺栓的性能等级为 10.9 级，连接处构件接触面采用喷砂（丸）处理。试问：次梁上翼缘处连接所需高强度螺栓的最小规格应为下列何项？

提示：按《钢结构设计规范》GB 50017—2003 作答。

A. M24   B. M22   C. M20   D. M16

解答过程：

根据《钢规》GB 50017—2003 第 7.2.2 条、第 7.2.5 条，单侧连接板连接，传力摩擦面数 $n_f = 1$，连接处构件接触面采用喷砂处理，查《钢规》表 7.2.2-1，得摩擦系数 $\mu = 0.45$。

根据《钢规》式（7.2.2-1），单个螺栓承受的拉力

$$P = \frac{N}{0.9n_f \cdot n \cdot \mu} = \frac{360\times10^3}{0.9\times1\times6\times0.45} = 148.2\times10^3\text{N} = 148.2\text{kN}$$

查《钢规》表 7.2.2-2，M20 高强螺栓预拉力 $P=155\text{kN}$。

正确答案：C

考题精选 2-43：连接所需的高强度螺栓数量（2011 年一级题 18）

大题干参见考题精选 2-19。

次梁与主梁连接采用 10.9 级 M16 的高强度螺栓摩擦型连接，连接处钢材接触表面的处理方法为喷砂后涂无机富锌漆，其连接形式如图 2-52 所示，考虑了连接偏心的不利影响后，取次梁端部剪力设计值 $V=110\text{kN}$，连接所需的高强度螺栓数量（个）与下列何项数值最为接近？

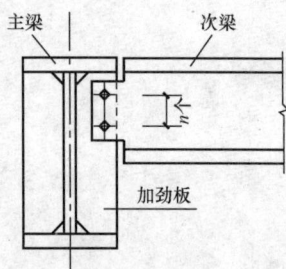

A. 2   B. 3

C. 4   D. 5

解答过程：

根据《钢规》GB 50017—2003 表 7.2.2-1，Q235 钢喷砂后涂无机富锌漆的摩擦面的抗滑移系数 $\mu = 0.35$；由《钢规》表 7.2.2-2

图 2-52　主、次梁连接示意图

主梁　次梁

加劲板

可知，10.9 级 M16 高强螺栓预拉力 $P=100\text{kN}$；

代入《钢规》式（7.2.2-1），单个螺栓受剪承载力

$$N_\text{v}^\text{b} = 0.9 n_\text{f} \mu P = 0.9 \times 1 \times 0.35 \times 100 = 31.5 \text{kN}$$

所需螺栓数 $n = \dfrac{V}{N_\text{v}^\text{b}} = \dfrac{110.2}{31.5} = 3.5$，取 4 个。

正确答案：C

2.11.3　超长折减系数——《钢规》第 7.2.4 条

1. 流程图

超长折减系数计算见流程图 2-67。

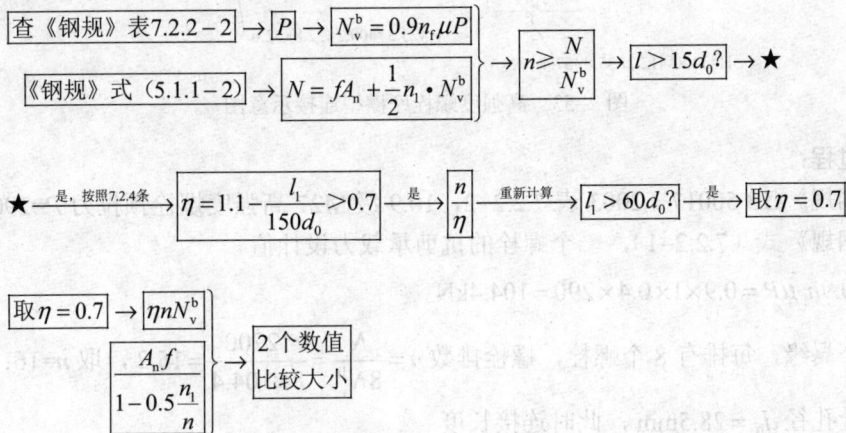

流程图 2-67　超长折减系数计算（《钢规》第 7.2.4 条）

2. 易考点

（1）高强度螺栓预拉力的查取；

（2）高强螺栓的抗剪强度设计值计算；

（3）等承载力连接的概念；

（4）连接长度较大时，折减系数的计算；

（5）一个螺栓的抗剪承载力设计值的计算；

（6）强度折减系数的计算。

3. 典型考题

2003 年一级题 27；2006 年一级题 20。

考题精选 2-44：顺内力方向每排螺栓数量（2006 年一级题 20）

某屋盖工程的大跨度主桁架结构使用 Q345B 钢材，其所有杆件均采用热轧 H 型钢。H 型钢的腹板与桁架平面垂直。桁架端节点斜杆轴心拉力设计值 $N=12700\text{kN}$。

桁架端节点采用两侧外贴节点板的高强度螺栓摩擦型连接，如图 2-53 所示。螺栓采用 10.9 级 M27 高强度螺栓，摩擦面抗滑移系数取 0.4。试问：顺内力方向每排螺栓数量（个）应与下列何项数值最为接近？

A. 26   B. 22   C. 18   D. 16

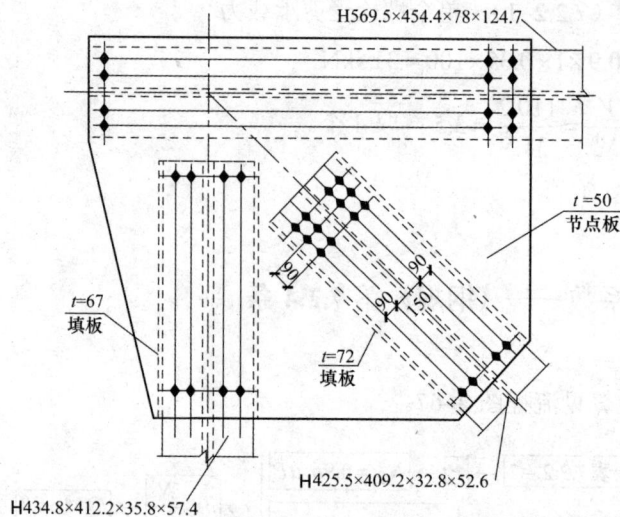

图 2–53   高强度螺栓摩擦型连接示意图

解答过程：

查《钢规》GB 50017—2003 表 7.2.2–2，10.9 级 M27 高强度螺栓预拉力 $P=290\text{kN}$。

由《钢规》式（7.2.2–1），一个螺栓的抗剪承载力设计值

$$N_v^b = 0.9n_f\mu P = 0.9\times1\times0.4\times290 = 104.4\text{kN}$$

有两个翼缘，每排有 8 个螺栓，螺栓排数 $n = \dfrac{N}{8N_v^b} = \dfrac{12700}{8\times104.4} = 15.2$，取 $n=16$；

取螺栓孔径 $d_0 = 28.5\text{mm}$，此时连接长度

$$90\times(16-1) = 1350\text{mm} > 15d_0 = 15\times28.5 = 427.5\text{mm}$$

根据《钢规》第 7.2.4 条，强度折减系数 $\eta = 1.1 - \dfrac{l_1}{150d_0} = 1.1 - \dfrac{1350}{150\times28.5} = 0.784 > 0.7$

每排螺栓数 $n = \dfrac{16}{0.784} = 20.4$，取 $n=22$。

此时连接长度 $90\times(22-1) = 1890\text{mm} > 60d_0 = 15\times28.5 = 1710\text{mm}$

根据《钢规》第 7.2.4 条，取折减系数 $\eta = 0.7$，

$0.7\times22\times8\times104.4 = 12862\text{kN} > N = 12700\text{kN}$，满足要求。

正确答案：B

2.11.4   螺栓连接偏心的调整——《钢规》第 7.2.5 条

易错点

（1）《钢规》第 7.2.5 条第 1 款，两块厚度不等钢板的螺栓对接接头，在右端较薄板一侧需设填板。因填板一侧的螺栓受力后易弯曲，工作状况较左侧为差，故该侧螺栓数目应按计算增加 10%。

（2）《钢规》第 7.2.5 条第 2 款，搭接接头或用拼接板的单面连接，由于接头易弯曲，螺栓（不包括摩擦型连接的高强度螺栓）或铆钉数目，应按计算增加 10%。

（3）《钢规》第 7.2.5 条第 3 款，角钢杆件与节总板的螺栓连接，为了缩短连接长度，拟保留所需 6 个螺栓中的 4 个，其余 2 个螺栓则利用短角钢与节点段相连，按《钢规》规定，在短角钢两肢中的一肢上，所需的螺栓数目为：$2×(1+50\%)=3$ 个，此时短角钢另一肢上的螺栓数目仍数为 2 个。

2.11.5 摩擦型连接计算

1. 受剪连接（流程图 2-68）

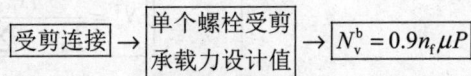

$$\boxed{\text{受剪连接}} \rightarrow \boxed{\begin{array}{c}\text{单个螺栓受剪}\\\text{承载力设计值}\end{array}} \rightarrow \boxed{N_v^b = 0.9n_f\mu P}$$

流程图 2-68　受剪连接计算

当连接一侧两端排螺栓的距离 l_0 较大时，也应该进行折减：

当 $15d_0 < l_0 \leqslant 60d_0$ 时，折减系数 $\eta = 1.1 - \dfrac{l_0}{150d_0}$；当 $l_0 > 60d_0$ 时，折减系数 $\eta = 0.7$。

2. 螺栓群计算

高强螺栓受弯矩作用见图 2-54，高强螺栓受弯拉剪共同作用，见图 2-55，螺栓群计算见流程图 2-69。

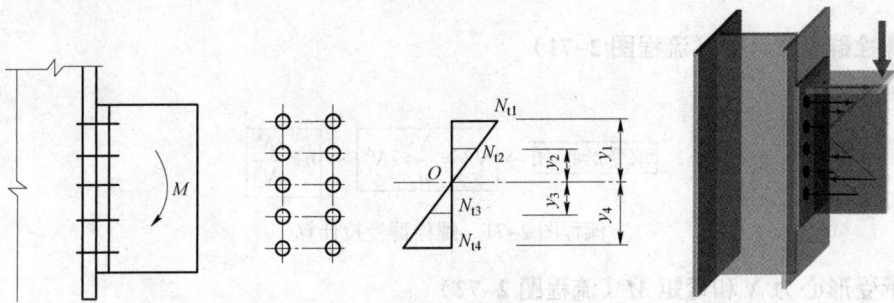

图 2-54　高强螺栓受弯矩作用

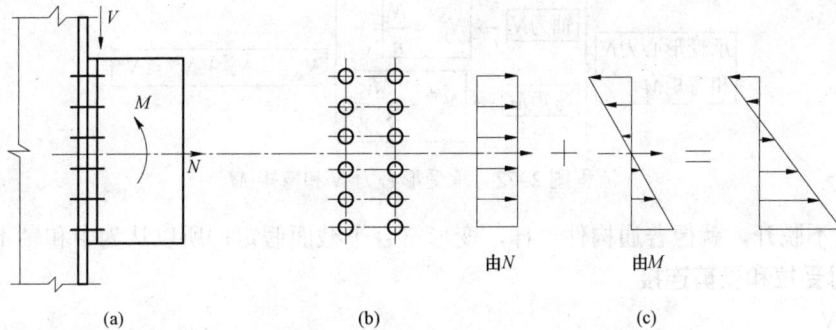

图 2-55　高强螺栓受弯拉剪共同作用

$$承受形心力N \rightarrow \boxed{N_v^N = \dfrac{N}{n} \leqslant N_v^b} \rightarrow \boxed{n \geqslant \dfrac{N}{N_v^b}}$$

螺栓群 {

承受形心力 N（横向）和 V（竖向）、扭矩 T {

轴力 $N \rightarrow \boxed{N_x^N = \dfrac{N}{n}}$

剪力 $V \rightarrow \boxed{N_y^V = \dfrac{V}{n}}$

扭矩 T {
$\boxed{N_x^T = \dfrac{Ty_1}{\sum x^2 + \sum y^2}}$

$\boxed{N_y^T = \dfrac{Tx_1}{\sum x^2 + \sum y^2}}$
}
} $\rightarrow \bigstar$

$$\bigstar \rightarrow \boxed{N_v = \sqrt{(N_x^N + N_x^T)^2 + (N_y^V + N_y^T)^2} \leqslant N_v^b}$$

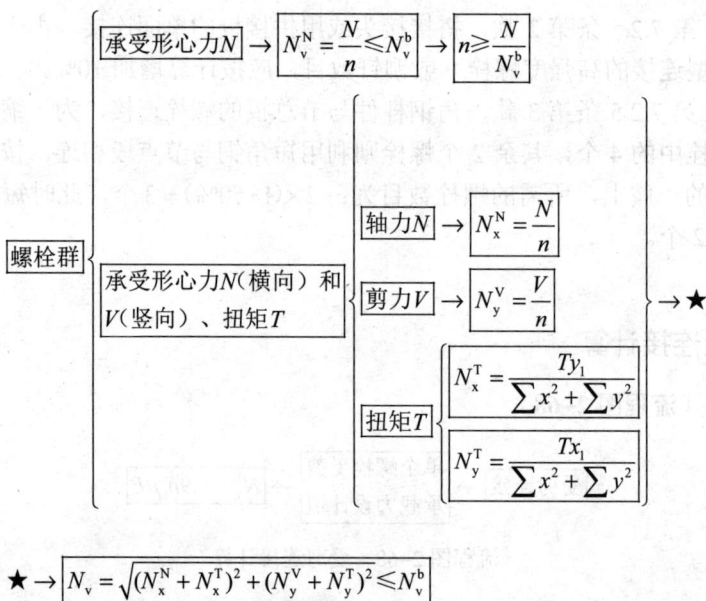

流程图 2-69　螺栓群计算

3. 受拉连接（流程图 2-70）

$$单个螺栓受拉承载力设计值 \rightarrow \boxed{N_t^b = 0.8P}$$

流程图 2-70　受拉连接

4. 螺栓群受拉计算（流程图 2-71）

$$承受形心力 \rightarrow \boxed{N_t^N = \dfrac{N}{n} \leqslant N_t^b} \rightarrow \boxed{n \geqslant \dfrac{N}{N_t^b}}$$

流程图 2-71　螺栓群受拉计算

5. 承受形心力 N 和弯矩 M（流程图 2-72）

承受形心力 N 和弯矩 M {

轴力 $N \rightarrow \boxed{N_t^N = \dfrac{N}{n}}$

弯矩 $M \rightarrow \boxed{N_t^M = \dfrac{My_1}{\sum y^2}}$

} $\boxed{N_{max} = N_t^N + N_t^M \leqslant N_t^b}$

流程图 2-72　承受形心力 N 和弯矩 M

接触面不脱开，就像普通构件一样，变形符合平截面假定，所以认为中和轴不会移动。

6. 同时受拉和受剪连接

$$\frac{N_v}{N_v^b} + \frac{N_t}{N_t^b} \leqslant 1$$

2.11.6 承压型连接

1. 受剪连接（计算与普通 C 级螺栓完全相同）

（1）破坏形式与普通螺栓相同。

（2）单个螺栓受剪承载力设计值见流程图 2-73。

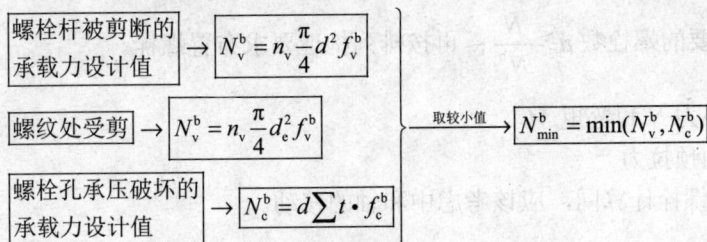

$$
\begin{array}{l}
\boxed{\begin{array}{c}\text{螺栓杆被剪断的}\\\text{承载力设计值}\end{array}} \rightarrow \boxed{N_v^b = n_v \dfrac{\pi}{4} d^2 f_v^b} \\[4mm]
\boxed{\text{螺纹处受剪}} \rightarrow \boxed{N_v^b = n_v \dfrac{\pi}{4} d_e^2 f_v^b} \quad \xrightarrow{\text{取较小值}} \boxed{N_{min}^b = \min(N_v^b, N_c^b)}\\[4mm]
\boxed{\begin{array}{c}\text{螺栓孔承压破坏的}\\\text{承载力设计值}\end{array}} \rightarrow \boxed{N_c^b = d\sum t \cdot f_c^b}
\end{array}
$$

流程图 2-73　单个螺栓受剪承载力设计值

当连接一侧两端排螺栓的距离 l_0 较大时，承载力设计值也应该进行折减：

当 $15d_0 < l_0 \leqslant 60d_0$ 时，折减系数 $\eta = 1.1 - \dfrac{l_0}{150d_0}$；当 $l_0 > 60d_0$ 时，折减系数 $\eta = 0.7$

（3）螺栓群受剪计算

1）承受形心力 $N_c^N = \dfrac{N}{n} \leqslant N_{min}^b$

一般求所需要的螺栓数 $n \geqslant \dfrac{N}{N_{min}^b}$；再按排列构造要求布置螺栓。

2）承受形心力 N 和 V、扭矩 T 见流程图 2-74。

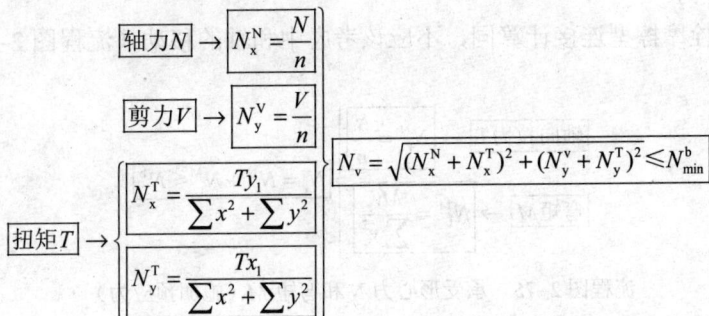

$$
\begin{array}{l}
\boxed{\text{轴力}N} \rightarrow \boxed{N_x^N = \dfrac{N}{n}} \\[3mm]
\boxed{\text{剪力}V} \rightarrow \boxed{N_y^v = \dfrac{V}{n}} \quad \boxed{N_v = \sqrt{(N_x^N + N_x^T)^2 + (N_y^v + N_y^T)^2} \leqslant N_{min}^b} \\[3mm]
\boxed{\text{扭矩}T} \rightarrow \boxed{\begin{array}{c} N_x^T = \dfrac{Ty_1}{\sum x^2 + \sum y^2} \\[3mm] N_y^T = \dfrac{Tx_1}{\sum x^2 + \sum y^2} \end{array}}
\end{array}
$$

流程图 2-74　承受形心力 N 和 V、扭矩 T

2. 受拉连接

（1）破坏形式为有螺纹的横截面被拉断。

（2）单个螺栓受拉承载力设计值 $N_t^b = \dfrac{\pi}{4} \cdot d_e^2 f_t^b = A_e f_t^b$

抗拉承载力

$$
N_t^b = A_e f_t^b = A_e \times \left(0.8 \times \frac{0.9 \times 0.9 \times 0.9}{1.2} f_u^b \right) = 0.8 \times \left(\frac{0.9 \times 0.9 \times 0.9}{1.2} A_e \times f_u^b \right) = 0.8P
$$

说明承压型连接的抗拉承载力设计在数值上与摩擦型连接是一样。

（3）螺栓群受拉计算

1）承受形心力

$$N_t^N = \frac{N}{n} \leqslant N_t^b$$

一般求所需要的螺栓数 $n \geqslant \dfrac{N}{N_t^b}$；再按排列构造要求布置螺栓。

2）承受形心力 N 和弯矩 M

① 没有施加预拉力

与普通 C 级螺栓计算同，应该考虑中和轴的移动。

$$N_t^N = \frac{N}{n}$$

$$N_t^M = \frac{My_1}{\sum y^2}$$

当 $N_{\min} = N_t^N - N_t^M \geqslant 0$ 时，说明所有螺栓均受拉，按下式计算抗拉强度 $N_t = N_t^N + N_t^M \leqslant N_t^b$

当 $N_{\min} = N_t^N - N_t^M < 0$ 时，说明端板与柱翼缘之间存在压力，而该压力端板与柱翼缘之间直接承压传递，螺栓反而松弛退出工作。常考的计算方法是假定受压一侧最外排螺栓轴线为中和轴，忽略端板与柱翼缘之间存在的压力影响，对中和轴取矩，按下式计算抗拉强度

$$N_t = \frac{(M + Ny_1)y_1'}{\sum y'^2} \leqslant N_t^b$$

② 施加预拉力

与高强度螺栓摩擦型连接计算同，不应该考虑中和轴的移动（流程图 2-75）。

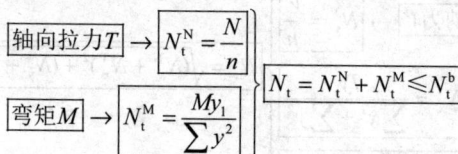

$$\boxed{轴向拉力 T} \rightarrow \boxed{N_t^N = \frac{N}{n}} \left.\begin{array}{c} \\ \\ \end{array}\right\}$$
$$\boxed{弯矩 M} \rightarrow \boxed{N_t^M = \frac{My_1}{\sum y^2}} \quad \boxed{N_t = N_t^N + N_t^M \leqslant N_t^b}$$

流程图 2-75　承受形心力 N 和弯矩 M（施加预应力）

3. 同时受拉和受剪连接

$$\sqrt{\frac{N_v}{N_v^b} + \frac{N_t}{N_t^b}} \leqslant 1$$

$$N_v \leqslant \frac{N_c^b}{1.2}$$

N_v 的计算与上述同，N_t 的计算与上述施加预拉力的相同。后一式是考虑 N_t 的存在，会使 P 减小，从而导致连接件孔壁承压强度下降。

2.11.7 高强度螺栓的计算公式汇总（表 2–35）

表 2–35　　　　　　　　　　　高强度螺栓的计算公式汇总

计　算　内　容		计　算　公　式	备　　注
单个高强度螺栓	受剪连接承载力	$N_v^b = 0.9 n_f \mu P$	n_f —— 传力摩擦面数目：单剪时；双剪时，$n_f = 2$； P —— 一个高强度螺栓的设计预拉力，按《钢规》表 3.6.1 和 3.6.2 采用； μ —— 摩擦面抗滑移系数，按表 3.6.3 和表 3.6.4 采用
	受拉承载力设计值	$N_t^b = 0.8P$	但承压型连接的高强度螺栓，N_c^b 应却按普通螺栓的公式计算（但强度设计取值不同）
	同时承受摩擦面间的剪力和螺栓杆轴方向的外拉力	$\dfrac{N_v}{N_v^b} + \dfrac{N_t}{N_t^b} \leqslant 1$	N_v、N_t —— 某个高强度螺栓所受的剪力和拉力设计值； N_v^b、N_t^b —— 一个高强度螺栓的受剪、受拉承载力设计值
	同时承受剪力和杆轴方向拉力的承压型连接高强度螺栓	$\sqrt{\left(\dfrac{N_v}{N_v^b}\right)^2 + \left(\dfrac{N_t}{N_t^b}\right)^2} \leqslant 1$ $N_v \leqslant \dfrac{N_c^b}{1.2}$	N_v、N_t —— 某个高强度螺栓所受的剪力和拉力设计值； N_v^b、N_t^b、N_c^b —— 一个高强度螺栓的受剪、受拉和承压承载力设计值
高强度螺栓群	轴心受剪	$n \geqslant \dfrac{N}{N_{min}^b}$	N_{min}^b 是相应连接类型的单个高强度螺栓受剪承载力设计值的最小值，应按相应类型由《钢规》式（3.6.4）或式（3.5.1）和式（3.5.2）计算
	轴心受拉	$n \geqslant \dfrac{N}{N_t^b}$	N_t^b —— 在杆轴方向受拉力时，一个高强度螺栓（摩擦型或承压型）的承载力设计值，根据连接类型按《钢规》式（3.6.5）或式（3.5.11）计算
	受弯矩作用	$N_1 = \dfrac{M \cdot y_1}{\Sigma y_i^2} \leqslant N_t^b$	y_1 —— 螺栓群形心轴至螺栓的最大距离； Σy_i^2 —— 形心轴上、下各螺栓至形心轴距离的平方和
	偏心受拉	$N_1 = \dfrac{N}{n} + \dfrac{N \cdot e}{\Sigma y_i^2} y_1 N_t^b$	—
	承受拉力、弯矩和剪力的共同作用	$\dfrac{N_v}{N_v^b} + \dfrac{N_t}{N_t^b} = 1$	
		$N_v = 0.9 n_f \mu (P - 1.25 N_t)$	
		在弯矩和拉力共同作用下，高强螺栓群中的拉力各不相同，即 $N_u = \dfrac{N}{n} \pm \dfrac{My_i}{\Sigma y_i^2}$	
		$\sqrt{\left(\dfrac{N_v}{N_v^b}\right)^2 + \left(\dfrac{N_t}{N_t^b}\right)^2} \leqslant 1$ $N_v \leqslant \dfrac{N_c^b}{1.2}$	1.2 为承压强度设计值降低系数。计算 N_c^b 时，应采用无外拉力状态的 f_c^b 值

2.12　角焊缝连接

2.12.1　焊接连接概览

　　焊缝的连接形式见图 2–56，局部焊透的对接焊缝截面形式见图 2–57，T 形接头的角焊缝截面形式见图 2-58。

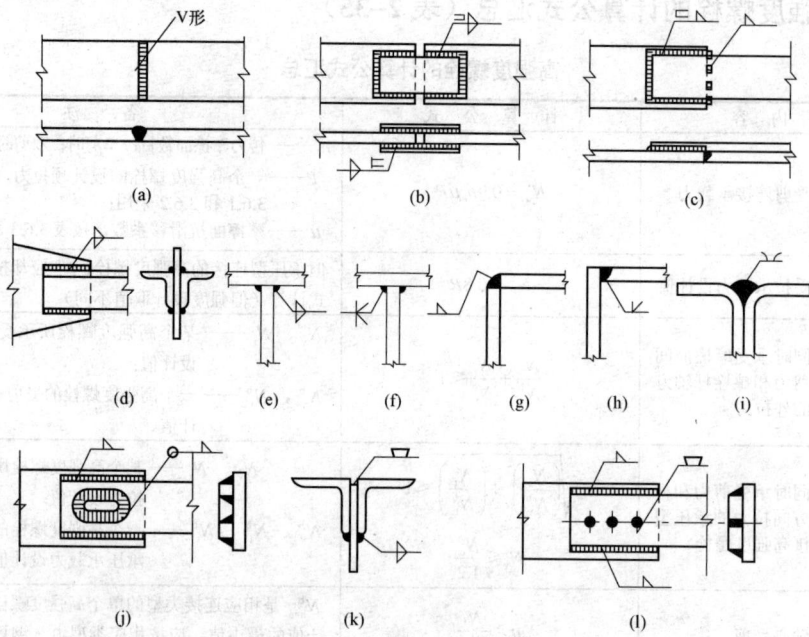

图 2-56 焊缝的连接形式

（a）、（b）、（i）平接；（c）、（d）、（j）、（k）、（l）搭接；（e）、（f）T 形连接；（g）、（h）角接连接

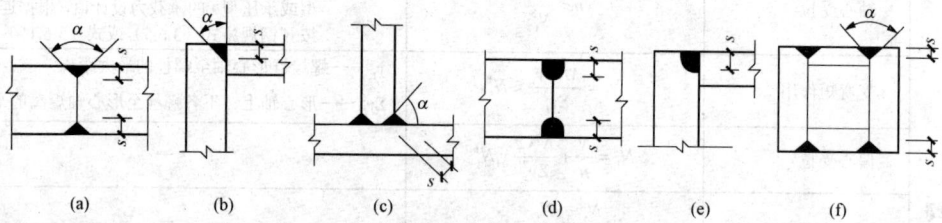

图 2-57 局部焊透的对接焊缝截面形式

（a）、（b）、（f）V 形坡口；（c）K 形坡口；（d）U 形坡口；（e）J 形坡口

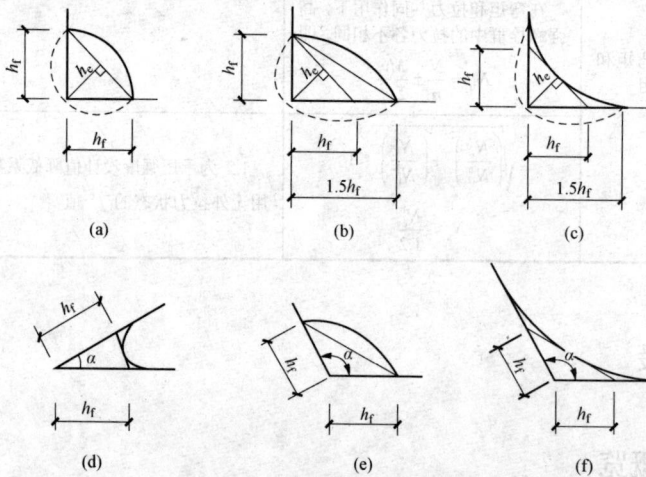

图 2-58 T 形接头的角焊缝截面形式

（a）、（b）、（c）直角角焊缝截面；（d）、（e）、（f）斜角角焊缝截面

2.12.2 引弧板

在焊缝的起灭弧处，会出现弧坑等缺陷，焊接时设置引弧板和引出板（图2-59）。对受静力荷载的结构允许不设置引弧板，焊缝计算长度等于实际长度减2t。

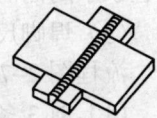

图2-59 引弧板

一般情况下，每条焊缝的两端常因焊接时起弧、灭弧的影响而较易出现弧坑、未熔透等缺陷，常称为焊口，容易引起应力集中，对受力不利。

2.12.3 判断焊缝受弯矩还是受扭矩作用

判断焊缝受弯矩还是受扭矩作用，焊缝群中任意点应力方向均垂直于该点和焊缝群形心的连线。同时这些点应力的方向又垂直于焊缝的长度方向，该连接中的角焊缝为受弯，否则为受扭。或如果力矩在焊缝群平面内，则受扭；垂直于焊缝群平面，则受弯，见图2-60。

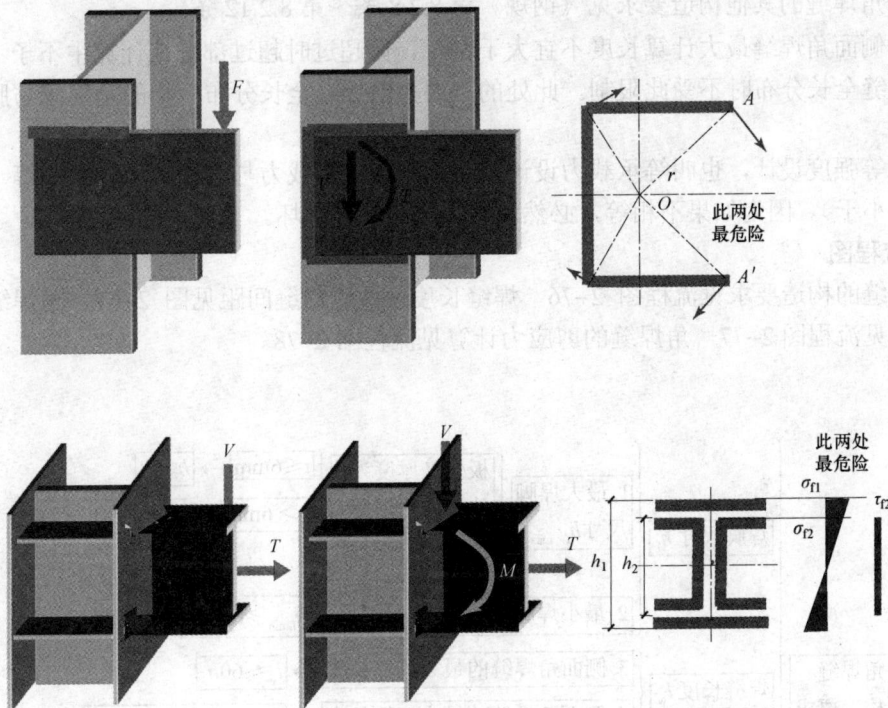

图2-60 焊缝受弯矩还是受扭矩作用

2.12.4 角焊缝的构造要求——《钢规》第8.2.6条～第8.2.13条

1. 易错点

（1）《钢规》第8.2.7条第4款，角焊缝的计算长度 $l_w \geq 8h_f$，$l_w \geq 40\text{mm}$；《钢规》第8.2.7条第5款，侧面角焊缝的计算长度 $l_w \leq 60h_f$，应注意，若内力沿侧面角焊缝全长分布时，其 l_w

不受此限。如梁翼缘和腹板采用连接角焊缝连接；支承加劲肋与梁腹板的角焊缝连接。

（2）《钢规》第8.2.10条，当板件的端部仅有两侧面角焊缝连接时，每条侧面角焊缝长度不宜小于两侧面角焊缝之间的距离，$l_w \geq b$；$b \leq 16t$（$t > 12mm$），或 $b \leq 190mm$（$t \leq 12mm$）。

（3）焊脚尺寸 h_f，《钢规》第8.2.7条第1款、第2款、第3款。

流程图 2-76 四条构造要求中，前三条与第（4）有两点不一样：

（1）前3条是构造限制，任何一条不满足的焊缝就不能作为受力焊缝，只能按不受力的构造焊缝处理，而第（4）仅是计算限制，实际焊缝可以任意长，只是计算时其长度只能取到 l_{wmax}。

（2）前3条对侧面角焊缝或正面角焊缝或者两者的混合都必须满足，而第（4）仅对侧面角焊缝限制（因正面角焊缝传递的内力沿焊缝长度基本上分布均匀，而侧面角焊缝传递的剪力沿焊缝长度分布不均匀，两头大，中间小）。

（3）角焊缝的两焊脚尺寸一般为相等。当焊件的厚度相差较大且等焊脚尺寸不能符合第1）、2）条的要求时，可采用不等焊脚尺寸，与较薄焊件接触的焊脚边应符合 h_{fmax} 的要求；与较厚焊件接触的焊脚边应 h_{fmin} 的要求。

（4）角焊缝的其他构造要求见《钢规》第8.2.8条～第8.2.12条。

（5）侧面角焊缝最大计算长度不宜大于 $60h_f$，如超过时超过部分在计算中不予考虑，但内力沿焊缝全长分布时不受此限制。此处的"内力沿焊缝全长分布"指的是翼缘与腹板之间的焊缝。

（6）等强度设计，也叫等承载力设计，是指连接的承载力与构件的承载力相等（实际上一般是不小于）。因为如果不相等，必然承载力较小的先破坏。

2. 流程图

角焊缝的构造要求见流程图 2-76，焊缝长度及两侧焊缝间距见图 2-61，角焊缝的焊脚尺寸计算见流程图 2-77，角焊缝的剪应力计算见流程图 2-78。

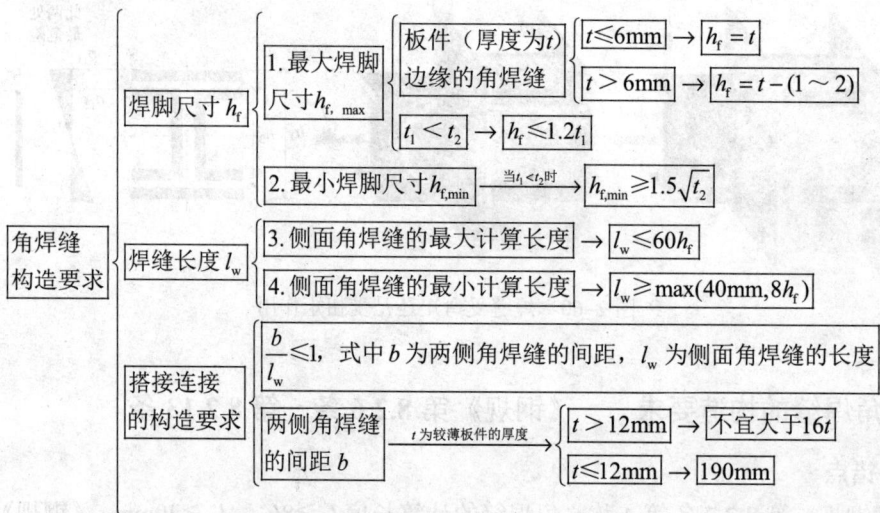

流程图 2-76　角焊缝的构造要求（《钢规》第8.2.7条）

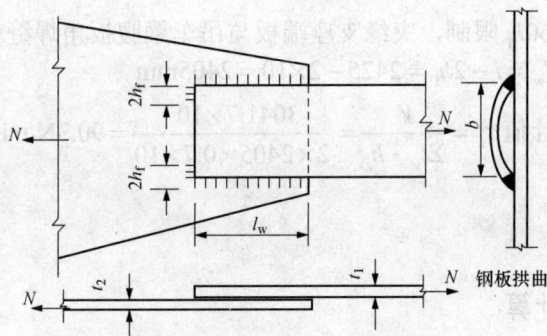

图 2-61 焊缝长度及两侧焊缝间距

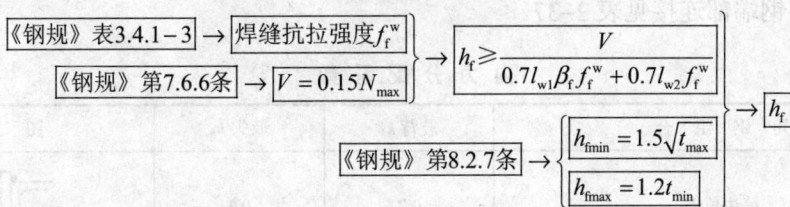

流程图 2-77 角焊缝的焊脚尺寸计算（《钢规》第 7.6.6 条、第 8.2.7 条）

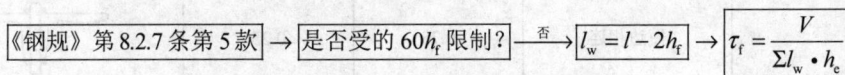

流程图 2-78 角焊缝的剪应力计算

3. 易考点

（1）焊缝抗拉强度设计值的查取；

（2）柱端部为刨平；

（3）角焊缝的计算长度；

（4）最小（大）焊脚尺寸的构造要求；

（5）侧面角焊缝的计算长度限值；

（6）是否考虑侧面角焊缝限制；

（7）角焊缝的剪应力设计值的计算；

（8）《钢规》第 8.2.7 条第 1 款中当采用低氢型碱性焊条施焊时，t 可采用较薄焊件的厚度。

4. 典型考题

2007 年一级题 27、2010 年一级题 19。

2003 年二级题 27、2012 年二级题 27。

考题精选 2-45：角焊缝的剪应力设计值（2010 年一级题 19）

大题干参见考题精选 2-2。

假定吊车梁采用突缘支座，支座端板与吊车梁腹板采用双面角焊缝连接，焊缝尺寸 h_f=10mm，支座剪力设计值 V=3041.7kN，试问：该角焊缝的剪应力设计值（N/mm²）与下列何项数值最为接近？

A. 70   B. 90   C. 110   D. 180

解答过程：根据《钢规》GB 50017—2003 第 8.2.7 条第 5 款，内力沿侧面角焊缝全长分布时，其计算长度不受 $60h_f$ 限制，突缘支座端板与吊车梁腹板角焊缝就属于此种情况。

角焊缝的计算长度 $l_w = l - 2h_f = 2425 - 2 \times 10 = 2405\text{mm}$

角焊缝的剪应力设计值 $\tau_f = \dfrac{V}{\Sigma l_w \cdot h_e} = \dfrac{3041.7 \times 10^3}{2 \times 2405 \times 0.7 \times 10} = 90.3\text{N/mm}^2$

正确答案：B

2.12.5 双角钢受力计算

肢背一侧承担 N_1 力，肢尖一侧承担 N_2，内力分配系数分别为 k_1 和 k_2，其取值见表 2-36。承受轴力的角钢端部连接见表 2-37。

表 2-36 内 力 分 配 系 数

角 钢 组 合		肢背 k_1	肢尖 k_2	图 示
等边角钢		0.7	0.3	
不等边角钢	短边相连	0.75	0.25	
	长边相连	0.65	0.35	

表 2-37 承受轴力的角钢端部连接

类型	受力简图		计 算 公 式		备注
两侧边焊		肢背 $N_1 = k_1 N$	$l_{w1} = \dfrac{N_1}{2 \times 0.7 h_{f1} f_f^w}$	$l_1 \geqslant \dfrac{N_1}{2 \times 0.7 h_f \cdot f_f^w} + 2h_f$	$N_3 = 0$
		肢尖 $N_2 = k_2 N$	$l_{w2} = \dfrac{N_2}{2 \times 0.7 h_{f2} f_f^w}$	$l_2 \geqslant \dfrac{N_2}{2 \times 0.7 h_f \cdot f_f^w} + 2h_f$	—
三面围焊		端焊缝 $N_3 = 2h_e l_{w3} \beta_f f_f^w$	$l_{w3} = b$，b 为角钢端部的宽度，单位为 mm		
		肢背 $N_1 = k_1 N - \dfrac{N_3}{2}$	$l_1 \geqslant \dfrac{N_1}{2 \times 0.7 h_f \cdot f_f^w} + h_f$		—
		肢尖 $N_2 = k_2 N - \dfrac{N_3}{2}$	$l_2 \geqslant \dfrac{N_2}{2 \times 0.7 h_f \cdot f_f^w} + h_f$		

类型	受 力 简 图	计 算 公 式			备注
L 形 围 焊		端焊缝	$N_3 = 2k_2 N$	正面角焊缝的长度 $l_{w3} = b$，b 为角钢端部的宽度，单位为 mm	$h_{f3} = \dfrac{N_3}{2 \times 0.7 l_{w3} \beta_f f_f^w}$	$N_2 = 0$
		肢背	$N_1 = N - N_3$		$l_1 \geqslant \dfrac{N_1}{2 \times 0.7 h_f f_f^w} + h_f$	

2.12.6　直角角焊缝的强度计算——《钢规》第 7.1.3 条、第 3.4.1 条、第 8.2.7 条

1. 易错点

（1）h_e——角焊缝的计算厚度，对直角角焊缝 $h_e = 0.7 h_f$，h_f 为焊脚尺寸；

（2）l_w——角焊缝的计算长度，对每条焊缝取其实际长度减去 $2h_f$。

2. 流程图

直角角焊缝截面见图 2-62，直角角焊缝的焊缝长度计算见流程图 2-79。直角角焊缝的强度计算见流程图 2-80，三面围焊直角角焊缝的焊缝长度计算见流程图 2-81，直角角焊缝角钢的焊缝长度计算见流程图 2-82。

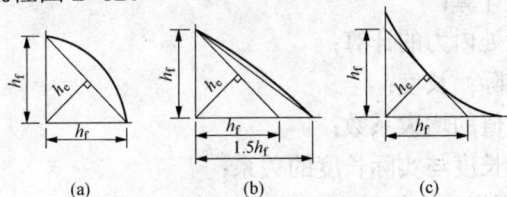

图 2-62　直角角焊缝截面

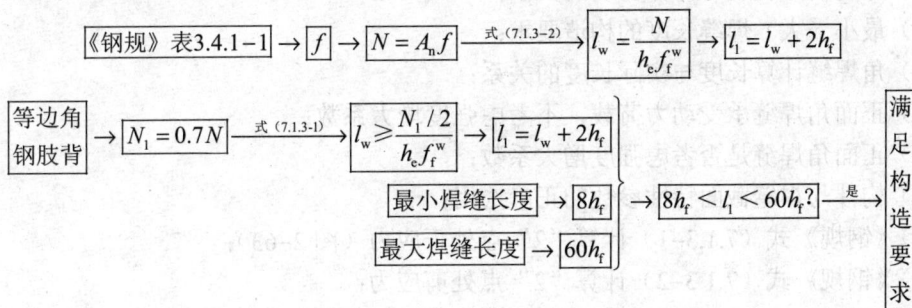

流程图 2-79　直角角焊缝的焊缝长度计算（《钢规》第 7.1.3 条）

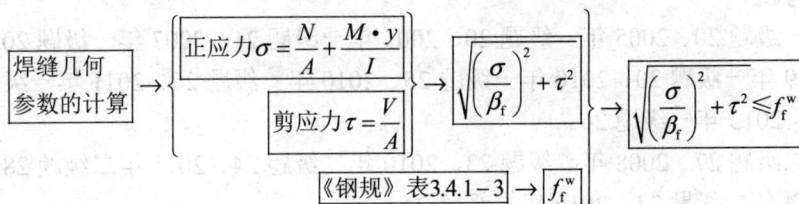

流程图 2-80　直角角焊缝的强度计算

$$\boxed{《钢规》表3.4.1-3} \rightarrow \boxed{f_f^w} \xrightarrow{\text{正面角焊缝}} \boxed{N_1 = \Sigma h_e \beta_f f_f^w l_w} \rightarrow ★$$

$$★ \xrightarrow{\text{式 (7.1.3-2)}} \boxed{l_w = \dfrac{N - N_1}{\Sigma h_e f_f^w}} \xrightarrow{\text{三面围焊}} \boxed{l_1 = l_w + h_f}$$

流程图 2-81　三面围焊直角角焊缝的焊缝长度计算

$$\boxed{\begin{array}{c}\text{等强度连接}\\\text{且截面无削弱}\end{array}} \rightarrow \boxed{N = fA_n = fA} \rightarrow \boxed{\begin{array}{c}\text{肢尖处内力}0.3N\\\text{肢背处内力}0.7N\end{array}} \rightarrow ★$$

$$★ \xrightarrow{\text{7.1.3条}} \boxed{l_w = \dfrac{0.7N}{0.7h_f f_f^w}} \xrightarrow{\text{实际长度}} \boxed{a = l_w + 2h_f}$$

流程图 2-82　直角角焊缝角钢的焊缝长度计算

3. 易考点

（1）等强度连接的概念；

（2）焊缝的受力计算；

（3）角焊缝的剪应力；

（4）侧面角焊缝长度限值；

（5）焊缝几何特性的计算；

（6）角钢肢尖、肢背处内力的计算；

（7）角焊缝计算（实际）长度；

（8）角焊缝强度设计值的增大系数；

（9）肢背焊缝的计算长度与实际长度的关系；

（10）准确计算三面围焊的角钢肢尖、肢背与端部力的大小；

（11）焊缝实际长度与计算长度的关系；

（12）最小（大）焊缝长度的构造要求；

（13）角焊缝计算长度与实际长度的关系；

（14）正面角焊缝承受动力荷载，不考虑强度增大系数；

（15）正面角焊缝是否考虑强度增大系数；

（16）构件与焊缝截面特性参数的正确选用；

（17）《钢规》式（7.1.3-1）计算"2"点处正应力（图2-63）；

（18）《钢规》式（7.1.3-2）计算"2"点处剪应力；

（19）《钢规》式（7.1.3-3）计算"2"点处综合应力。

4. 典型考题

2004年一级题20、2005年一级题20、2005年一级题21、2007年一级题20、2007年一级题29、2009年一级题20、2010年一级题25、2010年一级题26、2011年一级题25、2012年一级题23、2013年一级题26。

2004年二级题27、2008年二级题23、2010年二级题24、2011年二级题28、2012年二级题28、2014年二级题23、2016年二级题24。

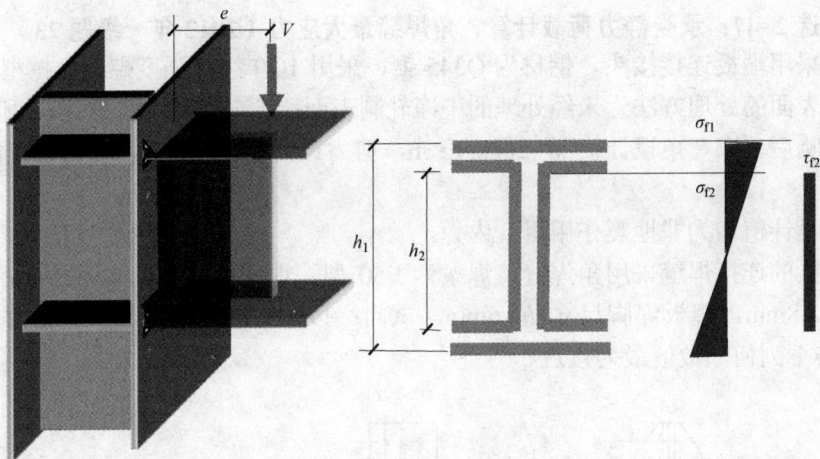

图 2-63　梁柱工字型角焊缝受力

考题精选 2-46：次梁上翼缘与连接板的连接长度（2013 年一级题 26）

大题干参见考题精选 2-16。

假定主梁与次梁的刚接节点如图 2-64 所示，次梁上翼缘与连接板采用角焊缝连接，三面围焊，焊缝长度一律满焊，焊条采用 E43 型。试问：若角焊缝的焊脚尺寸 h_f=8mm，次梁上翼缘与连接板的连接长度 L（mm）采用下列何项数值最为合理？

A. 120　　　　　B. 260　　　　　C. 340　　　　　D. 420

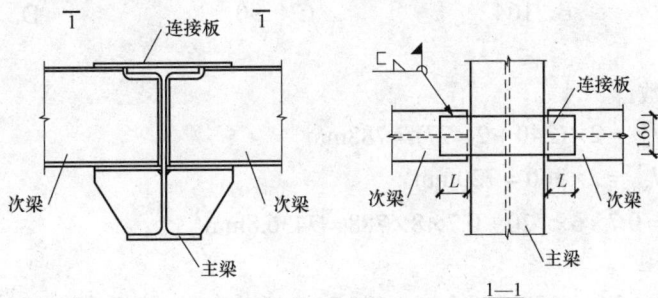

图 2-64　刚接节点详图

解答过程：

焊条采用 E43 型。根据《钢规》GB 50017—2003 表 3.4.1-3，得焊缝抗拉强度设计值 f_f^w =160N/mm²。

钢结构平台承受静力荷载，正面角焊缝要考虑强度增大系数，则正面角焊缝的承载力设计值 $N_1 = \Sigma h_e \beta_f f_f^w l_w = 0.7 \times 8 \times 1.22 \times 160 \times 160 = 174.9 \times 10^3 N = 174.9 kN$

根据《钢规》式（7.1.3-2），侧面角焊缝计算长度

$$l_w = \frac{N - N_1}{\Sigma h_e f_f^w} = \frac{360 \times 10^3 - 174.9 \times 10^3}{2 \times 0.7 \times 8 \times 160} = 103.3mm$$

三面围焊，焊缝长度一律满焊，则仅每一条侧面角焊缝需加一个焊脚尺寸即可，角焊缝的实际长度 $l_1 = l_w + h_f = 103.3 + 8 = 111.3mm$

正确答案：A

考题精选 2–47：承受静力荷载计算，角焊缝最大应力（2012 年一级题 23）

某钢梁采用端板连接接头，钢材为 Q345 钢，采用 10.9 级高强度螺栓摩擦型连接，连接处钢材接触表面的处理方法为未经处理的干净轧制表面，其连接形式如图 2–65 所示，考虑了各种不利影响后，取弯矩设计值 M=260kN·m，剪力设计值 V=65kN，轴力设计值 N=100kN（压力）。

提示：设计值均为非地震作用组合内力。

端板与梁的连接焊缝采用角焊缝，焊条为 E50 型，焊缝计算长度如图 2–66 所示，翼缘焊脚尺寸 h_f=8mm，腹板焊脚尺寸 h_f=6mm。试问：按承受静力荷载计算，角焊缝最大应力（N/mm²）与下列何项数值最为接近？

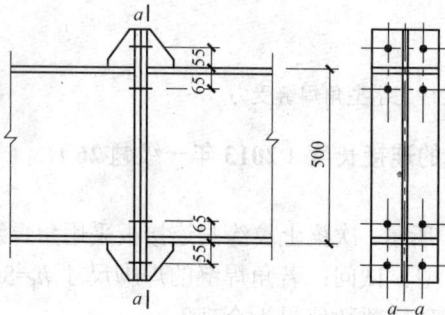

图 2–65　钢梁端板连接示意图　　　　图 2–66　焊缝计算长度示意图

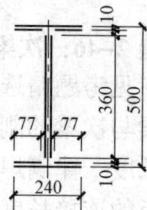

A. 156　　　　　B. 164　　　　　C. 190　　　　　D. 199

解答过程：

焊缝的几何参数：

翼缘焊缝总长 $l_{wf} = 2 \times (240 + 2 \times 77) = 788$mm

腹板焊缝总长 $l_{wb} = 2 \times 360 = 720$mm

焊缝总面积 $A = 0.7 \times 6 \times 720 + 0.7 \times 8 \times 788 = 7436.8$mm²

翼缘焊缝惯性矩

$$I_{wf} = 2 \times (0.7 \times 8 \times 240 \times 250^2 + 0.7 \times 8 \times 69 \times 2 \times 240^2 + 0.7 \times 8 \times 10 \times 2 \times 245^2)$$

$$= 2.705 \times 10^8 \text{mm}^4$$

腹板焊缝惯性矩 $I_{wb} = 2 \times \dfrac{1}{12} \times 0.7 \times 6 \times 348^3 = 0.295 \times 10^8$mm⁴

焊缝总惯性矩 $I = I_{wf} + I_{wb} = 3 \times 10^8$mm⁴

翼缘外边缘焊缝正应力 $\sigma = \dfrac{N}{A} + \dfrac{M \cdot y}{I} = \dfrac{100 \times 10^3}{7436.8} + \dfrac{260 \times 10^6 \times 250}{3.0 \times 10^8} = 230.1$N/mm²

翼缘外边缘焊缝剪应力 $\tau = \dfrac{V}{A} = \dfrac{65 \times 10^3}{7436.8} = 8.7$N/mm²

查《钢规》GB 50017—2003 表 3.4.1–3，得 $f_f^w = 200$N/mm²

静力荷载作用下，角焊缝最大应力 $\sqrt{\left(\dfrac{\sigma}{\beta_f}\right)^2 + \tau^2} = \sqrt{\left(\dfrac{230.1}{1.22}\right)^2 + 8.7^2} = 189$N/mm²

正确答案：C

考题精选 2–48：焊缝连接实际长度（2011 年一级题 25）

大题干参见考题精选 2–19。

腹杆截面采用 $\sqsubset\!\sqsupset 56\times5$，角钢与节点板采用两侧角焊缝连接，焊脚尺寸 $h_f=5$mm，连接形式如图 2–67 所示，如采用受拉等强连接，焊缝连接实际长度 a（mm）与下列何项数值最为接近？

提示：截面无削弱，肢尖、肢背内力分配比例为 3:7。

A. 140   B. 160   C. 290   D. 300

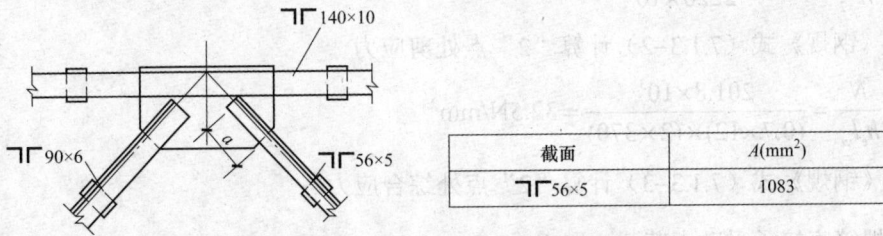

截面	$A(mm^2)$
$\sqsubset\!\sqsupset 56\times5$	1083

图 2–67　角钢与节点板连接形式示意图

解答过程：

因采用等强度连接且截面无削弱，则有 $N=fA_n=fA=215\times1083=232845$N。根据"提示"有肢尖处内力 $0.3N=0.3\times232845=69853.5$N

肢背处内力 $0.7N=0.7\times232845=162991.5$N

根据《钢规》GB 50017—2003 第 7.1.3 条，

肢背焊缝的计算长度 $l_w=\dfrac{0.7N}{2\times0.7h_f f_f^w}=\dfrac{162991.5}{2\times0.7\times5\times160}=145$mm

肢背焊缝的实际长度 $a=l_w+2h_f=145+2\times5=155$mm

$8h_f=40$mm $<a<60h_f=300$mm，符合《钢规》第 8.2.7 条的要求。

正确答案：B

考题精选 2–49：某点处的角焊缝应力设计值（2011 年二级题 28）

某车间吊车梁端部车挡采用焊接工字形截面，钢材采用 Q235B 钢，车挡截面特性如图 2–68 所示。作用于车挡上的吊车水平冲击力设计值为 $H=201.8$kN，作用点距车挡底部的高度为 1.37m。

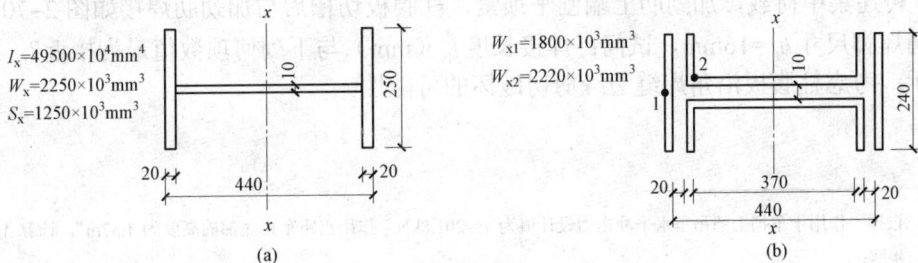

图 2–68　车挡截面特性

车挡翼缘及腹板与吊车梁之间采用双面角焊缝连接，手工焊接，使用 E43 型焊条。已知焊脚尺寸 $h_f = 12mm$，焊缝截面计算长度及有效截面特性如图 2–68（b）图所示。试问："2"点处的角焊缝应力设计值（N/mm²）应与下列何项数值最为接近？

A. 30 B. 90 C. 130 D. 160

解答过程：

根据《钢规》GB 50017—2003 第 7.1.3 条，进行直角角焊缝的强度计算。

根据《钢规》式（7.1.3–1）计算"2"点处正应力

$$\sigma_{f2} = \frac{M_x}{W_{x2}} = \frac{201.8 \times 10^3 \times 1.37 \times 10^3}{2220 \times 10^3} = 124.5 \text{N/mm}^2$$

根据《钢规》式（7.1.3–2）计算"2"点处剪应力

$$\tau_{f2} = \frac{N}{h_e l_w} = \frac{201.8 \times 10^3}{(0.7 \times 12) \times (2 \times 370)} = 32.5 \text{N/mm}^2$$

根据《钢规》式（7.1.3–3）计算"2"点处综合应力

由于焊缝直接承受动力荷载，取 $\beta_f = 1.0$

$$\sqrt{\left(\frac{\sigma_{f2}}{\beta_f}\right)^2 + \tau_{f2}^2} = \sqrt{124.5^2 + 32.5^2} = 128.7 \text{N/mm}^2$$

正确答案❶：C

2.12.7 柱顶焊缝设计

1. 易考点

（1）受力分析（图 2–69）；

（2）焊缝抗剪强度设计值的查取；

（3）计算焊缝长度与实际焊缝长度的关系。

2. 典型考题

2004 年一级题 27。

考题精选 2–50：焊接长度（2004 年一级题 27）

有一用 Q235 制作的钢柱，作用在柱顶的集中荷载设计值 $F = 2500kN$，拟采用支承加劲肋 -400×30 传递集中荷载，加劲肋上端刨平顶紧，柱腹板切槽后与加劲肋焊接如图 2–70 所示，取角焊缝焊脚尺寸 $h_f = 16mm$，试问：焊接长度 l_1（mm）与下列何项数值最为接近？

提示：考虑柱腹板沿角焊缝边缘剪切破坏的可能性。

---

❶ （1）根据"作用于车挡上的吊车水平冲击力设计值为 $H = 201.8kN$，作用点距车挡底部的高度为 1.37m"，计算 M_x 是关键步骤；

（2）判断焊缝直接承受动力荷载，是最终正确解答的关键，关系到 β_f 的取值；

（3）《钢规》式（7.1.3–1）计算"2"点处正应力的关键是正确取用 W_{x2}。

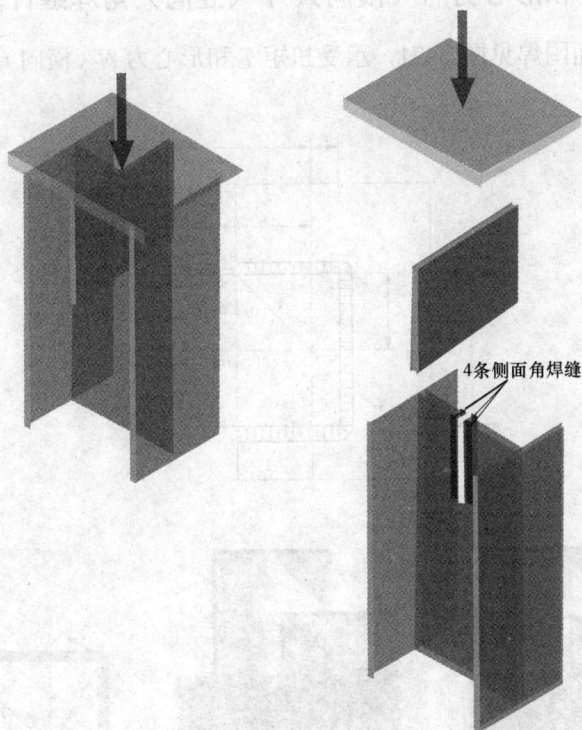

图 2-69 受力分析

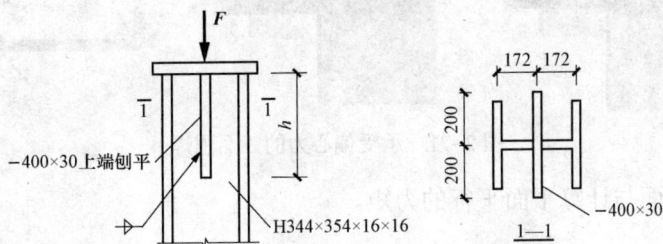

图 2-70 柱腹板与加劲肋焊接示意图

A. 400　　　　　B. 500　　　　　C. 600　　　　　D. 700

解答过程：

集中力 F 首先由支承加劲肋传给侧面角焊缝，

角焊缝计算长度 $l_w = \dfrac{F}{4 \times 0.7 h_f f_f^w} = \dfrac{2500 \times 10^3}{4 \times 0.7 \times 16 \times 160} = 349\text{mm}$

角焊缝实际长度 $l_{11} = l_w + 2h_f = 349 + 2 \times 16 = 381\text{mm}$

角焊缝再将力传给柱腹板，由两个剪切面承担，所需长度

$$l_{12} \geqslant \dfrac{F}{2t_w f_v} = \dfrac{2500 \times 10^3}{2 \times 16 \times 125} = 625\text{mm}$$

焊缝长度 $l_1 = \max(l_{11}, l_{12}) = \max(381, 625) = 625\text{mm}$

正确答案：D

2.12.8 承受扭矩 T 和形心力 N（横向）、V（竖向）角焊缝计算

承受偏心力的三面围焊见图 2-71，承受扭矩 T 和形心力 N（横向）、V（竖向）角焊缝计算见流程图 2-83。

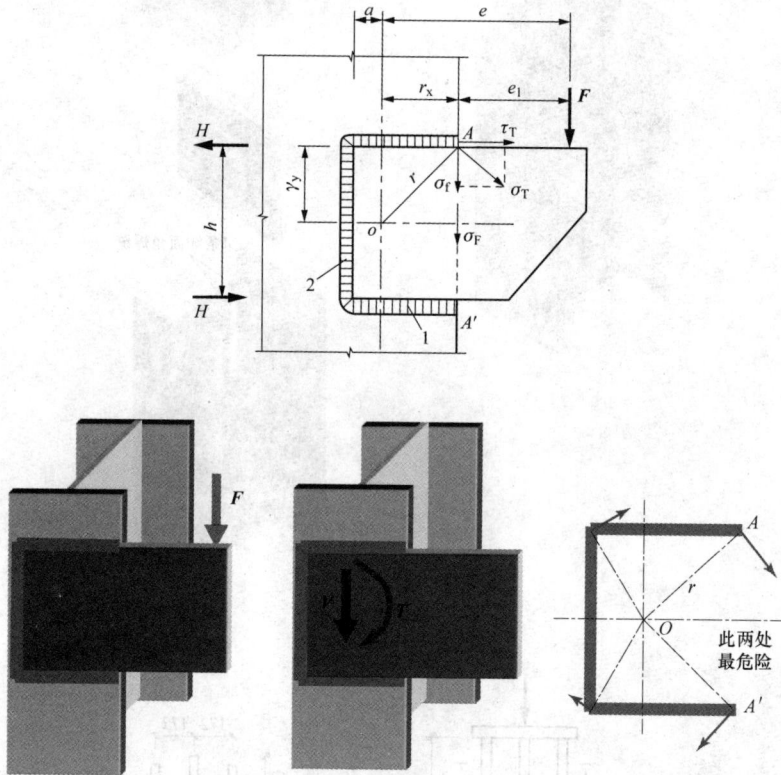

图 2-71　承受偏心力的三面围焊

扭矩是指其平面与计算平面平行的力矩。

$$\boxed{\text{扭矩产生的正应力}} \rightarrow \boxed{\sigma_f^T = \frac{Tr}{I_p} \cdot \frac{x}{r} = \frac{Tx}{I_p} = \frac{Tx}{I_x + I_y}}$$

$$\boxed{\text{剪力产生的正应力}} \rightarrow \boxed{\sigma_f^v = \frac{V}{h_e \sum l_w}}$$

$$\boxed{\text{扭矩产生的剪应力}} \rightarrow \boxed{\tau_f^T = \frac{Tr}{I_p} \cdot \frac{y}{r} = \frac{Ty}{I_p} = \frac{Ty}{I_x + I_y}}$$

$$\boxed{\text{轴力产生的剪应力}} \rightarrow \boxed{\tau_f^N = \frac{N}{h_e \sum l_w}}$$

$$\bigstar \rightarrow \boxed{\sqrt{\left(\frac{\sigma_f}{\beta_f}\right)^2 + \tau_f^2} = \sqrt{\left(\frac{\sigma_f^v + \sigma_f^T}{\beta_f}\right)^2 + (\tau_f^N + \tau_f^T)^2} \leqslant f_f^w}$$

流程图 2-83　承受扭矩 T 和形心力 N（横向）、V（竖向）角焊缝计算

2.12.9 承受弯矩 M 和形心力 N（横向）、V（竖向）角焊缝计算

承受偏心斜拉力的角焊缝见图 2-72，承受弯矩 M 和形心力 N（横向）、V（竖向）角焊缝见流程图 2-84。

弯矩是指其平面与计算平面垂直的力矩。

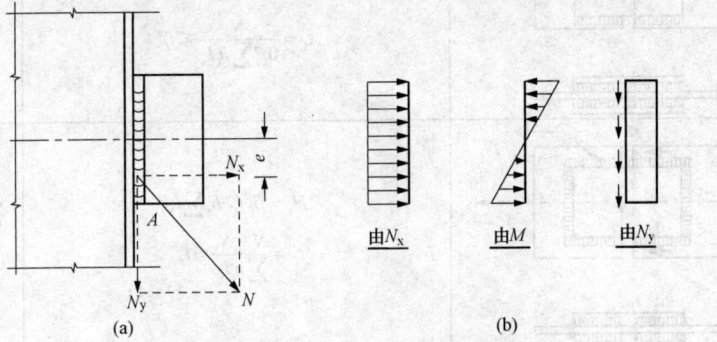

图 2-72　承受偏心斜拉力的角焊缝

弯矩产生的正应力 → $\sigma_f^M = \dfrac{My}{I_w} = \dfrac{M}{W_w} = \dfrac{M}{2 \times \frac{1}{6} 0.7 h_f l_w^2}$

轴力 N_x 产生的正应力 → $\sigma_f^N = \dfrac{N_x}{h_e \sum l_w}$

剪力 N_y 产生的剪应力 → $\tau_f^V = \dfrac{N_y}{h_e \sum l_w}$

★ → $\sqrt{\left(\dfrac{\sigma_f}{\beta_f}\right)^2 + \tau_f^2} = \sqrt{\left(\dfrac{\sigma_f^M + \sigma_f^N}{\beta_f}\right)^2 + \tau_f^{V2}} \leqslant f_f^w$

流程图 2-84　承受弯矩 M 和形心力 N（横向）、V（竖向）角焊缝

2.12.10　角焊缝的基本计算公式汇总（表 2-38）

表 2-38　　　　　　　　　　　　角焊缝的基本计算公式汇总

计算内容	计算简图	计算公式	备注
正面角焊缝		$\sigma_f = \dfrac{N}{h_e l_w} \leqslant \beta_f f_f^w$ $\sigma_f = \dfrac{N}{0.7 \sum h_f l_w} \leqslant \beta_f f_f^w$	$\tau_f = 0$

计算内容	计算简图	计算公式	备注
侧面角焊缝		$\tau_f = \dfrac{N}{h_e l_w} \leqslant f_f^w$ $\tau_f = \dfrac{N}{0.7 \sum h_e l_w} \leqslant f_f^w$	$\sigma_f = 0$
角焊缝		$N_1 = \beta_f f_f^w h_e \sum l_w$ $\tau_f = \dfrac{N - N_1}{\sum h_e l_w} \leqslant f_f^w$	$\sum l_w$ ——连接一侧的侧面角焊缝计算长度的总和
弯剪组合受力	 焊缝截面	1 点处应力 $\quad \sigma_{M1} = \dfrac{M}{W_{W1}} \leqslant \beta_f f_f^w$ 2 点处应力 $\quad \sqrt{\left(\dfrac{\sigma_{M2}}{\beta_f W_{W2}}\right)^2 + \left(\dfrac{V}{A_{WW}}\right)^2} \leqslant f_f^w$	承受静力荷载时，取 $\beta_f = 1.22$
	 焊缝截面	1 点处应力 $\quad \sigma_{M1} = \dfrac{Fe}{W_{W1}} \leqslant \beta_f f_f^w$ 2 点处应力 $\quad \sqrt{\left(\dfrac{Fe}{\beta_f W_{W2}}\right)^2 + \left(\dfrac{F}{A_{WW}}\right)^2} \leqslant f_f^w$ 3 点处应力 $\quad \sqrt{\left(\dfrac{Fe}{\beta_f W_{W3}}\right)^2 + \left(\dfrac{F}{A_{WW}}\right)^2} \leqslant f_f^w$	
扭矩作用时角焊缝连接的计算	 焊缝截面	1 点处应力 此处应力最大 $\sqrt{\left(\dfrac{Fex}{\beta_f I_{wp}} + \dfrac{F}{\beta_f h_e \sum l_w}\right)^2 + \left(\dfrac{Fey}{I_{wp}}\right)^2} \leqslant f_f^w$	用盖板的对接连接计算正面角焊缝承担的内力

计算内容	计算简图	计算公式	备注
承受斜向轴心力的角焊缝		（1）分力法 将 N 分解为垂直于焊缝长度的分力 $N_x = N \cdot \sin\theta$，和沿焊缝长度的分力 $N_y = N \cdot \cos\theta$，则 $$\sigma_f = \frac{N \cdot \sin\theta}{\sum h_e l_w}, \tau_f = \frac{N \cdot \cos\theta}{\sum h_e l_w}$$ 有 $\sqrt{\left(\dfrac{\sigma_f}{\beta_f}\right)^2 + \tau_f^2} \leqslant f_f^w$ （2）合力法 不将 N 力分解，按下列方法导出的计算式直接进行计算 $$\sqrt{\left(\frac{N \cdot \sin\theta}{\beta_f \sum h_e l_w}\right)^2 + \left(\frac{N \cdot \cos\theta}{\sum h_e l_w}\right)^2} \leqslant f_f^w$$ $$\frac{N}{\sum h_e l_w}\sqrt{\frac{\sin^2\theta}{1.5} + \cos^2\theta} = \frac{N}{\sum h_e l_w}\sqrt{1 - \frac{\sin^2\theta}{3}} \leqslant f_f^w$$ 令 $\beta_{f\theta} = \dfrac{1}{\sqrt{1 - \dfrac{\sin^2\theta}{3}}}$，则斜焊缝的计算式为 $$\frac{N}{\beta_{f\theta}\sum h_e l_w} \leqslant f_f^w$$	式中 θ——作用力（或焊缝应力）与焊缝长度方向的夹角； $\beta_{f\theta}$——斜焊缝强度增大系数（或有效截面增大系数），其值介于 1.0～1.22 之间

2.13 对接焊缝连接

2.13.1 对接焊缝构造

对于符合一、二级质量标准的对接焊缝，因为焊缝与构件强度相等，即只要构件强度经计算能满足设计要求，则焊缝强度同样也能满足，因此不必另行计算。所需计算的只是三级焊缝。

考虑到焊接过程中起弧落弧的缺陷，焊缝的计算长度应每端扣除 t。

《钢规》第 8.2.4 条：不等宽和不等厚的对接，采用不大于 1:2.5（承受动力荷载并需要计算疲劳的构件 1:4）的坡度过渡（图 2-73），但厚度差不大于 4mm 时可采用焊缝找坡。

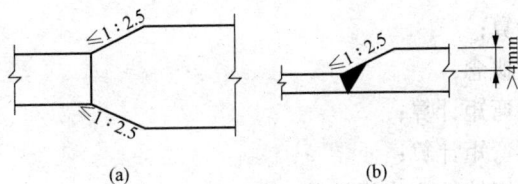

图 2-73 不同宽度或厚度钢板的拼接

（a）不同宽度；（b）不同厚度

焊接材料的选用原则，焊缝金属的强度不低于母材的强度（表 2–39）。

表 2–39 <center>焊 接 材 料 选 用</center>

焊接方式	钢 种		焊条类型
手工焊	Q235		E43×× 系列型焊条
	Q345		E50×× 系列型焊条
	Q390、Q420		E55×× 系列型焊条
自动焊	Q235	A、B、C 级	F4A0–H08A
		D 级	F4A2–H08A
	Q345		F50×4、F50×1–H08A、H08MnA、H10Mn2
	Q390		F50×1–H08MnA、H10Mn2、H08MnMoA
	Q420		F60×1–H10Mn2、H08MnMoA

2.13.2 对接焊缝或对接与角焊缝组合焊缝的计算——《钢规》第 7.1.2 条、第 7.1.3 条

1. 流程图

对接焊缝或对接与角焊缝组合焊缝的计算见流程图 2–85。

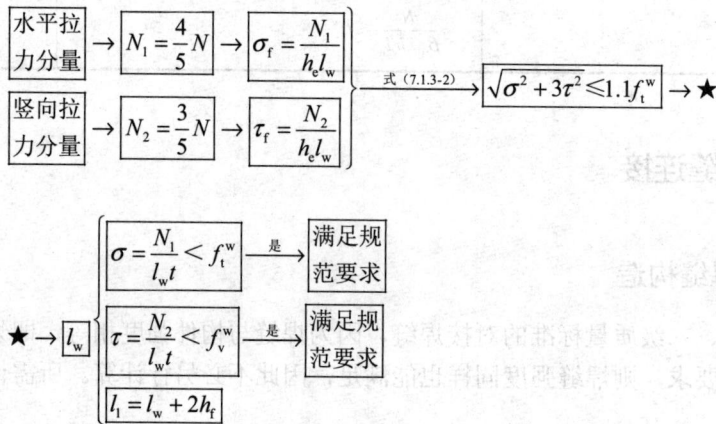

流程图 2–85 对接焊缝或对接与角焊缝组合焊缝的计算（《钢规》第 7.1.2 条、第 7.1.3 条）

2. 易考点

（1）内力计算；

（2）折算应力设计值；

（3）正（剪）应力计算；

（4）全截面设计法的概念；

（5）梁翼缘所承担的弯矩计算；

（6）梁腹板所承担的弯矩计算；

（7）全熔透坡口对接焊缝的应力设计值；

（8）焊缝计算长度（实际长度）。

3. 典型考题

2009 年一级题 24；2009 年一级题 25；2010 年一级题 27。

2.13.3 对接焊缝的强度计算——《钢规》第 7.1.2 条、第 8.2.1 条～第 8.2.5 条

1. 易错点

（1）《钢规》8.2.2 条注；

（2）《钢规》8.2.4 条注。

2. 流程图

对接焊缝的强度计算见流程图 2-86。

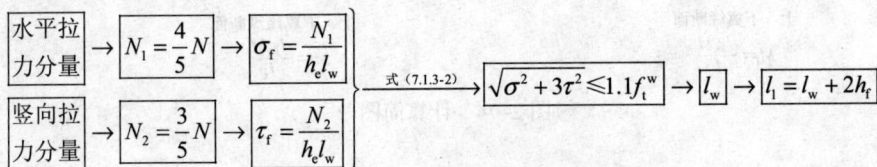

流程图 2-86　对接焊缝的强度计算

对接焊缝的构造要求见流程图 2-87。

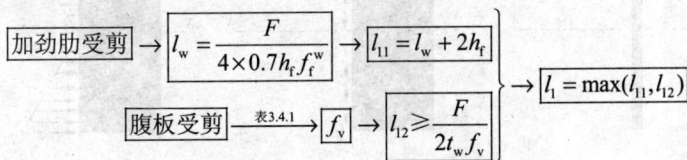

流程图 2-87　对接焊缝的构造要求

3. 易考点

（1）内力计算；

（2）正（剪）应力计算；

（3）焊缝计算长度（实际长度）；

（4）焊缝抗剪强度设计值的查取；

（5）计算焊缝长度与实际焊缝长度的关系；

（6）全截面设计法的概念；

（7）梁翼缘所承担的弯矩计算；

（8）梁腹板所承担的弯矩计算；

（9）全熔透坡口对接焊缝的应力设计值；

（10）梁腹板和翼缘的截面惯性矩的计算；

（11）改用高强度螺栓设计节点；

（12）考题精选 2-51：$HN500 \times 200 \times 10 \times 16(r = 20)$ 意为腹板与翼缘相接处两侧圆弧半径 $r=20$mm，避免焊接时，在相接处产生过大的焊接残余应力；

（13）考题精选 2-51 中"梁柱节点采用全截面设计法，即弯矩由翼缘和腹板共同承担，

剪力由腹板承担"，是本题解答的一个重要信息；解答中根据题目的说明，把弯矩按照刚度分配给腹板和翼缘，计算参见图 2-74、图 2-75。

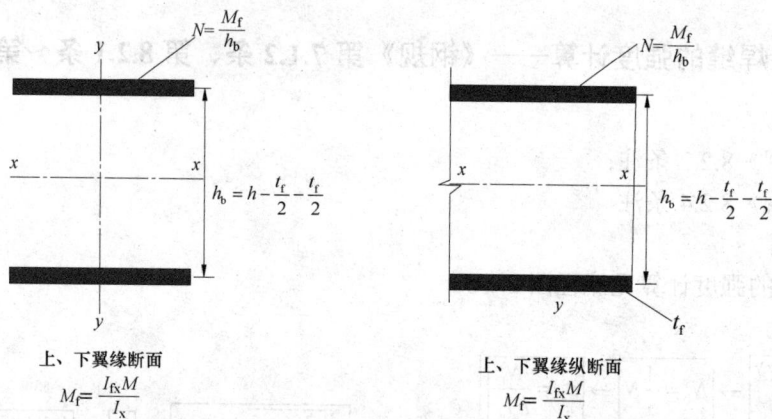

上、下翼缘断面
$$M_f=\frac{I_{fx}M}{I_x}$$

上、下翼缘纵断面
$$M_f=\frac{I_{fx}M}{I_x}$$

图 2-74　计算简图一

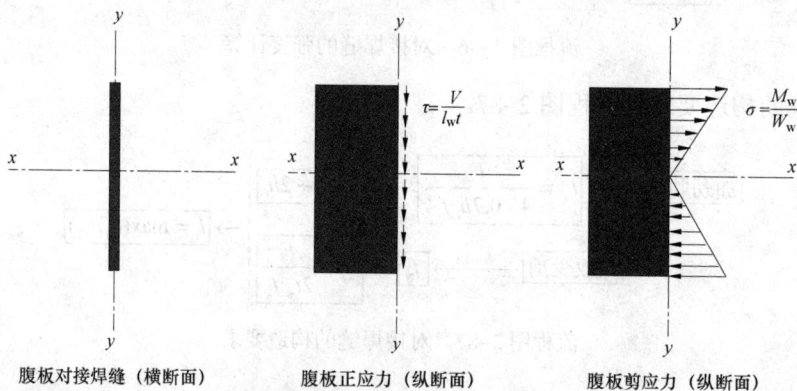

腹板对接焊缝（横断面）　　腹板正应力（纵断面）　　腹板剪应力（纵断面）

图 2-75　计算简图二

4. 典型考题

2004 年一级题 25、2004 年一级题 27、2009 年一级题 24、2009 年一级题 25、2010 年一级题 27。

考题精选 2-51：梁翼缘与柱之间全熔透坡口对接焊缝的应力设计值（2009 年一级题 24）

非抗震的某梁柱节点，如图 2-76 所示。梁柱均选用热轧 H 型钢截面，梁采用 HN500×200×10×16(r = 20)，柱采用 HM390×300×10×16(r = 24)，梁、柱钢材均采用 Q345B。主梁上、下翼缘与柱翼缘为全熔透坡口对接焊缝，采用引弧板和引出板施焊；梁腹板与柱为工地熔透焊，单侧安装连接板（兼作腹板焊接衬板），并采用 4×M16 工地安装螺栓。

梁柱节点采用全截面设计法，即弯矩由翼缘和腹板共同承担，剪力腹板承担。试问：梁翼缘与柱之间全熔透坡口对接焊缝的应力设计值（N/mm²）；应与下列何项数值最为接近？

提示：梁腹板和翼缘的截面惯性矩分别为 $I_{wx} = 8541.9×10^4\,mm^4$，$I_{fx} = 37480.96×10^4\,mm^4$。

A. 300.2　　　　　　B. 280.0　　　　　　C. 246.5　　　　　　D. 157.1

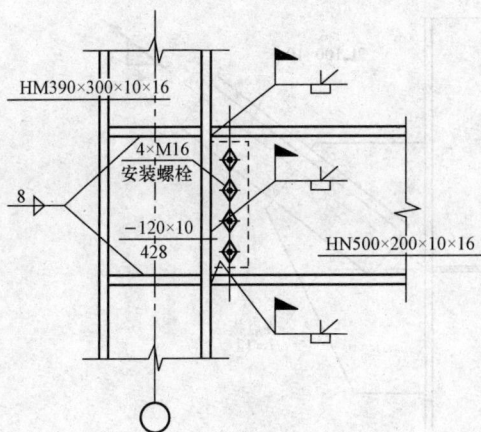

图 2-76 梁柱节点示意图

解答过程：

采用全截面设计法，梁腹板除承受剪力外还与梁翼缘共同承担弯矩，翼缘和腹板承担弯矩的比例根据两者的刚度比确定。

梁翼缘所承担的弯矩 $M_f = \dfrac{I_{fx}M}{I_x} = \dfrac{37480.96 \times 10^4}{46022.9 \times 10^4} \times 298.7 = 243.3 \text{kN} \cdot \text{m}$

梁腹板所承担的弯矩 $M_w = \dfrac{I_{wx}M}{I_x} = \dfrac{8541.9 \times 10^4}{46022.9 \times 10^4} \times 298.7 = 55.4 \text{kN} \cdot \text{m}$

根据《钢规》GB 50017—2003 第 7.1.2 条，梁翼缘与柱之间全熔透坡口对接焊缝的应力设计值

$$\sigma = \frac{N}{l_w t} = \frac{\dfrac{M_f}{h_b}}{l_w t} = \frac{\dfrac{243.3 \times 10^6}{500 - 16}}{200 \times 16} = 157.1 \text{N/mm}^2$$

正确答案：D

考题精选 2-52：焊缝连接长度（2010 年一级题 27）

某钢平台承受静荷载，支撑与柱的连接节点如图 2-77 所示，支撑杆的斜向拉力设计值 $N = 650 \text{kN}$，采用 Q235-B 钢制作，E43 型焊条。

假设节点板与钢柱采用 V 形坡口焊缝，焊缝质量等级为二级，试问：焊缝连接长度（mm）与下列何项数值最为接近？

A. 330   B. 370   C. 410   D. 460

解答过程：

将拉力分解：水平方向拉力分量 $N_1 = \dfrac{4}{5}N = \dfrac{4}{5} \times 650 = 520 \text{kN}$

竖向方向拉力分量 $N_2 = \dfrac{3}{5}N = \dfrac{3}{5} \times 650 = 390 \text{kN}$

根据《钢规》GB 50017—2003 第 7.1.2 条，

正应力 $\sigma = \dfrac{N_1}{l_w t} = \dfrac{520 \times 10^3}{l_w \times 12}$，剪应力 $\tau = \dfrac{N_2}{l_w t} = \dfrac{390 \times 10^3}{l_w \times 12}$

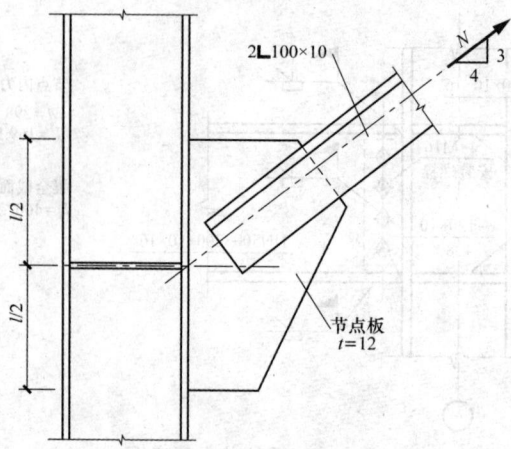

图 2-77　支撑与柱的连接节点示意图

根据《钢规》式（7.1.2-2），$\sqrt{\sigma^2 + 3\tau^2} \leqslant 1.1 f_t^w$

焊缝长度 $l_w \geqslant \sqrt{\left(\dfrac{520 \times 10^3}{12 \times 1.1 \times 215}\right)^2 + 3 \times \left(\dfrac{390 \times 10^3}{12 \times 1.1 \times 215}\right)^2} = 300\text{mm}$

实际焊缝连接长度 $l_1 = l_w + 2t = 300 + 2 \times 12 = 324\text{mm}$

正确答案：A

2.13.4　梁连接计算——《钢规》第 7.3.1 条、第 7.3.2 条、第 8.2.7 条

1. 易错点

（1）S_f 和 I 分别为所计算翼缘毛截面对梁中和轴的面积矩和梁的毛截面惯性矩。

（2）当梁上翼缘受有固定集中荷载时，并在该处设置顶紧上翼缘的支承加劲肋，可取 $F=0$。

（3）当腹板与翼缘的连接焊缝采用焊透的 T 形对接与角接组合焊缝时，其强度可不计算。

（4）《钢规》第 7.3.1 条中的侧面角焊缝计算长度，因梁的内力沿侧面角焊缝全长分布，故角焊缝计算长度不受限制，见《钢规》第 8.2.7 条第 5 款规定。

2. 流程图

梁连接计算见流程图 2-88。组合工字钢翼缘与腹板的双面角焊缝连接见流程图 2-89。

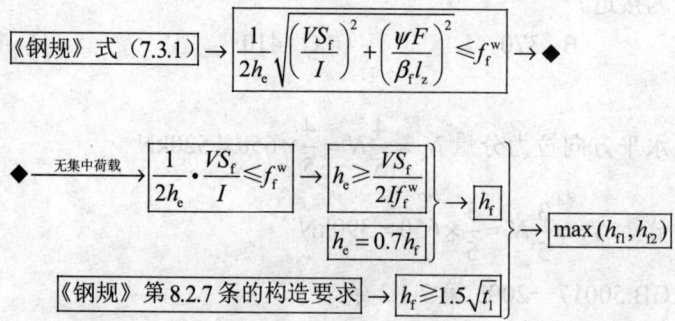

流程图 2-88　梁连接计算（《钢规》第 7.3.1 条、第 7.3.2 条）

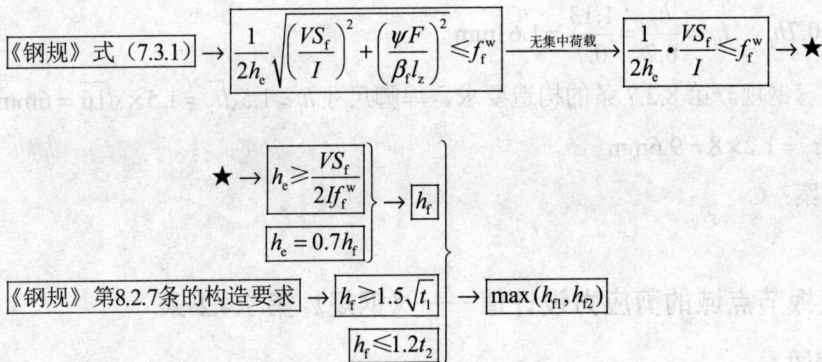

$$《钢规》式（7.3.1）\rightarrow \boxed{\frac{1}{2h_e}\sqrt{\left(\frac{VS_f}{I}\right)^2+\left(\frac{\psi F}{\beta_f l_z}\right)^2}\leqslant f_f^w}\xrightarrow{无集中荷载}\boxed{\frac{1}{2h_e}\cdot\frac{VS_f}{I}\leqslant f_f^w}\rightarrow\bigstar$$

$$\bigstar\rightarrow\boxed{\begin{array}{c}h_e\geqslant\dfrac{VS_f}{2If_f^w}\\[4pt]h_e=0.7h_f\end{array}}\rightarrow\boxed{h_f}$$

$$《钢规》第8.2.7条的构造要求\rightarrow\boxed{\begin{array}{c}h_f\geqslant1.5\sqrt{t_1}\\[4pt]h_f\leqslant1.2t_2\end{array}}\rightarrow\boxed{\max(h_{f1},h_{f2})}$$

流程图 2-89　组合工字钢翼缘与腹板的双面角焊缝连接

3. 易考点

（1）《钢规》第 7.3.1 条的注；

（2）与《钢规》第 8.2.7 条构造要求的组合考查；

（3）角焊缝进行强度计算中需要考虑的荷载；

（4）主梁翼缘与腹板的焊接连接强度设计值的计算；

（5）翼缘与腹板连接焊缝焊脚尺寸的计算值；

（6）焊缝焊脚尺寸的构造要求。

4. 典型考题

2006 年一级题 19；2009 年一级题 19；2011 年一级题 30。

2009 年一级题 19、2011 年一级题 30。

考题精选 2-53：翼缘与腹板连接焊缝焊脚尺寸（2011 年一级题 30）

材质为 Q235 的焊接工字钢次梁，截面尺寸见图 2-78，腹板与翼缘的焊接采用双面角焊缝，焊条采用 E43 型非低氢型焊条，最大剪力设计值 V=204kN，翼缘与腹板连接焊缝焊脚尺寸 h_f（mm）取下列何项数值最为合理？

提示：最为合理指在满足规范的前提下数值最小。

A. 2　　　　　　　　　B. 4　　　　　　　　　C. 6　　　　　　　　　D. 8

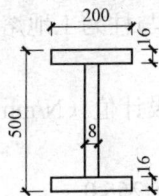

截面	I_x	S
	mm⁴	mm³
如左图所示	4.43×10^8	7.74×10^5

次梁截面

图 2-78　工字梁截面尺寸

解答过程：根据《钢规》GB 50017—2003 式（7.3.1），$\dfrac{1}{2h_e}\sqrt{\left(\dfrac{VS_f}{I}\right)^2+\left(\dfrac{\psi F}{\beta_f l_z}\right)^2}\leqslant f_f^w$

因无集中荷载，则 $\dfrac{1}{2h_e}\cdot\dfrac{VS_f}{I}\leqslant f_f^w$，　$h_e\geqslant\dfrac{VS_f}{2If_f^w}=\dfrac{204\times10^3\times7.74\times10^5}{2\times4.43\times10^8\times160}=1.13mm$

又 $h_e = 0.7h_f$，$h_f = \dfrac{h_e}{0.7} = \dfrac{1.13}{0.7} = 1.61\text{mm}$

则根据《钢规》第 8.2.7 条的构造要求，焊脚尺寸 $h_f \geq 1.5\sqrt{t_1} = 1.5 \times \sqrt{16} = 6\text{mm}$，且

$h_f \leq 1.2t_2 = 1.2 \times 8 = 9.6\text{mm}$

正确答案：C

2.13.5 腹板节点域的剪应力设计值——《钢规》第 7.4.2 条

1. 流程图

$$\boxed{《钢规》式（7.4.2）} \rightarrow \boxed{\tau = \frac{M_{b1} + M_{b2}}{V_p} = \frac{M}{h_b h_c t_w}}$$

流程图 2-90　腹板节点域的剪应力设计值

2. 易考点

（1）腹板节点域的剪应力设计值；

（2）V_p 与柱截面形状的关系；

（3）当柱腹板节点域不满足公式（7.4.2-1）的要求时，对 H 形或工字形组合柱宜将腹板在节点域加厚；

（4）腹板厚度 $t_w \geq \dfrac{h_c + h_b}{90}$ 的构造要求。

3. 典型考题

2009 年一级题 26。

2006 年二级题 28、2009 年二级题 26。

考题精选 2-54：腹板节点域的剪应力设计值（2009 年一级题 26）

非抗震的某梁柱节点见图 2-79。梁柱均选用热轧 H 型钢截面，梁采用[1]HN500×200×10×16($r = 20$) 柱采用 HM390×300×10×16($r = 24$)，梁、柱钢材均采用 Q345B。主梁上、下翼缘与柱翼缘为全熔透坡口对接焊缝，采用引弧板和引出板施焊；梁腹板与柱为工地熔透焊，单侧安装连接板（兼作腹板焊接衬板），并采用 4M16 工地安装螺栓。

该节点需在柱腹板处设置横向加劲肋，试问：腹板节点域的剪应力设计值（N/mm²）应与下列何项数值最为接近？

A. 178.3　　　　　B. 211.7　　　　　C. 240.0　　　　　D. 255.0

解答过程：根据《钢规》GB 50017—2003 式（7.4.2），

由柱翼缘和横向加劲肋包围的柱，腹板节点域的剪应力设计值

$$\tau = \frac{M_{b1} + M_{b2}}{V_p} = \frac{M}{h_b h_c t_w} = \frac{298.7 \times 10^6}{(500 - 2 \times 16) \times (390 - 2 \times 16) \times 10} = 178.3\text{N/mm}^2$$

正确答案：A

---

[1] 钢结构常规作法，意为腹板与翼缘相接处两侧圆弧半径 r=20mm，避免焊接时，在相接处产生过大的焊接残余应力。

图 2-79　梁柱节点示意图

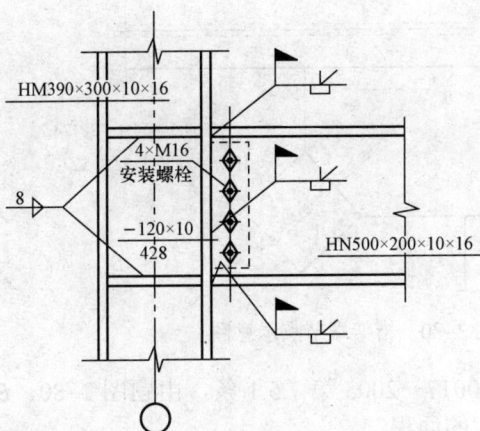

节点内力设计值：
$M=298.7\text{kN·m}$
$V=169.5\text{kN}$

梁全截面惯性矩：
$I_x=46022.9\times10^4\text{mm}^4$

图中标注：
HM390×300×10×16
4×M16 安装螺栓
－120×10
428
8
HN500×200×10×16

2.13.6　连接节点处板件的计算——《钢规》第 7.5.1 条

1. 流程图

连接节点处板件的计算见流程图 2-91。

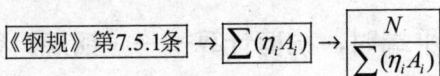

$$\boxed{《钢规》\text{第}7.5.1\text{条}} \rightarrow \boxed{\sum(\eta_i A_i)} \rightarrow \boxed{\dfrac{N}{\sum(\eta_i A_i)}}$$

流程图 2-91　连接节点处板件的计算（《钢规》第 7.5.1 条）

2. 易考点

（1）节点板上破坏线的面积 A_i 的计算；

（2）节点板破坏线上的拉应力设计值；

（3）《钢规》图 7.5.1 中板件的拉、剪撕裂类型。

3. 典型考题

2006 年一级题 21。

2008 年二级题 24。

考题精选 2-55：在节点板破坏线上的拉应力设计值（2006 年一级题 21）

某屋盖工程的大跨度主桁架结构使用 Q345B 钢材，其所有杆件均采用热轧 H 型钢。H 型钢的腹板与桁架平面垂直。桁架端节点斜杆轴心拉力设计值 $N=12700\text{kN}$。

现将桁架的端节点改为等强焊接对接节点的连接形式，如图 2-80 所示。在斜杆轴心拉力作用下，节点板将沿 AB–BC–CD 破坏线撕裂，已经确定 $AB=CD=400\text{mm}$，其抗剪折算系数均取 $\eta=0.7$，$BC=33\text{mm}$。试问：在节点板破坏线上的拉应力设计值（N/mm^2）应与下列何项数值最为接近？

A. 356.0

B. 258.7

C. 178.5

D. 158.2

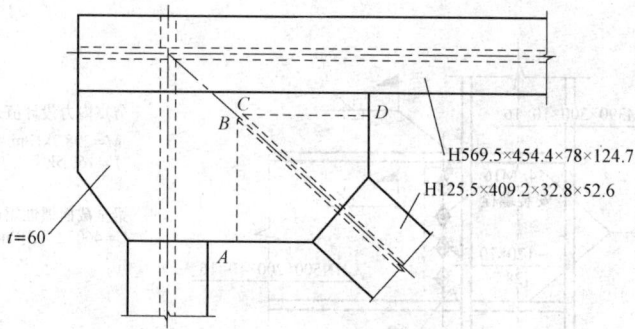

图 2-80   桁架端节点示意图.

解答过程：根据《钢规》GB 50017—2003 第 7.5.1 条，由题图 2-80，BC 段的抗剪折算系数取 $\eta=1.0$。一块节点板上破坏线的面积

$$\sum \eta_i A_i = 0.7 \times 400 \times 60 \times 2 + 33 \times 60 = 35580 \text{mm}^2$$

在节点板破坏线上的拉应力设计值 $\dfrac{N}{\sum \eta_i A_i} = \dfrac{\dfrac{12700 \times 10^3}{2}}{35580} = 178.5 \text{N/mm}^2$

正确答案：C

2.13.7   柱脚的端部为铣平端时，抗剪计算——《钢规》第 7.6.6 条、第 8.2.7 条

1. 流程图

柱端部计算见流程图 2-92。柱脚的端部为铣平端时抗剪计算见流程图 2-93。

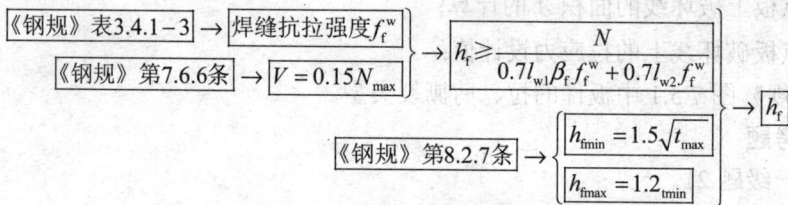

流程图 2-92   柱端部计算（《钢规》第 7.6.6 条）

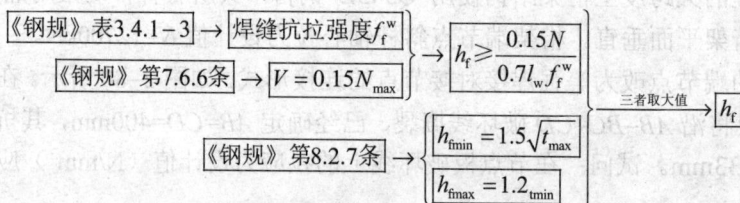

流程图 2-93   柱脚的端部为铣平端时抗剪计算

314

2. 易考点

（1）焊缝强度设计值的查取；

（2）柱端部为刨平；

（3）最小（大）焊脚尺寸的构造要求；

（4）焊脚尺寸的计算值。

3. 典型考题

2003 年一级题 26、2012 年一级题 21。

考题精选 2-56：柱与底板间的焊缝采用何种做法最为合理（2012 年一级题 21）

某钢结构平台，由于使用中增加荷载，需增设一格构柱，柱高 6m，两端铰接，轴心压力设计值为 1000kN，钢材采用 Q235 钢，焊条采用 E43 型，截面无削弱，格构柱如图 2-81 所示，截面参数见表 2-40。

提示：所有板厚均≤16mm。

表 2-40　　　　　　　　　　　　截 面 参 数

截面	A	I_1	i_y	i_1
	mm²	mm⁴	mm	mm
22a	3180	1.58×10⁶	86.7	22.3

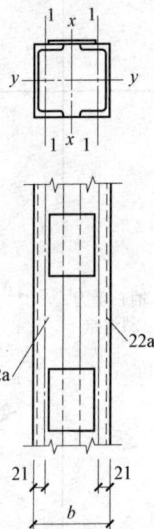

柱脚底板厚度为 16mm，端部要求铣平，总焊缝计算长度取 $l_w = 1040mm$。试问：柱与底板间的焊缝采用下列何种做法最为合理？

　A. 角焊缝连接，焊脚尺寸为 8mm

　B. 柱与底板焊透，一级焊缝质量要求

　C. 柱与底板焊透，二级焊缝质量要求

　D. 角焊缝连接，焊脚尺寸 12mm

解答过程：

角焊缝比对接焊缝更为经济，应优先采用。

根据《钢规》GB 50017—2003 表 3.4.1-3，得焊缝抗拉强度设计值 $f_f^w = 160N/mm^2$。

根据《钢规》第 7.6.6 条，柱端部为刨平时，连接焊缝所受剪力取轴心压力的 15%，

角焊缝❶ $h_f \geqslant \dfrac{0.15N}{0.7l_w f_f^w} = \dfrac{0.15 \times 1000 \times 10^3}{0.7 \times 1040 \times 160} = 1.28mm$

图 2-81　格构柱

根据《钢规》第 8.2.7 条，最小角焊缝焊脚尺寸 $h_f \geqslant 1.5\sqrt{t_{max}} = 1.5 \times \sqrt{16} = 6mm$，T 形连接单面角焊缝 $h_f = 6 + 1 = 7mm$ 且 $h_f \leqslant 1.2t_{min} = 1.2 \times 7.0 = 8.4mm$

正确答案：A

---

❶ 解答中，不区分正面角焊缝和侧面角焊缝。

2.13.8　对接焊缝的计算公式汇总（表 2–41）

表 2–41　　　　　　　　　　　　　　对接焊缝的计算公式汇总

计算内容	计算简图	计算公式		易错点
轴心受力直焊缝		拉应力	$\sigma = \dfrac{N}{l_w t} \leqslant f_t^w$	f_t^w、f_c^w ——对接焊缝的抗拉、抗压强度设计值。 l_w ——焊缝长度；无引弧板和引出板施焊时，每条焊缝的长度计算时应各减去 $2t$。 t ——在对接接头中为连接件的较小厚度；在 T 形接头中为腹板的厚度
		压应力	$\sigma = \dfrac{N}{l_w t} \leqslant f_c^w$	
轴心受拉直焊缝			$\sigma = \dfrac{N}{l_w t} \leqslant f_t^w$	
轴心受力斜焊缝		拉应力	$\sigma = \dfrac{N \cdot \sin\theta}{l_w t} \leqslant f_t^w$	当斜焊缝倾角 $\theta \leqslant 56.3°$，即 $\mathrm{tg}\theta \leqslant 1.5$ 时，可认为与母材等强，不用计算。
		压应力	$\sigma = \dfrac{N \cdot \sin\theta}{l_w t} \leqslant f_c^w$	1　当直缝强度不够时，可改用斜焊缝对接，只要焊缝与作用力间的夹角 θ 符合 $\tan\theta \leqslant 1.5$ 时，其强度可不计算。
		剪应力	$\tau = \dfrac{N \cdot \cos\theta}{l_w t} \leqslant f_v^w$	2　当对接焊缝和 T 形对接与角接组合焊缝无法采用引弧板和引出板施焊时，每条焊缝的长度计算时应减去 $2t$
受弯矩和剪力联合作用		正应力	$\sigma_{max} = \dfrac{M}{W_w} = \dfrac{6M}{l_w^2 t} \leqslant f_t^w$	W_w ——焊缝截面模量； S_w ——焊缝截面面积矩； I_w ——焊缝截面惯性矩

计算内容	计算简图	计算公式	易错点
受弯矩和剪力联合作用	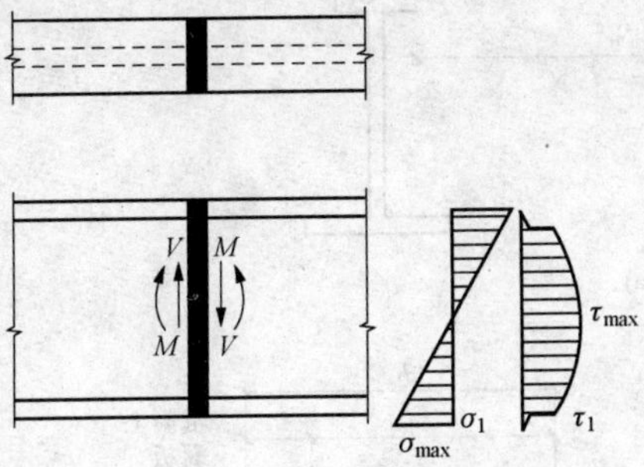	剪应力 $\tau_{max}=\dfrac{VS_w}{I_w t}=\dfrac{3}{2}\cdot\dfrac{V}{l_w t}\leqslant f_v^w$	—
折算应力	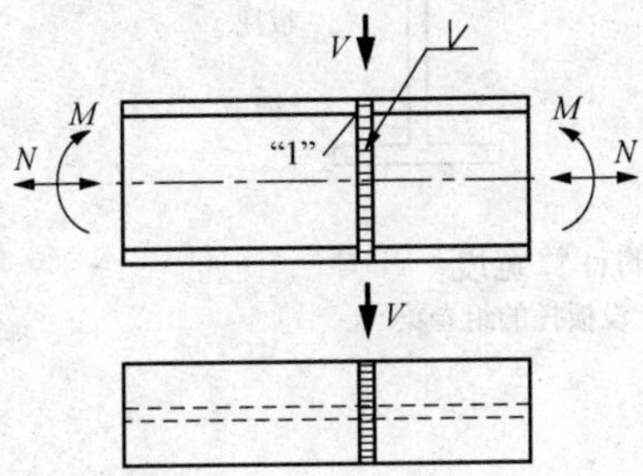	$\sqrt{\sigma_1^2+3\tau_1^2}\leqslant 1.1f_t^w$	σ_1、τ_1——验算点处的焊缝正应力和剪应力； 1.1——考虑到最大折算应力只在局部出现，而将强度设计值适当提高的系数。 1 当直缝强度不够时，可改用斜焊缝对接，只要焊缝与作用力间的夹角 θ 符合 $\tan\theta\leqslant 1.5$ 时，其强度可不计算。 2 当对接焊缝和 T 形对接与角接组合焊缝无法采用引弧板和引出板施焊时，每条焊缝的长度计算时应各减去 $2t$

2.14 钢和混凝土组合梁

2.14.1 混凝土翼板的有效宽度——《钢规》第 11.1.2 条

1. 流程图

$$\boxed{《钢规》第11.1.2条}\rightarrow\boxed{b_1=b_2=\min\left(\dfrac{l}{6},\dfrac{s_n}{2},6h_{c1}\right)}\rightarrow\boxed{b_e=b_0+b_1+b_2}$$

流程图 2-94 混凝土翼板的有效宽度

2. 易考点

（1）组合楼盖中混凝土翼板计算宽度的确定（图 2-82）；

（2）与钢筋混凝土 T 形截面的有效宽度的对比；

（3）正确采用《钢规》图 11.1.2 中各个参数。

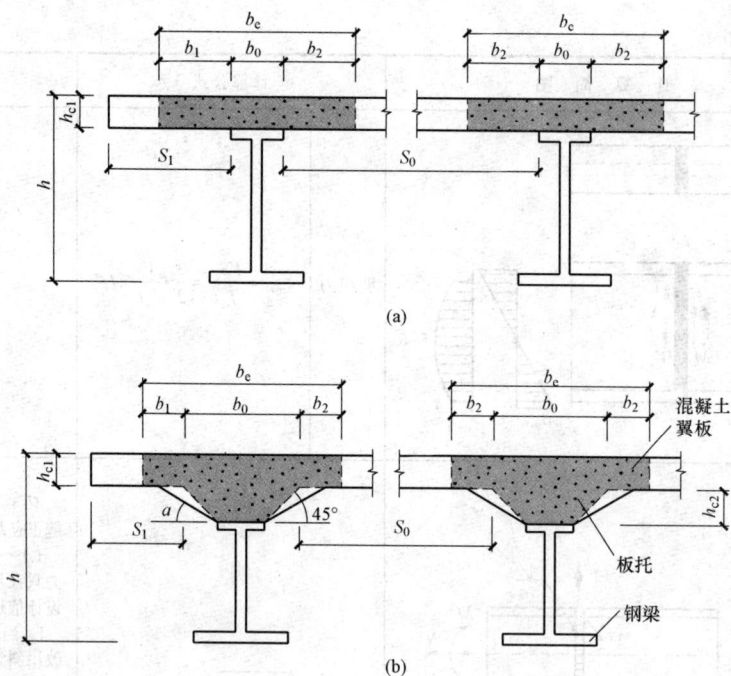

(a)

(b)

图 2-82 混凝土翼板的计算宽度

（a）不设板托的组合梁；（b）设板托的组合梁

3. 典型考题

2011 年一级题 19。

2013 年一级题 20；2014 年一级题 26。

考题精选 2-57：按组合梁计算时，混凝土翼板的有效宽度（2011 年一级题 19）

某钢结构办公楼，结构布置如图 2-83 所示。框架梁、柱采用 Q345，次梁、中心支撑、加劲板采用 Q235，楼面采用 150mm 厚 C30 混凝土楼板，钢梁顶采用抗剪栓钉与楼板连接。

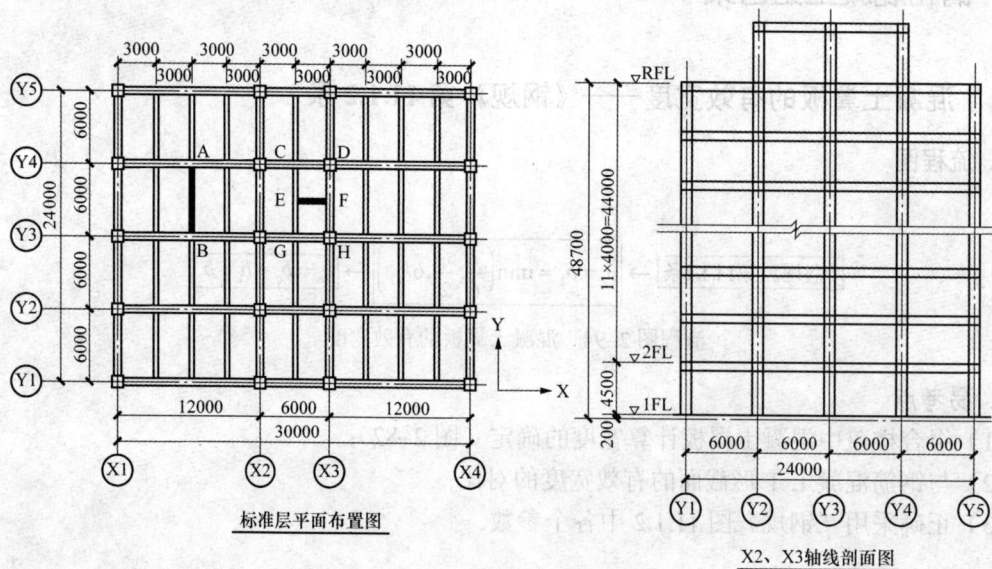

图 2-83 钢结构办公楼结构布置（一）

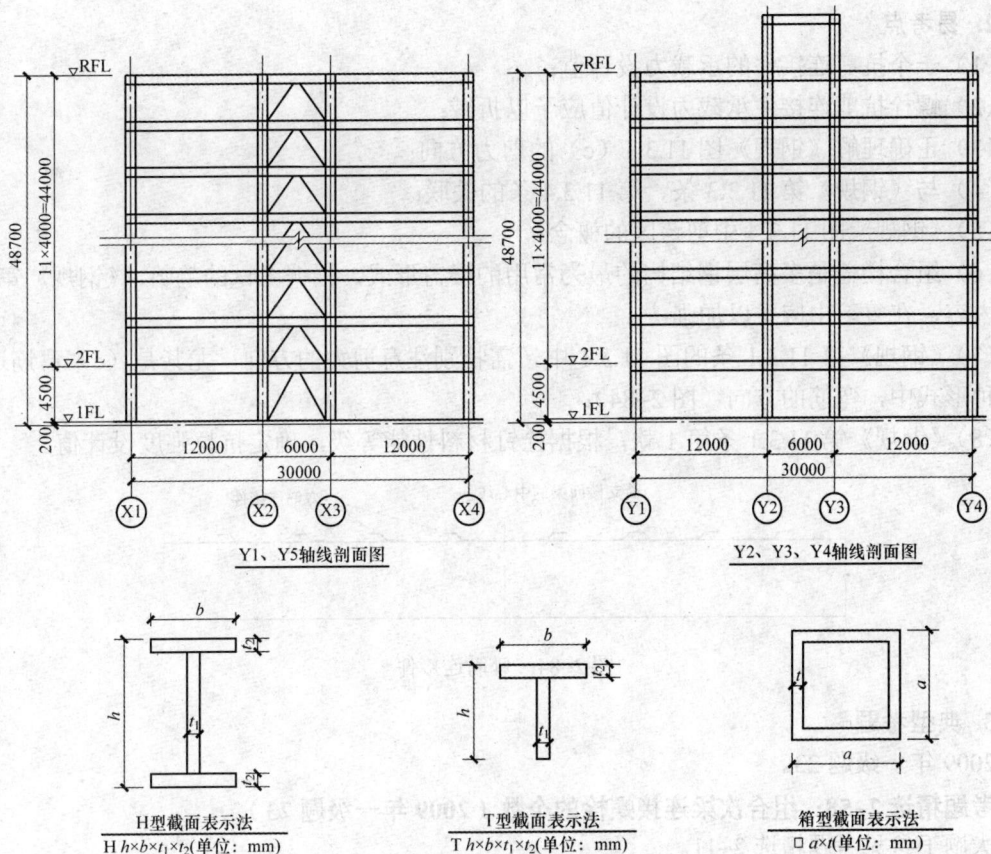

图2-83 钢结构办公楼结构布置（二）

次梁 *AB* 截面为 H346×174×6×9，当楼板采用无板托连接，按组合梁计算时，混凝土翼板的有效宽度（mm）与下列何项数值最为接近？

A. 1050　　　　　B. 1400　　　　　C. 1950　　　　　D. 2300

解答过程：根据《钢规》GB 50017—2003 第 11.1.2 条，梁外侧和内侧的翼板计算宽度，各取梁跨度的 1/6 和翼板厚度 6 倍的较小值，且不大于相邻净距的 1/2。

次梁 *AB* 的跨度 $l=6\text{m}=6000\text{mm}$，翼板混凝土厚度 $h_{c1}=150\text{mm}$，因无板托则 $b_0=174\text{mm}$；

翼板的计算宽度 $b_1=b_2=\min\left(\dfrac{l}{6},\dfrac{s_n}{2},6h_{c1}\right)=\min\left(\dfrac{6000}{6},\dfrac{3000-174}{2},6\times150\right)=900\text{mm}$

混凝土翼板的有效宽度 $b_e=b_0+b_1+b_2=174+900+900=1974\text{mm}$

正确答案：C

2.14.2　组合梁的抗剪连接件——《钢规》第 11.3.1 条

1. 流程图

《钢规》第11.3.1条第1款 → $N_v^c=0.43A_s\sqrt{E_cf_c}\leqslant0.7A_s\gamma f$ ──是否需折减──→ $\beta_vN_v^c$ → $n=\dfrac{V_s}{\beta_vN_v^c}$

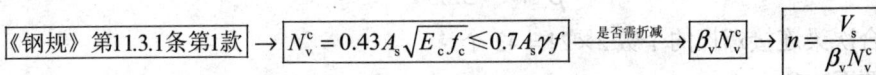

流程图 2-95　组合梁的抗剪连接件

2. 易考点

（1）一个抗剪连接件的承载力设计值；

（2）螺栓抗剪连接件承载力设计值应予以折减；

（3）正确理解《钢规》图 11.3.1（c）的剪力方向；

（4）与《钢规》第 11.3.3 条、第 11.3.4 条的关联；

（5）《钢规》图 11.3.4 中剪跨区的概念；

（6）组合楼盖是多高层钢结构的最为常用的楼盖形式，根据考试的趋势，《钢规》第 11 章的内容，在复习中应予以加强；

（7）《钢规》第 11.3.1 条的图 11.3.1 中，需特别注意剪力的方向，尤其是（c）弯筋连接件这种形式中，弯筋的方向（图 2-84）；

（8）《钢规》第 11.3.1 条第 1 款，根据栓钉材料性能等级，确定抗拉强度设计值。

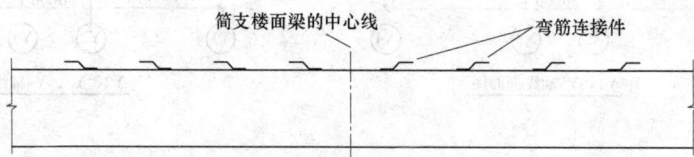

图 2-84　弯筋连接件

3. 典型考题

2009 年一级题 23。

考题精选 2-58：组合次梁连接螺栓的个数（2009 年一级题 23）

大题干参见考题精选 2-11。

若次梁按组合梁设计，并采用压型钢板混凝土组合板作翼板，压型钢板板肋垂直于次梁，混凝土强度等级 C20，抗剪连接件采用材料等级为 4.6 级的 d=19mm 圈柱头螺栓。已知组合次梁跨中最大弯矩点与支座零弯矩点之间钢梁与混凝土翼板交界面的纵向剪力 $V_s = 665.4$kN；螺栓抗剪连接件承载力设计值折减系数 $\beta_v = 0.54$。试问：组合次梁连接螺栓的个数应与下列何项数值最为接近？

A. 20　　　　　　B. 34　　　　　　C. 42　　　　　　D. 46

解答过程：根据《钢规》GB 50017—2003 第 11.3.1 条第 1 款，一个抗剪连接件的承载力设计值 $N_v^c = 0.43 A_s \sqrt{E_c f_c} = 0.43 \times \left(\dfrac{1}{4} \times 3.14 \times 19^2 \right) \times \sqrt{25.5 \times 10^3 \times 9.6} = 60290$N $= 60.29$kN

$$\leqslant 0.7 A_s \gamma f = 0.7 \times \left(\dfrac{1}{4} \times 3.14 \times 19^2 \right) \times 1.67 \times 215 = 71.2 \text{kN}$$

考虑压型钢板板肋垂直于次梁，螺栓抗剪连接件承载力设计值应予以折减，

$\beta_v N_v^c = 0.54 \times 60.29 = 32.56$kN

沿次梁半跨所需连接螺栓为 $n = \dfrac{V_s}{\beta_v N_v^c} = \dfrac{665.4}{32.56} = 20.44$，取 21 个，

则组合次梁连接螺栓的个数 $2 \times 21 = 42$ 个

正确答案：C

2.14.3 钢与混凝土组合梁的栓钉——《钢规》第11.5.4条、第11.5.5条

1. 易考点

（1）《钢规》第11.5.4条第3款，栓钉；

（2）《钢规》第11.5.5条第2款，栓钉长度；

（3）《钢规》第11.5.5条第2款，栓钉垂直于梁轴线方向间距 a 不应小于其杆径的4倍；

（4）《钢规》第11.5.5条第4款，栓钉直径小于19mm。

2. 典型考题

2016年一级题27。

考题精选 2-59：钢与混凝土组合梁的栓钉（2016年一级题27）

某9层钢结构办公建筑，房屋高度 H=34.9m，抗震设防烈度为8度，布置如图2-85所示，所有连接均采用刚接。支撑框架为强支撑框架，各层均满足刚性平面假定。框架梁柱采用Q345。框架梁采用焊接截面，除跨度为10m的框架梁截面采用 H700×200×12×22 外，其他框架梁截面均采用 H500×200×12×16，柱采用焊接箱形截面 B500×22。梁柱截面特性如下：

截面	面积 A（mm²）	惯性矩 I_x（mm⁴）	回转半径 i_x（mm）	弹性截面模量 W_x（mm³）	塑性截面模量 W_{px}（mm³）
H500×200×12×16	12016	4.77×10⁸	199	1.91×10⁶	2.21×10⁶
H700×200×12×22	16672	1.29×10⁹	279	3.70×10⁶	4.27×10⁶
B500×22	42064	1.61×10⁹	195	6.42×10⁶	

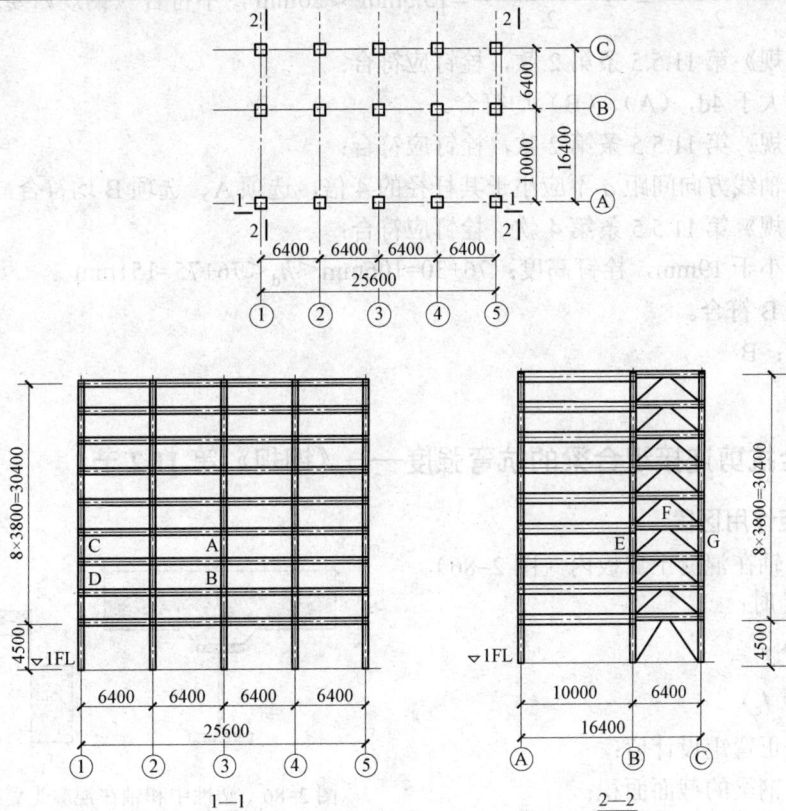

图 2-85 框架柱及柱间支撑布置平面图

假定次梁采用 H350×175×7×11，底模采用压型钢板，$h_e = 76mm$，混凝土楼板总厚度为 130mm，采用钢与混凝土组合梁设计，沿梁跨度方向栓钉间距约为 350mm。试问：栓钉应选用下列何项？

A. 采用栓钉 $d = 13mm$，栓钉总高度 100mm，垂直于梁轴线方向间距 $a = 90mm$

B. 采用栓钉 $d = 16mm$，栓钉总高度 110mm，垂直于梁轴线方向间距 $a = 90mm$

C. 采用栓钉 $d = 16mm$，栓钉总高度 115mm，垂直于梁轴线方向间距 $a = 125mm$

D. 采用栓钉 $d = 19mm$，栓钉总高度 120mm，垂直于梁轴线方向间距 $a = 125mm$

解答过程：

根据《钢规》GB 50017—2003 第 11.5.4 条第 3 款，栓钉应满足：

$$\frac{梁上翼缘宽度 - 栓钉横向间距 - 栓钉直径}{2} = \frac{175 - a - d}{2} \geq 20mm$$

选项 A：$\dfrac{175 - a - d}{2} = \dfrac{175 - 90 - 13}{2} = 36mm > 20mm$，符合《钢规》要求。

选项 B：$\dfrac{175 - a - d}{2} = \dfrac{175 - 90 - 16}{2} = 34.5mm > 20mm$，符合《钢规》要求。

选项 C：$\dfrac{175 - a - d}{2} = \dfrac{175 - 125 - 16}{2} = 17mm < 20mm$，不符合《钢规》要求。

选项 D：$\dfrac{175 - a - d}{2} = \dfrac{175 - 125 - 19}{2} = 15.5mm < 20mm$，不符合《钢规》要求。

根据《钢规》第 11.5.5 条第 2 款，栓钉应符合：

栓钉长度大于 4d，（A）、（B）均符合。

根据《钢规》第 11.5.5 条第 2 款，栓钉应符合：

垂直于梁轴线方向间距 a 不应小于其杆径的 4 倍，选项 A、选项 B 均符合。

根据《钢规》第 11.5.5 条第 4 款，栓钉应符合：

栓钉直径小于 19mm，栓钉高度：$76 + 30 = 106mm < h_d < 76 + 75 = 151mm$

只有选项 B 符合。

正确答案：B

2.14.4　完全抗剪连接组合梁的抗弯强度——《钢规》第 11.2 节

1. 正弯矩作用区段

塑性中和轴在混凝土翼板内（图 2-86），即 $Af \leq b_e h_{c1} f_c$ 时：

$$M \leq b_e x f_c y$$

$$x = Af/(b_e f_c)$$

式中　M——正弯矩设计值；

　　　　A——钢梁的截面面积；

　　　　x——混凝土翼板受压区高度；

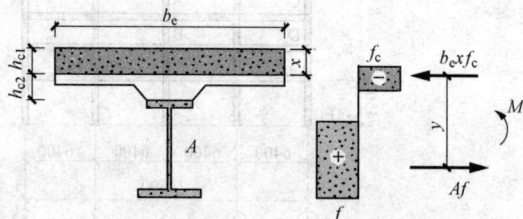

图 2-86　塑性中和轴在混凝土翼板内时的组合梁截面及应力图形

y ——钢梁截面应力的合力至混凝土受压区截面应力的合力间的距离；

f_c ——混凝土抗压强度设计值。

塑性中和轴在钢梁截面内（图 2-87），
即 $Af > b_e h_{c1} f_c$ 时

$$M \leqslant b_e h_{c1} f_c y_1 + A_c f y_2$$

$$A_c = 0.5(A - b_e h_{c1} f_c / f)$$

式中　A_c ——钢梁受压区截面面积；

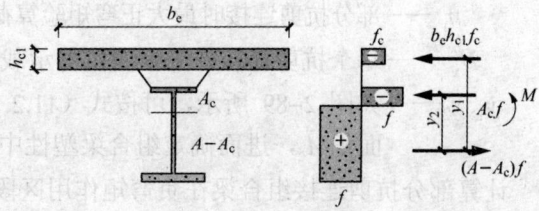

图 2-87　塑性中和轴在钢梁内时的组合梁截面及应力图形

　　y_1 ——钢梁受拉区截面形心至混凝土翼板受压区截面形心的距离；

　　y_2 ——钢梁受拉区截面形心至钢梁受压区截面形心的距离。

2. 负弯矩作用区段（图 2-88）

$$M' \leqslant M_s + A_{st} f_{st}(y_3 + y_4/2)$$

$$M_s = (S_1 + S_2) f$$

$$f_{st} A_{st} + f(A - A_c) = f A_c$$

式中　M' ——负弯矩设计值；

　S_1, S_2 ——钢梁塑性中和轴（平分钢梁截面积的轴线）以上和以下截面对该轴的面积矩；

　　A_{st} ——负弯矩区混凝土翼板有效宽度范围内的纵向钢筋截面面积；

　　f_{st} ——钢筋抗拉强度设计值；

　　y_3 ——纵向钢筋截面形心至组合梁塑性中和轴的距离，根据截面轴力平衡式（11.2.1-7）求出钢梁受压区面积 A_c，取钢梁拉压区交界处位置为组合梁塑性中和轴位置；

　　y_4 ——组合梁塑性中和轴至钢梁塑性中和轴的距离。当组合梁塑性中和轴在钢梁腹板内时，取 $y_4 = A_{st} f_{st} / (2 t_w f)$，当该中和轴在钢梁翼缘内时，可取 y_4 等于钢梁塑性中和轴至腹板上边缘的距离。

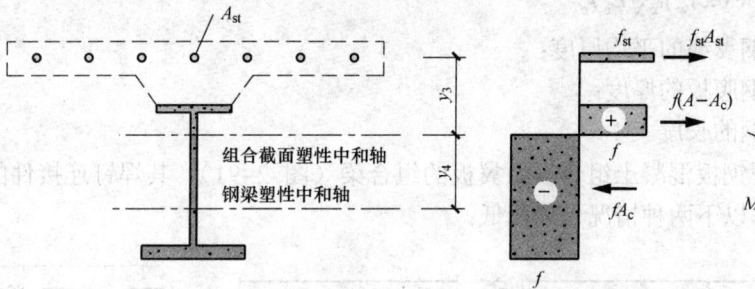

图 2-88　负弯矩作用时组合梁截面和计算简图

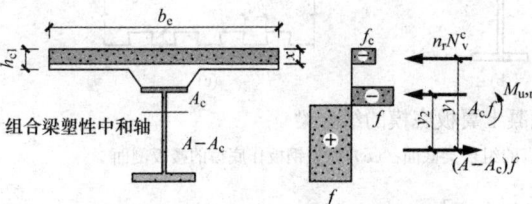

图 2-89　部分抗剪连接组合梁计算简图

部分抗剪连接组合梁在正弯矩区段的抗弯强度按下列公式计算（图 2-89）：

$$x = n_r N_v^c / (b_e f_c)$$

$$A_c = (Af - n_r N_v^c) / (2f)$$

$$M_{u,r} = n_r N_v^c y_1 + 0.5(Af - n_r N_v^c) y_2$$

式中 $M_{u,r}$ ——部分抗剪连接时组合梁截面正弯矩抗弯承载力;

　　　n_r ——部分抗剪连接时最大正弯矩验算截面到最近零弯矩点之间的抗剪连接件数目;

　　　N_v^c ——每个抗剪连接件的纵向抗剪承载力,按本规范第 11.3 节的有关公式计算。

　　　y_1, y_2 ——如图 2-89 所示,可按式(11.2.1-4)所示的轴力平衡关系式确定受压钢梁的面积 A_c,进而确定组合梁塑性中和轴的位置。

　　计算部分抗剪连接组合梁在负弯矩作用区段的抗弯强度时,$A_{st}f_{st}$ 应改为 $n_r N_v^c$ 和 $A_{st}f_{st}$ 两者中的较小值,n_r 取为最大负弯矩验算截面到最近零弯矩点之间的抗剪连接件数目。

2.14.5 抗剪连接件的计算——《钢规》第 11.3 节

1. 易考点

组合梁的抗剪连接件宜采用圆柱头焊钉,也可采用槽钢或有可靠依据的其他类型连接件。焊钉和槽钢连接件的设置方式如图 2-90 所示;单个抗剪连接件的抗剪承载力设计值由下列公式确定:

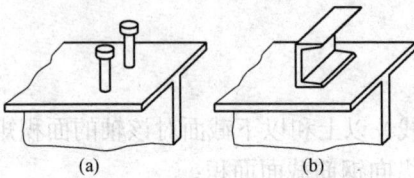

图 2-90　连接件的外形

(a) 圆柱头焊钉连接件　(b) 槽钢连接件

(1) 圆柱头焊钉连接件

$$N_v^c = 0.43 A_s \sqrt{E_c f_c} \leqslant 0.7 A_s f_u$$

式中　E_c ——混凝土的弹性模量;

　　　A_s ——圆柱头焊钉钉杆截面面积;

　　　f_u ——圆柱头焊钉极限强度设计值,需满足《电弧螺柱焊用圆柱头焊钉》GB/T 10433 的要求。

(2) 槽钢连接件

$$N_v^c = 0.26(t + 0.5t_w)l_c \sqrt{E_c f_c}$$

式中　t ——槽钢翼缘的平均厚度;

　　　t_w ——槽钢腹板的厚度;

　　　l_c ——槽钢的长度。

对于用压型钢板混凝土组合板做翼板的组合梁(图 2-91),其焊钉连接件的抗剪承载力设计值应分别按以下两种情况予以降低:

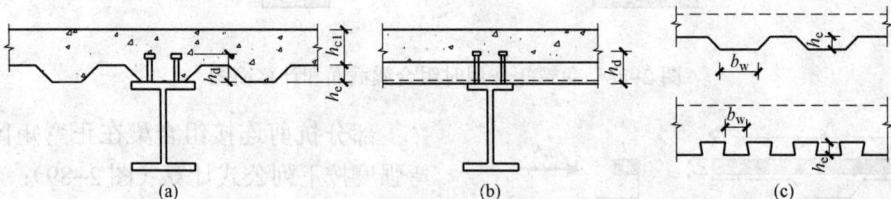

图 2-91　用压型钢板作混凝土翼板底模的组合梁

(a) 肋与钢梁平行的组合梁截面;(b) 肋与钢梁垂直的组合梁截面;(c) 压型钢板作底模的楼板剖面

(3) 当压型钢板肋平行于钢梁布置 [图 2-91 (a)]

$b_w/h_e < 1.5$ 时,按式(11.3.1-1)算得的 N_v^c 应乘以折减系数 β_v 后取用。

324

β_v 值按下式计算 $\beta_v = 0.6 \dfrac{b_w}{h_e}\left(\dfrac{h_d - h_e}{h_e}\right) \leqslant 1$

式中　b_w——混凝土凸肋的平均宽度，当肋的上部宽度小于下部宽度时 [图 2–91 (c)]，改取上部宽度；

　　　h_e——混凝土凸肋高度；

　　　h_d——焊钉高度。

（4）当压型钢板肋垂直于钢梁布置时 [图 2–91 (b)]

焊钉连接件承载力设计值的折减按下式计算

$$\beta_v = \dfrac{0.85}{\sqrt{n_0}} \dfrac{b_w}{h_e}\left(\dfrac{h_d - h_e}{h_e}\right) \leqslant 1$$

式中　n_0——在梁某截面处一个肋中布置的焊钉数，当多于 3 个时，按 3 个计算。

2. 易考点

（1）一个抗剪连接件的承载力设计值；

（2）螺栓抗剪连接件承载力设计值应予以折减。

3. 典型考题

2009 年一级题 23。

考题精选 2–60：组合次梁连接螺栓的个数（2009 年一级题 23）

为增加使用面积，在现有一个单层单跨建筑内加建一个全钢结构夹层，该夹层与原建筑结构脱开，可不考虑抗震设防。新加夹层结构选用钢材为 Q235B，焊接使用 E43 型焊条。楼板为 SP10D 板型，面层做法 20mm 厚，SP 板板端预埋件与次梁焊接。荷载标准值：永久荷载为 2.5kN/m（包括 SP10D 板自重、板缝灌缝及楼面面层做法），可变荷载为 4.0kN/m。夹层平台结构如图 2–92 所示。

若次梁按组合梁设计，并采用压型钢板混凝土组合板作翼板，压型钢板板肋垂直于次梁，混凝土强度等级 C20，抗剪连接件采用材料等级为 4.6 级的 $d=19$mm 圈柱头螺栓。已知组合次梁跨中最大弯矩点与支座零弯矩点之间钢梁与混凝土翼板交界面的纵向剪力 $V_s = 665.4$kN；螺栓抗剪连接件承载力设计值折减系数 $\beta_v = 0.54$。试问：组合次梁连接螺栓的个数应与下列何项数值最为接近？

A. 20　　　　　　　B. 34　　　　　　　C. 42　　　　　　　D. 46

解答过程：

根据《钢规》GB 50017—2003 第 11.3.1 条第 1 款，一个抗剪连接件的承载力设计值

$$N_v^c = 0.43 A_s \sqrt{E_c f_c} = 0.43 \times \left(\dfrac{1}{4} \times 3.14 \times 19^2\right) \times \sqrt{25.5 \times 10^3 \times 9.6} = 60290\text{N} = 60.29\text{kN}$$

$$\leqslant 0.7 A_s \gamma f = 0.7 \times \left(\dfrac{1}{4} \times 3.14 \times 19^2\right) \times 1.67 \times 215 = 71.2\text{kN}$$

考虑压型钢板板肋垂直于次梁，螺栓抗剪连接件承载力设计值应予以折减，

$$\beta_v N_v^c = 0.54 \times 60.29 = 32.56\text{kN}$$

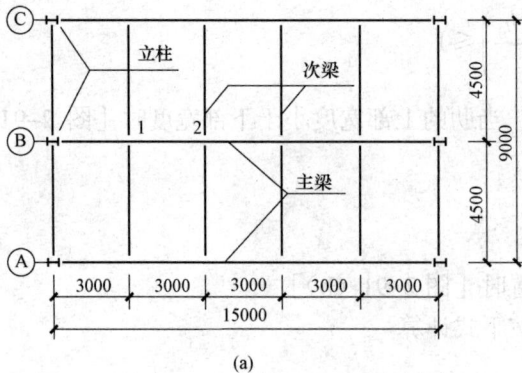

立柱：H228×220×8×14焊接H型钢

$A=77.6×10^2\text{mm}^2$

$I_x=7585.9×10^4\text{mm}^4, i_x=98.9\text{mm}$

$I_y=2485.4×10^4\text{mm}^4, i_y=56.6\text{mm}$

主梁：H900×330×8×16焊接H型钢

$A=165.44×10^2\text{mm}^2$

$I_x=231147.6×10^4\text{mm}^4$

$W_{nx}=5136.6×10^3\text{mm}^3$

主梁自重标准值$g=1.56$ kN/m

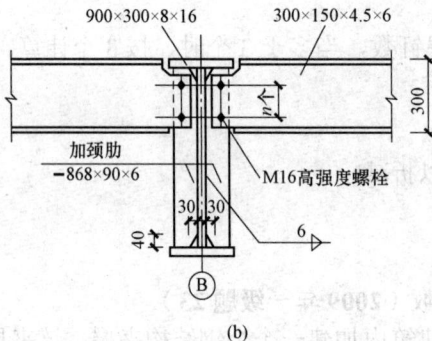

次梁：H300×150×4.5×6焊接H型钢

$A=30.96×10^2\text{mm}^2$

$I_x=4785.96×10^4\text{mm}^4$

$W_{nx}=319.06×10^3\text{mm}^3$

次梁自重标准值0.243kN/m

图 2-92　夹层平台结构

沿次梁半跨所需连接螺栓为 $n=\dfrac{V_s}{\beta_v N_v^c}=\dfrac{665.4}{32.56}=20.44$，取 21 个，

则组合次梁连接螺栓的个数 2×21=42 个

正确答案：C

2.15　《抗规》中钢结构考点

2.15.1　钢结构考题在《抗规》中的分布

钢结构关于抗震方面的考题，主要出自《抗规》第 8 章和第 9 章第 2 节，为近些年考题有增多的趋向。

钢结构考题在《抗规》中的分布见表 2-42。

表 2-42　　　　　　　　　　钢结构考题在《抗规》中的分布

规　范　条　文		易　考　点	典型考题
8. 多层和高层钢结构房屋	第 8.1.6 条	中心支撑的形式	2004 年一级题 26
	第 8.2.2 条	钢结构的阻尼比	2011 年一级题 17
	第 8.2.5 条	节点域腹板的最小计算厚度	2003 年一级题 24
	第 8.2.6 条	不平衡力的计算方法	2013 年一级题 30
	第 8.3.2 条	构件宽厚比是否符合设计规定	2014 年一级题 27

规 范 条 文		易 考 点	典型考题
9.2 单层钢结构厂房	第9.2.9条	钢结构厂房的抗震设计要求	2012年一级题30
	第9.2.10条	支撑杆的强度设计值	2014年一级题21
	第9.2.13条	轴压比的计算及其限值; 框架上柱长细比限值的查取	2012年一级题25
	第9.2.14条	板件宽厚比的限值	2012年一级题24
	第9.2.16条	插入式柱脚满足抗震 构造措施要求的深度	2013年一级题23

2.15.2 确定钢结构的抗震等级——《抗规》第8.1.3条

1. 易考点

钢结构抗震等级的确定。

2. 典型考题

2016年二级题19。

考题精选2-61:钢结构住宅的抗震等级(2016年二级题19)

某钢结构住宅,采用框架-中心支撑结构体系,房屋高度为23.4m,建筑抗震设防类别为丙类,采用 Q235 钢。假定抗震设防烈度为7度。试问:该钢结构住宅的抗震等级应为下列何项?

A. 一级

B. 二级

C. 三级

D. 四级

解答过程:

根据《抗规》GB 50011—2010(2016版)表8.1.3,房屋高度为23.4m,该钢结构住宅的抗震等级应为四级。

正确答案:D

2.15.3 框架-支撑的钢结构房屋——《抗规》第8.1.6条

1. 易考点

(1)框架—支撑结构的钢结构宜采用的支撑类型;

(2)采用屈曲约束支撑时宜采用的支撑类型;

(3)《高钢规》JGJ 99—2015 第7.5.1条的规定与《抗规》第8.1.6条第3款一致;

(4)中心支撑结构(图2-93);

(5)单斜杆支撑结构(图2-94);

(6)K形支撑结构(图2-95);

(7)人字形支撑结构(图2-96)。

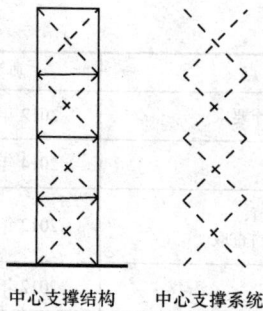

图 2-93　中心支撑结构　　　　　　图 2-94　单斜杆支撑结构

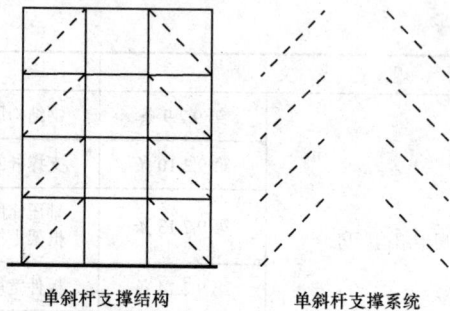

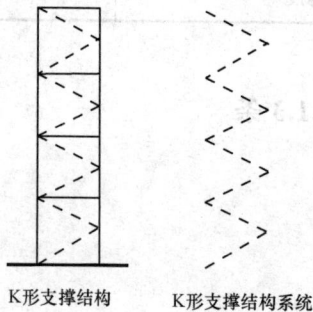

图 2-95　K 形支撑结构　　　　　　图 2-96　人字形支撑结构

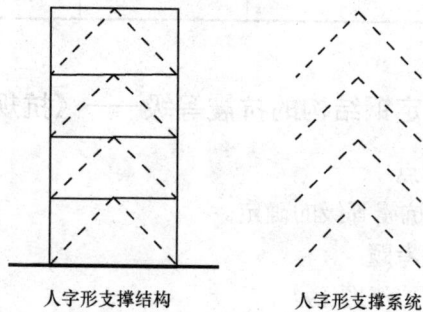

2. 典型考题

2004 年一级题 26、2016 年二级题 20。

考题精选 2-62：中心支撑的形式（2004 年一级题 26）

在地震区有一采用框架—支撑结构的多层钢结构房屋，试问：下列关于其中心支撑的形式，何项不宜选用？

A. 交叉支撑　　　　　B. 人字支撑　　　　　C. 单斜杆　　　　　D. K 形

解答过程：

根据《抗规》GB 50011—2010（2016 版）第 8.1.6 条第 3 款，抗震设防结构中心支撑不宜采用 K 形支撑。

正确答案：D

2.15.4　钢结构抗震计算的阻尼比——《抗规》第 8.2.2 条

1. 易考点

钢结构的阻尼比。

2. 典型考题

2011 年一级题 17。

考题精选 2-63：多遇地震下的阻尼比（2011 年一级题 17）

大题干参见考题精选 2-57。

当进行多遇地震下的抗震计算时，根据《建筑抗震设计规范》GB 50011—2010，该办公楼阻尼比宜采用下列何项数值？

A. 0.035   B. 0.04   C. 0.045   D. 0.05

解答过程：

根据《抗规》GB 50011—2010（2016 版）第 8.2.2 条第 1 款，高度 H=48.7m＜50m，该办公楼阻尼比 ξ=0.04。

正确答案：B

2.15.5 钢框架节点处的抗震承载力验算——《抗规》第 8.2.5 条

1. 易考点

（1）柱轴压比的定义；

（2）各个计算参数的取值与范围；

（3）节点域腹板的最小计算厚度；

（4）与《钢规》第 7.4.2 条的关联。

2. 典型考题

2003 年一级题 24、2016 年一级题 26。

考题精选 2–64：剪应力 $\psi(M_{pb1} + M_{pb2})/V_p$ 计算值（2016 年一级题 26）

大题干参见考题精选 2–59。

假定，地震作用下图 2–85（1–1）中 B 处框架梁 H500×200×12×16 弯矩设计值最大值为 $M_{x,左} = M_{x,右} = 163.9\text{kN} \cdot \text{m}$，试问：当按公式 $\psi(M_{pb1} + M_{pb2})/V_p \leqslant \frac{4}{3} f_{yv}$ 验算梁柱节点域屈服承载力时，剪应力 $\psi(M_{pb1} + M_{pb2})/V_p$ 计算值（N/mm²），与下列何项数值最为接近？

A. 36   B. 80   C. 100   D. 165

解答过程：

根据《抗规》GB 50011—2010（2016 版）表 8.1.3，可知本建筑物抗震等级为三级，故取 $\psi = 0.6$。

全塑性受弯承载力 $M_{pb1} = M_{pb2} = W_{px} f_{py} = 2.21 \times 10^6 \times 345 = 7.62 \times 10^8 \text{N} \cdot \text{mm}$

根据《抗规》式（8.2.5–5）

节点域的体积 $V_p = 1.8 h_{b1} h_{c1} t_w = 1.8 \times (500 - 16) \times (500 - 22) \times 22 = 9161539.2 \text{mm}^3$

根据《抗规》式（8.2.5–3）

剪应力 $\tau = \psi(M_{pb1} + M_{pb2})/V_p = \dfrac{0.6 \times 7.62 \times 10^8}{9161539.2} = 99.8 \text{N/mm}^2$

正确答案：C

考题精选 2–65：节点域腹板的最小计算厚度（2003 年一级题 24）

一座建于地震区的钢结构建筑，其工字形截面梁与工字形截面柱为刚性节点连接；梁腹板高度 h_b =2700mm，柱腹板高度 h_c =450mm。试问：对节点仅按照稳定性的要求计算时，在节点域腹板的最小计算厚度 t_w（mm），与下列何项数值最为接近？

A. 35   B. 25   C. 15   D. 12

解答过程：

根据《抗规》GB 50011—2010（2016 版）式（8.2.5-7），对节点仅按照稳定性的要求计算时，在节点域腹板的最小计算厚度 $t_w \geqslant \dfrac{h_b + h_c}{90} = \dfrac{2700 + 450}{90} = 35\text{mm}$

正确答案：A

2.15.6 中心支撑框架构件的抗震承载力验算——《抗规》第 8.2.6 条

1. 流程图

中心支撑框架构件的抗震验算见流程图 2–96。

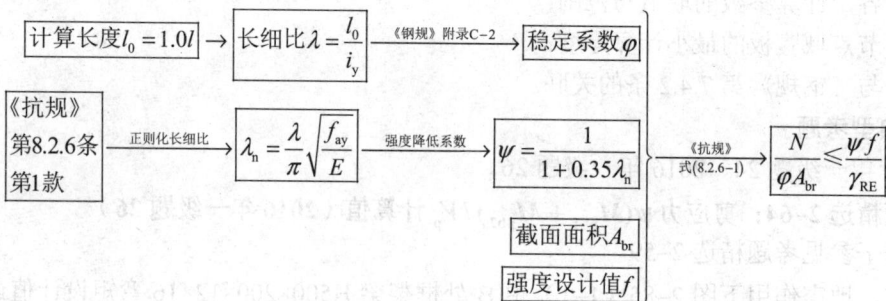

流程图 2–96　中心支撑框架构件的抗震验算（《抗规》第 8.2.6 条）

2. 易考点

（1）构件计算长度的取值；

（2）构件长细比的计算；

（3）稳定系数的查取；

（4）正则化长细比的计算；

（5）受循环荷载时的强度降低系数；

（6）构件截面面积和材料设计强度；

（7）根据给定截面导出承载力限值；

（8）不平衡力的计算方法；

（9）支撑斜杆的受压承载力验算；

（10）《抗规》第 8.2.6 条注。

3. 典型考题

2011 年一级题 22、2013 年一级题 30、2016 年一级题 29。

考题精选 2–66：框架—中心支撑结构，节点处不平衡力的计算（2013 年一级题 30）

某高层钢结构办公楼，抗震设防烈度为 8 度，采用框架—中心支撑结构，如图 2–97 所示。试问：与 V 形支撑连接的框架梁 AB，关于其在 C 点处不平衡力的计算，下列说

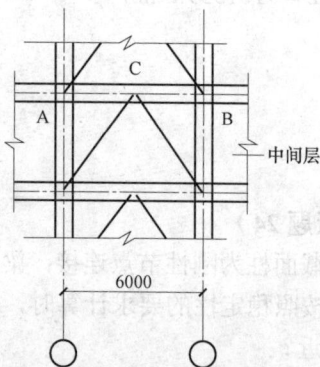

图 2–97　框架—中心支撑结构示意图

法何项正确？

　　A. 按受拉支撑的最大屈服承载力和受压支撑最大屈曲承载力计算

　　B. 按受拉支撑的最小屈服承载力和受压支撑最大屈曲承载力计算

　　C. 按受拉支撑的最大屈服承载力和受压支撑最大屈曲承载力的 0.3 倍计算

　　D. 按受拉支撑的最小屈服承载力和受压支撑最大屈曲承载力的 0.3 倍计算

解答过程：

根据《抗规》GB 50011—2010（2016 版）第 8.2.6 条第 2 款，应选 D。

正确答案：D

考题精选 2-67：计算不平衡力时，受压支撑提供的竖向力计算值（2016 年一级题 29）

大题干参见考题精选 2-59。

假定支撑均采用 Q235，截面采用 P299×10 焊接钢管，截面面积为 9079mm²，回转半径为 102mm，当框架梁 *BG*（图 2-85）按不计入支撑支点作用的梁，验算重力荷载和支撑屈曲时不平衡力作用下的承载力，试问：计算此不平衡力时，受压支撑提供的竖向力计算值（kN），与下列何项最为接近？

　　A. 430　　　　　　B. 550　　　　　　C. 1400　　　　　　D. 1650

解答过程：

支撑计算长度：$\sqrt{3200^2 + 3800^2} = 4968\text{mm}$

长细比计算：$\lambda = \dfrac{l_0}{i} = \dfrac{4968}{102} = 49$

根据《钢规》GB 50017—2003 表 5.1.2-1，可知焊接钢管为 b 类截面，查《钢规》表 C-2，可知稳定系数 $\varphi = 0.861$

根据《抗规》GB 50011—2010（2016 版）第 8.2.6 条第 2 款，受压支撑提供的竖向力

$$0.3\varphi f A \times \frac{3800}{4968} = 0.3 \times 0.864 \times 9079 \times 235 \times \frac{3800}{4968} = 422 \times 10^3 \text{N} = 422\text{kN}$$

正确答案：A

2.15.7　栓焊连接——《抗规》第 8.2.8 条

典型考题

2016 年一级题 28。

考题精选 2-68：栓焊连接的极限承载力（2016 年一级题 28）

假定结构满足强柱弱梁要求，比较如图 2-98 所示的栓焊连接，试问：下列说法何项正确？

　　A. 满足规范最低设计要求时，连接 1 比连接 2 极限承载力要求高

　　B. 满足规范最低设计要求时，连接 1 比连接 2 极限承载力要求低

　　C. 满足规范最低设计要求时，连接 1 与连接 2 极限承载力要求相同

　　D. 梁柱连接按内力计算，与承载力无关。

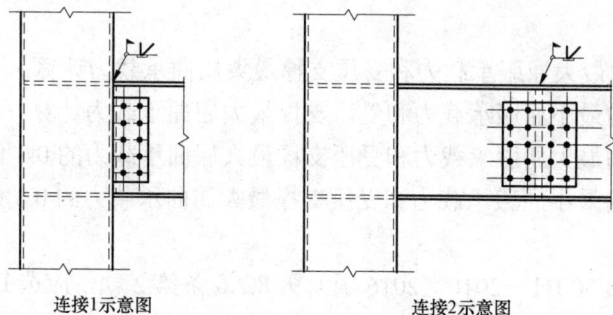

连接1示意图　　连接2示意图

图 2-98　栓焊连接

解答过程：

根据《抗规》GB 50011—2010（2016 版）第 8.2.8 条，连接 1 按照《抗规》式（8.2.8-1、2）计算，连接 2 按照《抗规》式（8.2.8-4）计算；连接系数查《抗规》表 8.2.8，知连接 1 比连接 2 极限承载力要求高。

正确答案： A

2.15.8　框架梁、柱板件宽厚比——《抗规》第 8.3.2 条、第 8.1.3 条

1. 易考点

（1）抗震设防烈度、框架抗震等级的确定；

（2）架梁截面板件宽厚比的构造要求；

（3）框架柱截面板件宽厚比的构造要求；

（4）正确取用表 8.3.2 中最后一行的公式，如 $72 - \dfrac{120N_b}{Af} \leqslant 60$，而非 $\dfrac{72 - 120N_b}{Af} \leqslant 60$，后者没有物理意义，本公式进一步可以简化为 $0.1 \leqslant \dfrac{N_b}{Af}$。

2. 典型考题

2014 年一级题 27。

考题精选 2-69：构件宽厚比是否符合设计规定（2014 年一级题 27）

大题干参见考题精选 2-38。

假定，梁截面采用焊接工字形截面 H600×200×8×12，柱采用箱形截面 B450×450×20，试问，下列何项说法正确？

提示：不考虑梁轴压比。

A. 框架梁柱截面板件宽厚比均符合设计规定

B. 框架梁柱截面板件宽厚比均不符合设计规定

C. 框架梁截面板件宽厚比不符合设计规定

D. 框架柱截面板件宽厚比不符合设计规定

解答过程：

根据《分类标准》GB 50223—2008 第 6.0.5 条，抗震设防类别属于丙类。

房屋高度 20m。抗震设防烈度 8 度，根据《抗规》GB 50011—2010（2016 版）表 8.1.3，

框架抗震等级为三级。

根据《抗规》表8.3.2与注1，框架梁：$\dfrac{b}{t} = \dfrac{96}{12} = 8 < 10\sqrt{\dfrac{235}{f_{ay}}} = 10 \times \sqrt{\dfrac{235}{345}} = 8.25$，满足《抗规》要求。

$\dfrac{h_0}{t_w} = \dfrac{576}{8} = 72 > 70\sqrt{\dfrac{235}{f_{ay}}} = 70 \times \sqrt{\dfrac{235}{345}} = 57.75$，不满足《抗规》要求。

框架柱：$\dfrac{b}{t} = \dfrac{450 - 2 \times 20}{20} = 20.5 < 38\sqrt{\dfrac{235}{f_{ay}}} = 38 \times \sqrt{\dfrac{235}{345}} = 31.35$，满足《抗规》要求。

正确答案：C

2.15.9 支撑杆件的长细比限值——《抗规》第8.4.1条

典型考题

2016年二级题21。

考题精选2-70：中心支撑的杆件长细比限值（2016年二级题21）

某钢结构住宅，采用框架-中心支撑结构体系，房屋高度为23.4m，建筑抗震设防类别为丙类，采用Q235钢。

假定该钢结构住宅的中心支撑采用人字形支撑（按压杆设计）。试问：该中心支撑的杆件长细比限值为下列何项数值？

A. 120   B. 180   C. 250   D. 350

解答过程：

根据《抗规》GB 50011—2010第8.1.6条第1款，人字形支撑应按压杆设计，其长细比不应大于$120\sqrt{235/f_y} = 120\sqrt{235/235} = 120$

正确答案：A

2.15.10 支撑杆的强度设计值——《抗规》第9.2.10条、附录K

1. 流程图

支撑杆的强度设计值见流程图2-97。

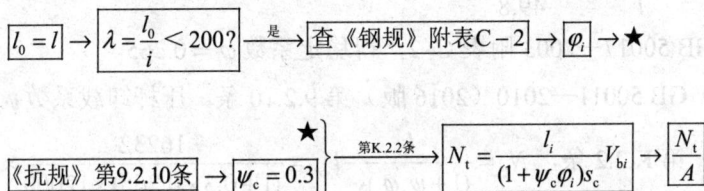

$$\boxed{l_0 = l} \rightarrow \boxed{\lambda = \dfrac{l_0}{i} < 200?} \xrightarrow{\text{是}} \boxed{\text{查《钢规》附表C-2}} \rightarrow \boxed{\varphi_i} \rightarrow \bigstar$$

$$\boxed{\text{《抗规》第9.2.10条}} \rightarrow \boxed{\psi_c = 0.3} \left.\begin{array}{c} \bigstar \\ \\ \end{array}\right\}^{\text{第K.2.2条}} \boxed{N_t = \dfrac{l_i}{(1 + \psi_c \varphi_i)s_c} V_{bi}} \rightarrow \boxed{\dfrac{N_t}{A}}$$

流程图2-97 支撑杆的强度设计值（《抗规》第9.2.10条）

2. 易考点

（1）支撑杆的计算长度；

（2）长细比的计算；

（3）稳定系数的查取；

（4）支撑杆的强度设计值的计算。

3. 典型考题

2014 年一级题 21。

考题精选 2-71：支撑杆的强度设计值（2014 年一级题 21）

大题干参见考题精选 2-18。

假定，抗震设防烈度 8 度，采用轻屋面，2 倍多遇地震作用下水平作用组合值为 400kN 且为最不利组合，柱间支撑采用双片支撑，布置见图 2-99，单片支撑截面采用槽钢 [12.6，截面无削弱，槽钢 [12.6 截面特性：面积 $A_l = 1569mm^2$，回转半径 $i_x = 49.8mm$，$i_y = 15.6mm$，试问：支撑杆的强度设计值（N/mm^2）与下列何项数值最为接近？

提示：① 按拉杆计算，并计及相交受压杆的影响；② 支撑平面内计算长细比大于平面外计算长细比。

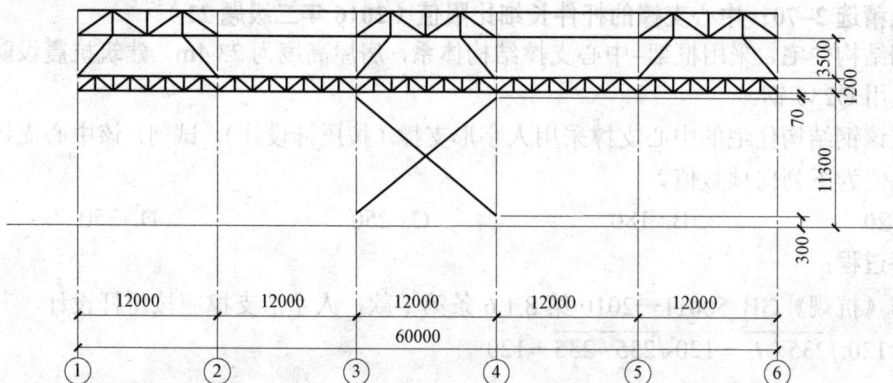

图 2-99　柱间支撑布置

A. 86　　　　　　　　B. 118　　　　　　　　C. 159　　　　　　　　D. 323

解答过程：

支撑杆的长度 $l_{br} = \sqrt{(11300-300-70)^2 + 12000^2} = 16232mm$

长细比 $\lambda = \dfrac{l_0}{i} = \dfrac{0.5l_{br}}{i} = \dfrac{0.5 \times 16232}{49.8} = 164.3 < 200$

查《钢规》GB 50017—2003 附表 C-2，得稳定系数 $\varphi_i = 0.265$

根据《抗规》GB 50011—2010（2016 版）第 9.2.10 条，压杆卸载系数 $\psi_c = 0.3$

根据《抗规》第 K.2.2 条，$N_t = \dfrac{l_i}{(1+\psi_c\varphi_i)s_c}V_{bi} = \dfrac{16232}{(1+0.3\times0.265)\times12000} \times \dfrac{400}{2} = 250kN$

支撑杆的强度应力 $\dfrac{N_t}{A_n} = \dfrac{250 \times 10^3}{1569} = 159N/mm^2$

正确答案：C

2.15.11 厂房屋盖构件的抗震计算和支撑——《抗规》第9.2.9条、第9.2.10条

1. 易考点

钢结构厂房的抗震设计要求。

2. 典型考题

2012年一级题30、2016年一级题21。

考题精选2-72：厂房构件抗震设计（2012年一级题30）

某厂房抗震设防烈度8度，关于厂房构件抗震设计有以下说法：

Ⅰ. 竖向支撑桁架的腹杆应能承受和传递屋盖的水平地震作用；

Ⅱ. 屋盖横向水平支撑的交叉斜杆可按拉杆设计；

Ⅲ. 柱间支撑采用单角钢截面，并单面偏心连接；

Ⅳ. 支撑跨度大于24m的屋盖横梁的托架，应计算其竖向地震作用。

试问：针对上述说法是否符合相关规范要求的判断，下列何项正确？

A. Ⅰ、Ⅱ、Ⅲ符合，Ⅳ不符合　　　　B. Ⅱ、Ⅲ、Ⅳ符合，Ⅰ不符合

C. Ⅰ、Ⅱ、Ⅳ符合，Ⅲ不符合　　　　D. Ⅰ、Ⅲ、Ⅳ符合，Ⅱ不符合

解答过程：

根据《抗规》GB 50011—2010（2016版）第9.2.9条及9.2.10条，Ⅲ错误，其余说法均正确。

正确答案：C

2.15.12 柱间支撑与节点板最小连接焊缝长度——《抗规》第9.2.11条

典型考题

2016年一级题22。

考题精选2-73：柱间支撑与节点板最小连接焊缝长（2016年一级题26）

假定厂房位于8度区，支撑采用Q235，吊车肢下柱柱间支撑采用2L90×6，截面面值 $A = 2128mm^2$。试问：根据《建筑抗震设计规范》GB 50011—2010的规定，图2-100柱间支撑与节点板最小连接焊缝长 $l(mm)$，与下列何项系数最为接近？

提示：① 焊条采用E43型，焊接时采用绕焊，即焊缝计算长度可取标示尺寸。

② 不考虑焊缝强度折减，角焊缝极限强度 $f_u^f = 240N/mm^2$

③ 肢背处内力按总内力的70%计算。

A. 90　　　　B. 135　　　　C. 160　　　　D. 235

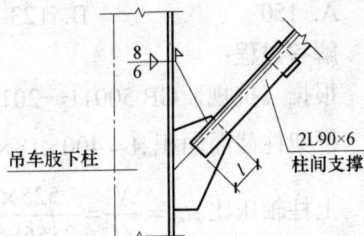

图2-100　柱间支撑与节点板焊缝示意图

解答过程：

根据《抗规》GB 50011—2010（2016版）第9.2.11条第4款，柱间支撑与构件的连接，不应小于支撑杆件塑性承载力的1.2倍。

支撑杆件塑性受拉承载力

$$N_p = Af_{py} = 2128 \times 235 = 500.08 \times 10^3 \text{N}$$

肢背焊缝长度 $l_1 = \dfrac{0.7 \times 1.2 N_p}{2 \times 0.7 h_f f_u^t} = \dfrac{0.7 \times 1.2 \times 500.08 \times 10^3}{2 \times 0.7 \times 8 \times 240} = 156 \text{mm}$

肢尖焊缝长度 $l_2 = \dfrac{0.3 \times 1.2 N_p}{2 \times 0.7 h_f f_u^t} = \dfrac{0.3 \times 1.2 \times 500.08 \times 10^3}{2 \times 0.7 \times 6 \times 240} = 89 \text{mm}$

柱间支撑与节点板最小连接焊缝长，取以上两条焊缝较大值 $l = \max(l_1, l_2) = 156 \text{mm}$

正确答案：C

2.15.13　厂房框架柱的长细比——《抗规》第9.2.13条

1. 流程图

$$\boxed{《抗规》第9.2.13条} \rightarrow \boxed{A} \rightarrow \boxed{\mu_N = \dfrac{N}{Af} < 0.2?} \xrightarrow{\text{是}} \boxed{[\lambda]}$$

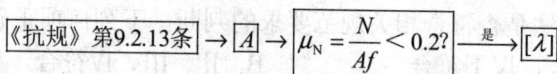

流程图 2-98　厂房框架柱的长细比

2. 易考点

（1）轴压比的计算及其限值；

（2）框架上柱长细比限值的查取。

3. 典型考题

2012 年一级题 25。

考题精选 2-74：框架上柱长细比限值（2012 年一级题 25）

某单层工业厂房，屋面及墙面的围护结构均为轻质材料，屋面梁与上柱刚接，梁柱均采用 Q345 焊接 H 型钢，梁、柱 H 形截面表示方式为梁高×梁宽×腹板厚度×翼缘厚度。上柱截面为 H800×400×12×18，梁截面为 H1300×400×12×20，抗震设防烈度为 7 度，框架上柱最大设计轴力为 525kN。

试问：本工程框架上柱长细比限值应与下列何项数值最为接近？

A. 150　　　　　B. 123　　　　　C. 99　　　　　D. 80

解答过程：

根据《抗规》GB 50011—2010（2016 版）第 9.2.13 条，

框架柱截面面积 $A = 400 \times 18 \times 2 + (800 - 2 \times 18) \times 12 = 23568 \text{mm}^2$

上柱轴压比 $\mu_N = \dfrac{N}{Af} = \dfrac{525 \times 10^3}{23568 \times 295} = 0.076 < 0.2$，可取 $[\lambda] = 150$

正确答案：A

2.15.14　厂房框架柱、梁的板件宽厚比——《抗规》第9.2.14条

1. 易考点

板件宽厚比的限值。

2. 典型考题

2012 年一级题 24、2016 年一级题 23。

考题精选 2-75：进行构件的强度和稳定性的承载力计算，满足以下何项地震作用要求（2012 年一级题 24）

大题干参见考题精选 2-74。

试问：在进行构件的强度和稳定性的承载力计算时，应满足以下何项地震作用要求？

提示：梁、柱腹板宽厚比均符合《钢结构设计规范》GB 50017—2003 弹性设计阶段的板件宽厚比限值。

A. 按有效截面进行多遇地震下的验算　　　B. 满足多遇地震下的要求

C. 满足 1.5 倍多遇地震下的要求　　　　D. 满足 2 倍多遇地震下的要求

解答过程：

根据《抗规》GB 50011—2010（2016 版）第 9.2.14 条第 2 款，轻屋面厂房，塑性好能区板件宽厚比限值可根据其承载力的高低按性能目标确定。

柱截面：翼缘 $\dfrac{b}{t} = \dfrac{194}{18} = 10.8 > 12\sqrt{\dfrac{235}{f_y}} = 12\sqrt{\dfrac{235}{345}} = 9.9$

腹板 $\dfrac{h_0}{t_w} = \dfrac{764}{12} = 63.7 > 50\sqrt{\dfrac{235}{f_y}} = 50\sqrt{\dfrac{235}{345}} = 41.3$

梁截面：翼缘 $\dfrac{b}{t} = \dfrac{194}{20} = 9.7 > 11\sqrt{\dfrac{235}{f_y}} = 11\sqrt{\dfrac{235}{345}} = 9.1$

腹板 $\dfrac{h_0}{t_w} = \dfrac{1260}{12} = 105 > 72\sqrt{\dfrac{235}{f_y}} = 72\sqrt{\dfrac{235}{345}} = 59.4$

塑性耗能区板件宽厚比为 C 类。

根据《抗规》第 9.2.14 条条文说明，若宽厚比满足弹性阶段的宽厚比要求，属于 C 类截面，则可按 2 倍多遇地震进行验算。

正确答案：D

2.15.15　插入式柱脚设计——《抗规》第 9.2.16 条

1. 易考点

（1）插入式柱脚满足抗震构造措施要求的深度。

（2）与《钢规》第 8.4.5 条的关联。

2. 典型考题

2013 年一级题 23。

考题精选 2-76：按抗震构造措施要求，插入式柱脚的最下插入深度（2013 年一级题 23）

大题干参见考题精选 2-25。

厂房钢柱采用插入式柱脚。试问：若仅按抗震构造措施要求，厂房钢柱的最小插入深度（mm）应与下列何项数值最为接近？

A. 2500	B. 2000	C. 1850	D. 1500

解答过程：

根据《抗规》GB 50011—2010（2016 版）第 9.2.16 条第 2 款，采用插入式柱脚的最小插入深度应取单肢截面的高度的 2.5 倍，且不得小于柱总宽度的 0.5 倍。由图 2-28 得 $\max[2.5 \times 1000, 0.5 \times (3000 + 700)] = 2500$mm

正确答案：A

2.16 《荷规》中的钢结构考点

2.16.1 吊车纵向和横向水平荷载——《荷规》第 6.1.2 条

1. 易考点

（1）每个车轮处的横向水平荷载标准值；

（2）《荷规》第 6.1.2 条中"力的三要素"；

（3）《荷规》第 6.1.2 条注；

（4）与《钢规》第 3.2.2 条相区分。

2. 典型考题

2006 年一级题 16。

2014 年二级题 25。

考题精选 2-77：作用在每个车轮处的横向水平荷载标准值（2006 年一级题 16）

某单层工业厂房，设置有两台 $Q=25/10$t 的软钩桥式吊车，吊车每侧有两个车轮，轮距 4m，最大轮压标准值 $F_{max}=279.7$kN，横行小车重量标准值 $g=73.5$kN，吊车轨道高度 $h_R=130$mm。

厂房柱距 12m，采用工字形截面的实腹式钢吊车梁，上翼缘板的厚度 $h_y=18$mm，腹板厚 $t_w=12$mm。沿吊车梁腹板平面作用的最大剪力为 V，在吊车梁顶面作用有吊车轮压产生的移动集中荷载 P 和吊车安全走道上的均布荷载 q。

当吊车为中级工作制时，试问：作用在每个车轮处的横向水平荷载标准值（kN），应与下列何项数值最为接近？

A. 15.9	B. 8.0	C. 22.2	D. 11.1

解答过程：

根据《荷规》GB 50009—2012 第 6.1.2 条，作用在每个车轮处的横向水平荷载标准值

$$T_k = 0.1 \times \frac{Q+g}{4} = 0.1 \times \frac{25 \times 9.8 + 73.5}{4} = 8\text{kN}$$

正确答案：B

2.16.2 多台吊车的竖向荷载和水平荷载的标准值折减系数——《荷规》第 6.2.2 条

1. 易考点

（1）内力计算。

（2）《荷规》第 6.2 节适用于排架结构。

2. 典型考题

2010 年一级题 21。

2012 年二级题 30。

考题精选 2-78：柱牛腿由吊车荷载引起的最大竖向反力标准值（2010 年一级题 21）

大题干参见考题精选 2-2（P184）。

厂房排架分析时，假定两台吊车同时作用，试问：柱牛腿由吊车荷载引起的最大竖向反力标准值（kN）与下列何项数值最为接近？

A. 2913　　　　　　　　　　　　　　　　B. 2191

C. 2081　　　　　　　　　　　　　　　　D. 1972

解答过程：

当两台吊车如图 2-101 所示布置时，柱牛腿 A 处竖向反力最大。

作柱牛腿竖向反力影响线，如图 2-101 所示。

根据《荷规》GB 50009—2012 第 6.2.2 条，2 台吊车作用下的折减系数为 0.95，柱牛腿由吊车荷载引起的最大竖向反力标准值

$$R_A = \left[\frac{21 + (21-1.7) + (21-1.7-3.4) + 14.2 + 18.2 + 16.5 + 13.1 + 11.4}{21} \right] \times 355 \times 0.95$$

$$= 2081 \text{kN}$$

正确答案：C

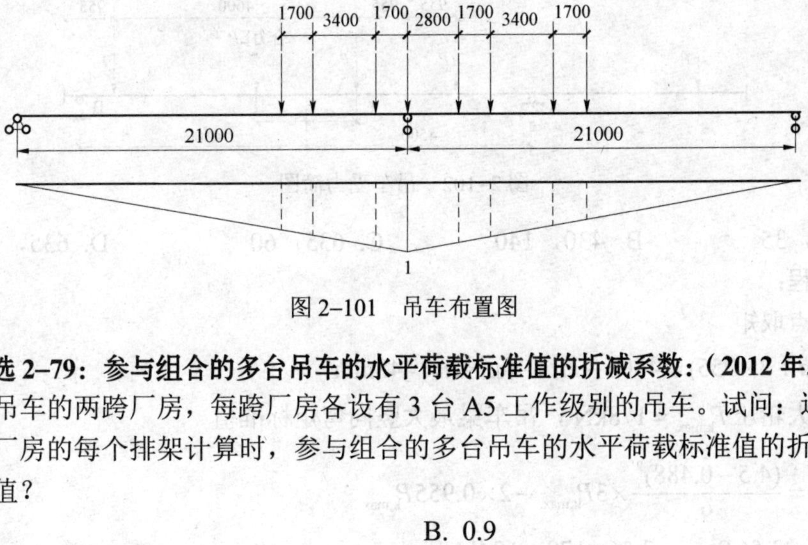

图 2-101　吊车布置图

考题精选 2-79：参与组合的多台吊车的水平荷载标准值的折减系数：（2012 年二级题 30）

某一层吊车的两跨厂房，每跨厂房各设有 3 台 A5 工作级别的吊车。试问：通常情况下，进行该两跨厂房的每个排架计算时，参与组合的多台吊车的水平荷载标准值的折减系数应取下列何项数值？

A. 0.95　　　　　　　　　　　　　　　　B. 0.9

C. 0.85　　　　　　　　　　　　　　　　D. 0.8

解答过程：

根据《荷规》GB 50009—2012 第 5.2.1 条及其注，除非特殊情况，计算本题排架考虑多台吊车水平荷载时，参与组合的吊车台数为 2 台，再根据《荷规》第 5.2.2 条和表 5.2.2，折减系数应取为 0.9。

正确答案：B

2.16.3 吊车竖向荷载应乘以动力系数——《荷规》第6.3.1条

1. 易考点

（1）吊车梁的最大弯矩设计值计算；

（2）重级工作制吊车梁动力系数。

（3）《荷规》第6.3.1条适用于承载力计算。

2. 典型考题

2007年一级题21、2007年一级题22。

2007年二级题19、2016年二级题25、2014年二级题26。

考题精选2-80：吊车梁某处竖向弯矩标准值最大值、剪力绝对值较大值（2016年一级题18）

大题干参见考题精选2-4。

吊车资料见表2-43，试问：仅考虑最大轮压作用时，吊车梁C点处竖向弯矩标准值（kN·m）及相应较大剪力标准值（kN，剪力绝对值较大值），与下列何项数值较为相近？

表2-43   吊 车 资 料

吊车起重量 Q/t	吊车跨度 L/m	台数	工作制	吊车类别	吊车简图	最大轮压 $P_{k,max}$/kN	小车重 g/t	吊车总重 G/t	轨道型号
25	22.5	2	重级	软钩	参见图2-102	178	9.7	21.49	38kg/m

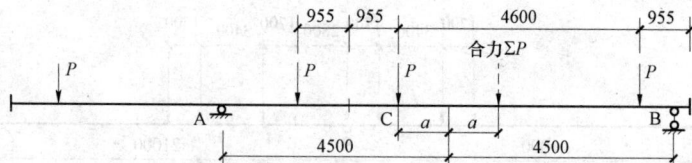

图2-102 吊车受力简图

A. 430，35   B. 430，140   C. 635，60   D. 635，120

解答过程：

对合力点取矩

$2a + (2a + 2 \times 955) = 4600 - 2a$，可得 $a = 448$mm

已知最大轮压 $P_{k,max} = 178$kN，吊车梁最大竖向弯矩标准值

$$M_{Ck,max} = \frac{(4.5 - 0.488)^2}{9} \times 3P_{k,max} - 2 \times 0.955 P_{k,max}$$

$$= 3.56 P_{k,max} = 3.56 \times 178 = 634 \text{kN} \cdot \text{m}$$

C点的剪力绝对值较大值

$$V_{Ck,max} = \frac{4.5 + 0.488}{9} \times 3P_{k,max} - P_{k,max}$$

$$= 0.65 P_{k,max} = 0.65 \times 178 = 116 \text{kN}$$

正确答案：D

考题精选 2-81：两台吊车垂直荷载产生的吊车梁的最大弯矩设计值（2007 年一级题 22）

某多跨厂房，中列柱的柱距为 12m，采用钢吊车梁。已知吊车梁的截面尺寸如图 2-103（a）所示，吊车梁采用 Q345 钢，使用自动焊和 E50 型焊条的手工焊。吊车梁上行驶两台重级工作制的软钩桥式吊车，起重量 $Q=50/10\text{t}$，小车重 $g=15\text{t}$，吊车桥架跨度 $L_k=28.0\text{m}$，最大轮压标准值 $P_{k,max}=470\text{kN}$。一台吊车的轮压分布如图 2-103（b）所示。

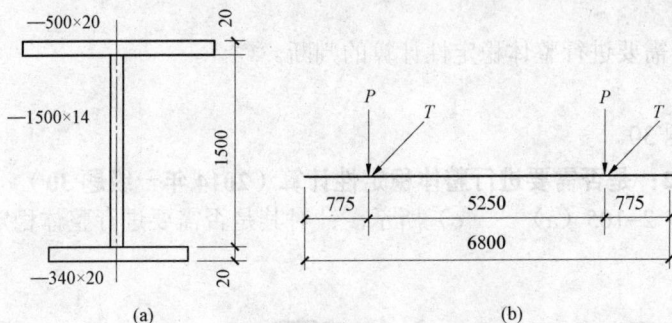

图 2-103　吊车梁的截面尺寸及吊车轮压分布
（a）吊车梁截面尺寸；（b）吊车轮压分布

试问：由两台吊车垂直荷载产生的吊车梁的最大弯矩设计值（kN·m），应与下列何项数值最为接近？

A. 2677　　　　　B. 2944　　　　　C. 3747　　　　　D. 4122

解答过程：

吊车梁上只能布置 3 个轮子，当 3 个轮压合力作用点与中间轮压对称于吊车梁中点布置时，全梁有最大绝对弯矩值，如图 2-104 所示。

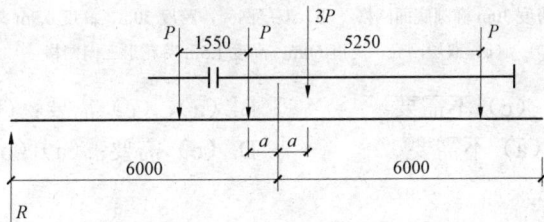

图 2-104　吊车梁受力图

$$a = \frac{\left(\dfrac{1.55+1.55+5.25}{3}-1.55\right)}{2} = 0.6167\text{m}$$

$$R = \frac{3P\left(\dfrac{l}{2}-a\right)}{l} = \frac{3\times470\times\left(\dfrac{12}{2}-0.6167\right)}{12} = 632.5\text{kN}$$

$$M_{max} = R\left(\frac{l}{2}-a_3\right)-P\times1.55 = 632.5\times\left(\frac{12}{2}-0.6167\right)-470\times1.55 = 2676.4\text{kN·m}$$

根据《荷规》第 6.3.1 条，重级工作制吊车梁的动力系数 1.1，则吊车梁的最大弯矩设计值 $1.1\times1.4\times2676.4 = 4121.7\text{kN·m}$

正确答案：D

2.17 其他

2.17.1 网壳整体稳定性计算——《网格规》第4.3.1条

1. 易考点

网壳结构是否需要进行整体稳定性计算的判断。

2. 典型考题

2014年一级题30。

考题精选2-82：是否需要进行整体稳定性计算（2014年一级题30）

网壳结构如图 2-105（a）～（c）所示，针对其是否需要进行整体稳定性计算的判断，下列何项正确？

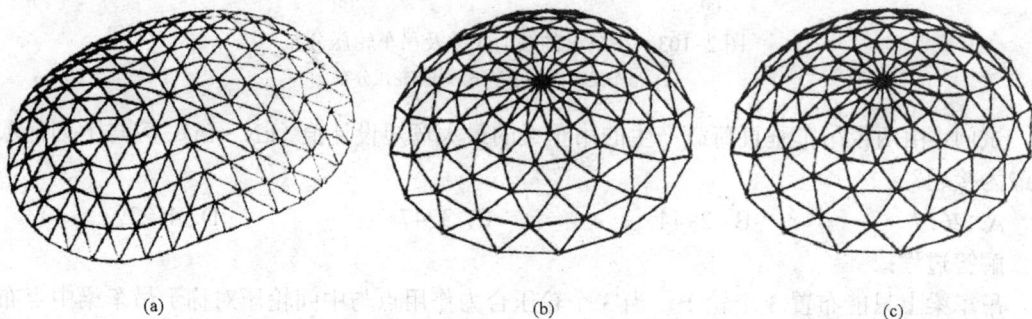

图2-105　网壳结构

（a）单层网壳，跨度30m椭圆底面网格；（b）双层网壳，跨度50m，高度0.9m葵花形三向网格；
（c）双层网壳，跨度60m，高度1.5m葵花形三向网格

A.（a）、（b）需要；（c）不需要　　　　　B.（a）、（c）需要；（b）不需要

C.（b）（c）需要；（a）不需要　　　　　D.（c）需要；（a）（b）不需要

解答过程：

根据《网格规》JGJ 7—2010 第4.3.1条，单层网壳和厚度小于跨度1/50的双层网壳应进行整体稳定验算，结构(a)为单层网壳，结构(b)，$0.9 < 50 / 50 = 1$，结构(c)，$1.5 > 60 / 50 = 1.2$，因此，（a）和（b）需要验算，（c）不需要。

正确答案：A

2.17.2 等稳定概念

1. 易考点

（1）在钢结构设计中，当仅考虑结构经济性时，竖向构件采用等稳定性设计时，截面最为合理。

（2）根据是否设置柱间支撑，分为有侧移框架和无侧移框架；考题精选2-83的 Y 轴：①和⑥轴设有支撑，可按无侧移框架设计，其计算长度系数均小于1，X 轴：为有侧移框架，

其计算长度系数均大于 1，且框架弯矩较大；由此基本就可判断无需采用 X、Y 轴两个方向一致的截面。

（3）如果考题精选 2-83 取消"①轴和⑥轴设置柱间支撑"，则柱子两个方向的计算长度一样，对于轴心受压构件，应取选项 A、B 的截面才能等稳定性。

2. 典型考题

2003 年一级题 28、2006 年一级题 29、2012 年一级题 19、2014 年一级题 28。

考题精选 2-83：仅考虑结构经济性时，柱的截面最为合理（2014 年一级题 28）

大题干参见考题精选 2-38。

假定，①轴和⑥轴设置柱间支撑。试问，当仅考虑结构经济性时，柱采用下列何种截面最为合理？

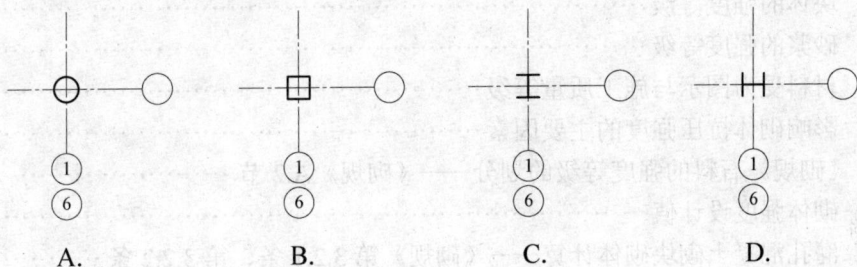

A.　　　　　B.　　　　　C.　　　　　D.

解答过程：

柱采用等稳定性设计时，截面最为合理。

X 轴：为有侧移框架，其计算长度系数均大于 1，且框架弯矩较大。

Y 轴：①和⑥轴设有支撑，可按无侧移框架设计，其计算长度系数均小于 1，并且水平力由支撑承担，柱的弯矩较小。由此可以判断无需采用圆形或方形截面，排除选项 A、B。

柱应采用具有强、弱轴的截面，并将柱的强轴用于 X 方向，弱轴用于 Y 轴（支撑平面内）。根据上述分析可知，选项 D 最为合理。

正确答案：D

3 砌 体 结 构

3

流程图目录

3

3.1 考试常用条文与内容

3.1.1 砌体结构在考试中常用条文

《砌规》在考试中常用条文汇总见表 3-1，《抗规》在考试中常用条文汇总见表 3-2。

表 3-1 《砌规》在考试中常用条文汇总[1]

章节	规范条文代号						
2. 术语与符号	2.1.3 条	2.1.5 条	2.1.8 条	2.1.13 条	2.1.14 条	2.1.15 条	2.1.27 条
3. 材料	3.2.1 条★	3.2.2 条★	3.2.3 条★	3.2.4 条	3.2.5 条	—	—
4. 基本设计规定	4.1.5 条	4.1.6 条	4.1.7 条	—	—	—	—
	4.2.1 条★	4.2.2 条	4.2.5 条★	4.2.6 条★	4.2.8 条★	4.2.9 条	—
5. 无筋砌体构件	5.1.1 条★	5.1.2 条★	5.1.3 条★	5.1.4 条★	5.1.5 条	—	—
	5.2.1 条★	5.2.2 条★	5.2.3 条★	5.2.5 条★	5.2.6 条★	—	—
	5.4.1 条	5.4.2 条	—	—	—	—	—
	5.5.1 条	—	—	—	—	—	—
6. 构造要求	6.1.1 条★	6.1.2 条★	6.1.3 条	6.1.4 条★	—	—	—
	6.2.1 条	6.2.5 条	6.2.6 条	6.2.7 条	6.2.11 条	—	—
7. 圈梁、过梁、墙梁及挑梁	7.1.2 条	7.1.3 条	7.1.5 条	—	—	—	—
	7.2.1 条	7.2.2 条★	7.2.3 条★	7.2.4 条	—	—	—
	7.3.2 条	7.3.3 条	7.3.4 条★	7.3.6 条★	7.3.8 条	7.3.9 条★	7.3.12 条
	7.4.1 条	7.4.2 条★	7.4.3 条	7.4.4 条★	7.4.6 条★	7.4.7 条	—
8. 配筋砖砌体构件	8.1.1 条	8.1.2 条★	8.1.3 条	—	—	—	—
	8.2.1 条	8.2.3 条	8.2.4 条	8.2.5 条	8.2.6 条	8.2.7 条★	8.2.8 条
9. 配筋砌块砌体构件	9.2.1 条	9.2.2 条★	9.2.3 条	9.2.4 条	—	—	—
	9.3.1 条★	9.3.2 条★	—	—	—	—	—
	9.4.1 条	9.4.2 条	9.4.3 条	—	—	—	—
10. 砌体结构构件抗震设计	10.1.2 条	10.1.4 条	10.1.5 条★	10.1.6 条	10.1.9 条	10.1.10 条	10.1.13 条
	10.2.1 条★	10.2.2 条★	10.2.4 条	—	—	—	—
	10.3.1 条★	10.3.2 条★	10.3.4 条	10.3.6 条	—	—	—
	10.4.4 条★	10.4.5 条	10.4.9 条	10.4.11 条	—	—	—
	10.5.2 条★	10.5.3 条★	10.5.4 条★	10.5.5 条★	10.5.7 条★	10.5.8 条★	10.5.9 条
	10.5.10 条	10.5.12 条	10.5.13 条	10.5.14 条	—	—	—
附录	附录 A	附录 C	附录 D★	—	—	—	—

[1] 加★者为注册结构考试中重点考查条文。

表 3–2	《抗规》在考试中常用条文汇总❶					
章节	规范条文代号					
3. 基本规定	3.9.2 条	—	—	—	—	—	—
5. 地震作用和结构抗震验算	5.1.2 条	5.1.3 条	5.2.1 条★	5.2.6 条	—	—	—
	5.4.1 条	5.4.2 条					
7. 多层砌体房屋和底部框架砌体房屋	7.1.2 条	7.1.3 条	7.1.4 条	7.1.5 条	7.1.6 条	7.1.7 条	7.1.8 条
	7.2.1 条	7.2.2 条★	7.2.3 条★	7.2.4 条★	7.2.5 条	7.2.6 条	7.2.7 条
	7.2.8 条	7.2.9 条	—	—	—	—	—
	7.3.1 条★	7.3.2 条	7.3.3 条	7.3.5 条	7.3.8 条	7.3.14 条	
	7.4.1 条★	7.4.2 条★	7.4.3 条	7.4.4 条	7.4.5 条		
	7.5.1 条	7.5.2 条	7.5.3 条	7.5.4 条	7.5.6 条	7.5.7 条	
13. 非结构构件	13.2.3 条	—	—	—	—	—	—
附录	附录 M.2	—	—	—	—	—	—

3.1.2 砌体结构常考的内容

（1）确定静力计算方案（刚性方案、刚弹性方案、弹性方案）；

（2）圈梁、过梁、墙梁、挑梁（雨篷）的计算；

（3）构造内容（圈梁、构造柱）；

（4）调整系数 γ_a（《砌规》第 3.2.3 条）；

（5）修正系数 γ_β（《砌规》第 5.1.2 条）；

（6）高厚比（可以类比钢结构的相关概念）；高厚比 β 与长细比 λ 之间的关系。高厚比 β 描述的是二维构件（各类板件、墙体等）中刚度及稳定性的指标；而长细比 λ 描述的是一维构件（各类杆件）中刚度及稳定性的指标；

（7）计算墙体抗震承载力；

（8）配筋砖、砌块砌体结构。

3.2 材料和基本设计规定

3.2.1 块体的强度等级

块体的强度等级❷是根据标准试验方法所得到的抗压极限强度划分的。

强度等级用符号 MU（Masonry Uint）表示，MU 表示砌体中的块体强度等级的符号，其后数字表示块体强度的大小，单位为 N/mm²。

3.2.2 砂浆的强度等级

砂浆的强度等级系采用 70.7mm 立方体标准试块，龄期为 28d 的极限抗压强度平均值确

---

❶ 加★者为注册结构考试中重点考查条文。

❷ ① 块体的强度等级是根据抗压强度平均值确定的，与混凝土不同。② 砖的强度等级的确定除了要考虑抗压强度外，还需考虑抗折强度。

定。砂浆试块的底模对砂浆强度的影响颇大，砂浆标准中规定采用烧结黏土砖的干砖作底模。对于非黏土砖砌体，有些技术标准要求用相应的块材作底模。

砂浆的强度等级用字母 M（Mortar）表示，其后的数字表示砂浆强度大小，单位为 N/mm²。砂浆的强度等级分为 M15、M10、M7.5、M5 和 M2.5❶。

3.2.3 材料受力图示与施工质量等级

材料受力图示见图 3-1～图 3-3，施工质量等级见表 3-3。

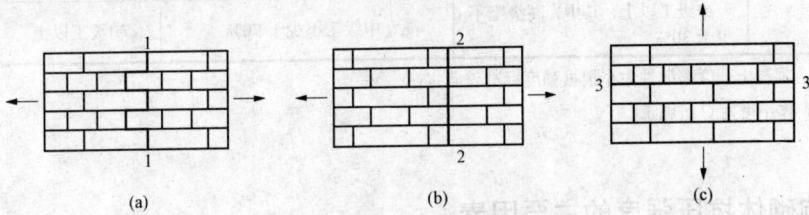

图 3-1　砌体轴心受拉破坏特征
（a）沿齿缝破坏；（b）沿块体和竖向灰缝破坏；（c）沿水平通缝截面破坏

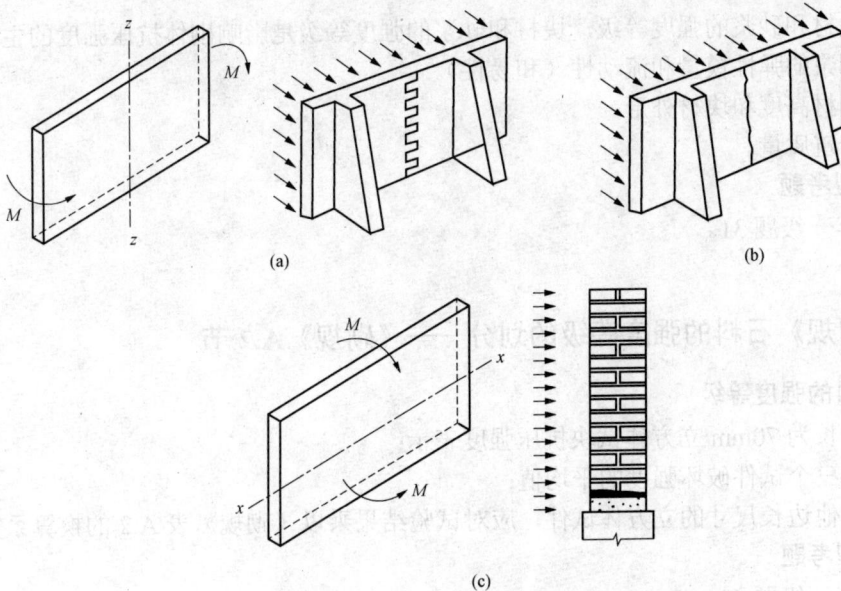

图 3-2　砌体弯曲受拉破坏
（a）沿齿缝破坏；（b）沿块体及竖缝破坏；（c）沿水平通缝破坏

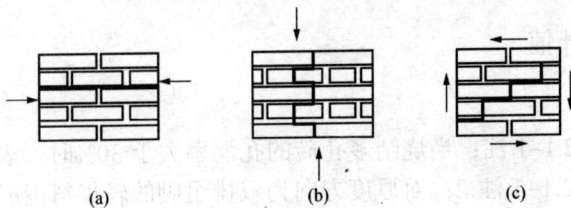

图 3-3　砌体受剪破坏特征
（a）沿水平灰缝破坏；（b）沿齿缝破坏；（c）沿阶梯形缝破坏

---

❶ M2.5 的水泥砂浆，需要进行强度调整。

表 3–3　　　　　　砌体施工质量控制等级（GB 50203—2011 表 3.0.15）

项　目	施工质量控制等级		
	A	B	C
现场质量管理	监督检查制度健全，并严格执行；施工方有在岗专业技术管理人员，人员齐全，并持证上岗	监督检查制度基本健全，并能执行；施工方有在岗专业技术管理人员，人员齐全，并持证上岗	有监督检查制度；施工方有在岗专业技术管理人员
砂浆、混凝土强度	试块按规定制作，强度满足验收规定，离散性小	试块按规定制作，强度满足验收规定，离散性较小	试块按规定制作，强度满足验收规定，离散性大
砂浆拌和	机械拌和；配合比计量控制严格	机械拌和；配合比计量控制一般	机械或人工拌和；配合比计量控制较差
砌筑工人	中级工以上，其中，高级工不少于30%	高、中级工不少于70%	初级工以上

注：1. 砂浆、混凝土强度离散性大小根据强度标准差确定；
　　2. 配筋砌体不得为 C 级施工。

3.2.4　影响砌体抗压强度的主要因素

1. 易错点

（1）块材和砂浆的强度等级，块材和砂浆的强度等级是影响砌体抗压强度的主要因素。

（2）砂浆的弹性模量和流动性（和易性）。

（3）块材高度和块材外形。

（4）砌筑质量。

2. 典型考题

2011 年一级题 31。

3.2.5　《砌规》石料的强度等级的划分——《砌规》A.2 节

1. 石料的强度等级

（1）边长为 70mm 立方体试块抗压强度表示；

（2）取三个试件破坏强度的平均值；

（3）其他边长尺寸的立方体试件，应对试验结果乘以《砌规》表 A.2 的换算系数。

2. 典型考题

2005 年一级题 40。

3.2.6　砌体强度设计值

1. 易错点

（1）《砌规》表 3.2.1–1 注：当烧结多孔砖的孔洞率大于 30% 时，表中数值应乘以 0.9。

（2）《砌规》表 3.2.1–5 注 2：对厚度方向为双排组砌的轻集料混凝土砌块砌体的抗压强度设计值，应按表中数值乘以 0.8。

（3）《砌规》表 3.2.1–6 注：对细料石砌体、粗料石砌体和干砌勾缝砌体，表中数值应分别乘以系数 1.4、1.2 和 0.8。

（4）灌孔砌块砌体强度设计值 $f_g = f + 0.6\alpha f_c$，仅需对式中 f 调整。

（5）《砌规》第 5.2.1 条：砌体局部受压承载力验算时所用 f，不考虑截面积过小引起的强度调整。

（6）《砌规》第 5.5.1 条：所用 f_v 和 f，均取调整后的值。

（7）《砌规》第 8.1.2 条：网状配筋砌体仅对其中的 f 调整，并非对 f_n 的调整。

（8）注意砌体柱作为独立柱时的强度系数的修正。

（9）施工质量为 A、B、C 级时，砌体强度的调整。

（10）注意砌体强度调整顺序： 表下注 → 构件截面积 → 水泥砂浆 。

（11）砌体强度设计值的调整系数（表 3-4）。

表 3-4　　　　　砌体强度设计值的调整系数（《砌规》第 3.2.3 条）

序号	情　况		γ_a 取值	备注
1	无筋砌体构件截面积 $A < 0.3\text{m}^2$		0.7+A	面积 A 的单位以 m^2 计
2	配筋砌体构件中砌体截面积 $A < 0.2\text{m}^2$		0.8+A	
3	采用小于 M5.0 水泥砂浆砌筑的各类砌体	《砌规》表 3.2.1 的抗压强度	0.9	仅 M2.5 的水泥砂浆符合此款要求
4		《砌规》表 3.2.2 的轴心抗拉、弯曲抗拉、抗剪强度	0.8	
5	验算施工中房屋构件的砌体		1.1	取值大于 1.0 的情况
6	施工质量等级	A 级	1.05	一
		C 级	0.89	

2. 典型考题

2011 年一级题 32；2012 年一级题 31；2012 年一级题 32。

3.2.7　灌孔混凝土砌块砌体计算——《砌规》第 3.2.1 条、第 3.2.2 条

1. 流程图

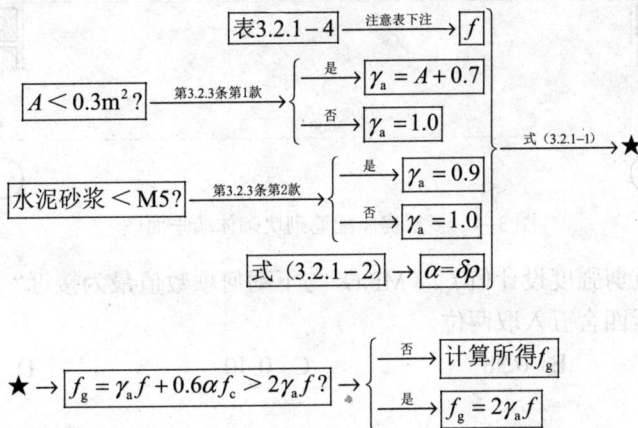

流程图 3-1　灌孔混凝土砌块砌体计算（《砌规》第 3.2.1 条）

由流程图 3-1 知，《砌规》式（3.2.1-1）实质要求混凝土对灌孔后的砌体强度的增强值 $0.6\alpha f_c \leqslant \gamma_a f$。

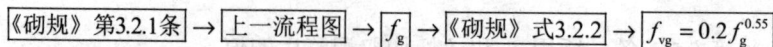

$$\boxed{《砌规》第3.2.1条} \rightarrow \boxed{上一流程图} \rightarrow \boxed{f_g} \rightarrow \boxed{《砌规》式3.2.2} \rightarrow \boxed{f_{vg} = 0.2 f_g^{0.55}}$$

流程图 3-2　灌孔砌体的抗剪强度设计值（《砌规》第 3.2.2 条）

2. 易考点

（1）计算 f_{vg}；

（2）截面面积对强度调整系数的影响；

（3）砌体的抗压强度设计值计算及限值；

（4）独立柱砌体抗压强度设计值的取用；

（5）计算 $\alpha = \delta\rho$；

（6）判断 $f_g = f + 0.6\alpha f_c < 2f$ 的大小关系，确定 f_g 的取值。

3. 典型考题

2009 年一级题 31、2014 年一级题 34。

2004 年二级题 37、2004 年二级题 43、2005 年二级题 45、2006 年二级题 32、2006 年二级题 33、2006 年二级题 34、2009 年二级题 42、2011 年二级题 32、2014 年二级题 32、2016 年二级题 45、2016 年二级题 46。

考题精选 3-1：砌体的抗剪强度设计值（2014 年一级题 34）

一多层房屋配筋砌块砌体墙，平面如图 3-4 所示，结构安全等级二级。砌体采用 MU10 级单排孔混凝土小型空心砌块、Mb7.5 级砂浆对孔砌筑，砌块的孔洞率为 40%，采用 Cb20（$f_t=1.1$MPa）混凝土灌孔，灌孔率为 43.75%，内有插筋共 5φ12（$f_y=270$MPa），构造措施满足规范要求，砌体施工质量控制等级为 B 级，承载力验算时不考虑墙体自重。

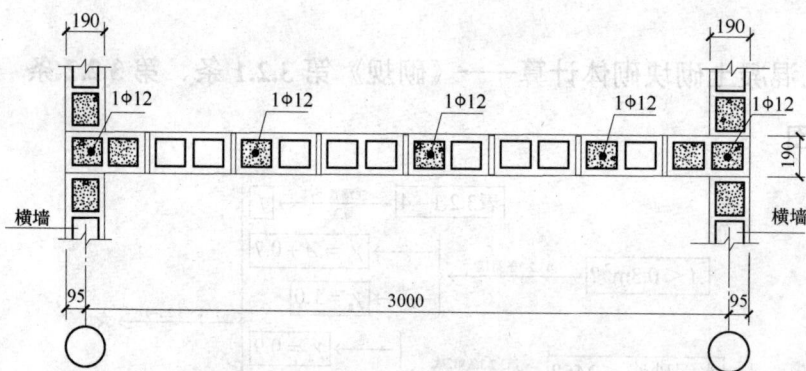

图 3-4　多层房屋配筋砌块砌体墙平面图

试问，砌体的抗剪强度设计值 f_{vg}（MPa）与下列何项数值最为接近？

提示：小数点后四舍五入取两位。

A. 0.33　　　　　　B. 0.38　　　　　　C. 0.40　　　　　　D. 0.48

解答过程：

根据《砌规》GB 50003—2011 表 3.2.1-4，砌体抗压强度 $f = 2.5$N/mm²

混凝土砌块砌体中灌孔混凝土面积与砌体毛面积的比值 $\alpha = \delta\rho = 0.4 \times 0.4375 = 0.175$

根据《砌规》式（3.2.1-1）和式（3.2.1-2），柱砌体的抗压强度设计值

$$f_g = f + 0.6\alpha f_c = 2.5 + 0.6 \times 0.175 \times 9.6 = 3.508 \text{N/mm}^2 < 2f = 2 \times 2.5 = 5\text{N/mm}^2$$

取 $f_g = 3.508 \text{N/mm}^2$

根据《砌规》式（3.2.2），砌体的抗剪强度设计值 $f_{vg} = 0.2 f_g^{0.55} = 0.2 \times 3.508^{0.55} = 0.40\text{MPa}$

注：灌孔率为 43.75% 的计算过程，$\rho = \dfrac{7}{7+9} = 43.75\%$，墙体按照一字形墙体计算，本题中有 7 个灌孔处，另有 9 个孔未灌实。

正确答案：C

3.3 砌体设计方法

3.3.1 砌体结构极限状态设计方法

1. 流程图

砌体结构极限状态设计方法见流程图 3-3。

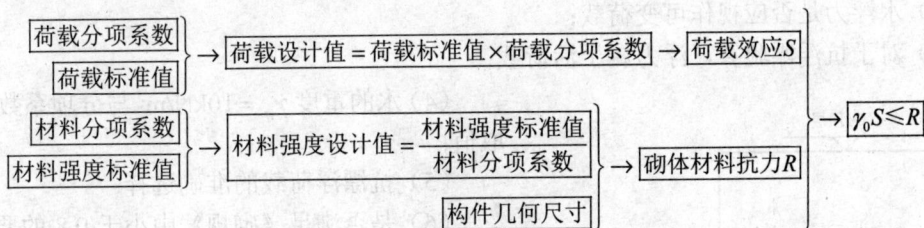

流程图 3-3　砌体结构极限状态设计方法

2. 典型考题

2009 年一级题 41。

3.3.2 结构重要性系数取值——《砌规》第 4.1.4 条、第 4.1.5 条

易错点

（1）根据《砌规》第 4.1.4 条和 4.1.5 条，砌体结构的安全等级、设计使用年限决定了结构重要性系数 γ_0 的取值。

（2）由承载能力极限状态设计表达式 $\gamma_0 S \leq R$ 知，结构重要性系数 γ_0，对应荷载效应 S 一侧，是对荷载效应 S 调整，与材料的抗力 R 无关。同时，还应注意仅对承载能力极限状态有效，与其他状态如正常使用极限状态无关。

（3）结构重要性系数取值（表 3-5）。

表 3–5　　　　　　　　　　　　　　　结构重要性系数取值

序号	安全等级与设计使用年限	结构重要性系数 γ_0
1	一级	$\gamma_0 \geq 1.1$
	>50 年	
2	二级	$\gamma_0 \geq 1.0$
	等于 50 年	
3	三级	$\gamma_0 \geq 0.9$
	1～5 年	

3.3.3　砌体结构倾覆、滑移、漂浮验算——《砌规》第 4.1.6 条

1. 流程图

$$\boxed{《砌规》第4.1.6条} \rightarrow \boxed{\begin{array}{l}\boxed{漂浮荷载效应值} \rightarrow \boxed{\gamma_0 S_1} \\ \boxed{抗漂浮荷载效应} \rightarrow \boxed{S_2}\end{array}} \rightarrow \boxed{\dfrac{\gamma_0 S_1}{S_2}}$$

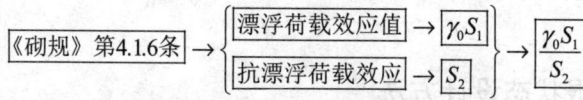

流程图 3–4　漂浮验算（《砌规》第 4.1.6 条）

2. 易考点

（1）本条适用于"砌体结构作为一个刚体"的情况；

（2）水浮力是否应视作可变荷载；

（3）对于抗浮漂验算，浮力属于活荷载；

（4）水的重度 $\gamma_w = 10\text{kN/m}^3$ 与分项系数 1.4 的取值；

（5）抗漂浮荷载的准确选择；

（6）是否满足《砌规》中小于 0.8 的要求；

（7）正确选用 S_{G1k} 和 S_{G2k}。

3. 典型考题

2005 年一级题 30。2013 年二级题 45。

考题精选 3–2：抗漂浮验算（2005 年一级题 30）

某烧结普通砖砌体结构，应特殊需要需设计有地下室，如图 3–5 所示。房屋的长度为 L，宽度为 B，抗浮设计水位为 -1.0m，基础底面标高为 -4.0m；算至基础底面的全部恒荷载标准值 $g_k = 50\text{kN/m}^2$，全部活荷载标准值 $p_k = 10\text{kN/m}^2$；结构重要性系数 $\gamma_0 = 0.9$。

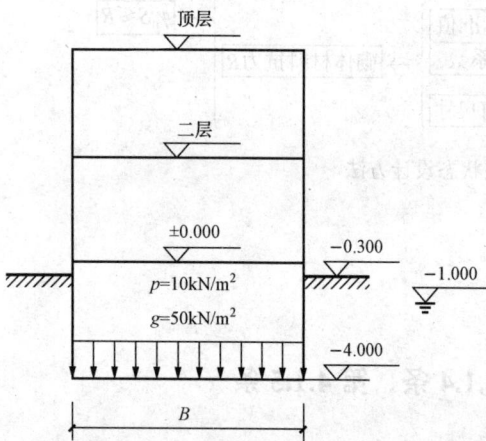

图 3–5　普通砖砌体结构示意图

在抗漂浮验算中，漂浮荷载效应值 $\gamma_0 S_1$ 与抗漂浮荷载效应 S_2 之比，应与下列何组数值最为接近？

提示：砌体结构按刚体计算，水浮力按活荷载计算。

A. $\gamma_0 S_1 / S_2 = 0.85 > 0.8$；不满足漂浮验算　　B. $\gamma_0 S_1 / S_2 = 0.75 < 0.8$；满足漂浮验算

C. $\gamma_0 S_1 / S_2 = 0.70 < 0.8$；不满足漂浮验算　　D. $\gamma_0 S_1 / S_2 = 0.65 < 0.8$；不满足漂浮验算

解答过程:

水浮力按可变荷载计算,根据《砌规》GB 50003—2011 第 4.1.6 条,

水的重度 $\gamma_w =10\text{kN}/\text{m}^3$,可变荷载的分项系数为 1.4,

$\gamma_0 S_1 = 0.9 \times 1.4 \times 10 \times (4-1) = 37.8\text{kN}/\text{m}^2$

抗漂浮荷载仅考虑永久荷载,则 S_2 =50kN/m²,

$\dfrac{\gamma_0 S_1}{S_2} = \dfrac{37.8}{50} = 0.756 < 0.8$,满足漂浮验算。

正确答案:B

3.3.4 房屋静力计算方案——《砌规》第 4.2.1 条、第 4.2.3 条、第 4.2.4 条

易错点

(1) s 为整体房屋中横墙间最大间距(m)。

(2)对于无山墙或伸缩缝处无横墙的房屋,应按弹性方案考虑。

(3)当横墙不能同时符合上述要求时,应对横墙的刚度进行验算,如其最大水平位移值 $u_{max} \leq \dfrac{H}{4000}$（ H 为横墙总高度）时,仍可视作刚性或刚弹性方案房屋的横墙。

(4)凡符合上述第 3 条刚度要求的一段横墙或其他结构构件(如框架等),也可视作刚性或刚弹性方案房屋的横墙。

(5)房屋静力计算方案的类型见表 3–6,房屋静力计算方案中横墙的含义见图 3–6,不同静力计算方案计算方法见表 3–7。

表 3–6   房屋静力计算方案的类型

序号	方案类型	类 型 描 述
1	刚性方案	房屋的空间刚度比较大,在水平荷在作用下,房屋的位移比较小,在内力计算时,可将墙体视为一竖向的梁,楼盖和屋盖为该梁的不动铰支座
2	弹性方案	房屋的空间刚度比较小,在荷载作用下位移比较大,内力计算时,按屋架与墙柱铰接的排架或框架计算内力
3	刚弹性方案	房屋的空间刚度介于上述两者之间,在荷载作用下,房屋的位移不能忽略不计,在内力计算时按排架或框架计算,但要增加弹性支座

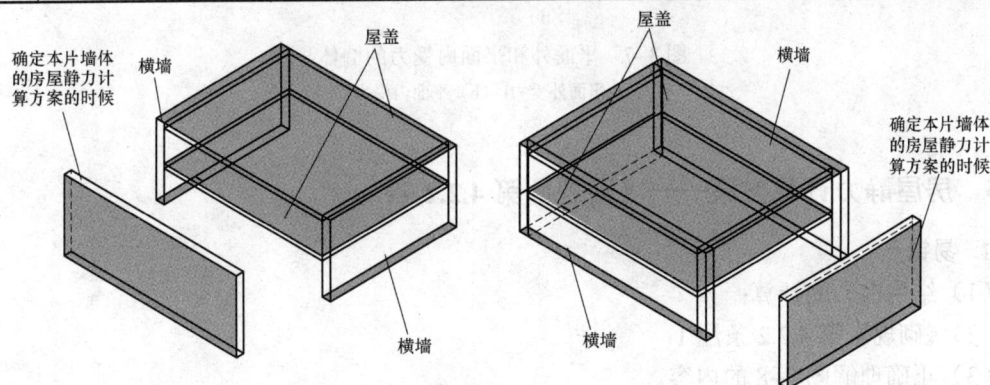

图 3–6 房屋静力计算方案中横墙的含义

357

表 3-7 不同静力计算方案计算方法

《砌规》第 4.2.3 条	弹性方案	屋架、大梁与墙（柱）铰接、不考虑空间工作的平面排架或框架计算	
《砌规》第 4.2.4 条	刚弹性方案	屋架、大梁与墙（柱）铰接并考虑空间工作的平面排架或框架计算	
《砌规》第 4.2.5 条	刚性方案	单层房屋	墙柱视为上端不动铰支承于房屋，下端嵌固于基础的竖向构件
		多层房屋	竖向荷载作用下，每层墙柱视作两端铰支的竖向构件
			水平荷载作用下，墙柱视作连续梁

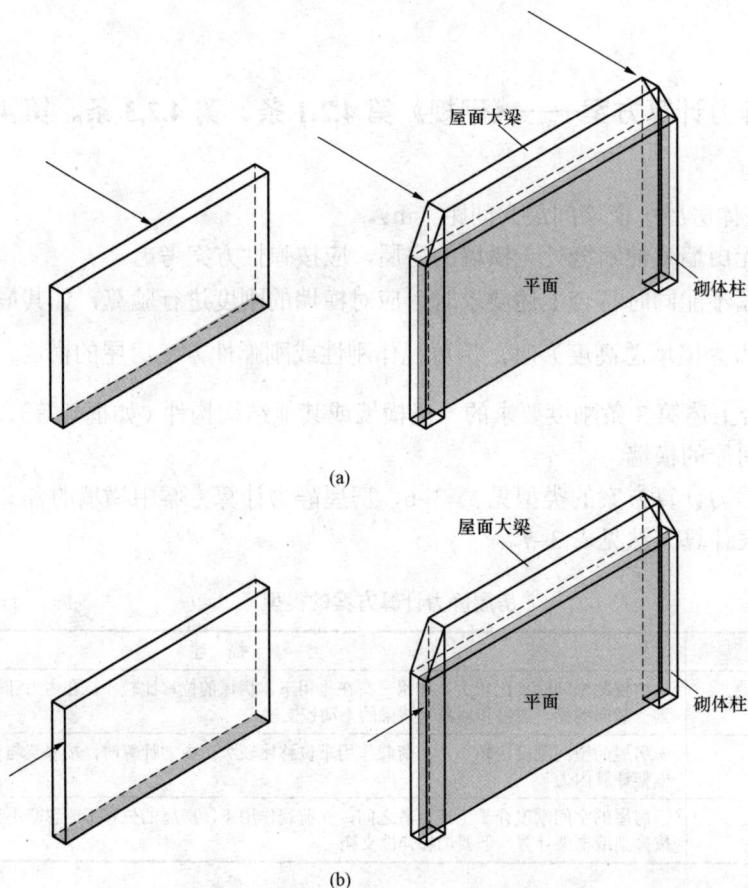

(a)

(b)

图 3-7 平面外和平面内受力的墙体

（a）平面外受力；（b）平面内受力

3.3.5 房屋静力计算方案——《砌规》第 4.2.2 条

1. 易错点

（1）结构内力的计算；

（2）《砌规》第 4.2.2 条注 1；

（3）正确理解图 3-8 的内容。

（4）弹性模量 $E=1600f$ 中的 f 无需调整，直接采用《砌规》表格内的数值。

2. 典型题目

《砌体结构设计手册》（第四版）例题 3-8-9

某无吊车厂房如图 3-8 所示，屋面为有檩体系钢筋混凝土屋盖，采用带壁柱砖墙承重，采用 MU10 承重多孔砖，M5 混合砂浆。在风荷载作用下的柱顶集中风力 $W = 2.5\text{kN}$，迎风面均布荷载 $w_1 = 2.45\text{kN/m}$，背风面均布荷载 $w_2 = 1.52\text{kN/m}$。试确定房屋的静力计算方案。

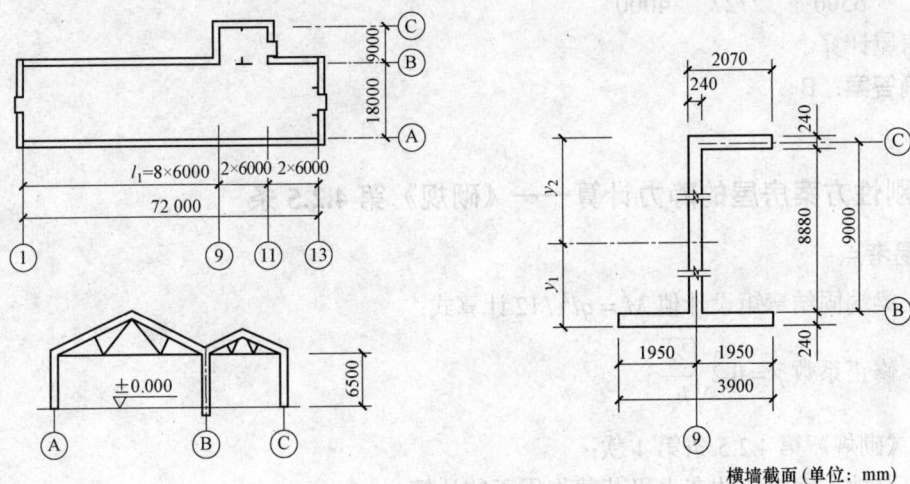

横墙截面（单位：mm）

图 3-8　无吊车厂房示意

提示：$A = 3.564 \times 10^6 \text{mm}^2$，$y_1 = 4118\text{mm}$，$I = 4.268 \times 10^{13} \text{mm}^4$。

横墙最大的水平变位 $u_{\max} = \dfrac{nP_1 H^3}{6EI} + \dfrac{2.5nP_1 H}{EA}$，式中 n 为两相邻横墙的开间数

A. 刚性方案　　　　　B. 刚弹性方案　　　　　C. 弹性方案　　　　　D. 不确定

解答过程：

（1）厂房屋盖属于第 2 类，根据《砌规》GB 50003—2011 第 4.2.2 条注 1，如果满足关于刚性横墙变形 $u_{\max} \leqslant \dfrac{H}{4000}$ 的要求时，则横墙最大间距为 $s = l_1 = 48\text{m}$，仍为刚弹性方案房屋范围内，否则该房屋的静力计算方案为弹性方案房屋计算。

（2）作用于柱顶的水平力

作用于屋架下弦的集中风荷载 $W = 2.5\text{kN}$，均布风荷载作用下，

排架无侧移时的柱顶反力

$$R = \frac{3}{8}(w_1 + w_2)H = \frac{3}{8} \times (2.45 + 1.52) \times 6.5 = 9.68\text{kN}$$

柱顶水平力 $P_1 = W + R = 9.68 + 2.5 = 12.18\text{kN}$

（3）横墙最大的水平变位计算

查《砌规》表 3.2.1-1，$f = 1.5\text{N/mm}^2$，$E = 1600f = 1600 \times 1.5 = 2400\text{N/mm}^2$

两相邻横墙的开间数 $n = 2 + 8 = 10$

横墙最大的水平变位

$$u_{\max} = \frac{nP_1H^3}{6EI} + \frac{2.5nP_1H}{EA}$$

$$= \frac{10 \times 12180 \times 6500^3}{6 \times 2400 \times 4.268 \times 10^{13}} + \frac{2.5 \times 10 \times 12180 \times 6500}{2400 \times 3.564 \times 10^6}$$

$$= 0.286\text{mm}$$

$\dfrac{u_{\max}}{H} = \dfrac{0.286}{6500} = \dfrac{1}{22727} < \dfrac{1}{4000}$，满足刚性横墙的变形要求，厂房可按长度为 48m 的刚弹性方案房屋计算。

正确答案：B

3.3.6 刚性方案房屋的静力计算——《砌规》第 4.2.5 条

1. 易考点

（1）梁端固结弯矩设计值 $M = ql^2/12$ 计算式；

（2）修正系数 $\gamma = 0.2\sqrt{\dfrac{a}{h_\mathrm{T}}}$；

（3）《砌规》第 4.2.5 条第 4 款；

（4）刚性方案中墙体在水平荷载作用下的计算；

（5）层高的取值；

（6）力学中弯矩的计算公式；

（7）单层房屋在荷载作用下的竖向构件的计算模型；

（8）多层房屋在竖向荷载作用下的竖向构件的计算模型；

（9）对墙、柱的实际偏心影响的考虑；

（10）对于梁跨度大于 9m 的多层房屋，应考虑梁端约束弯矩的影响。

2. 典型考题

2005 年一级题 32、2016 年一级题 32。2014 年二级题 35。

考题精选 3-3：二层梁端约束弯矩设计值（2014 年二级题 35）

某三层砌体结构房屋局部平面布置图如图 3-9 所示，每层结构布置相同，层高均为 3.6m。墙体采用 MU10 级烧结普通砖、M10 级混合砂浆砌筑，砌体施工质量控制等级 B 级。现浇钢筋混凝土梁（XL）截面为 250mm×800mm，支承在壁柱上，梁上刚性垫块尺寸为 480mm×360mm×180mm，现浇钢筋混凝土楼板。梁端支承压力设计值为 N_l，由上层墙体传来的荷载轴向压力设计值 N_u。

假定，墙 A 的截面折算厚度 $h_\mathrm{T} = 0.4\text{m}$，作用在 XL 上的荷载设计值（包括恒荷载、梁自重、活荷载）为 30kN/m，梁 XL 计算跨度为 12m。试问，二层 XL 梁端约束弯矩设计值（kN·m），与下列何项数值最为接近？

A. 70　　　　B. 90　　　　　　C. 180　　　　　　D. 360

解答过程：

现浇梁 XL 计算跨度为 12m，大于 9m，根据《砌规》GB 50003—2011 第 4.2.5 条第 4 款，

梁端约束弯矩可按梁两端固结计算梁端弯矩，再将其乘以修正系数 γ。

梁端固结弯矩设计值 $M = ql^2 / 12 = 30 \times 12^2 / 12 = 360\text{kN} \cdot \text{m}$

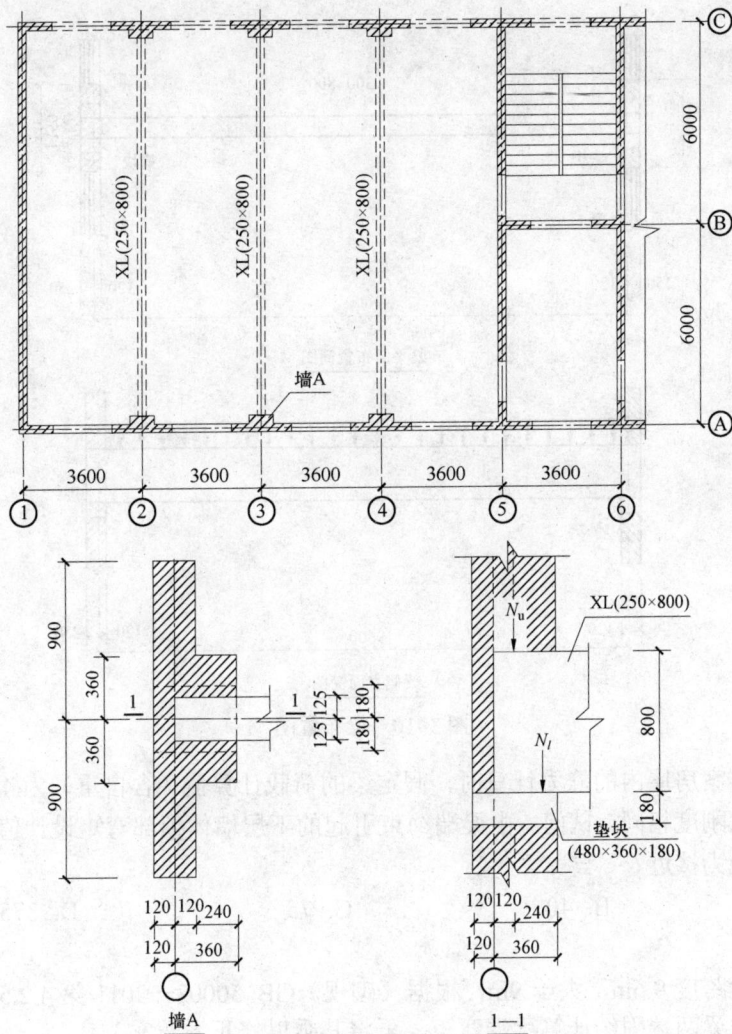

图 3-9 局部平面布置图

由图 3-9 知，梁实际支承长度 $a = 120 + 240 = 360\text{mm}$，$h_T = 400\text{mm}$

修正系数 $\gamma = 0.2\sqrt{\dfrac{a}{h_T}} = 0.2\sqrt{\dfrac{360}{400}} = 0.19$

则二层 XL 梁端约束弯矩设计值 $0.19 \times 360 = 68.4\text{kN} \cdot \text{m}$

正确答案：A

考题精选 3-4：由梁端约束引起的下层墙体顶部弯矩设计值（2016 年一级题 32）

某砖混结构多功能餐厅，上下层墙体厚度相同，层高相同，采用 Mu20 普通砖和 Mb10 专用砂浆砌筑，施工质量为 B 级，建筑结构安全等级二级，现有一截面尺寸为 300mm×800mm

钢筋混凝土梁，支承于尺寸为 70mm×1350mm 的一字截面墙垛上，梁下拟设置钢筋混凝土垫块，垫块尺寸为 a_b=370mm，b_b=740mm，h_b=240mm，如图 3-10 所示。

提示：计算跨度 l=9.6m 考虑。

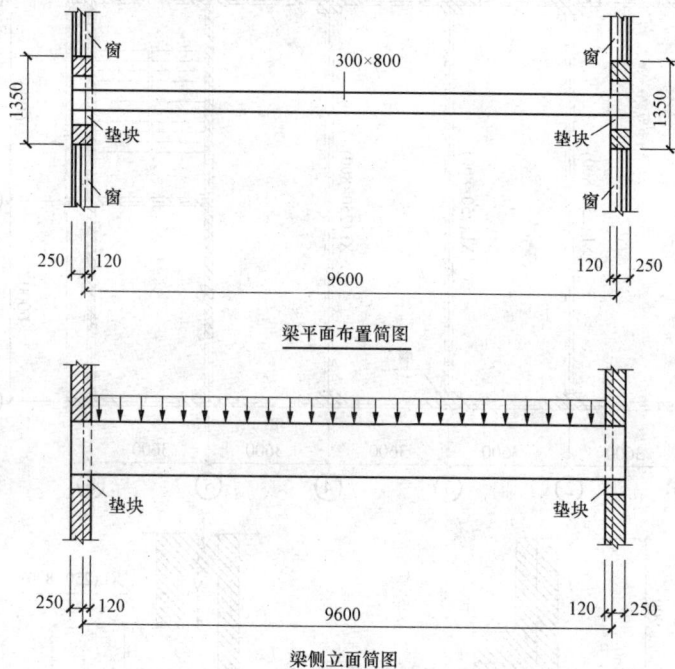

图 3-10　梁布置图

进行刚性方案房屋内的静力计算时，假定梁的荷载计算值（含自重）为 48.9kN/m，梁上下层墙体的线性刚度相同，试问：由梁端约束引起的下层墙体顶部弯矩设计值（kN·m），与下列何项数值最为接近？

A. 25　　　　　　B. 40　　　　　　C. 75　　　　　　D. 375

解答过程：

房屋进深梁跨度 9.6m，大于 9m，根据《砌规》GB 50003—2011 第 4.2.5 条第 4 款，梁端约束弯矩可按梁两端固结计算梁端弯矩，再将其乘以修正系数 γ。

梁端固结弯矩设计值 $M = ql^2/12 = 48.9 \times 9.6^2/12 = 375.55 \text{kN} \cdot \text{m}$

梁实际支承长度 a=120+250=370mm，墙厚 $h = 120 + 250 = 370 \text{mm}$

修正系数 $\gamma = 0.2\sqrt{\dfrac{a}{h}} = 0.2$

则梁端约束弯矩设计值 $0.2 \times 375.55 = 75.11 \text{kN} \cdot \text{m}$

因"梁上下层墙体的线性刚度相同"，则由梁端约束引起的下层墙体顶部弯矩设计值

$0.5 \times 75.11 = 37.56 \text{kN} \cdot \text{m}$

正确答案：B

3.3.7 风荷载引起的负弯矩——《砌规》第 4.2.6 条

1. 流程图

$$\boxed{\begin{array}{c}刚性方案\\ \hline 风荷载\end{array}} \rightarrow \boxed{《砌规》第4.2.5条} \rightarrow \boxed{\begin{array}{c}墙柱可视作\\竖向连续梁\end{array}} \rightarrow \boxed{第4.2.6条} \rightarrow \boxed{H_i} \rightarrow \boxed{M = -\dfrac{wH_i^2}{12}}$$

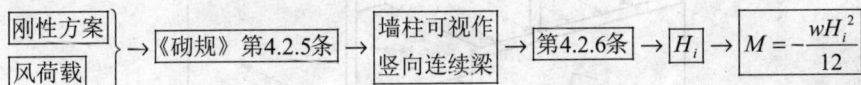

流程图 3-5　风荷载引起的负弯矩

2. 典型考题

2005 年一级题 32。

考题精选 3-5：风荷载引起的负弯矩标准值（2005 年一级题 32）

某砌体结构的多层房屋（刚性方案），如图 3-11 所示。试问：外墙在二层顶处由风荷载引起的负弯矩标准值（kN·m）应与下列何项数值最为接近？

提示：按每米墙宽计算。

A. −0.3

B. −0.4

C. −0.5

D. −0.6

解答过程：

根据《砌规》GB 50003—2011 第 4.2.5 条第 2 款，对刚性方案房屋的静力计算，水平荷载作用下，墙柱可视作竖向连续梁。

根据《砌规》第 4.2.6 条，二层层高 $H_i = 6.3 - 3.3 = 3\text{m}$，二层顶处由风荷载引起的负弯矩标准值 $M = -\dfrac{wH_i^2}{12} = -\dfrac{0.5 \times 3^2}{12} = -0.375\text{kN·m}$。

正确答案：B

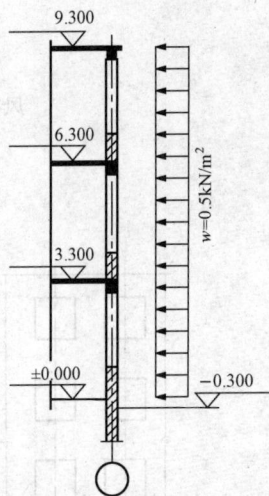

图 3-11　多层房屋受力简图

3.3.8 多层刚性方案房屋承重纵墙的计算——《砌规》第 4.2.6 条

侧向力的传递见图 3-12，多层刚性方案中风荷载的传递示意见流程图 3-6，刚性方案多层房屋计算简图见图 3-13。

1. 计算单元

同单层房屋一般取一个开间为计算单元。

2. 确定计算简图

竖向荷载作用下，假定墙体为以楼盖作为水平不动铰支座的竖向连续构件，如图 3-13 所示。因为楼板深入到墙体内，使墙体受到削弱，不能承担弯矩，所以简化为铰；下部轴向力较大，弯矩小，也可简化为铰。

对于风荷载，简化为一条竖向的连续梁，但对于刚性方案的房屋，当满足以下要求时，可不考虑风荷载对外墙、柱的内力影响（《砌规》第 4.2.6 条）。

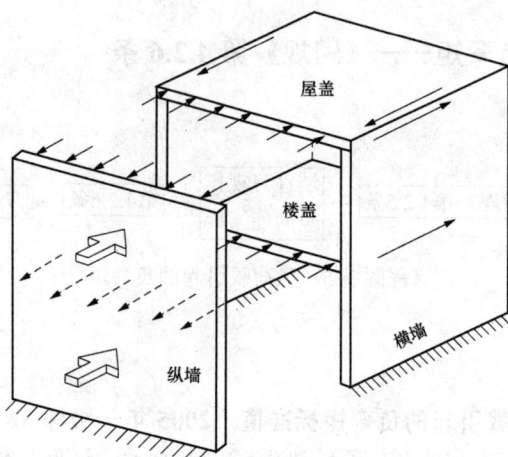

图 3-12　侧向力的传递

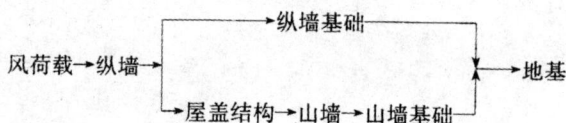

流程图 3-6　多层刚性方案中风荷载的传递示意

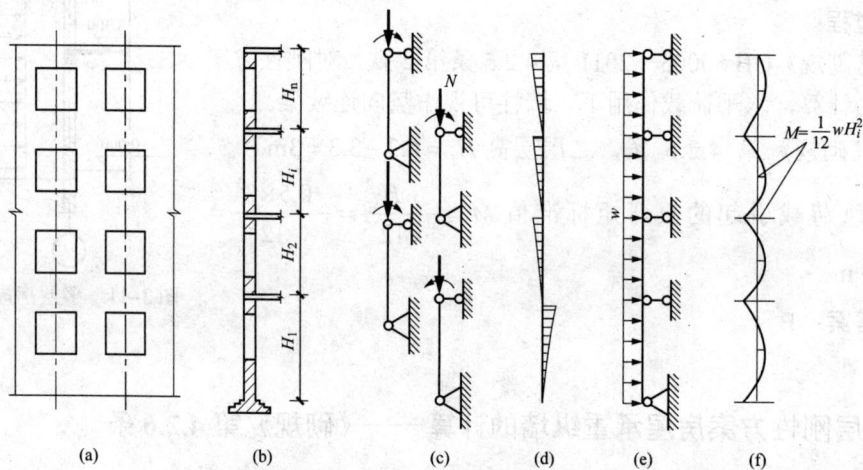

图 3-13　刚性方案多层房屋计算简图

3.3.9　带壁柱墙计算截面翼缘宽度——《砌规》第 4.2.8 条

带壁柱墙计算截面翼缘宽度 b_f 取值见表 3-8。

表 3-8　　　　带壁柱墙的计算截面翼缘宽度 b_f 取值（《砌规》第 4.2.8 条）

多层房屋	有门窗洞口（图 3-14）	取窗间墙宽度
	无门窗洞口（图 3-15）	取壁柱高度（层高）的 1/3，但不应大于相邻壁柱间的距离
单层房屋（图 3-16）		取壁柱宽 +2/3 墙高，但不应大于窗间墙宽度和相邻壁柱间的距离
带壁柱墙的条形基础（图 3-17）		取壁柱间距离

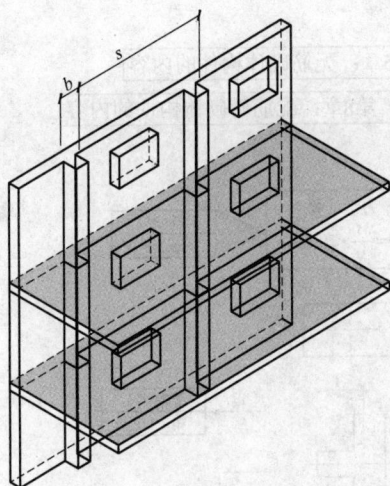

图 3-14　有门窗洞口多层房屋

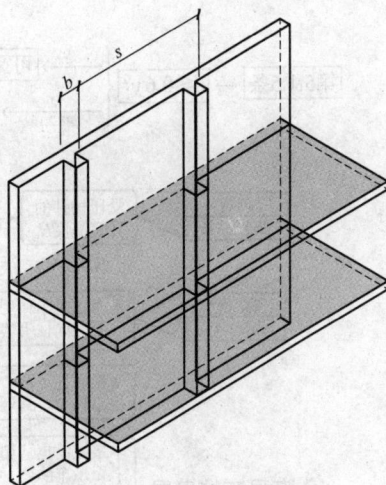

图 3-15　无门窗洞口多层房屋

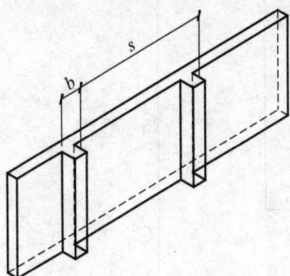

图 3-16　单层房屋

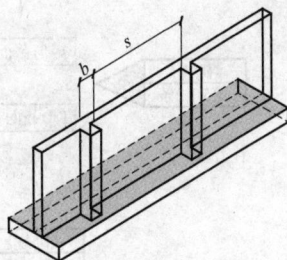

图 3-17　带壁柱墙的条形基础

3.4　无筋砌体构件

3.4.1　无筋砌体受压构件计算（流程图 3-7、流程图 3-8）

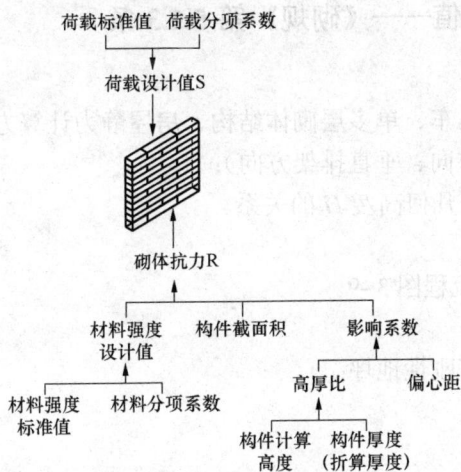

流程图 3-7　受压构件计算

第5.1.5条 → $e \leq 0.6y$?

是 → 可采用《砌规》第5章：无筋砌体构件的内容

否 第8.2.1条 → 应采用《砌规》第8章：配筋砖砌体构件的内容

《砌规》第5.1.3条 → 受压构件的计算高度H_0

表5.1.3

《砌规》第5.1.4条 → 不考虑吊车作用的变截面柱上段

变截面柱下段，按第1、2、3款

本条注：也适用于无吊车的变截面柱

有吊车的房屋

力学计算 $e = \dfrac{M}{N} < 0.6y$? ← 《砌规》第5.1.5条

否 → 《砌规》第8.1.2条

《砌规》第5.1.2条 → 矩形截面 — 式(5.1.2-1) → $\beta = \gamma_\beta \dfrac{H_0}{h}$

T形截面 — 式(5.1.2-2) → $\beta = \gamma_\beta \dfrac{H_0}{h_T}$

是

A

《砌规》附录D → 影响系数φ

《砌规》第5.1.1条 → $N \leq \varphi f A$

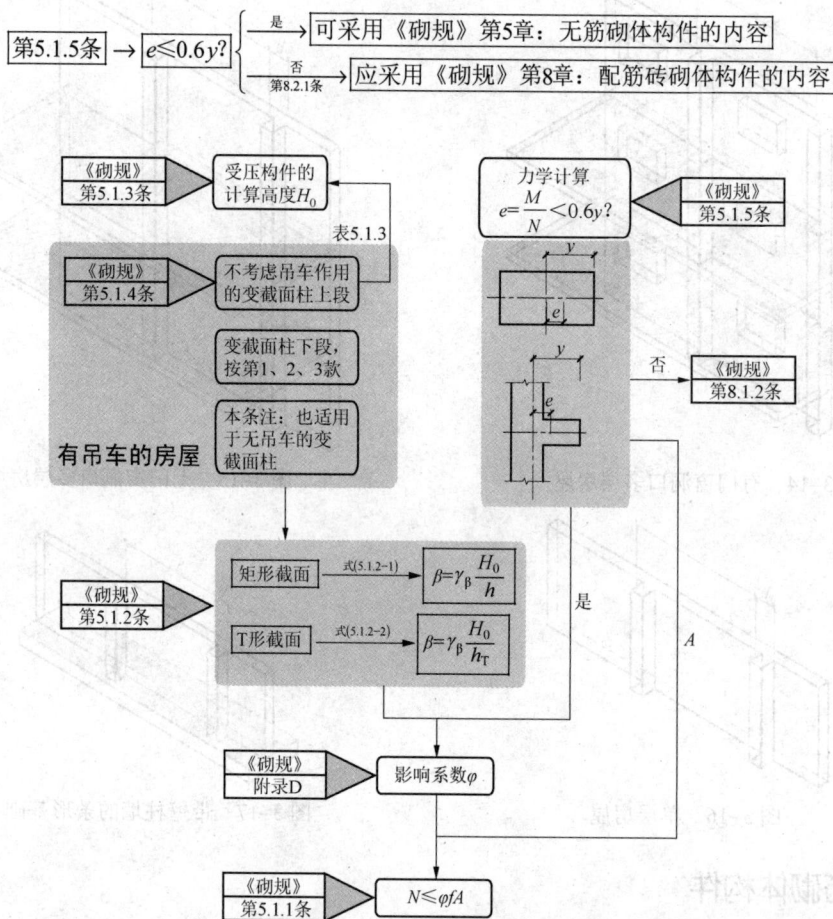

流程图 3-8 受压构件计算条文总览

3.4.2 构件高度 H 的取值——《砌规》第5.1.3条

1. 易错点

（1）房屋类别（有无吊车、单多层砌体结构、房屋静力计算方案）；

（2）柱的方向（排架方向、垂直排架方向）；

（3）横墙间距 s 与构件几何高度 H 的关系。

2. 流程图

构件高度 H 的取值见流程图 3-9。

3. 易考点

（1）埋置深度较深且有刚性地坪；

（2）山墙高度的取值。

4. 典型考题

2003 年一级题 30；2003 年一级题 31；2007 年一级题 34。

流程图中：

构件高度 H → 底层 → 楼板顶面到构件下端支点的距离 → 下端位置 → 一般情况 → 取在基础顶面

当埋置较深且有刚性地坪 → 取室外地面下500mm

其他层 → 楼板 / 其他水平支点间的距离

山墙 → 无壁柱 → 取层高加山墙尖高度的 $\frac{1}{2}$

带壁柱 → 取壁柱处的山墙高度

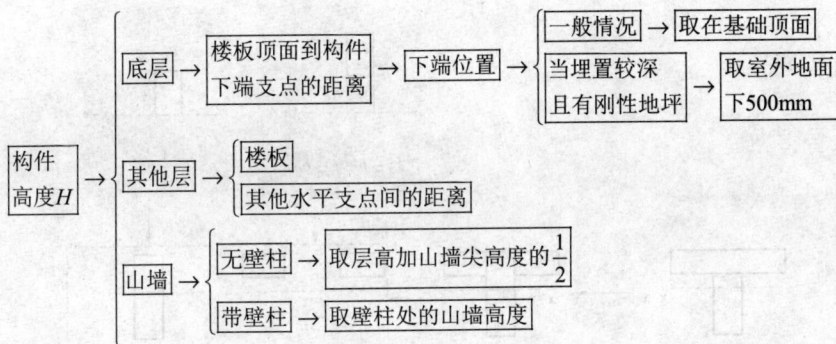

流程图 3–9　构件高度 H 的取值（《砌规》第 5.1.3 条）

3.4.3　有吊车的变截面柱下段的计算高度 H_0 取值要点——《砌规》第 5.1.4 条

1. 易错点

（1）《砌规》第 5.1.4 条适用于变截面柱下段的计算高度（表 3–9）。

（2）《砌规》第 5.1.4 条的注。

表 3–9　　　　　有吊车的变截面柱下段的计算高度（《砌规》第 5.1.4 条）

H_u/H 的情况	H_0 取值
$H_u/H \leqslant 1/3$	取无吊车房屋的 H_0
$1/3 < H_u/H < 1/2$	取无吊车的 H_0，乘修正系数 $\mu=1.3-0.3 I_u/I_l$
$H_u/H \geqslant 1/2$	取无吊车房屋的 H_0
	确定 β 值时，采用上柱截面

2. 典型考题

2010 年一级题 31；2013 年一级题 38。

3.4.4　受压构件承载力计算——《砌规》第 5.1.1 条、第 5.1.2 条

1. 易错点

（1）无筋砌体受压构件，无论是轴心受压还是偏心受压，也不论是短柱或长柱，均可按流程图 3–12 计算。

（2）受压构件承载力的影响因素，除构件截面尺寸和砌体抗压强度外，主要取决于高厚比 β 和偏心距 e。通过高厚比 β 的大小来区分轴心受压短柱和轴心受压长柱；再通过偏心距的大小来区分偏心受压柱和轴心受压柱。

（3）进行承载力计算时，轴向力的偏心距应符合《砌规》第 5.1.5 条的 $e \leqslant 0.6y$ 限值要求，式中 y 为截面重心至轴向力所在偏心方向截面受压边缘的距离。

（4）构件的几何高度 H 从基础顶面处开始，不是室内或室外地坪处开始。

（5）构件的计算高度 H_0 应与构件高度 H 方向对应。

（6）带壁柱墙，也就是 T 形截面墙体的截面特性计算是考试一个重要点，惯性矩的计算可以参考图 3–18。

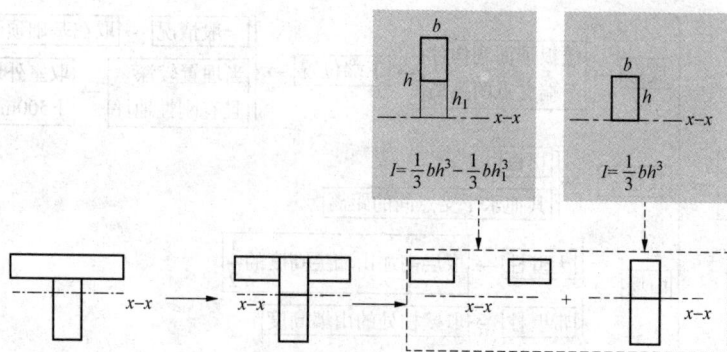

图 3-18　惯性矩计算参考

2. 流程图

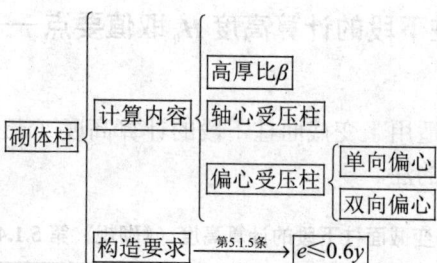

流程图 3-10　砌体柱的计算内容

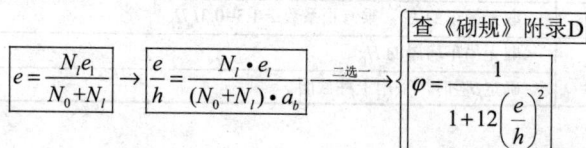

流程图 3-11　当 $\beta \leqslant 3$ 时，无筋砌体影响系数 φ 的计算

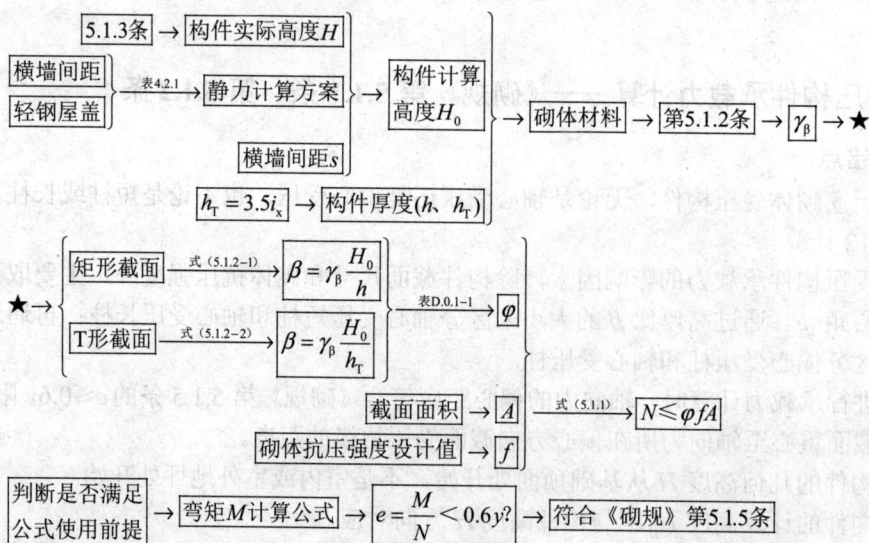

流程图 3-12　受压构件承载力计算（《砌规》第 5.1.1 条、第 5.1.2 条）

3. 易考点

（1）偏心距的计算；

（2）房屋静力计算方案；

（3）计算高度的 H_0 确定；

（4）构件高度值；

（5）横墙间距；

（6）屋盖的类别；

（7）房屋静力计算方案的判定；

（8）实际高厚比的计算；

（9）查表得影响系数 φ；

（10）轴压承载力（材料抗力）的计算；

（11）圈梁是否可以作为不动铰支点；

（12）砌体截面面积；

（13）施工质量控制等级为 C 级；

（14）偏心距是否满足规范要求；

（15）《砌规》D.0.1–1 的正确选用。

（16）计算承载力设计值（材料抗力） N_u；

（17）查取 γ_β；

（18）高厚比 β 的计算；

（19）是否符合 $e < 0.6y$；

（20）换算厚度 h_T；

（21）实际高厚比的计算；

（22）偏心距的计算；

（23）圈梁是否可以作为不动铰支点；

（24） f 的查取；

（25）非抗震轴心受压承载力的计算；

（26） $\dfrac{e}{h_T}$ 的计算；

（27） A 与 0.3m^2 的关系对强度调整的影响。

4. 典型考题

2003 年一级题 34、2003 年一级题 35、2003 年一级题 36、2004 年一级题 32、2006 年一级题 36、2006 年一级题 37、2006 年一级题 39、2007 年一级题 33、2007 年一级题 36、2007 年一级题 38、2008 年一级题 31、2009 年一级题 32、2009 年一级题 37、2010 年一级题 32、2011 年一级题 33、2011 年一级题 37、2011 年一级题 38、2013 年一级题 36、2013 年一级题 39、2014 年一级题 33。

2003 年二级题 41、2003 年二级题 44、2004 年二级题 44、2005 年二级题 33、2006 年二级题 31、2006 年二级题 35、2007 年二级题 36、2007 年二级题 37、2008 年二级题 33、2008 年二级题 34、2008 年二级题 36、2008 年二级题 46、2010 年二级题 39、2011 年二级题 42、2012 年二级题 36、2012 年二级题 38、2013 年二级题 37、2013 年二级题 41、2013 年二级题

考题精选 3-6：排架方向高厚比和偏心距对受压承载力的影响系数（2013 年一级题 39）

一单层单跨有吊车厂房，平面如图 3-19 所示。采用轻钢屋盖，屋架下弦标高为 6.0m。变截面砖柱采用 MU10 级烧结普通砖、M10 级混合砂浆砌筑，砌体施工质量控制等级为 B 级。

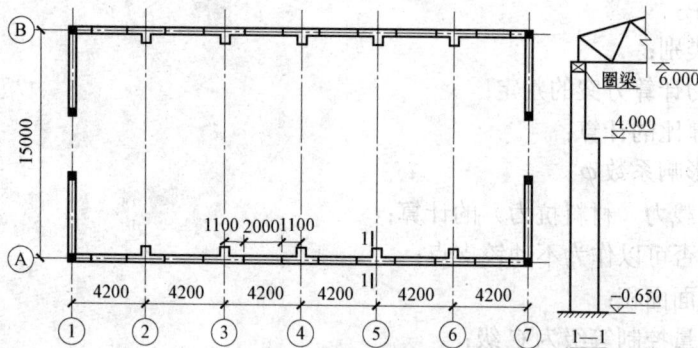

图 3-19 单层单跨有吊车厂房平面图

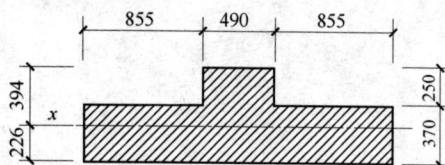

图 3-20 变截面柱上段截面尺寸

假定变截面柱上段截面尺寸如图 3-20 所示，截面回转半径 $i_x = 147mm$，作用在截面形心处绕 X 轴的弯矩设计值 $M = 19kN \cdot m$，轴心压力设计值 $N = 185kN$（含自重）。试问：排架方向高厚比和偏心距对受压承载力的影响系数 φ 值与下列何项数值最为接近？

提示：小数点后四舍五入取两位。

A. 0.46   B. 0.50   C. 0.54   D. 0.58

解答过程：

横墙间距 $20m \leq s = 4.2 \times 6 = 25.2m \leq 48m$，采用轻钢屋盖，根据《砌规》GB 50003—2011 表 4.2.1，房屋静力计算方案为刚弹性方案。

单层单跨有吊车厂房、刚弹性方案，根据《砌规》表 5.1.3，构件计算高度

$$H_{u0} = 2H_u = 2 \times 2 = 4m$$

根据大题干，MU10 级烧结普通砖，查《砌规》表 5.1.2，得 $\gamma_\beta = 1.0$

根据《砌规》第 5.1.2 条，T 形截面折算厚度 $h_T = 3.5i_x = 3.5 \times 147 = 514.5mm$

则柱子实际高厚比 $\beta = \gamma_\beta \dfrac{H_0}{h_T} = 1.0 \times \dfrac{4000}{514.5} = 7.77$

因偏心距 $e = \dfrac{M}{N} = \dfrac{19 \times 10^6}{185 \times 10^3} = 102.7mm < 0.6y = 0.6 \times 394 = 236.4mm$，符合《砌规》第 5.1.5 条的要求。

由 $\dfrac{e}{h_T} = \dfrac{102.7}{514.5} = 0.2$，$\beta = 7.77$，查《砌规》表 D.0.1-1，经线性内插得影响系数 $\varphi = 0.50 + \dfrac{8 - 7.77}{8 - 6} \times (0.54 - 0.50) = 0.5046$

正确答案：B

考题精选 3–7：墙受压承载力设计值（2014 年一级题 33）

一地下室外墙，墙厚 h，采用 MU10 烧结普通砖、M10 水泥砂浆砌筑，砌体施工质量控制等级为 B 级，计算简图如图 3–21 所示，侧向土压力设计值 $q = 34\text{kN}/\text{m}^2$，承载力验算时不考虑墙体自重，$\gamma_0 = 1.0$。

假定，墙体计算高度 $H_0 = 3000\text{mm}$，上部结构传来的轴心受压荷载设计值 $N = 220\text{kN}/\text{m}$，墙厚 $h = 370\text{mm}$，试问，墙受压承载力设计值（kN）与下列何项数值最为接近？

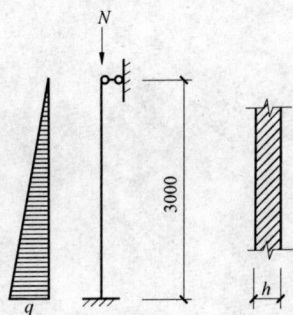

提示：计算截面宽度取 1m。

A. 260   B. 270   C. 280   D. 290

图 3–21 地下室外墙计算简图

解答过程：

采用 MU10 烧结普通砖、M10 水泥砂浆砌筑，查《砌规》GB 50003—2011 表 5.1.2，得高厚比修正系数 $\gamma_\beta = 1.0$；

根据《砌规》第 5.1.2 条，墙体高厚比 $\beta = \gamma_\beta \dfrac{H_0}{h} = 1.0 \times \dfrac{3000}{370} = 8.11$

侧向土压力在墙体底部截面每米产生的弯矩设计值

$$M = \frac{1}{15} qH^2 = \frac{1}{15} \times 34 \times 3^2 = 20.4\text{kN} \cdot \text{m}$$

偏心距 $e = \dfrac{M}{N} = \dfrac{20.4 \times 10^6}{220 \times 10^3} = 93\text{mm} < 0.6y = 0.6 \times \dfrac{370}{2} = 111\text{mm}$，符合《砌规》第 5.1.5 条要求。

由 $\beta = 8.11$，$\dfrac{e}{h} = \dfrac{93}{370} = 0.25$，查《砌规》表 D.0.1–1，得墙体稳定系数 $\varphi = 0.42$，

根据《砌规》表 3.2.1–1，砌体抗压强度设计值 $f = 1.89\text{N/mm}^2$

根据《砌规》第 5.1.1 条，墙体的最大承载力设计值（材料抗力）

$$N_u = \varphi f A = 0.42 \times 1.89 \times (1000 \times 370) = 293.7 \times 10^3\,\text{N} = 293.7\text{kN}$$

正确答案：D

3.4.5 局部受压

1. 局部受压的情况（图 3–22、图 3–23）

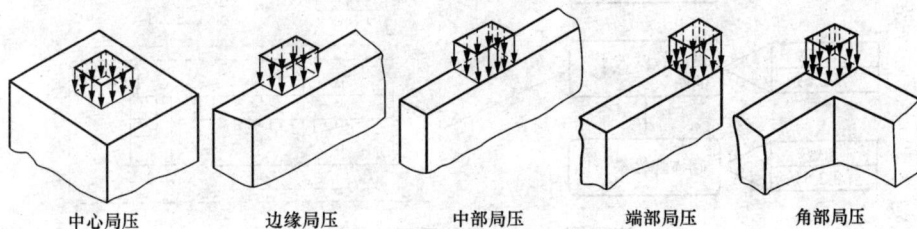

中心局压   边缘局压   中部局压   端部局压   角部局压

图 3–22 砌体局部均匀受压

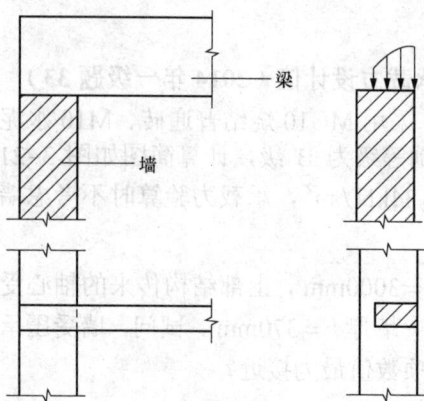

图 3-23 砌体局部不均匀受压

2. 流程图

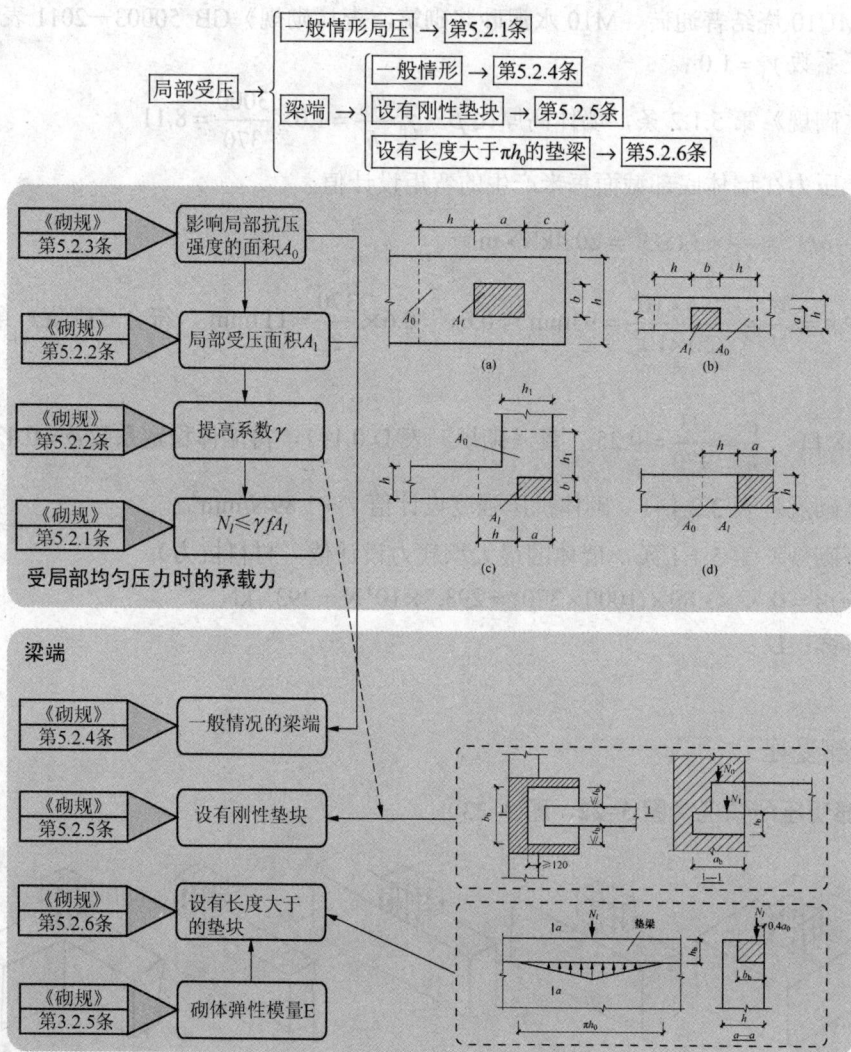

流程图 3-13 局部受压计算概览

3.4.6 砌体截面中受局部均匀受压——《砌规》第 5.2.1 条～第 5.2.3 条

1. 易错点

（1）图 3-26（a）中 c 的取值；

（2）如果 $A_l < 0.3\mathrm{m}^2$，不需考虑《砌规》第 3.2.3 条第 1 款关于 γ_a 的调整；

（3）采用水泥砂浆的调整是需要考虑的；

（4）不同图形的局部抗压提高系数的上限值；

（5）刚性垫块在壁柱上的构造要求；

（6）注意垫梁的适用范围，并应与垫块区分；

（7）对于有窗间墙时，注意局部受压面积不应超过窗间墙面积。

2. 流程图与相应计算用图

《砌规》第 5.2.1 条～第 5.2.3 条综合应用总览见流程图 3-13，集中荷载按 45°角向下扩散见图 3-24，墙上集中荷载的向下扩散见图 3-25，不同局压部位的 A_0 取值见图 3-26，砌体截面局部均匀受压见流程图 3-14。

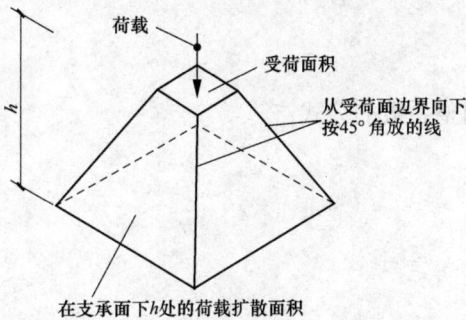

图 3-24 集中荷载按 45°向下扩散

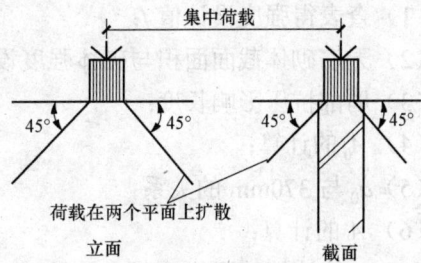

图 3-25 墙上集中荷载的向下扩散

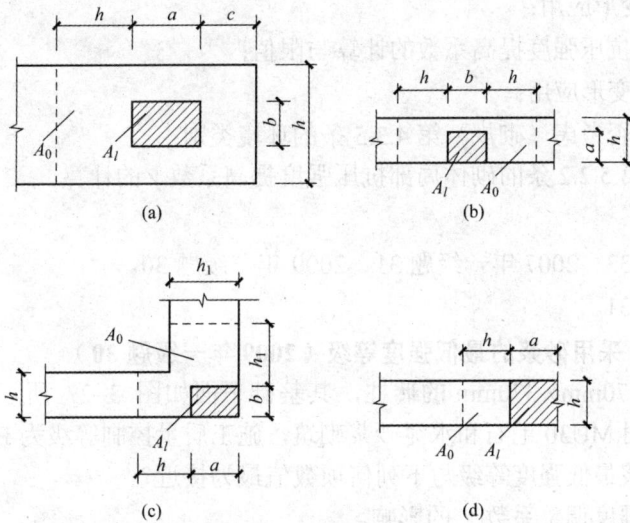

图 3-26 不同局压部位的 A_0 取值

$$\text{第5.2.3条} \rightarrow \begin{cases} \text{图a} \rightarrow A_0 = (a+c+h)h \\ \text{图b} \rightarrow A_0 = (b+2h)h \\ \text{图c} \rightarrow A_0 = (a+h)h + (b+h_1-h)h_1 \\ \text{图d} \rightarrow A_0 = (a+h)h \end{cases} \rightarrow A_0 \xrightarrow{\text{式 (5.2.2)}} \bigstar$$

图中阴影面积 A_l

$$\bigstar \rightarrow \gamma = 1 + 0.35\sqrt{\frac{A_0}{A_l}-1} \rightarrow \begin{cases} \text{图a} \rightarrow \gamma \leqslant 2.5 \\ \text{图b} \rightarrow \gamma \leqslant 2.0 \\ \text{图c} \rightarrow \gamma \leqslant 1.5 \\ \text{图d} \rightarrow \gamma \leqslant 1.25 \end{cases} \xrightarrow{\text{式 (5.2.1)}} N_l \leqslant \gamma f A_l$$

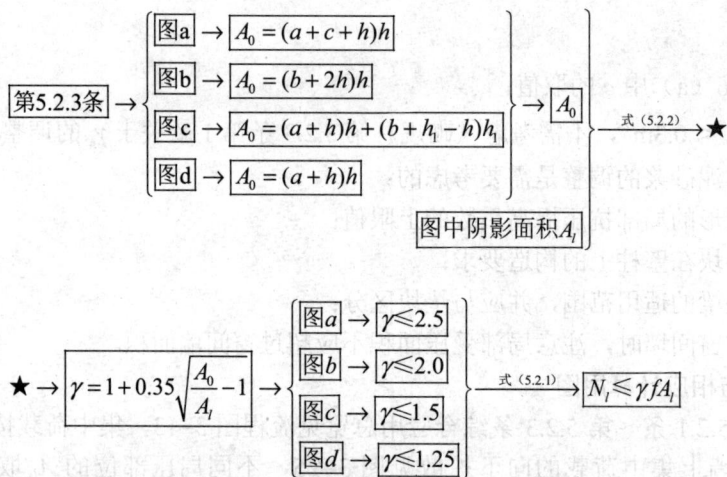

流程图 3-14　砌体截面局部均匀受压（《砌规》第5.2.1条～第5.2.3条）

3. 易考点

(1) 查表得强度设计值 f；

(2) 无筋砌体截面面积与砌体强度设计值调整系数的公式；

(3) 局部抗压影响长度；

(4) A_0 的计算；

(5) a_0 与 370mm 的关系；

(6) A_l 的计算；

(7) γ 的计算与限值；

(8) 砌体局部抗压强度提高系数计算与限值；

(9) 计算式的变形应用；

(10) 砌体局部抗压强度提高系数的计算与限值；

(11) 计算式的变形应用；

(12) 解答中是否考虑《砌规》第4.3.5条的环境类别；

(13) 《砌规》第5.2.2条的砌体局部抗压强度提高系数 γ 的计算。

4. 典型考题

2005 年一级题 33、2007 年一级题 31、2009 年一级题 30。

2010 年二级题 31。

考题精选 3-8：采用砂浆的最低强度等级（2009 年一级题 30）

一截面 $b \times h = 370\text{mm} \times 370\text{mm}$ 的砖柱，其基础平面如图 3-27 所示；柱底反力设计值 $N=170\text{kN}$。基础采用 MU30 毛石和水泥砂浆砌筑，施工质量控制等级为 B 级。试问：为砌筑该基础所采用的砂浆最低强度等级与下列何项数值最为接近？

提示：不考虑强度调整系数 γ_a 的影响。

解答过程：

根据《砌规》GB 50003—2011 第 5.2.2 条，砌体局部抗压强度
提高系数

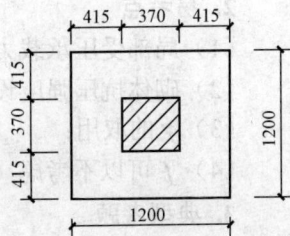

$$\gamma = 1 + 0.35 \cdot \sqrt{\frac{A_0}{A_l} - 1} = 1 + 0.35 \times \sqrt{\frac{1200 \times 1200}{370 \times 370} - 1} = 2.08 < 2.5$$

图 3-27　砖柱基础平面图

根据《砌规》第 5.2.1 条，该基础所采用砌体的最低强度等级

$$f \geq \frac{N_l}{\gamma A_l} = \frac{170 \times 10^3}{2.08 \times 370 \times 370} = 0.597 \text{N/mm}^2$$

根据《砌规》表 3.2.1-7，砂浆最低强度等级选为 M5。

正确答案：C

3.4.7　局部受压承载力计算——《砌规》第 5.2.1 条、第 5.2.2 条第 2 款 5）、6）

1. 流程图

《砌规》第 5.2.2 条第 2 款 5）～6）的应用见流程图 3-15，局部受压承载力计算见流程图 3-16。

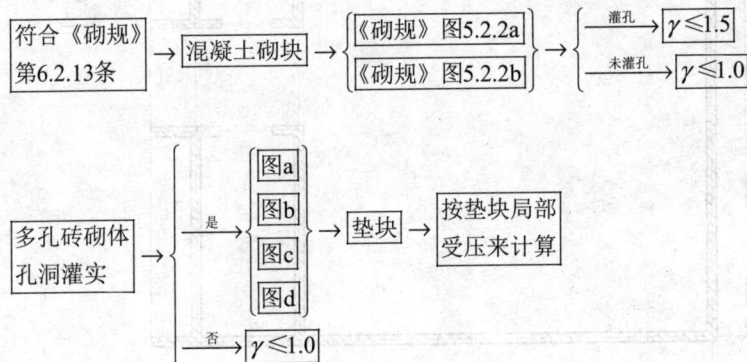

流程图 3-15　《砌规》第 5.2.2 条第 2 款 5）～6）的应用

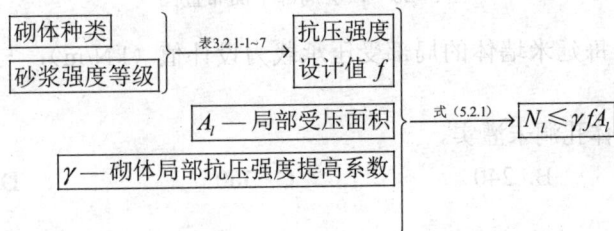

流程图 3-16　局部受压承载力计算（《砌规》第 5.2.1 条）

2. 易考点

(1) 局部受压承载力设计值；

(2) 砌体抗压强度设计值；

(3) γ 的取用；

(4) f 可以不考虑《砌规》第 3.2.3 条第 1 款的修正。

3. 典型考题

2013 年二级题 36。

考题精选 3-9：每延米墙体的局部受压承载力设计值（2013 年二级题 36）

方案初期，某四层砌体结构房屋顶层局部平面布置图如图 3-28 所示，层高均为 3.6m。墙体采用 MU10 级烧结多孔砖、M5 级混合砂浆砌筑。墙厚 240mm。屋面板为预制预应力空心板上浇钢筋混凝土叠合层，屋面板总厚度 300mm，简支在①轴和②轴墙体上，支承长度 120mm。屋面永久荷载标准值 12kN/m²，活荷载标准值 0.5kN/m²。砌体施工质量控制等级 B 级；抗震设防烈度 7 度，设计基本地震加速度 0.1g。

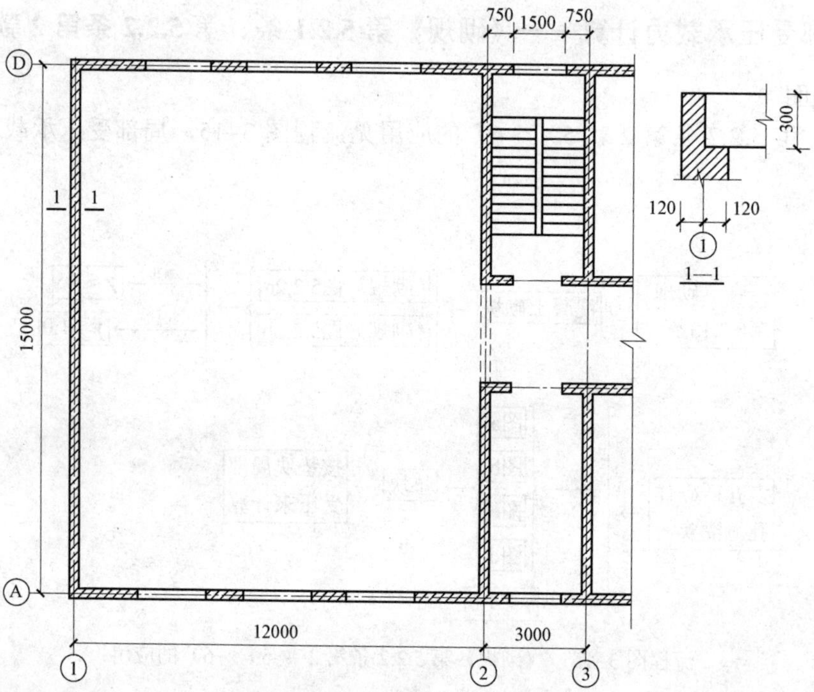

图 3-28　顶层局部平面布置图

试问：顶层①轴每延米墙体的局部受压承载力设计值（kN/m），与下列何项数值最为接近？

提示：多孔砖砌体孔洞未灌实。

A. 180　　　　　　B. 240　　　　　　　　C. 360　　　　　　D. 480

解答过程：

根据《砌规》GB 50003—2011 第 5.2.2 条第 2 款第 6）项，取 $\gamma=1.0$。

查《砌规》表 3.2.1–1，MU10 烧结多孔砖、M5 混合砂浆的抗压强度设计值 $f=1.50\text{MPa}$。

根据《砌规》第 5.2.1 条，每延米墙体的局部受压承载力设计值

$$\gamma fA_l = 1.0 \times 1.5 \times 1000 \times 120 = 180\text{kN/m}$$

正确答案：A

3.4.8 梁端支承处砌体局部受压承载力计算——《砌规》第 5.2.4 条

1. 易错点

（1）η 的取值；

（2）φ 的取值；

（3）a_0 的取值；

（4）f 的取值。

2. 流程图

梁端支承处的应力与变形见图 3–29，梁端支承处砌体局部受压承载力计算见流程图 3–17。

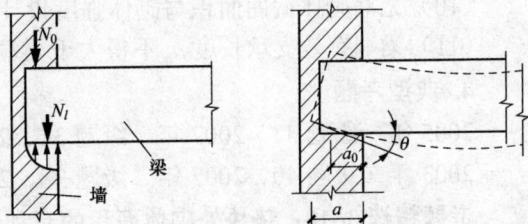

图 3–29　梁端支承处的应力与变形

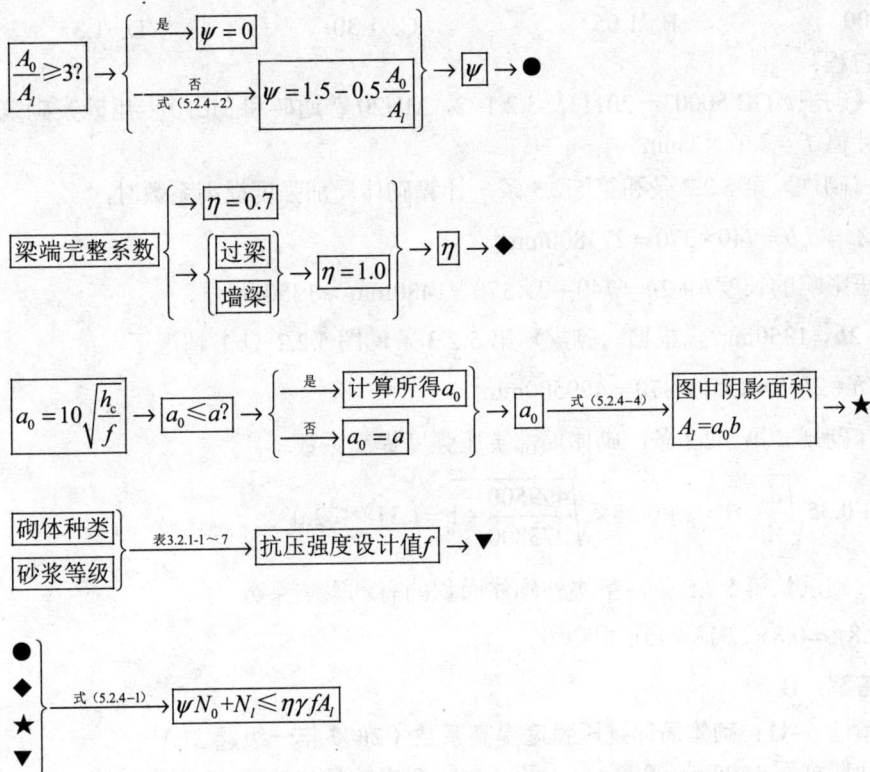

流程图 3–17　梁端支承处砌体局部受压承载力计算（《砌规》第 5.2.4 条）

3. 易考点

（1）梁端有效支承长度计算；

（2）局部抗压影响长度；

（3）A_0 的计算；

（4）a_0 与 370mm 的关系；

（5）A_l 的计算；

（6）γ 的计算与限值；

（7）梁端底面压应力图形的完整系数 η；

（8）查表得强度设计值 f，并注意强度调整系数计算；

（9）局部受压面积、影响砌体局部抗压强度的计算面积计算；

（10）无筋砌体截面面积与砌体强度设计值调整系数的公式；

（11）梁端有效支承长度 a_0 不得大于梁端实际支承长度。

4. 典型考题

2005 年一级题 33；2007 年一级题 31、2016 年一级题 31。

2003 年二级题 40、2007 年二级题 38、2007 年二级题 39、2007 年二级题 40。

考题精选 3-10：垫块外砌体面积的有利影响系数（2016 年一级题 31）

大题干参见考题精选 3-4。

试问：垫块外砌体面积的有利影响系数 γ_1，与下列何项系数值最为接近？

A. 1.00　　　　　　B. 1.05　　　　　　C. 1.30　　　　　　D. 1.35

解答过程：

根据《砌规》GB 50003—2011 表 3.2.1-2，MU20 普通砖和 Mb10 专用砂浆砌筑，砌体抗压强度设计值 $f = 2.67\text{N}/\text{mm}^2$。

根据《砌规》第 5.2.2 条和第 5.2.5 条，计算砌体局部强度提高系数时，

$$A_b = A_l = a_0 b = 740 \times 370 = 273800\text{mm}^2$$

受局压影响的长度 $b + 2h = 740 + 2 \times 370 = 1480\text{mm} > 1350\text{mm}$

取 $b + 2h = 1350\text{mm}$，根据《砌规》第 5.2.3 条，图 5.2.2（b）情况下，

$$A_0 = (b + 2h)h = 1350 \times 370 = 499500\text{mm}^2$$

根据《砌规》第 5.2.2 条，砌体局部抗压强度提高系数

$$\gamma = 1 + 0.35\sqrt{\frac{A_0}{A_l} - 1} = 1 + 0.35 \times \sqrt{\frac{499500}{273800} - 1} = 1.318 < 2.0$$

根据《砌规》第 5.2.5 条，垫块外砌体面积的有利影响系数

$$\gamma_1 = 0.8\gamma = 0.8 \times 1.318 = 1.054 > 1.0$$

正确答案：B

考题精选 3-11：砌体局部抗压强度提高系数（2007 年一级题 31）

某窗间墙截面 1500mm×370mm，采用 MU10 烧结多孔砖，M5 混合砂浆砌筑。墙上钢筋混凝土梁截面尺寸 $b \times h = 300\text{mm} \times 600\text{mm}$，如图 3-30 所示。梁端支承压力设计值 $N_l = 60\text{kN}$，由上层楼层传来的荷载轴向力设计值 $N_u = 90\text{kN}$。

提示：不考虑砌体强度调整系数 γ_a。

试问：砌体局部抗压强度提高系数 γ 应与下列何项数值最为接近？

A. 1.0   B. 1.5

C. 1.8   D. 2.0

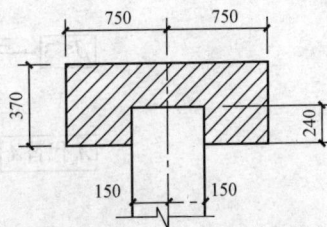

图 3-30   梁截面尺寸

解答过程：

根据《砌规》GB 50003—2011 表 3.2.1-1，MU10 烧结多孔砖，M5 混合砂浆，砌体抗压强度设计值 $f = 1.5\text{N}/\text{mm}^2$。提示中有"不考虑砌体强度调整系数 γ_a"。

受局压影响的长度 $b + 2h = 300 + 2 \times 370 = 1040\text{mm} < 1500\text{mm}$

根据《砌规》第 5.2.3 条，图 5.2.2（b）情况下，

$$A_0 = (b + 2h)h = (300 + 2 \times 370) \times 370 = 384800\text{mm}^2$$

根据《砌规》第 5.2.4 条，$a_0 = 10\sqrt{\dfrac{h_c}{f}} = 10 \times \sqrt{\dfrac{600}{1.5}} = 200\text{mm} < 240\text{mm}$

$$A_l = a_0 b = 200 \times 300 = 60000\text{mm}^2$$

根据《砌规》第 5.2.2 条，砌体局部抗压强度提高系数

$$\gamma = 1 + 0.35\sqrt{\dfrac{A_0}{A_l} - 1} = 1 + 0.35 \times \sqrt{\dfrac{384800}{60000} - 1} = 1.814 \leqslant 2.0$$

正确答案：[1]C

3.4.9　在梁端设有刚性垫块时的砌体局部受压——《砌规》第 5.2.5 条第 1 款

1. 易错点

（1）A_b 代替 A_l；

（2）$\gamma_1 \geqslant 1.0$；

（3）f 的取值。

2. 流程图

壁柱上设有垫块时梁端局部受压见图 3-31，在梁端设有刚性垫块时的砌体局部受压见流程图 3-18。

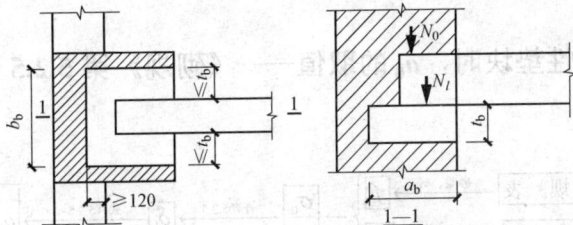

图 3-31　壁柱上设有垫块时梁端局部受压

---

[1] 根据《砌规》第 5.2.2 条第 2 款 6），对多孔砖砌体孔洞难以灌实时，应取 $\gamma = 1.0$。但本题并未明确是否灌实。

$$\boxed{\beta \leqslant 3} \xrightarrow{\text{第5.1.1条}} \boxed{\varphi}$$

$$\boxed{A_b \text{代替} A_l} \xrightarrow{\text{第5.2.2条}} \boxed{\gamma = 1 + 0.35\sqrt{\dfrac{A_0}{A_b} - 1}} \rightarrow \boxed{\gamma_1 = 0.8\gamma \geqslant 1.0}$$

$$\left.\begin{array}{c} \boxed{\text{砌体种类}} \\ \boxed{\text{砂浆强度等级}} \end{array}\right\} \xrightarrow{\text{表3.2.1-1}\sim 7} \boxed{\text{抗压强度设计值} f}$$

$$\boxed{A_b = a_b b_b} \xrightarrow{\text{式 (5.2.5-2)}} \boxed{N_0 = \sigma_0 A_b} \xrightarrow{\text{式 (5.2.5-1)}} \boxed{N_0 + N_l \leqslant \varphi\gamma_1 f A_b}$$

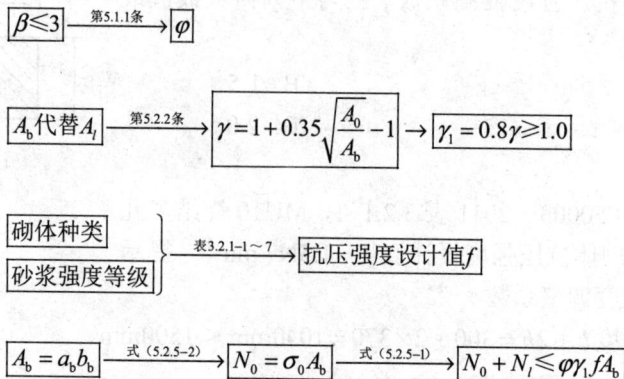

流程图 3–18　在梁端设有刚性垫块时的砌体局部受压（《砌规》第 5.2.5 条第 1 款）

3. 易考点

（1）上部荷载的折减系数 ψ；

（2）$\dfrac{A_0}{A_l}$ 与 ψ 的下限值；

（3）$\psi N_0 + N_l$ 的计算。

4. 典型考题

2007 年一级题 32。

考题精选 3–12：梁端支承处砌体局部受压承载力（2007 年一级题 32）

大题干参见考题精选 3–11。

假设 $\dfrac{A_0}{A_l} = 5$，试问：梁端支承处砌体局部受压承载力 $\psi N_0 + N_l$（kN）应与下列何项数值最为接近？

A. 60　　　　　　B. 90　　　　　　C. 120　　　　　　D. 150

解答过程：

根据《砌规》GB 50003—2011 第 5.2.4 条，由于 $\dfrac{A_0}{A_l} = 5 > 3$，取 $\psi = 0$，

梁端支承处砌体局部受压承载力 $\psi N_0 + N_l = 0 + 60 = 60\text{kN}$

正确答案：A

3.4.10　梁端设有刚性垫块时，a_0 的取值——《砌规》第 5.2.5 条第 3 款

1. 流程图

$$\left.\begin{array}{c} \boxed{\text{《砌规》 表}} \xrightarrow{\text{砂浆、砖}} \boxed{f} \\ \boxed{\text{《砌规》第3.2.3条}} \xrightarrow{\text{水泥砂浆}} \boxed{\gamma_a} \end{array}\right\} \rightarrow \boxed{\dfrac{\sigma_0}{f}} \xrightarrow{\text{查表5.2.5}} \boxed{\delta_1} \xrightarrow{\text{式 (5.2.5-4)}} \boxed{a_0 = \delta_1\sqrt{\dfrac{h_c}{f}}}$$

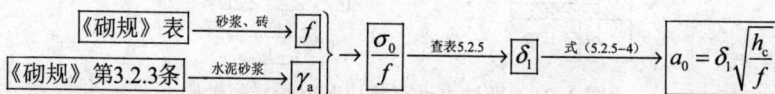

流程图 3–19　梁端设有刚性垫块时，a_0 的取值（《砌规》第 5.2.5 条第 3 款）

δ_1——刚性垫块的影响系数，按表 3–10 取值。

表 3-10 　　　　　　　　　　系数 δ_l 值表（《砌规》表 5.2.5）

$\dfrac{\sigma_0}{f}$	0	0.2	0.4	0.6	0.8
δ_l	5.4	5.7	6.0	6.9	7.8

N_0 和 N_l 的合力偏心距为 $e=\dfrac{N_l e_l}{N_0+N_l}$ ，　$e_l=\dfrac{a_b}{2}-0.4a_0$

2. 易考点

（1）采用水泥砂浆是否需设计值调整；

（2）δ_l 的查取；

（3）有效支承长度 a_0；

（4）N_0 的计算；

（5）φ 的取值中注意 β 值的取值上限；

（6）γ_1 的计算与取值范围；

（7）荷载设计值的力学计算；

（8）N_l 作用点的位置；

（9）弯矩 M 的计算。

3. 典型考题

2004 年一级题 36、2004 年一级题 37；2016 年一级题 33。

2006 年二级题 38、2006 年二级题 39、2006 年二级题 40、2010 年二级题 32、2010 年二级题 33、2014 年二级题 37、2014 年二级题 38、2014 年二级题 39、2014 年二级题 40。

考题精选 3-13：垫块上梁端有效支承长度（2016 年一级题 33）

大题干参见考题精选 3-4。

假定，梁的荷载设计值（含自重）为 38.6kN/m，上层墙体传来的轴向荷载设计值为 320kN。试问，垫块上梁端有效支承长度 a_0（mm），与下列何项数值最为接近？

A. 60　　　　　　B. 90　　　　　　C. 100　　　　　　D. 110

解答过程：

查《砌规》GB 50003—2011 表 3.2.1-2，Mu20 普通砖和 Mb10 专用砂浆砌筑，抗压强度设计值 $f=2.67\text{N/mm}^2$；采用 Mb10 专用砂浆砌筑，根据《砌规》第 3.2.3 条第 2 款，强度调整系数 $\gamma_a=1.0$。

根据《砌规》第 5.2.5 条，上部轴向力设计值在窗间墙的平均压应力

$$\sigma_0=\frac{320\times10^3}{1350\times370}=0.641\text{N/mm}^2 \ ,\quad \frac{\sigma_0}{f}=\frac{0.641}{2.67}=0.24$$

查《砌规》表 5.2.5 得，$\delta_l=5.7+(6-5.7)\times\dfrac{0.24-0.2}{0.4-0.2}=5.76$，

则顶层梁端的有效支承长度 $a_0=\delta_l\sqrt{\dfrac{h_c}{f}}=5.76\times\sqrt{\dfrac{800}{2.67}}=99.7\text{mm}<370\text{mm}$

正确答案：C

考题精选 3-14：梁端的有效支承长度（2004 年一级题 36）

某单跨 3 层房屋平面如图 3-32 所示，按刚性方案计算。各层墙体的计算高度均为 3.6m；梁采用 C20 混凝土，截面（$b \times h_b$）为 240mm×800mm；梁端支承长度 250mm，梁下刚性垫块尺寸为 370mm×370mm×180mm。墙厚均为 240mm，采用 MU10 级烧结普通砖，M5 水泥砂浆砌筑。各楼层均布永久荷载、活荷载的标准值依次为 g_k =3.75kN/m²，q_k =4.25kN/m²。梁自重标准值为 4.2kN/m。施工质量控制等级为 B 级，结构重要性系数 1.0，活荷载组合系数 ψ_c =0.7。

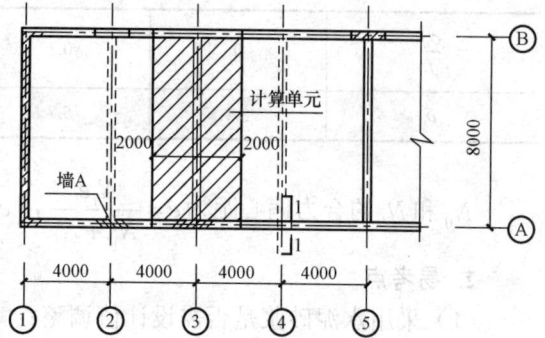

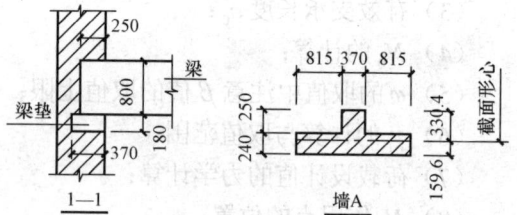

试问：顶层梁端的有效支承长度 a_0（mm），与下列何项数值最为接近？

提示：砌体的抗压强度设计值，考虑强度调整系数 γ_a 的影响。

A. 124.7   B. 131.5
C. 230.9   D. 243.4

图 3-32　房屋平面图

解答过程：

查《砌规》GB 50003—2011 表 3.2.1-2，M5.0 砂浆、MU10 级烧结普通砖抗压强度设计值 f=1.50N/mm²；采用 M5 水泥砂浆，根据《砌规》第 3.2.3 条第 2 款，强度调整系数 γ_a =1.0。

根据《砌规》第 5.2.5 条，顶层处 $\sigma_0 = 0$，由《砌规》表 5.2.5，得 $\delta_1 = 5.4$，

则顶层梁端的有效支承长度 $a_0 = \delta_1 \sqrt{\dfrac{h_c}{f}} = 5.4 \times \sqrt{\dfrac{800}{1.5}} = 124.7\text{mm} < 250\text{mm}$

正确答案：A

考题精选 3-15：梁端支承压力对墙形心线的计算弯矩（2004 年一级题 37）

假定顶层梁端有效支撑长度 a_0=150mm，试问：顶层梁端支承压力对墙形心线的计算弯矩 M 的设计值（kN·m），与下列何项数值最为接近？

A. 9.9   B. 10.8   C. 44.7   D. 48.8

解答过程：

当可变荷载起控制作用时，永久荷载的分项系数 $\gamma_G = 1.20$，可变荷载的分项系数 $\gamma_Q = 1.40$。

由梁传来的压力设计值

$$N_l = \frac{8}{2} \times (1.2 \times 3.75 \times 4 + 1.2 \times 4.2 + 1.4 \times 4.25 \times 4) = 187.36\text{kN}$$

当永久荷载起控制作用时，永久荷载的分项系数 $\gamma_G = 1.35$，可变荷载的分项系数 $\gamma_Q = 1.40$，组合系数 $\psi_c = 0.7$。

由梁传来的压力设计值

$$N_l = \frac{8}{2} \times (1.35 \times 3.75 \times 4 + 1.35 \times 4.2 + 0.7 \times 1.4 \times 4.25 \times 4) = 170.32\text{kN}$$

两者取较大值，得 187.36kN。

根据《砌规》GB 50003—2011 第 5.2.5 条第 3 款，垫块上 N_l 作用点的位置可取 $0.4a_0$ 处，则顶层梁端支承压力对墙形心线的计算弯矩 $M = 187.36 \times (0.330\,4 - 0.4 \times 0.15) = 50.66\text{kN} \cdot \text{m}$

正确答案：D

3.4.11 梁下设有长度大于 πh_0 的垫梁——《砌规》第 5.2.6 条

1. 易错点

（1）《砌规》式（5.2.6-3）中，h 为墙厚，单位为 mm；

（2）砌体的弹性模量 E 值按《砌规》表 3.2.5-1 确定，表中 f 的数值无需调整；

（3）有效支承长度 a_0，按《砌规》式（5.2.5-4）计算；

（4）N_l 作用点到墙边的距离为 $0.4a_0$（a_0 的取值见流程图 3-19）。

2. 流程图

垫梁下砌体局部受压见图 3-33，垫梁下局部受压计算见流程图 3-20。

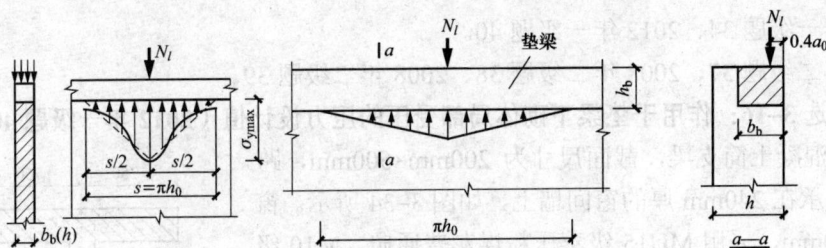

图 3-33 垫梁下砌体局部受压

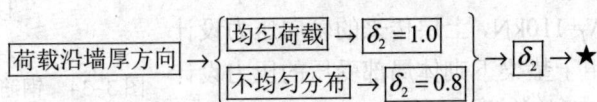

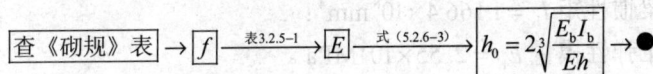

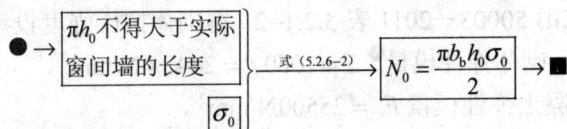

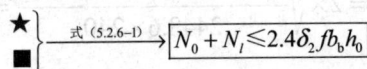

流程图 3-20 垫梁下局部受压计算（《砌规》第 5.2.6 条）

3. 易考点

（1）f 查取；

（2）E、E_b；

（3）h_0 的计算；

（4）πh_0 的计算与限值；

（5）N_0 的计算；

（6）横墙间距；

（7）屋盖的类别；

（8）房屋静力计算方案的判定；

（9）刚性垫块与 πh_0 垫梁的判定；

（10）圈梁的惯性矩；

（11）砌体的弹性模量的取值；

（12）垫梁底面压应力分布系数的取值；

（13）垫梁折算高度的计算；

（14）砌体的局部受压承载力计算。

4. 典型考题

2005 年一级题 34、2012 年一级题 40。

2008 年二级题 37、2008 年二级题 38、2008 年二级题 39。

考题精选 3-16：作用于垫梁下砌体局部受压的压力设计值（2012 年一级题 40）

一钢筋混凝土简支梁，截面尺寸为 200mm×500mm，跨度 5.4m，支承在 240mm 厚的窗间墙上，如图 3-34 所示。窗间墙长 1500mm，采用 MU15 级蒸压粉煤灰普通砖、M10 级混合砂浆砌筑，砌体施工质量控制等级为 B 级。在梁下、窗间墙墙顶部位，设置有钢筋混凝土圈梁，圈梁高度为 180mm。梁端的支承压力设计值 N_l=110kN，上层传来的轴向压力设计值为 360kN。试问：作用于垫梁下砌体局部受压的压力设计值 N_0+N_l（kN）与下列何项数值最为接近？

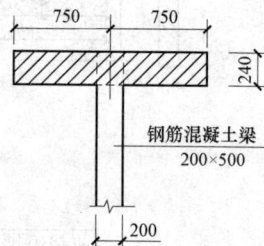

图 3-34　钢筋混凝土简支梁截面图

提示：（1）圈梁惯性矩 $I_b = 1.1664 \times 10^8 \, mm^4$；

（2）圈梁混凝土弹性模量 $E_b = 2.55 \times 10^4 \, MPa$。

A. 190　　　　　　　B. 220　　　　　　　C. 240　　　　　　　D. 260

解答过程：查《砌规》GB 50003—2011 表 3.2.1-2，得砌体抗压强度设计值 $f = 2.31MPa$，查《砌规》表 3.2.5-1，砌体弹性模量[1] $E = 1060f = 2448.6N/mm^2$，

根据提示（2）圈梁混凝土弹性模量 $E_b = 25500N/mm^2$，

根据《砌规》第 5.2.6 条，$h_0 = 2\sqrt[3]{\dfrac{E_b I_b}{Eh}} = 2 \times \sqrt[3]{\dfrac{2.55 \times 10^4 \times 1.1664 \times 10^8}{2448.6 \times 240}} = 343.4mm$

---

[1] 式中的 f 不用进行各种调整，直接采用《砌规》第 3.2 节表格的数值即可。

$$\pi h_0 = 3.14 \times 343.4 = 1078.2\text{mm} < 1500\text{mm}$$，满足垫梁要求，且 $\sigma_0 = \dfrac{360 \times 10^3}{240 \times 1500} = 1.0\text{MPa}$

$$N_0 = \frac{\pi b_b h_0 \sigma_0}{2} = \frac{3.14 \times 240 \times 343.4 \times 1}{2} = 129.4 \times 10^3 \text{N} = 129.4\text{kN}$$

作用于垫梁下砌体局部受压的压力设计值 $N_0 + N_l = 129.4 + 110 = 239.4\text{kN}$

正确答案：C

3.4.12 受拉构件计算——《砌规》第 5.3.1 条

1. 易错点

轴心抗拉强度设计值 f_t 的强度调整情况，详见《砌规》第 3.2.3 条，当采用水泥砂浆强度等级小于 M5 时，$\gamma_a = 0.8$。

2. 流程图

受拉砌体见图 3-35，受拉构件计算见流程图 3-21。

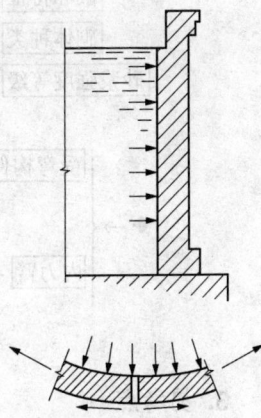

图 3-35 受拉砌体

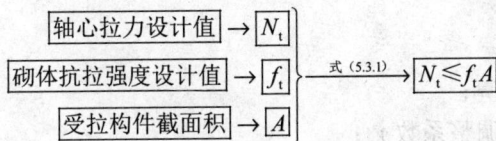

轴心拉力设计值 $\rightarrow$ N_t

砌体抗拉强度设计值 $\rightarrow$ f_t $\quad$ 式(5.3.1) $\quad$ $N_t \leqslant f_t A$

受拉构件截面积 $\rightarrow$ A

流程图 3-21 受拉构件计算（《砌规》第 5.3.1 条）

3.4.13 受弯构件计算——《砌规》第 5.4.1 条

1. 易错点

（1）f_{tm} 的取值：准确区分所需计算的构件是沿齿缝还是沿通缝破坏（图 3-36）。f_v 的取值；强度调整系数，见《砌规》第 3.2.3 条。

（2）受剪计算式与《砌规》第 5.5 节受剪构件相区别。

（3）《砌规》式（5.4.2-2），当为矩形截面时，$z = \dfrac{2h}{3}$。

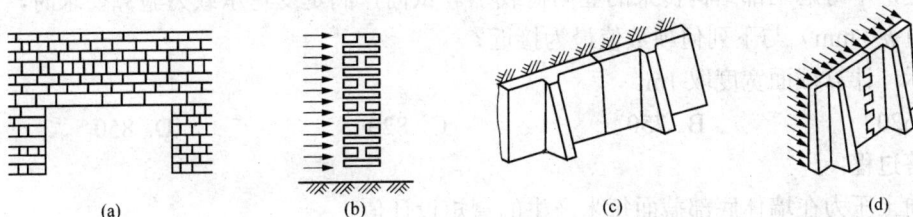

图 3-36 砌体受弯构件

（a）沿齿缝截面破坏；（b）沿通缝截面破坏；

（c）沿砌体与竖向灰缝破坏；（d）沿齿缝截面破坏

385

2. 流程图

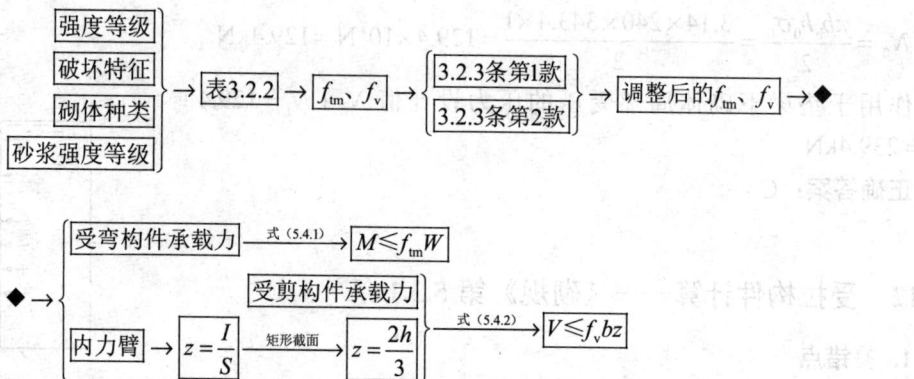

流程图 3-22　受弯构件计算（《砌规》第 5.4 节）

3. 易考点

（1）f_v 的查取；

（2）f_{vg} 的计算；

（3）查取 f_{tm}；

（4）材料抗力 V_u 的计算；

（5）水泥砂浆与强度调整系数 γ_a；

（6）截面几何特性 W 的计算；

（7）排架方向受剪力承载力设计值；

（8）由 $M \leqslant M_u$ 得出 H 值；

（9）由 $V \leqslant V_u$ 得出 H 值；

（10）水或土压力所产生的弯矩效应 M、剪力效应 V 计算。

4. 典型考题

2008 年一级题 38、2014 年一级题 31。

2004 年二级题 36、2011 年二级题 39、2014 年二级题 41。

考题精选 3-17：满足受弯承载力验算要求时，最小墙厚计算值（2014 年一级题 31）

大题干参见考题精选 3-7。

假定，不考虑上部结构传来的竖向荷载 N。试问，满足受弯承载力验算要求时，最小墙厚计算值 h（mm）与下列何项数值最为接近？

提示：计算截面宽度取 1m。

A. 620　　　　　　B. 750　　　　　　C. 820　　　　　　D. 850

解答过程：

侧向土压力在墙体底部截面每米产生的弯矩设计值

$$M = \frac{1}{15}qH^2 = \frac{1}{15} \times 34 \times 3^2 = 20.4\text{kN} \cdot \text{m}$$

根据《砌规》GB 50003—2011 表 3.2.2，M10 水泥砂浆砌筑、MU10 烧结普通砖，沿通

缝破坏时 $f_{tm} = 0.17 N/mm^2$。

采用 M10 水泥砂浆砌筑，根据《砌规》第 3.2.3 条第 2 款，强度调整系数 $\gamma_a = 1.0$。

每米宽度池壁底部截面抵抗矩（mm^3），$W = \dfrac{bh^2}{6} = \dfrac{1000h^2}{6}$

墙体的抗弯强度设计值 $M_u = f_{tm}W$

根据《砌规》第 5.4.1 条，取 $f_{tm}W \geqslant M$

得最小墙厚计算值 $h \geqslant \sqrt{\dfrac{6M}{bf_{tm}}} = \sqrt{\dfrac{6 \times 20.4 \times 10^6}{1000 \times 0.17}} = 848.5mm$

正确答案：D

3.4.14　受弯构件的受剪承载力——《砌规》第 5.4.2 条

1. 易错点

（1）f_{tm} 的取值：准确区分所需计算的构件是沿齿缝还是沿通缝破坏。f_v 的取值；强度调整系数，见《砌规》第 3.2.3 条。

（2）受剪计算式与《砌规》第 5.5 节受剪构件相区别。

（3）《砌规》式（5.4.2-2），当为矩形截面时，$z = \dfrac{2h}{3}$。

（4）区分砌体是沿齿缝破坏还是沿通缝破坏（图 3-36）。

2. 流程图

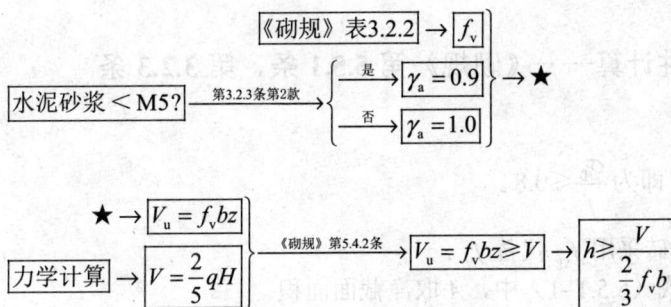

流程图 3-23　受弯构件的受剪承载力

3. 易考点

（1）查取 f_v；

（2）水泥砂浆与强度调整系数 γ_a；

（3）计算材料抗力 V_u；

（4）由 $V \leqslant V_u$ 得出 h 值；

（5）计算侧向土压力所产生的剪力效应 V；

（6）《砌规》第 5.4.2 条与第 5.5.1 条受剪构件的承载力区分。

4. 典型考题

2008 年一级题 39、2009 年一级题 33、2010 年一级题 39、2012 年一级题 39、2014 年一级题 32。

2003 年二级题 39。

考题精选 3-18：满足受剪承载力验算要求时，设计时选用的最小墙厚（2014 年一级题 32）
大题干参见考题精选 3-7。

假定，不考虑上部结构传来的竖向荷载 N。试问，满足受剪承载力验算要求时，设计选用的最小墙厚 h（mm）与下列何项数值最为接近？

提示：计算截面宽度取 1m。

A. 240   B. 370   C. 490   D. 620

解答过程：

侧向土压力在墙体底部截面每米产生的剪力设计值 $V = \dfrac{2}{5}qH = \dfrac{2}{5} \times 34 \times 3 = 40.8\text{kN}$

根据《砌规》GB 50003—2011 表 3.2.2，M10 水泥砂浆砌筑、MU10 烧结普通砖，砌体抗剪强度设计值 $f_v = 0.17\text{N/mm}^2$

采用 M10 水泥砂浆砌筑，根据《砌规》第 3.2.3 条第 2 款，强度调整系数 $\gamma_a = 1.0$

根据《砌规》第 5.4.2 条，单位长度池壁底部抗剪承载力（材料抗力）$V_u = f_v bz = f_v b \times \dfrac{2}{3}h$

由 $V_u \geqslant V$，得最小墙厚 $h \geqslant \dfrac{V}{\dfrac{2}{3}f_v b} = \dfrac{40.8 \times 10^3}{\dfrac{2}{3} \times 0.17 \times 1000} = 360\text{mm}$

正确答案：B

3.4.15 受剪构件计算——《砌规》第 5.5.1 条、第 3.2.3 条

1. 易错点

（1）$\sigma_0 \leqslant 0.8f$ 即为 $\dfrac{\sigma_0}{f} \leqslant 0.8$。

（2）灌注多孔砖采用 f_{vg} 代替 f_v。

（3）《砌规》式（5.5.1-1）中，A 取净截面面积。

（4）取值应区分是永久荷载控制，还是可变荷载控制。

（5）《砌规》第 5.5.1 条：对 f_v 和 f 均取调整后的值。

（6）f_v 抗剪强度设计值，对灌孔的混凝土砌块取 f_{vg}，即《砌规》式（3.2.2）：$f_{vg} = 0.2f_g^{0.55}$。

（7）α 修正系数的取值，对砖砌体、混凝土砌块砌体的取值是不同的。

（8）σ_0 是指永久荷载设计值产生的，不包括可变荷载，这与《砌规》式（5.2.4-3）、式（5.2.5-2）的 σ_0 取值是不同的。

2. 流程图

无筋砌体墙受剪见图 3-37，受剪构件计算见流程图 3-24。

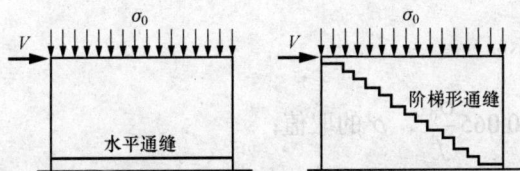

图 3-37　无筋砌体墙受剪

（水平通缝，阶梯形通缝，σ_0，V）

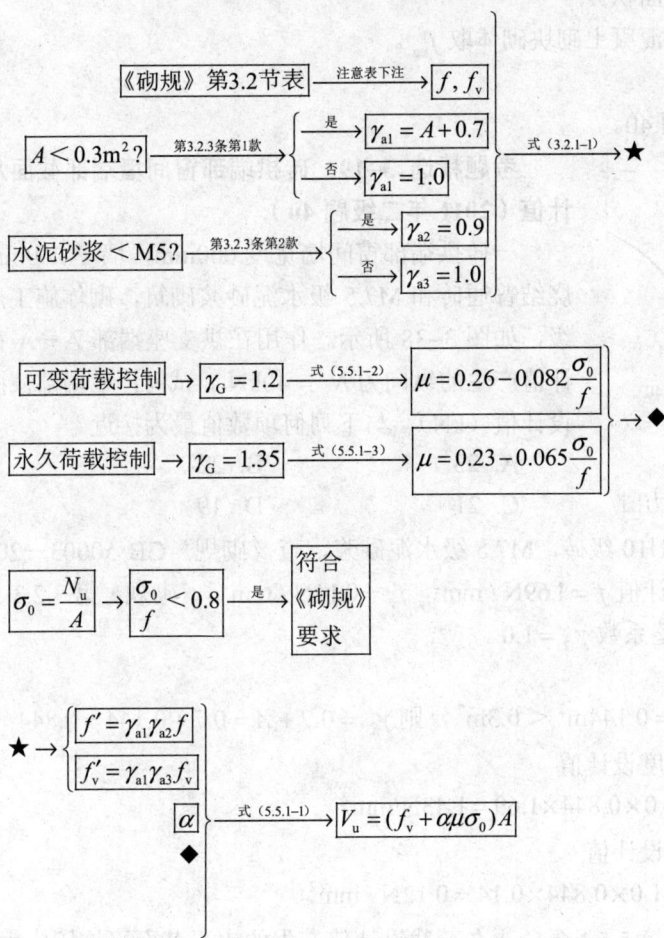

《砌规》第3.2节表 → 注意表下注 → f, f_v

$A < 0.3\text{m}^2$？ → 第3.2.3条第1款 → 是 → $\gamma_{a1} = A + 0.7$，否 → $\gamma_{a1} = 1.0$ → 式(3.2.1-1) → ★

水泥砂浆 < M5？ → 第3.2.3条第2款 → 是 → $\gamma_{a2} = 0.9$，否 → $\gamma_{a3} = 1.0$

可变荷载控制 → $\gamma_G = 1.2$ → 式(5.5.1-2) → $\mu = 0.26 - 0.082\dfrac{\sigma_0}{f}$ → ◆

永久荷载控制 → $\gamma_G = 1.35$ → 式(5.5.1-3) → $\mu = 0.23 - 0.065\dfrac{\sigma_0}{f}$

$\sigma_0 = \dfrac{N_u}{A}$ → $\dfrac{\sigma_0}{f} < 0.8$ → 是 → 符合《砌规》要求

★ → $f' = \gamma_{a1}\gamma_{a2}f$，$f_v' = \gamma_{a1}\gamma_{a3}f_v$

α ◆ → 式(5.5.1-1) → $V_u = (f_v + \alpha\mu\sigma_0)A$

流程图 3-24　受剪构件计算（《砌规》第 5.5.1 条）

修正系数 α 的取值见表 3-11。

表 3-11　　　　　　　　　　　　修 正 系 数 α 的 取 值

γ_G	砖（含多孔砖）砌体	混凝土砌块砌体
1.2	0.6	0.64
1.35	0.64	0.66

3. 易考点

（1）查取 f, f_v；

（2）水泥砂浆与强度调整系数 γ_a；

（3）$\dfrac{\sigma_0}{f}$ 与 0.8 的关系；

（4）γ_G、$\mu = 0.23 - 0.065\dfrac{\sigma_0}{f}$、$\alpha$ 的取值；

（5）水平受剪承载力设计值；

（6）水平截面面积 A；

（7）对灌孔的混凝土砌块砌体取 f_{vg}。

4. 典型考题

2011 年二级题 40。

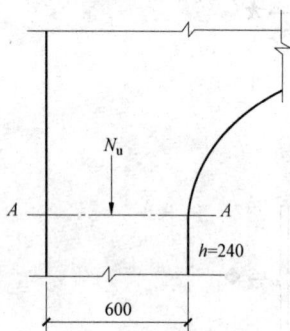
图 3-38 窗间墙受力图

考题精选 3-19：砖拱端部窗间墙端部截面水平受剪承载力设计值（2011 年二级题 40）

一砖拱端部窗间墙宽度 600mm，墙厚 240mm，采用 MU10 级烧结普通砖和 M7.5 级水泥砂浆砌筑，砌体施工质量控制等级为 B 级，如图 3-38 所示。作用在拱支座端部 A—A 截面由永久荷载设计值产生的纵向力 $N_u = 40kN$。试问：该端部截面水平受剪承载力设计值（kN），与下列何项数值最为接近？

A. 23　　　　　　　　　　B. 22

C. 21　　　　　　　　　　D. 19

解答过程： MU10 级砖，M7.5 级水泥砂浆，查《砌规》GB 50003—2011 表 3.2.1-1、表 3.2.2，砌体强度设计值 $f = 1.69N/mm^2$，$f_v = 0.14N/mm^2$，《砌规》第 3.2.3 条，抗压调整系数 $\gamma_{a1} = 1.0$，抗剪调整系数 $\gamma_{a2} = 1.0$。

受压面积

$A = 0.6 \times 0.24 = 0.144m^2 < 0.3m^2$，则 $\gamma_{a3} = 0.7 + A = 0.7 + 0.144 = 0.844$，

则砌体抗压强度设计值

$f = \gamma_{a1}\gamma_{a3}f = 1.0 \times 0.844 \times 1.69 = 1.43N/mm^2$

砌体抗剪强度设计值

$f_v = \gamma_{a2}\gamma_{a3}f_v = 1.0 \times 0.844 \times 0.14 = 0.12N/mm^2$

根据《砌规》第 5.5.1 条，永久荷载设计值产生的水平截面平均压应力

$\sigma_0 = \dfrac{N_u}{A} = \dfrac{40 \times 10^3}{0.144 \times 10^6} = 0.278N/mm^2$，$\dfrac{\sigma_0}{f} = \dfrac{0.278}{1.43} = 0.194 < 0.8$，符合《砌规》要求。

永久荷载控制，

$\gamma_G = 1.35$，则 $\mu = 0.23 - 0.065\dfrac{\sigma_0}{f} = 0.23 - 0.065 \times \dfrac{0.278}{1.43} = 0.217$，$\alpha$ 取 0.64

端部截面水平受剪承载力设计值

$V_u = (f_v + \alpha\mu\sigma_0)A$

$\quad = (0.12 + 0.64 \times 0.217 \times 0.278) \times 144000$

$\quad = 22.9kN$

正确答案：A

3.5 构造要求

3.5.1 影响墙柱高厚比的因素

1. 易考点

高厚比 β 与其影响因素见图 3–39。

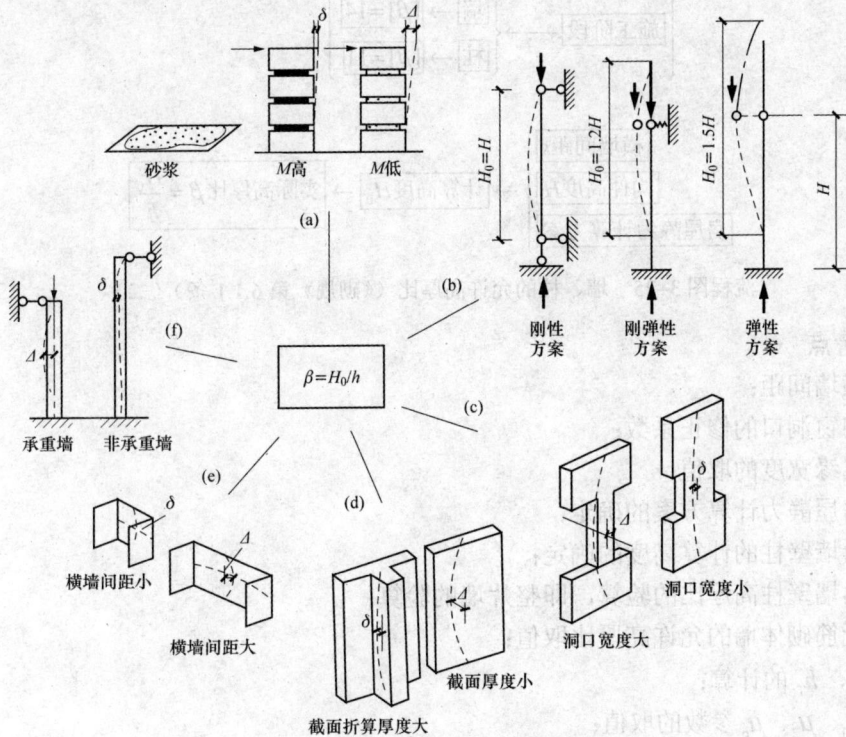

图 3–39 影响墙柱高厚比的因素

（a）砂浆强度等级；（b）房屋静力计算方案；（c）墙柱支承条件；（d）砌体截面形式；
（e）横墙（平面外支承）间距；（f）构件的类别

2. 典型考题

2007 年一级题 30；2014 年一级题 38。

3.5.2 墙、柱的允许高厚比计算——《砌规》第 6.1.1 条

1. 流程图

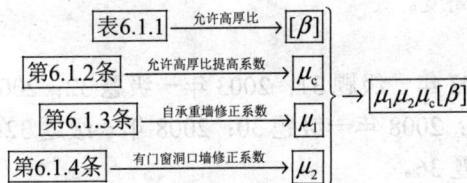

流程图 3–25 墙、柱的允许高厚比（《砌规》第 6.1.1 条）（一）

砂浆强度等级
构件类别 —墙/柱→ } 查表6.1.1 → 允许高厚比[β] → ★

★ → { 毛石墙、柱 —注1→ [β]×0.8
组合砖砌体 —注2→ [β]×1.2≤28 } → 允许高厚比[β]
施工阶段 → { 墙 → [β]=14
柱 → [β]=11 }

横墙间距s
构件高度H → 计算高度H_0 → 实际高厚比$\beta = \dfrac{H_0}{h}$
房屋静力计算方案

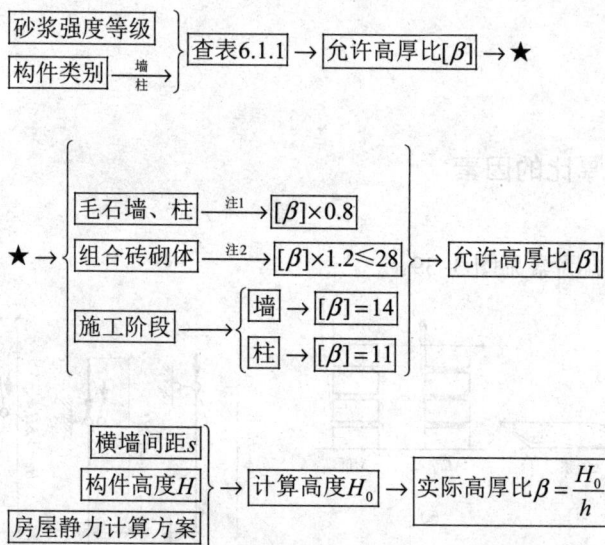

流程图 3-25　墙、柱的允许高厚比（《砌规》第 6.1.1 条）（二）

2. 易考点

（1）横墙间距；

（2）门窗洞口的修正系数；

（3）翼缘宽度的取值；

（4）房屋静力计算方案的确定；

（5）山墙壁柱的计算高度的确定；

（6）山墙壁柱高厚比的验算，即整片墙的验算；

（7）无筋砌体墙的允许高厚比取值；

（8）i、h_T 的计算；

（9）μ_1、μ_2、μ_c 参数的取值；

（10）允许高厚比[β]的查取；

（11）β、$\mu_1\mu_2[\beta]$ 的计算；

（12）构件几何高度的取值；

（13）计算高度的 H_0 确定；

（14）实际高厚比与允许高厚比的计算；

（15）垂直排架方向的计算长度的计算；

（16）排架方向的计算长度的计算；

（17）底层外墙的几何高度；

（18）底层外墙的计算高度。

3. 典型考题

2003 年一级题 30；2003 年一级题 31；2003 年一级题 32；2004 年一级题 30；2004 年一级题 31；2007 年一级题 35；2008 年一级题 30；2008 年一级题 32；2010 年一级题 30；2010 年一级题 31；2011 年一级题 36。

3.5.3 高厚比计算——《砌规》第 6.1.2 条

1. 易错点

注意区分两种情况高厚比的验算：

（1）带壁柱墙与壁柱间墙；

（2）带构造柱墙与构造柱间墙。

2. 流程图

《砌规》第 6.1.2 条相关计算公式汇总见表 3–12，求解 μ_c 见流程图 3–26。

表 3–12 《砌规》第 6.1.2 条计算公式汇总

计 算 部 位		计 算 公 式	易 错 点
带壁柱墙	带壁柱墙高厚比验算（整片墙）	$\beta = \dfrac{H_0}{h_T} \leqslant \mu_1\mu_2[\beta]$	确定 H_0 时，s 应取相邻横墙的距离
	壁柱间墙高厚比验算（局部墙）	$\beta = \dfrac{H_0}{h} \leqslant \mu_1\mu_2[\beta]$	确定 H_0 时，s 应取相邻壁柱间的距离
带构造柱墙	带构造柱墙的高厚比验算（整片墙）	$\beta = \dfrac{H_0}{h} \leqslant \mu_1\mu_2\mu_c[\beta]$	确定构造柱墙计算高度 H_0 时，s 应取相邻横墙间的距离
	构造柱间墙的高厚比验算（局部墙）	$\beta = \dfrac{H_0}{h} \leqslant \mu_1\mu_2[\beta]$	确定构造柱间墙计算高度 H_0 时，s 应取相邻构造柱间的距离

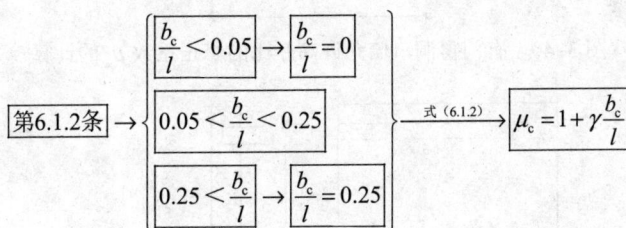

第6.1.2条 → $\begin{cases} \dfrac{b_c}{l} < 0.05 \to \dfrac{b_c}{l} = 0 \\[2mm] 0.05 < \dfrac{b_c}{l} < 0.25 \\[2mm] 0.25 < \dfrac{b_c}{l} \to \dfrac{b_c}{l} = 0.25 \end{cases}$ $\xrightarrow{\text{式（6.1.2）}}$ $\mu_c = 1 + \gamma\dfrac{b_c}{l}$

流程图 3–26 求解 μ_c

3. 易考点

（1）横墙间距；

（2）构件计算高度的确定；

（3）门窗洞口的修正；

（4）正确的使用的高厚比计算式；

（5）带壁柱墙（整片墙）与壁柱间墙（局部墙）的概念。

4. 典型考题

2008 年一级题 30，2013 年一级题 37。

3.5.4 允许高厚比修正系数 μ_1 计算——《砌规》第 6.1.3 条

易错点

（1）承重墙时，$\mu_1 = 1$。

（2）自承重墙❶允许高厚比修正系数 μ_1，当厚度 h 为 240mm＞h＞90mm，μ_1 可按线性内插法取值，$\mu_1 = 1.2 + \dfrac{240 - h}{240 - 90} \times (1.5 - 1.2)$，$h$=180mm 时，$\mu_1 = 1.32$；$h$=120mm 时，$\mu_1 = 1.44$。

（3）变截面柱的高厚比验算，见《砌规》第 6.1.1 条注 3。

（4）组合砖砌体构件的允许高厚比，见《砌规》表 6.1.1 条注 2。

3.5.5　允许高厚比修正系数 μ_2 计算——《砌规》第 6.1.4 条

1. 流程图

有门窗洞口墙允许高厚比的修正系数 μ_2 的计算见图 3-40，带壁柱墙的高厚比验算见图 3-41。允许高厚比修正系数 μ_2 计算见流程图 3-27。

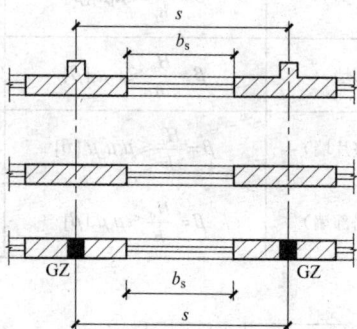

图 3-40　有门窗洞口墙允许高厚比的修正系数 μ_2 的计算

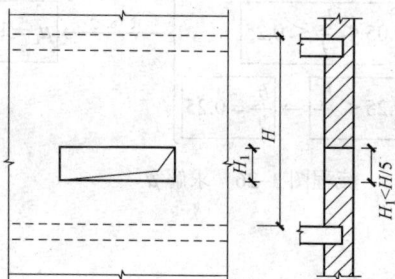

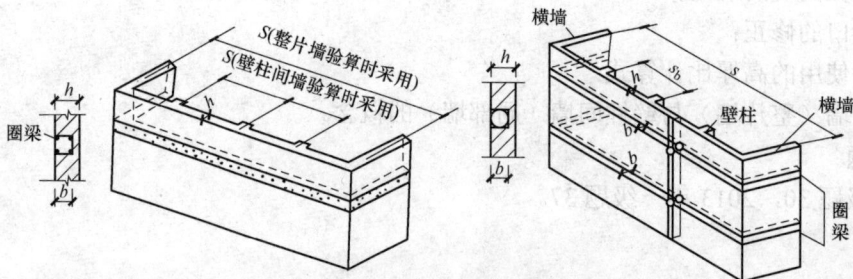

图 3-41　带壁柱墙的高厚比验算

---

❶ 自承重墙称为承自重墙，可能更好理解一些。

394

门窗洞口 ── 无 → $\mu_2 = 1.0$

门窗洞口 ── 有 → $\mu_2 = 1 - 0.4\dfrac{b_s}{s}$ → $\mu_2 < 0.7?$ ── 是 → $\mu_2 = 0.7$ ── 否 → $\mu_2 = 1 - 0.4\dfrac{b_s}{s}$ → 经计算调整后的 μ_2

洞口高度 $\leqslant \dfrac{1}{5}$ 墙高 → $\mu_2 = 1.0$

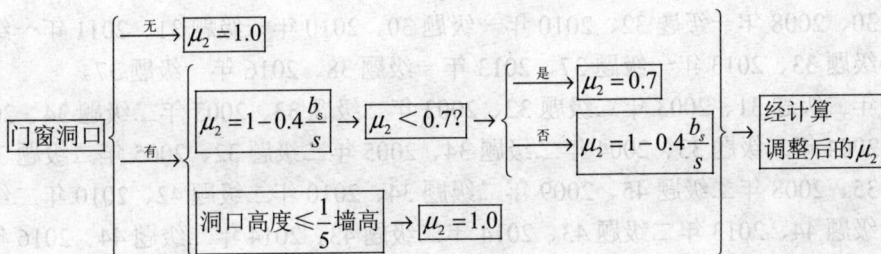

流程图 3-27　允许高厚比修正系数 μ_2 计算（《砌规》第 6.1.4 条）

2. 易考点

（1）横墙间距；

（2）房屋静力计算方案的确定；

（3）计算高度的 H_0 确定；

（4）允许高厚比 $[\beta]$ 的查取；

（5）μ_1 的取值；

（6）《砌规》第 6.1.1 注 2；

（7）有无门窗洞口的 μ_2 修正系数的取值；

（8）高厚比计算式的变形应用。

3. 典型考题

2005 年一级题 37；2005 年一级题 38。

3.5.6　高厚比——《砌规》第 4.2.1 条、第 4.2.8 条、第 5.1.3 条、第 6.1.1 条、第 6.1.2 条、第 6.1.4 条

1. 易考点

（1）横墙间距；

（2）屋盖的类别；

（3）房屋静力计算方案的确定；

（4）计算高度 H_0 的确定；

（5）有无门窗洞口的 μ_2 修正系数的取值；

（6）高厚比计算式的变形应用；

（7）《砌规》式（6.1.1）无 γ_β；

（8）修正系数 μ_1、μ_2、μ_c；

（9）$H_u/H < 1/3$ 的计算；

（10）《砌规》第 5.1.3 中计算式的正确选用；

（11）《砌规》第 6 章的构造要求中的高厚比与《砌规》第 5 章的承载力计算中的高厚比区别。

2. 典型考题

2003 年一级题 30、2003 年一级题 31、2003 年一级题 32、2004 年一级题 30、2004 年一级题 31、2005 年一级题 37、2005 年一级题 38、2007 年一级题 34、2007 年一级题 35、2008

年一级题 30、2008 年一级题 32、2010 年一级题 30、2010 年一级题 31、2011 年一级题 36、2012 年一级题 33、2013 年一级题 37、2013 年一级题 38、2016 年一级题 37。

2003 年二级题 31、2003 年二级题 32、2003 年二级题 33、2003 年二级题 34、2003 年二级题 35、2004 年二级题 33、2004 年二级题 34、2005 年二级题 32、2005 年二级题 34、2008 年二级题 35、2008 年二级题 45、2009 年二级题 34、2010 年二级题 42、2010 年二级题 43、2010 年二级题 44、2013 年二级题 43、2014 年二级题 43、2014 年二级题 44、2016 年二级题 35、2016 年二级题 38、2016 年二级题 39。

考题精选 3-20：按允许高厚比确定承重外墙最大总宽度（2005 年一级题 38）

某多层仓库，无吊车，墙厚均为 240mm，采用 MU10 级烧结普通砖，M7.5 级混合砂浆砌筑，底层层高为 4.5m。

当采用如图 3-42 所示的结构平面布置时，二层层高 h_2=4.5m，二层窗高 h=1000mm，窗中心距为 4m。试问：按允许高厚比 $[\beta]$ 值确定的 A 轴线承重外墙窗洞的最大总宽度 b_s（m）应与下列何项数值最为接近？

A. 1.0　　　　　　B. 2.0　　　　　　C. 4.0　　　　　　D. 6.0

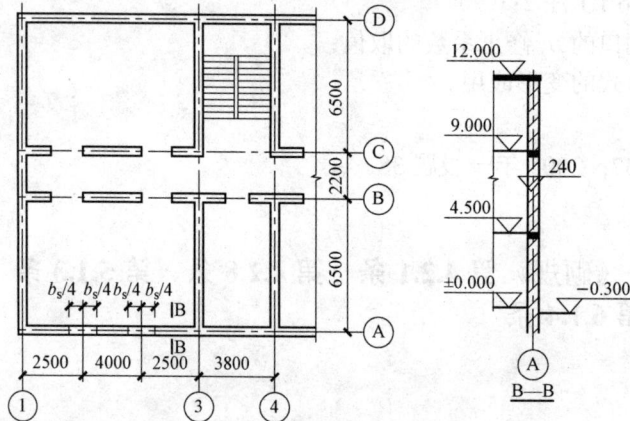

图 3-42　仓库结构平面布置图

解答过程：

根据《砌规》GB 50003—2011 第 4.2.1 条，多层仓库，无吊车，由于横墙间距（13 轴距）2.5+4+2.5=9m，故房屋静力计算方案为刚性方案。再根据《砌规》表 5.1.3，由于 $H < s \leqslant 2H$，则构件计算高度

$$H_0 = 0.4s + 0.2H = 0.4 \times 9 + 0.2 \times 4.5 = 4.5\text{m}$$

由于是承重墙，取 $\mu_1 = 1.0$；

根据《砌规》第 6.1.4 条，有洞口时，修正系数 $\mu_2 = 1 - 0.4\dfrac{b_s}{s} = 1 - 0.4 \times \dfrac{b_s}{9}$

根据《砌规》第 6.1.1 条，砂浆等级为 M7.5，墙的允许高厚比为 $[\beta]=26$。

由高厚比 $\beta = \dfrac{H_0}{h} = \dfrac{4.5}{0.24} = 18.75 \leqslant \mu_1\mu_2[\beta] = 1.0 \times \left(1 - 0.4 \times \dfrac{b_s}{9}\right) \times 26$

得 $b_s \leqslant 6.27\text{m}$

正确答案：D

考题精选 3-21：纵墙高厚比验算（2013 年一级题 37）

某多层砖砌体房屋，底层结构平面布置如图 3-43 所示。外墙厚 370mm，内墙厚 240mm，轴线均居墙中。窗洞口均为 1500mm×1500mm（宽×高），门洞口除注明外均为 1000mm×2400mm（宽×高）。室内外高差 0.5m，室外地面距基础顶 0.7m。楼、屋面板采用现浇钢筋混凝土板，砌体施工质量控制等级为 B 级。

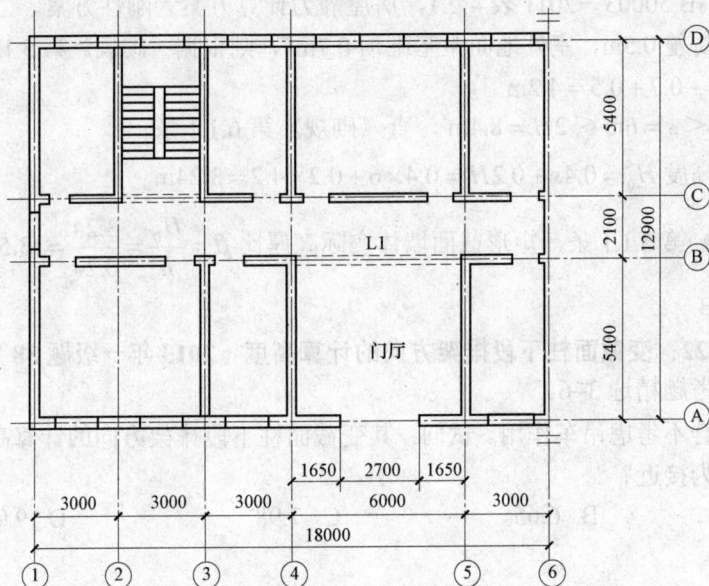

图 3-43　底层结构平面布置

假定底层层高为 3.0m，④～⑤轴之间内纵墙如图 3-44 所示。砌体砂浆强度等级 M10，构造柱截面均为 240mm×240mm，混凝土强度等级为 C25，构造措施满足规范要求。试问：其高厚比验算 $\dfrac{H_0}{h} < \mu_1 \mu_2 [\beta]$ 与下列何项选择最为接近？

提示：小数点后四舍五入取两位。

A. 13.50＜22.53

B. 13.50＜25.24

C. 13.75＜22.53

D. 13.75＜25.24

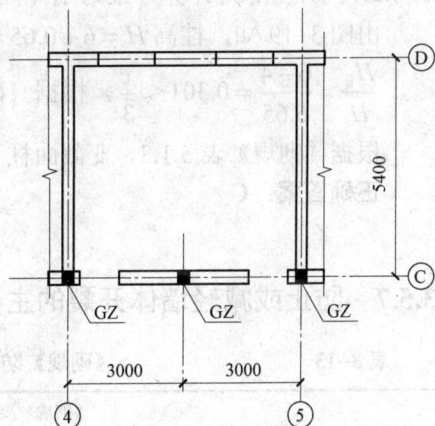

图 3-44　④～⑤轴之间内纵墙布置

解答过程：

（1）根据《砌规》GB 50003—2011 表 6.1.1，M10 砂浆无筋砌体墙的允许高厚比 $[\beta] = 26$。

由于是承重墙，取 $\mu_1 = 1.0$；根据大题干"门洞口除注明外均为 1000mm×2400mm（宽×高）"，根据《砌规》第 6.1.4 条，$\mu_2 = 1 - 0.4\dfrac{b_s}{s} = 1 - 0.4 \times \dfrac{2 \times 1}{6} = 0.867$。

根据《砌规》第 6.1.2 条，因 $0.05 < \dfrac{b_c}{l} = \dfrac{240}{3000} = 0.08 < 0.25$，

提高系数 $\mu_c = 1 + \gamma\dfrac{b_c}{l} = 1 + 1.5 \times 0.08 = 1.12$，

$\mu_1\mu_2\mu_c[\beta] = 1 \times 0.867 \times 1.12 \times 26 = 25.25$

（2）题目中"楼、屋面板采用现浇钢筋混凝土板"，又根据图 3-44，横墙间距 $s = 6\text{m} < 32\text{m}$；则根据《砌规》GB 50003—2011 表 4.2.1，房屋静力计算方案为刚性方案。

因"室内外高差 0.5m，室外地面距基础顶 0.7m"，则根据《砌规》第 5.1.3 条，底层墙体几何高度 $H = 3.0 + 0.7 + 0.5 = 4.2\text{m}$

因 $H = 4.2\text{m} < s = 6\text{m} \leqslant 2H = 8.4\text{m}$，查《砌规》第 6.1.1 条，

得墙体计算高度 $H_0 = 0.4s + 0.2H = 0.4 \times 6 + 0.2 \times 4.2 = 3.24\text{m}$

根据《砌规》第 6.1.1 条，矩形截面墙体实际高厚比 $\beta = \dfrac{H_0}{h} = \dfrac{3.24}{0.24} = 13.50$

正确答案：B

考题精选 3-22：变截面柱下段排架方向的计算高度（2013 年一级题 38）

大题干参见考题精选 3-6。

假定荷载组合不考虑吊车作用。试问：其变截面柱下段排架方向的计算高度 H_{l0}（m）与下列何项数值最为接近？

A. 5.32　　　　　B. 6.65　　　　　C. 7.98　　　　　D. 9.98

解答过程：

横墙间距 $20\text{m} \leqslant s = 4.2 \times 6 = 25.2\text{m} \leqslant 48\text{m}$，采用轻钢屋盖，根据《砌规》GB 50003—2011 表 4.2.1，房屋静力计算方案为刚弹性方案。

由图 3-19 知，柱高 $H = 6 + 0.65 = 6.65\text{m}$

$\dfrac{H_u}{H} = \dfrac{6-4}{6.65} = 0.301 < \dfrac{1}{3}$，根据《砌规》第 5.1.4 条第 1 款，取无吊车房屋的 H_0。

根据《砌规》表 5.1.3，变截面柱下段排架方向的计算高度 $H_{l0} = 1.2H = 1.2 \times 6.65 = 7.98\text{m}$

正确答案：C

3.5.7 防止或减轻墙体开裂的主要措施（表 3-13）

表 3-13　　　　　　　　　　《砌规》防止或减轻墙体开裂的主要措施

《砌规》要求	《砌规》条文代号
伸缩缝的设置要求	第 6.5.1 条
防止或减轻顶层墙体裂缝的措施	第 6.5.2 条
防止或减轻底层墙体裂缝的措施	第 6.5.3 条
防止或减轻混凝土砌块房屋顶层梁端和底层第一、第二开间门窗洞处裂缝的措施	第 6.5.5 条
填充墙与梁、柱或混凝土墙体结合的截面处要求	第 6.5.6 条
房屋刚度较大时，窗台下或窗台角处采取的措施	第 6.5.7 条
夹心复合墙控制缝	第 6.5.8 条

典型考题

2004 年一级题 40；2004 年一级题 41。

3.6 圈梁、过梁、墙梁及挑梁

3.6.1 圈梁的设置与构造要求（表 3–14、图 3–45）

表 3–14 　　　　　　　　　　　《砌规》圈梁的设置与构造要求

规范要求	《砌规》条文代号	《抗规》条文代号
单层房屋圈梁的设置要求	第 7.1.2 条	—
多层房屋圈梁的设置要求	第 7.1.3 条	第 7.3.3 条
圈梁配筋、搭接、截面尺寸、连接等构造要求	第 7.1.5 条	第 7.3.4 条
现浇钢混楼（屋）盖砌体房屋圈梁设置要求	第 7.1.6 条	—

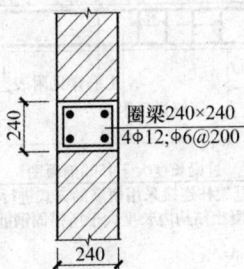

圈梁剖面详图
（圈梁混凝土为C20）

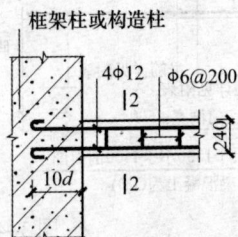

圈梁与框架梁的锚固
圈梁主筋与框架柱连接采用植筋的方式
圈梁主筋与构造柱连接采用直接锚固

图 3–45　圈梁常用做法

3.6.2 《砌规》有关过梁的条文（表 3–15）

表 3–15 　　　　　　　　　　　《砌规》关于过梁的条文

过梁使用范围	《砌规》第 7.2.1 条
过梁荷载取值	《砌规》第 7.2.2 条
过梁计算	《砌规》第 7.2.3 条
砖砌过梁	《砌规》第 7.2.4 条

3

3.6.3 过梁分类与构造要求（图 3–46、图 3–47）

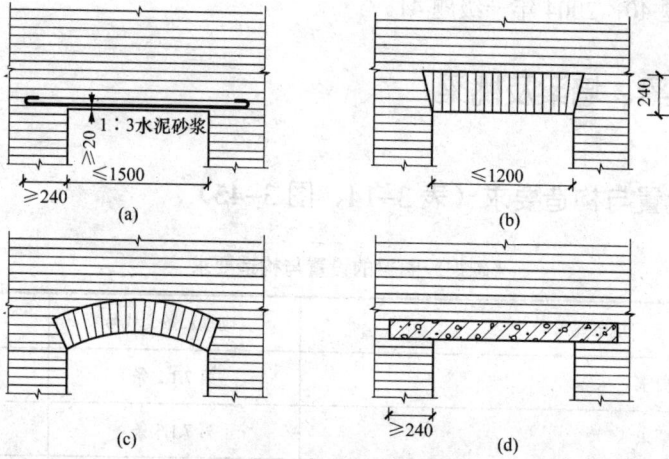

图 3–46 过梁

（a）钢筋砖过梁；（b）砖砌平拱；（c）砖砌弧拱；（d）钢筋混凝土过梁

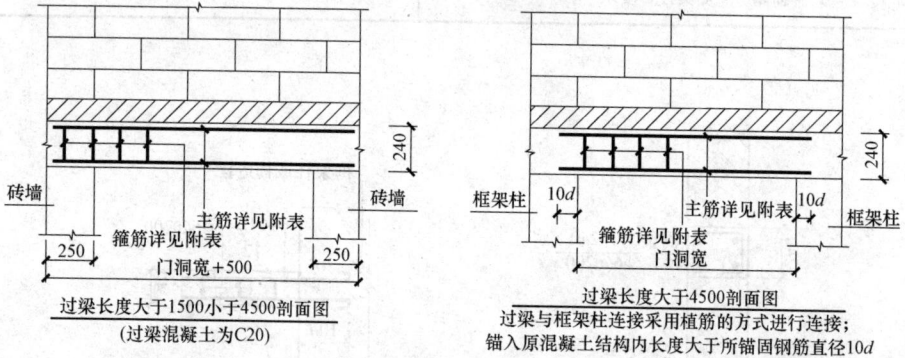

过梁长度大于1500小于4500剖面图
（过梁混凝土为C20）

过梁长度大于4500剖面图
过梁与框架柱连接采用植筋的方式进行连接；
锚入原混凝土结构内长度大于所锚固钢筋直径10d

图 3–47 过梁的配筋要求

3.6.4 过梁上荷载——《砌规》第7.2.2条

1. 流程图（图 3–48、表 3–16、流程图 3–28）

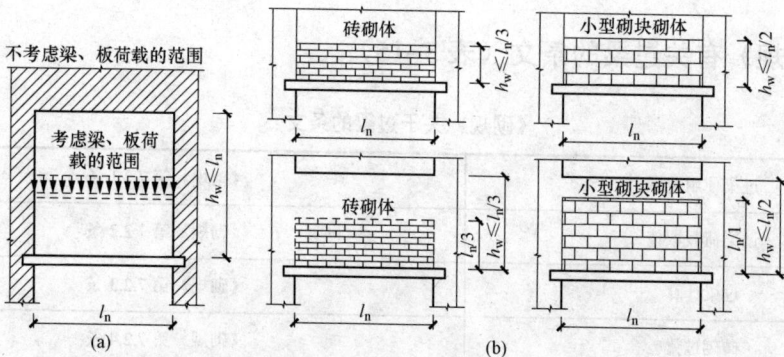

图 3–48 过梁荷载的取值（《砌规》第7.2.2条）

（a）梁板荷载；（b）墙体荷载

表 3–16   作用在过梁上的荷载有砌体自重和过梁计算跨度范围内的梁、板荷载

序号	荷载类别	砌体类别	h_w 与 l_n 的关系	荷载值的取用
1	墙体荷载	砖砌体	当过梁上的墙体高度 $h_w < l_n/3$ 时[1]	按全部墙体的均布自重设计值采用
			当 $h_w \geq l_n/3$ 时	按高度为 $l_n/3$ 墙体的均匀自重设计值采用
		混凝土砌块砌体	当过梁上的墙体高度 $h_w < l_n/2$ 时	按全部墙体的均布自重设计值采用
			当 $h_w \geq l_n/2$ 时	按高度为 $l_n/2$ 墙体的均布自重设计值采用
2	梁、板荷载	砖和混凝土砌块砌体	梁、板下的墙体高度 $h_w < l_n$ 时	按梁板传来的荷载采用
			梁板下的墙体高度 $h_w \geq l_n$ 时	可不考虑梁、板荷载

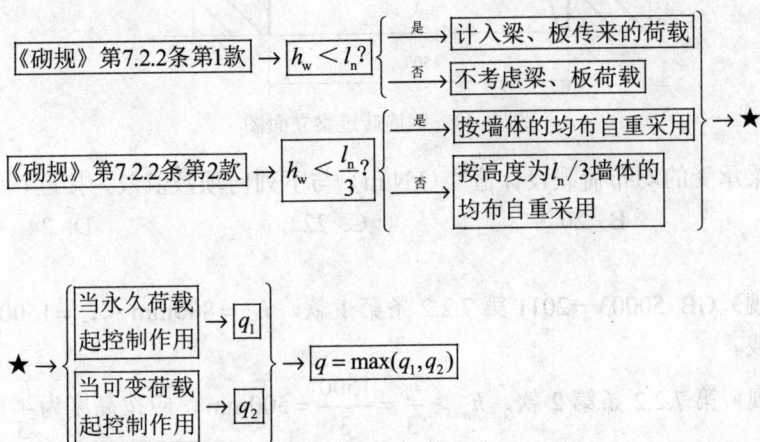

《砌规》第7.2.2条第1款 → $h_w < l_n$? → 是 → 计入梁、板传来的荷载

否 → 不考虑梁、板荷载

《砌规》第7.2.2条第2款 → $h_w < \dfrac{l_n}{3}$? → 是 → 按墙体的均布自重采用 → ★

否 → 按高度为 $l_n/3$ 墙体的均布自重采用

★ → 当永久荷载起控制作用 → q_1

当可变荷载起控制作用 → q_2 → $q = \max(q_1, q_2)$

流程图 3–28   砖砌体中过梁的荷载计算（《砌规》第 7.2.2 条）

2. 易考点

（1）钢筋砖过梁的跨度的限值；

（2）砖砌平拱过梁的跨度的限值；

（3）抗震烈度为 7 度的地区，对过梁的要求；

（4）是否应计入梁板传来的荷载；

（5）墙体的均布自重的取值；

（6）由何种荷载组合控制的判定；

（7）对砖和砌块砌体，过梁上的墙体高度和均布自重的区别。

3. 典型考题

2010 年一级题 37。

2005 年二级题 41、2011 年二级题 45。

考题精选 3–23：过梁承受的均布荷载设计值（2010 年一级题 37）

某住宅楼的钢筋砖过梁净跨 l_n=1.50m，墙厚 240mm，立面如图 3–49 所示，采用 MU10

---

[1] l_n 为过梁的净跨度。

烧结多孔砖，M10 混合砂浆砌筑。过梁底面配筋采用 3 根直径为 8mm 的 HPB300 钢筋，锚入支座内的长度为 250mm，多孔砖砌体自重 18kN/m³。砌体施工质量控制等级为 B 级，在离窗口上皮 800mm 高度处作用有楼板传来的均布恒荷载标准值 g_k=10kN/m，均布活荷载标准值 q_k=5kN/m。

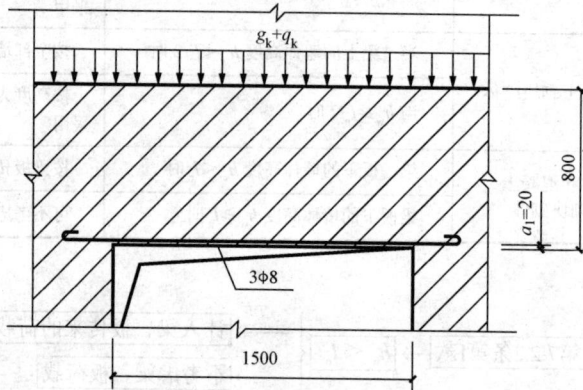

图 3-49 钢筋砖过梁立面图

试确定过梁承受的均布荷载设计值[1]（kN/m）与下列何项数值最为接近？

A. 18   B. 20   C. 22   D. 24

解答过程：

根据《砌规》GB 50003—2011 第 7.2.2 条第 1 款，$h_w = 800\text{mm} < l_n = 1500\text{mm}$，应计入梁板传来的荷载。

根据《砌规》第 7.2.2 条第 2 款，$h_w > \dfrac{l_n}{3} = \dfrac{1500}{3} = 500\text{mm}$，应按高度为 $\dfrac{l_n}{3} = 500\text{mm}$ 墙体的均布自重采用。

当永久荷载起控制作用时，过梁承受的均布荷载设计值

$$q = \gamma_G g_k + \psi_c \gamma_Q q_k = 1.35 \times (10 + 18 \times 0.24 \times 0.5) + 0.7 \times 1.4 \times 5 = 21.3\text{kN/m}$$

当可变荷载起控制作用时，过梁承受的均布荷载设计值

$$q = \gamma_G g_k + \gamma_Q q_k = 1.2 \times (10 + 18 \times 0.24 \times 0.5) + 1.4 \times 5 = 21.6\text{kN/m}$$

由此可见，可变荷载起控制作用，取 $q = 21.6\text{kN/m}$

正确答案：C

3.6.5 过梁计算——《砌规》第 7.2.3 条

1. 易错点

（1）矩形截面 $z = \dfrac{2}{3}h$，$W = \dfrac{1}{6}bh^2$；

（2）弯矩 M 取 l_0 计算；剪力 V 取 l_n 净跨计算；

---

[1] 本题求取是荷载效应，不是承载力（材料抗力）。注意正确选取公式。

（3）钢筋混凝土梁计算跨度 $l_0 = \min\left(1.1l_n, l_n + a\right)$，$a$ 为过梁在墙上的支承长度；

（4）过梁下砌体局部受压承载力计算时，可不考虑上层荷载的影响；

（5）荷载由梁板荷载（分清何种情况下不计入）和墙体荷载（对砖砌体和混凝土砌块砌体分别考虑不同计算高度下的墙体自重）组成；

（6）对钢筋砖过梁应注意过梁截面高度的确定。

2. 流程图

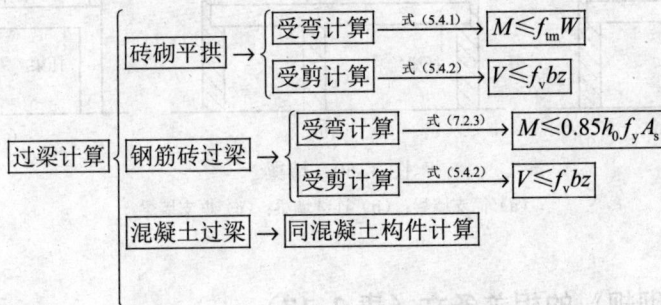

流程图 3-29　过梁计算（《砌规》第 7.2.3 条）

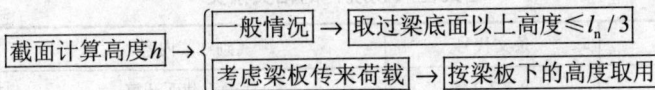

流程图 3-30　截面计算高度 h 的取值

3. 易考点

（1）h_0 的取值；

（2）f_v 的取值；

（3）过梁的受弯承载力设计值 M_u 的计算；

（4）过梁的受剪承载力设计值 V_u 的计算；

（5）恒、活荷载由何种组合起控制作用；

（6）混凝土过梁的承载力计算。

4. 典型考题

2010 年一级题 38；2010 年一级题 39。

2003 年二级题 38、2005 年二级题 42、2005 年二级题 43、2011 年二级题 46。

考题精选 3-24：过梁的受弯承载力设计值（2010 年一级题 38）

大题干参见考题精选 3-23。

试问：过梁的受弯承载力设计值（kN·m）与下列何项数值最为接近？

A. 27　　　　　　　B. 21　　　　　　　C. 17　　　　　　　D. 13

解答过程：

根据《砌规》GB 50003—2011 第 7.2.3 条第 2 款，$h = 800\text{mm}$，$h_0 = 800 - 20 = 780\text{mm}$

过梁的受弯承载力设计值（材料抗力）

$$M_u = 0.85h_0 f_y A_s = 0.85 \times 780 \times 270 \times (3 \times 50.3) = 27 \times 10^6 \, \text{N} \cdot \text{mm} = 27\text{kN} \cdot \text{m}$$

正确答案：A

3.6.6　墙梁分类（图 3–50）

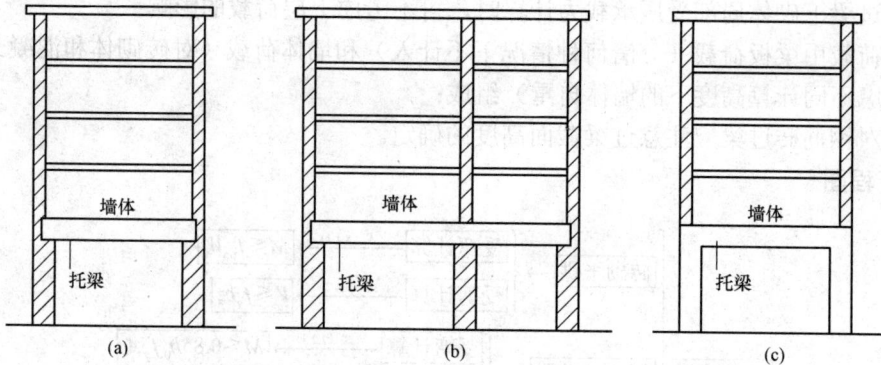

图 3–50　墙梁

（a）简支墙梁；（b）连续墙梁；（c）框支墙梁

3.6.7　墙梁在《砌规》的相关条文（表 3–17）

表 3–17　　　　　　　　　　　　墙梁在《砌规》的相关条文

《砌规》内容	条文代号	《砌规》内容	条文代号
墙梁一般规定	第 7.3.2 条	托梁正截面计算	第 7.3.6 条
墙梁的计算简图	第 7.3.3 条	托梁斜截面计算	第 7.3.8 条
墙梁的计算荷载	第 7.3.4 条	墙体受剪承载力	第 7.3.9 条
墙梁的计算范围	第 7.3.5 条	托梁支座上部局部受压	第 7.3.10 条
墙梁的构造要求	第 7.3.12 条	—	—

3.6.8　墙梁的一般规定（表 3–18）

表 3–18　　　　　　　　　　墙梁的一般规定（《砌规》表 7.3.1）

墙梁类别	墙体总高度（m）	跨度（m）	墙体高跨比 $\dfrac{h_w}{l_{0i}}$	托梁高跨比 $\dfrac{h_b}{l_{0i}}$	洞宽比 $\dfrac{b_h}{l_{0i}}$	洞高 h_h
承重墙梁	≤18	≤9	≥0.4	≥1/10	≤0.3	≤$5h_w/6$，且 h_w-h_h≥0.4m
自承重墙梁	≤18	≤12	≥1/3	≥1/15	≤0.8	—

注：1. 墙体总高度指托梁顶面道檐口的高度，带阁楼的坡屋顶应算到山尖墙 1/2 高度处。

2. 对自承重墙，洞口至边支座的距离不宜小于 $0.1l_{0i}$，门窗上洞口至墙顶的距离不应小于 0.5m。

3. 下标 w 为 wall，b 为 beam 英文单词的首字母。

3.6.9　影响托墙梁受力的主要因素

（1）约束柱与砌体的刚度比越大，托墙梁分配到的竖向荷载越小。

（2）托墙梁刚度愈小，托墙梁所受到的竖向荷载愈小。

（3）托架柱的刚度对托墙梁分配所得的竖向荷载影响很小，在计算中可以不考虑。

（4）托墙梁上墙体开洞率愈大，托墙梁所受到的竖向荷载愈小，就托墙梁上所分配到的总的竖向力而言，组合墙开洞情况对其影响很小，但对梁的局部（洞口边缘部位）内力影响较大。

（5）当墙加水平荷载后，由于水平力产生的倾覆作用，使受水平荷载一侧，作用梁上的竖向力减小，另一侧竖向力增大，但总的竖向力分配比例与无水平荷载时基本一致。

3.6.10 墙梁的使用阶段墙梁上的荷载（表3–19）

表3–19　　　　　　　　　　　　　墙梁的使用阶段墙梁上的荷载

条文代号	荷载类别	砌体类别	荷载值的取用（符号含义见图3–51）	
第7.3.4条第1款	使用阶段墙梁上的荷载	承重墙梁	托梁顶面荷载 Q_1、F_1	托梁自重+本层楼盖恒荷载和活荷载
			墙梁顶面荷载 Q_2	托梁以上各层墙体自重+墙梁顶面以上各层楼（屋）盖恒荷载和活荷载
		自承重墙梁	托梁顶面荷载 Q_2	托梁自重+托梁以上墙体自重
第7.3.4条第2款	施工阶段托梁上的荷载	托梁自重+本层楼盖的恒荷载		
		本层楼盖的施工荷载		
		墙体自重，取高度为的墙体自重 $\dfrac{l_{0max}}{3}$，l_{0max} 为各计算跨度的最大值		

3.6.11 墙梁计算内容（表3–20）

表3–20　　　　　　　　　　　墙 梁 计 算 内 容

计 算 内 容			墙梁类别			
			承重墙梁			自重墙梁
			简支	连续	框支	
使用阶段	正截面承载力计算	托梁跨中	√	√	√	√
		托梁支座	—	√	√	—
		柱或抗震墙	—	—	√	—
	斜截面受剪承载力计算	托梁	√	√	√	√
		柱或抗震墙	—	—	√	—
	墙体承载力计算	墙体受剪	√	√	√	—
		托梁支座上部砌体局部受压	√	√	√	—
施工阶段	托梁承载力计算	正截面受弯	√	√	√	√
		斜截面受剪	√	√	√	√

注：1. √表示必须计算的内容；

2. 计算分析表明，自承重墙梁墙体的承载力能满足要求，可不验算墙体受剪承载力和局部受压承载力。

3.6.12 墙梁的设计中参数取值（表3-21）——《砌规》图7.3.3

表3-21　　　　　　　　　　墙梁的设计中参数取值

序号	计算内容	构件类别	取　值
1	墙梁计算跨度 l_0（l_{0i}）	简支墙梁	$\min（1.1l_n, l_c）$
		连续墙梁	
		框支墙梁	框架柱轴线间的距离
2	墙体的计算高度 h_w	当 $h_w > l_0$ 时	$h_w = l_0$
3	墙梁跨中截面计算高度	墙梁跨中	$H_0 = h_w + 0.5h_b$
4	翼墙计算宽度 b_f	翼墙	取窗间墙宽度或横墙间距的 2/3，且每边不大于 $3.5h$（h 为墙体厚度）和 $\dfrac{l_0}{6}$
5	框架柱计算高度 H_c	框架柱	$H_c = H_{cn} + 0.5h_b$；H_{cn} 的取值

注：表中计算参数的含义见图3-51。

墙梁的计算简图（图3-51）为《砌规》图7.3.3。

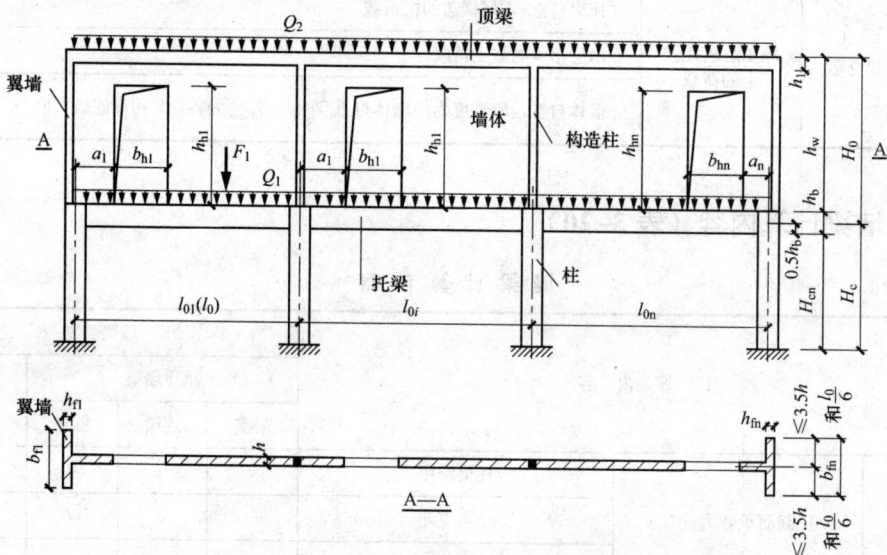

图3-51　墙梁的计算简图（《砌规》图7.3.3）

1. 流程图

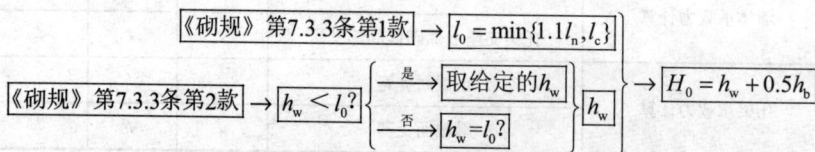

流程图3-31　墙梁跨中计算高度

406

2. 易考点

（1）墙梁计算跨度 l_0 的取值；

（2）墙梁计算高度 h_w 的取值；

（3）跨中截面的计算高度 H_0 计算；

（4）托梁顶面的荷载设计值 Q_1 的计算；

（5）墙梁顶面的荷载设计值 Q_2 的计算；

（6）《砌规》图 7.3.3 中的参数中下标；

（7）墙梁使用阶段的一些见解。

3. 典型考题

2003 年一级题 40、2004 年一级题 38、2004 年一级题 39、2008 年一级题 33、2008 年一级题 34。

2005 年二级题 35、2005 年二级题 36、2012 年二级题 44。

考题精选 3–25：墙梁跨中截面的计算高度（2008 年一级题 33）

某 4 层简支承重墙梁，如图 3–52 所示。托梁截面 $b \times h_b = 300\text{mm} \times 600\text{mm}$，托梁自重标准值 $g_k = 5.0\text{kN/m}$；墙体厚度为 240mm，采用 MU10 烧结多孔砖，计算高度范围内为 M10 混合砂浆，其余为 M5 混合砂浆。墙体及抹灰自重标准值 4.5kN/m²。翼墙计算宽度为 1400mm，翼墙厚 240mm。假定作用于每层墙顶由楼（屋）盖传来的均布恒荷载标准值 g_k 和均布活荷载标准值 q_k 均相同，其值分别为 $g_k = 12.0\text{kN/m}$ 和 $q_k = 6.0\text{kN/m}$。

试确定墙梁跨中截面的计算高度 H_0（m），并指出与下列何项数值最为接近？

提示：计算时可忽略楼板的厚度。

A. 12.30 　　　　 B. 6.24

C. 3.60 　　　　 D. 3.30

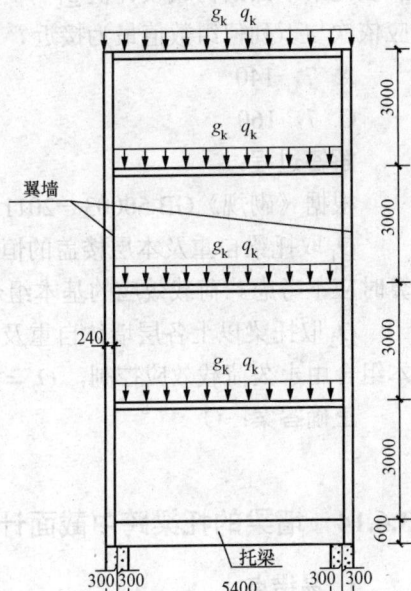

图 3–52　4 层简支承重墙梁受力图

解答过程：

根据《砌规》GB 50003—2011 第 7.3.3 条，对于简支墙梁

墙梁计算跨度 $l_0 = \min\{1.1l_n, l_c\} = \min\{1.1 \times 5.4, 5.4 + 0.3 + 0.3\} = 5.94\text{m}$

墙体计算高度 $h_w = 3\text{m} < l_0 = 5.94\text{m}$，取 $h_w = 3\text{m}$，

墙梁跨中截面的计算高度取为 $H_0 = h_w + 0.5h_b = 3 + 0.5 \times 0.6 = 3.3\text{m}$

正确答案：D

3.6.13　墙梁的计算荷载——《砌规》第 7.3.4 条

1. 易考点

（1）使用阶段；

（2）托梁顶面的荷载设计值 Q_1 的计算；

（3）墙梁顶面的荷载设计值 Q_2 的计算：

1）使用阶段与施工阶段区分；

2）施工阶段托梁上的荷载。

2. 典型考题

2008 年一级题 34。

2005 年二级题 37、2005 年二级题 38、2012 年二级题 45。

考题精选 3-26：使用阶段托梁顶面的荷载设计值以及墙梁顶面的荷载设计值（2008 年一级题 34）

大题干参见考题精选 3-25。

若荷载效应的基本组合由永久荷载效应控制，活荷载的组合值系数 $\psi_c = 0.7$，试问：使用阶段托梁顶面的荷载设计值 Q_1（kN/m），以及使用阶段墙梁顶面的荷载设计值 Q_2（kN/m），应依次与下列何组数值最为接近？

A. 7，140

B. 6，150

C. 7，160

D. 8，170

解答过程：

根据《砌规》GB 50003—2011 第 7.3.4 条第 1 款：

Q_1 取托梁自重及本层楼盖的恒荷载和活荷载，由于活荷载未直接作用在托梁顶面，故计算时应不考虑。荷载效应的基本组合由永久荷载效应控制，$Q_1 = 1.35 \times 5 = 6.75$ kN/m。

Q_2 取托梁以上各层墙体自重及墙梁顶面以上各层楼盖的恒荷载和活荷载；荷载效应的基本组合由永久荷载效应控制，$Q_2 = 1.35 \times (4 \times 12 + 4 \times 4.5 \times 3) + 0.7 \times 1.4 \times (4 \times 6) = 161.22$ kN/m。

正确答案：C

3.6.14 墙梁的托梁跨中截面计算——《砌规》第 7.3.6 条、第 7.3.3 条

1. 易错点

（1）h_b/l_0 与 h_b/l_{0i} 的取值范围；

（2）$\alpha_m \leq 1.0$；

（3）$h_w/l_0 \leq 1.0$；

（4）洞口边至墙梁最近支座的距离 $a_i \leq 0.35 l_{0i}$；

（5）考虑墙梁组合作用的托梁跨中弯矩系数 α_M，对自承重墙梁应乘以 0.8，且对于简支墙梁当公式中的 $h_b/l_0 > 1/6$ 时，取 1/6；对于连续墙梁和框支墙梁，当 $h_b/l_{0i} > 1/7$ 时，取 1/7；

（6）考虑墙梁组合作用的托梁跨中轴力系数 η_N，对自承重墙梁应乘以 0.8，当 $h_w/l_{0i} > 1$ 时，取 1.0；

（7）洞口对托梁弯矩的影响系数 ψ_M，对无洞口墙梁取 1.0。

2. 流程图

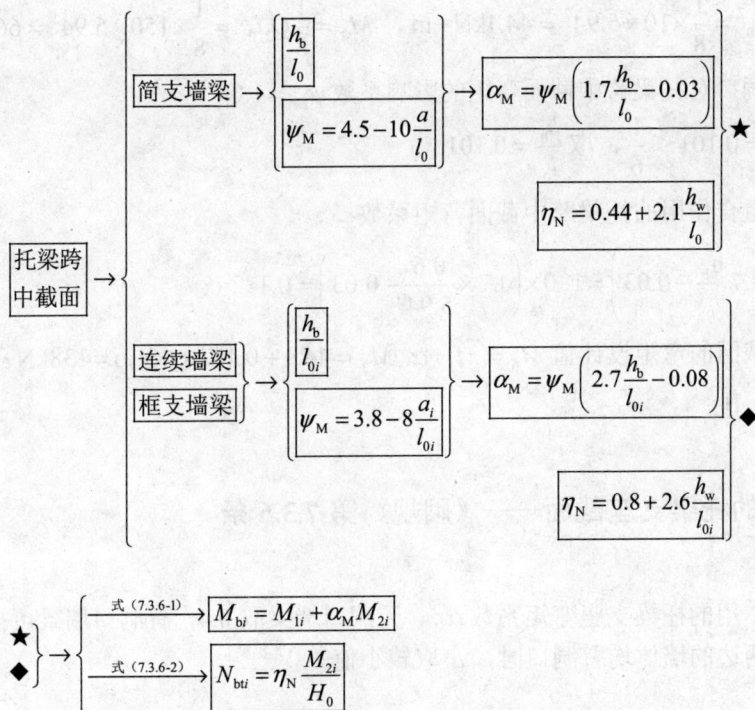

流程图 3–32　托梁跨中截面计算（《砌规》第 7.3.6 条）

3. 易考点

（1）墙梁计算跨度的计算；

（2）洞口对托梁跨中截面弯矩的影响系数的计算；

（3）考虑墙梁组合作用的托梁跨中截面弯矩系数的计算；

（4）区分考题中的托梁是简支墙梁还是连续墙梁和框支墙梁；

（5）自承重墙梁可不验算墙体受剪承载力和砌体局部受压承载力；

（6）使用阶段与施工阶段区分。

4. 典型考题

2008 年一级题 35。

2005 年二级题 39、2010 年二级题 37、2010 年二级题 38、2012 年二级题 46。

考题精选 3–27：托梁跨中截面的弯矩设计值（2008 年一级题 35）

大题干参见考题精选 3–25。

假设使用阶段托梁顶面的荷载设计值 Q_1=10kN/m，墙梁顶面的荷载设计值 Q_2=150kN/m，试问：托梁跨中截面的弯矩设计值（kN·m）与下列何项数值最为接近？

A. 110　　　　　B. 140　　　　　C. 600　　　　　D. 700

解答过程：

根据《砌规》GB 50003—2011 第 7.3.3 条，墙梁计算跨度

$$l_0 = \min(1.1l_n, l_c) = \min(1.1 \times 5.4, 5.4 + 0.3 + 0.3) = 5.94\text{m}$$

根据《砌规》第 7.3.6 条第 1 款，

$$M_1 = \frac{1}{8}Q_1 l_0^2 = \frac{1}{8} \times 10 \times 5.94^2 = 44.1 \text{kN} \cdot \text{m} \quad , \quad M_2 = \frac{1}{8}Q_2 l_0^2 = \frac{1}{8} \times 150 \times 5.94^2 = 661.6 \text{kN} \cdot \text{m}$$

无洞口，洞口对托梁跨中截面弯矩的影响系数 $\psi_M = 1.0$，

$$\frac{h_b}{l_0} = \frac{0.6}{5.94} = 0.101 < \frac{1}{6}，取 \frac{h_b}{l_0} = 0.101。$$

考虑墙梁组合作用的托梁跨中截面弯矩系数

$$\alpha_M = \psi_M \left(1.7 \frac{h_b}{l_0} - 0.03 \right) = 1.0 \times \left(1.7 \times \frac{0.6}{5.94} - 0.03 \right) = 0.142$$

托梁跨中截面的弯矩设计值 $M_b = M_1 + \alpha_M M_2 = 44.1 + 0.142 \times 661.6 = 138 \text{kN} \cdot \text{m}$

正确答案：B

3.6.15 墙梁的托梁支座截面——《砌规》第 7.3.6 条

1. 易错点

考虑组合作用的托梁支座弯矩系数 α_M，无洞口墙梁取 0.4，有洞口墙梁可按流程图 3-32 计算，当支座两边的墙体均有洞口时，a_i 取较小值。

2. 流程图

托梁支座截面计算要点见流程图 3-33。

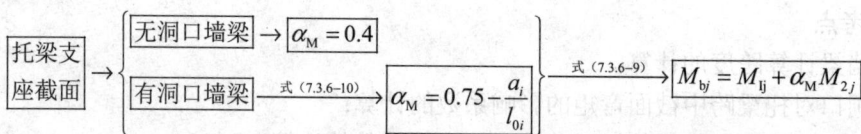

流程图 3-33　托梁支座截面计算要点（《砌规》第 7.3.6 条）

3.6.16 墙梁的托梁斜截面受剪承载力——《砌规》第 7.3.8 条

1. 流程图

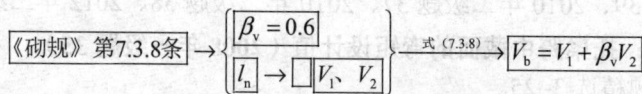

流程图 3-34　墙梁的托梁斜截面受剪承载力（《砌规》第 7.3.8 条）

2. 易考点

（1）托梁剪力设计值；

（2）β_v 的取值；

（3）l_n 的取值；

（4）V_1、V_2 的计算。

3. 典型考题

2008 年一级题 36。

2005 年二级题 40。

考题精选 3–28：托梁剪力设计值（2008 年一级题 36）

大题干参见考题精选 3–25。

假设使用阶段托梁顶面的荷载设计值 $Q_1=10$kN/m，墙梁顶面的荷载设计值 $Q_2=150$kN/m，试问：托梁剪力设计值（kN）与下列何项数值最为接近？

A. 270   B. 300   C. 430   D. 480

解答过程：

根据《砌规》GB 50003—2011 第 7.3.8 条，无洞口墙梁边支座，则 $\beta_v=0.6$；

净跨度 $l_n=5.4$m，$V_1=\dfrac{1}{2}Q_1l_n=\dfrac{1}{2}\times 10\times 5.4=27$kN，$V_2=\dfrac{1}{2}Q_2l_n=\dfrac{1}{2}\times 150\times 5.4=405$kN

托梁剪力设计值 $V_b=V_1+\beta_vV_2=27+0.6\times 405=270$kN

正确答案：A

3.6.17 墙梁的墙体受剪承载力——《砌规》第 7.3.9 条

1. 流程图

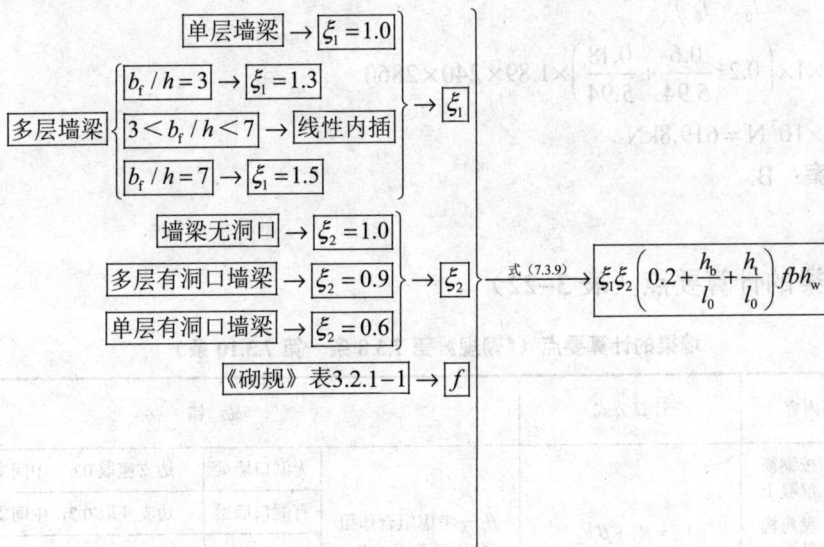

流程图 3–35　墙梁的墙体受剪承载力（《砌规》第 7.3.9 条）

2. 易考点

（1）f 的查取；

（2）h、b_f、$\dfrac{b_f}{h}$ 的计算；

（3）求 ξ_1、ξ_2 的取值；

（4）使用阶段墙梁受剪承载力设计值；

（5）当墙梁支座处墙体中设置上、下贯通的落地混凝土构造柱，且其截面不小于240mm×240mm时，可不验算墙梁的墙体受剪承载力。

3．典型考题

2008年一级题37。

考题精选3-29：使用阶段墙梁受剪承载力设计值（2008年一级题37）

大题干参见考题精选3-25。

假设顶梁截面$b_t \times h_t$=240mm×180mm，墙梁计算跨度l_0=5.94m，墙体计算高度h_w=2.86m，试问：使用阶段墙梁受剪承载力设计值（结构抗力）（kN），与下列何项数值最为接近？

A．430   B．620   C．690   D．720

解答过程：

根据《砌规》GB 50003—2011第7.3.9条，墙体厚度h=240mm；翼墙计算宽度为b_f=1400mm，

$\dfrac{b_f}{h} = \dfrac{1400}{240} = 5.83$，$3 < \dfrac{b_f}{h} = 5.83 < 7$，按照线性内插法得$\xi_1 = 1.3 + \dfrac{1.5 - 1.3}{7 - 3} \times (5.83 - 3) = 1.442$；

墙梁无洞口，取$\xi_2 = 1$。

查《砌规》表3.2.1-1，MU10烧结多孔砖，计算高度范围内为M10混合砂浆，$f = 1.89\text{N/mm}^2$。

使用阶段墙梁受剪承载力设计值

$$\xi_1 \xi_2 \left(0.2 + \dfrac{h_b}{l_0} + \dfrac{h_t}{l_0}\right) f b h_w$$

$$= 1.442 \times 1 \times \left(0.2 + \dfrac{0.6}{5.94} + \dfrac{0.18}{5.94}\right) \times 1.89 \times 240 \times 2860$$

$$= 619.8 \times 10^3 \text{N} = 619.8 \text{kN}$$

正确答案：B

3.6.18 墙梁的计算要点（表3-22）

表3-22   墙梁的计算要点（《砌规》第7.3.8条～第7.3.10条）

条文代号	计算内容		计算公式		易错点	
7.3.8条	墙梁的托梁	按钢筋混凝土受弯构件进行斜截面抗剪计算	$V_{bj} = V_{1j} + \beta_v V_{2j}$	β_v—考虑组合作用的托梁剪力系数	无洞口墙梁	边支座取0.6，中间支座取0.7，
					有洞口墙梁	边支座取0.7，中间支座取0.8；
					对自承重墙梁	无洞口时取0.45，有洞口时取0.5
7.3.9条	墙体受剪承载力	—	$V_2 \leqslant$ $\xi_1 \xi_2 \left(0.2 + \dfrac{h_b}{l_{0i}} + \dfrac{h_t}{l_{0i}}\right) f h h_w$	ξ_1—翼墙或构造柱影响系数	对单层墙梁	取1.0
		—			对多层墙梁 当b_f/h=3时	取1.3
		—			当$3 < b_f/h < 7$时	$\xi_1 = 1.3 + \dfrac{\frac{h_f}{h} - 3}{7 - 3} \times (1.5 - 1.3)$

条文代号	计算内容		计算公式	易　错　点			
7.3.9条	墙体受剪承载力	—	$V_2 \leqslant$ $\xi_1\xi_2\left(0.2+\dfrac{h_b}{l_{0i}}+\dfrac{h_t}{l_{0i}}\right)fhh_w$	ξ_1—翼墙或构造柱影响系数	对多层墙梁	当 $b_f/h=7$ 时或设置构造柱时	取 1.5
		—		ξ_2—洞口影响系数	无洞口时		取 1.0
		—			有洞口	多层墙梁	取 0.9
						单层墙梁	取 0.6
7.3.10条	托梁支座	上部砌体局部受压承载力	$Q_2 \leqslant \zeta fh$ $\zeta = 0.25+0.08\dfrac{b_f}{h}$	ζ—局压系数, $\zeta = 0.25+$ $0.08\dfrac{b_f}{h}\leqslant0.81$	当 $\zeta > 0.81$ 时		取 $\zeta = 0.81$
					当 $b_f/h\geqslant5$ 或墙梁支座处设置上下贯通的落地构造柱时		可部验算局部受压承载力

3.6.19　挑梁抗倾覆计算——《砌规》第 7.1.6 条、第 7.4.2 条、第 7.4.4 条、第 7.4.6 条

1. 易错点

（1）x_0 取值：当 $h \geqslant 2.2h_b$ 时，$x_0 = 0.3h_b \leqslant 0.13l_1$。

（2）挑梁下有混凝土构造柱或垫梁时，计算倾覆点至墙外边缘的距离可取 $0.5x$。

（3）《砌规》第 7.4.3 条中图 7.4.3（c）中，当门洞边墙体宽度 $\geqslant370$mm，应考虑 45°扩展角部分面积；否则，不考虑 45°扩展角部分面积。其中，G_r 取恒荷载标准值，不考虑可变荷载。

（4）G_r—挑梁的抗倾覆荷载，为挑梁尾端上部 45°扩展角的阴影范围内（其水平长度为 l_3）内本层的砌体与楼面恒荷载标准值之和（见《砌规》第 7.4.3 条）。

2. 流程图

挑梁的抗倾覆荷载见图 3-53，抗倾覆计算简图见图 3-54，计算示例图见图 3-55，挑梁抗倾覆计算见流程图 3-36，挑梁下有构造柱的情况见流程图 3-37。

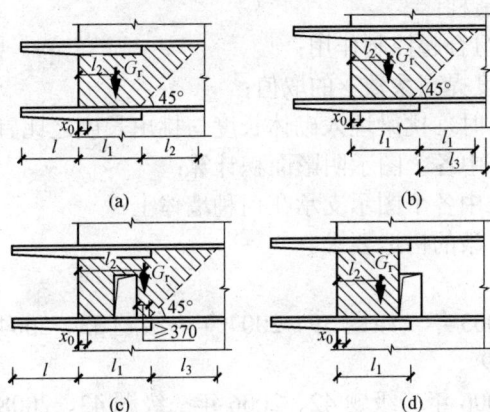

图 3-53　挑梁的抗倾覆荷载（《砌规》图 7.4.3）
（a）$l_3 \leqslant l_1$ 时；（b）$l_3 > l_1$ 时；（c）洞在 l_1 之内；（d）洞在 l_1 之外

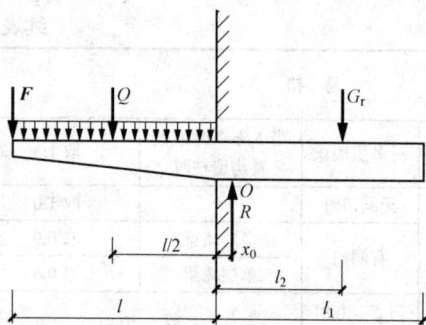

图 3-54 抗倾覆计算简图

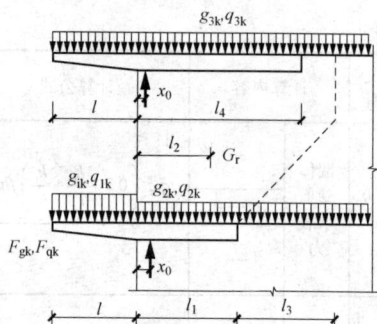

图 3-55 计算示例图

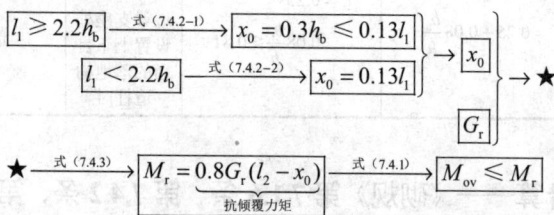

流程图 3-36 挑梁抗倾覆计算(《砌规》第 7.4.1 条~第 7.4.3 条)

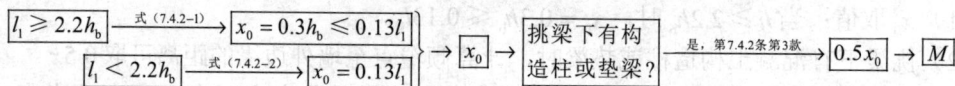

流程图 3-37 挑梁下有构造柱的情况

3. 易考点

(1) 挑梁上无砌体时的 l_1 限值;

(2) 挑梁计算倾覆点至墙外边缘的距离 x_0 的计算;

(3) 最大倾覆力矩的确定;

(4) 倾覆地抗矩与倾覆力矩的计算;

(5) l_1 与 $2.2h_b$ 的大小关系判断;

(6) x_0 与 $0.13l_1$ 的大小关系判断;

(7) 挑梁下是否有构造柱;

(8) 恒、活荷载何种组合起控制作用;

(9) 砌体局部抗压强度提高系数 γ 的取值;

(10) 当挑梁上无砌体时,挑梁埋入砌体长度与挑出长度之比宜大于 2;

(11) 《砌规》图 7.4.3 中各个图示阴影面积计算;

(12) 《砌规》图 7.4.4 中各个图示支承在何种墙体上;

(13) 《砌规》第 7.4.6 条的构造要求。

4. 典型考题

2003 年一级题 38、2003 年一级题 39、2004 年一级题 33、2004 年一级题 34、2004 年一级题 35、2011 年一级题 39。

2006 年二级题 41、2006 年二级题 42、2006 年二级题 43、2008 年二级题 41、2008 年二级题 42、2008 年二级题 43、2012 年二级题 39、2012 年二级题 40、2016 年二级题 41、2016 年二级题 42、2016 年二级题 43。

考题精选 3–30：挑梁的最大弯矩设计值（2011 年一级题 39）

某多层砌体结构房屋，顶层钢筋混凝土挑梁置于丁字形（带翼墙）截面的墙体上，端部设有构造柱，如图 3–56 所示；挑梁截面 $b \times h_b = 240mm \times 450mm$，墙体厚度均为 240mm。屋面板传给挑梁的恒荷载及挑梁自重标准值为 $g_k = 27kN/m$，不上人屋面，活荷载标准值为 $q_k = 3.5kN/m$。试问：该挑梁的最大弯矩设计值（kN·m）与下列何项数值最为接近？

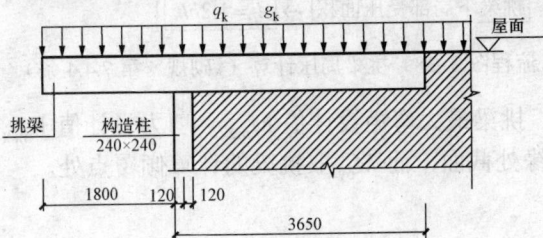

图 3–56　顶层挑梁受力图

A. 60 　　　　　　 B. 65 　　　　　　 C. 70 　　　　　　 D. 75

解答过程：根据《砌规》GB 50003—2011 第 7.4.2 条，因

$$l_1 = 3.65m > 2.2h_b = 2.2 \times 0.45 = 0.99m$$

则 $x_0 = 0.3h_b = 0.3 \times 0.45 = 0.135m < 0.13l_1 = 0.13 \times 3.65 = 0.474\ 5m$，符合《砌规》第 7.4.2 条第 1 款；

因挑梁下有构造柱，《砌规》第 7.4.2 条第 3 款，计算倾覆点取 $0.5x_0 = 0.5 \times 0.135 = 0.067\ 5m$

挑梁的最大弯矩设计值：

如果由可变荷载起控制作用

$$M_1 = \frac{1}{2} \times (1.2 \times 27 + 1.4 \times 3.5) \times (1.8 + 0.067\ 5)^2 = 65kN \cdot m$$

如果由永久荷载起控制作用

$$M_2 = \frac{1}{2} \times (1.35 \times 27 + 0.7 \times 1.4 \times 3.5) \times (1.8 + 0.067\ 5)^2 = 69.5kN \cdot m$$

以上两者取较大值 $M = 69.5kN \cdot m$

正确答案：C

3.6.20　挑梁局压计算——《砌规》第 7.4.4 条

1. 流程图

挑梁下砌体局部受压见图 3–57，挑梁局压计算见流程图 3–38。

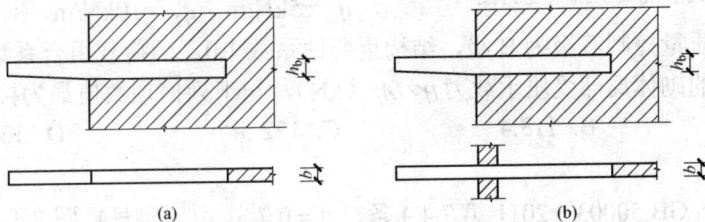

图 3–57　挑梁下砌体局部受压（《砌规》图 7.4.4）
（a）挑梁支承在一字墙；（b）挑梁支承在丁字墙

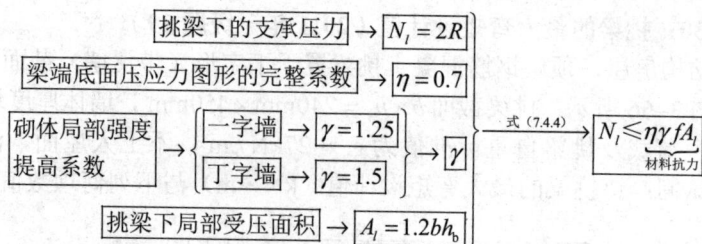

流程图 3-38　挑梁局压计算（《砌规》第 7.4.4 条）

《砌规》第 7.4.5 条：挑梁最大弯矩设计值 M_{max}、剪力设计值 V_{max}：$M_{max}=M_{ov}$；$V_{max}=V_{ov}$；其中，V_0 取挑梁墙外边缘处截面，而 M_{ov} 取挑梁的计算倾覆点处。

2. 易考点

（1）确定倾覆点；

（2）l_1 与 $2.2h_b$ 的关系；

（3）x_0 与 $0.13l_1$ 的关系；

（4）η 与 γ 的取值；

（5）计算 A_l、N_l；

（6）N_l 的限值；

（7）《砌规》图 7.4.4-b；

（8）挑梁下局部受压面积计算；

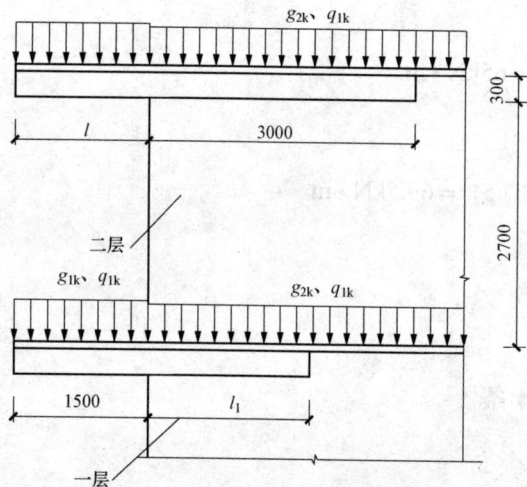

图 3-58　钢筋混凝土挑梁受力图

（9）水泥砂浆是否需进行强度系数调整；

（10）挑梁下的砌体局部受压承载力。

3. 典型考题

2003 年一级题 39；2004 年一级题 35。

考题精选 3-31：挑梁下的砌体局部受压承载力（2004 年一级题 35）

某 2 层砌体结构中钢筋混凝土挑梁，如图 3-58 所示，埋置于丁字形截面墙体中，墙厚 240mm，采用 MU10 级烧结普通砖、M5 水泥砂浆砌筑。挑梁采用 C20 级混凝土，断面（$b \times h_b$）为 240mm×300mm，梁下无钢筋混凝土构造柱。楼板传给挑梁的永久荷载 g、活荷载 q 的标准值分别为 $g_{1k}=15.5$kN/m，$q_{1k}=5$kN/m，$q_{2k}=10$kN/m。挑梁自重标准值为

1.35kN/m，施工质量控制等级为 B 级，结构重要性系数 1.0，活荷载组合系数 $\psi_c=0.7$。

一层挑梁下的砌体局部受压承载力 $\eta\gamma fA_l$（kN），与下列何项数值最为接近？

A. 102.1　　　　　B. 113.4　　　　　C. 122.5　　　　　D. 136.1

解答过程：

根据《砌规》GB 50003—2011 第 7.4.4 条，$\eta=0.7$；由《砌规》图 7.4.4-b 知，$\gamma=1.5$。

$A_l=1.2bh_b=1.2\times240\times300=86400$mm²

查《砌规》表 3.2.1–2，M5.0 水泥砂浆砌筑、MU10 级烧结普通砖抗压强度设计值 f=1.50N/mm²。由于采用的是 M5 水泥砂浆，根据《砌规》第 3.2.3 条第 2 款，强度调整系数 $\gamma_a = 1.0$。

一层挑梁下的砌体局部受压承载力

$$\eta \gamma f A_l = 0.7 \times 1.5 \times 1.5 \times 86\,400 = 136.1 \times 10^3 \text{N} = 136.1\text{kN}$$

正确答案：D

3.6.21 雨篷计算——《砌规》第 7.4.7 条

易错点

（1）《砌规》图 7.4.7 中，$l_3 = \dfrac{l_n}{2}$；

（2）$l_2 = \dfrac{l_1}{2}$，参数含义见图 3–59；

（3）图 3–59 中阴影面积 $A = (2l_3 + 2a + l_n)$

$h - 2 \times \dfrac{l_3^2}{2} = 2(l_n + a)h - \dfrac{l_n^2}{4} - A_0$，式中 A_0 为阴影区域内洞口的面积之和，h 为阴影区域的高度。

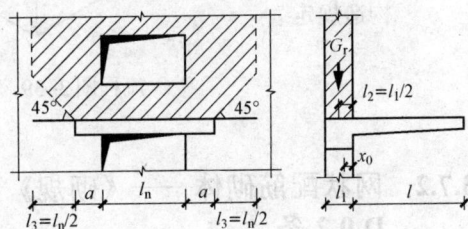

图 3–59　雨篷的抗倾覆荷载

3.7 配筋砖砌体构件

3.7.1 网状配筋砖砌体构件——《砌规》第 8.1 节

网状配筋砖砌体构件——《砌规》第 8.1 节的总体关系图见流程图 3–39。

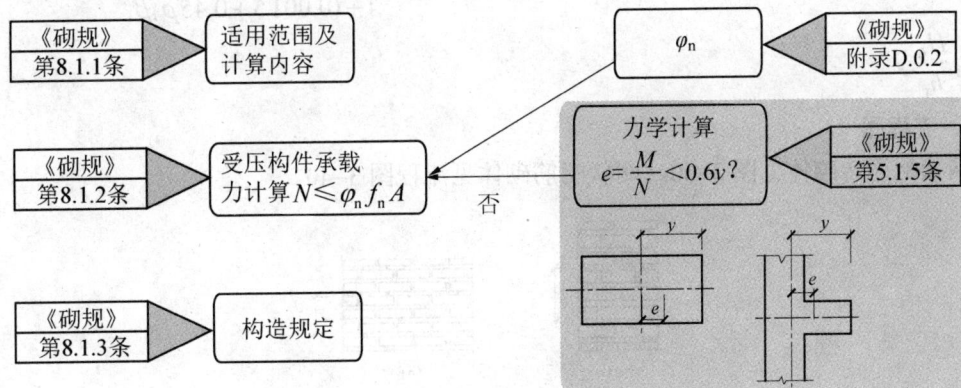

流程图 3–39　网状配筋砖砌体构件（一）

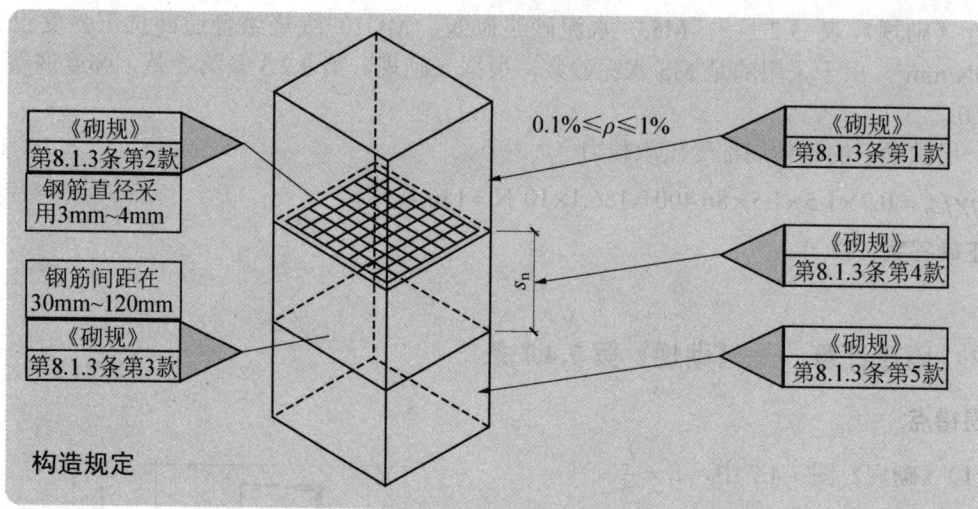

流程图 3-39　网状配筋砖砌体构件（二）

3.7.2　网状配筋砌体——《砌规》第 5.1.3 条、第 8.1.1 条～第 8.1.3 条、附录 D.0.2 条

1. 易错点

（1）对于矩形截面，当偏心方向的截面边长大于另一方向边长时，除按偏心受压计算外，对短边方向还应按轴心受压验算；

（2）截面面积对强度设计值的调整：当 $A < 0.2\text{m}^2$，$\gamma_a = A + 0.8$；

（3）配筋强度等级 $f_y \leqslant 320\text{N/mm}^2$；

（4）偏心距的规定见《砌规》第 5.1.5 条、第 8.1.1 条、第 8.2.1 条；

（5）当水泥砂浆小于 M5，$\gamma_a = 0.9$，施工质量等级不能用 C 级；

（6）《砌规》第 D.0.2 条，轴心受压时[1]，$\varphi_n = \varphi_{0n} = \dfrac{1}{1 + (0.0015 + 0.45\rho)\beta^2}$，对 T 形截面，

$\beta = \gamma_\beta \dfrac{H_0}{h_T}$。

2. 流程图

网状配筋砖砌体见图 3-60，网状配筋砌体见流程图 3-40。

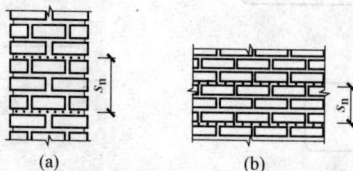

图 3-60　网状配筋砖砌体（《砌规》图 8.1.2）

（a）用方格网配筋的砖柱；（b）用方格网配筋的砖墙

---

[1] 考试中应优先使用公式计算，一般比查表然后进行线性内插计算便捷。

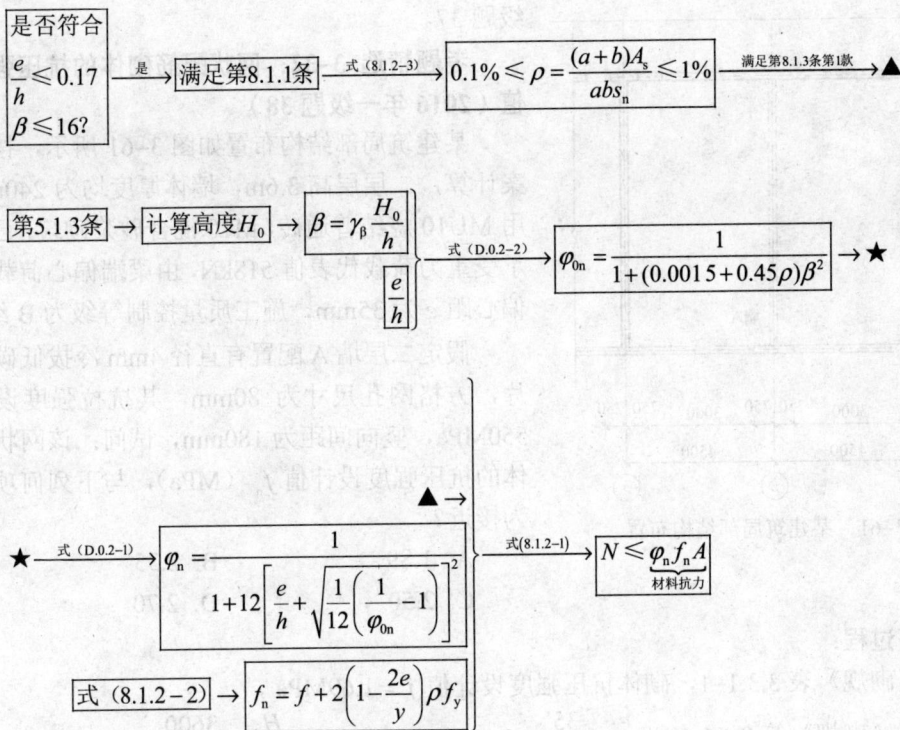

是否符合 $\dfrac{e}{h} \le 0.17$ $\beta \le 16$? → 是 → 满足第8.1.1条 → 式(8.1.2-3) → $0.1\% \le \rho = \dfrac{(a+b)A_s}{abs_n} \le 1\%$ → 满足第8.1.3条第1款 → ▲

第5.1.3条 → 计算高度 H_0 → $\beta = \gamma_\beta \dfrac{H_0}{h}$, $\dfrac{e}{h}$ → 式(D.0.2-2) → $\varphi_{0n} = \dfrac{1}{1+(0.0015+0.45\rho)\beta^2}$ → ★

★ → 式(D.0.2-1) → $\varphi_n = \dfrac{1}{1+12\left[\dfrac{e}{h} + \sqrt{\dfrac{1}{12}\left(\dfrac{1}{\varphi_{0n}}-1\right)}\right]^2}$ → 式(8.1.2-1) → $N \le \underbrace{\varphi_n f_n A}_{材料抗力}$

▲ →

式(8.1.2-2) → $f_n = f + 2\left(1 - \dfrac{2e}{y}\right)\rho f_y$

流程图3-40 网状配筋砌体（《砌规》第5.1.3条、
第8.1.1条～第8.1.3条、附录D.0.2条）

3. 易考点

（1）偏心距的计算；

（2）构件计算高度的确定；

（3）高厚比 β 的计算；

（4）ρ 的计算及其限值；

（5）f_n 的计算与限值；

（6）ρ_s 构造要求；

（7）f_y 的限值；

（8）γ_β 的查取；

（9）线性内插得影响系数 φ_n；

（10）抗压强度设计值 f 的取值；

（11）配筋砌体横截面面积 A 与 0.2m^2 的关系；

（12）轴压承载力（材料抗力）的计算；

（13）《砌规》第8.1.3条的构造要求。

4. 典型考题

2005年一级题35、2007年一级题37、2012年一级题35、2012年一级题36、2016年一级题38。

2004年二级题45、2004年二级题46、2009年二级题46、2010年二级题40、2012年二

3

419

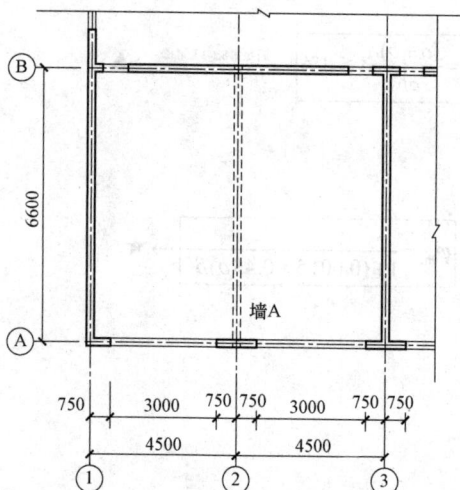

图 3-61　某建筑局部结构布置

考题精选 3-32：网状配筋砌体的抗压强度设计值（2016 年一级题 38）

某建筑局部结构布置如图 3-61 所示，按刚性方案计算，二层层高 3.6m，墙体厚度均为 240mm，采用 MU10 烧结普通砖，M10 混合砂浆砌筑，已知墙 A 承受重力荷载代表值 518kN，由梁端偏心荷载引起的偏心距 e 为 35mm，施工质量控制等级为 B 级。

假定二层墙 A 配置有直径 4mm 冷拔低碳钢丝网片，方格网孔尺寸为 80mm，其抗拉强度设计值为 550MPa，竖向间距为 180mm，试问：该网状配筋砌体的抗压强度设计值 f_n（MPa），与下列何项数值最为接近？

A. 1.89　　　　　　B. 2.35
C. 2.50　　　　　　D. 2.70

解答过程：

查《砌规》表 3.3.1-1，砌体抗压强度设计值 $f = 1.69\text{MPa}$ ，

根据《砌规》第 8.1.1 条，$\dfrac{e}{h} = \dfrac{35}{240} = 0.146 < 0.17$ ，$\beta = \dfrac{H_0}{h} = \dfrac{3600}{240} = 15 < 16$

根据《砌规》第 8.1.2 条，配筋率 $\rho = \dfrac{(a+b)A_s}{abs_n} = \dfrac{(80+80) \times 0.25 \times \pi \times 4^2}{80 \times 80 \times 180} = 0.175\%$ ，$0.1\% \leqslant \rho \leqslant 1\%$ ，满足《砌规》第 8.1.3 条第 1 款的构造要求。

因钢筋抗拉强度 $f_y = 550\text{MPa} > 320\text{MPa}$ ，取 $f_y = 320\text{MPa}$ ，

网状配筋砖砌体抗压强度设计值

$$f_n = f + 2\left(1 - \dfrac{2e}{y}\right)\rho f_y$$

$$= 1.89 + \left(1 - \dfrac{2 \times 35}{120}\right) \times 0.00175 \times 320$$

$$= 2.355\text{MPa}$$

正确答案：B

考题精选 3-33：轴心受压时，配筋砖砌体抗压强度设计值（2012 年一级题 35）

某网状配筋砖砌体墙体，墙体厚度为 240mm，墙体长度为 6000mm，其计算高度 $H_0 = 3600\text{mm}$。采用 MU10 级烧结普通砖、M7.5 级混合砂浆砌筑，砌体施工质量控制等级为 B 级。钢筋网采用冷拔低碳钢丝 $\phi^b 4$ 制作，其抗拉强度设计值 $f_y = 430\text{MPa}$ ，钢筋网的网格尺寸 $a = 60\text{mm}$ ，竖向间距 $s_n = 240\text{mm}$ 。

试问：轴心受压时，该配筋砖砌体抗压强度设计值 f_n（MPa）应与下列何项数值最为接近？

A. 2.6　　　　　　B. 2.8　　　　　　C. 3.0　　　　　　D. 3.2

解答过程：根据《砌规》GB 50003—2011 第 8.1.2 条，

配筋率 $\rho = \dfrac{(a+b)A_s}{abs_n} = \dfrac{(60+60)\times 12.6}{60\times 60\times 240} = 0.175\%$，$0.1\% \leqslant \rho \leqslant 1\%$，满足《砌规》第 8.1.3 条第 1 款的构造要求。

查《砌规》表 3.3.1–1，$f = 1.69\text{MPa}$，因钢筋抗拉强度 $f_y = 430\text{MPa} > 320\text{MPa}$，取 $f_y = 320\text{MPa}$，

配筋砖砌体抗压强度设计值 $f_n = f + \dfrac{2\rho}{100} f_y = 1.69 + \dfrac{2\times 0.175}{100}\times 320 = 2.81\text{MPa}$

正确答案：B

考题精选 3–34：配筋砖砌体的轴心受压承载力设计值（2012 年一级题 36）

假如砌体材料发生变化，已知 $f_n = 3.5\text{MPa}$，网状配筋体积配筋率 $\rho = 0.30\%$。试问：该配筋砖砌体的轴心受压承载力设计值（kN/m）应与下列何项数值最为接近？

A. 410　　　　　B. 460　　　　　C. 510　　　　　D. 560

解答过程： 根据《砌规》GB 50003—2011 第 8.1.2 条，$\beta = \gamma_\beta \dfrac{H_0}{h} = 1.0\times \dfrac{3600}{240} = 15$，因为 $0.1\% \leqslant \rho = 0.3\% \leqslant 1\%$，满足《砌规》第 8.1.3 条的构造要求。查《砌规》表 D.0.2，得稳定系数 $\varphi_n = 0.61$，

轴心受压承载力（材料抗力）

$N_u = \varphi_n f_n A = 0.61\times 3.5\times(240\times 1000) = 512.4\times 10^3\,\text{N/m} = 512.4\text{kN/m}$

正确答案：C

3.7.3　组合砖砌体构件——《砌规》第 8.2 节

组合砖砌体构件——《砌规》第 8.2 节的总体关系图见流程图 3–41。

3.7.4　组合砖砌体轴心受压构件的承载力——《砌规》第 8.2.3 条

1. 易错点

（1）当水泥砂浆小于 M5，$\gamma_a = 0.9$，施工质量等级不能用 C 级；

（2）配筋率 $\rho = \dfrac{A'_s}{bh}$，其中 b、h 取值见《砌规》图 8.2.1 所示；

（3）高厚比 β 取值：$\beta = \gamma_\beta \dfrac{H_0}{h}$（矩形截面，$h$ 取截面较小边长）；$\beta = \gamma_\beta \dfrac{H_0}{h_T}$（T 形截面）；

（4）竖向受力钢筋、箍筋的规定，见《砌规》第 8.2.6 条第 4 款、第 5 款；

（5）f_c：混凝土或面层水泥砂浆的轴心抗压强度设计值，砂浆的轴心抗压强度设计值可取同强度等级混凝土的轴心抗压强度设计值的 70%，当砂浆为 M15 时，取 5.2MPa，当砂浆为 M10 时，取 3.5MPa，当砂浆为 M7.5 时，取 2.6MPa；

（6）对于 T 形截面构件的承载力和高厚比 β 均按矩形截面考虑；

（7）η_s：受压钢筋的强度系数，当为混凝土面层时，取 1.0，当为砂浆面层时，取 0.9。

流程图 3-41　组合砖砌体构件

2. 流程图

组合砖砌体构件截面见图 3-62，《砌规》第 8.2.3 条计算见流程图 3-42。

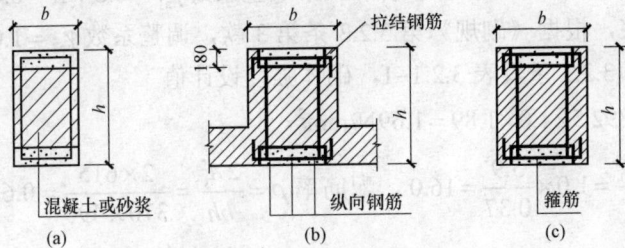

图 3-62 组合砖砌体构件截面（《砌规》图 8.2.1）

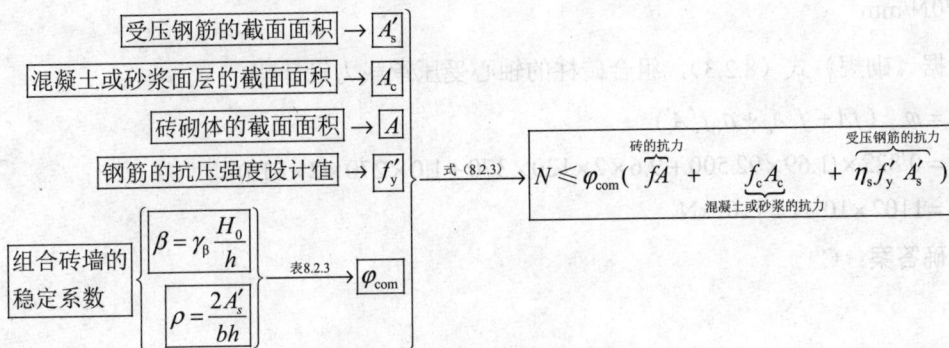

流程图 3-42 组合砖砌体构件计算（《砌规》第 8.2.3 条）

3. 易考点

（1）计算高厚比；

（2）计算配筋率；

（3）稳定系数 φ_{com}；

（4）f_c 的取值；

（5）η_s 的取值；

（6）受压区砌体面积的计算；

（7）砌体受压面积较小的砌体设计值调整系数。

4. 典型考题

2003 年二级题 42、2003 年二级题 43、2012 年二级题 43。

考题精选 3-35：组合砖柱的轴心受压承载力设计值（2012 年二级题 43）

截面尺寸为 370mm×490mm 的组合砖柱，柱的计算高度 H_0=5.9m，承受轴向压力设计值 N=700kN。采用 MU10 级烧结普通砖和 M10 级水泥砂浆砌筑，C20 混凝土面层，如图 3-63 所示。竖筋采用 HPB300 级，8Φ14，箍筋采用 HPB300 级，Φ8@200。试问：

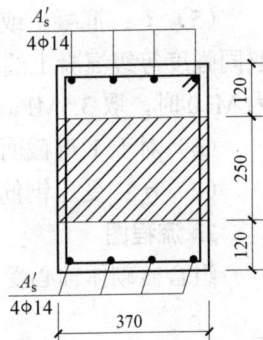

图 3-63 组合砖柱截面图

该组合砖柱的轴心受压承载力设计值（kN），与下列何项最为接近？

A. 1210   B. 1190   C. 1090   D. 990

解答过程： $A = 250 \times 370 = 92\,500 \text{mm}^2 = 0.092\,5\text{m}^2 < 0.2\text{m}^2$

根据《砌规》GB 50003—2011 第 3.2.3 条第 2 款，调整系数 $\gamma_{a1} = 0.8 + A = 0.8 + 0.092\,5 = 0.892\,5$

M10 级水泥砂浆，根据《砌规》第 3.2.3 条第 3 款，调整系数 $\gamma_{a2} = 1.0$

根据《砌规》第 3.2.3 条及表 3.2.1—1，砌体强度设计值

$$f = \gamma_{a1} \gamma_{a2} f' = 0.892\,5 \times 1.0 \times 1.89 = 1.69 \text{N/mm}^2$$

高厚比 $\beta = \gamma_{\beta} \dfrac{H_0}{h} = 1.0 \times \dfrac{5.9}{0.37} = 16.0$，配筋率 $\rho = \dfrac{2A'_s}{bh} = \dfrac{2 \times 615}{370 \times 490} = 0.68\%$

根据《砌规》表 8.2.3，稳定系数 $\varphi_{com} = 0.81 + \dfrac{0.84 - 0.81}{0.8 - 0.6} \times (0.68 - 0.6) = 0.822$

C20 混凝土面层，受压钢筋的强度系数 $\eta_s = 1.0$，材料强度设计值 $f_c = 9.6 \text{N/mm}^2$，$f'_y = 270 \text{N/mm}^2$

根据《砌规》式（8.2.3），组合砖柱的轴心受压承载力设计值

$$
\begin{aligned}
N &= \varphi_{com}(fA + f_c A_c + \eta_s f'_y A'_s) \\
&= 0.822 \times (1.69 \times 92\,500 + 9.6 \times 2 \times 120 \times 370 + 1.0 \times 270 \times 2 \times 615) \\
&= 1102 \times 10^3 \text{N} = 1102 \text{kN}
\end{aligned}
$$

正确答案：C

3.7.5 组合砖砌体轴心受压构件承载力计算——《砌规》第 8.2.4 条、第 8.2.5 条

1. 易错点

（1）当水泥砂浆小于 M5，$\gamma_a = 0.9$，施工质量等级不能用 C 级；

（2）配筋率 $\rho = \dfrac{A'_s}{bh}$，其中 b、h 取值见《砌规》图 8.2.1 所示；

（3）高厚比 β 取值：$\beta = \gamma_{\beta} \dfrac{H_0}{h}$（矩形截面，$h$ 取截面较小边长）；$\beta = \gamma_{\beta} \dfrac{H_0}{h_T}$（T 形截面）；

（4）竖向受力钢筋、箍筋的规定，见《砌规》第 8.2.6 条第 4 款、第 5 款；

（5）f_c：混凝土或面层水泥砂浆的轴心抗压强度设计值，砂浆的轴心抗压强度设计值可取同强度等级混凝土的轴心抗压强度设计值的 70%，当砂浆为 M15 时，取 5.2MPa，当砂浆为 M10 时，取 3.5MPa，当砂浆为 M7.5 时，取 2.6MPa；

（6）对于 T 形截面构件的承载力和高厚比 β 均按矩形截面考虑；

（7）η_s：受压钢筋的强度系数，当为混凝土面层时，取 1.0，当为砂浆面层时，取 0.9。

2. 流程图

组合砖砌体轴心受压构件承载力计算见流程图 3–43。

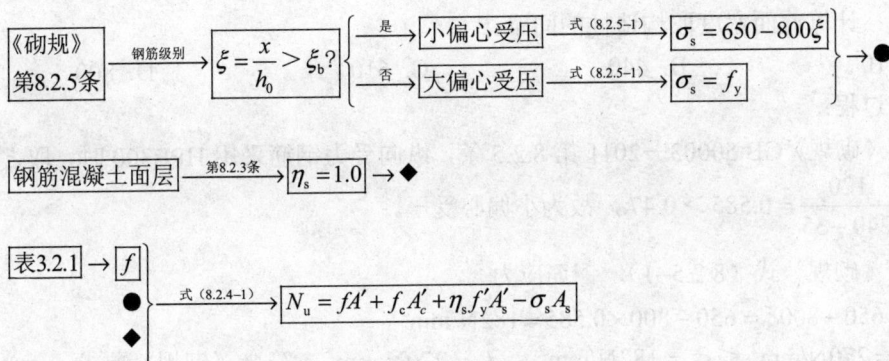

流程图 3-43　组合砖砌体轴心受压构件承载力计算（《砌规》第 8.2.4 条、第 8.2.5 条）

3. 易考点

（1）钢筋应力的计算；

（2）大小偏心受压的判定；

（3）受压区砌体面积的计算；

（4）构造柱钢筋面积的计算；

（5）受压区相对高度 ξ_b 与钢筋强度等级的关系；

（6）假设考虑构造要求，需考虑《砌规》第 8.2.6 条第 3 款，第 8.2.9 条第 2 款。

4. 典型考题

2013 年一级题 40；2014 年一级题 40。

2010 年二级题 41。

考题精选 3-36：构造柱计算所需总配筋值（2014 年一级题 40）

某砖砌体和钢筋混凝土构造柱组合墙，如图 3-64 所示，结构安全等级二级，构造柱截面均为 240mm×240mm，混凝土采用 C20（$f_c = 9.6\text{MPa}$），砌体采用 MU10 烧结多孔砖和 M7.5 混合砂浆砌筑，构造措施满足规范要求，砌体施工质量控制等级为 B 级，承载力验算时不考虑墙体自重。

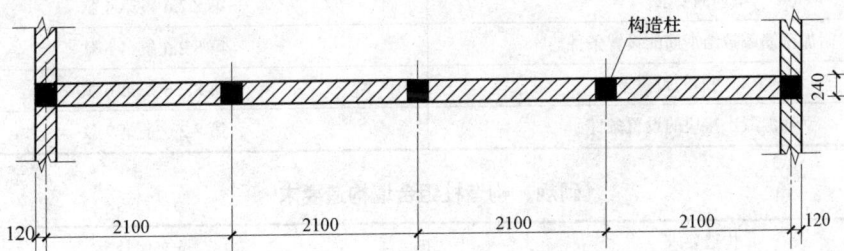

图 3-64　砖砌体和钢筋混凝土构造柱组合墙

假定，组合墙中部构造柱顶作用一偏心荷载，其轴向压力设计值 $N = 672\text{kN}$，在墙体平面外方向的砌体截面受压区高度 $x = 120\text{mm}$。构造柱纵向受力钢筋为 HPB300 级，采用对称配筋，$a_s = a_s' = 35\text{mm}$。试问，该构造柱计算所需总配筋值[❶]（mm^2）与下列何项数值最为接近？

---

❶ 根据题目的要求，在计算中无需考虑构造要求。

提示：计算截面宽度取构造柱的间距。

A. 310　　　　　　　B. 440　　　　　　　C. 610　　　　　　　D. 800

解答过程：

根据《砌规》GB 50003—2011 第 8.2.5 条，纵向受力钢筋采用 HPB300 时，取 $\xi_b = 0.47$，

$\xi = \dfrac{x}{h_0} = \dfrac{120}{240-35} = 0.585 > 0.47$，故为小偏心受压。

根据《砌规》式（8.2.5-1），钢筋应力

$\sigma_s = 650 - 800\xi = 650 - 800 \times 0.585 = 182\text{N/mm}^2$，

$-f_y = 270\text{N/mm}^2 < \sigma_s = 182\text{N/mm}^2 < f_y = 270\text{N/mm}^2$，符合《砌规》要求。

根据《砌规》第 8.2.3 条，采用钢筋混凝土面层，$\eta_s = 1.0$

采用对称配筋，$A'_s = A_s$，根据《砌规》式（8.2.4-1），构造柱受压侧所需配筋值

$N \leqslant fA' + f_c A'_c + \eta_s f'_y A'_s - \sigma_s A_s$

$672 \times 10^3 \leqslant 1.69 \times [(2100-240) \times 120] + 9.6 \times (240 \times 120) + 1.0 \times 270 A'_s - 182 A'_s$

$A'_s \geqslant 208\text{mm}^2$

构造柱计算所需总配筋值 $A'_s + A_s = 208 + 208 = 416\text{mm}^2$

正确答案：B

3.7.6　组合砌体的构造要求（表 3–23、表 3–24）

表 3–23　　　　　　　　　　《砌规》面层组合砖砌体构造要求

构造要求	条文代号
混凝土及砂浆的强度等级	第 8.2.6 条第 1 款
保护层厚度与砂浆面层厚度	第 8.2.6 条第 2 款
竖向受力钢筋的要求	第 8.2.6 条第 3 款
箍筋的要求	第 8.2.6 条第 4 款
附加箍筋或拉结钢筋的设置条件	第 8.2.6 条第 5 款
水平分布钢筋的设置条件	第 8.2.6 条第 6 款
钢筋混凝土垫块的设置条件	第 8.2.6 条第 7 款

表 3–24　　　　　　　　　　《砌规》构造柱组合墙构造要求

构造要求	条文代号
混凝土、砂浆的强度等级	第 8.2.9 条第 1 款
柱内竖向钢筋	第 8.2.9 条第 2 款
构造柱的设置位置	第 8.2.9 条第 3 款
圈梁的基本要求	第 8.2.9 条第 4 款
构造柱配筋要求	第 8.2.9 条第 5 款
砖砌体与构造柱的连接	第 8.2.9 条第 6 款
组合砖墙的施工顺序	第 8.2.9 条第 7 款

3.7.7 砖砌体和钢筋混凝土构造柱组合墙——《砌规》第8.2.7条

1. 易错点

（1）《砌规》式（8.2.7-1）中，当水泥砂浆小于M5，$\gamma_a = 0.9$，施工质量等级不能用C级；

（2）A 取砖砌体的净截面面积，不考虑构造柱截面面积 A_c；

（3）查《砌规》表8.2.3时，$\rho = \dfrac{A'_s}{bh}$，式中 h 为墙厚，l 为计算单元长度（图3-65）；

（4）强度系数 η，当 $\dfrac{l}{b_c} < 4$，取 $\dfrac{l}{b_c} = 4$。

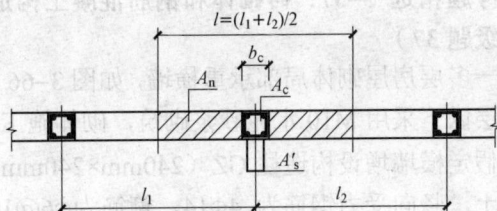

图3-65　砖砌体和构造柱组合墙截面（《砌规》图8.2.7）

2. 流程图

砖砌体和构造柱组合墙截面见图3-65，砖砌体和钢筋混凝土构造柱组合墙计算见流程图3-44。

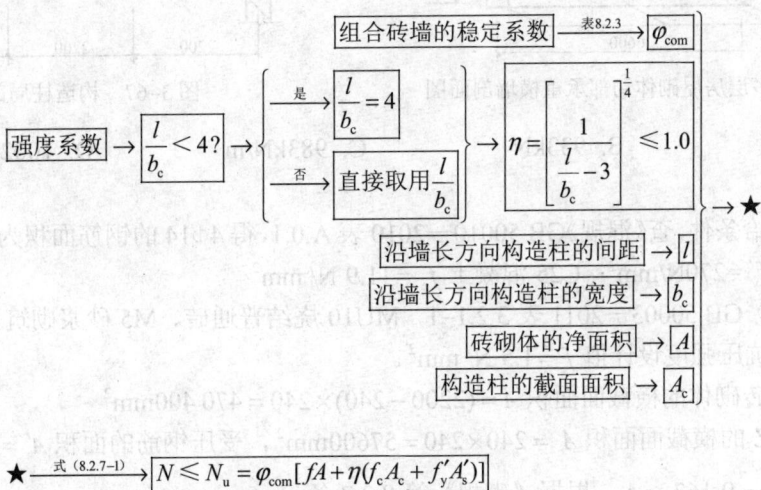

流程图3-44　砖砌体和钢筋混凝土构造柱组合墙计算（《砌规》第8.2.7条）

3. 易考点

（1）计算 A_n；

（2）$\dfrac{l}{b_c}$ 与 η 的计算；

（3）计算 N_u；

（4）各种材料设计值的查取；

（5）构件计算高度的确定；

（6）高厚比、稳定系数的计算；

（7）《砌规》图8.2.7中 l 的计算；

（8）扣除孔洞和构造柱的砖砌体面积 A。

4. 典型考题

2003 年一级题 37、2014 年一级题 39、2009 年二级题 40。

考题精选 3-37：砖砌体和钢筋混凝土构造柱组成的组合砖墙的轴心受压承载力（2003年一级题 37）

一多层房屋砌体局部承重横墙，如图 3-66 所示，采用 MU10 烧结普通砖、M5 砂浆砌筑；防潮层以下采用 M10 水泥砂浆砌筑，砌体施工质量控制等级为 B 级。

假定横墙增设构造柱 GZ（240mm×240mm），其局部平面如图 3-67 所示。GZ 采用 C25 混凝土，竖向受力钢筋为 4φ14，箍筋为 Φ6@100。已知组合砖墙的稳定系数 φ_{com}=0.804，试问：砖砌体和钢筋混凝土构造柱组成的组合砖墙的轴心受压承载力与下列何项数值最为接近？

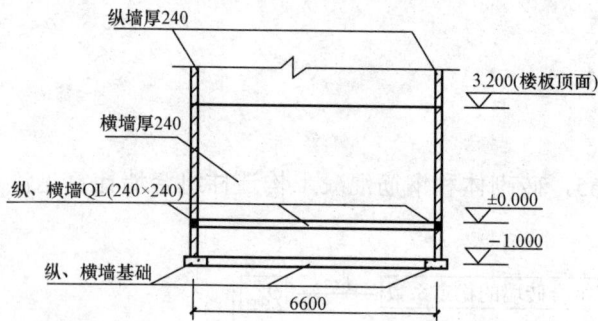

图 3-66　多层房屋砌体局部承重横墙剖面图　　图 3-67　构造柱局部平面图

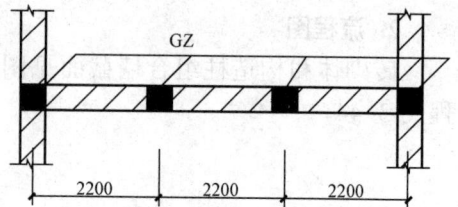

A. 914kN　　　　　B. 933kN　　　　　C. 983kN/m　　　　　D. 1002kN/m

解答过程：

由题目所给条件，查《混规》GB 50010—2010 表 A.0.1，得 4φ14 的钢筋面积为 A'_s=615mm²，HPB300 钢筋 f'_y=270N/mm²；C25 混凝土 f_c=11.9 N/mm²。

查《砌规》GB 50003—2011 表 3.2.1-1，MU10 烧结普通砖、M5 砂浆砌筑，质量等级为 B 级时，砌体抗压强度设计值 f=1.5 N/mm²。

组合砖墙砖砌体的横截面面积 $A = (2200-240)\times240 = 470\,400$mm²

构造柱 GZ 的横截面面积 $A_c = 240\times240 = 57600$mm²，受压钢筋的面积 $A'_s = 615$mm²，

$\dfrac{l}{b_c} = \dfrac{2200}{240} = 9.167 > 4$，根据《砌规》第 8.2.7 条，

折减系数 $\eta = \left(\dfrac{1}{\dfrac{l}{b_c}-3}\right)^{\frac{1}{4}} = \left(\dfrac{1}{9.167-3}\right)^{\frac{1}{4}} = 0.635 < 1$，

砖砌体和钢筋混凝土构造柱组成的组合砖墙的轴心受压承载力（材料抗力）

$N_u = \varphi_{com}[fA + \eta(f_c A_c + f'_y A'_s)]$

$= 0.804\times[1.5\times470400 + 0.635\times(11.9\times57600 + 270\times615)]$

$= 1002\times10^3\,N = 1002$kN

上式中的 $A'_s = 615$mm²，取的是 2.2m 范围内的钢筋截面积。

正确答案：D

考题精选 3–38：组合墙单位墙长的轴心受压承载力设计值（2014 年一级题 39）

大题干参见考题精选 3–36。

假定，房屋的静力计算方案为刚性方案，其所在二层高为 3.0m。构造柱纵向钢筋配 $4\phi14(f_y = 270\text{MPa})$，试问，该组合墙单位墙长的轴心受压承载力设计值（kN/m）与下列何项数值最为接近？

提示：强度系数 $\eta = 0.646$。

A. 300　　　　　　B. 400　　　　　　C. 500　　　　　　D. 600

解答过程：

根据《砌规》GB 50003—2011 第 5.1.3 条，构件计算高度 $H_0 = 1.0H = 3\text{m}$

根据《砌规》第 5.1.2 条，高厚比 $\beta = \gamma_\beta \dfrac{H_0}{h} = 1.0 \times \dfrac{3}{0.24} = 12.5$，

构造柱 2.1m 范围内的配筋率 $\rho = \dfrac{615}{240 \times 2100} = 0.122\%$

查《砌规》表 8.2.3，经线性内插计算得稳定系数 $\varphi_{\text{com}} = 0.822\,5$，

砖砌体和钢筋混凝土构造柱组成的组合砖墙的轴心受压承载力（材料抗力）

$$N_u = \varphi_{\text{com}}[fA + \eta(f_c A_c + f_y' A_s')]$$

$$= 0.822\,5 \times [1.69 \times (2100 - 240) \times 240 + 0.646 \times (9.6 \times 240 \times 240 + 270 \times 615)]$$

$$= 1002.7 \times 10^3\,\text{N} = 1002.7\text{kN}$$

组合墙单位墙长的轴心受压承载力设计值

$$\frac{N_u}{l} = \frac{1002.7}{2.1} = 477.5\text{kN/m}$$

正确答案：C

3.8 配筋砌块砌体构件

3.8.1 配筋砌块砌体构件总体关系（流程图 3–45）

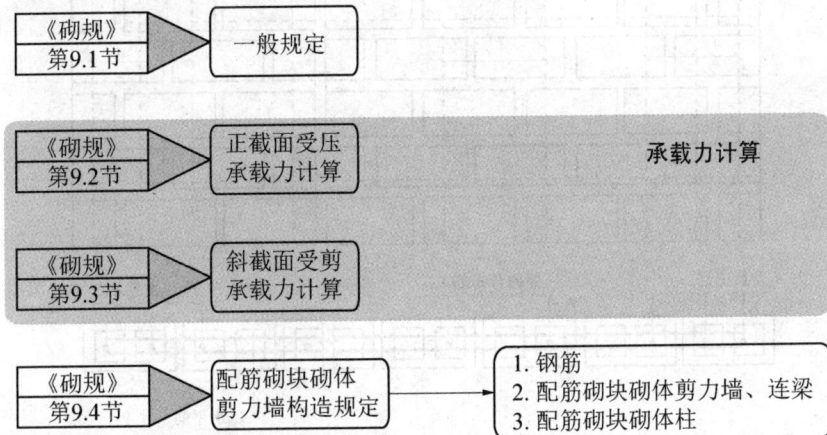

流程图 3–45　配筋砌块砌体构件

3

3.8.2 轴心受压配筋砌块砌体构件——《砌规》第 9.2.2 条

1. 易错点

（1）计算 $f_g = f + 0.6\alpha f_c \le 2f$，《砌规》第 3.2.1 条 5 款，灌孔砌块砌体强度 f_g 仅对其中的 f 调整；

（2）无箍筋或水平分布钢筋时，取 $f'_y A'_s = 0$；

（3）配筋砌块砌体构件的计算长度 H_0 取层高参照《砌规》第 5.1.3 条。

2. 流程图

常用配筋构件示意图见图 3–68～图 3–70，轴心受压配筋砌块砌体构件计算见流程图 3–46。

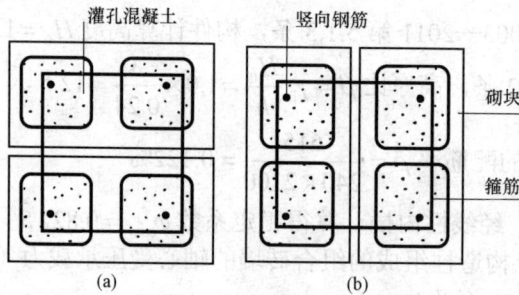

图 3–68　配筋砌块体柱截面
（a）下皮；（b）上皮

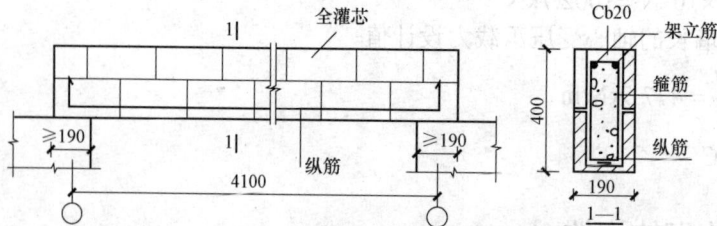

图 3–69　配筋砌块梁

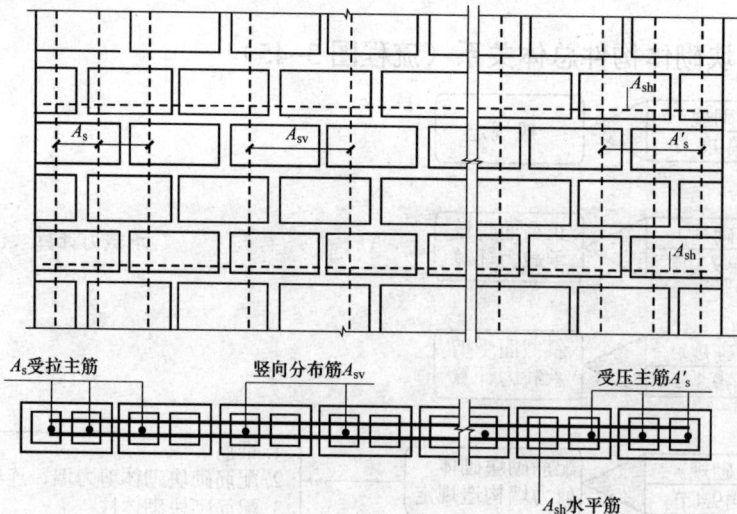

图 3–70　配筋砌块墙

$$\boxed{表5.1.2条注} \rightarrow \boxed{\gamma_\beta = 1.0} \rightarrow \boxed{\beta = \gamma_\beta \dfrac{H_0}{h}} \xrightarrow{式(9.2.2-2)} \boxed{\varphi_{0g} = \dfrac{1}{1+0.001\beta^2}} \rightarrow ★$$

$$\boxed{式(3.2.1-1)} \rightarrow \boxed{f_g = f + 0.6\alpha f_c \leqslant 2f}$$

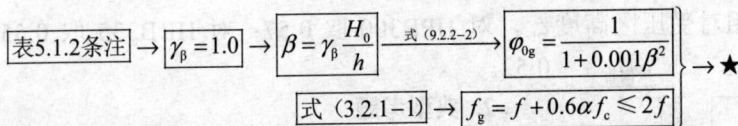

$$★ \xrightarrow{式(9.2.2-1)} \boxed{N \leqslant \varphi_{0g}(f_g A + 0.8 f'_y A'_s)}$$

流程图 3-46　轴心受压配筋砌块砌体构件计算（《砌规》第 9.2.2 条）

3. 易考点

（1）高厚比计算式的取用；

（2）计算中两个方向的判定；

（3）稳定系数的计算；

（4）轴心受压承载力设计值的计算；

（5）《砌规》第 9.2.2 条注 1；

（6）《砌规》第 9.2.2 条注 2。

4. 典型考题

2009 年一级题 34、2014 年一级题 35、2016 年一级题 39。

2009 年二级题 43。

考题精选 3-39：墙体截面的轴心受压承载力设计值（2014 年一级题 35）

大题干参见考题精选 3-1。

假定，房屋的静力计算方案为刚性方案，砌体的抗压强度设计值 $f_g = 3.6\text{MPa}$，其所在层高为 3.0m。试问，该墙体截面的轴心受压承载力设计值（kN）与下列何项数值最为接近？

提示：不考虑水平分布钢筋的影响。

A. 1750　　　　　　B. 1820　　　　　　C. 1890　　　　　　D. 1960

解答过程：

根据《砌规》GB 50003—2011 第 9.2.2 条注 2，配筋砌块砌体计算高度取层高。

根据《砌规》式（5.1.2-1），高厚比 $\beta = \gamma_\beta \dfrac{H_0}{h} = 1.0 \times \dfrac{3}{0.19} = 15.79$

根据《砌规》式（9.2.2-2），轴心受压构件的稳定系数

$$\varphi_{0g} = \frac{1}{1+0.001\beta^2} = \frac{1}{1+0.001\times 15.79^2} = 0.80$$

题干中有"提示：不考虑水平分布钢筋的影响"，根据《砌规》式（9.2.2-1），柱截面的轴心受压承载力设计值（材料抗力）

$$\varphi_{0g}(f_g A + 0.8 f'_y A'_s) = 0.80 \times [3.6 \times (190 \times 3190) + 0] = 1745.7 \times 10^3 \text{N} = 1745.7\text{kN}$$

正确答案：A

3.8.3　偏心受压配筋砌块砌体构件——《砌规》第 9.2.1 条、第 9.2.4 条

1. 易错点

（1）大小偏心界限：$x \leqslant \xi_b h_0$ 时，大偏心受压；$x > \xi_b h_0$ 时，小偏心受压。

（2）界限相对受压区高度 ξ_b，对 HPB300 取 0.57；对 HRB335 取 0.55、HRB400 取 0.52。

2. 典型考题

2016 年一级题 40。

考题精选 3-40：配筋砌块砌体剪力墙受拉钢筋屈服的数量（2016 年一级题 40）

某配筋砌块砌体剪力墙结构房屋，标准层有一配置足够水平钢筋、100%全灌芯的配筋砌块砌体受压构件，采用 MU15 级钢筋小型空心砌块，Mb10 级专用砌筑砂浆砌筑，灌孔混凝土强度等级为 Cb30，采用 HRB400 钢筋，截面尺寸、竖向钢筋如图 3-71 所示。

假定该构件处于大偏心界限受压状态，且取 $a_s=100mm$，试问：该配筋砌块砌体剪力墙受拉钢筋屈服的数量（根），与下列何项系数值最为接近？

A. 1   B. 2

C. 3   D. 4

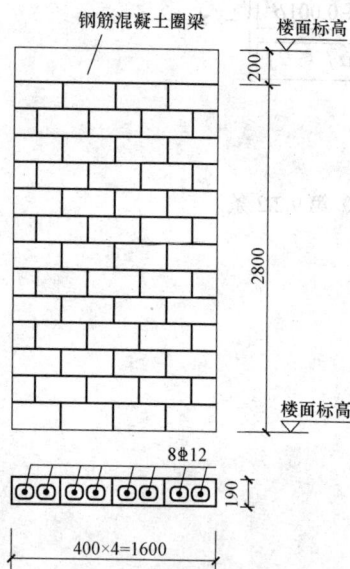

图 3-71 配筋砌块砌体受压

解答过程：

根据《砌规》GB 50003—2011 第 9.2.4 条，受拉区纵向钢筋合力点至截面受拉区的距离 $a_s = 100mm$，则有效高度 $h_0 = h - a_s = 1600 - 100 = 1500mm$

根据《砌规》第 9.2.4 条第 1 款，采用 HRB400 钢筋，$\xi_b = 0.52$，则受压区高度 $x = \xi_b h_0 = 0.52 \times 1500 = 780mm$

根据题干"假定该构件处于大偏心界限受压状态"，根据《砌规》第 9.2.1 条，受拉钢筋考虑在 $h_0 - 1.5x$ 范围内屈服。$h_0 - 1.5x = 1500 - 1.5 \times 780 = 330mm$

距离墙端部 $330 + 100 = 430mm > 400mm$，则由图 3-71 知，受拉钢筋数量为 2。

正确答案[❶]：B

3.8.4 配筋砌块砌体剪力墙的斜截面受剪承载力——《砌规》第 9.3.1 条

1. 易错点

（1）f_{vg} 计算，$f_{vg} = 0.2 f_g^{0.55}$；

（2）N 轴向力在偏心受压时起有利作用，永久荷载的分项系数 $\gamma_G = 1.0$ 取 $N = \gamma_G N_k = 1.0 N_k$，当 $N > 0.25 f_g bh$ 时，取 $N = 0.25 f_g bh$；

（3）计算截面的剪跨比 λ 的取值：$\lambda < 1.5$，取 $\lambda = 1.5$；$\lambda \geq 2.2$，取 $\lambda = 2.2$；

（4）h_0 计算，$h_0 = h - a_s$。a_s 计算与剪力墙边缘构件构造有关，边缘构件的构造要求（见《砌规》第 9.4.10 条）。

---

❶ 注：该题无翼缘墙，若有翼缘，将会增加考试难度。

432

2. 流程图

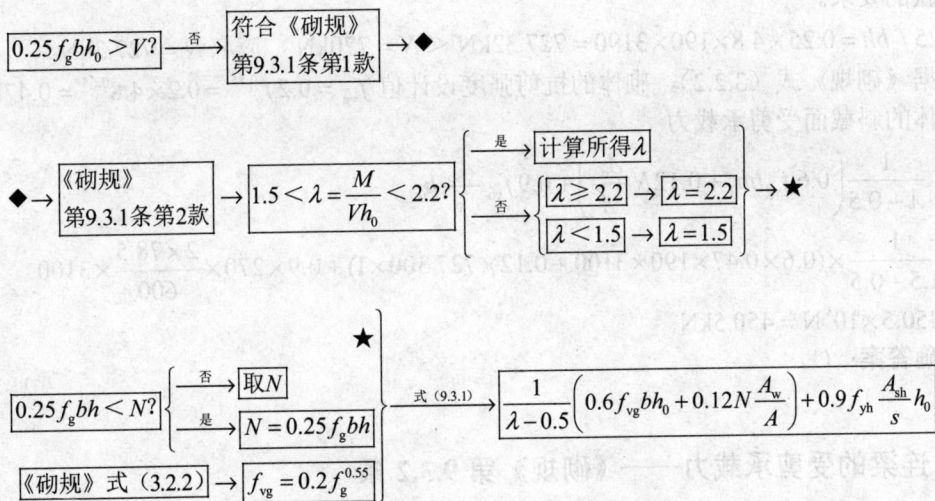

流程图 3-47　斜截面受剪计算（《砌规》第 9.3.1 条）

3. 易考点

（1）轴向力的取值；

（2）计算截面的剪跨比的取值；

（3）砌体的抗剪强度设计值 f_{vg}；

（4）h_0 与 h 在两个不同计算式的区别；

（5）墙体的斜截面受剪承载力最大值计算；

（6）《砌规》式（9.3.1-2）与式（9.3.1-4）中 $N\dfrac{A_w}{A}$ 项的系数区别。

4. 典型考题

2014 年一级题 37。

考题精选 3-41：墙体的斜截面受剪承载力最大值（2014 年一级题 37）

大题干参见考题精选 3-1。

假定，小砌块墙改为全灌孔砌体，砌体的抗压强度设计值 $f_g=4.8\text{MPa}$，其所在层高为 3.0m。砌体沿高度方向每隔 600mm 设 $2\Phi10$ 水平钢筋（$f_y=270\text{MPa}$）。墙片截面内力：弯矩设计值 $M=560\text{kN}\cdot\text{m}$，轴压力设计值 $N=770\text{kN}$，剪力设计值 $V=150\text{kN}$。墙体构造措施满足规范要求，砌体施工质量控制等级为 B 级。试问，该墙体的斜截面受剪承载力最大值（kN）与下列何项数值最为接近？

提示：① 不考虑墙翼缘的共同工作；② 墙截面有效高度 $h_0=3100\text{mm}$。

A. 150　　　　B. 250　　　　C. 450　　　　D. 710

解答过程：

根据《砌规》GB 50003—2011 第 9.3.1 条第 2 款，

剪跨比 $\lambda=\dfrac{M}{Vh_0}=\dfrac{560}{150\times3.1}=1.20<1.5$，应取 $\lambda=1.5$

$0.25 f_g b h_0 = 0.25 \times 4.8 \times 190 \times 3100 = 706.8 \text{kN} > V = 150 \text{kN}$，截面尺寸符合《砌规》第 9.3.1 条第 1 款的要求。

$0.25 f_g b h = 0.25 \times 4.8 \times 190 \times 3190 = 727.32 \text{kN} < N = 770 \text{kN}$，应取 $N = 727.3 \text{kN}$

根据《砌规》式（3.2.2），砌体的抗剪强度设计值 $f_{vg} = 0.2 f_g^{0.55} = 0.2 \times 4.8^{0.55} = 0.47 \text{MPa}$

墙体的斜截面受剪承载力

$$\frac{1}{\lambda - 0.5}\left(0.6 f_{vg} h b_0 + 0.12 N \frac{A_w}{A}\right) + 0.9 f_{yh} \frac{A_{sh}}{s} h_0$$

$$= \frac{1}{1.5 - 0.5} \times (0.6 \times 0.47 \times 190 \times 3100 + 0.12 \times 727\,300 \times 1) + 0.9 \times 270 \times \frac{2 \times 78.5}{600} \times 3100$$

$$= 450.5 \times 10^3 \text{N} = 450.5 \text{kN}$$

正确答案：C

3.8.5 连梁的受剪承载力——《砌规》第 9.3.2 条

1. 易考点

（1）独立柱砌体抗压强度设计值的取用；

（2）计算 $\alpha = \delta \rho$；

（3）判断 $f_g = f + 0.6 \alpha f_c < 2f$ 的大小关系，确定 f_g 的取值是一个重要的考点，且 $2f$ 中的 f 也是调整后的值；

（4）《砌规》式（9.3.1-2）中采用的是剪力墙的截面有效高度 h_0，N 是与 $0.25 f_g b h_0$ 比较。

2. 典型题目

《砌体结构设计手册》（第四版）P158 例题 6-1-3。

已知一配筋砌块砌体剪力墙的连梁，净距 1800mm，截面尺寸 $b \times h = 190 \text{mm} \times 600 \text{mm}$，其内力 $M = 62.04 \text{kN}$、$V = 69.8 \text{kN}$，连梁材料：砌块 MU15，孔洞率 0.46，砂浆 Mb15，灌孔混凝土 Cb25，圈梁混凝土 C20，钢筋主筋 $f_y = 300 \text{MPa}$，箍筋 $f_y = 270 \text{MPa}$。连梁上部为 200mm 高、C20 混凝土圈梁与现浇楼层成整体，其余为 400mm 配筋砌体，截面及配筋见图 3-72。该梁的受剪承载力与下列何项数值最为接近？

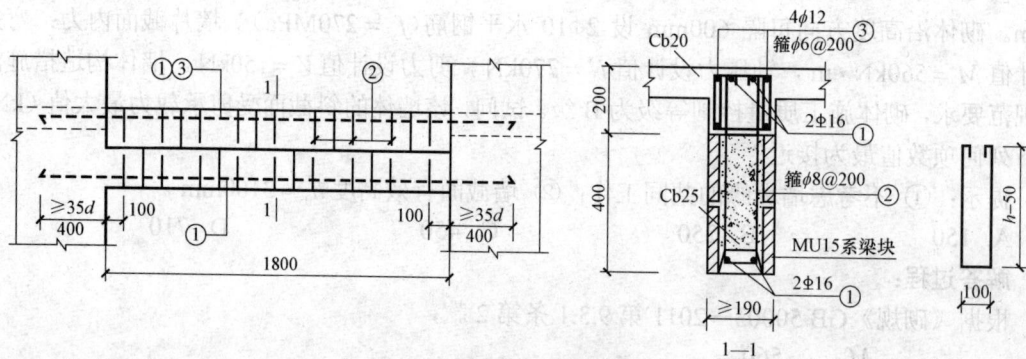

图 3-72 连梁配筋图

A. 173.1kN   B. 69.8kN   C. 211kN   D. 130kN

解答过程：

查《砌规》GB 50003—2011 表 3.2.1–4，得砌体抗压强度设计值 $f=4.61\text{N/mm}^2$，因与钢筋混凝土组合砌体，强度可不修正。灌孔混凝土 Cb25 的抗压强度设计值 $f_c=11.9\text{N/mm}^2$，C20 混凝土的抗压强度设计值 $f_c=9.6\text{N/mm}^2$，抗拉强度设计值 $f_t=1.1\text{N/mm}^2$。

根据《砌规》式（3.2.1–1）和式（3.2.1–2），砌体的抗压强度设计值

$$f_g = f + 0.6\alpha f_c = 2.79 + 0.6 \times 0.46 \times 11.9 = 7.89\text{N/mm}^2 < 2f = 9.62\text{N/mm}^2$$

取 $f_g = 7.89\text{N/mm}^2$

根据《砌规》式（3.2.2），砌体的抗剪强度设计值

$$f_{vg} = 0.2 f_g^{0.55} = 0.2 \times 7.98^{0.55} = 0.62\text{N/mm}^2$$

根据《砌规》第 9.3.2 条，斜截面受剪承载力

$V = 0.25 f_g bh_0 = 0.25 \times 7.89 \times 190 \times 565 = 211.7 \times 10^3\text{N} = 211.7\text{kN} > V = 69.8\text{kN}$，截面条件满足《砌规》要求。

箍筋为 $\Phi8@200$，钢筋面积 $A_s' = 101\text{mm}^2$，$f_y' = 270\text{N/mm}^2$，$\rho = 0.27\%$

受剪承载力

$$V_u = 0.8 f_{vg} bh_0 + f_{yv} \frac{A_{sv}}{s} h_0 = 0.8 \times 0.62 \times 190 \times 565 + 270 \times \frac{101}{200} \times 565$$

$$= 130.3 \times 10^3\text{N} = 130.3\text{kN}$$

正确答案：D

3.8.6 配筋砌块砌体构造要求（表 3–25）

表 3–25   《砌规》配筋砌块砌体构造要求

钢筋的选择	9.4.1 条
钢筋的设置	9.4.2 条
钢筋在灌孔混凝土中的锚固	9.4.3 条
直径大于 22mm 钢筋的机械连接	9.4.4 条
水平钢筋的锚固与搭接长度	9.4.5 条
砌体材料强度要求	9.4.6 条
剪力墙厚度和连梁截面宽度要求	9.4.7 条
剪力墙的构造配筋	9.4.8 条

3.8.7 钢筋在灌孔混凝土中的锚固——《砌规》第 9.4.3 条

1. 流程图

《砌规》第10.1.3条 → 抗震等级为二级 → ★

★ —第9.4.3条→ $l_a = 30d$ 且大于等于300mm —第10.1.13条→ $l_{aE} = 1.15l_a$ → l_{aE}

流程图 3–48   钢筋在灌孔混凝土中的锚固

2. 易考点

（1）钢筋为 HRB335 级，受拉钢筋的锚固长度；

（2）纵向受拉钢筋的最小锚固长度。

（3）不同钢筋的锚固长度；

（4）竖向受压区截断时的延伸长度；

（5）受力钢筋是否需作弯钩。

3. 典型考题

2011 年二级题 33。

考题精选 3–42：竖向受拉钢筋在灌孔混凝土中的最小锚固长度（2011 年二级题 33）

某配筋砌块砌体剪力墙房屋，房屋高度 22m，抗震设防烈度为 8 度。首层剪力墙截面尺寸如图 3–73 所示，墙体高度 3900mm，为单排孔混凝土砌块对孔砌筑，采用 MU20 级砌块、Mb15 级水泥砂浆、Cb30 级灌孔混凝土（ $f_c = 14.3 \text{N/mm}^2$ ），配筋采用 HRB335 级钢筋，砌体施工质量控制等级为 B 级。

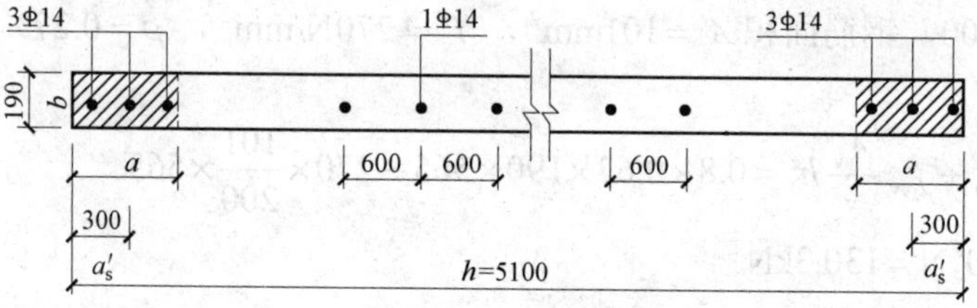

图 3–73　首层剪力墙截面尺寸

试问：竖向受拉钢筋在灌孔混凝土中的最小锚固长度 l_{aE}（mm），与下列何项数值最为接近？

A. 300　　　　　　B. 420　　　　　　C. 440　　　　　　D. 485

解答过程： 根据《砌规》GB 50003—2011 第 10.1.6 条，砌体剪力墙抗震等级为二级。

根据《砌规》第 9.4.3 条，钢筋为 HRB335 级，受拉钢筋的锚固长度 $l_a = 30d$ ，且大于等于 300mm，根据《砌规》第 10.1.13 条，纵向受拉钢筋的最小锚固长度

$l_{aE} = 1.15l_a = 1.15 \times 30 \times 14 = 483\text{mm}$ ，故最小锚固长度 $l_{aE} \geqslant 483\text{mm}$

正确答案： D

3.9　砌体结构构件抗震设计

3.9.1　多层砌体抗震计算简图

按底部剪力法计算水平地震作用时，可将多层砌体房屋的楼、屋盖和墙体质量集中在各层楼、屋盖处，采用如图 3–74 所示下端嵌固的底部剪力法计算简图。

底部固定端的位置按以下确定：当基础埋置较浅时，取为基础顶面；当基础埋置较深时，取为室外地坪下 0.5m 处；当设有整体刚度很大的全地下室时，取为地下室顶板处；当地下室整体刚度较小或为半地下室时，取为地下室室内地坪处。

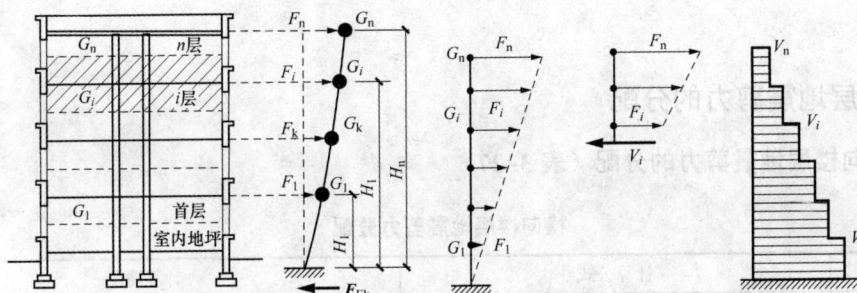

图 3-74　底部剪力法计算简图

集中在 i 层楼盖处的质点荷载 G_i 称为重力荷载代表值，包括 i 层楼盖自重、作用在该层楼面上的可变荷载和以该楼层为中心上下各半层的墙体自重之和（见图 3-75）。计算重力荷载代表值 G_i 时，结构和构配件自重取标准值，可变荷载取组合值。各可变荷载的组合值系数应按表 3-26 采用。

（1）根据《抗规》第 5.2.1 条，对于多层砌体房屋，结构等效总重力荷载 $G_{eq} = 0.85 \sum G_i$；

（2）根据《抗规》表 5.1.3，屋面活荷载总重不计入，这是常见的考点（表 3-26）；

（3）根据《抗规》表 5.1.3，按等效均布荷载计算的每层楼面活荷载，还是按实际情况计算的楼面活荷载，组合值系数取值不同，这是常见的另一考点（表 3-26）。

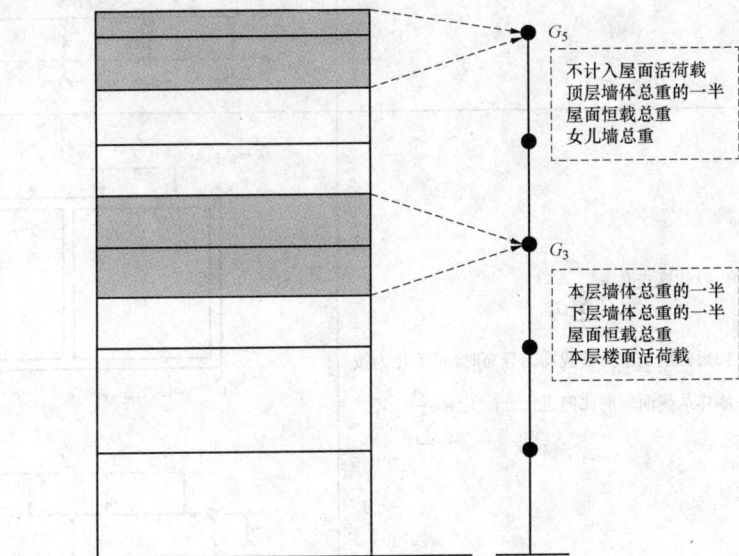

图 3-75　重力荷载代表值的计算规则

表 3-26　　　　　　　　　　　可变荷载组合值系数（《抗规》表 5.1.3）

可变荷载种类		组合值系数
雪荷载		0.5
屋面活荷载		不计入
按实际情况计算的楼面活荷载		1.0
按等效均布荷载计算的楼面活荷载	藏书库、档案库	0.8
	其他民用建筑	0.5

3.9.2 楼层地震剪力的分配

1. 横向楼层地震剪力的分配（表 3-27）

表 3-27   横向楼层地震剪力分配

楼盖类型	计算公式	计算简图
刚性楼盖	一般计算式 $V_{ij} = \dfrac{K_{ij}}{\sum\limits_{j=1}^{m} K_{ij}} V_i$ 如果同一层墙体材料和高度均相同， 可简化为 $V_{ij} = \dfrac{A_{ij}}{\sum\limits_{j=1}^{m} A_{ij}} V_i$	
柔性楼盖	一般计算式 $V_{ij} = \dfrac{G_{ij}}{\sum\limits_{j=1}^{m} G_{ij}} V_i$ 如果楼层上重力荷载均匀分布时，可简化为按 各墙体从属面积的比例进行分配 $V_{ij} = \dfrac{A_{ij}}{\sum\limits_{j=1}^{m} A_{ij}} V_i$	
中等刚度楼盖	采用上述两种方法的平均值，即 $V_{ij} = \dfrac{1}{2}\left(\dfrac{K_{ij}}{\sum\limits_{j=1}^{m} K_{ij}} + \dfrac{G_{ij}}{\sum\limits_{j=1}^{m} G_{ij}} \right) V_i$ 当墙高相同、所采用材料相同且楼盖上重力荷 载分布均匀时，$V_{ij} = \dfrac{1}{2}\left(\dfrac{A_{ij}}{A_i} + \dfrac{A^{f}_{ij}}{A^{f}_{i}} \right) V_i$	—

2. 纵向楼层地震剪力的分配

房屋纵向尺寸一般比横向大得多，纵墙的间距在一般砌体房屋中也较小。因此，不论哪种楼盖，在房屋纵向的刚度都较大，可按刚性楼盖考虑。

3.9.3 《砌规》与《抗规》对砌体结构抗震的规定对照

因为《砌规》与《抗规》均对砌体结构的抗震设计提出了要求，为了便于复习，在编写砌体结构抗震这部分内容的时候，把在两本规范上一致的内容放在一起来描述。相关对应条文的代号见表3–28。

表 3–28　　　　　　　　《砌规》与《抗规》对砌体结构抗震的规定对照

	条文主要内容	《砌规》条文代号	《抗规》条文代号
一般规定	适用范围	第10.1.1条	第7.1.1条
	房屋的总层数和总高度	第10.1.2条	第7.1.2条
	配筋砌块砌体抗震墙结构和部分框支抗震墙结构房屋最大高度	第10.1.3条	—
	层高	第10.1.4条	第7.1.3条
	房屋高宽比	—	第7.1.4条
	横墙间距	—	第7.1.5条
	局部尺寸限值	—	第7.1.6条
	建筑布置和结构体系	—	第7.1.7条
	底框的结构布置	—	第7.1.8条
	底框的抗震等级	—	第7.1.9条
	底部剪力法	—	第7.2.1条
	截面抗震承载力验算的部位	—	第7.2.2条
	层间等效侧向刚度的确定	—	第7.2.3条
	底框的地震效应调整	—	第7.2.4条
	底框的底部框架的地震效应的确定	—	第7.2.5条
	承载力抗震调整系数	第10.1.5条	第5.4.2条
	抗震等级	第10.1.6条	—
	结构的截面抗震验算	第10.1.7条	—
	最大层间位移角限值	第10.1.8条	—
	底框结构的钢筋混凝土部分的抗震等级	第10.1.9条	—
	配筋砌块砌体短肢抗震墙及一般抗震墙设置	第10.1.10条	—
	部分框支配筋砌块砌体抗震墙房屋的布置	第10.1.11条	—
	结构材料性能指标	第10.1.12条	第3.9.2条
	受力钢筋的锚固和接头	第10.1.13条	—
	砌体房屋体系的其他要求	第10.1.14条	—

条文主要内容		《砌规》条文代号	《抗规》条文代号
砖砌体构件	阶梯形截面抗震抗剪计算式	第10.2.1条	第7.2.6条
	截面抗震受剪承载力计算式	第10.2.2条	第7.2.7条
	截面抗震受压承载力计算式	第10.2.3条	—
	圈梁	—	第7.3.3条、第7.3.4条
	楼、屋盖要求	—	第7.3.5条
	门窗洞口过梁要求	—	第7.3.10条
	丙类、横墙较少且总高度和层数接近限值的情况	—	第7.3.14条
构造柱	构造柱设置要求	第10.2.4条	第7.3.1条
	多层砖砌体房屋的构造柱	第10.2.5条	第7.3.2条
	约束普通砖墙的构造	第10.2.6条	—
	楼、屋盖与承重墙构件的连接	第10.2.7条	第7.3.6条
混凝土砌块	沿阶梯形截面破坏计算式	第10.3.1条	—
	设置构造柱和芯柱截面的抗震受剪承载力计算	第10.3.2条	第7.2.8条
	无筋混凝土砌块抗震受压承载力计算	第10.3.3条	—
	芯柱设置要求	第10.3.4条	第7.4.1条、第7.4.2条
	替代芯柱的构造柱要求	—	第7.4.3条
	芯柱的其他构造要求	第10.3.5条	—
	梁支座处的芯柱要求	第10.3.6条	—
	圈梁	第10.3.7条	第7.3.3条、第7.3.4条、第7.4.4条
	楼梯间的要求	第10.3.8条	第7.3.8条
底框结构	采用规范	第10.4.1条	—
	底层柱的反弯点的位置	第10.4.2条	—
	内力设计值的调整	第10.4.3条	—
	嵌砌于框架间的抗震墙	第10.4.4条	第7.2.9条
	托梁增大系数	第10.4.5条	—
	底部抗震墙的厚度和数量	第10.4.6条	—
	配筋砌块砌体抗震墙的要求	第10.4.7条	—
	6度底部采用约束普通砖墙的要求	第10.4.8条	第7.5.4条
	框架柱和托梁的要求	第10.4.9条	第7.5.8条
	构造柱的附加要求	第10.4.10条	第7.5.1条
	过渡层墙体的材料强度等级和构造要求	第10.4.11条	第7.5.2条

条文主要内容		《砌规》条文代号	《抗规》条文代号
底框结构	楼盖要求	第 10.4.12 条	第 7.5.7 条
	底部钢筋混凝土墙的截面和构造要求	—	第 7.5.3 条
	底层约束小砌块砌体墙的构造	—	第 7.5.5 条
	框架柱的要求	—	第 7.5.6 条
	材料强度等级	—	第 7.5.9 条
配筋砌块砌体抗震墙	正截面计算规定	第 10.5.1 条	—
	底部加强部位的剪力设计值	第 10.5.2 条	—
	抗震墙的截面要求	第 10.5.3 条	—
	斜截面受剪承载力计算（偏心受压）	第 10.5.4 条	—
	斜截面受剪承载力计算（偏心受拉）	第 10.5.5 条	—
	连梁调整系数	第 10.5.6 条	—
	连梁计算	第 10.5.7 条	—
	配筋混凝土砌块砌体连梁计算	第 10.5.8 条	—
	底部加强部位的要求	第 10.5.9 条	—
	边缘构件的配筋	第 10.5.10 条	—
	转角窗边缘构件的配筋	第 10.5.11 条	—
	轴压比的要求	第 10.5.12 条	—
	圈梁构造要求	第 10.5.13 条	—
	连梁构造要求	第 10.5.14 条	—
	基础与墙钢筋的连接方法	第 10.5.15 条	—

3.9.4 采用底部剪力法时，结构的水平地震作用标准值——《抗规》第 5.1.3 条、第 5.1.4 条、第 5.2.1 条、第 5.4.1 条

1. 易错点

（1）T_1 与 T_g、$5T_g$ 的关系；

（2）计算 G_{eq}、G_{Ek}；

（3）查取水平地震影响系数；

（4）采用底部剪力法的前提条件；

（5）δ_n 的取值，砌体房屋（包括多层砌体房屋、底部框架砌体房屋）采用 0；

（6）根据《抗规》第 5.2.1 条：α_1 的取值，即多层砌体房屋、底部框架砌体房屋，宜取 $\alpha_1 = \alpha_{max}$；

（7）根据《抗规》第 5.1.4 条：水平地震影响系数最大值 α_{max}、特征周期 T_g 的取值。当计算罕遇地震时，《抗规》表 5.1.4–2 的特征周期应增加 0.05s。

2. 流程图

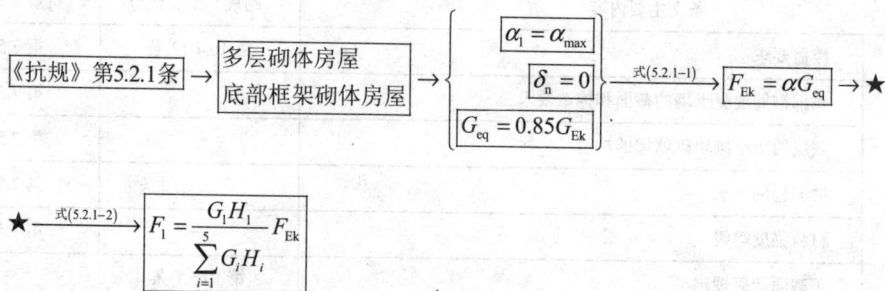

流程图 3-49　结构总水平地震作用标准值、指定层的水平地震作用标准值

3. 易考点

（1）计算基本周期 T_1；

（2）T_1 与 T_g、$5T_g$ 的关系；

（3）G_{eq} 的计算，多质点的取值。

（4）G_{eq}、G_{Ek} 的关系；

（5）F_{Ek} 与 G_{eq} 的关系。

（6）$\sum G_i$ 的计算；

（7）δ_n 的取值；

（8）α_1、α_{max} 的关系；α_1 的取值；

（9）查取特征周期值；

（10）指定楼层的 F_i 的计算；V_i 的计算。

（11）《抗规》表 5.1.4-1 的取值时，注意表下注；

（12）《抗规》第 5.1.2 条第 1 款：准确理解底部剪力法应用的前提。

（13）《抗规》第 5.2.4 条关于突出屋面的构筑物的鞭梢效应；

（14）《抗规》表 5.1.3，不计入屋面活荷载、软钩吊车荷载的效应；

（15）题目给定墙体、楼盖等建筑结构部件的自重标准值，由考生自行进行重力荷载值的计算。

4. 典型考题

2006 年一级题 31、2006 年一级题 32、2012 年一级题 37、2012 年一级题 38。

2003 年二级题 36、2003 年二级题 37、2007 年二级题 42、2007 年二级题 43、2009 年二级题 35、2009 年二级题 36、2009 年二级题 37、2011 年二级题 43、2011 年二级题 44、2016 年二级题 33。

考题精选 3-43：第二层的水平地震剪力设计值（2012 年一级题 38）

某 5 层砌体结构办公楼，抗震设防烈度 7 度，设计基本地震加速度值为 0.15g，各层层高及计算高度均为 3.6m，采用现浇钢筋混凝土楼、屋盖。砌体施工质量控制等级为 B 级，结构安全等级为二级。

采用底部剪力法对结构进行水平地震作用计算时，假设重力荷载代表值 $G_1 = G_2 = G_3 = G_4 = 5000\text{kN}$、$G_5 = 4000\text{kN}$。若总水平地震作用标准值为 F_{Ek}，截面抗震验算仅计算水平地震作用。试问：第二层的水平地震剪力设计值 V_2（kN）应与下列何项数值最为接近？

A. $0.8F_{Ek}$　　　　B. $0.9F_{Ek}$　　　　C. $1.1F_{Ek}$　　　　D. $1.2F_{Ek}$

解答过程：根据《抗规》GB 50011—2010（2016 版）第 5.2.1 条，抗震设防烈度为 7 度、0.15g，取 $\alpha_1 = 0.12$，因为砌体结构，则 $\delta_n = 0$。

$$F_1 = \frac{G_1 H_1}{\sum_{i=1}^{5} G_i H_i} F_{Ek} = \frac{5000 \times 3.6}{5000 \times 3.6 \times (1+2+3+4) + 4000 \times 3.6 \times 5} F_{Ek} = 0.071 F_{Ek}$$

根据《抗规》第 5.4.1 条，地震作用分项系数 $\gamma_{Eh} = 1.3$，第二层的水平地震剪力设计值

$$V_2 = \gamma_{Eh}(F_{Ek} - F_1) = 1.3 \times (1 - 0.071) F_{Ek} = 1.2 F_{Ek}$$

正确答案：D

3.9.5 多层房屋的层数和高度——《抗规》第 7.1.2 条

1. 易错点

（1）《抗规》第 7.1.2 条条文说明 3：底部框架-抗震墙砌体房屋，不允许用于乙类建筑和 8 度（0.3g）的丙类建筑。

（2）《抗规》第 7.1.2 条第 2 款注，横墙较少是指一楼层内开间大于 4.2m 的房屋占该层总面积的 40% 以上；其中，开间不大于 4.2m 的房间占该层总面积不到 20% 且开间大于 4.8m 的房间占该层总面积的 50% 以上为横墙很少。

（3）《抗规》第 7.1.3 条条文说明中约束砌体抗震墙的定义，约束砌体指间距接近层高的构造柱与圈梁组成的砌体、同时拉结网片符合相应的构造要求，参见《抗规》第 7.3.14 条、第 7.5.4 条、第 7.5.5 条等。

（4）《抗规》表 7.1.6 中外墙尽端的定义见条文说明。

2. 易考点

（1）房屋的层数和总高度限值；

（2）建筑抗震类别为乙类时，层数与限值的调整；

（3）《抗规》表 7.1.2 下注；

（4）《抗规》第 7.1.2 条第 2 款注；

（5）抗震类别；

（6）总高度、层数与抗震设防烈度的关系；

（7）房屋的层数和总高度限值；

（8）建筑抗震类别为乙类时，层数与限值的调整。

3. 典型考题

2009 年一级题 40；2013 年一级题 33。

2007 年二级题 41、2016 年二级题 32。

考题精选 3–44：房屋的层数及总高度的限值（2013 年一级题 33）

大题干参见考题精选 3–21。

假定本工程建筑抗震类别为乙类,抗震设防烈度为 7 度,设计基本地震加速度值为 0.10g。墙体采用 MU15 级蒸压灰砂普通砖、M10 级混合砂浆砌筑。砌体抗剪强度设计值为 $f_v = 0.12\text{MPa}$。各层墙上下连续且洞口对齐。试问:房屋的层数 n 及总高度 H 的限值与下列何项选择最为接近?

A. $n=7$,$H=21\text{m}$ B. $n=6$,$H=18\text{m}$

C. $n=5$,$H=15\text{m}$ D. $n=4$,$H=12\text{m}$

解答过程:

根据题目中"抗震设防烈度为 7 度,设计基本地震加速度值为 0.10g",先按照普通黏土砖,查《抗规》GB 50011—2010(2016 版)表 7.1.2,得房屋的层数为 7 层,总高度为 21m。

根据题目中"本工程建筑抗震类别为乙类",再根据《抗规》表 7.1.2 注 3,层数应减 1 层,且总高度应降低 3m。

由图 3–43,A、B、1、3 四轴围合的房间❶,A、B、4、5 四轴围合的房间,C、D、4、5 四个轴围合的房间,3 个房间的开间均大于 4.2m,且有 $\dfrac{3 \times (6 \times 5.4)}{18 \times 12.9} = 41.86\% > 40\%$,其余房间的开间均不大于 4.2m,且大于 20%。根据《抗规》第 7.1.2 条第 2 款注,本工程属于横墙较少的情况,层数应减 1 层,且总高度应降低 3m。

根据题目中"墙体采用 MU15 级蒸压灰砂普通砖、砌体抗剪强度设计值为 $f_v = 0.12\text{MPa}$",查《砌规》表 3.2.2,知普通黏土砖砌体抗剪强度设计值为 $f_v = 0.17\text{MPa}$,则有 $\dfrac{0.12}{0.17} = 70.6\%$。根据《抗规》第 7.1.2 条第 4 款,层数应减 1 层,且总高度应降低 3m。

综上所述,房屋的层数为 4 层,总高度为 12m。

正确答案:D

从以上考题可知,房屋的层数 n 及总高度 H 的限值需要考虑以下 4 个方面:

(1)抗震设防烈度,设计基本地震加速度值。根据题目给定的抗震设防烈度,设计基本地震加速度值,先按照普通黏土砖,查《抗规》GB 50011—2010(2016 版)表 7.1.2,确定基本的房屋的层数 n 及总高度 H。

(2)工程建筑抗震类别。根据题目中给出的建筑类型,确定工程建筑抗震类别,如果确定为乙类需调整。

(3)房间的开间大小与占据的百分比。房间的开间大小与占据的百分比,确定工程属于横墙较少的情况、还是横墙很少的情况。根据《抗规》第 7.1.2 条第 2 款注,如果属于横墙较少的情况,则层数应减 1 层,且总高度应降低 3m;如果是横墙很少的情况,则层数应减 2 层,且总高度应降低 6m。

(4)墙体材料。根据题目中给定的墙体材料,如果采用蒸压灰砂普通砖且砌体抗剪强度设计值为普通黏土砖砌体抗剪强度设计值的 70%。根据《抗规》第 7.1.2 条第 4 款,层数应减 1 层,且总高度应降低 3m。

---

❶ 确切地讲,根据图 3–43 所示,虽然图中有对称符号,但仍不能明确判定本楼层的开间均大于 4.2m 的房间的面积大于楼层面积的 40%,因为如此规模不大的楼房一般不会有两个门厅,仅供读者参考。

3.9.6 层间等效侧向刚度——《抗规》第7.2.3条

1. 计算模型

嵌固端可以考虑设在底层地面处（±0.000处），底层质点重力荷载代表值可以同标准层取值。

2. 墙段的侧向刚度与水平地震剪力分配

《抗规》第7.2.3条：墙段宜按门窗洞口划分，墙段侧向刚度计算原则，水平地震层间设计剪力按计算方向各墙段侧向刚度比进行分配。

3. 墙段截面抗震受剪承载力验算

（1）8度（0.2g），总高度不超过五层：纵横向抗震计算可以通过《抗规》规定方法，满足承载力设计要求，但外纵墙端部墙垛很难满足。

（2）8度（0.3g）设防且总高度不超过五层，或者8度（0.2g）设防且总高度达到6层，横向抗震计算可以通过《抗规》规定方法满足承载力设计要求，但纵向计算很难满足。

（3）7度（0.1g、0.15g）设防且总高度7层，纵、横向抗震计算均可以通过《抗规》规定方法满足承载力设计要求。

4. 墙体的侧移

一般墙体的侧移见图3-76。

图 3-76　墙体的侧移

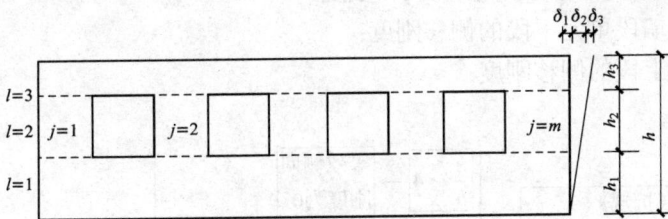

纵墙一般开洞较多且开洞率比较大，其刚度的计算较为复杂。首先沿墙高分段求出各墙段在单位水平力作用下的侧移，求和得到整个墙片在单位水平力作用下的顶端侧移值，然后求得其倒数即为该墙片的侧移刚度。此方法能较好地考虑不同开洞和开洞率对墙侧移刚度的影响。

开洞墙片的刚度计算可分为下列两种情况：

（1）整片砖墙上有一个以上且高度和位移相同的开洞，可沿墙高分段求出各墙段在单位水平力作用下的侧移 δ，求和得整个墙片在单位力作用下的顶端侧移值 δ，其倒数为墙片侧移刚度 K（图3-77）。

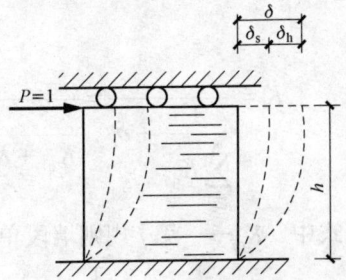

图 3-77　规则开洞的墙体

当 $i=1$ 或 3 时，$\delta_{1,3} = \dfrac{1}{K_{1,3}}$；当 $i=2$ 时，$\delta_2 = \dfrac{1}{\sum\limits_{j=1}^{m} K_{2j}}$

则有 $K = \dfrac{1}{\sum \delta_i} = \dfrac{1}{\dfrac{1}{K_1} + \dfrac{1}{K_2} + \dfrac{1}{K_3}}$

式中　$K_{1,3}$——第1、3水平砖带的侧移刚度；

　　　　K_{2j}——第2墙段中第 j 墙肢的侧移刚度。

（2）整片砖墙上有两个以上高度或位移不同的开洞，同样需要先分别求出被划分出的各墙段侧移，然后再求其和的倒数（图3–78）。

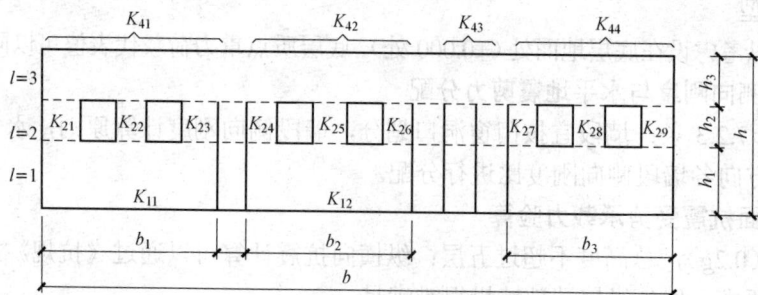

图3–78　不规则开洞的墙体

$$K = \cfrac{1}{\cfrac{1}{\sum\limits_{j=1}^{m} K_{qj}} + \delta_i} = \cfrac{1}{\cfrac{1}{K_{q1} + K_{q2} + \cdots + K_{qm}} + \cfrac{1}{K_{q2}} + \cfrac{1}{K_3}}$$

式中　K_{qj}——第 j 规则墙段单元的侧移刚度；

$$K_{q1} = \cfrac{1}{\cfrac{1}{K_{11}} + \cfrac{1}{K_{21}} + \cfrac{1}{K_{22}} + \cfrac{1}{K_{23}}}$$

$$K_{q2} = \cfrac{1}{\cfrac{1}{K_{12}} + \cfrac{1}{K_{24}} + \cfrac{1}{K_{25}} + \cfrac{1}{K_{26}}}$$

$$K_{q4} = \cfrac{1}{\cfrac{1}{K_{13}} + \cfrac{1}{K_{27}} + \cfrac{1}{K_{28}} + \cfrac{1}{K_{29}}}$$

式中　K_{1j}——第 j 规则墙段单元下段的侧移刚度；

K_{q3}——无洞墙段单元下段的侧移刚度；

K_3——墙段上段的侧移刚度；

5. 流程图

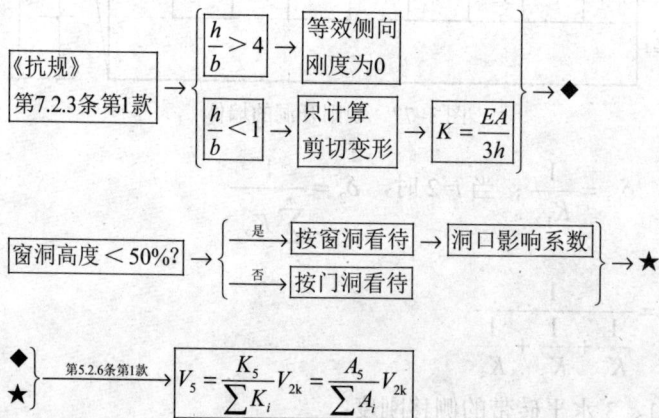

流程图3–50　层间等效侧向刚度（《抗规》第7.2.3条）

墙体位移变形与高宽比的关系见图 3-79，高宽比 h/b 与墙体等效侧向刚度 K 的关系见表 3-29。

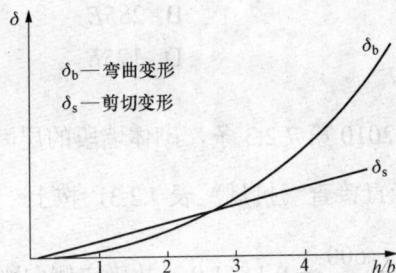

图 3-79　墙体位移变形与高宽比的关系

表 3-29　　　　　　　　　　高宽比 $\dfrac{h}{b}$ 与墙体等效侧向刚度 K 的关系

高宽比 $\dfrac{h}{b}$	墙体等效侧向刚度 K
$\dfrac{h}{b} < 1$	$K = \dfrac{GA}{\xi H}$，$\xi = 1.2$
$1 \leqslant \dfrac{h}{b} \leqslant 4$	$K = \dfrac{1}{\dfrac{\xi H}{GA} + \dfrac{H^3}{12EI}}$，$\xi = 1.2$
$4 < \dfrac{h}{b}$	$K = 0$

6. 易考点

（1）墙段高宽比；

（2）开洞率；

（3）《抗规》第 7.2.3 条第 1 款注；

（4）墙体剪应变分布不均匀影响系数 $\xi = 1.2$；

（5）《抗规》表 7.2.3 下注；

（6）墙段的刚度计算；

（7）剪力按何种方式计算（按面积分配）。

7. 典型考题

2005 年一级题 31、2006 年一级题 35、2009 年一级题 38、2012 年一级题 34。

2009 年二级题 38、2013 年二级题 46。

考题精选 3-45：层间等效侧向刚度（2005 年一级题 31）

2 层某外墙立面如图 3-80 所示，墙厚 370mm，窗洞宽 1.0m，高 1.5m，窗台高于楼面 0.9m，砌体的弹性模量为 E（MPa）。试问：该外墙层间等效

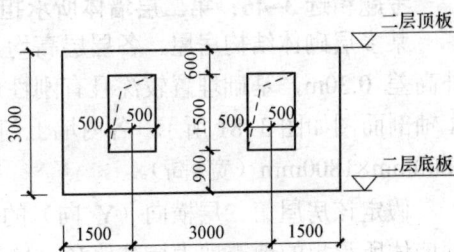

图 3-80　2 层某外墙立面图

侧向刚度（N/mm）应与下列何项数值最为接近？

提示：（1）墙体剪应变分布不均匀影响系数 $\xi=1.2$；（2）取 $G=0.4E$。

A. $235E$ 　　　　　　　　　　　　　　B. $285E$

C. $345E$ 　　　　　　　　　　　　　　D. $175E$

解答过程：

根据《抗规》GB 50011—2010 第 7.2.3 条，砌体墙段的层间等效侧向刚度确定。

开洞率 $\dfrac{2\times1h}{6h}=0.33$，不能直接查《抗规》表 7.2.3，按上、中、下三段墙体来考虑。

上层墙段，由于高厚比 $\dfrac{h}{b}=\dfrac{600}{6000}=0.1<1.0$，故确定侧向刚度时只考虑剪切变形，

该段侧向刚度 $K_1=\dfrac{GA}{\xi h}=\dfrac{bt\times0.4E}{1.2h}=\dfrac{Ebt}{3h}=\dfrac{370\times6000E}{3\times600}=1233.3E$

中层墙段为三个墙段并列，左、右墙段由于高宽比 $\dfrac{1500}{1000}=1.5$，应考虑弯曲变形和剪切，

左、右墙段的刚度 $K_{左}=K_{右}=\dfrac{1}{\dfrac{h^3}{12EI}+\dfrac{\xi h}{GA}}=\dfrac{1}{\dfrac{1500^3}{12E\times\dfrac{370\times1000^3}{12}}+\dfrac{1.2\times1500}{0.4E\times(370\times1000)}}=47E$

因为中间墙段高宽比 $\dfrac{h}{b}=\dfrac{1500}{2000}=0.75<1$，只考虑剪切变形，刚度

$K_{中}=\dfrac{0.4E\times370\times2000}{1.2\times1500}=164.4E$

中间墙段的侧移刚度 $K_2=2\times47.0E+164.4E=258.4E$

因为下层墙段高宽比 $\dfrac{h}{b}=\dfrac{900}{6000}=0.15<1$，故确定侧向刚度时只考虑剪切变形，

该段侧向刚度 $K_3=\dfrac{GA}{\xi h}=\dfrac{Ebt}{3h}=\dfrac{370\times300E}{3\times900}=822E$

整个外墙的层间等效侧向刚度 $K=\dfrac{1}{\dfrac{1}{K_1}+\dfrac{1}{K_2}+\dfrac{1}{K_3}}=\dfrac{E}{\dfrac{1}{1233.3}+\dfrac{1}{258.4}+\dfrac{1}{822}}=170E$

正确答案：D

考题精选 3-46：第二层墙体所承担的地震剪力标准值（2012 年一级题 34）

某多层砌体结构房屋，各层层高均为 3.6m，内外墙厚度均为 240mm，轴线居中。室内外高差 0.30m，基础埋置较深且有刚性地坪。采用现浇钢筋混凝土楼、屋盖，平面布置图和 A 轴剖面图如图 3-81 所示。各内墙上门洞均为 1000mm×2600mm（宽×高），外墙上窗洞均为 1800mm×1800mm（宽×高）。

假定该房屋第二层横向（Y 向）的水平地震剪力标准值 $V_{2k}=2000$kN。试问：第二层⑤轴墙体所承担的地震剪力标准值 V_k（kN）应与下列何项数值最为接近？

A. 110 　　　　　　B. 130 　　　　　　C. 160 　　　　　　D. 180

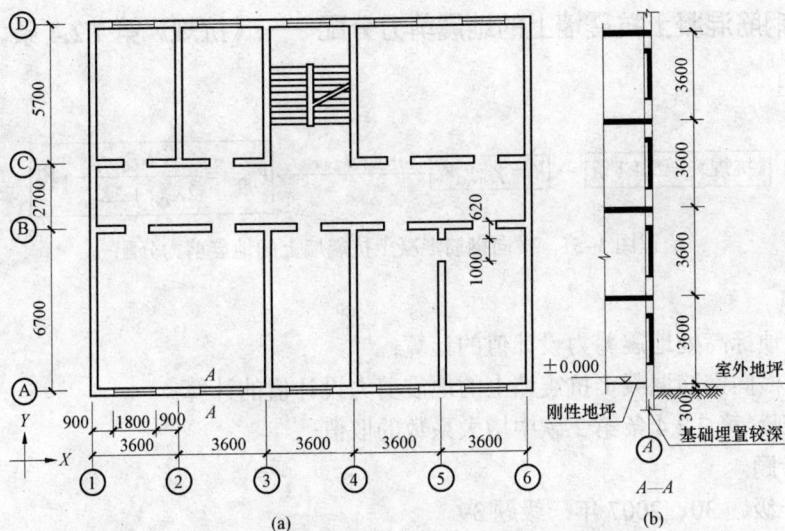

图 3-81　多层砌体房屋平面及局部剖面图

（a）平面布置图；（b）局部剖面示意图

解答过程：

根据《抗规》GB 50011—2010（2016 版）第 7.2.3 条第 1 款进行计算

5 轴墙体的等效侧向刚度，对于墙段 B（图 3-82）：$\dfrac{h_1}{b} = \dfrac{2600}{620} = 4.19 > 4$，

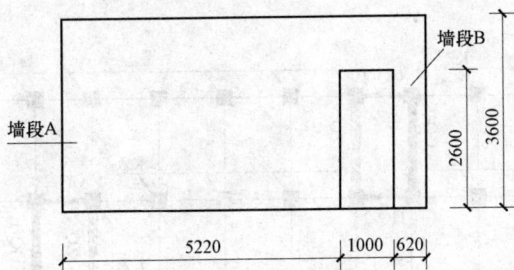

图 3-82　墙段 A、B 位置示意图

根据《抗规》第 7.2.3 条，该墙段等效侧向刚度为 0。

对于墙段 A：$\dfrac{h_1}{b} = \dfrac{3600}{6700 - 620 - 1000 + 120} = 0.69 < 1$，

根据《抗规》第 7.2.3 条，该墙段可只计算剪切变形，其等效剪切刚度 $K = \dfrac{EA}{3h}$。

其余墙段的 $\dfrac{h_1}{b}$ 均小于 1。

根据《抗规》第 5.2.6 条第 1 款，剪力近似按面积分配，第二层⑤轴墙体所承担的地震剪

力标准值 $V_5 = \dfrac{K_5}{\sum K_i} V_{2k} = \dfrac{A_5}{\sum A_i} V_{2k} = \dfrac{6700 - 620 - 1000 + 120}{15240 \times 2 + 5940 \times 3 + 6840 \times 2 + 5220} \times 2000 = 155.36 \text{kN}$

注：门洞上的墙段在计算中未予考虑。

正确答案：C

3.9.7 横向钢筋混凝土抗震墙上的地震剪力分配——《抗规》第7.2.4条、第5.4.1条

1. 流程图

$$《抗规》第5.4.1条 \rightarrow \boxed{V = \gamma_{Eh}\gamma_G V_k} \xrightarrow{《抗规》第7.2.4条} \boxed{V_{GQ-1} = \frac{K_{GQ}}{2K_{GQ} + 2K_{ZQ}} \cdot V_E}$$

流程图3-51 横向钢筋混凝土抗震墙上的地震剪力分配

2. 易考点

（1）底层顶标高处地震剪力设计值的计算；

（2）每道横向钢筋混凝土抗震墙上的地震剪力设计值的计算；

（3）《抗规》第7.2.4条第2款中增大系数的取值。

3. 典型考题

2006年一级题30、2007年一级题39。

2007年二级题46、2013年二级题31。

考题精选3-47：作用于每道横向钢筋混凝土抗震墙的地震剪力设计值（2007年一级题39）

某抗震烈度为7度的底层框架–抗震墙多层砌体房屋的底层框架柱 KZ、钢筋混凝土抗震墙（横向 GQ–1，纵向 GQ–2）、砖抗震墙 ZQ 的设置如图3-83所示。各框架柱 KZ 的横向侧向刚度均为 $K_{KZ} = 5 \times 10^4$ kN/m，横向钢筋混凝土抗震墙 GQ–1（包括端柱）的侧向刚度为 $K_{GQ} = 280.0 \times 10^4$ kN/m，砖抗震墙 ZQ（不包括端柱）的侧向刚度为 $K_{ZQ} = 40.0 \times 10^4$ kN/m，地震剪力增大系数 $\eta = 1.35$。

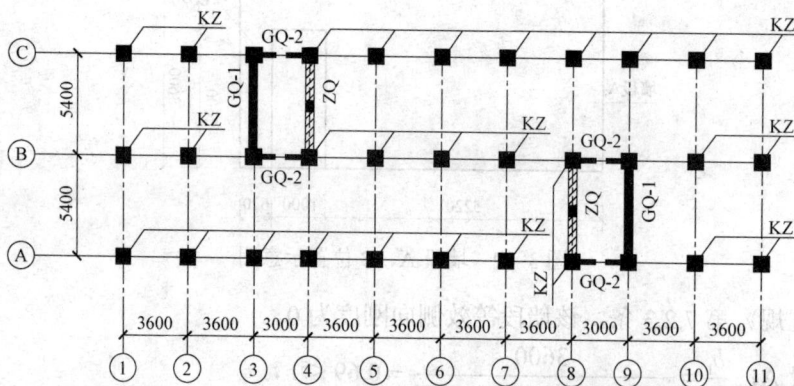

图3-83 底层框架柱、钢筋混凝土抗震墙、砖抗震墙的设置

假设作用于底层顶标高处的横向地震剪力标准值 $V_k = 2000$kN，试问：作用于每道横向钢筋混凝土抗震墙 GQ–1 上的地震剪力设计值（kN）应与下列何项数值最为接近？

A. 1500　　　　　B. 1250　　　　　C. 1000　　　　　D. 850

解答过程：

根据《抗规》GB 50011—2010（2016版）第5.4.1条，底层顶标高处地震剪力设计值

$$V_E = \gamma_{Eh}\eta V_k = 1.3 \times 1.35 \times 2000 = 3510 \text{kN}$$

根据《抗规》第7.2.4条第3款，底层地震剪力全部由所计算方向的抗震墙承担，并按各墙侧向刚度分配。作用于每道横向钢筋混凝土抗震墙 GQ–1 上的地震剪力设计值

$$V_{GQ-1} = \frac{K_{GQ}}{2K_{GQ} + 2K_{ZQ}} \cdot V_E = \frac{280 \times 10^4}{2 \times 280 \times 10^4 + 2 \times 40 \times 10^4} \times 3510 = 1535.6 \text{kN}$$

正确答案：A

3.9.8 底部框架的地震作用效应确定——《抗规》第7.2.5条、《砌规》第10.4.2条

涉及《抗规》第7.1.8条、第7.1.9条、第7.2.4条、第7.2.5条。

1. 易错点

（1）《抗规》第7.1.8条第2款：6度且总层数不超过四层的底层框架–抗震墙砌体房屋，应允许采用嵌砌于框架之间的约束普通砖砌体或小砌块砌体的砌体抗震墙。且同一方向不应同时采用钢筋混凝土抗震墙和约束砌体抗震墙。底部框架–抗震墙砌体房屋包括：① 底层框架–抗震墙房屋；② 底部两层框架–抗震墙房屋。

（2）《抗规》第7.2.5条第1款2）：底部各轴线承受的地震倾覆力矩，可近似按底部抗震墙和框架的有效侧向刚度的比例分配确定。底部框架–抗震墙砌体房屋的抗震计算方法可采用底部剪力法。

（3）底层水平地震剪力分配。

《抗规》第7.2.4条第3款：底层或底部两层的纵向或横向水平地震剪力值应全部由该方向的抗震墙承担，并按各抗震墙侧向刚度比例分配。

2. 流程图

$$\boxed{《抗规》第7.2.5条} \rightarrow \boxed{V_c = \frac{K_c}{\sum K_c + 0.3\sum K_Q}V} \rightarrow \boxed{M_c = (1 - 0.55)HV_c}$$

$$\boxed{《砌规》第10.4.2条}$$

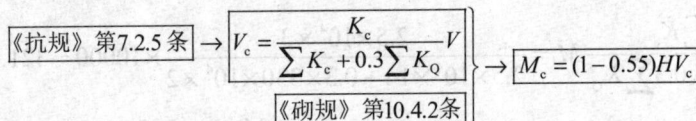

流程图 3-52 底部框架的地震作用效应

3. 易考点

（1）框架柱附加轴力；

（2）柱顶弯矩设计值计算；

（3）地震剪力设计值的计算；

（4）砌体墙的侧向刚度折减系数；

（5）每榀框架分担的倾覆力矩按刚度分配；

（6）底层顶标高处地震剪力设计值的计算；

（7）每道横向钢筋混凝土抗震墙上的地震剪力设计值的计算；

（8）作用于每个框架柱上的地震剪力设计值的分配；

（9）《砌规》第10.4.2条中底层柱的反弯点高度比取0.55。

4. 典型考题

2007年一级题39；2007年一级题40；2009年一级题35；2009年一级题36。

2007年二级题45、2013年二级题32、2013年二级题35。

考题精选 3-48：横向地震倾覆力矩引起的框架柱 KZa 附加轴力标准值（2009年一级题35）

某底层框架–抗震墙砖砌体房屋的底层结构平面布置如图 3-84 所示，柱高度 H=4.2m。

框架柱截面尺寸均为500mm×500mm，各框架柱的横向侧移刚度 $K_c = 2.5 \times 10^4 \text{kN/m}$，各横向钢筋混凝土抗震墙的侧移刚度 $K_Q = 330 \times 10^4 \text{kN/m}$（包括端柱）。

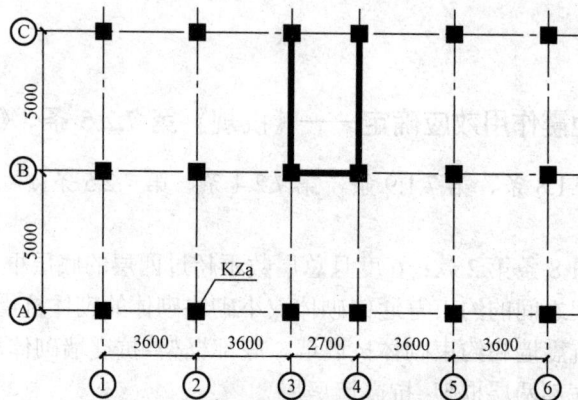

图 3-84　底层结构平面布置图

若底层顶的横向地震倾覆力矩标准值 $M = 10000 \text{kN} \cdot \text{m}$，试问：由横向水平地震倾覆力矩引起的框架柱 KZa 附加轴力标准值（kN）与下列何项数值最为接近？

提示：墙柱均居轴线中。

A. 10　　　　　　　　B. 20　　　　　　　　C. 30　　　　　　　　D. 40

解答过程：

根据《抗规》GB 50011—2010（2016 版）第 7.2.5 条，每榀框架分担的倾覆力矩

$$M_c = \frac{\sum K_c}{\sum K_c + 0.3 \sum K_Q} M = \frac{2.5 \times 10^4 \times 3}{2.5 \times 10^4 \times 14 + 0.3 \times 330 \times 10^4 \times 2} \times 10000 = 321.9 \text{kN} \cdot \text{m}$$

由横向地震倾覆力矩引起的框架柱附加轴力 $N = \dfrac{M_c x_i}{\sum x_i^2} = \dfrac{5}{5^2 + 5^2} \times 321.9 = 32.19 \text{kN}$

正确答案：C

考题精选 3-49：横向地震剪力产生的框架柱 KZa 柱顶弯矩设计值（2009 年一级题 36）

若底层横向水平地震剪力设计值 $V = 2000 \text{kN}$，底层顶的横向地震倾覆力矩标准值 $M = 10000 \text{kN} \cdot \text{m}$，试问：由横向地震剪力产生的框架柱 KZa 柱顶弯矩设计值（kN·m）与下列何值最为接近？

提示：按《砌体结构设计规范》GB 50003—2011 和《建筑抗震设计规范》GB 50011—2010 作答。

A. 20　　　　　　　　B. 30　　　　　　　　C. 40　　　　　　　　D. 50

解答过程：

根据《抗规》GB 50011—2010（2016 版）第 7.2.5 条，框架柱分担的地震剪力设计值

$$V_c = \frac{K_c}{\sum K_c + 0.3 \sum K_Q} V = \frac{2.5 \times 10^4}{2.5 \times 10^4 \times 14 + 0.3 \times 2 \times 330 \times 10^4} \times 2000 = 21.46 \text{kN}$$

根据《砌规》GB 50003—2011 第 10.4.2 条，由横向地震剪力产生的框架柱 KZa 柱顶弯矩设计值 $M_c = (1 - 0.55)HV_c = 0.45 \times 21.46 \times 4.2 = 40.56 \text{kN} \cdot \text{m}$

正确答案：C

3.9.9 砖砌体承载力——《砌规》第 10.2.1 条、《抗规》第 7.2.6 条

1. 易错点

（1）《砌规》第 10.1.3 条中注 1、2、3 的规定；

（2）墙体横截面面积 A，不考虑扣除构造柱截面面积（或芯柱）；

（3）《砌规》表 10.2.1 中 σ_0 为对应于重力荷载代表值的砌体截面平均压应力。

2. 流程图

$$\left.\begin{array}{l} \boxed{《砌规》表3.2.2} \rightarrow \boxed{f_v} \\ \boxed{《砌规》表10.2.1} \\ \boxed{\sigma_0} \end{array}\right\} \rightarrow \boxed{\begin{array}{c}\sigma_0\\f_v\end{array}} \xrightarrow{《砌规》式(10.2.1)} \boxed{f_{vE} = \zeta_N f_v}$$

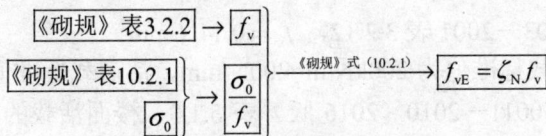

流程图 3-53 《砌规》砖砌体承载力计算

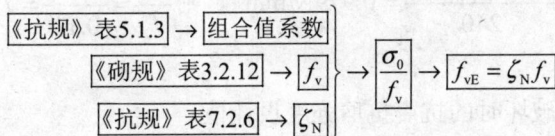

$$\left.\begin{array}{l} \boxed{《抗规》表5.1.3} \rightarrow \boxed{组合值系数} \\ \boxed{《砌规》表3.2.12} \rightarrow \boxed{f_v} \\ \boxed{《抗规》表7.2.6} \rightarrow \boxed{\zeta_N} \end{array}\right\} \rightarrow \boxed{\begin{array}{c}\sigma_0\\f_v\end{array}} \rightarrow \boxed{f_{vE} = \zeta_N f_v}$$

流程图 3-54 《抗规》砖砌体承载力计算

3. 易考点

（1）$\dfrac{\sigma_0}{f}$ 与 ζ_N 的关系；

（2）f_v 的查取；

（3）f_{vE} 的计算；

（4）构造柱与 γ_{RE} 的取值；

（5）墙段截面抗震受剪承载力的计算。

4. 典型考题

2010 年一级题 33。

考题精选 3-50：墙体沿阶梯形截面破坏时的抗震抗剪强度设计值（2010 年一级题 33）

某抗震设防烈度为 7 度的多层砌体结构住宅，底层某道承重横墙的尺寸和构造柱的布置如图 3-85 所示。墙体采用 MU10 烧结普通砖、M7.5 混合砂浆砌筑。构造柱 GZ 截面为 240mm×240mm；采用 C20 级混凝土，纵向钢筋为 4 根直径 12mm 的 HRB335 级钢筋，箍筋为 HPB300 级Φ6@200，砌体施工质量控制等级为 B 级。在该墙墙顶作用的竖向恒荷载标准值为 200kN/m、活荷载标准值为 70kN/m。

提示：（1）按《建筑抗震设计规范》GB 50011—2010 计算；

（2）计算中不另考虑本层墙体自重。

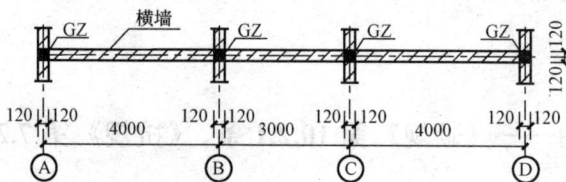

图 3-85

该墙体沿阶梯形截面破坏时的抗震抗剪强度设计值 f_{vE}（MPa），与下列何项数值最为接近？

A. 0.12   B. 0.16   C. 0.20   D. 0.24

解答过程：

查《砌规》GB 50003—2001 表 3.2.12，$f_v = 0.14\text{N/mm}^2$。

题目中有竖向恒荷载标准值为 200kN/m=200N/mm、活荷载标准值为 70kN/m=70N/mm。

根据《抗规》GB 50011—2010（2016 版）表 5.1.3，楼面活载的重力荷载代表值组合值系数取 0.5。

$$\sigma_0 = \frac{N_G + \psi_c N_Q}{A} = \frac{200 + 0.5 \times 70}{240} = 0.979\text{N/mm}^2，\ 则\ \frac{\sigma_0}{f_v} = \frac{0.979}{0.14} = 7，查《抗规》表 7.2.6，$$

得 $\zeta_N = 1.65$，

墙体沿阶梯形截面破坏时的抗震抗剪强度设计值

$$f_{vE} = \zeta_N f_v = 1.65 \times 0.14 = 0.231\text{N/mm}^2$$

正确答案：D

3.9.10 普通砖、多孔砖墙体的截面抗震受剪承载力——《砌规》第 10.2.1 条、第 10.2.2 条；《抗规》、第 7.2.7 条、第 5.1.3 条

1. 易错点

（1）γ_{RE} 的查取；

（2）ρ_s 构造要求；

（3）表 10.2.1 注 σ_0；

（4）A_c 与 $0.15A$ 的关系；

（5）构造柱间距对 η_c 的影响；

（6）构造柱间距对 ζ 取值的影响；

（7）墙段中部基本均匀的设置构造柱，且构造柱的截面是否符合要求，构造柱间距是否符合要求，是否可以计入中部构造柱的提高作用；

（8）《砌规》第 10.2.2 条中的墙体横截面面积 A，不考虑扣除构造柱截面面积（或芯柱）；《砌规》表 10.2.1 中的对应于重力荷载代表值的砌体截面平均压应力 σ_0，不考虑重力荷载分项系数 γ_G；

（9）重力荷载代表值的计取，按《抗规》第 5.1.3 条取用。《抗规》表 7.2.6 下注，重力荷载代表值的分项系数取为 1.0。

2. 流程图

$$\boxed{A_{\mathrm{c}} < 0.15A} \xrightarrow{\text{是}} \boxed{A_{\mathrm{s}}} \to \boxed{\rho_{\mathrm{s}} = \dfrac{A_{\mathrm{s}}}{A_{\mathrm{c}}}} \to \boxed{0.1\% < \rho_{\mathrm{s}} < 1\%} \to \boxed{满足构造要求} \to ★$$

$$★ \to$$

$$\boxed{《抗规》第7.2.7条} \to \boxed{f_{\mathrm{vE}} = \zeta_{\mathrm{N}} f_{\mathrm{v}}}$$

$$\boxed{《砌规》表10.1.5} \to \boxed{\gamma_{\mathrm{RE}}} \to \boxed{\dfrac{1}{\gamma_{\mathrm{RE}}}[\eta_{\mathrm{c}} f_{\mathrm{vE}}(A - A_{\mathrm{c}}) + \zeta_{\mathrm{c}} f_{\mathrm{t}} A_{\mathrm{c}} + 0.08 f_{\mathrm{yc}} A_{\mathrm{s}}]}$$

$$\boxed{《砌规》第10.2.2条} \xrightarrow{\text{构造柱间距}} \boxed{\eta_{\mathrm{c}}; \zeta_{\mathrm{c}}}$$

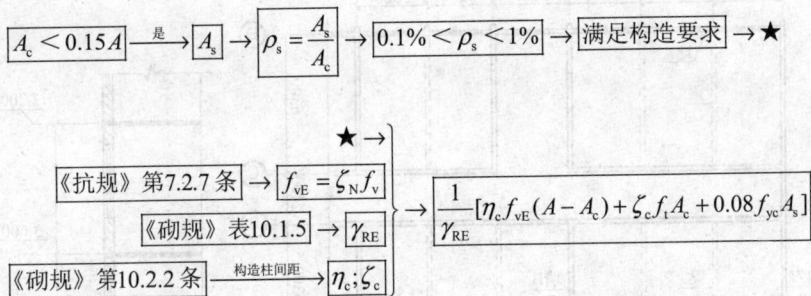

流程图 3–55　普通砖、多孔砖墙体的截面抗震受剪承载力

3. 易考点

（1）f_{v} 的查取；

（2）$\dfrac{\sigma_0}{f_{\mathrm{v}}}$ 的计算；

（3）ζ_{N} 的查取；

（4）f_{vE} 的计算；

（5）γ_{RE} 的查取；

（6）抗剪承载力的计算；

（7）《抗规》表 7.2.6 下注；

（8）墙体约束修正系数的取值；

（9）中部构造柱参与工作系数的取值；

（10）中部构造柱的横截面面积的限值；

（11）中部构造柱纵向配筋的限值；

（12）墙段中部基本均匀的设置构造柱，且构造柱的截面是否符合要求，构造柱间距是否符合要求，是否可以计入中部构造柱的提高作用。

4. 典型考题

2005 年一级题 36、2006 年一级题 33、2006 年一级题 34、2009 年一级题 39、2010 年一级题 34、2010 年一级题 35、2010 年一级题 36、2011 年一级题 34、2011 年一级题 35。

2004 年二级题 38、2004 年二级题 39、2004 年二级题 40、2008 年二级题 40、2009 年二级题 39、2010 年二级题 46、2012 年二级题 31、2012 年二级题 32、2012 年二级题 34、2016 年二级题 36、2016 年二级题 37。

考题精选 3–51：墙段考虑地震作用组合的最大受剪承载力设计值（2011 年一级题 35）

某多层刚性方案砖砌体教学楼，其局部平面如图 3–86 所示。墙体厚度均为 240mm，轴线均居墙中。室内外高差 0.3m，基础埋置较深且有刚性地坪。墙体采用 MU15 级蒸压煤灰砖、M10 级混合砂浆砌筑，底层、二层层高均为 3.6m；楼、屋面板采用现浇钢筋混凝土板。砌体施工质量控制等级为 B 级，结构安全等级为二级。钢筋混凝土梁的截面尺寸为 250mm×550mm。

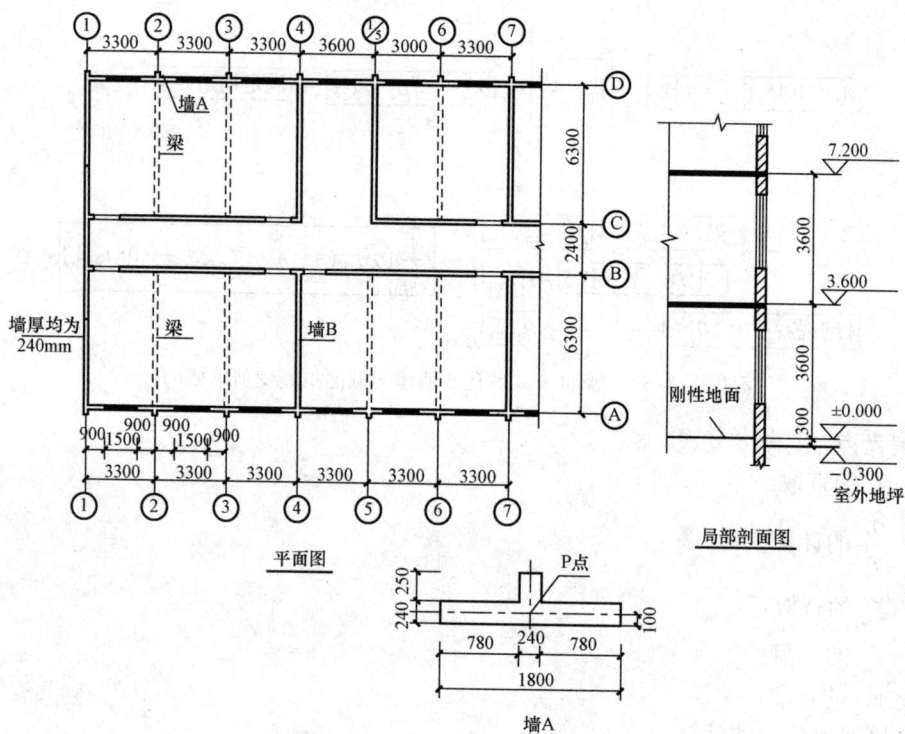

图 3-86 多层砖砌体平面及局部剖面图

假定，墙 B 在两端（A、B 轴处）及正中均设 240mm×240mm 构造柱，构造柱混凝土强度等级为 C20，每根构造柱均配 4 根 HPB300、直径 14mm 的纵向钢筋。试问：该墙段考虑地震作用组合的最大受剪承载力设计值（kN）应与下列何项数值最为接近？

提示：按 $f_{vE} = 0.22 \text{N} / \text{mm}^2$ 进行计算，不考虑 A 轴处外伸 250mm 墙段的影响。

A. 360   B. 400   C. 420   D. 510

解答过程：根据《砌规》GB 50003—2011 表 10.1.5，组合砖墙受剪时，抗震调整系数 $\gamma_{RE} = 0.9$。

根据《砌规》第 10.2.2 条，构造柱间距为 $\dfrac{6.3}{2} = 3.15\text{m} > 3\text{m}$，取墙体约束修正系数 $\eta_c = 1.0$；

因构造柱居中设置一根，则中部构造柱参与工作系数 $\zeta_c = 0.5$；

墙 B 的横截面积 $A = (6300 + 240) \times 240 = 1569600 \text{mm}^2$

中部构造柱的截面面积

$A_c = 240 \times 240 = 57600 \text{mm}^2 < 0.15A = 0.15 \times 1569600 = 235440 \text{mm}^2$

$f_{vE} = 0.22 \text{N/mm}^2$；$f_t = 1.10 \text{N/mm}^2$；HPB300 级钢筋 $f_y = 270 \text{N/mm}^2$；

配筋率 $\rho_s = \dfrac{A_s}{A_c} = \dfrac{615}{57600} = 1.07\%$，$0.6\% < \rho_s = 1.07\% < 1.4\%$，满足《砌规》构造要求。

该墙段考虑地震作用组合的最大受剪承载力设计值（材料抗力）

$$V_u = \frac{1}{\gamma_{RE}}[\eta_c f_{vE}(A - A_c) + \zeta_c f_t A_c + 0.08 f_y A_s]$$

$$= \frac{1}{0.9} \times [1.0 \times 0.22 \times (1569600 - 57600) + 0.5 \times 1.10 \times 57600 + 0.08 \times 270 \times 615]$$

$$= 419.56 \times 10^3 N = 419.56 kN$$

正确答案：B

考题精选 3-52：不考虑墙体中部构造柱墙体的截面抗震受剪承载力设计值（2010 年一级题 34）

大题干参见考题精选 3-51。

假设砌体抗震抗剪强度的正应力影响系数 $\zeta_N = 1.5$，当不考虑墙体中部构造柱对受剪承载力的提高作用时，试问：该墙体的截面抗震受剪承载力设计值（kN），与下列何项数值最为接近？

A. 630   B. 540   C. 450   D. 360

解答过程：

根据《砌规》GB 50011—2011 表 3.2.2，MU10 烧结普通砖，M7.5 混合砂浆砌筑，

砌体抗剪强度设计值 $f_v = 0.14$MPa。根据"提示"，按照《抗规》作答。

根据《抗规》GB 50011—2010（2016 版）表 5.4.2，取抗震承载力调整系数 $\gamma_{RE} = 0.9$，

根据《抗规》第 7.2.7 条，砌体抗震抗剪强度的正应力影响系数 $\xi_N = 1.5$，

则 $f_{vE} = \zeta_N f_v = 1.5 \times 0.14 = 0.21$N/mm^2。

由图 3-87 知墙长为 $l = 120 + 4000 + 3000 + 4000 + 120 = 11240$mm，墙厚 $h = 240$mm

则 $A = lh = 240 \times 11240 = 2697600$mm^2

根据《抗规》第 7.2.7 条第 1 款，墙体的截面抗震受剪承载力（材料抗力）设计值

$$\frac{f_{vE}A}{\gamma_{RE}} = \frac{0.21 \times 2697600}{0.9} = 629.4 \times 10^3 N = 629.4 kN$$

正确答案：A

考题精选 3-53：考虑构造柱对受剪承载力墙体的截面抗震受剪承载力设计值（2010 年一级题 35）

假设砌体抗震抗剪强度的正应力影响系数 $\zeta_N = 1.5$，考虑构造柱对受剪承载力的提高作用，试问：该墙体的截面抗震受剪承载力（kN）与下列何项数值最为接近？

A. 500   B. 590   C. 680   D. 770

解答过程：

根据《抗规》GB 50011—2010（2016 版）表 5.4.2，取抗震承载力调整系数 $\gamma_{RE} = 0.9$，

根据《抗规》第 7.2.7 条，抗震抗剪强度设计值 $f_{vE} = \zeta_N f_v = 1.5 \times 0.14 = 0.21$N/mm^2

根据《抗规》第 7.2.7 条第 2 款，$\frac{A_c}{A} = \frac{2 \times 240 \times 240}{240 \times 11240} = 0.042 < 0.15$

配筋率 $\rho_s = \frac{A_s}{A_c} = \frac{4 \times 113.2}{240 \times 240} = 0.79\%$，则 $0.6\% < \rho_s < 1.4\%$，满足《抗规》构造需求。

取 $\eta_c = 1.0$，$\zeta_c = 0.4$，$f_t = 1.1$N/mm^2，

$$\frac{1}{\gamma_{RE}}[\eta_c f_{vE}(A-A_c)+\zeta_c f_t A_c+0.08f_y A_s]$$

$$=\frac{1}{0.9}\times[1\times0.21\times(240\times11240-2\times240\times240)+0.4\times1.1\times240\times240\times2+0.08\times300\times8\times113.2]$$

$$=683\times10^3\,N=683kN$$

正确答案：C

考题精选 3-54：墙体的截面抗震受剪承载力设计值（2010 年一级题 36）

假设图 3-87 所示墙体中不设置构造柱，砌体抗震抗剪强度的正应力影响系数仍取 $\zeta_N=1.5$，该墙体的截面抗震受剪承载力（kN）与下列何项数值最为接近？

A. 630　　　　　B. 570　　　　　C. 420　　　　　D. 360

解答过程：

根据《砌规》GB 50011—2011 表 3.2.2 条，砌体抗剪强度设计值为 $f_v=0.14MPa$。

根据《抗规》GB 50011—2010（2016 版）第 7.2.7 条，砌体抗震抗剪强度的正应力影响系数 $\xi_N=1.5$。

$f_{vE}=\zeta_N f_v=1.5\times0.14=0.21N/mm^2$。根据《抗规》表 5.4.2，取 $\gamma_{RE}=1.0$。

由图 3-87 知墙长为 $l=120+4000+3000+4000+120=11240mm$，墙厚 $h=240mm$

则 $A=lh=240\times11240=2\,697\,600mm^2$

根据《抗规》第 7.2.7 条第 1 款，该墙体的截面抗震受剪承载力设计值

$$\frac{f_{vE}A}{\gamma_{RE}}=\frac{0.21\times2697600}{1.0}=566.5\times10^3\,N=566.5kN$$

正确答案：B

3.9.11　混凝土砌块砌体沿阶梯形截面破坏的抗震抗剪强度设计值——《砌规》第 10.3.1 条

1. 易考点

（1）自承重墙受剪承载力抗震调整系数为 1.0；

（2）表 10.3.1 注 σ_0。

2. 典型考题

2014 年二级题 46。

考题精选 3-55：每延米内隔墙抗震抗剪承载力设计值（2014 年二级题 46）

某多层框架结构顶层局部平面布置图如图 3-87 所示，层高为 3.6m。外围护墙采用 MU5 级单排孔混凝土小型空心砌块对孔砌筑、Mb5 级砂浆砌筑。外围护墙厚度为 190mm，内隔墙厚度为 90mm，砌体的容重为 12kN/m²（包含墙面粉刷）。砌体施工质量控制等级为 B 级；抗震设防烈度为 7 度，设计基本地震加速度为 0.1g。

假定内隔墙采用 MU10 级单排孔混凝土空心砌块、Mb10 级砂浆砌筑。内隔墙砌体抗震抗剪强度的正应力影响系数 ζ_N 取 1.0。试问，每延米内隔墙抗震抗剪承载力设计值（kN/m），与下列何项数值最为接近？

提示：按《砌体结构设计规范》GB 50003—2011 作答。

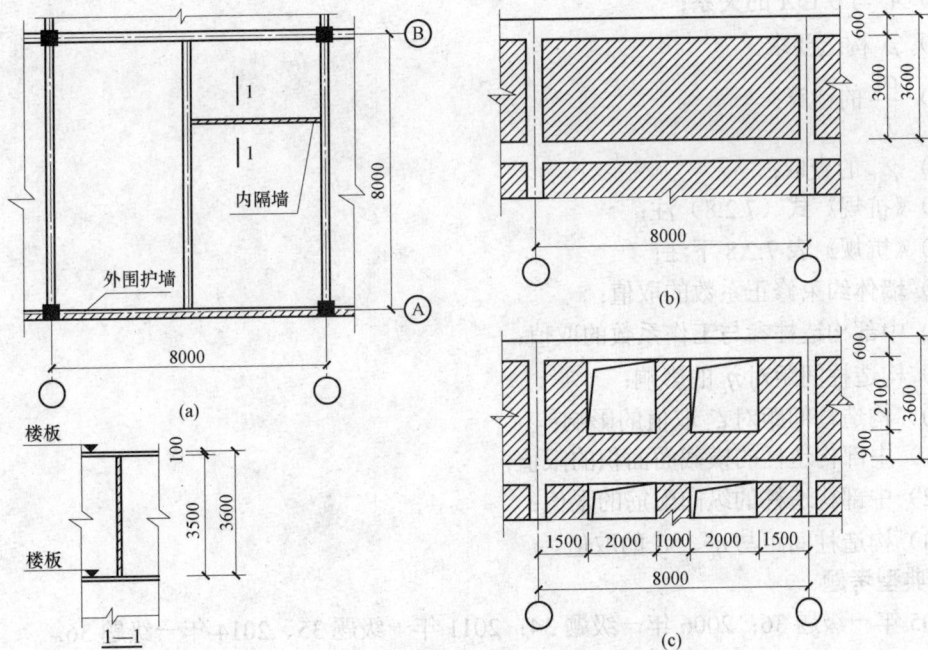

图 3-87 多层框架结构顶层局部平面布置图

（a）局部平面布置图；（b）无洞口外围护墙立面图；（c）有洞口外围护墙立面图

解答过程：根据《砌规》GB 50003—2011 表 3.2.2，MU10 单排孔混凝土砌块、Mb10 砂浆砌体抗剪强度 $f_v=0.09\text{MPa}$；根据《砌规》表 10.1.5，自承重墙受剪承载力抗震调整系数为 1.0。

根据《砌规》第 10.3.1 条，每延米内隔墙的抗震抗剪承载力

$$\frac{f_{vE}A}{\gamma_{RE}}=\frac{0.09\times1000\times90}{1.0}=8.1\text{kN/m}$$

正确答案：A

3.9.12 小砌块墙体的截面抗震受剪承载力——《抗规》第 7.2.6 条、第 7.2.8 条

1. 流程图

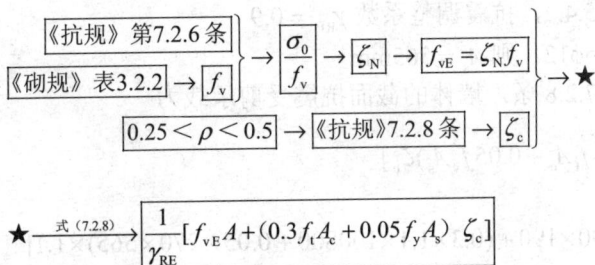

流程图 3-56 小砌块墙体的截面抗震受剪承载力（《抗规》第 7.2.8 条）

2. 易考点

（1）A_c 与 $0.15A$ 的关系；

（2）ρ_s 构造要求。

（3）$\dfrac{\sigma_0}{f_v}$ 的计算；

（4）γ_{RE} 的查取；

（5）《抗规》式（7.2.8）注；

（6）《抗规》表 7.2.8 下注；

（7）墙体约束修正系数的取值；

（8）中部构造柱参与工作系数的取值；

（9）构造柱间距对 η_c 的影响；

（10）构造柱间距对 ζ_c 取值的影响；

（11）中部构造柱的横截面面积的限值；

（12）中部构造柱的纵向配筋的限值；

（13）构造柱间距与 η_c、ζ_c 的取值。

3. 典型考题

2005 年一级题 36；2006 年一级题 34；2011 年一级题 35、2014 年一级题 36。

考题精选 3–56：墙体的截面抗震受剪承载力（2014 年一级题 36）

大题干参见考题精选 3–1。

假定，小砌块墙在重力荷载代表值作用下的截面平均压应力 $\sigma_0 = 2.0\text{MPa}$，砌体的抗剪强度设计值 $f_{vg} = 0.40\text{MPa}$。试问，该墙体的截面抗震受剪承载力（kN）与下列何项数值最为接近？

提示：① 芯柱截面总面积 $A_c = 100800\text{mm}^2$；② 按《建筑抗震设计规范》GB 50011—2010 作答。

A. 470   B. 530   C. 590   D. 630

解答过程：

根据《抗规》GB 50011—2010（2016 版）第 7.2.6 条，$\dfrac{\sigma_0}{f_v} = \dfrac{2.0}{0.4} = 5$，砌体类别为砌块墙，

查《抗规》表 7.2.6，得砌体强度的正应力影响系数 $\zeta_N = 2.15$，

则砌体沿阶梯形截面破坏的抗震抗剪强度设计值 $f_{vE} = \zeta_N f_v = 2.15 \times 0.4 = 0.86\text{MPa}$

填孔率 $0.25 < \rho = \dfrac{7}{16} = 0.4375 < 0.5$，查《抗规》表 7.2.8，得芯柱参与工作系数 $\zeta_c = 1.10$，

根据《抗规》表 5.4.2，抗震调整系数 $\gamma_{RE} = 0.9$，

根据内有插筋共 5ϕ12，则 $A_s = 565\text{mm}^2$

根据《抗规》第 7.2.8 条，墙体的截面抗震受剪承载力

$$\frac{1}{\gamma_{RE}}[f_{vE}A + (0.3f_t A_c + 0.05f_y A_s)\zeta_c]$$

$$= \frac{1}{0.9} \times [0.86 \times 3190 \times 190 + (0.3 \times 1.1 \times 100800 + 0.05 \times 270 \times 565) \times 1.1]$$

$$= 629.14 \times 10^3 \text{N} = 629.14\text{kN}$$

正确答案：D

3.9.13　底层框架–抗震墙砌体房屋中嵌砌于框架之间的小砌块的砌体墙——《砌规》第 10.4.4 条；《抗规》第 7.2.9 条

1. 流程图

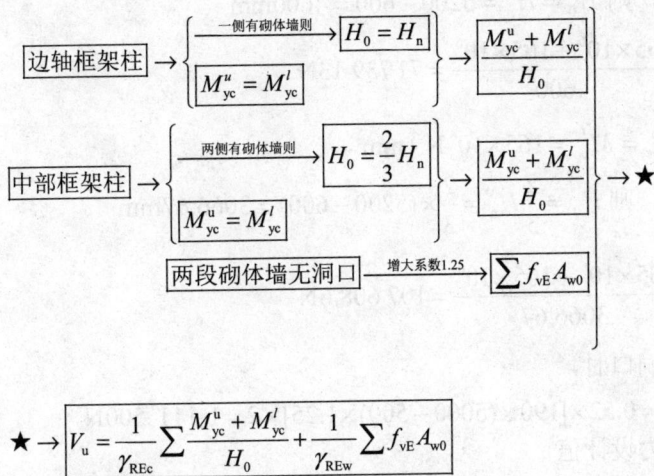

流程图 3–57　嵌砌于框架柱之间砌体的计算（《抗规》第 7.2.9 条）

$$\bigstar \to \quad V_{\mathrm{u}} = \frac{1}{\gamma_{\mathrm{REc}}} \sum \frac{M_{\mathrm{yc}}^{\mathrm{u}} + M_{\mathrm{yc}}^{l}}{H_0} + \frac{1}{\gamma_{\mathrm{REw}}} \sum f_{\mathrm{vE}} A_{\mathrm{w0}}$$

2. 易考点

（1）框架柱计算高度的取值；

（2）高度取净高；

（3）两个抗震调整系数的取值不同；

（4）两段砌体墙无洞口取实际截面的 1.25 倍；

（5）《抗规》第 7.2.9 条第 1 款。

3. 典型考题

2006 年一级题 38、2013 年一级题 32。

2013 年二级题 33、2013 年二级题 34。

考题精选 3–57：配筋小砌块砌体墙抗震受剪承载力设计值（2013 年一级题 32）

某底层框架–抗震墙房屋，总层数 4 层。建筑抗震设防类别为丙类。砌体施工质量控制等级为 B 级。其中一榀框架立面如图 3–88 所示，托墙梁截面尺寸为 300mm×600mm，框架柱截面尺寸均为 500mm×500mm，柱、墙均居轴线中。

假定抗震设防烈度为 7 度，抗震采用嵌砌于框架之间的配筋小砌块砌体墙，墙厚 190mm。抗震构造措施满足规范要求。框架柱上下端正截面

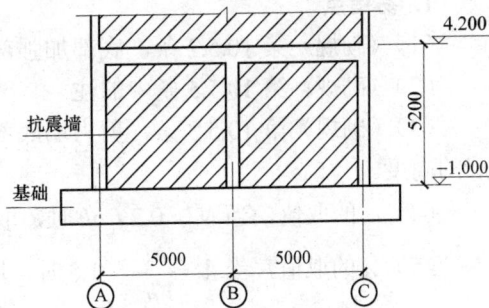

图 3–88　一榀框架立面图

受弯承载力设计值均为 165kN·m。砌体沿阶梯形截面破坏的抗震抗剪强度设计值 $f_{vE}=0.52\text{MPa}$。试问：其抗震受剪承载力设计值 V（kN）与下列何项数值最为接近？

A. 1220   B. 1250   C. 1550   D. 1640

解答过程：

根据《抗规》GB 50011—2010（2016 版）第 7.2.9 条第 2 款，

A、C 轴框架柱 $M_{yc}^{u}=M_{yc}^{l}=165\times10^{6}\text{N}\cdot\text{mm}$，

一侧有砌体墙，则 $H_0=H_n=5200-600=4600\text{mm}$

$$\frac{M_{yc}^{u}+M_{yc}^{l}}{H_0}=\frac{165\times10^{6}+165\times10^{6}}{4600}=71\,739.13\text{N}$$

B 轴框架柱 $M_{yc}^{u}=M_{yc}^{l}=165\times10^{6}\text{N}\cdot\text{mm}$，

两侧有砌体墙，则 $H_0=\frac{2}{3}H_n=\frac{2}{3}\times(5200-600)=3066.67\text{mm}$

$$\frac{M_{yc}^{u}+M_{yc}^{l}}{H_0}=\frac{165\times10^{6}+165\times10^{6}}{3066.67}=107\,608.6\text{N}$$

两段砌体墙无洞口时，

则有 $\sum f_{vE}A_{w0}=0.52\times[190\times(5000-500)\times1.25]\times2=1\,111\,500\text{N}$

抗震受剪承载力设计值

$$V_u=\frac{1}{\gamma_{REc}}\sum\frac{M_{yc}^{u}+M_{yc}^{l}}{H_0}+\frac{1}{\gamma_{REw}}\sum f_{vE}A_{w0}$$

$$=\frac{1}{0.8}\times(2\times71739.13+107608.6)+\frac{1}{0.9}\times1111500$$

$$=1548.858\times10^{3}\text{N}$$

$$=1549\text{kN}$$

正确答案：C

3.9.14 配筋砌块砌体抗震墙——《砌规》第 10.5.2 条、第 10.5.4 条、第 10.5.5 条、第 10.5.8 条

1. 易错点

（1）《砌规》第 10.5.2 条，底部加强部位由《砌规》第 10.5.9 条确定。

（2）《砌规》第 10.5.5 条中的注。

（3）《砌规》第 10.5.8 条，剪力墙底部加强区的高度不小于房屋高度的 1/6，且不小于两层的高度。

（4）N 的取值，当 $N>0.2f_g bh$ 时，取 $N=0.2f_g bh$；

（5）λ 的取值，当 $\lambda=\dfrac{M}{Vh_0}\leqslant1.5$ 时，取 $\lambda=1.5$；$\lambda\geqslant2.2$ 时，取 $\lambda=2.2$；

（6）《抗规》附录 F 中 F.2.2～F.2.7 条文说明：水平分布钢筋应承担一半以上的水平剪力

$$0.5V \leq \frac{1}{\gamma_{RE}} \left(0.72 f_{yh} \frac{A_{sh}}{s} h_{w0} \right)$$

2. 流程图

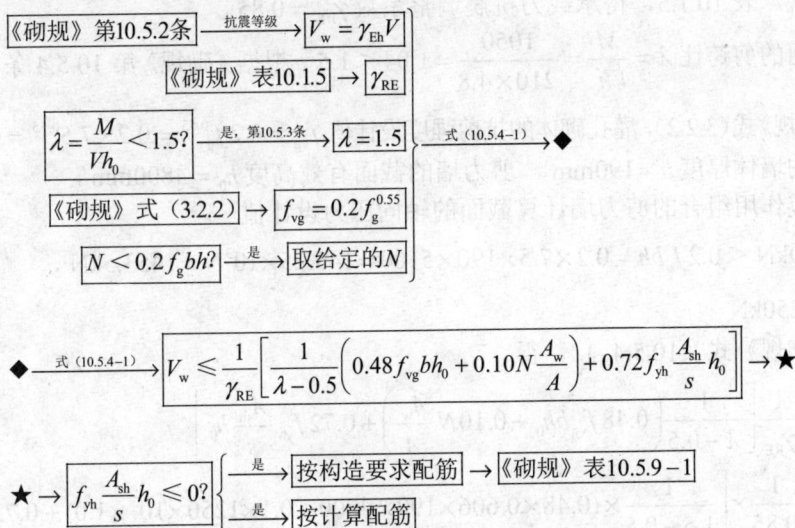

《砌规》第10.5.2条 —抗震等级→ $V_w = \gamma_{Eh} V$

《砌规》表10.1.5 → γ_{RE}

$\lambda = \frac{M}{V h_0} < 1.5$? —是，第10.5.3条→ $\lambda = 1.5$ —式(10.5.4-1)→ ◆

《砌规》式(3.2.2) → $f_{vg} = 0.2 f_g^{0.55}$

$N < 0.2 f_g bh$? —是→ 取给定的 N

◆ —式(10.5.4-1)→ $V_w \leq \frac{1}{\gamma_{RE}} \left[\frac{1}{\lambda - 0.5} \left(0.48 f_{vg} b h_0 + 0.10 N \frac{A_w}{A} \right) + 0.72 f_{yh} \frac{A_{sh}}{s} h_0 \right]$ → ★

★ → $f_{yh} \frac{A_{sh}}{s} h_0 \leq 0$? ｛是→按构造要求配筋→《砌规》表10.5.9-1 ｛是→按计算配筋

流程图3-58 偏心受压配筋砌块砌体抗震墙的斜截面受剪承载力

3. 易考点

（1）底部加强部位的组合剪力设计值的调整；

（2）查表得承载力抗震调整系数；

（3）截面剪跨比的计算与 λ 取值的限值；

（4）灌孔砌体的抗剪强度设计值 f_{vg} 的计算；

（5）N 与 $0.2 f_g bh$ 的比较及 N 的取值；

（6）$f_{yh} \frac{A_{sh}}{s} h_0 \leq 0$，应采用构造配筋；

（7）λ 的取值范围；

（8）底部加强部位的确定；

（9）T形或I字形截面抗震墙腹板的截面面积。

4. 典型考题

2011年一级题40。

2009年二级题41、2009年二级题44、2011年二级题31、2011年二级题35。

考题精选3-58：底部加强部位剪力墙的水平分布钢筋配置（2011年一级题40）

抗震等级为二级的配筋砌块砌体剪力墙房屋，首层某矩形截面剪力墙墙体厚度为190mm，墙体长度为5100mm，剪力墙截面的有效高度 h_0=4800mm，为单排孔混凝土砌块对孔砌筑，砌体施工质量控制等级为B级。若此段砌体剪力墙计算截面的剪力设计值 V=210kN，轴力设计值 N=1250kN，弯矩设计值 M=1050kN·m，灌孔砌体的抗压强度设计值 $f_g = 7.5 \text{N/mm}^2$。试问：底部加强部位剪力墙的水平分布钢筋配置，下列哪种说法合理？

　A. 按计算配筋　　　　　　　　　　　B. 按构造，最小配筋率取0.10%

C. 按构造，最小配筋率取 0.11%　　　　　　　　D. 按构造，最小配筋率取 0.13%

解答过程：根据《砌规》GB 50003—2011 第 10.5.2 条，二级抗震等级，底部加强部位截面的组合剪力设计值，应进行调整，$V_w = 1.4V = 1.4 \times 210 = 294kN$

查《砌规》表 10.1.5，得承载力抗震调整系数 $\gamma_{RE} = 0.85$，

计算截面的剪跨比 $\lambda = \dfrac{M}{Vh_0} = \dfrac{1050}{210 \times 4.8} = 1.04 < 1.5$，根据《砌规》第 10.5.4 条，取 $\lambda = 1.5$；

根据《砌规》式（3.2.2），灌孔砌体的抗剪强度设计值 $f_{vg} = 0.2 f_g^{0.55} = 0.2 \times 7.5^{0.55} = 0.606 N/mm^2$

剪力墙的墙体厚度 $b = 190mm$，剪力墙的截面有效高度 $h_0 = 4800mm$，

考虑地震作用组合的剪力墙计算截面的轴向压力设计值

$N = 1250kN < 0.2 f_g bh = 0.2 \times 7.5 \times 190 \times 5100 = 1453.5 \times 10^3 N = 1453.5kN$，

取 $N = 1250kN$

代入《砌规》式（10.5.4-1），得

$$V_w \leqslant \frac{1}{\gamma_{RE}} \left[\frac{1}{\lambda - 0.5} \left(0.48 f_{vg} bh_0 + 0.10 N \frac{A_w}{A} \right) + 0.72 f_{yh} \frac{A_{sh}}{s} h_0 \right]$$

$$294 \times 10^3 \leqslant \frac{1}{0.85} \times \left[\frac{1}{1.5 - 0.5} \times (0.48 \times 0.606 \times 190 \times 4800 + 0.1 \times 1250 \times 10^3 \times 1.0) + 0.72 f_{yh} \frac{A_{sh}}{s} h_0 \right]$$

$$f_{yh} \frac{A_h}{s} h_0 \leqslant 0$$

则底部加强部位剪力墙的水平分布配筋应按照构造配置。抗震等级为二级，查《砌规》表 10.5.9-1，得 $\rho_{min} = 0.13\%$。

正确答案：D

3.9.15　配筋砌块砌体抗震墙的截面要求——《砌规》第 10.5.3 条、第 10.5.4 条

1. 流程图

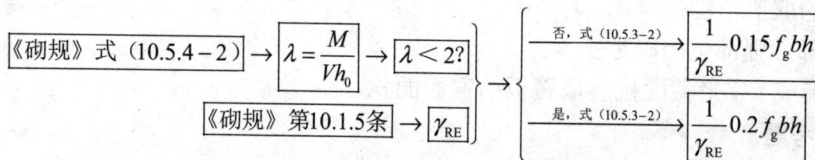

流程图 3-59　配筋砌块砌体抗震墙的截面要求

2. 易考点

λ 的计算，及公式的选用。

3. 典型考题

2011 年二级题 34。

大题干参见考题精选 3-42。

考题精选 3-59：进行砌体剪力墙截面尺寸校核时，其截面剪力最大设计值（**2011 年二级题 34**）

假定，此段砌体剪力墙计算截面的弯矩设计值 $M = 1050kN \cdot m$，剪力设计值 $V = 210kN$。

试问：当进行砌体剪力墙截面尺寸校核时，其截面剪力最大设计值（kN），与下列何项数值最为接近？

提示：假定，灌孔砌体的抗压强度设计值 $f_g = 7.5\text{N/mm}^2$，按《砌规》GB 50003—2011 作答。

A. 1710   B. 1450   C. 1280   D. 1090

解答过程：已知 $M=1050\text{kN}\cdot\text{m}$，$V=210\text{kN}$，截面有效高度 $h_0 = h - a_s = 5100 - 300 = 4800\text{mm}$

根据《砌规》GB 50003—2011 式（10.5.4−2），截面剪跨比 $\lambda = \dfrac{M}{Vh_0} = \dfrac{1050}{210 \times 4.8} = 1.04$

根据《砌规》第 10.1.5 条，抗震调整系数 $\gamma_{RE} = 0.85$

根据《砌规》第 10.5.3 条，剪跨比 $\lambda = 1.04 < 2$，采用《砌规》式（10.5.3−2），

截面剪力最大设计值 $\dfrac{1}{\gamma_{RE}} 0.15 f_g bh = \dfrac{1}{0.85} \times 0.15 \times 7.5 \times 190 \times 5100 = 1282.5\text{kN}$

正确答案：C

3.9.16 配筋砌块砌体抗震墙的构造措施——《砌规》第 10.5.9 条

1. 易考点

（1）剪力墙底部加强区高度的确定；

（2）剪力墙水平分布筋的要求；

（3）剪力墙竖向分布筋的要求；

（4）《砌规》表 10.5.9−1 注。

2. 典型考题

2005 年一级题 39。

考题精选 3−60：配筋砌块砌体剪力墙结构（2005 年一级题 39）

某配筋砌块砌体剪力墙结构，如图 3−89 所示，抗震等级为三级，墙厚均为 190mm。设计师采用了如下三种措施：

Ⅰ.剪力墙底部加强区高度取 7.95m；

Ⅱ.剪力墙水平分布筋为 2φ8@400；

Ⅲ.剪力墙竖向分布筋为 2φ12@600；

试判断下列哪组措施符合规范要求？

A. Ⅰ、Ⅱ   B. Ⅰ、Ⅲ

C. Ⅱ、Ⅲ   D. Ⅰ、Ⅱ、Ⅲ

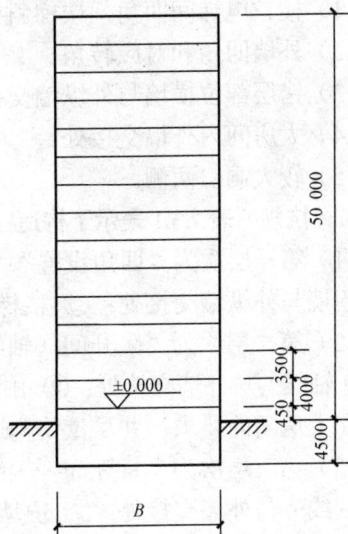

图 3−89 配筋砌块砌体剪力墙结构立面示意图

解答过程：

根据《砌规》GB 50003—2011 第 10.5.9 条，剪力墙底部加强区高度不小于房屋高度的

$\dfrac{1}{6}$，且不小于两层的高度。$\dfrac{H}{6} = \dfrac{50}{6} = 8.3\text{m} > 0.45 + 4 + 3.5 = 7.95\text{m}$，故措施 Ⅰ 不满足《砌规》

要求。

抗震等级为三级，查《砌规》表 10.5.9–1，得剪力墙底部加强区最小配筋率为 0.13%，最大间距为 400mm，最小直径为 Φ8，则配筋面积最小为 $400×190×0.13\% = 98.8mm^2$，措施 Ⅱ：剪力墙水平分布筋为 2Φ8@400，配筋面积为 $101mm^2$，符合《砌规》表 10.5.9–1 的要求。

抗震等级为三级，查《砌规》表 10.5.9–2，得剪力墙底部加强区最小配筋率为 0.13%，最大间距为 600mm，最小直径为 Φ12，则配筋面积最小为 $600×190×0.13\% = 148mm^2$，措施 Ⅲ：剪力墙竖向分布筋为 2Φ12@600，配筋面积为 $326mm^2$，符合《砌规》表 10.5.9–2 的要求。

正确答案：C

3.9.17 设置现浇钢筋混凝土构造柱的要求——《砌规》第 10.2.4 条；《抗规》第 7.3.1 条、第 7.1.2 条

由《抗规》表 7.3.1 可知，构造柱的设置部位体现了房屋层数、用途、结构部位、设防烈度和承担地震作用大小的差异。

1. 构造柱的设置部位由两部分组成

（1）"各种层数和烈度均设置的部位"。

《抗规》表 7.3.1 "各种层数和烈度均设置部位"的意思是指 6 度区四层以上，7 度区三层以上，8 度和 9 度区二层以上的房屋而言，并不包括 6 度区二至三层，7 度区二层的场合。

（2）"不同层数和烈度相应的设置部位"。

《抗规》表 7.3.1 中将这部分内容分成三个层次。

2. "均设置的部位"包含五个部位

（1）楼、电梯间四角，楼梯斜梯段上下端对应的墙体处。

（2）外墙四角和对应转角。

（3）错层部位横墙与外纵墙交接处。

（4）大房间内外墙交接处。

（5）较大洞口两侧。

3. 《抗规》表 7.3.1 表示了构造柱的设置，对不同层数和烈度有不同要求，可分成三个层次

（1）第一层次为"四角设置"。指在"均设置的部位"基础上再增设两项：① 隔 12m 或单元横墙与外纵墙交接处；② 楼梯间对应的另一侧内横墙与外纵墙交接处。

（2）第二层次为"隔开间（轴线）设置"。指在第一层次基础上再增设两项：① 隔开间横墙（轴线）与外纵墙交接处；② 山墙与内纵墙交接处。布置时要综合考虑楼梯间、房屋尽端开间和大房间的要求。并尽量使构造柱布置在受力较大的位置。

（3）第三层次为"每开间（轴线）位置"。指在第一、二层次基础上再增设三项：① 内墙（轴线）与外墙交接处；② 内墙的局部较小墙垛处；③ 内纵墙与横墙（轴线）交接处。

4. 易考点

（1）横墙较少的概念。

（2）7 度，大于等于 6 层的房屋，在何处需增设构造柱。

（3）《抗规》表 7.3.1 下注。

5. 典型考题

2013 年一级题 34。

2004 年二级题 42、2007 年二级题 33、2007 年二级题 34、2009 年二级题 33、2013 年二级题 40、2014 年二级题 33。

考题精选 3-61：满足抗震构造措施要求的构造柱最少设置数（2013 年一级题 34）

大题干参见考题精选 3-21。

假定本工程建筑抗震类别为丙类。抗震设防烈度为 7 度，设计基本地震加速度值为 0.15g。墙体采用 MU15 级烧结多孔砖、M10 级混合砂浆砌筑。各层墙上下连续且洞口对齐。除首层层高为 3.0m 外，其余 5 层层高均为 2.9m。试问：满足《建筑抗震设计规范》GB 50011—2010 抗震构造措施要求的构造柱最少设置数量（根）与下列何项数值最为接近？

A. 52   B. 54   C. 60   D. 76

解答过程：

根据《抗规》GB 50011—2010（2016 版）第 7.3.1 条第 3 款，因本工程横墙较少的房屋，应增加 1 层，再来查《抗规》表 7.3.1 及注，当抗震设防烈度为 7 度、房屋层数大于等于 6 层，纵横墙、梯段处及大洞口侧构造柱共 52 个（图 3-90）。

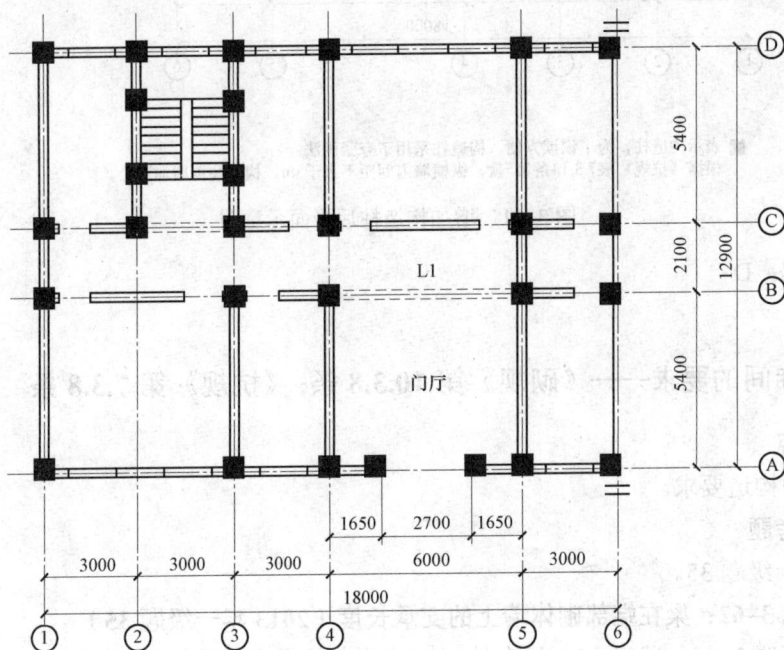

■ 表示构造柱，为了识读方便，构造柱采用了夸张画法。
根据《抗规》表7.3.1及注，纵横墙、梯段处及大洞口侧构造柱共52个。

图 3-90　构造柱平面示意图

因本工程为横墙较少的房屋，且房屋的总高度 0.5+3+2.9×5=18（m），接近于或等于《抗规》表 7.1.2 的上限值 21-3=18（m）；根据《抗规》第 7.3.14 条第 5 款，纵横墙内间距不大于 3m，构造柱再增加 24 个。合计 52+24=76（个）（图 3-91）。

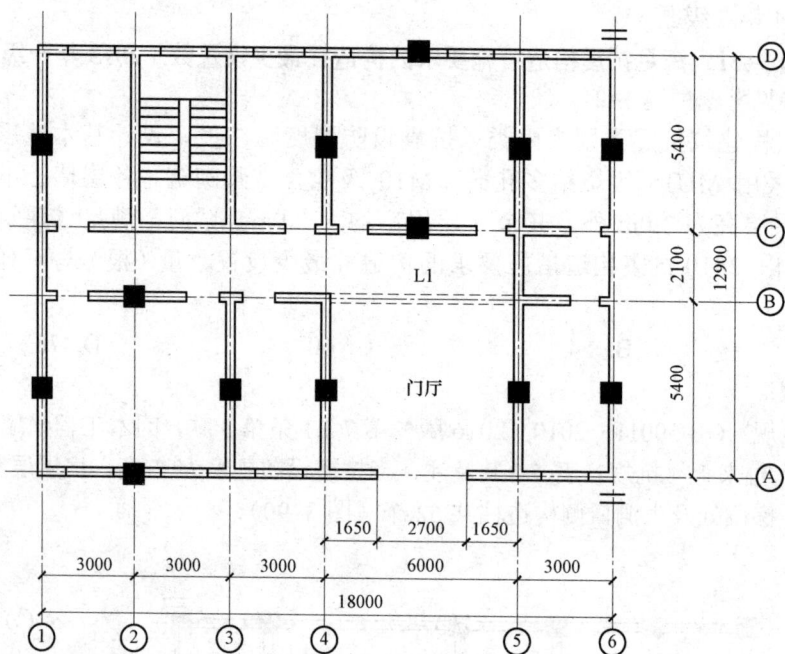

■ 表示构造柱，为了识读方便，构造柱采用了夸张画法。
根据《抗规》表7.3.14条第5款，纵横墙内间距不大于3m，构造柱再增加24个。

图 3-91　增加构造柱后平面示意图

正确答案：D

3.9.18　楼梯间的要求——《砌规》第 10.3.8 条；《抗规》第 7.3.8 条

1. 易考点

楼梯间的构造要求。

2. 典型考题

2013 年一级题 35。

考题精选 3-62：梁在端部砌体墙上的支承长度（2013 年一级题 35）

接考题精选 3-61，试问：L1 梁在端部砌体墙上的最小支承长度（mm）与下列何项数值最为接近？

A. 120　　　　　B. 240　　　　　C. 360　　　　　D. 500

解答过程：

根据《抗规》GB 50011—2010（2016 版）第 7.3.8 条第 2 款，L1 梁在端部砌体墙上的支承长度不应小于 500mm。

正确答案：D

3.9.19 框支墙梁过渡层墙体内设置的构造柱——《砌规》第 10.4.11 条；《抗规》第 7.5.2 条

典型考题

2016 年一级题 35。

考题精选 3–63：框支墙梁二层过渡层墙体内，设置的构造柱最少数量（2016 年一级题 35）

某抗震设防烈度 7 度（0.10g），总层数为 6 层的房屋，采用底层框架–抗震墙砌体结构，某一榀框支墙梁剖面简图如图 3–92 所示，墙体采用 240mm 厚烧结普通砖，混合砂浆砌筑，托梁截面尺寸为 300mm×700mm。试问，按《建筑抗震设计规范》GB 50011—2010 要求，该榀框支墙梁二层过渡层墙体内，设置的构造柱最少数量（个）与下列何项数值最为接近？

A. 9 B. 7 C. 5 D. 3

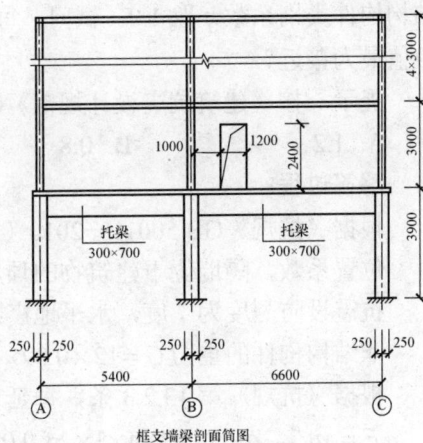

图 3–92 一榀框支墙梁简图

解答过程：

根据《抗规》GB 50011—2010（2016 版）第 7.5.2 条第 2 款、第 5 款，应在 A，B，C 轴对应框架柱处各设一个构造柱、在 A，B 轴之间设一个使构造柱间距小于层高 3m、在 1.2m 宽门洞边各设一个构造柱、在门洞边至 C 轴间设一个构造柱，合计 7 个。

正确答案：B

3.9.20 等效侧力法——《抗规》第 13.2.3 条、第 5.1.4 条

1. 流程图

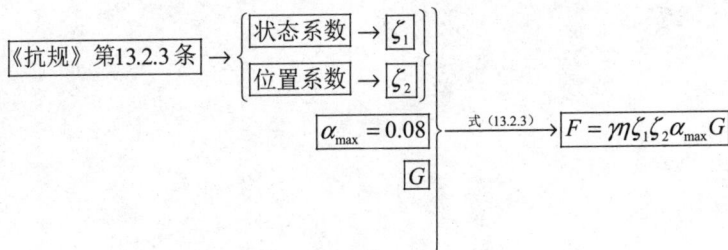

流程图 3–60 等效侧力法

2. 易考点

（1）《抗规》附录 M.2 节；

（2）非结构构件的重力 G。

3. 典型考题

2014 年二级题 45。

考题精选 3–64：每延米内隔墙水平地震作用标准值（2014 年二级题 45）

大题干参见考题精选 3–55。

采用等效侧力法计算内隔墙水平地震作用标准值时，若非结构构件功能系数 γ 取 1.0、非结构构件类别系数 η 取 1.0。试问，每延米内隔墙水平地震作用标准值（kN/m），与下列何项数值最为接近？

提示：按《建筑抗震设计规范》GB 50011—2010 作答。

A. 1.2   B. 0.8   C. 0.6   D. 0.3

解答过程：

根据《抗规》GB 50011—2010（2016 版）第 13.2.3 条，状态系数 $\zeta_1 = 1.0$

位置系数，隔墙位于建筑物的顶层 $\zeta_2 = 2.0$

抗震设防烈度为 7 度，水平地震影响系数最大值 $\alpha_{max} = 0.08$，

非结构构件的重力 $G = 12 \times 0.09 \times 3.5 \times 1.0 = 3.78\text{kN/m}$

根据《抗规》第 13.2.3 条，每延米内隔墙水平地震标准值

$$F = \gamma \eta \zeta_1 \zeta_2 \alpha_{max} G = 1 \times 1 \times 1 \times 2 \times 0.08 \times 3.78 = 0.605\text{kN/m}$$

正确答案：C

4 木 结 构

4

流程图目录

4.1 考试常用条文与内容

4.1.1 木结构在考试中常用条文

《木规》在考试中常用条文汇总见表 4-1，《抗规》在考试中常用条文汇总见表 4-2。

表 4-1 《木规》常考条文一览❶

章节	《木规》条文代号							
2. 术语与符号	2.1.2 条	2.1.4 条	2.1.5 条	2.1.8 条	2.1.9 条	2.1.10 条	2.1.11 条	2.1.18 条
3. 材料	3.1.2 条	3.1.4 条	3.1.8 条	3.1.11 条	3.1.13 条	3.1.14 条	3.2.1 条	3.3.1 条
4. 基本设计规定	4.1.3 条	4.1.6 条	4.1.7 条★	—	—	—	—	—
	4.2.1 条★	4.2.3 条★	4.2.6 条★	4.2.7 条	4.2.8 条	4.2.9 条	4.2.10 条	4.2.12 条
5. 木结构构件计算	5.1.1 条★	5.1.2 条★	5.1.3 条★	5.1.4 条★	5.1.5 条★	—	—	—
	5.2.1 条★	5.2.2 条★	5.2.3 条	5.2.5 条	5.2.6★	5.2.7 条	—	—
	5.3.1 条★	5.3.2 条★	5.3.3 条	附录 L	—	—	—	—
6. 木结构连接计算	6.1.1 条	6.1.2 条★	6.1.3 条	6.1.4 条	—	—	—	—
	6.2.1 条	6.2.2 条★	6.2.3 条	6.2.4 条	6.2.5 条	—	—	—
	6.3.3 条	6.3.4 条	6.3.5 条	6.3.6 条	6.3.7 条	6.3.8 条	6.3.9 条	—
7. 普通木结构	7.1.5 条	7.1.6 条	7.2.4 条	—	—	—	—	—
10. 木结构防火	10.2.1 条	10.3.1 条	10.4.1 条	10.4.2 条	10.4.3 条	—	—	—
11. 木结构防护	11.0.1 条	11.0.3 条	—	—	—	—	—	—

表 4-2 《抗规》可考条文一览

章节	《抗规》条文代号					
11.3 木结构房屋	11.3.2 条	11.3.5 条	11.3.6 条	11.3.8 条	11.3.9 条	11.3.10 条

4.1.2 木结构常考的内容

（1）木材的设计指标及其调整；

（2）原木的直径；

（3）受压构件的强度、稳定性及刚度验算；

（4）受弯构件的强度、挠度验算；

（5）齿连接的计算及构造要求；

（6）螺栓连接的计算及构造要求；

（7）木结构的防火、防护等。

---

❶ 表中加★者，为重点条文。

4

4.2 基本设计规定

4.2.1 针叶树与阔叶树

针叶树（Coniferous Tree）在《木规》表 4.1.1–1 中简写为 TC；阔叶树（Broad–leaved Tree）在《木规》表 4.1.1–2 中简写为 TB。

4.2.2 木材含水率

木材含水率的定义见《木规》中"2 术语与符号"的第 2.1.8 条。

湿材定义见《木规》第 3.1.14 条。

《木规》第 3.1.13 条提出木材含水率的要求（表 4–3）。由表 4–3，可知从构件到连接件，从原材到板材，对含水率的要求趋于严格。

表 4–3 制作构件时，木材含水率的要求

序号	木结构构件类型	含水率要求	趋势
1	现场制作的原木或方木结构	≤25%	从高到低减少
2	板材和规格材	≤20%	
3	受拉构件的连接板	≤18%	
4	作为连接件	≤15%	
5	层板胶合木结构		
	且同一构件各层木板间的含水率差别	≤5%	

1. 易考点

（1）《木规》第 3.1.14 条为木材超出第 3.1.13 条时提出的要求。

（2）湿材的危害见《木规》第 3.1.14 条条文解释（《木规》第 144 页）。

（3）破心下料（《木规》第 144～145 页）。

2. 典型考题

2016 年一级题 42。

4.2.3 结构重要性系数取值

易错点

（1）根据《木规》第 4.1.3 条、第 4.1.4 条和第 4.1.7 条，木结构的使用年限、安全等级决定了《木规》式（4.1.6）中结构重要性系数 γ_0 的取值。

（2）根据《木规》第 4.1.3 条，设计使用年限与《木规》表 4.2.1–5 相关，因此，在根据不同设计使用年限对木材强度设计值、弹性模量进行调整。

（3）《木规》第 4.1.6 条、第 4.1.7 条规定了木结构承载力极限状态设计的内容。

（4）由承载能力极限状态设计表达式 $\gamma_0 S \leqslant R$，可知结构重要性系数 γ_0，对应于荷载效应 S 一侧，是对荷载效应 S 的调整。同时，还应该注意到 γ_0 仅对承载能力极限状态有效，与其他状态如正常使用极限状态无关。

（5）结构重要性系数取值（表 4–4）。

表 4–4   结构重要性系数取值[❶]

序号	安全等级与设计使用年限		结构重要性系数 γ_0	条文代号
1	一级	且超过 100 年	≥1.2	第 4.1.7 条第 1 款
2		一级	≥1.1	
		≥100 年		
3		二级	≥1.0	第 4.1.7 条第 2 款
		=50 年		
4		=25 年	≥0.95	
5		三级	≥0.9	第 4.1.7 条第 3 款
		=5 年		

4.2.4   木材的设计指标

易错点

（1）《木规》表 4.2.1–3 的"注"，即计算木构件端部的拉力螺栓垫板时，木材横纹承压强度设计值 $f_{c,90}$ 应按"局部表面和齿面"一栏的数值采用。

（2）《木规》表 4.2.1–5 取值时，注意对不同设计使用年限的取值不同。

（3）《木规》表 4.2.1–4 与表 4.2.1–5，各强度设计值和弹性模量调整系数，适用于所有强度设计值和弹性模量，应连乘。

（4）其他易错点（表 4–5）。

表 4–5   《木规》第 4.2.1 条易错点

序号	关键词	注意内容	
1	仅有恒荷载	单独以恒荷载进行验算	表 4.2.1–4 注 1
2	恒荷载产生的内力超过全部荷载[❷]所产生的内力的 80%		
3	当表格中若干条件同时出现时	各系数应连乘	表 4.2.1–4 注 2

4.2.5   木结构设计指标调整

易错点

（1）在原木两端为铰接、原木中部有孔（如螺栓孔）时，即有切削时，在采用《木规》

[❶] 表中同一序号有多行者，表示"或"的关系。

[❷] 全部荷载指的是恒荷载与其他荷载，考虑了荷载分项系数的设计组合值。

4

第 5.1.1 条、第 5.1.2 条第 1 款强度计算时，还根据《木规》第 4.2.3 条第 1 款，f_c、f_m、E 不提高；用《木规》第 5.1.2 条第 2 款进行稳定性计算时，可参照《木规》第 5.1.3 条第 5 款提高。

（2）《木规》第 4.2.3 条的易错点（表 4–6）。

表 4–6 木 材 强 度 的 调 整

序号	关键词		适用范围	调整内容		
1	原木	未经切削	仅用于顺纹抗压强度、抗弯强度和弹性模量	f_c、f_m、E	增大 15%	↗
2	矩形❶	短边 $b \geqslant$ 150mm	适用于所有强度设计值和弹性模量	f_c、f_m、f_t、f_v、$f_{c,90}$、E	增大 10%	
3		湿材	仅适用于各类木材的横纹承压强度和弹性模量	E、$f_{c,90}$	减小 10%	↘
4	湿材	落叶松	落叶松木材的抗弯强度设计值	f_m		

4.2.6 木材的强度设计值和弹性模量取值——《木规》第 4.2.1 条、第 4.2.3 条

1. 木材的强度系数调整步骤

（1）查《木规》表 4.2.1–1 或表 4.2.1–2，由木材树种确定木材的强度等级与组别；

（2）查《木规》表 4.2.1–3 注，确定木材强度设计值 f_c、f_m、f_t、f_v、$f_{c,90}$ 和弹性模量 E；

（3）一般性调整系数：查《木规》第 4.2.3 条，确定结构调整系数；

（4）使用年限调整系数：查《木规》表 4.2.1–5，不同设计使用年限确定木材强度设计值和弹性模量的调整系数；

（5）使用条件调整系数：查《木规》表 4.2.1–4 及注，不同使用条件确定木材强度设计值和弹性模量的调整系数；

（6）当上述条件同时出现时，查表所得系数可以连乘。

2. 流程图

《木规》第 4.2.1 条、第 4.2.3 条综合应用（流程图 4–1）。

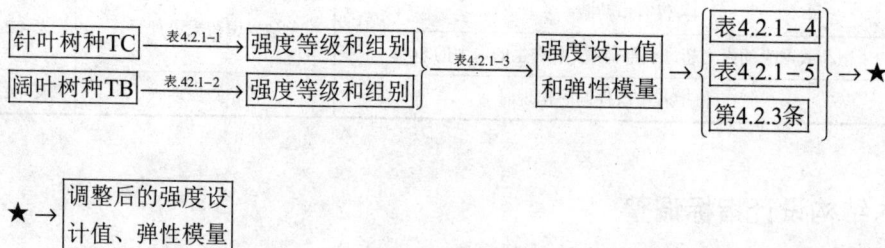

流程图 4–1 木材的强度设计值和弹性模量取值

---

❶ 考题中出现构件的横截面为矩形，即方木时，须先判断方木短边与 150mm 的关系。

3. 易考点

（1）已知树种，查其强度设计值；

（2）原木是否经切削的木材强度设计值的调整；

（3）不同设计年限、环境中木结构构件的强度调整；

（4）不同设计使用年限的木结构构件，结构重要性系数；

（5）方木横截面短边尺寸与 150mm 的比较，并判断是否需调整材料设计值；

（6）干湿状况与材料设计值的调整；

（7）斜纹承载力设计值的计算。

4. 典型考题

2011 年一级题 41。

4.2.7 木材斜纹承压的强度设计值——《木规》第 4.2.6 条

1. 易错点

（1）《木规》第 4.2.6 条：木材斜纹承压的强度设计值 $f_{c\alpha}$ 是由 f_c、$f_{c,90}$ 计算出来的一个数值，不应最后作调整。应先调整 f_c、$f_{c,90}$，再计算 $f_{c\alpha}$。

（2）木材承压的三种方向示意图（表 4–7）和木材斜纹承压的强度设计值（表 4–8）。

表 4–7 木材承压的三种方向示意图

序号	《木规》条文		图　示
1	第 2.1.9 条	顺纹	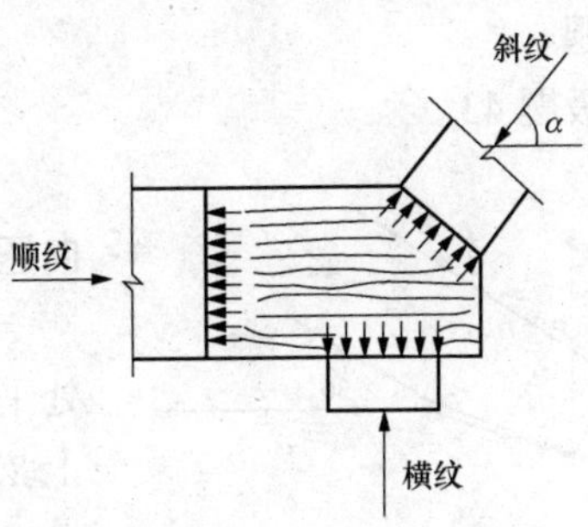
2	第 2.1.10 条	横纹	图 4–1　木材承压的三种方向
3	第 2.1.11 条	斜纹	

表 4–8 木材斜纹承压的强度设计值

序号	情形	木材斜纹承压的强度设计值	备　注
1	$\alpha \leqslant 10°$	$f_{c\alpha}=f_c$	《木规》中未提及 $\alpha=10°$ 的情形
2	$10°<\alpha<90°$	$f_{c\alpha}=\dfrac{f_c}{1+\left(\dfrac{f_c}{f_{c,90}}-1\right)\dfrac{\alpha-10°}{80°}\sin\alpha}$	角度 α 是作用力与顺纹方向的夹角，见图 4–1
3	$\alpha=90°$	$f_{c\alpha}=f_{c,90}$	

4

2. 流程图

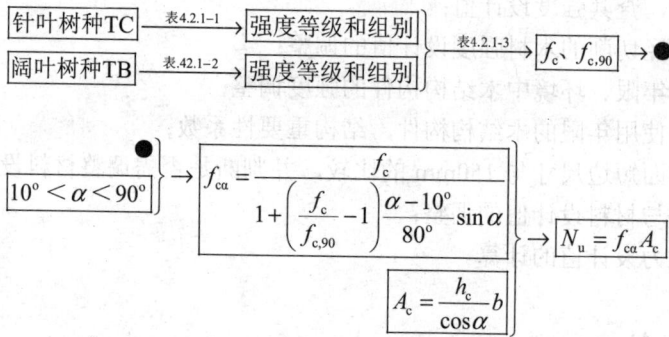

流程图 4-2　木材斜纹承压的强度设计值

3. 易考点

（1）斜纹承载力设计值的计算；

（2）承压面面积的计算（几何关系）；

（3）已知树种，查其强度设计值。

（4）受压承载力计算；

（5）斜纹承载力的题目一般与木结构节点计算相关；

（6）α 角的数值的正确判定；

（7）节点受力状态的判定（是受拉或受压）；

（8）力学计算。

4. 典型考题

2008 年一级题 43。

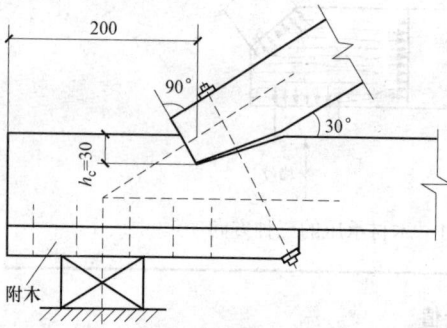

图 4-2　三角形木桁架的单齿连接

考题精选 4-1：确定齿面能承受的上弦杆最大轴向压力设计值（2008 年一级题 43）

某三角形木桁架的上弦杆和下弦杆在支座节点处采用单齿连接，如图 4-2 所示。齿深 h_c=30mm，上弦轴线与下弦轴线的夹角为 30°。上下弦杆采用红松（TC13），其截面尺寸均为 140mm×140mm。该桁架处于室内正常环境，安全等级为二级，设计使用年限 50 年。

根据对下弦杆齿面承压承载力的计算，试确定齿面能承受的上弦杆最大轴向压力设计值（kN）与下列何项数值最为接近？

A. 28　　　　　B. 37　　　　　C. 49　　　　　D. 60

解答过程：

根据《木规》GB 50005—2003 表 4.2.1-3，TC13B 的材料强度设计值 $f_{c,90}$=2.9N/mm²，f_c=10N/mm²，f_v=1.4N/mm²，f_t=8.0N/mm²。

因为 10°＜α=30°＜90°，根据《木规》第 4.2.6 条，木材斜纹承压的强度设计值

$$f_{c\alpha} = \frac{f_c}{1 + \left(\dfrac{f_c}{f_{c,90}} - 1\right)\dfrac{\alpha - 10^\circ}{80^\circ}\sin\alpha} = \frac{10}{1 + \left(\dfrac{10}{2.9} - 1\right) \times \dfrac{30^\circ - 10^\circ}{80^\circ} \times \sin 30^\circ} = 7.7\text{N/mm}^2$$

承压面 $A_c = \dfrac{h_c}{\cos\alpha}b = \dfrac{30}{\cos 30^\circ} \times 140 = 4850 \text{ mm}^2$

则齿面能承受的上弦杆最大轴向压力设计值

$$N_u = f_{c\alpha}A_c = 7.7 \times 4850 = 37.3 \times 10^3 \text{ N} = 37.3\text{kN}$$

正确答案：B

4.2.8 受弯构件的计算挠度——《木规》第 4.2.7 条

1. 流程图

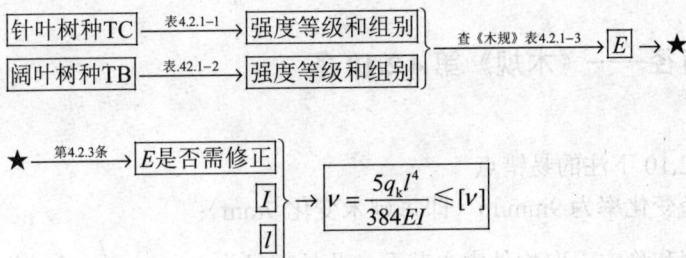

流程图 4-3 受弯构件的计算挠度（《木规》第 4.2.7 条）

2. 易考点

（1）简支梁的挠度计算式；
（2）原木计算截面的选取；
（3）圆截面惯性矩计算式；
（4）挠度限值的查取；
（5）木材设计值的调整系数；
（6）木材弹性模量的正确计算。

3. 典型考题

2007 年一级题 43。

2012 年二级题 48、2013 年二级题 48。

考题精选 4-2：挠度限值（2007 年一级题 43）

东北落叶松（TC17B）原木檩条（未经切削），标注直径为 162mm，计算简图如图 4-3 所示，该檩条处于正常使用条件，安全等级为二级，设计使用年限为 50 年。

若不考虑檩条自重，试问：该檩条达到挠度限值 $\dfrac{l}{250}$ 时，所能承担的最大均布荷载标准值 q_k（kN/m）与下列何项数值最为接近？

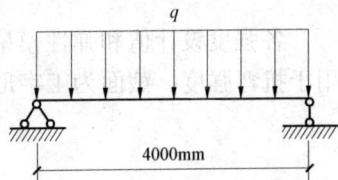

图 4-3 原木檩条计算简图

A. 1.6   B. 1.9   C. 2.5   D. 2.9

解答过程：❶

由简支梁的挠度计算式 $v = \dfrac{5q_k l^4}{384EI} \leqslant [v]$，挠度限值 $[v] = \dfrac{l}{250}$，得 $q_k = \dfrac{384EI}{5 \times 250 l^3}$

由《木规》GB 50005—2003 表 4.2.1–3 和表 4.2.3，得弹性模量

$E = 10\,000 \times 1.15 = 11\,500 \text{N/mm}^2$

由《木规》第 4.2.10 条，惯性矩 $I = \dfrac{\pi d^4}{64} = \dfrac{3.14 \times 180^4}{64} = 51503850 \text{mm}^4$

则所能承担的最大均布荷载标准值

$q_k = \dfrac{384EI}{5 \times 250 l^3} = \dfrac{384 \times 11500 \times 51503850}{5 \times 250 \times 4000^3} = 2.84 \text{N/mm} = 2.84 \text{kN/m}$

正确答案：D

4.2.9 原木的直径——《木规》第 4.2.10 条

1. 易错点

《木规》表 4.2.10 下注的易错点

（1）原木直径变化率为 9mm/m（即每延米变化 9mm）；

（2）验算挠度和稳定，取构件中央截面，此处直径为 $d = d_0 + \dfrac{l}{2} \times 9$（单位为 mm），$l$ 为构件长度（以 m 为单位），d_0 为标注直径（原木的小头）；

（3）验算抗弯强度时，取最大弯矩处的截面。

2. 易考点

原木直径的标注与取用。

3. 典型考题

2007 年一级题 42；2010 年一级题 42。

4.2.10 钢构件、圆钢拉杆的强度设计值——《木规》第 4.2.11 条、第 4.2.12 条

两根圆钢受拉，取调整后的强度设计值 $f' = 0.85f$。

4.2.11 胶合木结构——《木规》表 8.2.2

各强度设计值和弹性模量调整系数，适用于采用胶合木构件，截面为矩形或圆形，仅适用于抗弯强度；截面为工字形或 T 形，再乘以 0.9 的系数。

---

❶ 本题解答中，应注意各个参数的单位统一到 N、mm 制上来。

4.3 木结构构件计算

4.3.1 木结构构件计算（流程图4-4）

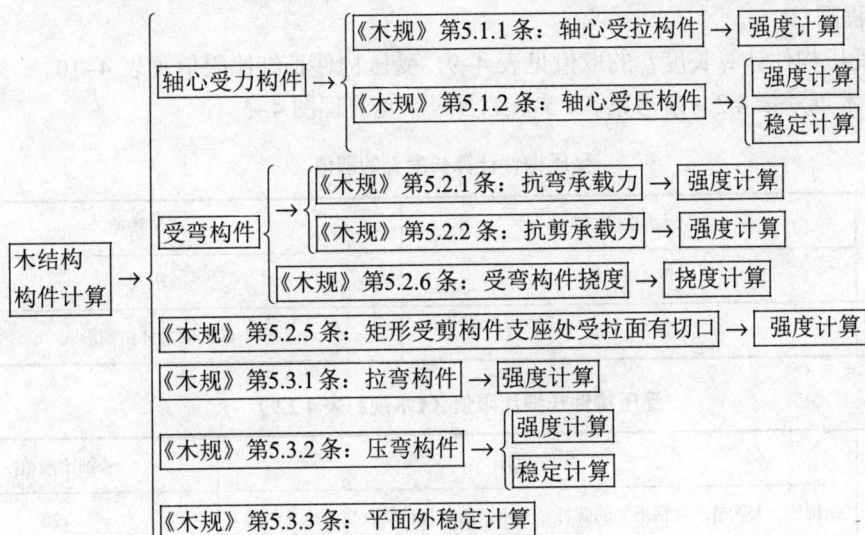

流程图4-4　木结构构件计算概览

4.3.2 木结构构件计算的要点——《木规》第5章

易错点

（1）本节中任何关于木材强度设计值 f_c、f_m、f_t、f_v、$f_{c,90}$ 等，均应按照本章第4.2.6节相关内容，进行强度调整。

（2）净面积 A_n 均应扣除长度在150mm范围内（图4-6）的各种孔洞（包含螺栓孔洞）。

（3）计算时，计算单位应统一到N、mm制上来，再进行计算。

4.3.3 螺栓孔是否应视作切削部位

易错点

对原木的计算涉及切削，应注意如下：

（1）在原木进行螺栓孔截面强度验算的时候，一般应视作切削部位，相应强度不按《木规》第4.2.3条进行调整，且按净截面面积进行计算。同时注意该结果应与其他截面（如小头部位）的验算相比较。

（2）在进行稳定验算时，原木验算的是整个构件，而非某一个截面，所有按《木规》第5.1.3条4款螺栓孔虽然不作为缺口考虑，即在稳定系数和面积的计算中均不考虑。

4

4.3.4 受压构件计算长度取值与长细比计算——《木规》第4.2.9条、第5.1.5条

1. 易错点

（1）构件的长细比，不论构件截面上有无缺口，均采用全截面计算。

（2）受压构件计算长度 $l_0 = \mu l$（计算长度 l_0 =计算长度系数 μ ×构件实际长度 l ）。

（3）区分平面内与平面外（如木桁架构件）。

2. 流程图

（1）受压构件计算长度 l_0 的取值见表4–9，受压构件长细比限值见表4–10。

（2）《木规》第4.2.9条与第5.1.5条综合应用见流程图4–5。

表4–9　　　　　　　　　　　　受压构件计算长度 l_0 的取值

序号	《木规》条文	适用构件
1	第4.2.8条	桁架
2	第5.1.5条	未针对具体结构形式

表4–10　　　　　　　　　受压构件长细比限值（《木规》表4.2.9）

项次	构件类别	长细比限值[λ]
1	结构的主要构件（包括桁架的弦杆、支座处的竖杆或斜杆以及承重柱等）	120
2	一般构件	150
3	支撑	200

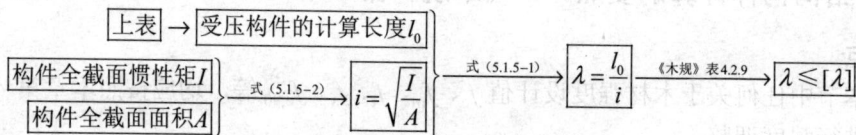

流程图4–5　长细比计算（《木规》表4.2.9条、第5.1.5条）

4.3.5 净截面面积的图解——《木规》第5.1.1条

易考点

（1）计算受拉构件的净截面面积 A_n 时，考虑有缺孔木材受拉时有"迂回"破坏的特征（图4–4），故在《木规》中规定应将分布在150mm长度上的缺孔投影在同一截面上扣除；之所以规定为150mm，是考虑到与《木规》附录表A.1.1相一致。

（2）计算受拉下弦支座节点处的净截面面积 A_n 时，应将槽齿和保险螺栓的削弱一并扣除（图4–5）。

（3）净截面面积 A_n 的计算，依次以每150mm为一个计算单元，取图4–6中计算得出的最小值。

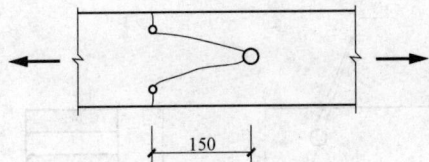

图 4-4 受拉构件的"迂回"破坏
示意图（《木规》第 157 页）

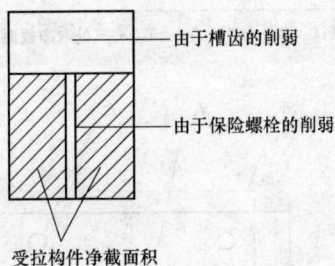

由于槽齿的削弱

由于保险螺栓的削弱

受拉构件净截面积

图 4-5 受拉下弦支座节点处的
净截面示意图（《木规》第 157 页）

情形1：小孔的投影在大孔投影的外部

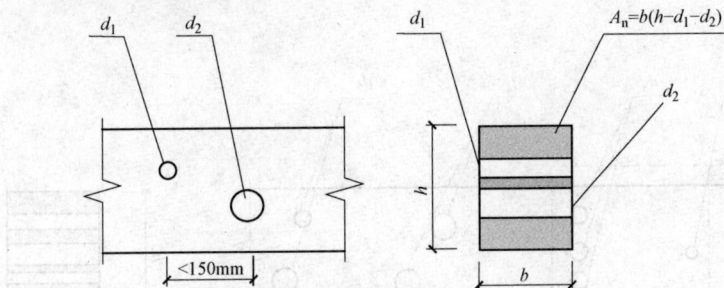

$A_n=b(h-d_1-d_2)$

情形2：小孔的投影在大孔投影的内部

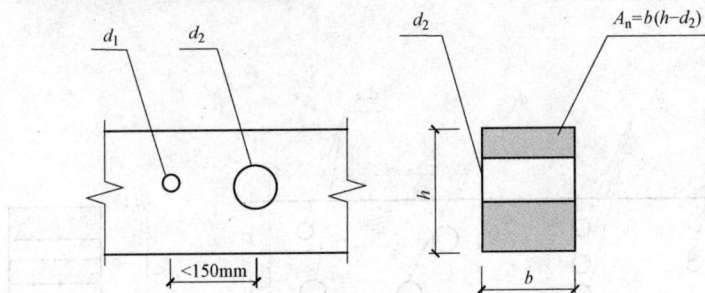

$A_n=b(h-d_2)$

情形3：多处有孔，且均在150mm内

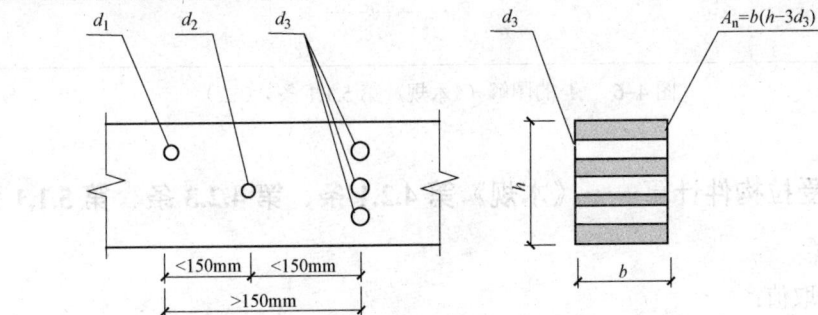

$A_n=b(h-3d_3)$

图 4-6 A_n 的图解（《木规》第 5.1.1 条）（一）

4

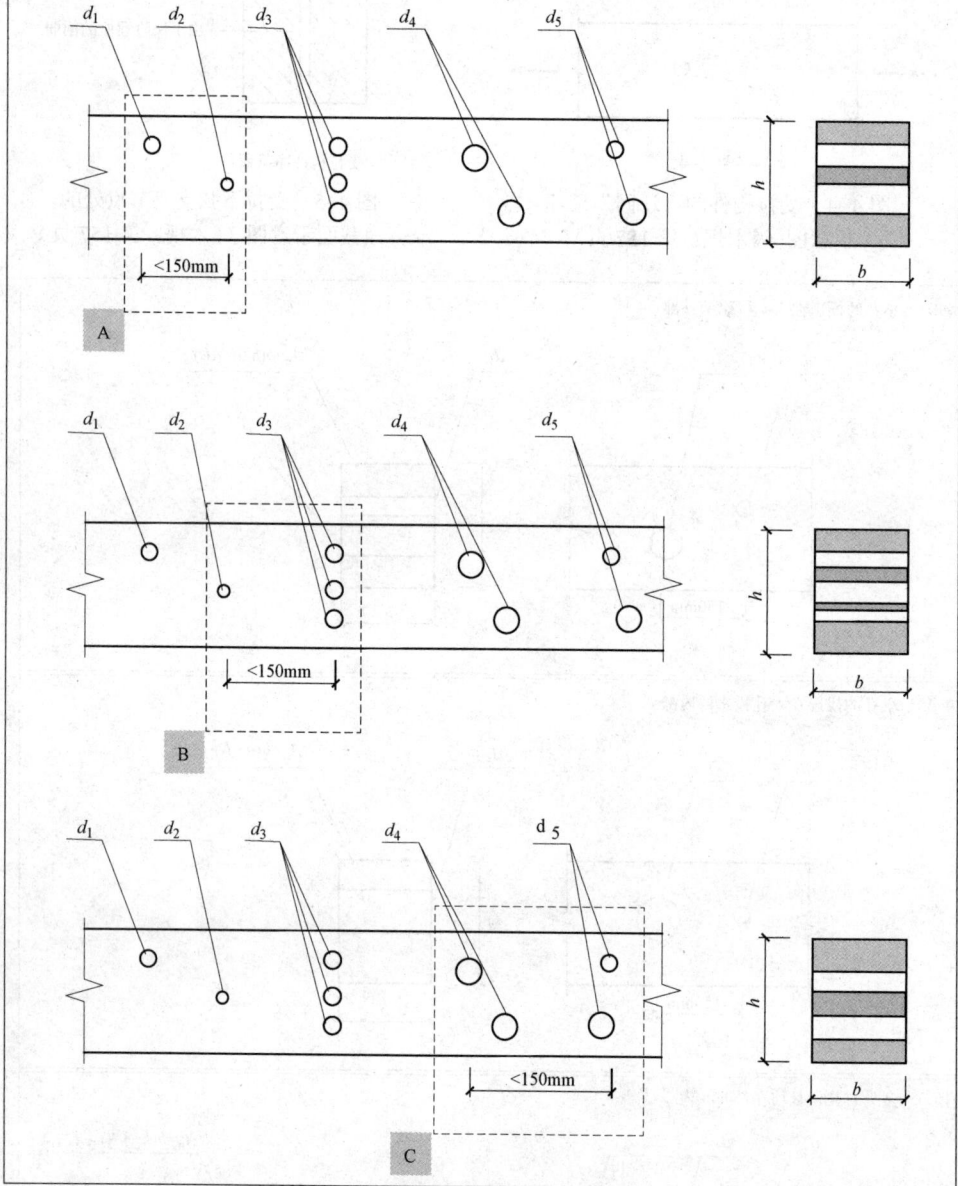

情形4：多处有孔，在A、B、C三处取净截面最小值

$<150mm$

A

$<150mm$

B

$<150mm$

C

图 4-6　A_n 的图解（《木规》第 5.1.1 条）（二）

4.3.6　轴心受拉构件计算——《木规》第 4.2.1 条、第 4.2.3 条、第 5.1.1 条

1. 易错点

（1）f_t 的取值；

（2）A_n 取值时，应扣除分布在 150mm 长度上的缺孔投影面积（图 4-6）。

2. 流程图

《木规》第 4.2.1 条、第 4.2.3 条、第 5.1.1 条综合应用见流程图 4-6。

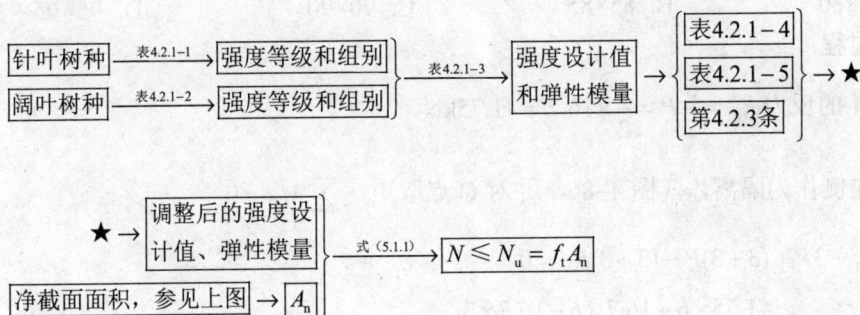

流程图 4-6　轴心受拉构件计算（《木规》第 4.2.1 条、第 4.2.3 条、第 5.1.1 条）

3. 易考点

（1）结构的力学计算；

（2）木结构的材质选用；

（3）横截面净截面计算；

（4）已知树种，查其强度设计值；

（5）原木是否经切削的木材强度设计值的调整；

（6）不同设计年限、环境中木结构构件的强度调整；

（7）不同设计使用年限的木结构构件，结构重要性系数；

（8）方木横截面短边尺寸与 150mm 的比较，并判断是否需调整材料设计值；

（9）干湿状况与材料设计值的调整；

（10）构件长度方向 150mm 内的孔洞；

（11）与齿节点连接相结合。

4. 典型考题

2003 年一级题 42、2006 年一级题 42、2008 年一级题 42、2013 年一级题 41。

2008 年二级题 48。

考题精选 4-3：按强度验算时，受拉构件的最小截面尺寸（2013 年一级题 41）

一下撑式木屋架，形状及尺寸如图 4-7 所示，两端铰支于下部结构。其空间稳定措施满足规范要求。P 为由檩条（与屋架上弦锚固）传至屋架的节点荷载。要求屋架露天环境下设计使用年限 5 年。选用西北云杉 TC11A 制作。

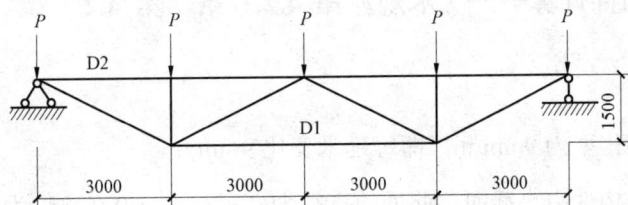

图 4-7　下撑式木屋架形状及尺寸

假定杆件 D1 采用截面为正方形的方木，P=16.7kN（设计值）。试问：当按强度验算时，其设计值最小截面尺寸（mm×mm）与下列何项数值最为接近？

提示：强度验算时不考虑构件自重。

A. 80×80　　　　　B. 85×85　　　　　C. 90×90　　　　　D. 95×95

解答过程：

支座 A 的反力 $R_A = \dfrac{5}{2}P = \dfrac{5}{2} \times 16.7 = 41.75\text{kN}$

跨中左侧作为隔离体（图 4-8），并对 C 点取矩，$\sum M_C = 0$，

$1.5N_{D1} + 3P + (3+3)P - (3+3)R_A = 0$

得轴力 $N_{D1} = \dfrac{41.75 \times 6 - 16.7 \times 6 - 16.7 \times 3}{1.5} = 66.8\text{kN}$，D1 杆为拉杆。

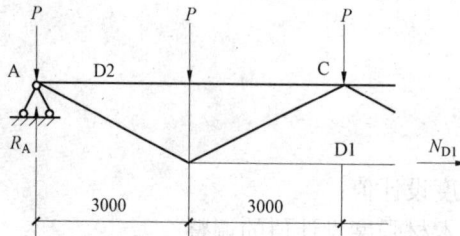

图 4-8　跨中左侧受力简图

由树种 TC11A，查《木规》GB 50005—2003 表 4.2.1-3，得木材的抗拉强度设计值 $f_t = 7.5\text{N}/\text{mm}^2$；

木构件处于露天环境，查《木规》表 4.2.1-4，知强度调整系数为 0.9；

设计使用年限 5 年，查《木规》表 4.2.1-5，知强度调整系数为 1.1；

根据《木规》第 4.1.6 条，结构的重要性系数 $\gamma_0 = 0.9$；

当按强度验算时，其设计值最小截面 $A = \dfrac{\gamma_0 N}{f_t} = \dfrac{0.9 \times 66\,800}{0.9 \times 1.1 \times 7.5} = 8096.97\text{mm}^2$

则正方形截面的边长 $a = \sqrt{A} = \sqrt{8096.97} = 89.98\text{mm}$

正确答案：C

4.3.7　轴心受压构件计算——《木规》第 4.2.1 条、第 4.2.3 条、第 5.1.2 条、第 5.1.3 条

1. 易错点

（1）原木直径变化率为 9mm/m（即每延米变化 9mm）；

（2）验算稳定取构件中央截面，此处的直径为 $d = d_0 + \dfrac{l}{2} \times 9$（单位为 mm），式中 l 为构件长度（以 m 为单位），d_0 为标注直径（原木的小头）。

2. 流程图

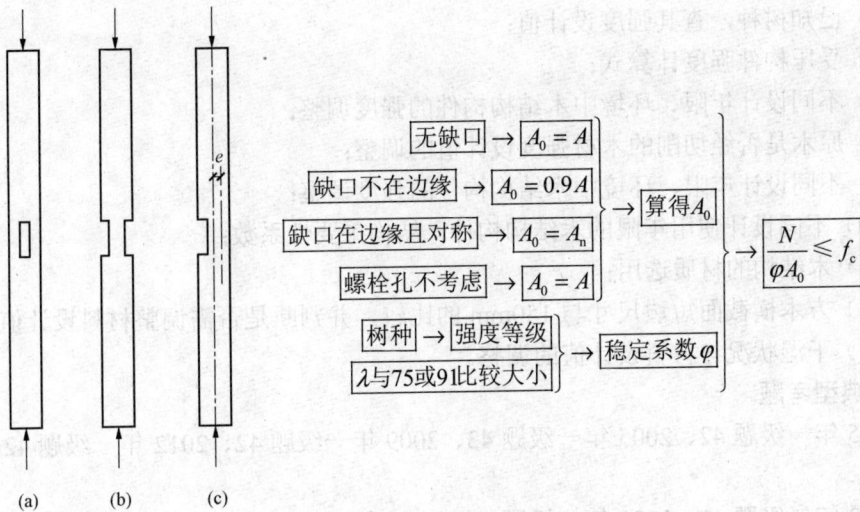

无缺口 → $A_0 = A$

缺口不在边缘 → $A_0 = 0.9A$

缺口在边缘且对称 → $A_0 = A_n$

螺栓孔不考虑 → $A_0 = A$

→ 算得 A_0

树种 → 强度等级

λ 与75或91比较大小

→ 稳定系数 φ

→ $\dfrac{N}{\varphi A_0} \leqslant f_c$

(a)　(b)　(c)

受压构件缺口

流程图 4-7　轴心受压构件稳定验算（《木规》第 5.1.2 条、第 5.1.3 条）

《木规》第 4.2.1 条、第 4.2.3 条、第 5.1.2 条、第 5.1.3 条综合应用见流程图 4-8。

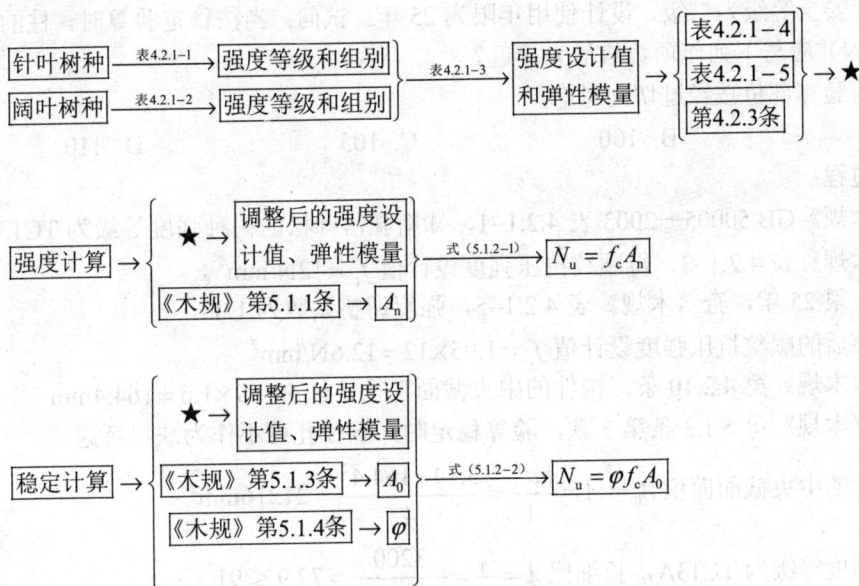

针叶树种 —表4.2.1-1→ 强度等级和组别

阔叶树种 —表4.2.1-2→ 强度等级和组别

—表4.2.1-3→ 强度设计值和弹性模量 → 表4.2.1-4 / 表4.2.1-5 / 第4.2.3条 → ★

强度计算 → { ★ → 调整后的强度设计值、弹性模量 —式(5.1.2-1)→ $N_u = f_c A_n$; 《木规》第5.1.1条 → A_n }

稳定计算 → { ★ → 调整后的强度设计值、弹性模量 —式(5.1.2-2)→ $N_u = \varphi f_c A_0$; 《木规》第5.1.3条 → A_0 ; 《木规》第5.1.4条 → φ }

流程图 4-8　轴心受压构件计算（《木规》第 4.2.1 条、
第 4.2.3 条、第 5.1.2 条、第 5.1.3 条）

3. 易考点

（1）原木直径的标注与取用；

（2）验算稳定时，缺口的考虑；

（3）长细比与稳定系数的计算。

（4）净截面面积计算；

（5）已知树种，查其强度设计值；

（6）受压构件强度计算式；

（7）不同设计年限、环境中木结构构件的强度调整；

（8）原木是否经切削的木材强度设计值的调整；

（9）不同设计年限、环境中木结构构件的强度调整；

（10）不同设计使用年限的木结构构件，结构重要性系数；

（11）木结构的材质选用；

（12）方木横截面短边尺寸与150mm的比较，并判断是否需调整材料设计值；

（13）干湿状况与材料设计值的调整。

4. 典型考题

2005年一级题42、2005年一级题43、2009年一级题42、2012年一级题42、2016年一级题41。

2003年二级题47、2005年二级题47、2006年二级题48、2007年二级题47、2008年二级题47、2008年二级题48、2010年二级题47、2011年二级题47。

考题精选4-4：按稳定验算时，柱的轴心受压承载力（2012年一级题42）

用新疆落叶松原木制作的轴心受压柱，两端铰接，柱计算长度为3.2m，在木柱1.6m高度处有一个d=22mm的螺栓孔穿过截面中央，原木标注直径d=150mm。该受压杆件处于室内正常环境，安全等级为二级，设计使用年限为25年。试问：当按稳定验算时，柱的轴心受压承载力（kN）应与下列何项数值最为接近？

提示：验算部位按经过切削考虑。

A. 95   B. 100   C. 105   D. 110

解答过程：

查《木规》GB 50005—2003表4.2.1-1，知新疆落叶松的树种强度等级为TC13A，

查《木规》表4.2.1-3，得顺纹抗压强度设计值f_c=12N/mm^2，

设计年限25年，查《木规》表4.2.1-5，强度调整系数为1.05，

则调整后的顺纹抗压强度设计值f_c=1.05×12=12.6N/mm^2

根据《木规》第4.2.10条，构件的中央截面直径d=150+9×1.6=164.4mm

根据《木规》第5.1.3条第5款，验算稳定时，螺栓孔可不作为缺口考虑，

则构件的中央截面面积$A_0 = A = \dfrac{\pi d^2}{4} = \dfrac{3.14 \times 164.4^2}{4} = 21216\text{mm}^2$

树种强度等级为TC13A，长细比$\lambda = \dfrac{l_0}{i} = \dfrac{3200}{164.4/4} = 77.9 < 91$

根据《木规》第5.1.4条第2款，稳定系数$\varphi = \dfrac{1}{1 + \left(\dfrac{\lambda}{65}\right)^2} = \dfrac{1}{1 + \left(\dfrac{77.9}{65}\right)^2} = 0.41$

代入《木规》式（5.1.2-2），柱轴心受压承载力（材料抗力）

$$N_{\mathrm{u}} = \varphi f_{\mathrm{c}} A_0 = 0.41 \times 12.6 \times 21\,216 = 109.6 \times 10^3\,\mathrm{N} = 109.6\,\mathrm{kN}$$

正确答案：D

4.3.8　轴心受压构件稳定系数——《木规》第 5.1.4 条、第 5.1.5 条

1. 求解步骤

（1）确定受压构件的计算长度 l_0（本章第 4.3.4 节）；

（2）确定受压构件的长细比 λ（流程图 4-5）；

（3）确定受压构件稳定系数 φ（流程图 4-9、流程图 4-10）。

受压构件计算长度 $l_0 = \mu l$（计算长度 l_0 =计算长度系数 μ ×构件实际长度 l）。长度系数 μ 和回转半径 i 的取值见表 4-11 和表 4-12。

表 4-11　　　　　　　　　　　长 度 系 数 μ 的 取 值

序号	支座情形	长度系数μ
1	两端铰接	1.0
2	一端固定，一端自由	2.0
3	一端固定，一端铰接	0.8

表 4-12　　　　　　　　　　　回 转 半 径

序号	截面类型	回转半径计算式	计算图示
1	矩形截面	$i_{\mathrm{x}} = \dfrac{h}{\sqrt{12}}, i_{\mathrm{y}} = \dfrac{b}{\sqrt{12}}$	
2	圆形截面	$i_{\mathrm{x}} = i_{\mathrm{y}} = \dfrac{d}{4}$	

2. 流程图

《木规》第 5.1.4 条、第 5.1.5 条综合应用。

（1）树种 TC17、TC15 及 TB20（流程图 4-9）。

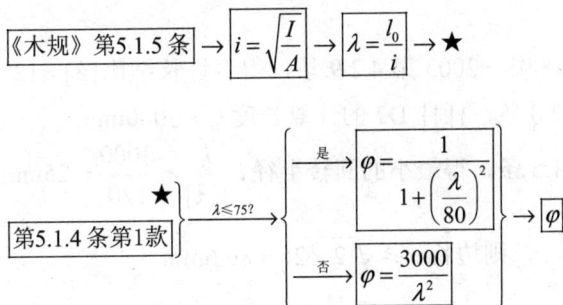

$$\boxed{《木规》第5.1.5条} \rightarrow \boxed{i = \sqrt{\frac{I}{A}}} \rightarrow \boxed{\lambda = \frac{l_0}{i}} \rightarrow ★$$

$$★ \rightarrow \boxed{第5.1.4条第1款} \xrightarrow{\lambda \leqslant 75?} \begin{cases} 是 \rightarrow \boxed{\varphi = \dfrac{1}{1 + \left(\dfrac{\lambda}{80}\right)^2}} \\ 否 \rightarrow \boxed{\varphi = \dfrac{3000}{\lambda^2}} \end{cases} \rightarrow \boxed{\varphi}$$

流程图 4-9　树种 TC17、TC15 及 TB20 轴心受压构件稳定系数

（2）树种 TC13、TC11、TB17、TB15、TB13 及 TB11（流程图 4–10）

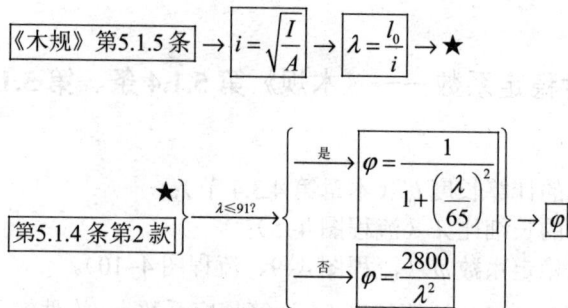

$$《木规》第5.1.5条 \rightarrow i=\sqrt{\frac{I}{A}} \rightarrow \lambda=\frac{l_0}{i} \rightarrow ★$$

$$第5.1.4条第2款\,★ \xrightarrow{\lambda \leqslant 91?} \begin{cases} 是 \rightarrow \varphi=\dfrac{1}{1+\left(\dfrac{\lambda}{65}\right)^2} \\[2ex] 否 \rightarrow \varphi=\dfrac{2800}{\lambda^2} \end{cases} \rightarrow \varphi$$

流程图 4–10　树种 TC13、TC11、TB17、TB15、
TB13 及 TB11 轴心受压构件稳定系数

3. 易考点

（1）不同设计年限、环境中木结构构件的强度调整；

（2）净截面面积计算；

（3）已知树种，查其强度设计值；

（4）查取容许长细比；

（5）杆件的计算长度；

（6）长细比的计算；

（7）树种、长细比与稳定系数的关系；

（8）回转半径的定义；

（9）解答中是否需要考虑构件截面的缺口。

4. 典型考题

2013 年一级题 42。

2014 年二级题 48。

考题精选 4–5：满足长细比要求的最小截面边长（2013 年一级题 42）

大题干参见考题精选 4–3。

假定杆件 D2 采用截面为正方形的方木。试问：满足长细比要求的最小截面边长（mm）与下列何项数值最为接近？

A. 60 　　　　　B. 70 　　　　　C. 90 　　　　　D. 100

解答过程：

根据《木规》GB 50005—2003 第 4.2.9 条，得容许长细比 $[\lambda]=120$。

根据《木规》第 4.2.8 条，杆件 D2 的计算长度 $l_0=3000$mm

根据《木规》第 5.1.5 条，得最小的回转半径 $i=\dfrac{l_0}{[\lambda]}=\dfrac{3000}{120}=25$mm

又有回转半径 $i=\dfrac{a}{\sqrt{12}}$，则边长 $a \geqslant \sqrt{12} \times 25 = 86.6$mm

正确答案：C

4.3.9 受弯构件计算——《木规》第4.2.1条、第4.2.3条、第4.2.10条、第5.2.1条、第5.2.2条

1. 易错点

（1）木材的抗弯强度设计值 f_m 取决于木材的树种和强度等级；

（2）验算截面：

1）取最大弯矩设计值 M_{max} 处的截面进行计算；

2）取构件截面有较大削弱，净截面抵抗矩 W_n 较小处的截面，及相应的弯矩设计值进行计算；

3）原木直径变化率为 9mm/m（即每延米变化 9mm）， d_0 为标注直径（原木的小头）。

2. 流程图

（1）《木规》第4.2.1条、第4.2.3条、第4.2.10条、第5.2.1条、第5.2.2条综合应用（流程图4-11）。

（2）截面特性（表4-13）。

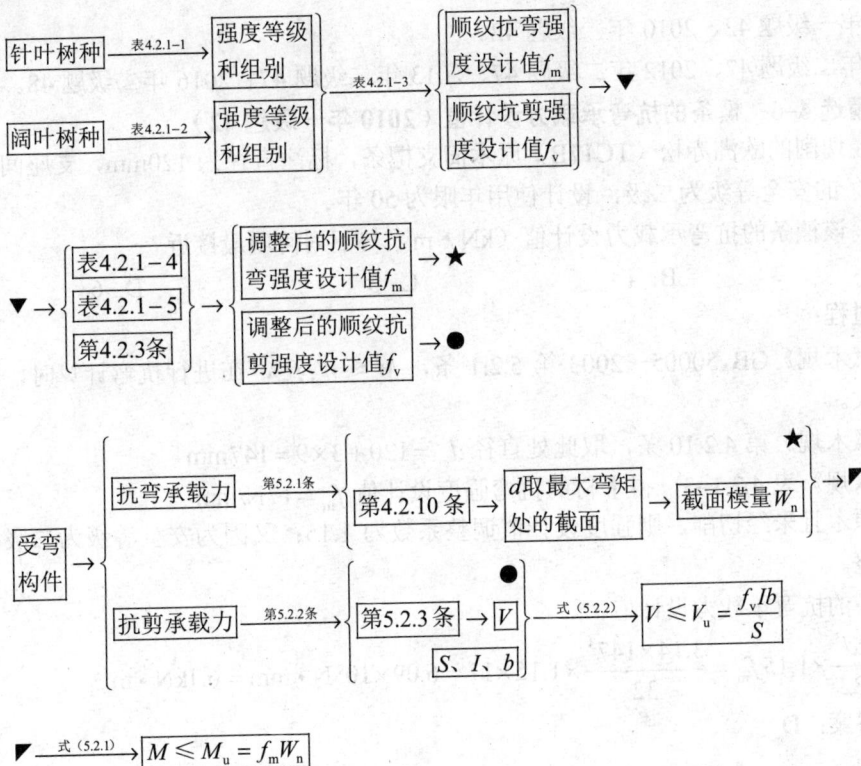

流程图 4-11 受弯构件计算（《木规》第4.2.1条、第4.2.3条、第4.2.10条、第5.2.1条、第5.2.2条）

表4-13 截 面 特 性

截面类型	惯性矩	抵抗矩	最大剪应力	面积矩	计算图示
矩形截面	$I_x = \dfrac{1}{12}bh^3$	$W_x = \dfrac{1}{6}bh^2$	$\tau_{max} = \dfrac{VS}{Ib} = \dfrac{3V}{2bh}$	$S = \dfrac{bh^2}{8}$	
圆形截面	$I_x = \dfrac{1}{64}\pi d^4$	$W_x = \dfrac{1}{32}\pi d^3$	$\tau_{max} = \dfrac{VS}{Ib} = \dfrac{16V}{3\pi d^2}$	$S = \dfrac{d^3}{12}$	

3. 易考点

（1）已知树种，查其强度设计值；

（2）原木是否经切削的木材强度设计值的调整；

（3）不同设计年限、环境中木结构构件的强度调整；

（4）不同设计使用年限的木结构构件，结构重要性系数；

（5）木结构的材质选用；

（6）方木横截面短边尺寸与 150mm 的比较，并判断是否需调整材料设计值；

（7）干湿状况与材料设计值的调整；

（8）原木直径的标注与取用；

（9）抗弯承载力设计值（材料抗力）计算；

（10）原木构件挠度和稳定验算截面的选用；

（11）简支梁在均布荷载作用下最大弯矩计算式。

4. 典型考题

2007 年一级题 42、2010 年一级题 42。

2004 年二级题 47、2012 年二级题 47、2013 年二级题 47、2016 年二级题 48。

考题精选 4-6：檩条的抗弯承载力设计值（2010 年一级题 42）

一未经切削的欧洲赤松（TC17B）原木简支檩条，标注直径为 120mm，支座间的距离为 6m，该檩条的安全等级为二级，设计使用年限为 50 年。

试问：该檩条的抗弯承载力设计值（kN·m）与下列何项最接近？

A. 3　　　　　　　　B. 4　　　　　　　　C. 5　　　　　　　　D. 6

解答过程：

根据《木规》GB 50005—2003 第 5.2.1 条，$M \leqslant W_n f_m$，在进行抗弯计算时，跨中截面弯矩为最大。

根据《木规》第 4.2.10 条，取此处直径 $d_m = 120 + 3 \times 9 = 147$mm

查《木规》表 4.2.1–3，得木材的抗弯强度设计值 $f_m = 17$N/mm²。

因为原木且未经切削，则强度设计值调整系数为 1.15；又因为安全等级为二级，则强度值不需调整。

则檩条的抗弯承载力设计值

$$M = \frac{\pi d^3}{32} \times 1.15 f_m = \frac{3.14 \times 147^3}{32} \times 1.15 \times 17 = 6.09 \times 10^6 \, \text{N} \cdot \text{mm} = 6.1 \text{kN} \cdot \text{m}$$

正确答案：D

4.3.10　受弯构件的抗剪承载能力——《木规》第 5.2.2 条

1. 流程图

2. 易考点

（1）已知树种，查其强度设计值；

（2）截面的面积特性（形心矩、面积的二次矩）计算；

（3）原木是否经切削的木材强度设计值的调整；

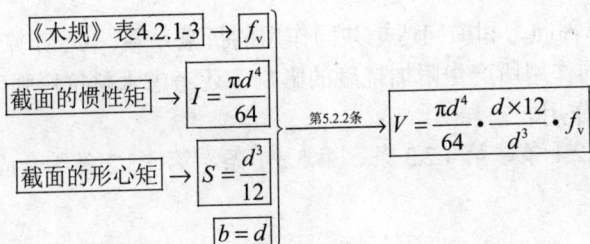

流程图 4-12 受弯构件的抗剪承载力计算

（4）抗剪承载力设计值（材料抗力）计算；

（5）由已知需承受的载荷来推导构件的直径；

（6）由已知需承受的载荷来推导 f_v，进而确定构件的树种。

3. 典型考题

2010 年一级题 43。

2004 年二级题 48。

考题精选 4-7：檩条的抗剪承载力（2010 年一级题 43）

大题干参见考题精选 4-6。

试问：该檩条的抗剪承载力（kN）与下列何项数值最接近？

A. 14   B. 18   C. 20   D. 27

解答过程：

查《木规》GB 50005—2003 表 4.2.1-3，得木材顺纹抗剪强度设计值 $f_v = 1.6\text{N/mm}^2$，进行抗剪计算，取檩条的小头直径，因为支座处反力最大，此处剪力最大，直径 $d = 120\text{mm}$。

圆形截面的几何特性 $I = \dfrac{\pi d^4}{64}$，$S = \dfrac{d^3}{12}$，$b = d$

根据《木规》第 5.2.2 条，由 $\dfrac{VS}{Ib} \leqslant f_v$，得 $V \leqslant \dfrac{Ib}{S} f_v$

檩条的抗剪承载力

$$V = \frac{\pi d^4}{64} \cdot \frac{d \times 12}{d^3} f_v = \pi \cdot \frac{12}{64} \cdot d^2 f_v = 3.14 \times \frac{12}{64} \times 120^2 \times 1.6 = 13.56 \times 10^3 \text{N} = 13.56\text{kN}$$

正确答案：A

4.3.11 拉弯和压弯构件计算——《木规》第 4.2.1 条、第 4.2.3 条、第 5.3.1 条、第 5.3.2 条

1. 易考点

压弯构件及偏心受压构件进行稳定性验算时，采用两个 φ 值的原因：

（1）φ 值是轴心受压构件稳定系数，是根据不同树种的强度等级，构件的长细比 λ，代入相应的计算公式得到 φ 值。这个 φ 值未考虑轴向力与弯矩共同作用所产生的附加挠度影响，

4

不能全面反映压弯构件的工作特性。

（2）φ_m 值是考虑轴向力和横向弯矩共同作用的折减系数。φ_m 计算过程中不仅考虑了轴向力 N 和弯矩 M 共同作用所产生附加挠度的影响，还考虑木材抗弯强度设计值 f_m 和抗压强度设计值 f_c 调整后的作用。

（3）《木规》第 4.2.1 条、第 4.2.3 条、第 5.3.1 条、第 5.3.2 条综合应用（流程图 4-13）。

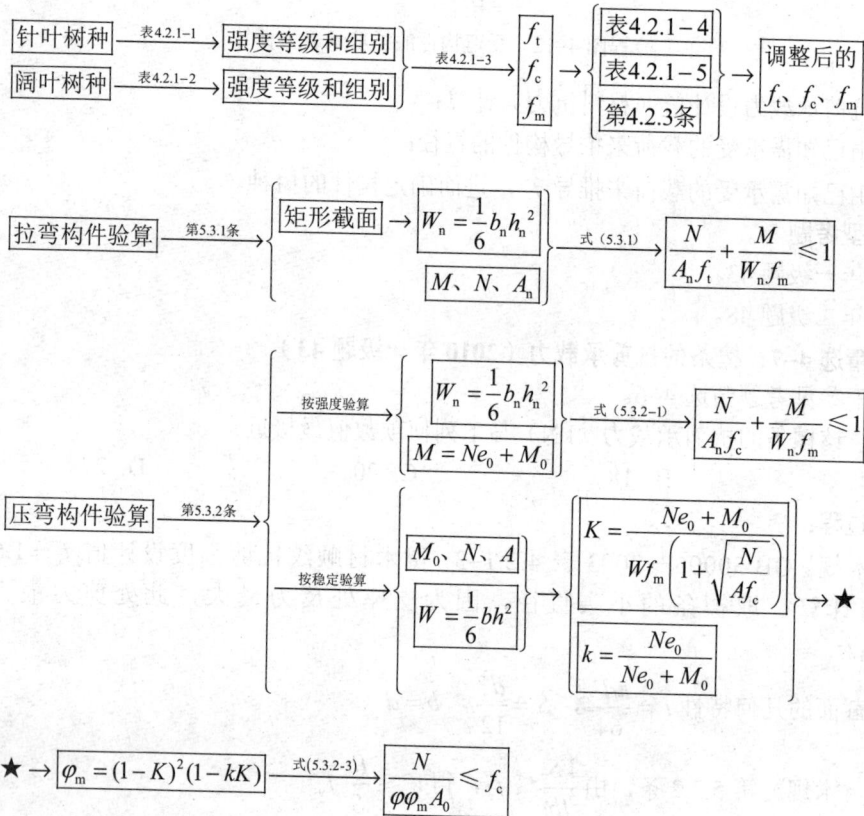

流程图 4-13　拉弯和压弯构件计算（《木规》第 4.2.1 条、
第 4.2.3 条、第 5.3.1 条、第 5.3.2 条）

2. 易考点

（1）已知树种，查其强度设计值；

（2）不同设计年限、环境中木结构构件的强度调整；

（3）截面的面积特性（抵抗矩）计算；

（4）压弯构件折减系数 φ_m 值计算。

（5）计算压弯构件的 M、N 值；

（6）截面短边尺寸与 150mm 的关系；

（7）K 的计算；

（8）k 的计算。

494

3. 典型考题

2009 年一级题 43。

2011 年二级题 48。

考题精选 4-8：稳定验算折减系数（2009 年一级题 43）

一芬克式木屋架，几何尺寸及杆件编号如图 4-9 所示。处于正常环境，设计使用年限为 25 年。选用西北云杉 TC11A 制作。

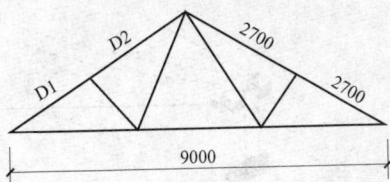

若杆件 D2 采用断面 120mm×160mm（宽×高）的方木，跨中承受的最大初始弯矩设计值 $M_0 = 3.1 \text{kN} \cdot \text{m}$，轴向压力设计值 $N = 100 \text{kN}$，构件的初始偏心距 $e_0 = 0$，已知恒载产生的内力不超过全部荷载所产生内力的

图 4-9 芬克式木屋架几何尺寸及杆件编号

80%，试问：按稳定验算时，考虑轴向力与初始弯矩共同作用的折减系数 φ_m 值应与下列何项数值最为接近？

提示：小数点后四舍五入取两位。

A. 0.46   B. 0.48   C. 0.52   D. 0.54

解答过程：

根据《木规》GB 50005—2003 表 4.2.1-3，TC11A 的顺纹抗压强度 $f_c = 10 \text{N/mm}^2$，抗弯强度 $f_m = 11 \text{N/mm}^2$。

根据《木规》表 4.2.1-5，使用年限 25 年的木材强度设计值调整系数为 1.05，

则 $f_c = 1.05 \times 10 = 10.5 \text{N/mm}^2$， $f_m = 1.05 \times 11 = 11.55 \text{N/mm}^2$

截面面积 $A = bh = 120 \times 160 = 19\,200 \text{mm}^2$

截面抵抗矩 $W = \dfrac{1}{6}bh^2 = \dfrac{1}{6} \times 120 \times 160^2 = 512\,000 \text{mm}^3$

根据《木规》第 5.3.2 条，

$$k = \frac{Ne_0}{Ne_0 + M_0} = \frac{100 \times 10^3 \times 0}{100 \times 10^3 \times 0 + 3.1 \times 10^6} = 0$$

$$K = \frac{Ne_0 + M_0}{Wf_m\left(1 + \sqrt{\dfrac{N}{Af_c}}\right)} = \frac{100 \times 10^3 \times 0 + 3.1 \times 10^6}{512000 \times 11.55 \times \left(1 + \sqrt{\dfrac{100 \times 10^3}{19200 \times 10.5}}\right)} = 0.3075$$

考虑轴向力与初始弯矩共同作用的折减系数

$$\varphi_m = (1 - K)^2(1 - kK) = (1 - 0.307\,5)^2 \times (1 - 0) = 0.48$$

正确答案：B

4.3.12 单向受弯木构件——《木规》附录 L

1. 易错点

《木规》提出木构件的截面高宽比的限值和锚固要求，已从构造上满足了受弯构件侧向稳定的要求。当需要验算受弯木构件的侧向稳定时（图 4-10），可按流程图 4-14 进行验算。

4

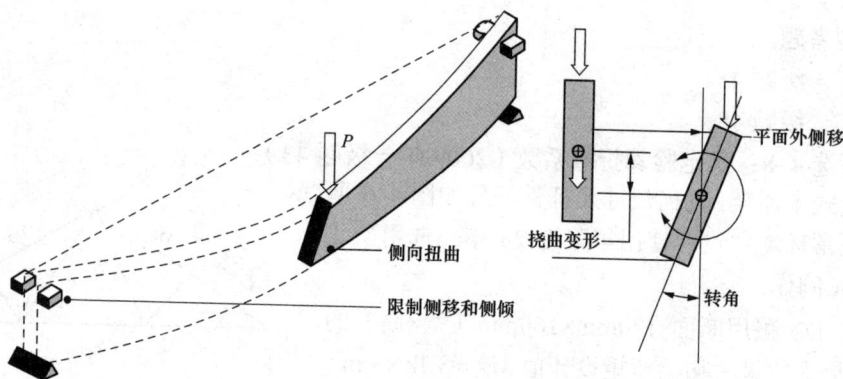

图 4-10　受弯构件侧向失稳形式

2. 流程图

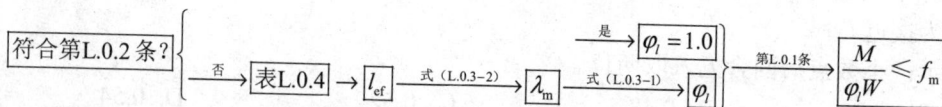

流程图 4-14　《木规》附录 L 条文总体关系图

3. 易考点

（1）原木抗弯强度设计值的查取；

（2）原木直径 d 的取值；

（3）侧向稳定验算。

（4）与附录 L 其他条文的结合。

4. 典型考题

2014 年一级题 41。

考题精选 4-9：侧向稳定验算（2014 年一级题 41）

一原木柱（未经切削），标注直径 $d=110\text{mm}$，选用西北云杉 TC11A 制作，正常环境下设计使用年限 50 年。计算简图如图 4-11 所示。假定，上、下支座节点处有防止其侧向位移和侧倾的侧向支撑。试问，当 $N=0$、$q=1.2\text{kN/m}$（设计值）时，其侧向稳定验算式 $\dfrac{M}{\varphi_l W} \leqslant f_\text{m}$ 与下列何项数值最为接近？

提示：① 不考虑构件自重；② 小数点后四舍五入取两位数。

A. $7.30 < 11.00$　　　B. $8.30 < 11.00$

C. $7.30 < 12.65$　　　D. $10.33 < 12.65$

解答过程：

根据《木规》GB 50005—2003 表 4.2.1-3，西北云杉 TC11A 的抗弯强度设计值 $f_\text{m}=11\text{N/mm}^2$。由《木规》第 4.2.1 条第 1 款知，原木（未经切削）的抗弯强度设计值 f_m 可以提高 15%，则 $f_\text{m}=1.15\times11=12.65\text{N/mm}^2$。

由《木规》第 4.2.10 条知，抗弯强度计算时，可取最大弯矩处的截面即柱中截面，

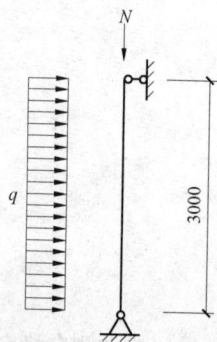

图 4-11　木柱计算简图

则直径 $d = 110 + \dfrac{9}{1} \times \dfrac{3}{2} = 123.5\text{mm}$

根据《木规》第 L.0.2 条，上、下支座节点处有防止其侧向位移和侧倾的侧向支撑，受弯构件的侧向稳定系数 $\varphi_l = 1.0$

由《木规》式（L.0.1），知 $W = \dfrac{\pi d^3}{32}$ ，

$q = 1.2\text{kN} / \text{m} = 1.2\text{N} / \text{mm}$

侧向稳定验算式 $\dfrac{M}{\varphi_l W} = \dfrac{\dfrac{1}{8} \times 1.2 \times 3000^2}{1.0 \times \dfrac{3.14 \times 123.5^3}{32}} = 7.3\text{N/mm}^2 < f_m = 12.65\text{N/mm}^2$

正确答案：C

4.4 木结构连接计算

4.4.1 木结构连接计算（流程图 4-15）

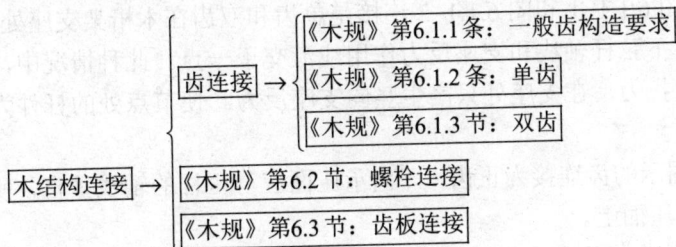

流程图 4-15 木结构连接计算概览

4.4.2 木结构连接的计算（表 4-14）

表 4-14　　　　　　　　　　　木结构连接的计算汇总

序号	计算项目		公式	备注
1	单齿连接（《木规》第6.1.2条）	按木材承压	$\sigma_c = \dfrac{N}{A_c} \leq f_{c\alpha}$ $A_c = \dfrac{h_c}{\cos\alpha} b$	单齿连接
		按木材受剪	$\tau = \dfrac{V}{l_v b_v} \leq \psi_v f_v$	

4

序号	计算项目		公式	备 注
2	双齿连接计算（《木规》第6.1.3条）	双齿连接承压计算	$A_c = \dfrac{h_{c1}b_1}{\cos\alpha}_{第1齿深} + \dfrac{h_c b}{\cos\alpha}_{第2齿深}$	双齿连接
		双齿连接的受剪	$\tau = \dfrac{V}{l_v b_v} \leqslant \psi_v f_v$ $l_v \leqslant 10 h_c$	公式同单齿连接，但其承压面面积应取两个齿承压面面积的和。 双齿连接的受剪，仅考虑第二齿剪面的工作。验算时，仍采用单齿验算公式，并符合下列规定： 受剪应力设计值 τ，应按连接中全部剪力设计值计算。 剪力计算长度 l_v 的取值不得大于10倍齿深 h_c。 双齿连接考虑沿剪面长度剪应力分布不均匀的强度降低系数 ψ_v 值按《木规》表5.1.3取值

4.4.3 单齿、双齿连接中的构造规定

易错点

（1）《木规》图6.1.1–1和图6.1.1–2连接是单齿和双齿在木桁架支座处的节点的示意图。图中上弦杆轴线、下弦杆轴线和支座反力作用线汇交于一点。此种情况中，上弦杆的轴向压力、下弦杆的轴向拉力，在支座处只产生竖向支座反力。使节点处的杆件为轴心受力构件，避免产生附加弯矩。

（2）《木规》图示的齿连接为正齿，即齿承压面应与压杆的轴线垂直，使上弦杆传来的压力明确地作用在承压面上。

（3）《木规》第6.1.1和第6.1.3条中，关于齿连接的齿深和齿长的规定，考虑防止因这方面的构造不当，会导致齿连接承载能力的下降。

（4）当采用湿材制作时，齿连接的受剪工作可能受到木材端裂的危害。因此有《木规》第6.1.1–4中"当采用湿材制作时，木桁架支座节点齿连接的剪面长度应比计算值加大50mm"的规定，以保证实际的受剪面有足够的长度。

（5）桁架支座节点的齿（图4–12）。

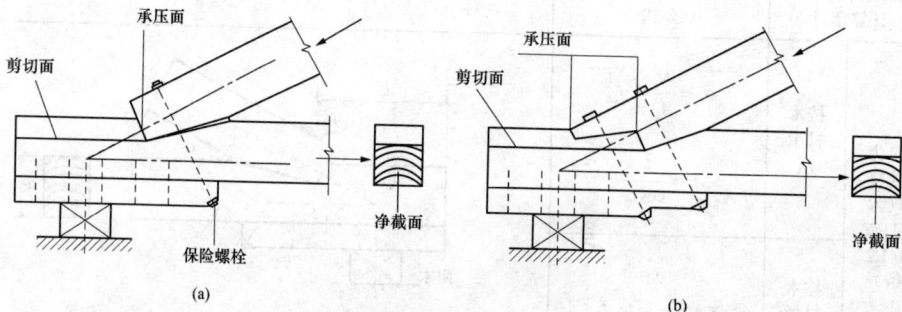

图4–12 桁架支座节点的齿

（a）单齿连接；（b）双齿连接

4.4.4　木桁架支座节点用齿连接，节点处的受力验算

易错点

（1）由《木规》图 6-4-1 单齿连接知，上弦杆的轴向压力通过上、下弦杆之间的承压面来传递，则用式 $\dfrac{N}{A_c} \leqslant f_{c\alpha}$ 进行木材承压验算。

（2）在齿深 h_c 平面上受剪力设计值 V 的作用，其值等于下弦的拉力，用 $\tau = \dfrac{V}{l_v b_v} \leqslant \psi_v f_v$ 进行木材剪切验算，式中 ψ_v 为沿剪面长度应力分布不均匀的强度降低系数，当 $\dfrac{l_v}{h_c} = 4.0$ 时，$\psi_v = 1.0$，随着 l_v / h_c 值的增大，ψ_v 值相应降低（《木规》表 6.1.2）。

（3）对下弦杆，用 $N \leqslant f_t A_n$ 进行木材受拉验算，式中 A_n 为净截面面积（图 4-5），应考虑在验算截面处刻齿、安设保险螺栓、加附木等造成的截面削弱。

（4）对于《木规》图 6-4-2 的双齿连接，承压验算时承压面面积应取两个齿承压面面积之和。双齿连接剪面长度剪应力分布不均匀的强度降低系数 ψ_v 值（《木规》表 6.1.3）。

（5）单齿受力（图 4-13）和双齿受力（图 4-14）。

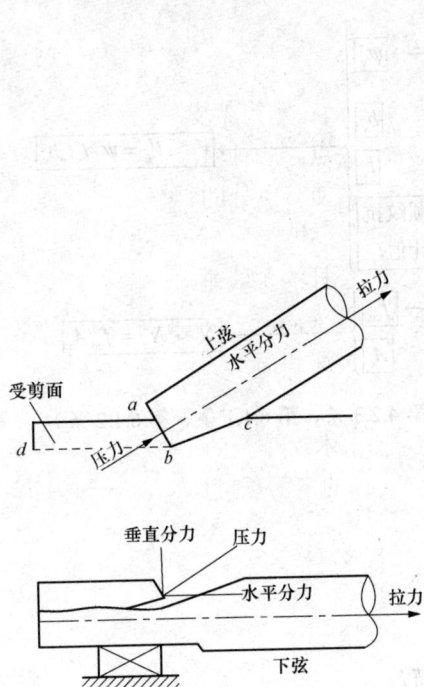

图 4-13　单齿受力

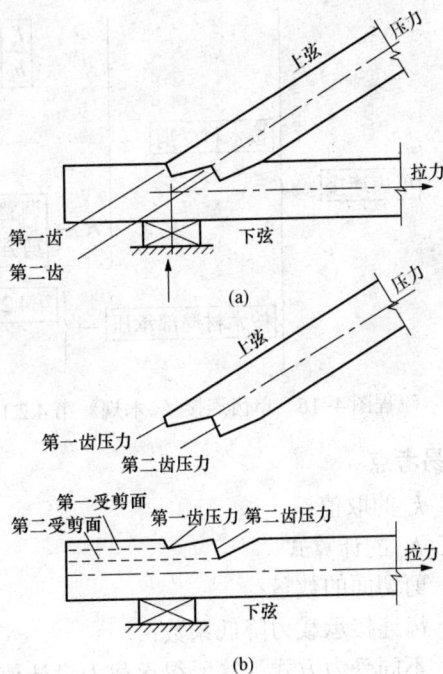

图 4-14　双齿受力

4.4.5　单齿连接——《木规》第 4.2.1 条、第 4.2.3 条、第 6.1.1 条、第 6.1.2 条

1. 易错点

（1）《木规》第 6.1.1 条第 4 款，采用湿材时，木桁架支座节点齿连接的剪面长度 l_v 应比

计算值加长 50mm。

（2）单齿承压计算时，$A_c = \dfrac{A}{\cos\alpha} = \dfrac{h_c}{\cos\alpha}b$，$A$ 为铅垂面面积（见图 4-16）。

（3）单齿抗剪计算时，剪面计算长度 $l_v \leqslant 8h_c$。

（4）双齿计算时，根据《木规》第 6.1.3 条，第 2 齿剪面计算长度 $l_v \leqslant 10h_c$；全部剪力 V 应由第 2 齿剪面承受。

（5）保险螺栓抗拉计算，按《木规》第 4.1.9 条计算，即 $N_b \leqslant 1.25 f_t^b \cdot A_e$；同时，根据《木规》第 6.1.4 条，双齿连接的两个直径相同螺栓，不考虑《木规》第 4.2.12 条的调整系数。

（6）单齿、双齿的轴心受拉验算时，A_n 应扣除保险螺栓孔面积。

2. 流程图

《木规》第 4.2.1 条、4.2.3 条、6.1.1 条、6.1.2 条综合应用见流程图 4-16。

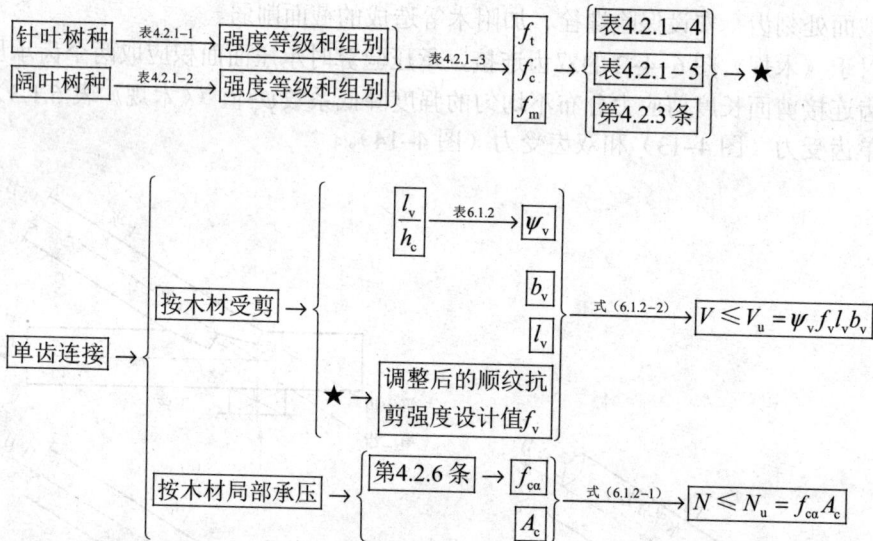

流程图 4-16　单齿连接（《木规》第 4.2.1 条、第 4.2.3 条、第 6.1.1 条、第 6.1.2 条）

3. 易考点

（1）k_v 的取值；

（2）N_v 的计算式；

（3）剪切面的数量；

（4）齿连接承载力降低系数；

（5）不同受力方式计算所得承载力设计值的比较；

（6）螺栓连接承载力系数的查取；

（7）受拉构件抗拉强度设计值计算；

（8）木材斜纹承载力设计值的计算；

（9）已知树种，查其强度设计值；

（10）齿的承压面积计算；

（11）齿的受剪面积计算；

（12）齿的剪面宽度的正确选用。

4. 典型考题

2004 年一级题 42。

考题精选 4–10：端节点的最大轴向压力设计值（2004 年一级题 42）

某三角形木屋架端节点如图 4–15 所示，单齿连接，齿深 $h_c = 30\text{mm}$ ，上下弦杆采用干燥的西南云杉 TC15B，方木截面 150mm×150mm，设计使用年限 50 年，结构重要系数 1.0。

作用在端节点上弦杆的最大轴向压力设计值 N （kN）应与下列何值接近？

A. 34.6   B. 39.9

C. 45.9   D. 54.1

图 4–15 三角形木屋架端架节点

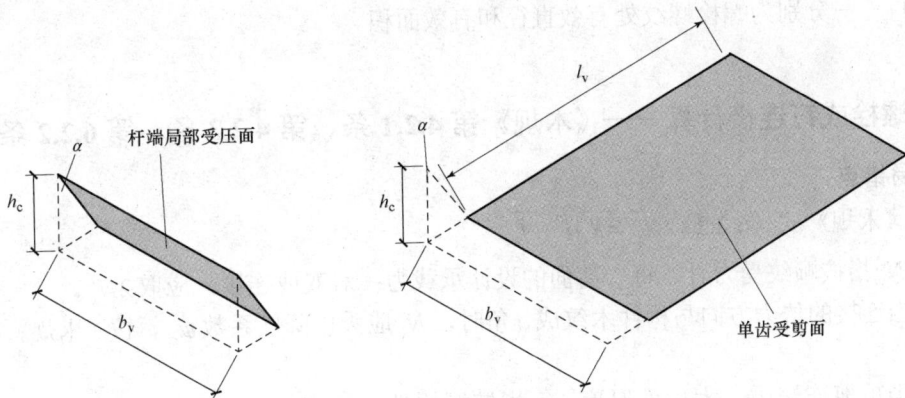

解答过程：

根据《木规》GB 50005—2003 表 4.2.1–3，木材强度设计值[1] $f_{c,90} = 3.1\text{N/mm}^2$ ，$f_c = 12\text{N/mm}^2$ ，$f_v = 1.5\text{N/mm}^2$ ，$f_t = 9.0\text{N/mm}^2$ 。

（1）杆端局部受压承载力

由《木规》式（4.2.6–2），木材斜纹承压的强度设计值

$$f_{c\alpha} = \frac{f_c}{1 + \left(\dfrac{f_c}{f_{c,90}} - 1 \right) \cdot \dfrac{\alpha - 10°}{80°} \cdot \sin \alpha} = \frac{12}{1 + \left(\dfrac{12}{3.1} - 1 \right) \times \dfrac{30° - 10°}{80°} \times \sin 30°} = 8.8 \text{ N/mm}^2$$

局部受压面积（图 4–16） $A_c = \dfrac{h_c}{\cos \alpha} b_v = \dfrac{30}{\cos 30°} \times 150 = 5196 \text{ mm}^2$

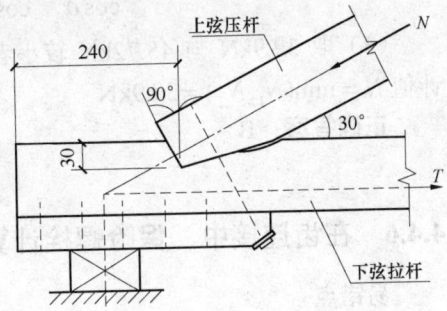

图 4–16 局部受压

代入《木规》式（6.1.2–1）， $N_1 \leqslant N_u = f_{c\alpha} A_c = 8.8 \times 5196 = 45\ 724.8\text{N} = 45.72\text{kN}$

（2）单齿承载力

根据《木规》式（6.1.2–2），剪面（图 4–16）计算长度 $l_v = 240\text{mm} \leqslant 8h_c = 8 \times 30 = 240\text{mm}$ ，

---

[1] 虽然题目中有"方木截面 150mm×150mm"，但因计算端节点处为齿连接，截面有削弱，所以木材的强度设计值不考虑增大 10% 进行调整。

$\dfrac{l_v}{h_c} = 8$，查《木规》表 6.1.2，得单齿连接抗剪强度降低系数 $\psi_v = 0.64$，

有 $V \leqslant \psi_v f_v l_v b_v = 0.64 \times 1.5 \times 240 \times 150 = 34560\text{N} = 34.56\text{kN}$

$V = N_2 \cos\alpha$，则 $N_2 = \dfrac{V}{\cos\alpha} = \dfrac{34.56}{\cos 30°} = 39.9\text{kN}$

（3）取 39.9kN 与 45.72kN 较小者作为 N 值，即作用在端节点上弦杆的最大轴向压力设计值 $N = \min(N_1, N_2) = 39.9\text{kN}$

正确答案：B

4.4.6 在齿连接中，保险螺栓计算——《木规》第 6.1.4 条

易错点

（1）符合《木规》构造要求的保险螺栓，其承受拉力的设计值按《木规》式（6.1.4）$N_b = N \cdot \tan(60° - \alpha)$ 计算。

（2）《木规》第 3.2.1 条考虑到木材剪切是突然发生的，对螺栓有一定冲击作用，故规定宜选用延性较好的钢材 Q235 钢制作。

（3）螺栓的公称直径 d 的选用，可按下式计算有效直径 d_e 或有效面积 A_e，再查表得公称直径 d。

$$N_b = 1.25 \cdot \frac{\pi d_e^2}{4} \cdot f_t^b = 1.25 A_e f_t^b$$

式中　f_t^b——螺栓抗拉强度设计值；

　　1.25——考虑螺栓受力短暂性的调整系数；

d_e、A_e——分别为螺栓螺纹处有效直径和有效面积。

4.4.7 螺栓或钉连接计算——《木规》第 4.2.1 条、第 4.2.3 条、第 6.2.2 条

1. 易错点

（1）《木规》式（6.2.2）$N_v = k_v d^2 \sqrt{f_c}$

1）N_v 指按顺纹受力时，每一剪面的设计承载力；对双剪连接，应取 $2N_v$。

2）当连接的传力方向与构件木纹成 a 角时，N_v 应乘以降低系数 ψ_α，按《木规》第 6.2.4 条计算。

3）当单剪连接中，木构件厚度 c（指较厚构件的厚度，见《木规》表 6.2.1 条注的规定）不符合表 6.2.1 规定时，除按 $N_v = k_v d^2 \sqrt{f_c}$ 计算外，还应满足 $N_v \leqslant 0.3cd\psi_a^2 f_c$（《木规》第 6.2.3 条）。

4）夹板时，k_v 取《木规》表 6.2.2 中的最大值。

5）湿材时，$k_v \leqslant 6.7$。

（2）《木规》第 6.2.5 条，湿材时，木构件顺纹端矩 s_0 应加长 70mm。

（3）双剪连接（图 4-17）和单剪连接（图 4-18），注意图中虚线的数量和间隔。

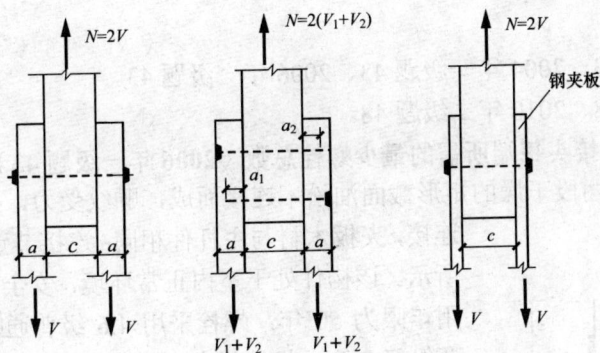

图 4-17 双剪连接

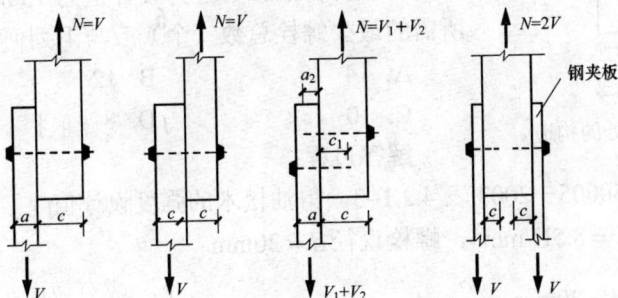

图 4-18 单剪连接

2. 流程图

《木规》第 4.2.1 条、第 4.2.3 条、第 6.2.2 条综合应用见流程图 4-17。

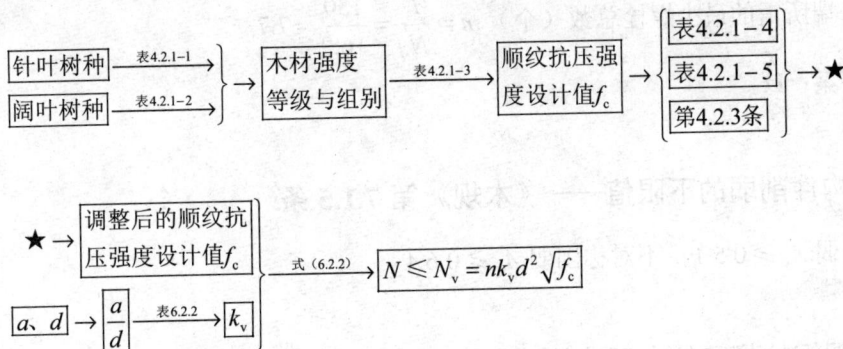

流程图 4-17 螺栓或钉连接计算（《木规》第 4.2.1 条、第 4.2.3 条、第 6.2.2 条）

3. 易考点

（1）已知树种，查其强度设计值；

（2）螺栓连接承载力系数的查取；

（3）150mm 长度范围内缺口的考虑；

（4）横截面尺寸与 150mm 的比较，判断是否需调整材料设计值；

（5）干湿状况与材料设计值的调整；

（6）螺栓连接承载力系数的查取；

（7）受拉构件抗拉强度设计值计算。

4

4. 典型考题

2003 年一级题 43、2004 年一级题 43、2006 年一级题 43。

2003 年二级题 48、2010 年二级题 48。

考题精选 4–11：接头每端所需的最少螺栓总数（2006 年一级题 43）

某受拉木构件由两段干燥的矩形截面油松木连接而成，顺纹受力，接头采用螺栓木夹板连接，夹板木材与主杆件相同；连接节点处的构造如图 4–19 所示。该构件处于室内正常环境，安全等级为二级，设计使用年限为 50 年；螺栓采用 4.6 级普通螺栓，其排列方式为两纵行齐列；螺栓纵向中距为 $9d$，端距为 $7d$。

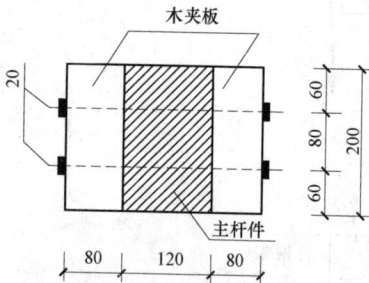

图 4–19　连接节点处的构造

若该杆件的轴心拉力设计值为 130kN，试问：接头每端所需的最少螺栓总数（个）应与下列何项数值最为接近？

A. 14　　　　　　　　　　B. 12

C. 10　　　　　　　　　　D. 8

解答过程：

由《木规》GB 50005—2003 表 4.2.1–3，得油松木的强度设计值

$$f_c = 12\text{N/mm}^2, f_t = 8.5\text{N/mm}^2，\text{螺栓直径 } d = 20\text{mm}$$

又 $a = 80\text{mm}$，$d = 20\text{mm}$，$\dfrac{a}{d} = 4$。

由《木规》表 6.2.2，知 $k_v = 6.1$，代入《木规》式（6.2.2），

$$N_v = nk_v d^2 \sqrt{f_c} = 2 \times 6.1 \times 20^2 \times \sqrt{12} = 16.9 \times 10^3 \text{N} = 16.9\text{kN}$$

接头每端所需的最少螺栓总数（个）$m = \dfrac{T}{N_v} = \dfrac{130}{16.9} = 7.7$

正确答案：D

4.4.8　木构件削弱的下限值——《木规》第 7.1.5 条

对称削弱 $A_n \geqslant 0.5A$；不对称削弱 $A_n \geqslant 0.6A$。

4.4.9　对圆钢拉杆和拉力螺栓的直径限值——《木规》第 7.1.6 条

易错点

（1）计算木构件端部（如接头处）的拉力螺栓垫板时，$f_{c\alpha}$ 的取值应按《木规》表 4.2.1–3 中注的规定进行取值，即取"局部表面和齿面"一栏的数值。

（2）钢垫板尺寸应满足《木规》第 7.1.6 条的构造要求。圆钢拉杆和拉力螺栓的直径限制：直径大于等于 12mm。

（3）方形钢垫板尺寸要求：垫板面积 $A = \dfrac{N}{f_{c\alpha}}$；垫板厚度 $t = \sqrt{\dfrac{N}{2f}}$。